지구환경건축

Towards the Architecture for a Global Environment

일본건축학회 편

대한건축학회 지구환경보전위원회 역

기문당

지구환경건축을 위하여!

센다 미츠루(仙田 滿)

지구환경 · 건축헌장위원회위원장/전 일본건축학회 회장/환경건축가

지구환경건축에 관한 건축계의 탐구는 1990년 무렵부터 일본건축학회를 비롯하여 각 직능단체에서도 해왔지만 건축계 전체의 대처가 필요하다고 판단하여, 2000년 건축계 5단체가 공동으로 지구환경건축헌장을 제정하고 7단체가 그것의 운용방침을 작성하였습니다. 그리고 수많은 관계단체로부터 호응을 얻었습니다. 이 책은 그 헌장을 더욱 넓고 깊게 전달하기 위하여 건축을 배우는 학생, 설계자, 설계교육에 종사하는 사람들, 발주자, 건축생산에 종사하는 사람들, 건축물을 관리하는 사람들, 이용하는 사람 등 다양한 분야의 사람들에게 읽혀지는 것을 목표로 하여 기획, 집필되었습니다. 이 책을 통하여 지구환경건축이라는 개념이 수많은 사람들에게 공감되어 실현되기를 기대합니다.

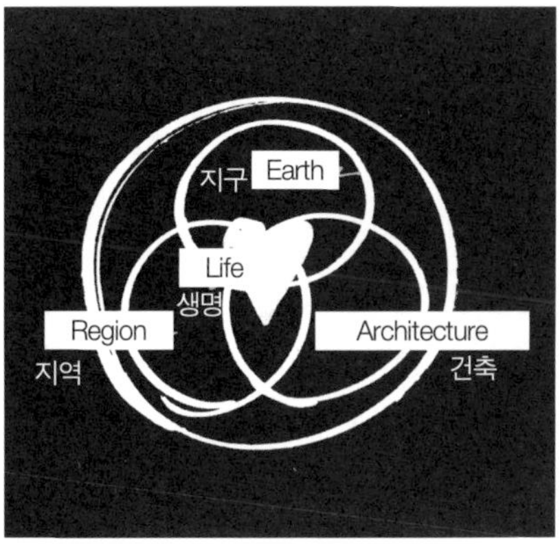

건축은 지구환경문제의 해결에 얼마나 공헌할 수 있는가?

무라카미 슈우조(村上 周三)*

지구규모의 환경문제라고 할지라도 그 원인을 찾아보면 많은 문제들이 우리 일상생활의 소비활동과 관계된다. 여러 가지 지구환경문제가 존재하지만, 소비문명형인 우리들의 일상생활에 수반되어 발생하는 각종 배출물, 폐기물 등이 인구증가와 어우러져서 총체로서 지구의 환경용량을 여러 측면에서 능가한 것이 지구환경문제의 대표적인 모습이다.

건축은 우리의 풍요로운 일상생활을 지탱하고 있는 커다란 요소 중 하나라고 말할 수 있다. 일본의 건설산업은 우리의 풍요로운 생활의 터전(場)을 제공하는 대가로서 일본의 자원소비의 약 1/3, 에너지 소비의 약 1/3을 차지하고 있다. 이러한 점에서 건축은 지구환경문제와 깊은 관계를 갖고 있고, 이러한 문제를 지금의 상황까지 몰고 온 것에 대하여 책임이 있다고 말할 수 있다. 따라서 우리들은 지구환경문제의 개선을 위하여 노력할 의무가 있고 동시에 그러한 개선에 공헌할 수 있는 부분이 크다. 우리들은 건축 분야가 지니고 있는 이러한 책임과 의무를 성실하게 진심으로 받아들이지 않으면 안 된다. 즉 이번의 출판은 '건축은 지구환경문제의 해결에 얼마나 공헌할 수 있는가'라는 숙제에 답하기 위해서 기획된 것이라고 볼 수 있다.

일본건축학회에서는 최근 10년 동안 지구환경문제에 관하여 다양한 학회활동을 적극적으로 해왔다. 위에서 말한 책임과 의무를 마음에 간직하고 지금까지의 실적과 앞으로의 활동방향을 건축관련 단체와 함께 집약적으로 정리한 것이 2000년에 발표한 '지구환경 · 건축헌장'이고 또한 그것의 운용 방침이다. 그러한 것들은 말하자면 일본건축학회 및 건축관련 단체가 지구환경문제에 관하여 지금까지의 노력 이상으로 진지하게 대처해 나아가겠다는 결의표명과도 같은 것이다.

그 결의표명은 당연히 기본적 이념만을 비교적 간단하게 기술한 것이다. 이번의 기획출판은 그 이념을 건축기술로서 어떻게 구체화할 것인가라는 명제하에서 출발하였다. '지구환경건축 시리즈'에는 일본건축학회의 지구환경문제에 관한 지금까지의 연구성과가 모두 담겨 있다.

본 시리즈는 전부 4권에 이르는 장편물이고 이 책은 '입문편'으로서 권두를 장식하는 책이다. 이 책 다음의 〈제2권 : 지구환경디자인과 계승〉, 〈제3권 : 자원 및 에너지와 건축〉, 〈제4권 : 건축환경 매니지먼트〉 '전문 편'이다.

입문편은 대학교 저학년 및 전문학교 학생, 가능하다면 고등학교 학생까지를 주요 독자로 하여 지구환경문제에 새롭게 관심을 가진 사람들에게 지구환경문제와 건축과의 관계에 관한 지식을 알기 쉽고 체계적으로 제시하는 것을 목적으로 하고 있다. 전문 편에서는 대학교 고학년, 대학원생, 기업의 기술자 등을 대상으로 지구환경과 건축에 관한 전문지식의 체계를 상세하게 설명한다.

건축 분야에 있어서 지구환경문제에 관한 연구는 이제 겨우 15년 정도가 경과한 아직 젊은 학문 분야이다. 따라서 여러 가지 학설과 이론들이 발전도상에 있는 것들이 대부분으로 정설로 인정된 것이 드물다. 일반적으로 학회의 간행물들은 각 분야에서 충분하게 검토, 평가를 거친 후에 정설이 소개된다. 그러나 지구환경문제에 관한 학문은 아직 성숙되지 않았기 때문에, 이 책에서는 충분하게 정설로서 굳어져 있지 않지만 매력적인 새로운 사고도 적극적으로 소개하였다. 이러한 새로운 사고들이 앞으로의 연구 및 평가를 거쳐 더욱 확고한 학설과 이론으로 성장하기를 기대한다.

이번의 출판을 통하여 지구환경건축에 대한 개념이 우리 사회에 정착하여 건축이 지구환경문제의 해결에 공헌하기를 기대한다. 나아가 출판이라는 정보발신에 대하여, 사회로부터 건축학회의 활동에 대한 주문과 비판이 모아지기를 기대한다. 그러한 것들이야말로 앞으로 건축학회의 지구환경 연구에 있어서 가장 커다란 자극이 될 것이라고 생각되기 때문이다.

---

*독립행정법인건축연구소 이사장,
재단법인 건축환경 · 에너지절약기구 이사장,
동경대학교 명예교수, 전 일본건축학회
회장, 전 지구환경위원회 위원장

역자서문

박 미 진

대한건축학회 지구환경보전위원회 위원장

건축을 포함한 인공환경의 구축, 사용 및 폐기과정에는 많은 자원 및 에너지를 투입하고 폐기물뿐 아니라 온난화 가스 등 유해물질을 배출합니다. 그런데 근대 이후의 많은 건축은 실내에 있는 인간의 쾌적성이나 작업의 효율성을 집중적으로 추구하여, 지역사회나 지구 전체의 환경체계에 대한 배려가 부족하였습니다.

물론, 지금까지도 일조권 등 근린환경을 배려한 건축적 고심을 해오긴 했으나 그것은 인간 및 인간끼리의 권리에 관한 것에 불과했고, 공해문제를 인식하기 시작한 후 토양이나 대기환경 등 지역에 대한 환경영향도 고려하였으나 그것 역시 그 지역에 사는 인간의 생존에 대한 유해성 여부를 한계치 중심으로 생각한 것이었습니다.

그 결과 범지구적 이상기후 및 황사, 산성비 등 개별 건축물이나 특정지역을 초월한 지구환경문제가 대두되고, 그에 대한 관심과 우려가 건축전문가뿐만 아니라 일반인에게도 깊어지게 되었습니다. 이러한 우려는 자원과 에너지의 유한성에 대한 위기감과 어우러져 인류와 지구 전체의 지속가능성을 걱정하기에 이르렀습니다.

더 이상 미룰 수 없는 범지구적 과제에 대해서는, 그것에 어울리는 공통인식과 공동노력이 필요합니다. 대한건축학회에서도 그간 다양한 노력을 해왔으나 지구레벨의 환경문제를 고려한 건축을 새롭게 추구하기 위하여 다방면의 연구자와 실무자가 모여 2010년도에 [지구환경보전위원회]를 발족하게 되었습니다.

본서는 일본건축학회에서 위와 같은 관점에서 다년간 연구한 결과를 정리한 것으로, [대한건축학회 지구환경보전위원회]의 위원에게 적지 않은 참고가 되었기에, 좀 더 많은 분들에게 읽고 실천하실 기회를 제공하고자 번역하였습니다. 건축을 전공하는 고등학교부터 대학원까지의 교제나 참고서로도 손색이 없을 뿐더러, 설계나 시공 및 유지관리 등의 실무 종사자 여러분에게도 많은 힌트와 시사점을 내포하고 있습니다.

번역을 담당해준 위원 여러분, 사회적 책임을 출판을 통한 봉사로 다하시는 기문당의 강해작 사장님을 비롯한 출판사 관계자 여러분께 감사드립니다.

본서가 건축 관련 실무, 교육 및 연구의 환경배려 수준을 높이는 지렛대가 되리라 믿습니다.

차 례

제 3 장 디자인 프로세스와 평가

제 4 장 사회시스템과 건축전문가의 역할

패시브 및 액티브 수법을 융합한 목조청사

유수하라쵸 종합청사

외벽, 지붕, 창의 단열성능 향상과 일사 차단성능의 향상, 주광이용, 태양열, 지열 이용, 자연통풍 등의 패시브 디자인과 태양광발전, 빙축열 시스템, 바닥분출 공조 시스템 등의 액티브 디자인을 통합하여, 운용 시 CO_2 배출량을 일반적인 청사에 비교하여 약 50% 삭감함. 지역에서 생산된 목재의 활용 등도 병행하여 $LCCO_2$를 약 40% 삭감시킨 청사. 또한 건축물종합환경성능평가 시스템 CASBEE에서도 최고인 S등급을 받음. 양호한 환경을 적은 환경부하로 실현하여 지속가능한 건축상을 수상함.

외관

- 건물종별 : 청사
- 사업주체 : 유수하라쵸
- 장소 : 고우치현 다카오카군 유수하라쵸
- 설계자 : 게이오대학교 이공학부 시스템디자인공학과 + 구마켄고 건축도시설계사무소
- 준공 : 2006년 10월

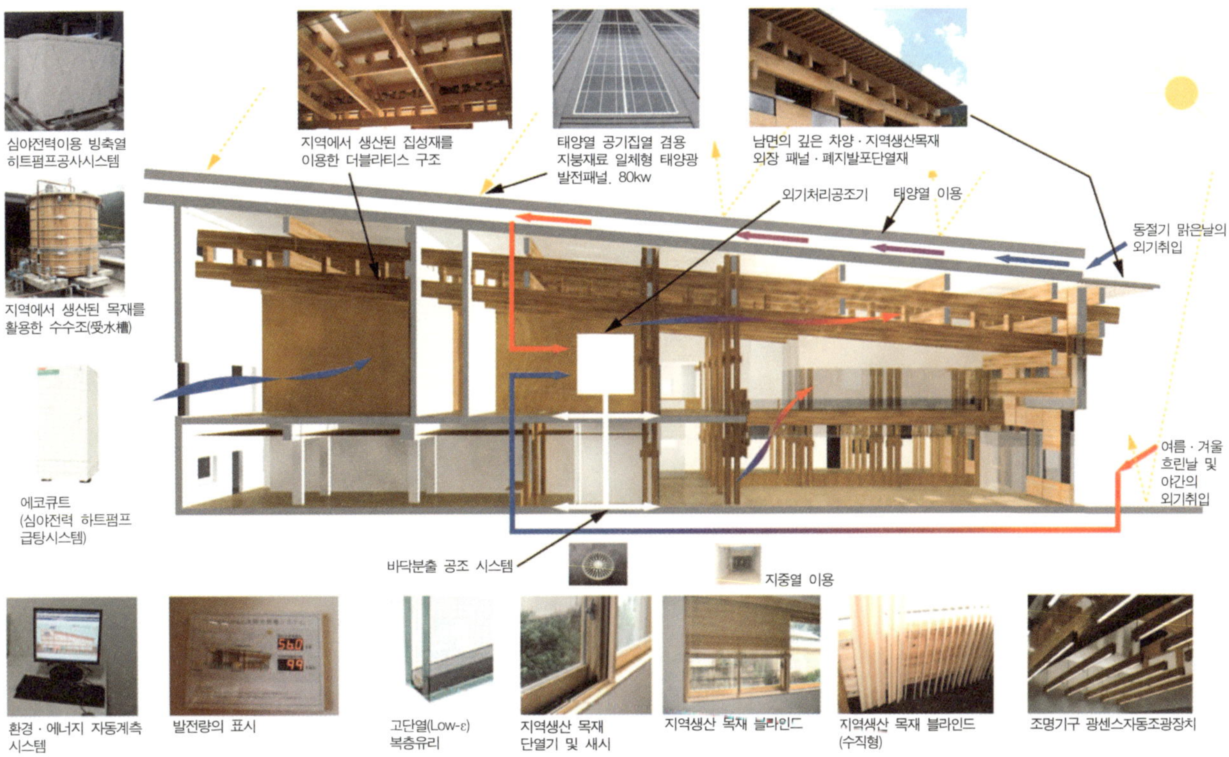

자연과 건축의 공생을 목표로 한 스포츠시설

교토 아쿠아리나

주경기장 옥상에 태양열 패널(급탕, 바닥난방, 풀의 가온(加溫) 등에 이용), 부경기장에 태양광발전 패널(촬영 SS오사카)

'교토 아쿠아리나'는 아래와 같이 환경과 어린이 그리고 노인을 충분히 배려한 종합운동공원시설이다.

녹지언덕과 환경공생건축 : 메인 풀(pool), 서브 풀 이외의 지붕부분은 녹지언덕으로서 전면 녹화하여 에너지 절약, 공원 이용, 자연과 건축의 공생을 목표로 하고 있다.

자연에너지의 최대이용과 에너지 절약 : 메인 풀의 지붕 위에 태양열 온수기를, 서브 풀의 지붕 위에 태양광발전을 설치. 그 이외에 우수 이용 등 철저한 자연 에너지 이용을 도모하고 가스 코제네레이션에 의한 에너지 절약 운용을 한다.

장수명을 목표로 하는 환경건축 : 지붕의 방청, 이중화, 지붕 면진의 채용에 의한 안전성 향상. 메인 풀의 기둥 및 보의 PCa 구조화로 고품질을 확보한다.

계승성을 중시한 환경형성 : 교토의 회랑공간의 전통을 계승하여 메인 풀은 복층화된 회랑으로 구성하여 시민의 운동 및 관람에 이용된다. 유지를 고려하여 깊은 처마를 설치하고 채광성 또한 달성한다.

- 건물종별 : 종합운동공원, 수영장, 아이스어리나(겨울)
- 준공 : 2002년 7월
- 설계자 : 교토시 도시계획국 영선부 영선과, 교토시 건설국 물과 녹지환경부녹정과, 센다미츠루 환경디자인
- 장소 : 교토부 교토시, 우쿄구 사이쿄, 고쿠도쿠다이지, 반도다쵸
- 사업주체 : 교토시

메인 풀 내부. 지붕은 장현인장구조, 태양열 패널을 적재하고 있기 때문에 지붕면진으로 건설

주차장 상부의 다목적 광장으로부터 구릉을 봄.

북쪽 입구 접근로. 우측의 녹의 구릉

고온다습기후 지역에서의 다공성 실험집합주택

스페이스 블록 하노이 모델

외관 (촬영 : 오오하시 토요오, 大橋富夫)

베트남의 수도 하노이의 구시가지를 가상대지로 상정하여 하노이 건설대학 캠퍼스 안에 건설된 실험집합주택이다. 고온다습기후지역에 있어서 환경부하저감형 고밀도 거주구 모델 개발연구의 일환으로, 하노이 기후에 적합한 패시브 수법에 의한 공극률 50%의 다공질 주동으로서 환기, 통풍 등 공기환경, 열환경, 광환경 등에도 다면적으로 활용하고 있다. CFD(계산유체역학) 해석에 의하여 다공질 부분의 배치를 결정하고, 하노이의 시각별 연간 기상 데이터를 활용하여 연간 에너지 소비량, $LCCO_2$, CASBEE 평가도 하였다.

- 건물종별 : 집합주택 ■ 장소 : 베트남 하노이 시
- 준공 : 2003년 6월 ■ 사업주체 : 하노이 건설대학
- 설계자 : 고지마카즈히로 동경이과대학 고지마연구실 + 동경대학생산기술연구소 마가리후치연구실 + 하노이 건설대학
- 환경평가 : 게이오대학 무라카미연구실 + 이카가연구실 + 동경대학 가토우연구실

다공질 부분의 내부

디자인 프로세스와 정보 공개가 탄생시킨 궁극의 환경공생주택

망루의 집

이 주택은 사이타마 현 북부의 전답이 넓게 펼쳐진 농작지에 위치한다. 잡목, 대나무의 숲, 수로로 둘러싸인 300평의 대지에 세워진 주말주택이다. 건물 면적의 약 반 이상이 지반면으로부터 1m 높은 기단위에 세워졌다. 나머지 부분은 지반면으로부터 부유된 고상식(高床式)으로 배치되었다.

설계는 프리디자인 ⇨ 디자인 ⇨ 포스트 디자인의 순서에 따라, 환경을 배려한 다양한 수법을 조합하고 입지환경을 충분히 즐길 수 있는 주택을 목표로 진행되었다. 외관의 특징을 나타내는 망루는 높은 곳에서 혼자서 책을 읽는 공간이 필요하다는 건축주의 요구에 의하여 설치되었다. 이 망루는 실내의 기후조절 및 경관디자인을 통합시킨 하나의 해답이다. 또한 주택의 특징을 상세하게 설명한 책 〈거주방식BOOK〉을 작성하여 건축주에게 제공하였다.

지역의 랜드마크가 된 망루

쿨 스팟이 되는 기단위의 북쪽 정원

안팎을 연결한 개방적인 실내공간

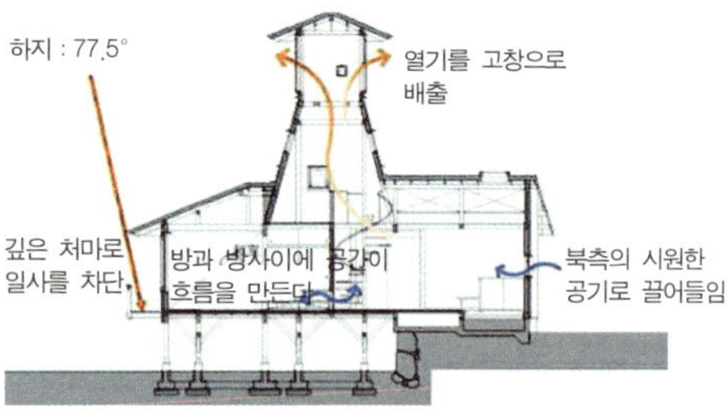

수평 · 수직방향을 통과한 바람 연구

(거주방식BOOK)
거주방식BOOK은 ①설계, 시공 관계자 일람, ②도면, ③주택의 특징과 성능, ④거주방식 등을 기재하고 있다. 예를 들면, 단열성능, 통풍, 환기성능을 어떻게 확보하였는가, 시크 하우스 대책으로 어떠한 것이 적용되었는가를 설명하고 있다.

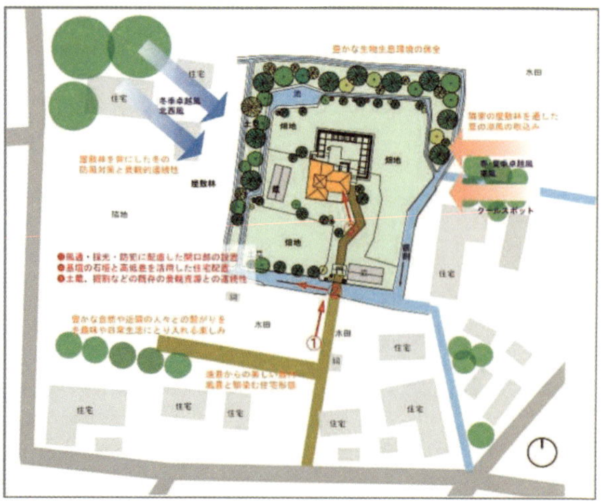

(지역의 환경성능을 정리한 입지환경 성능도)
지역의 자연, 인문환경에 관하여 조사하여, 그 특징을 계획지 주변에 표기하여 계획을 검토하였다. 특히 봄과 여름의 동풍 및 남동풍, 가을에서 봄에 걸쳐서 부는 북서풍이 특징적이다.

- 건물종별 : 주택
- 준공 : 2006년 8월
- 장소 : 사이타마 현 고타마 군 미사토쵸
- 설계감리 : 이와무라 아틀리에(주)

제 1 장

지구환경건축의 배경과 기본이론

1-1
지구환경과 건축, 그 시대배경

1-1-1 환경문제의 변화

1 제2차 세계대전 후의 60년

'건축'은 사회와 함께 한다. 시대사조와 함께 한다. 일본의 20세기 후반, 제2차 세계대전 후의 걸음을 되돌아보면, 불탄 들판으로부터의 전쟁재해 부흥에서 시작된 격동의 60년이었다. 그간 한국전쟁(1950), 도쿄 올림픽 개최와 도카이도 신간선의 개통(1964), 고도 경제성장, 오사카 만국박람회 개최(1970), 70년대의 오일 쇼크, 80년대 후반의 버블경제와 그 붕괴, 리오의 지구 서미트(1992), 한신·아와지 대지진(1995), 지구온난화 방지 교토회의(1997) 등등 시대의 전환점이 되는 일련의 중요한 사건이 있었다. 어느 사건이든 직접적·간접적으로 건축의 관점 및 본연의 자세, 구체적인 건설기술, 그리고 사용법의 발전에 큰 영향을 주어 왔다.

크게 보면, 대량생산·대량소비·대량폐기에 의한 경제활동의 확대와 그것을 가능하게 한 과학기술의 발전과 산업·유통의 근대화, 그리고 가끔 발생하는 천재지변, 생활문화의 서구화가 가져온 사회의 역사였다. '건축'은 그 과정에서 확실히 '진화'를 이루어 우리 개개의 생활공간은 비약적으로 개선되었고, 건축의 디자인이나 건설기술은 세계적으로 봐도 매우 높은 수준에 이르렀다고 해도 좋을 것이다. 그리고 사회의 모든 영위의 그릇으로서, 그리고 상징으로서 큰 역할을 하여 왔다.

이렇게 하여 우리는 세계대전 후 발전의 눈부신 성과를 이루어왔지만, 한편으로 '부'의 측면인 '환경에 대한 부하'의 문제에 대해서는 비교적 최근까지 무관심했다.

2 환경이란 무엇인가

여기서 문제시하는 '환경'이 지시하는 의미는, 말하는 사람의 입장이나 시점에 따라서 매우 다양하고 다의적이다. '국어사전'에 의하면, 문자 그대로 '지구상의 생물을 에워싸거나, 어떠한 영향을 주는 모든 것'을 가리킨다. 한 사람의 거주자를 중심에 둔다면 방의 구성, 조명, 난방, 가구 · 일상생활용품 등 생활공간을 구성하는 '환경'이 우선 떠오를 것이다. 물리적, 심리적으로 서로 영향을 주는 동거인도 거기에 포함된다. 그리고 태양의 빛이나 열, 외기, 바람, 비, 나무들 등 외부의 '자연환경'이 있고 '사회환경'으로서 자기 집 전후좌우의 이웃부터 가구(街區), 지구(地區), '지역환경'으로 파상적으로 연속해 간다. 그리고 글로벌한 에너지 · 자원의 유통이나 정보의 교환을 매개로 하여 '지구환경'으로 연결되어 간다.

예를 들어, 주택 안에서 등유나 전기 및 가스를 사용하는 것이, 멀리 떨어진 다른 지역이나 나라의 지구환경 전체에 무엇인가 부하를 주고 있는 것, 그리하여 그것의 중요성에 우리는 주목하기 시작했다. 정보통신기술(IT화)의 진전과 함께 관련 정보가 대량으로 유통되어 가시화 · 영상화됨으로써 누구라도 그 관련성을 이해할 수 있게 되었다. 최근의 지구환경문제에 대한 관심이 일반적으로 확대된 배경의 하나는 그것에 있다.

현대 사회에서 '환경문제'의 상당수는 일찍이 19세기의 영국에서 산업혁명의 진행과 함께 도시 인구가 급증해, 대기오염이나 공중위생문제 등 열악한 거주환경을 초래한 것에서 비롯되고 있다. 처음에는 일부 지역에 한정되었던 공해문제가 눈 깜짝할 사이에 온 세상으로 확산되어 광역의 도시나 도시 간, 그 주변으로 확대되어 나갔다. 그리고 최근에는 경제 규모의 급속한 확대와 함께 생산 · 유통이 국경을 넘어 글로벌화하면서 지구온난화, 오존층의 파괴, 삼림자원의 감소 등과 같은 지구 규모의 환경문제로 파급되어 갔다. 그 결과 원인자(原因者)인 우리 인류 자신의 생존을 위한 생활기반 그 자체가 위협 받는 사태에 직면하고 있다.

3 '생활의 질'과 '환경에 대한 부하'

모든 산업은 인간이 살아가기 위한 영위의 한 형태이다. 물건을 만들어 유통시키고, 정보를 만들고 전달하며, 희망과 서비스를 제공한다. 업종이나 업태가 어떤 것이든, 일의 과정에서 에너지와 자원이 투입되고 거래를 통하여 매매된다. 판매자와 구매자는 어지럽게 입장을 바꾸어, 그 연쇄가 지역적으로 그리고 지구적으로 시장경제를 구성한다.

우리는 조직으로서, 나라로서 경제의 규모를 계속 확대하는 것이 스스로 '생활의 질'을 향상시키는 지름길이라고 믿어 의심하지 않았다. 그리고 그 길을 계속 달려, 정도의 차이는 있지만 그 결과를 누려왔다. 그러나 몇몇의 선견적인 지적이나 최근의 교통 · 유통이나 정보통신의 글로벌화와 고속화를 통해서, 우리는 거기에 숨겨진 전제가

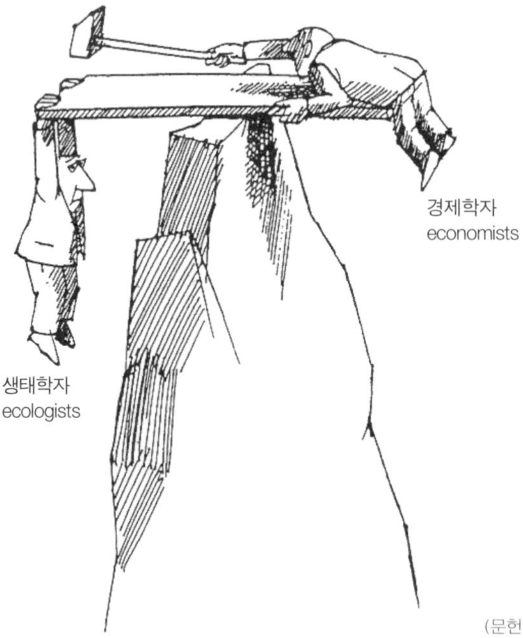

(문헌 1-1로부터)

있는 것을 깨닫기 시작했다.

'정묘(精妙)한 순환 시스템과 리듬, 그리고 기적적인 밸런스 위에 성립되고 있는 지구나 지역의 환경이 생명의 모태이며, 그것이 우리의 영위를 허락하는 한도 내에서'라고 하는 전제이다.

환경에는 부하를 허용할 수 있는 용량에 일정한 한계가 있다고 하는 '환경용량'의 개념이 그것이다. 즉, '생활의 질을 높이기 위해서 타인과 자신의 생활기반을 위협하는' 이라고 하는, 우리 인류의 모순으로 가득 찬 본성을 알아차리는 것이었다. 한 번이라도 불법투기의 현장이나 폐기물의 최종 처분장을 본 경험이 있는 사람이라면 이것을 실감했을 것이다.

20세기 후반, 우리는 이 모순을 알아차리지 못하고 혹은 알고 있어도 눈치 채지 못한 기색을 하며 살아 왔다. 지금 모든 분야에서 일어나고 있는 글로벌한 패러다임(Paradigm)의 변화에는, 다음 세대를 위해 이 모순에 대응하여 극복하려고 하는 생물로서의 본능적인 동기가 원동력이다. 위의 전제를 인정하면, 그것을 극복할 수 있는 열쇠는, 모든 것이 복잡하게 연관하는 지역적이면서도 지구적인 자연이나 사회의 모든 요소 간의 관계성을 아는 것에 있다.

사람은 살아가는 한 '생활의 질'의 향상을 바란다. 그리고 불가피하게 '환경에 대한 부하'를 낳는다. 이 모순을 극복하는 방법을, 그러한 관계성 속으로부터 발견하는 것이 앞으로의 건축이나 우리의 영위에 있어서의 최대의 과제이다.(이와무라 카즈오)

1-1-2 지속가능성(sustainability)에 관하여

앞서 말한 것과 같은 사고방식(개념)의 근본에는 '지속가능(sustainable)한 사회의 구축'이라고 하는 21세기를 사는 우리의 큰 목표가 있다. 이것은 1980년대 초두에 미국 월드 워치 연구소의 레스터 브라운 등이 앞으로의 사회가 향해야 할 모습으로서 사용하기 시작한 용어이다. 그리고 80년대 후반에는 당시의 노르웨이 수상 브룬트란드 여사에 의해서 유엔에서 정식으로 다루어져 리오의 '지구 서미트' (1992) 이후 국제적으로 넓게 인지되게 되었다.

이와 같이 비교적 새로운 개념이지만, 지속가능성은 다음 같은 지적들의 연장선상에 있다고 보아도 좋을 것이다. 60년대 초두에 미국의 해양생물학자 레이체르 카슨이 환경오염의 실태에 이미 경종을 울린 '침묵의 봄' (1962), 60년대 후반에 벅민스터 풀러가 '우주선 지구호' (1968) 등에서 제시한 우주 · 지구적 시점으로부터의 공간적 · 철학적 이념, 그리고 70년대 초두에 로마클럽이 지구 규모의 경제적 시야에서 성장을 전제로 한 미래에 대해 경종을 울린 '성장의 한계' (1972) 등의 지적들이다.

또한 영국의 생물 물리학자 제임스 E 라브락의 지구 생명권에 관한 가설 '가이아의 시대' (1988)나, 독일 브바타르연구소의 에른스트 와이젝카 전 소장 등에 의한 지속가능한 사회로의 처방전 '팩터 4' (1995) 등 모두 그 후의 환경문제를 둘러싼 운동의 흐름에 커다란 영향을 계속 미쳐온 것이다.

1 지속가능성의 정의

이상의 경위 속에서 '지속가능한 발전'은 지구환경 보전의 키워드의 하나로서 널리 사용되게 되었다. 그러나 그 정의는 반드시 명확하지 않고, 매우 많은 해석이 제시되어 왔다. 최근에는 "도대체 지속가능한 발전 등이 존재하는가?"라고 하는 시점으로부터도 다양한 비판이 논의가 있지만, 지금까지의 대표적인 정의로서 예를 들면 다음과 같은 것이 있다.

① 1987년, 유엔 브룬트란드 위원회의 정의 : '후세의 사람들이 그들 자신의 요구(needs)를 만족시키는 능력을 조금이라도 줄이는 것이 없도록, 이라고 하는 전제하에 모든 사람들의 기본적인 요구를 채우고, 또한 사람들이 보다 좋은 생활을 추구하는 기회를 늘리는 것'

② 1991년, 자연 · 천연자원 보전 국제연맹(IUCN＝International Union for the Conservation of Nature and Natural Resources)의 정의 : '기반이 되는 생태계(Eco-system)가 보유하는 용량 내에서 생활한다고 하는 조건 아래에서 인간의 생활의 질을 개선시키기 위한 발전'

2 환경 윤리학에 있어서의 주장과 지속가능성

환경 윤리학의 분야에서는 지구환경문제에 관해서 이하의 3개의 주제(theme)를 내걸고 있다(문헌 1-1).

① 세대 간 윤리(현대 세대의 미래 세대에 대한 책임)

② 지구의 유한성(우주선 지구호)

③ 자연의 생존권(인류를 포함한 모든 생물종의 생존의 권리)

모두 지속가능성에 강하게 관련하는 주제이며, 지구환경문제의 기본적인 문제가 여기에 집약되고 있다고 해도 좋다.

그렇지만 이러한 주장은 극히 명쾌한 한편, 해결을 위한 기술적 방도가 나타나 있는 것은 아니다. 지구온난화 문제도 시야에 넣어 해결하려 하면, 우리는 에너지 자원으로서 태양열과 같은 자연 에너지밖에 사용할 수 없다는 것이다. 여기서 볼 수 있는 이념과 구체적인 기술적 대책과의 괴리를 극복하는 것은 이공학 분야의 기술자에 부과된 중대한 과제이다.

3 지속가능성을 위해 "목표로 하는 환경모델"

거듭 말하지만, 인류의 영위의 집적이 결과적으로 지구환경에 중대한 부하를 주고 영향을 미치고 있는 것에 관하여 아무도 이견을 더하지 않는다. 우리의 지구환경문제에 대한 자세는 더 이상의 환경변화를 최소화하고 대량 소비문화 이전의 환경을 목표로 하며, 이 환경을 지속시키자고 하는 것이다. 그리고 지금 지구환경의 지속가능성을 추진하기 위한 모델의 구축이나 지속가능한 건축을 보급하는 방책이 강하게 요구되고 있다.

여기서 주의해야 할 것은, 현 시점에서 우리가 목표로 하는 환경모델로서 '대량 소비문화가 보급되기 전의 환경'이라고 하는 막연한 이미지밖에 없고, 구체적으로 어느 정도 거슬러 올라가 환경모델이나 라이프스타일 모델을 설정해야 하는지에 관해서 명확한 비전을 가지고 있는 것이 아니라고 하는 것이다.

예를 들어, 지속가능한 환경으로서 일본 에도시대의 농업문명이나 도시문화를, 극단적인 경우에는 석기시대의 그것을 연상하는 사람도 있을 것이다. 이러한 예가 지속가능한 것은 틀림없다고 해도, 현대에 사는 우리가 그러한 생활에 돌연 회귀하는 것은 불가능하다. 우리는 현대의 소비문명에 모두 깊게 빠져 있기 때문에 현대 문명의 편익을 모두 폐기하는 것도 무의미한 것이다.

지속가능한 환경의 실현은 당연히 생활양식(life style)에 제약을 준다. 우리는 어느 정도까지 이런 종류의 제약을 허용할 수 있을 것인가에 대하여 예측 검토하고 사회적인 합의를 획득할 수 있는 생활양식이나 환경모델을 제시할 필요가 있다. 예를 들어,

1965년경의 생활수준이나 인구규모의 상태로 돌아가면 세계의 에너지 소비량은 2분의 1에 이른다고 하는 계산도 보고되고 있다(문헌 1-1).

4 환경모델 설정을 위한 시간스케일과 공간스케일

환경 윤리학의 극히 합리적인 주장에 대해, 이공학의 분야에서 구체적으로 실현하는 방책을 구축할 책무가 있다. 실무에 종사하는 이공학계의 관계자 입장에서 보면, 이러한 주장은 "어느 정도 긴 시간 스케일"을 전제로 하여 문제해결의 기본방침을 나타낸 것이라고 말할 수 있다. 석유의 대량 소비문명이 영원히 계속되지 않을 것은 자명하다. 따라서 어떻게 탈석유 문명으로 전환하는가 하는 방책을 찾는 것에 있어서 단기(10년 전후), 중기(30 ~ 50년), 장기(100 ~ 200년 전후)의 예측 · 분석에 근거한 행동계획이 필요하게 된다. "모든 것을 태양에너지"라고 하는 생각은 단기가 아니고 중 · 장기의 목표로서 자리매김될 것이다. 즉 우리는 각각 시간 스케일에 대응한 환경대책의 모델을 가질 필요가 있다.

또한 지구환경문제의 어려움 중에 인과관계의 해명이 있다. 예를 들어, 북극지대에 사는 이누이그의 사람들의 체내 PCB(발암물질인 폴리염화비페닐)의 축적 농도가 비정상으로 높은 것은 잘 알려져 있는데, 이것은 북반구를 비롯한 많은 나라에서 소비되어 자연계에 유실한 PCB가 해류나 대기나 식물 연쇄의 프로세스를 거쳐 그들의 체내에 축적된 것이다. 이 경우, 축적된 PCB와 구체적인 유실원과의 인과관계를 분명히 하는 것은 거의 불가능하다.

즉, 지구환경문제의 대책은, 최종적으로 지구 스케일로 집약된다고 해도 그러한 매크로인 스케일로 현상을 파악하는 것만으로는 구체적인 대응을 곤란하게 하는 경우가 많다. 따라서 구체적으로는 인간 주변, 방, 건물, 가구(街區), 도시 · 지역, 광역, 지구(地球) 등 공간 스케일별로 현상을 파악하고 대책의 행동계획을 세우는 것이 바람직하다.

5 약한 지속가능성과 강한 지속가능성

지구환경문제의 배경에는 인구증가에 수반하는 대규모 자연파괴라고 하는 문제가 있다. 남겨진 자연환경의 보전을 어떻게 추진할 것인가는 지구환경의 지속가능성에 관련되는 최대의 문제 중 하나이다.

그것을 구체화하는 방책으로, 약한 지속가능성과 강한 지속가능성이라고 하는 두 가지의 사고방식이 있다. 간단하게 말하면, 전자는 '자연자산과 인공자산의 양자의 합계가 감소하지 않으면 환경보전되고 있다'라고 생각하는 데 반해, 후자는 '자연자산에는 인공자산으로 대체할 수 없는 부분이 있으므로, 일정량의 자연자산은 반드시 필요하다'라고 하는 입장에 서는 사고방식이다.

물론 후자 쪽이 논리적으로는 맞지만, 인구 폭발이 진행되는 현대에 있어 그것을 달성하는 구체적인 방책은 간단하게 발견될 것 같지는 않으며, 우리는 어려운 선택에 직면하고 있다. 건축에 있어서의 지속가능성을 생각할 때, 단·중기적으로는 실현 가능한 과도적 대책(약한 지속가능성)의 입장에서 시작하여 서서히 장기적 전망에 근거한 본질적 대책(강한 지속가능성)의 입장으로 옮겨 가는 것이 현실적인 생각이다.(무라카미 슈조)

1-1-3 건축에 있어서 지속가능성

1 무엇을 지속시킬 것인가

지속가능성의 최종 목표는 전술한 대로, 인류를 포함한 생물종이 영속적으로 생존할 수 있는 지구환경이며, 건축의 지속가능성은 그 중요한 구성요소의 하나이다. 이때 은신처(shelter)로서의 물리적인 건물 자체가 지속가능한 것은 당연해도, 그것만으로 우리의 생활이 지속가능하게 되는 것은 아니다. 피라미드가 몇 천 년이나 남은 것과 생활환경이 지속가능한 것과는 완전히 별개의 문제이다.

즉, 건축을 둘러싸는 자연환경이나 사회환경의 지속가능성도 함께 달성되지 않으면 문제는 해결되지 않는다. 지속가능성은 단순한 건축의 내구성이나 내용연수의 문제에 머무르지 않고, 앞에서 말한 것 같은 훨씬 넓은 의미의 '환경'에 관련되는 개념으로서 인식해야 한다. 따라서 본서에서 말하는 '건축과 관련된 환경'은 종래의 건축환경공학이 취급해온 '환경'보다 광의의 의미로 이용되고 있다.

지속가능성을 검토하기 위해서는 환경에 관련되는 다양한 사상(事象)을 대상으로 그 시간변화를 조사해, 그 사상이 지구환경에 대한 부하를 증가시키는 방향을 향하고 있지 않은지 확인해야 한다. 즉, 제1의 문제는 어떤 사상에 대해 어떤 시간변화를 조사할 것인가이고, 제2의 문제는 환경부하의 증감을 어떻게 파악해 판단할 것인가이다.

또 환경부하를 증가시키지 않는 방법을 검토할 때, 환경 윤리학이 명쾌하게 규정하고 있는 것과 같은 이상적인 지속가능성의 실현이 지금 당장은 공학적으로 곤란한 경우, 단기 · 중기의 방책으로서 무엇이 지구환경에 있어서 비지속적인가를 분명히 하여, 그 정도의 경감, 혹은 최소화를 추구한다고 하는 입장도 있을 수 있다. 단기 · 중기의 기술대책의 시점에서는 비지속가능성을 최소화한다고 하는 사고방식은 현실적이다.

2 어떻게 지속시킬 것인가

환경에 관한 시간적 계속성의 개념은 지속가능성의 기본이다. 그것을 구체적으로 추진하는 방책과 대처를 나타내는 것이 '환경 매니지먼트'이다. ISO14001 시리즈 등에서 요구되는 Plan (계획) → Do (실행) → Check (검증) → Action (행동)이라고 하는 일련의 사이클 프로세스를 비롯하여, 시간 경과적으로 환경부하의 저감을 실행하는 운영 · 관리의 수법에 관한 연구는 이미 많이 축적되어 있다.

건축에 있어서도 계획, 건설, 운용, 개수, 해체 · 폐기의 각 단계에서 환경부하 저감의 목표를 정해, 그 효과를 예측 · 계측 · 평가하기 위한 다양한 수법이 개발되고 있다. 그러한 결과가 건축물의 경제적 평가에도 반영되어 거래의 대상으로 여겨지는 시대를 맞이하여, 건축의 가치나 기능을 지속시키기 위한 환경 매니지먼트의 의미가 더욱 더

표 1-3-1 대표적인 종합환경평가 방법의 평가항목

명칭	BREEAM	BEPAC	LEED	SB Tool
평가항목	1 매니지먼트 2 건강과 쾌적성 3 에너지 4 교통 5 물 6 재료 7 토지이용 8 부지의 생태계 9 오염	1 오존층의 파괴 2 에너지소비에 의한 환경부하 3 실내환경 3.1 실내공기질 3.2 실내빛환경 3.3 실내음환경 4 자연보호 5 입지와 교통	1 부지계획 2 물소비의 효율화 3 에너지와 대기 4 재료와 자원의 보호 5 실내환경의 질 6 혁신성 및 통계 · 건설프로세스	1 자원소비 2 환경부하 3 실내환경 4 서비스 · 품질 5 경제성 6 운용 이전의 관리 7 근린환경

강화되는 경향에 있다. 즉, 건축에 있어서의 지속가능성을 실현하려면, 거기에 관련되는 광의의 환경영향평가의 목표를 정해 평가를 실시하고 목표를 달성하기 위해서 재구성된 환경 매니지먼트를 재차 적용한다는 계속적인 운용이 요구되는 것이다.

지구환경문제를 시야에 넣은 건축에 관한 환경평가, 환경관리에 대해서는 많은 연구실적이나 몇 개의 구체적인 가이드라인이 제안되고 있다. 그 종합환경성능평가, 이른바 환경라벨링으로는 예를 들어, BREEAM(British Research Establishment Environmental Assessment Method), BEPAC(Building Environment Performance Assessment Criteria), LEED(Leadership in Energy and Environmental Design), SB Tool(Sustainable Building Tool/구 GB Tool) 등을 들 수 있다. 이러한 수법에서 취급되고 있는 평가항목을 표 1-3-1에 나타냈다. 일본에서도 도쿄도나 국토교통성 등에 의해 건축물의 종합환경성능평가의 시스템이 빠르게 정비되어 왔다.

3 지속가능한 건축의 정의

이상과 같은 관점으로부터 '지속가능한 건축'을 구체화하기 위한 검토가 세계 각국의 관련 기관에서 진행되어 왔다. 그것의 선구로서 1970년대부터 독일을 중심으로 한 '바우비올로기(Baubiologie : 건축 생물학)'(p.63 참조)는 중요한 역할을 이루었다. 1993년 6월에 국제 건축가연합(UIA)과 미국 건축가협회(AIA)가 연명으로 정리한 '지속가능한 미래를 위한 상호의존 선언'(p.67 참조)은 지속가능한 건축, 혹은 지구환경 건축이 목표로 해야 할 방향을 직능의 이념으로서 제시했다고 하는 의미에서 획기적이었다.

일본에서도 1990년부터 활동을 개시한 '환경공생주택'의 이념을 선언하는 형태로 공표하거나(p.68 참조), 일본건축가협회(JIA)도 UIA의 일본 지부로서 1993년에 행동계획을 세워 출판이나 포럼 등을 통해 활발하게 활동해 왔다. 또한 일본건축학회는 1990년에 창설된 '지구환경위원회' 및 그 산하의 소위원회에서 다양한 검토를 더해 왔지만, 지속가능한 빌딩 소위원회는 '지속가능한 건축'을 다음과 같이 정의했다.

> 지속가능한 건축이란, 지역 레벨 및 지구 레벨에서의 생태계 수용력을 유지하는 범위 내에서 ① 건축의 라이프 사이클을 통해 에너지 절약, 자원 절약, 재활용, 유해물질의 배출 억제를 도모하여, ② 그 지역의 기후, 전통, 문화 및 주변 환경과 조화를 이루면서, ③ 장래에 걸쳐서 인간의 생활의 질을 적절하게 유지, 향상시켜 나갈 수 있는 건축물

4 환경효율

이러한 정의에 근거해 지속가능한 건축의 보급을 도모하려고 할 때, 기존 건축물이나 신축 건축물이 어느 정도 지속가능한지를 평가하는 공통의 척도가 필요하다. 예를 들어, OECD(경제협력개발기구)에서는 환경효율(EcoEfficiency)이라고 하는 개념이 검토되고 있다. 여기에서는 이것을 환경효율 지표, 혹은 단순하게 환경효율이라고 부른다.

이 지표는 ① 건축에 관련되는 모든 프로세스에 있어서의 환경부하와 ② 건축이나 도시의 안전성, 쾌적성, 아름다움, 여유, 풍부함이라고 한 '생활의 질'이라고 하는 요소를 관계 지어 환경부하를 저감하면서 생활의 질을 향상시키기 위한 것이다. 그리고 그 관계성은 다음과 같이 정의된다.

환경효율 = 생활의 질(out put) /환경부하(in put)

즉, 이 값이 클수록 환경효율이 좋다고 하는 것이다. 생활의 질과 환경부하를 각각 어떻게 정량화할까에 대해서는 아직도 기술적인 개선의 여지가 있다. 그러나 일본에서 개발된 건축물의 종합적 환경성능평가 시스템 CASBEE(p.308 참조)의 기본개념이 받아들여져, 그것의 보급과 함께 국제적인 주목을 끌고 있다. 또한 환경 합리성과 경제 합리성의 양자를 충족시키고 있는 것이 전제조건이지만, 개념으로서 명쾌한 기본 지표가 될 수 있을 것이다.(무라카미 슈조)

1-1-4 지구환경건축의 과제와 본서의 구성

본서는 이상과 같은 시대사조의 급속한 변화의 과정에서 밝혀져 온, '건축'과 그 내외의 '환경'과의 관계에 대하여 초점을 맞추었다.

여기서, 우선

① 우리의 주변 지역, 그리고 지구에 이르는 물리적인 환경의 크기에 따라서 무수한 과제를 계층적으로 정리하자. 또한

② 시대사조의 변화가 요구하는 건축의 개념이나 방법론을 리뷰하는 것과 동시에,

③ 우리의 영위의 근원인 에너지 · 자원 흐름의 실태를 과학적으로 개괄한 다음,

④ 라이프사이클의 개념을 도입하여 건축에 관련되는 일련의 행위를 시간 축으로 파악하고,

⑤ 관련하는 요소를 통합화하는 수법과 디자인 프로세스를 분명히 한다.

이렇게 하여 '지구환경시대'의 지속가능한 사회에 기여하는 '건축' 본연의 자세를 다양한 시점에서 그리면서 '지구환경건축'의 중심적 과제를 파악한다.

따라서 본서에서 '건축'은 개별의 건물만을 대상으로 하지 않았다. 건축에는 반드시 부지가 있고, 그 부지는 고유의 자연환경이나 사회환경으로 구성되는 입지환경과 상호의존 · 영향을 주면서 성립하고 있기 때문이다.

또한 하드웨어로서의 건축만을 대상으로 하지 않는다. 건축환경은 그것을 성립시키고 기능이나 아름다움을 발휘시키기 위한 프로그램 및 룰이나 체계의 소프트웨어와, 그것들을 운용하고 이용 및 활용하는 인간에 관련되는 휴먼웨어(Humanware)가 불가결한 것들이다.

그리고 지금까지와 같이 신축의 준공까지를 취급하는 것만이 아니다. 건축은 생산, 건설, 운용, 개수, 해체 · 폐기라고 하는 일련의 라이프사이클의 각 단계에서 에너지나 자원을 사용해 폐기하는 것으로 성립되어 있기 때문이다.

이 지구환경문제와의 관련성 속에서 자리매김되는 이하의 항목은 '지구환경건축'의 기본적인 4개의 테마이다.

① 지역성 · 장소성의 발견　　② 하드와 소프트의 종합적인 구성

③ 에너지 · 자원의 흐름, 순환, 리듬　　④ 시간의 흐름인 라이프사이클

그것들을 요약하면,

'건축'이 가진 '공간적인 전개'와 '시간적인 연결' 속에서 '환경에 대한 부하'를 감소시키면서 우리의 '생활의 질'의 향상을 목표로 하고, 그것을 '건축'의 하드웨어와 소프트웨어, 그리고 휴먼웨어를 통하여 지속적으로 실현하는 것임에 틀림없다.

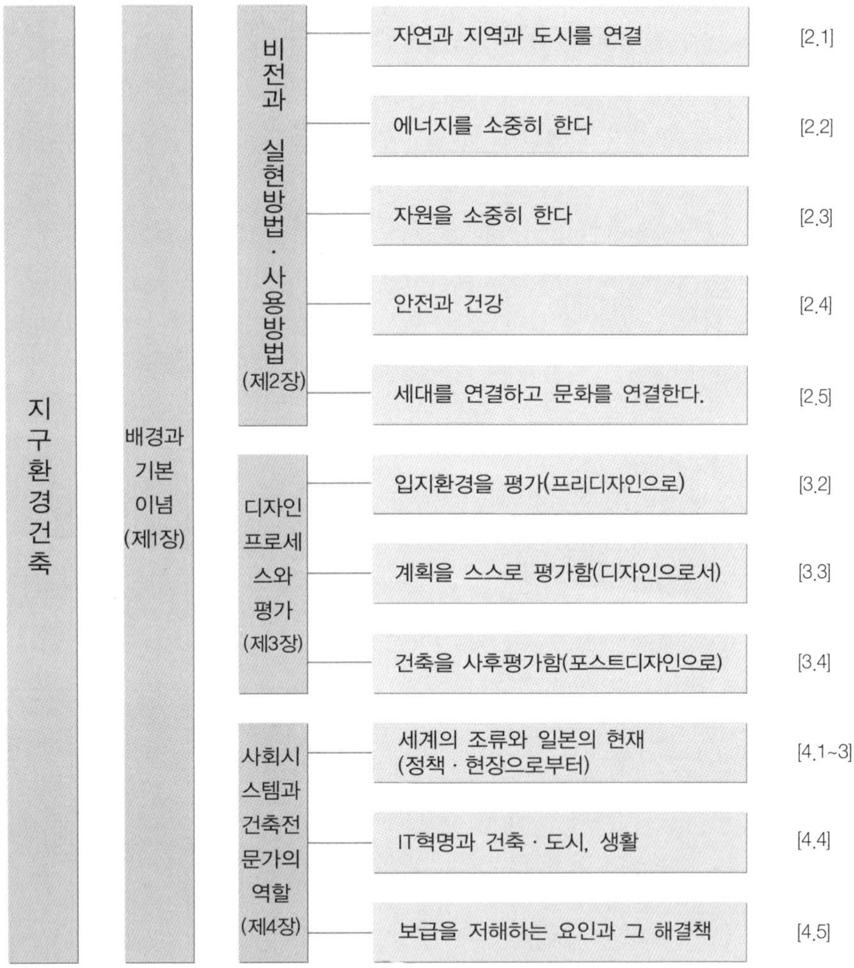

그림 1-4-1 입문편(본서)의 구성

이상과 같은 사고방식에 근거하여 본서의 제1장에서는 '지구환경건축의 배경과 기본이념'을 개괄하였다. 그것에 이어 제2장에서는 지구환경건축이 목표로 하는 비전과 그것을 실현하기 위한 구체적인 수법을, 1) 자연 · 지역 · 도시, 2) 에너지, 3) 자원, 4) 안전 · 건강, 5) 계승이라는 5개의 시점에서 재검토한다. 그리고 제3장에서는 그것들에 관련되는 하드웨어와 소프트웨어를 통합적으로 기획, 계획, 설계하는 디자인 프로세스에 대해 해설하며, 제4장에서는 그 디자인을 실현할 때에 불가결한 사회 시스템 본연의 자세와, 거기에서 기대되는 건축 전문가가 담당하는 역할을 다루고, 그 보급을 방해하는 현재의 문제점을 열거한다. 그리고 마지막 〈결어〉에서는 앞으로의 전망을 차세대에게 대한 제언으로서 매듭짓고 싶다.

본서는 지구환경건축의 입문서로서 극히 광범위한 관련 영역을 서로 중첩시키면서 그 전체상을 기술하려고 하고 있다. 각각 영역의 좀 더 구체적인 지식이나 해설은 계속 되어 간행된 본 시리즈 제2권부터 제4권까지의 서적들에게 맡기고 있다. 그 구성은 권말의 '전문편 목차 일람'을 참조하기를 바란다.(이와무라 카즈오)

환경과 개발에 관한 리우 데 자네이루 선언

(1992년 6월 8일)

1972년에 개최된 유엔 인간환경회의에서는 '인간환경 선언'이 채택되었다. 그리고 20년 후의 1992년에 브라질의 리우에서 개최된 이른바 '지구 서미트'에서는 '지속가능한 개발'에 관한 원칙이 서문과 함께 '환경과 개발에 관한 리우 선언'으로서 채택되었다.

그 과정에서 선진국들과 개발도상국들 간의 이해가 격렬하게 대립하였고, 그 조정의 결과로 양자에게 공통되는 책임과 함께, 그 정도에는 차이가 있는 것을 인정하는 선언이 되었다. 그리고 인간 중심주의의 강조와 지속가능한 개발의 제 원칙의 규정, 그리고 각 주체의 역할을 분명히 한 점 등이 주목받았다. 이 선언에 근거하여 1993년에 일본 정부는 국내판 행동계획을 결정하였다. 그리고 35도도부현(都道府県=市道)을 비롯해 많은 지방자치단체에서도 '로컬 어젠더 21'을 이미 책정하고 있다.

서문

유엔 인간환경개발회의는 1992년 6월 3일부터 14일까지 리우 데 자네이루에서 개최되어, 1972년 6월 16일의 유엔 인간환경회의에서 채택된 스톡홀름 선언을 재인식한다. 그리고 그것의 발전을 목표로, 사회나 시민에게 요점이 되는 분야와 각국 간의 새로운 수준의 협조의 창조를 통해서, 새롭고 공평한 지구규모의 협력관계의 확립을 목표로 하고, 모든 권리를 존중함과 동시에, 지구의 환경과 개발 시스템의 일체성의 보전을 향한 국제적인 합의를 추구하고, 우리들의 거주지인 지구는 불가분인 것이므로 상호 의존하는 것을 재인식하여 다음과 같은 원칙을 선언한다.

원칙 1 인류는 지속가능한 개발에 대한 관심의 중심에 있다. 인류는 자연과 조화를 이루어 건강하고 생산적인 생활을 보낼 권리가 있다(인간이 지속가능한 개발 개념의 중심에 위치).

원칙 2 국가는 유엔헌장과 국제법의 원칙에 따라 다음과 같은 권리와 책임을 갖는다. 즉, 스스로의 환경과 개발의 정책에 준해 자국의 자원을 개발하는 주권적 권리와, 스스로 관할 또는 지배하는 행동이 다른 국가나 스스로의 관할권이 미치지 않은 지역에 대하여 환경파괴를 일으키지 않도록 할 책임(주권의 존중과 관할지역 이외의 환경을 파괴하지 않을 의무).

원칙 3 개발의 권리는 현재 및 장래 세대의 개발과 환경에서의 필요성을 공평하게 만족시키도록 행사되지 않으면 안 된다(개발의 권리와 세대 간 공평).

원칙 4 지속가능한 개발을 달성하기 위해서, 환경보호는 개발과정에 있어서 빼놓을 수 없는 부분이 되지 않으면 안 되고 분리되어 검토될 수 없다.

원칙 5 생활수준의 격차를 축소하고 세계 대부분의 사람들의 필요성을 좀 더 잘 충족시키기 위해 모든 국가, 국민, 지속가능한 개발에 필요불가결한 요구로서, 빈곤을 근절시키는 중요한 임무에 협력해야 한다.

원칙 6 개발도상국, 특히 가장 개발이 진행되지 않고 가장 환경적으로 취약한 나라들의 특별한 상황과 필요성에 의해 특단의 우선순위가 주어져야 하는 것이다. 환경 및 개발 분야에서의 국제적인 행동은 모든 나라의 이익과 필요성을 위해 이루어져야 한다.

원칙 7 각국은 지구 생태계의 건전성, 완전성의 보전, 보호, 복원을 위해서 전 지구적으로 협력하는 정신을 가지고 협력해야 한다. 지구환경 악화에 대한 관여는 각각 다른 것이기 때문에 각국은 보편적이지만 다른 책임을 가진다. 선진 각국은 그들의 사회가 지구환경에 주고 있는 압력, 지배하고 있는 기술, 재원의 관점으로부터 지속가능한 개발의 국제적 추구에 있어서 가지고 있는 책임을 인식한다.

원칙 8 전 인류가 지속가능한 개발과 보다 고도의 생활수준을 달성하기 위해서, 각국은 지속 불가능한 패턴의 생산과 소비를 축소, 폐지하여 적절한 인구정책을 추진해야 한다.

원칙 9 각국은 과학과 기술에 관한 지식 교환을 통한 과학적 인식의 향상과 혁신기술을 포함한 기술의 개발, 적용, 보급, 이전을 강화함으로써 지속가능한 개발을 향한 내적능력을 위해서 협력해야 한다(4-9 지속가능한 개발의 실현).

원칙 10 환경문제는 관심 있는 모든 시민이 적시에 참가함으로써 가장 잘 대처된다. 국내에서는 각 개인이, 위험물질 및 지역사회의 활동을 포함한 공공기관이 가지고 있는 환경정보를 적절히 입수해 정책결정에 참가할 수 있는 기회를 갖지 않으면 안 된나. 국가는 정보를 널리 공개해 국민의 인식과 참가를 촉진, 장려해야 한다. 배상이나 구제를 포함한 사법이나 행정수속에 대한 효과적인 참가가 주어져야 한다(모든 주체의 참가와 정보공개).

원칙 11 각국은 효과적인 환경법을 제정해야 한다. 환경기준, 규제대상, 우선순위는 적용하는 환경과 개발의 상황을 반영하지 않으면 안 된다. 몇 몇 나라에서 적용되는 기준은 다른 나라들, 특히 개발도상국에서는 부적당하고 부당한 경제적 및 사회적 비용을 가져올지도 모른다.

원칙 12 각국은 환경악화문제에 대한 보다 나은 대처와 모든 나라의 경제성장과 지속가능한 개발을 가져올 수 있도록, 유효하고 국제적으로 열려진 경제 시스템을 촉진하기 위해서 협력해야 한다. 환경 목적의 무역정책은 자의적인, 또는 정당화할 수 없는 차별, 위장된 국제무역을 제한하기 위한 수단으로 여겨져서는 안 된다. 수입국의 사법권 밖에서의 환경문제에 대한 일반적인 행동은 피해야 하는 것이다. 국경을 넘는, 또는 지구규모에서의 환경문제에 대한 대처는 가능한 한 국제적 합의에 근거해야 하는 것이다.

원칙 13 각국은 심각한 오염의 피해자, 그 밖의 환경피해에 의한 희생자에 대한 책임과 보상에 관하여 국내법을 작성해야 한다. 각국은 또한 장래에 자국의 관할권의 미치지 않은 지역에서, 자국의 관할 및 지배에 의해 일어난 행동으로 인한 환경피해의 영향에 대한 책임과 보상에 관하여 국제법을 작성하기 위해서 신속하고 보다 단호한 자세로 협력해야 한다.

원칙 14 각국은 심각한 환경파괴를 초래한다든가, 인간의 건강에 해가 있는 것이 판명된 어떠한 활동, 물자의 타국으로 이전을 단념하게 하고 방지하기 위해서 효과적으로 협력해야 한다(11 ~ 14 각국의 국내 시책의 실시).

원칙 15 환경을 방어하기 위해 각국은 그 능력에 따라 예방적 방책을 널리 강구하지 않으면 안 된다. 중요하거나 되돌릴 수 없는 손해의 위험이 있는 곳에서는 충분한 과학적 확실성이 없는 것을, 환경악화를 막는 비용대비 효과가 높은 대책을 미루는 이유로 하면 안 된다(예방 원칙).

원칙 16 각국 정부는 환경오염자는 원칙적으로 오염비용을 지불하게 하여 공중의 이익을 배려함과 동시에, 국제무역과 투자를 왜곡함 없이 환경에 소요되는 비용의 국제화와 경제수단의 사용 촉진에 노력해야 한다(PPP / 오염자 부담의 원칙과 환경비용의 내부화).

원칙 17 국가의 수단으로서의 환경영향평가는 환경에 명백한 악영향을 미칠 수밖에 없는 대상에 대해 실시하지 않으면 안 되고, 권위 있는 국가기관이 결정의 대상이 되어야 한다.

원칙 18 각국은 다른 나라에 돌발적이고 유해한 영향을 가져올 수도 있는 모든 자연재해나 긴급사태에 대해서, 그러한 나라에 즉시 통보해야 한다. 피해를 받은 나라를 지원하기 위해서 국제사회에 의한 갖은 노력이 이루어져야 하는 것이다.

원칙 19 각국은 국경을 넘어 중대한 환경에 대한 악영향을 초래할 수도 있는 활동에 대해서, 잠재적으로 영향을 받는 나라에 대해 사전에 적절한 통보를 하는 동시에 정확한 정보를 제공하지 않으면 안 되고, 초기단계에서 그러한 나라와 성실하게 상담해야 한다(17 ~ 19 : 환경영향평가 등).

원칙 20 여성은 환경의 관리와 개발에 있어서 극히 중요한 역할을 가진다. 그러므로 그들의 전면적인 참가는 지속가능한 환경개발을 달성하는 데 빠뜨릴 수 없다.

원칙 21 모든 사람에게 지속가능한 개발과 보다 좋은 미래를 보장하기 위해서 세계의 청년들의 상상력, 이념, 용기가 지구규모의 파트너십 창조를 위해서 동원되어야 한다.

원칙 22 원주민과 그 사회, 더욱이 지역사회는 그들의 지식과 전통, 환경의 관리와 개발에 중요한 역할을 담당한다. 각국은 그들의 주체성, 문화, 이익을 인정하고 정당하게 지지하여 지속가능한 개발을 달성하기 위해서 그들의 효과적인 참가를 가능하게 해야 한다.

원칙 23 압정, 억압, 점령하에 있는 사람들의 환경 및 천연자원은 보호되지 않으면 안 된다(20 ~ 23 : 각 주체의 관여/여성, 청년, 원주민, 억압 하의 인간 등).

원칙 24 전쟁은 본질적으로 지속가능한 개발의 파괴자이다. 그러므로 각국은 교전 시에 환경보호의 국제법을 존중하고, 필요에 따라 발전에 한층 더 협력해야 한다.

원칙 25 평화, 개발, 환경보호는 상호 의존하고 있어 불가분의 것이다.

원칙 26 각국은 모든 환경에 관한 항쟁을 평화적이면서 유엔헌장에 따라서 적절한 수단으로 해결해야 한다(24 ~ 26 : 환경과 전쟁, 평화).

원칙 27 각국 및 국민은 이 선언에 구체화된 원칙을 만족시킴과 동시에 지속가능한 개발 분야에서의 국제법의 더 높은 발전을 위해서, 성의를 가지고 파트너십의 정신으로 협력해야 한다(각국의 협력).

기후변동조약 제3회 체결국 회의(COP3) 교토의정서의 요점

(1997년 12월)

본래 탄산가스(CO_2)에 의한 지구온난화가 문제가 되어, 2000년까지 대략 1990년의 수준으로 억제한다고 하는 국제적인 합의가 있었다. 그러나 일본을 비롯한 대부분의 선진국이 지킬 수 있을 것 같지 않은 상황에 있었으므로, 교토에서의 조약국회의에서 법적 구속력이 있는 삭감률 목표를 결정하게 되었다. COP3에서 결정된 교토의정서의 요점은 다음의 세 가지이다.

1. 선진국은 2008 ~ 2012년에 걸쳐 온실효과 가스의 총배출량을 전체로서 1990년에 비해 5.2% 삭감한다. 주된 국가별 내역은 EU 8%, 미국 7%, 일본 6%(국별 삭감률을 표 1에 나타낸다).
2. 대상 가스는 이산화탄소뿐만이 아니라 메탄, 아산화질소, 대체 프레온(하이드로플루오르 카본과 파플루오르 카본)과 6불화유황 등 합계 6종류.
3. 총배출량으로부터 삼림 등의 흡수분을 공제하는 네트방식과 선진국 간의 배출권 거래 및 공동실시를 인정한다.

도상국의 규제 참가에 대해서는 미국 등에서 강한 요망이 있었지만, 도상국 측의 강한 반대가 있어 교토의정서에서 삭제되어 검토가 미루어지게 되었다.
COP3(교토 회의)에서는 탄산가스를 비롯한 온실효과 가스를 세계가 일치하여 줄이는 획기적인 삭감목표(표 1)가 정해졌다. 그러나 이 목표의 달성은 각국의 경제활동에 매우 큰 영향을 미치기 때문에 그 달성은 곤란하다고 일컬어져 왔다. 그래서 상기의 삭감 목표를 어떻게든 달성하기 위해서 다음과 같은 '삭감의 체계'가 도입되었다.

1) 네트방식의 도입 : 삼림 등의 탄산가스 흡수원인의 효과를 고려하여 총배출량에서 공제하는 사고방식을 도입.
2) 배출권 거래 : 배출권이란, 각국에 할당된 배출한도. 삭감 목표 이상으로 삭감을 달성한 나라는, 그 잉여 달성분을 '배출권'으로서 목표를 달성할 수 없는 나라에 매각할 수 있도록 하는 것이다. 삭감을 위해 노력하면 그 성과에 따라 이익을 얻을 수 있다.
3) 공동실시 : 선진국이 시장경제 이행국(구소련, 동유럽)이나 도상국의 대책을 지원하는 방책으로서 복수의 국가들이 온난화 대책을 공동으로 실시하는 '공동실시활동'이라고 하는 제도가 1995년의 COP1로 도입되었다. 이 공동사업으로 달성된 온실효과 가스배출 삭감량을 실시국 사이에 나누는 것이 '공동실시'이다. 장래에 효과가 있는 체제이지만, 참가하는 도상국에도 삭감 목표를 부과해야 할 것인가, 또 삭감량의 산정이나 배분비율의 결정방법 등이 과제가 되고 있다.
4) 클린 개발 메커니즘 : 복수국이 공동으로 삭감사업에 참가하는 구조.

이러한 '삭감의 체계'(메커니즘)는 COP3에서는 개념으로서는 인정되었지만, 구체적으로 어떻게 할 것인지, 원칙이나 룰의 제도화 등에 대하여 산적한 문제들이 있어 COP4 이후의 심의로 유보되었다. 그러나 미국 등의 반대에 의해 아직까지 이 의정서는 발효되지 못하고 있다. 그 후, 2001년 11월에 모로코의 마라캐쉬에서 개최된 COP7에서 교토의정서의 실시에 관련되는 룰이 결정되어, 그 비준을 향한 움직임이 촉진될 전망이다.

표 1 온실효과 가스 나라별 삭감률(%) (1990년 방출량에 대해)

10% 증가	아일랜드
8% 증가	오스트리아
1% 증가	노르웨이
0	뉴질랜드, 러시아, 우크라이나
5% 감소	크로아티아
6% 감소	캐나다, 헝가리, 일본, 폴란드
7% 감소	미국
8% 감소	EU, 오스트리아, 벨기에, 불가리아, 체코, 덴마크, 핀란드, 프랑스, 독일, 그리스, 아일랜드, 이탈리아, 라트비아, 리히텐슈타인, 리투아니아, 룩셈부르크, 모나코, 네덜란드, 포르투갈, 루마니아, 슬로바키아, 스페인, 영국, 스위스

1-2 지구환경건축의 기본적 시점

1-2-1 글로컬(글로벌+로컬)인 시점

21세기의 건축이 놓인 문맥을 생각하면, 우선 공간적 전개에 관련된 복안적(複眼的) 시점이 요구된다. 즉, 주로 교통·유통의 대량·고속화와 IT화에 의하여 인간 생활의 모든 분야에서 급속히 진전되는 '글로벌라이제이션(지구화)'의 시점과 그 반대에 있는 '로컬리티(지역성)'의 시점이다. 그리고 양자 간의 대립 및 서로 피드백 할 수 있는 관계성에 주목할 필요가 있다.

그렇지만 최근의 글로벌한 움직임에 모든 것이 휘말려 들어가는 가운데 로컬 측에서의 움직임은 그야말로 미약하다. 개인 또는 지역의 자율성을 전제로 한 '장소성'의 중요함을 글로벌한 가치관 속에서 어떻게 인식하여 복권할 수 있을 것인가는, '장소성'으로부터 피할 수 없는 건축을 생각하는 데 있어서 커다란 과제의 하나이다.

따라서 '글로벌(=보편적)한 전망'을 가지면서, 동시에 '로컬(=고유적)한 이해'에 바탕을 둔 이념과 방법론이 제창되었다. 그것을 '글로컬(글로벌+로컬) 어프로치'라고 한다. 이 절에서는 이 두 가지의 양극단적 공간개념 사이를 오고가면서 지구환경 시대의 건축에서 빼놓을 수 없는 시점을 논해 보고 싶다.

1 글로컬 빌리지

현재의 세계는 네트워크화 된 전자미디어에 의해서 지구 전체가 리얼타임으로 연결되어 있다. 일찍이 1960년대에 캐나다의 문명 비평가 마셜 맥루한(1911~1980)이 지적

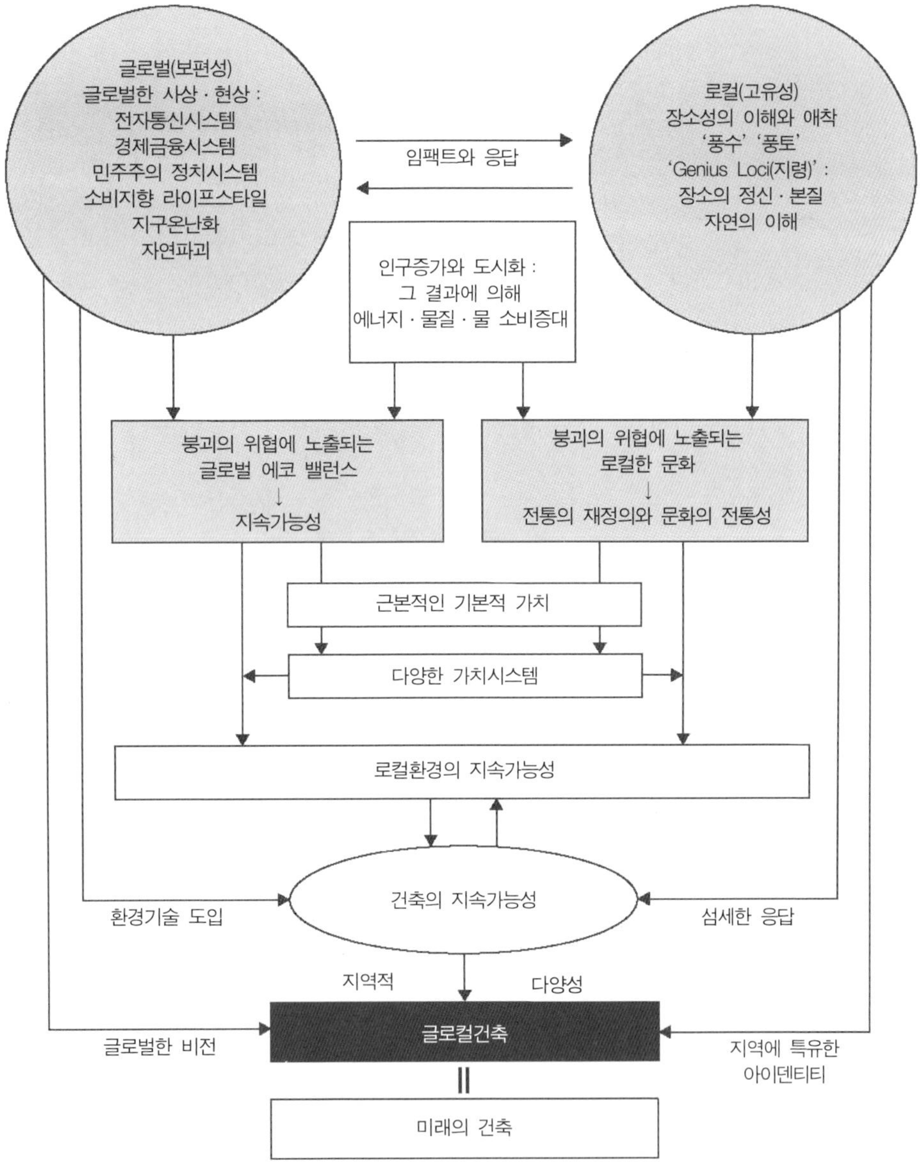

그림 2-1-1 「건축의 미래」의 글로컬 어프로치(나가시마 코이치, 1996)

한 것처럼, 정보적으로 보면 지구는 마치 하나의 '촌락'의 양상을 나타내고 있다. 매일 광역화, 고속화하는 정보 미디어를 매개로, 금융 · 무역과 같은 비즈니스의 경영은 공간과 시간을 넘어 24시간 계속 가동하는 하나의 세계시장을 형성하고 있다. 그리고 패션이나 음악, 영상과 같은 더욱 더 정보성이 높은 것, 과학기술의 지식 등 보편적인 성격을 가진 것 등은 순식간에 세계의 도시사회와 지식사회에 공유되어 간다.

마찬가지로 건축의 시각적인 형태나 공업화된 구법과 공법 등은 여러 곳으로 복제되고 재생산된다. 그리고 사막이 되었든 몬순지역이 되었든 동일한 디자인이나 구조의 건물이 차례차례로 출현하여 풍토와 전혀 어울리지 않은 건축·도시가 일반화된다.

또한 환경이나 생태계의 문제에 있어서도 어느 나라에서 대기오염이 일어나면, 멀리 떨어져 있는 곳에서 산성비가 되고 식물을 죽인다. 자신의 집에서 사용하는 스프레이의 특정프레온이 남극에 오존홀을 만들어 다른 나라를 자외선으로부터의 위협에 노출시킨다. 이것은 지구상 공간의 일체성을 가시화시켰다. 요컨대 타인의 일이라고 생각했던 것이 타인 일이 아니게 되고, 온 세상의 사람들이 이웃처럼 느껴지게 되는 것이다. 이렇게 해서 21세기는 고도로 발달한 전자미디어와 교통·유통 시스템에 의해서 각자가 국경을 가지는 '국민 국가'라고 하는 19세기적인 산물의 역할은 급속히 희박하게 된다. 얼굴이 보이는 리얼한 '로컬 커뮤니티', 전자매체에 의한 가상 '글로벌 커뮤니티'가 순간적으로 서로 교착해 '글로컬 빌리지'라고 말해야 할 상태를 급속히 출현시키고 있다.

2 근대주의와 고전주의

'보편성'이라고 하는 옷을 입은 '국제주의'는 1920년대의 유럽에서 싹이 트고, 그 후 미국에서 급속히 보급되었지만, 그보다 훨씬 이전에 역시 유럽에서 태어난 '모더니즘(근대주의)'의 산물이다.

정확히 그 무렵, 서구 이외의 사회에서는 서구의 뒤를 쫓아 산업이나 사회제도의 근대화를 추진하고 있었다. 메이지(明治) 이후에 그 길을 따라 간 일본은, 제1차 세계대전 후의 건축 분야에서 보면 '근대건축' = '국제건축'이라고 하는 해석방법이 일반적이었다. 그러한 방법은 선진 서구세계의 '보편적'인 문명에 들어가기 위해서 도입된, 알기 쉬운 도구이기도 했다. 재빨리 근대 산업기술을 손에 넣고 있었던 일본은, 그들이 구사한 인터내셔널한 건축을 만드는 것이 선진적이고 보편적인 가치를 받아들이는 것이며, 그렇게 함으로써 서구에 대한 콤플렉스의 극복과 자존심의 획득이라고 하는 국가적 목표를 달성하는 것과 중첩되었다.

그러나 일본에서는 근대건축이 공학계의 분야를 통해서 '서양의 재능'으로서 도입되었던 것에 하나의 문제가 있었다. 즉, 근대건축의 배후에 있는 서구문화의 문맥을 소거한 형식으로 기술과 공간을 도입하여 생활양식을 지나치게 적응시킨 것에 문제가 있다. 그 과정에서 '서양혼'과 '일본혼'이라고 하는 문화적, 풍토적 문맥의 이해가 깊게 의문시되지 않았다. 그러한 상황하에서 일본의 근대건축운동이 발동 걸린 것이다.

또한 식민지화 된 아시아 등의 비서구지역에서는 전통적인 건축이나 문화유산을 전근대적인 것으로 인식하고, 서구인뿐만 아니라 현지 사람들에게마저도 부정적으로 취급되는 상황이었다. 즉, 지역 고유의 것이 소홀히 되는 상황이 안과 밖에서 생기고 있었던 것이다. 식민지화 되지 않았던 일본에 있어서도 그러한 사고에 근간을 두는 '외래신앙'이 아직껏 뿌리 깊게 남아 있다.

3 로컬리티(지역성)의 위기와 복권

이와 같이 문화라고 하는 측면에서 보면, '로컬문화(지역문화, 지방문화)'에 관한 평가나 존엄은 20세기에 있어 위기적 상황에 있었다고 해도 과언이 아니다. 지역문화는 그 지역의 사람에게 있어서는 공기와 같은 것이며, 그 가치는 자기 자신은 잘 깨닫지 못한다. 1920년대에 일본을 방문한 독일인 건축가 브루노 타우트(1880 ~ 1936)는 가쓰라별궁이나 시라카와 지방의 민가를 높게 평가하여 구미에 소개하였는데, 그것이 계기가 되어 일본인이 자랑할 수 있는 건축문화의 대표적 예가 된 것은 주지의 사실이다.

그렇지만 이렇듯 급속히 글로벌한 정보화가 진행되어, 이렇게 공간을 넘어 이동하는 모빌리티가 높아져 온 결과, 이 로컬인 지역성의 의미가 크게 변화되었다. 예를 들어, 현대에서는 가령 이 모빌리티가 없어도 대량의 정보검색이나 교환이 가능하다. 극단적으로 말하면 캡슐과 같은 공간에 갇혀 있어도 세계 속의 정보를 손에 넣을 수 있다.

그런데 이러한 가상의 이미지 체험이 풍부해질수록, 그것의 일부라도 오감을 통해 실제로 체험해 보고 싶다고 하는 욕망이 증폭된다. 그리고 그것은 장소성을 수반하는 공간에 몸을 두는 것에 의해서만 가능해지기 때문에 '장소'와 '로컬리티'의 가치가 재평가되는 필연성이 생겨난다.

4 풍수, 풍토, 지니어스 로사이

'장소'의 특성을 나타내는 개념에 '풍수'나 '풍토'가 있다. 거기에는 토지의 기후, 지질, 식생 등의 자연환경은 물론, 경우에 따라서는 거기에 생활하는 사람들의 영위나 인정까지 포함해 말하기도 한다. 또한 '풍경'이라고 할 때, 여기에는 사람의 기척이 포함되어 보는 사람의 측면에서 직감이나 주관이 개입된다. 유럽에서도 라틴어로 '지니어스 로사이(Genius Loci)'라는 말이 있어 장소의 정령, 지령, 토지신 등으로 번역되지만, 이것 등은 '풍토'를 좀 더 신격화 내지는 인격화하여 사람과 장소 간에 친화감 또는 토지에 대한 경외심을 나타낸 것이다.

어쨌든 동서양을 불문하고, 이른바 근대건축이 세상 주류를 차지하게 될 때까지는, 이러한 표현이 상징하는 것처럼 건축과 풍토와는 끊으래야 끊을 수 없는 관계에 있었다.

5 근대건축의 공죄(功罪)

한편, 근대건축은 국제성과 보편성의 이름하에, 그것이 시어지는 지역의 풍토와 관계없는 디자인을 하고 공장에서 대량생산된 철, 콘크리트, 유리를 많이 사용함으로써

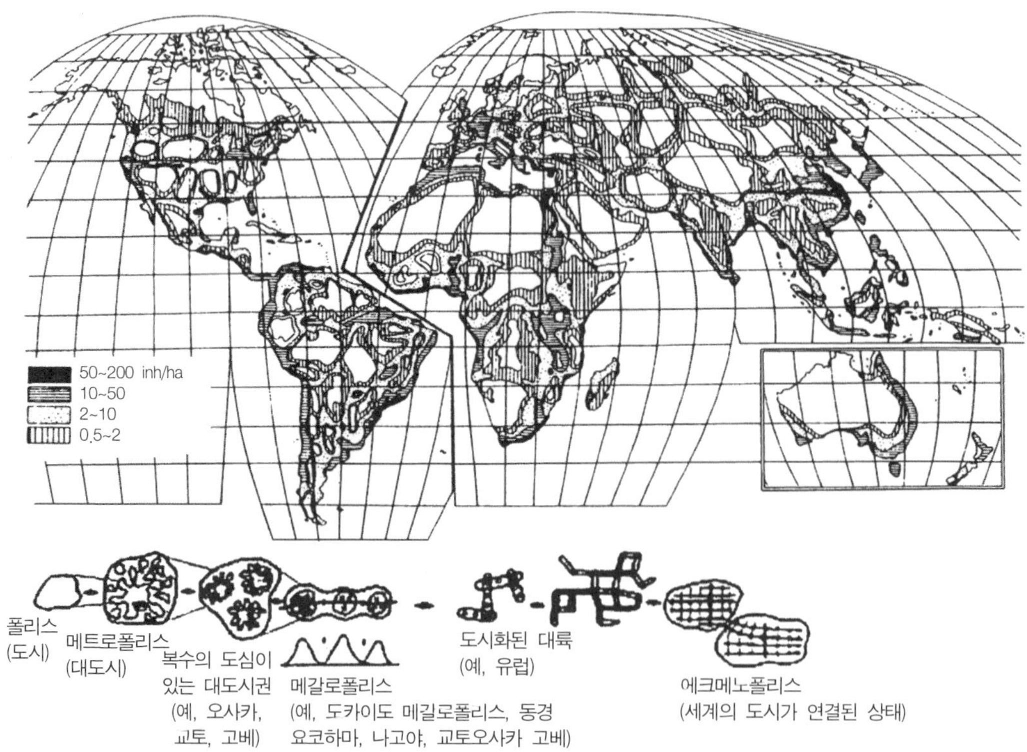

그림 2-1-2 2100년의 에크메노폴리스 (출전 : C.A. Doxiadis 「ECUMENOPOLIS」)

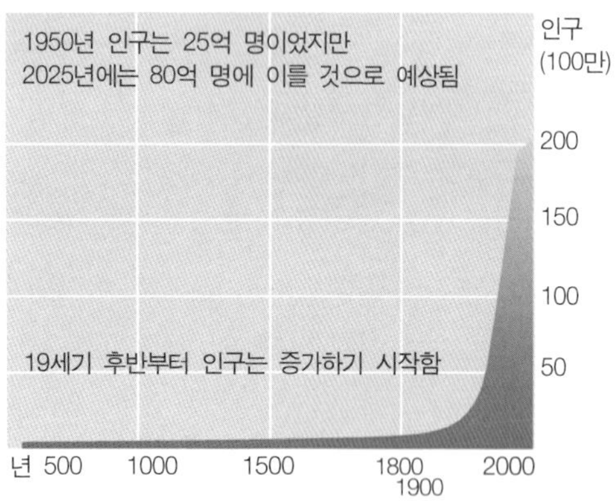

그림 2-1-3 세계의 인구증가

건축을 어떤 장소에든 통용되는 기계적인 기능에 의할 것을 주장해 왔다. 확실히, 고도로 산업화된 구미 문명권에서는 이 근대건축의 주제는 기술적 · 산업적 · 경제적으로 필연성이 있다. 그때까지 이어져 온 문화적 축적, 문명의 번거로운 교착을 일순간에 단절시키고 새로운 바람이 필요했던 시기에는 진정으로 환영되어야 할 건축양식의 출현이었다.

그러나 같은 조건이 마련되지 않았던 세계의 대부분을 차지하는 미산업화 지역, 특히 공업제품 자원의 제공지이며 시장이었던 개발도상국에 보급된 이래, 건축의 세계에서도 오류와 혼란이 일어나게 되었다. 사막이나 정글에 홀연히 솟은 커튼월의 초고층의 모습은 그런 상황을 상징하고 있다.

6 인구폭발과 도시화의 변모

20세기에 들어서 가장 현저한 현상 중의 하나는 지구규모의 인구증가이다. 1900년대 초에는 20억 명에 못 미쳤던 인구는 세기말에 60억 명을 넘었다. 이와 함께 격렬한 도시화 현상에 의해서 도시는 끝없이 팽창해, 도시 → 대도시(메트로폴리스) → 도시연담화(코나페이션) → 거대도시(메갈로폴리스) 그리고 한층 더 메갈로폴리스가 연담해 세계를 뒤덮는 도시 지역의 네트워크, '에크메노폴리스(세계도시)'로 변모를 이루어 나간다.

이와 같이 지적한 것은, 1950년대 초의 그리스인 건축가 C. A. 독시아디스(1913~1975)였다. 그는 세계의 인구가 100억 명을 넘는 사태가 예측되는 21세기 후반에는 지구 전체의 생태계 밸런스를 유지하는 것이 어려워진다고 보고, 지구규모의 생태계 유지기능을 담보할 수 있는 종합적인 토지이용계획의 필요성을 당시 누구보다도 빨리 호소했던 것이다. 50년이 지난 후의 현상은 확실히 그 방향을 향해 가고 있다.

20세기 후반의 공업 선진국에서는 대량생산, 대량소통, 대량폐기를 특징으로 하는 매스컴 주도의 자원다소비형 라이프스타일이 만연하여 에너지나 자원의 소비와 폐기물은 더욱 더 증대되었다. 개발도상국의 도시화 현상은 그러한 라이프스타일에의 동경과 함께, 농촌의 인구 지지력의 상대적인 저하를 배경으로 인구가 도시에 집중되었다고 여겨지고 있다.

그런데 반드시 도시에 그것에 적합한 충분한 고용의 기회가 있었기 때문이 아니다. 특히 아시아에서는 나라에 따라서 인구의 4분의 1 이상이 수도권에 집중한다고 하는 상황도 드문 것이 아니다. 그 결과 단지 초과밀이라고 하는 것만이 아니라 실업이나 반실업 상태하에서 '분산 슬럼'이라고 불리는 비인도적인 거주환경이 대량 발생하였다. 이와 같은 지속가능한 사회와는 동떨어진 도시환경의 실태에 대해서 20세기의 건축계는 관심이 낮았고 공헌해야 할 충분한 역할을 담당하지 못했던 것이 아닌가라는 의구심이 든다.

7 지구환경의 지속가능성과 건축의 역할

지구 전체의 생태학적인 밸런스가 인류의 생존에 있어서도 불가결하다면 향후 급격하게 확대될 것이고, 21세기 중엽에는 전 인구의 90%가 살게 되는 도시 지역이 인류의 생존이라고 하는 목적에 어울리게 유지 가능, 혹은 지속가능한 환경이 아니면 안 되는 것은 자명한 이치이다.

그것은 도시의 물리적인 구성요소의 대부분을 차지하는 건축물이나 구조물, 외부공간이 지속가능하게 만들어져 운영되지 않으면 안 되는 것을 의미하고 있다. 우리가 지금부터 건축을 생각할 때에, 그것이 모든 것의 저류가 되는 기본적인 가치관이 되는 것을 의미하고 있는 것이다.

거기에는 에너지나 자원의 소비 삭감이나 유효 이용이라고 하는 과제가 우선 떠오르지만, 그것은 단지 테크놀로지나 산업구조만의 문제는 아니다. 개개인의 의식이나 마음가짐, 사회의 가치관이나 문화적인 측면, 그리고 사회 시스템 전체에 관련되는 문제이다. 여기에서도 글로벌인 시점과 로컬인 시점의 융합이 기본이 된다.

8 건축 전문가의 역할

이상과 같은 관점에서 앞으로의 건축이나 도시형성에 종사하는 사람은, 한편으로는 전문가로서의 글로벌 가치관을 가지고 최신의 보편적인 기술적 지식이나 경험과 노하우를 계획·설계 및 운용에 활용한다고 하는 본래의 역할을 완수하는 것은 물론, 한 명의 생활자로서 그 지역 고유 환경의 특징에 강한 관심을 가지고 디자인의 각 프로세스에 적극적으로 관여하는 것이 요망된다. 게다가 지구상의 어디에서 일을 하거나, 토지의 기후풍토나 역사문화를 잘 이해하고, 지니어스 로사이와 같은 '장소성'으로부터 발견적인 발상을 하여 창조적인 환경 만들기를 전개한다는, 본래의 직능적 공헌이 기대되는 것이다.

지금까지 뛰어난 건축 전문가는 이러한 창조의 프로세스를 무의식중에 탐구해 왔을지도 모른다. 그러나 현재의 일반적인 상황은 그러한 것과는 거리가 멀다. 로컬적 시점과 글로벌적 시점과의 복안적(複眼的)인 어프로치에 대한 시대의 요청은 그러한 상황에 기인한다. 당사자가 디자인 프로세스를 분명히 의식하고 투명성이 있는 방법론에 의해서 실행하는 것을 함께 요구하고 있는 것이다.(나가시마 코이치)

1-2-2 건축디자인의 새로운 패러다임(Paradigm)

매크로(거시적) 시점에서 본 지구환경과 지역성을 배경으로 가진 건축과의 관계를 수용하여, 여기에서는 그것으로부터 구체적으로 구상되는 「건축디자인」의 새로운 패러다임을 추궁해 보고자 한다.

> 인류가 살아가는 곳 — 우리들의 도시 — 는 생태계의 최대의 파괴자이며, 그 도시가 지구에 사는 인간의 생존에 최대의 위협을 가하고 있다는 것은 아이러니이다.
>
> (리차드 로저스)

1 왜, 지금 새로운 패러다임?

패러다임(paradigm)이란 한 시대에 지배적인, 혹은 공통 사고의 틀을 나타내는 말이다. 말하자면, 같은 시대에 사는 사람에게 있어서는 말할나위도 없는 공기와 같은 사고방식이다. 눈앞에 있는 과제에 과거와 같이 임하는 것만으로는 결코 해결할 수 없는 문제에 직면되는 것이기에, 우리는 패러다임의 전환을 필요로 한다. 새로운 생각을 채용하는 것은 낡은 생각을 버리는 것보다 용이하다고 하지만, 새로운 패러다임의 창조에는 낡은 생각·관행의 포기도 포함되어 있다고 인식해야 한다.

그럼 왜, 건축디자인 분야에서 그러한 정도까지 절실하게 새로운 사고의 틀이 요구되고 있는지? 그것은 한 마디로 말해 현재의 건축·도시의 본연의 자세가 지구온난화·자원고갈·오존층 파괴·생태계의 파괴 등 지구규모의 환경문제를 일으켜 인류의 생활이나 생존을 위협하는 장치가 되고 있기 때문이다. 인류는 바람과 비로부터 몸을 지키고 풍족한 생활을 창조하기 위해서 건축·도시를 구축해 왔을 것인데, 그것이 오히려 궁핍함과 생존의 위기를 만들어내는 원인이나 결과를 초래하고 있다는 것은, 건축가 리차드 로저스가 말하듯이 정말 아이러니한 것이다.

그렇다면 그러한 사태에 도달하지 않기 위해서는 어떠한 패러다임의 전환이 필요한가? 21세기초 일본의 사정도 감안하면서 생각해 보자.

2 물건의 가치로부터, 공간가치로의 전환

우리들의 다양한 영위의 양상은 시시각각으로 변화하고 있고, 이것에 맞추어 우리 주위의 인공환경을 새롭게 창조하는 요구는 항상 발생하고 있다. 지금까지의 건축교육이나 실무자의 관심은 이러한 요구에 대해 건물을 만드는 것에 초점을 두고 있었다. 그렇지만 21세기 초의 시점에서, 일본에는 약 80억m^2에 조금 못미치는 건축물이 존재한다. 이것에 대해서 1년간의 신축량은 2억m^2 정도이다. 이것은, 만일 모든 기존 건축

사진 2-2-1 기억이 없는 거리

사진 2-2-2 기억이 있는 거리

물을 개축하기 위해서는 적어도 40년은 걸리는 것을 의미한다. 한편, 산업혁명 이래의 큰 경제의 파도 속에서 IT경제화·서비스 경제화가 진전하여, 요구가 변화하는 속도가 현저하게 빨라지고 있다. 게다가 기존 건물의 유지보전 비용이 증대하여 가까운 미래에는 건물의 신축량이 제로가 된다고 하는 예측도 있다(문헌1-3).

이것은 신축활동에 건축디자인의 중점을 두는 것은 불합리하고, 오히려 과거부터 축적된 주위의 인공환경을 현재의 요구에 얼마나 적합하게 해나갈 것인가에 중점을 두어야 한다는 것을 나타낸다. 그것은 다른 말로 하면, 건축설계의 역할이 건물이라고 하는 물건을 만드는 것에 있는 것이 아니라 건물이라고 하는 장치를 이용하고 공간을 만드는 것으로 전환되는 것에 있다고 할 수 있다. 우선, 의문시 되는 것은 공간의 질과 그 이용가치이며, 장치의 새롭고 오래됨과는 관계가 없다. 오히려 '오래된 건물이 없는 거리는 기억이 없는 인간과 같은 것이다(이언 코훈)'라고 하는 사고방식(사진2-2-1, 사진2-2-2 참조)을 수용한다면, 공간의 질과 가치는 장치로서의 건물이 낡을수록 가치를 갖는다고 말해도 좋다.

기존 건축을 요구에 적용시키기 위한 디자인은 신축에 비해 물리적인 제약이 많다. 게다가 그 모든 것을 사전에 예견하는 것은 곤란하고 현장에서 설계가 변경되는 빈도도 높다. 또 당사자·이해관계자의 관계도 복잡하고, 그 합의·납득을 얻기 위해서는 긴밀한 커뮤니케이션이나, 경우에 따라서는 당사자 및 이해관계자의 디자인 프로세스의 참가가 필요해진다.

기존의 건축 스톡을 존중하는 것은 우리가 새롭게 만든 스톡을 후세 사람들이 존중해주는 것과 연결된다. 그렇지 않다면, 우리들이 아무리 애써 만들어도 후세 사람들은 그것을 고려하지 않고 아주 간단하게 부수어 버릴 것이 틀림없다. 선조의 영위에 대한 존경심이 우리들의 건축·도시가 철거후 재건축되는 악순환으로부터 벗어나서 지속되기 위한 전제조건이다.

3 지속적 최적화(Continuous Customization)

그림 2-2-1은 건물이 신축되고 나서 해체될 때까지의 프로세스를 도식화한 것이다. 공간 가치를 유지하고 향상시키기 위해서는 요구의 변화에 따라 건물을 개조해 나갈

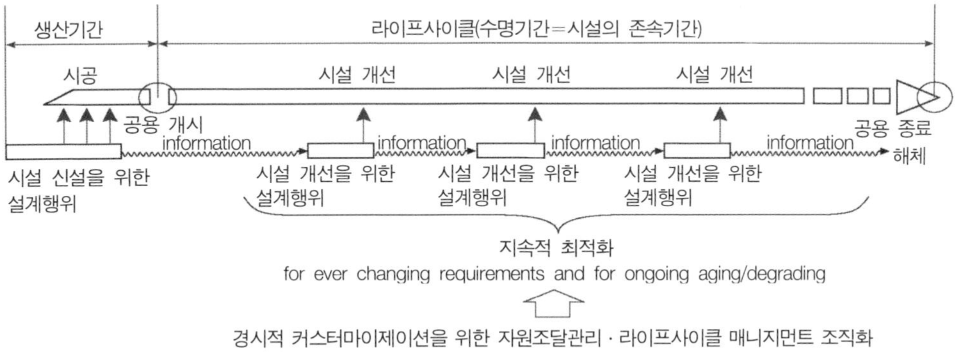

그림 2-2-1 건물의 지속적 최적화

표 2-2-1 지속가능성 저해 정도의 평가축(환경측면)

1. 지구환경 척도			
① 에너지 사용	② 지구온난화	③ 자원고갈	④ 오존층 파괴
2. 지역 · 지구환경 척도			
① 토양오염	② 수질오염	③ 라돈오염	④ 소음
⑤ 생태계 파괴(열대우림 파괴를 포함)		⑥ 건물주위의 마이크로 기후 이변	
⑦ 일조 저해	⑧ 경관 파괴	⑨ 역사적 환경의 파괴	
3. 실내환경 척도			
① 건강을 저해하는 물질의 확산			
② 외기에서의 유해물질의 침입(농약, 방부제, 제초제, 화학비료)			

필요가 있다. 이러한 시계열상에서 일련의 개조행위를, 여기에서는 '지속적 최적화(Continuous Customization=경시적 최적화)라고 부르기로 하자.

이전에는 건축디자인이란 그림 2-2-1의 신축/인도의 단계까지의 행위를 가리키고 있었다. 그렇지만 물건의 가치로부터 공간가치로 이동한다는 것은, 최적화를 디자인 행위의 주류로 하는 것이다. 건물을 발주자에게 인도한 시점에서 건축 설계자의 역할은 완료한다고 하는 생각보다 오히려 설계자는 건물의 라이프사이클 프로세스 전체에 관여한다고 생각해야 할 상황이 된다.

거기서 요구되는 것은, 라이프사이클 배려형 디자인(Life Cycle Based Design)이다. 이것은 건축의 라이프사이클(설계, 건설, 운용, 개수, 폐기) 전체를 투시적으로 이해한 후에, 라이프사이클 전반에 걸친 공간의 이용가치의 최대화와 환경부하와 비용의 최소화를 목표로 하는 것이다. 라이프사이클 어세스먼트('3.3, 3. LCA' 참조)는 그것을 위한 툴이 된다.

라이프사이클 배려형 디자인의 기본은 '다음 세대에게 재량의 폭을 가능한 한 크게 남겨 주는 것이 지금 세대의 책임이다'라는 생각에 있다. 신축 시점에서의 요구에 대한 최적대안을 설계하는 것이, 반드시 라이프사이클 전반에 걸치는 공간의 이용가치를 최대화하는 것은 아니다. 오히려 '건물의 미래의 모든 것을 사전에 예견할 수 있다고 생각하는 것은 오만이다'라는 것을 이해하고 변화에 대한 대응 가능성을 높인 건물(Adaptable building)을 실현하는 것이, 이러한 디자인에 있어서 목표가 된다.

4 커뮤니케이션과 참가

건축의 환경 배려의 정도, 다르게 말하면, 우리 생활의 지속가능성을 위협하는 정도를 계측하는 지표(평가축)에는 다양한 것이 있다(표 2-2-1). 건축설계에 있어서 의사결정의 결과가 어느 지표로 측정해도 높은 수준인 것이 바람직하지만, 한쪽을 높이면 다른 한쪽이 낮아지는 것과 같은 트레이드오프(Trade-off)의 관계가 이러한 지표들 간에는 존재한다. 따라서 어느 지표를 중요시하는가에 따라 디자인의 내용은 뚜렷하게 달라진다.

예를 들어, 열대우림의 보호와 오존층 보호, 그 어느 쪽이 중요한가를 단순히 결정할 수 없는 것처럼, 이 중요도를 결정하는 객관적인 기준은 없다. 말을 바꾸면, 그러한 우선순위를 만드는 프로세스가 독선적이어서는 안 된다. 개개의 건물에는 여러 이해관계자(Stakeholder)가 있다. 그들은 가치관과 사고를 가진 사람들이다. 건물에 대한 이해와 생각이 반드시 뚜렷하게 표명되지 않는다. 당사자인 사람들의 중얼거림이나 중얼거림도 없는 마음속에 머무르는 생각을 어떻게 끄집어 낼 것인가, 그 수법을 짜내 실천해 나가야 할 일이 설계하는 사람에게 요구되고 있다.

게다가 가치관과 생각이 다르면 모든 당사자의 만족을 얻는 것은 곤란하지만, 의사결정 프로세스에 참가를 통해서 납득의 정도가 높아지고 건물에 애착이 깊어짐으로써 그 건물의 지속가능성을 높일 수 있다. 참가의 프로세스 디자인은 설계자에게 있어서 중요하다.

중요도에 대한 의사결정 내용은 환경 브리프(briefs) 등의 문서에 의해 명시화하는 것이 바람직하다. 이것은 그 건물에 의한 환경영향에 대한 자각을 촉진시킨다. 동시에, 이것은 설계내용을 부여된 중요도에 부합시키고 제3자에게 설명하기 위한 자료가 된다.

5 제약으로부터 새로운 지식 융합을 낳는다

현재의 세대가 에너지나 자원을 낭비하고 폐기물을 대량으로 발생시켜 여러 가지의 환경부하를 남기는 것은 다음 세대의 생활기반을 위협한다. 에너지 및 자원은 장래의 세대부터의 차용물로, 지구라고 하는 혹성은 허용할 수 있는 폐기나 환경부하의 용량이 유한하다. 게다가 건축은 인공물의 압도적인 부분을 차지한다고 하는 인식하에서 건축디자인이 행해질 것이 요구되고 있다. 대량소비 및 폐기라고 하는 암묵의 전제조건 속에서 설계해 온 사람들에게 있어 이 상황은 부자유스럽게 비칠지도 모른다. 그러나 반대로 말하면, 인류의 과거 수많은 창조는 부자유스러운 조건을 극복하는 것이 계기가 되었다는 것을 잊어서는 안 된다.

다양한, 부자유스러운 조건으로부터 인간의 자유를 낳는 창조력이 요구되고 있다고 말해도 좋다. 그 창조는 미지에의 도전이며, 지금까지의 지식과 견해만으로는 풀 수 없는 것이다. 프로젝트를 진행시키면서 새로운 요소기술을 개발하는 것과 요소기술끼리의 새로운 조합을 시도하는 것이 요구되고 있다. 그것은 프로젝트에 참가하는 설계자 · 시공자 · 전문 공사업자 각각이 가진 다양한 지식을 융합하는 것에 의해서 가능하게 된다. 그러한 융합을 낳는 조직 디자인 및 프로세스 디자인이 행해질 필요가 있다.

(야시로 토모나리)

1-2-3 에너지 흐름과 물질의 순환

우리들 인간에 있어서 벽, 창, 바닥, 천장에 의해서 구성되는 건축공간은 가장 친근한 환경공간이다. 우리가 1일 24시간에 얼마나 건축공간 안에서 지내고 있을까를 생각해 보면, 아무리 짧아도 10시간 정도, 길면 24시간을 지내고 있는 것이다.

현대인의 상당수는 도시에 거주한다. 도시에 있는 건축의 외부공간을 생각해 보면, 발밑에는 아스팔트의 도로가 있고, 오른쪽이나 왼쪽에는 많은 경우 건물의 외벽이 있다. 가로수나 공원에 있는 초목은, 그것들 자체는 식물이며 자연이 낳은 것이지만 배치나 구성은 사람이 하는 것이다. 즉 인공이다. 도시에서는 건축의 내부뿐만 아니라 외부도 또한 인공적인 환경공간이라고 생각할 수 있다.

사람들에게 있어서 가장 친근한 건축이나 도시의 환경을 디자인해 나가는 — 건물이나 공원 등의 물리적인 환경 만들기뿐만 아니라 인간다운, 혹은 인간에게 어울리는 거주방식을 형성해 나가는 — 데 있어서, 거기에 사는 인간, 그리고 건축환경공간 및 도시환경공간이 서로 어떠한 관계에 있을까를, '에너지의 흐름'이나 '물질의 순환'이라는 관점에서 이해할 필요가 있다.

'에너지의 흐름'이나 '물질의 순환'에 관한 과학적 이해는 '지구환경건축'을 생각하는 데 있어서 기본적인 시점이 된다.

1 개방계와 폐쇄계

우리들 인간의 신체가 어떻게 해서 성립되어 있는가를 생각해 보자. 누구에게도 예외 없이 공통적으로 일어나고 있는 것은 음식, 물의 간헐적인 섭취와 그 한편으로 끊임없이 일어나고 있는 신체표면으로부터 환경공간으로의 방열과 수분의 증산(不感蒸泄), 대변·소변의 간헐적인 배설, 간헐적인 발한과 그 증산(有感蒸泄)이다. 우리는 추우면 두꺼운 옷을 입어 보온하려고 한다. 이것은 신체로부터 열에너지가 과도하게 환경공간으로 흘러나가 버리지 않게 하는 것이다.

한편, 더우면 가능한 한 옷을 벗어 방열하기 쉽게 한다. 이것은 열에너지가 환경공간으로 나가기 쉽게 하는 것이다. 또 너무 더운 경우에는 땀을 흘리고, 그 증발에 의하여 열에너지를 버리려고 한다.

우리의 신체뿐만이 아니라, 무엇인가 활동하는 〈체계〉를 가진 것 — 건축이나 자동차·가전제품 등의 인공물, 식물이나 동물·미생물 등의 자연물 — 을 '계(시스템)'라고 하자. 계는 에너지나 물질의 출입에 의해서 성립되고 있다.

에너지와 물질이 함께 출입하는 계를 특히 '개방계'라고 부른다. 우리의 신체를 포함하여 생물은 모두 개방계이다. 인공적인 계 또한 그 대부분이 개방계이다.

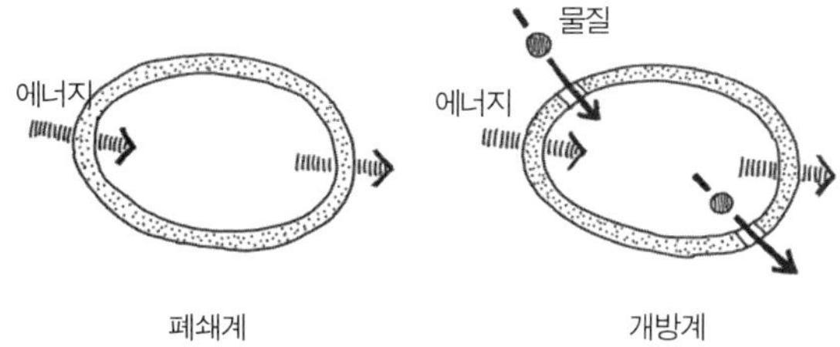

그림 2-3-1 폐쇄계와 개방계. 폐쇄계에는 에너지의 출입이 있고 개방계에는 에너지와 물질의 출입이 있다.

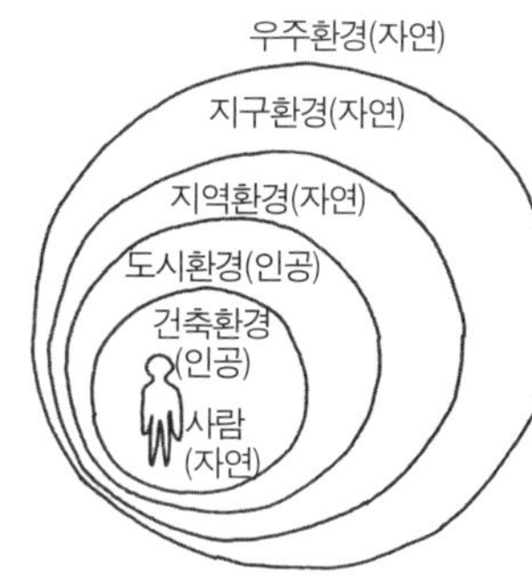

그림 2-3-2 환경의 네스트 구조

개방계와는 달리 에너지만이 출입하고 물질은 출입하지 않는 계를 '폐쇄계'라고 한다. 폐쇄계는 우리의 신변에는 별로 없지만, 본서의 타이틀의 일부로도 되어 있는 '지구환경'라고 하는 계는 '폐쇄계'라고 생각할 수 있다. 지구환경은 태양으로부터 지구로 전해져 오는 단파장의 전자파(일사)가 운반해 오는 에너지를 받고 한편, 대기의 상단으로부터 일사에너지와 동량의 에너지가 장파장의 전자파에 얹혀져 우주공간으로 방출되고 있다. 그림 2-3-1에 폐쇄계와 개방계의 이미지를 나타낸다.

2 네스트 구조(Nested Structure)

우리들 인간은 초반에 말한 것처럼, 1일 24시간 중 대부분을 '건축환경'공간 안에서 보낸다. 도시를 건축환경공간의 집합이라고 생각하면, 건축환경에 있어서의 환경은 '도시환경'이라 된다.

도시는 산, 산림, 숲, 정원, 하천, 바다, 산촌, 어촌, 농촌에 둘러싸여 존재한다. 이러한 도시에 있어서의 환경을, 여기에서는 '지역환경'이라고 부르기로 하자. 지역환경은 다양한 크기를 상정할 수 있다. 그 최대는 '지구환경'이다. 또한 지구에 있어서의 환경은 우주환경이라는 것이 된다.

지금까지 말한 관계를 그림 2-3-2에 나타내었다. 어떤 환경공간에는 그 환경공간이 있고, 그 환경공간에는 또 다른 환경공간이 있다라는 관계가 있다. 이러한 환경공간의 상호 관계를 '네스트 구조'라고 한다.

네스트 구조의 성질로서 인식해 두지 않으면 안 되는 것은, 네스트 구조의 가장 안쪽에 사람의 신체라고 하는 자연이 있고, 그 외측에 건축환경 · 도시환경이라고 하는 인공적인 환경공간이 있고, 그 외측에는 다시 자연이 있다는 것이다. 인공은 자연에 끼어서 존재한다.

3 흐름

네스트 구조의 일부를 형성하는 건축환경이나 도시환경은 계방계이다. 에너지 및 물질이 계의 경계를 관철해 들어오는 한편, 에너지 및 물질이 계의 경계를 관철해 나가기 때문이다.

들어오는 에너지 및 물질의 '양'이 나가는 에너지 및 물질의 '양'과 같다면 계 상태는 안정된다. 출입하는 에너지나 물질의 '양'이 중요하다면, 계로부터 배출된 에너지 및 물질을 다시 그 계에 넣으면 좋은 것 같지만, 그러한 일이 일어나고 있는 사례는 존재하지 않는다. 그것은 계에 들어가는 에너지 및 물질과 계로부터 나오는 에너지 및 물질과는 '양'이 같아도 '질'이 다르기 때문이다. 계에 들어오는 에너지 및 물질은 질이 높고 계로부터 나가는 에너지 및 물질은 질이 낮다. 모든 계는 그 내부에서 질 높은 에너지나 물질을 질이 낮은 에너지 및 물질로 변화시키는 것으로, 그 계가 목적으로 하는 활동을 영위하고 있다.

에너지나 물질의 질의 수준은 '유효에너지(exergy, 엑서지)'라고 하는 개념으로 표현된다. 유효에너지는 에너지나 물질의 '자원성' 혹은 에너지나 물질의 '확산을 일으키는 능력'을 나타낸다고 해도 괜찮다. 유효에너지는 〈소비〉를 명시적으로 나타낼 수 있는 개념이기도 하다. 〈소비〉는 자연현상으로서는 에너지나 물질의 확산이다. 에너지 문제가 논의될 때 '에너지 소비'라고 하는 표현이 자주 사용되지만, 이것은 사실 정확하지 않다. 에너지라고 하는 개념을 사용한다면 '에너지 사용'이라고 하는 것이 좋다.

계로부터 배출되는 에너지나 물질은 질이 낮아져 있지만, 그것은 엔트로피(Entropy)라고 하는 개념으로 표현할 수 있다. 엔트로피는 에너지 및 물질의 '폐열성(廢熱性)' '폐물성(廢物性)'을 혹은 에너지나 물질의 '확산의 정도'를 나타낸다고 해도 된다.

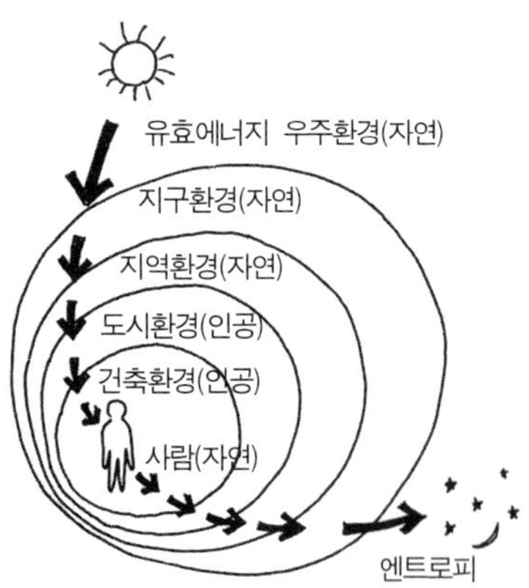

그림 2-3-3 환경의 네스트 구조는 엑서지(들어옴)와 엔트로피(나감)가 존재하여 성립한다.

그림 2-3-2에 나타낸 것처럼 환경공간의 계는 '네스트 구조'가 되어 있지만, 각각이 유효에너지를 도입하여 그 일부를 소비하여 그 결과로 생성되는 엔트로피를 배출하는 것으로 활동을 영위하고 있다고 볼 수 있다. 그림 2-3-3은 그림 2-3-2에 나타낸 네스트 구조에 유효에너지의 '들어옴'과 엔트로피의 '나감'을 추가하여 그린 것이다. 건축환경을 비롯하여 환경공간의 계는 유효에너지의 투입 및 소비로부터 엔트로피의 생성 및 배출로의 '흐름' 속에 존재하고 있다고 생각할 수 있다.

4 순환

우리들의 신체 내부에는 음식으로서 받아들여진 유효에너지가 소비되고 있지만, 그곳에서 단순한 확산현상이 일어나고 있는 것은 아니다. 신체의 구조를 조금 상상해 보면 알 수 있는 것처럼, 거기에는 신체의 구석구석까지 유효에너지를 보내주고 신체의 구석구석으로부터 엔트로피를 회수하는 혈액의 '순환'과 신체에 침입해 오려고 하는 병원균 등에 대항하는 임파액(Lymphe)의 '순환'이 있다.

그림 2-3-4과 같이 사람의 신체라고 하는 계에는 유효에너지의 흡수와 엔트로피의 배출 사이에 혈액 · 임파액의 '순환'이 존재한다.

단세포 생물은 유효에너지의 흡수도 또 엔트로피의 배출도 거의 단순한 확산에 의한 것이다. 그런데 다세포 동물은 특히 세포의 수가 늘어나 사람과 같이 신체의 구조가 복잡화 하면 신체의 중심부분에 있는 세포군은 신체와 그 외부공간(많은 경우, 건축환경 공간)과의 경계 면으로부터 멀게 떨어져 있으므로, 유효에너지의 공급을 단순한 확산에 의지해 실시할 수는 없다. 엔트로피의 배출도 같은 이유로 단순한 확산에

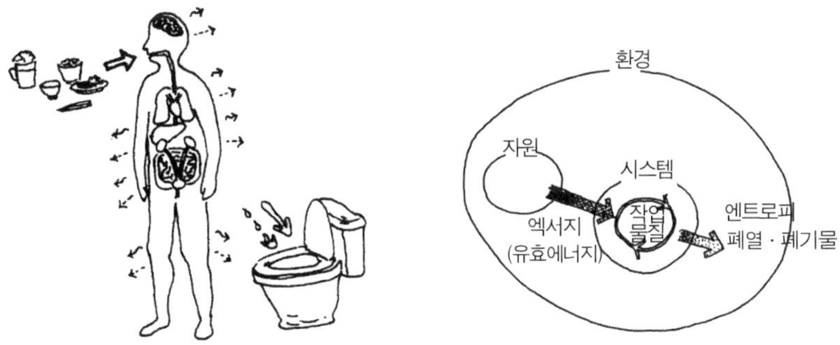

그림 2-3-4 사람의 신체에는 유효에너지를 도입하여 엔트로피를 배출하는 '흐름'이 있다. 체내에는 혈액 · 임파의 순환이 있다.

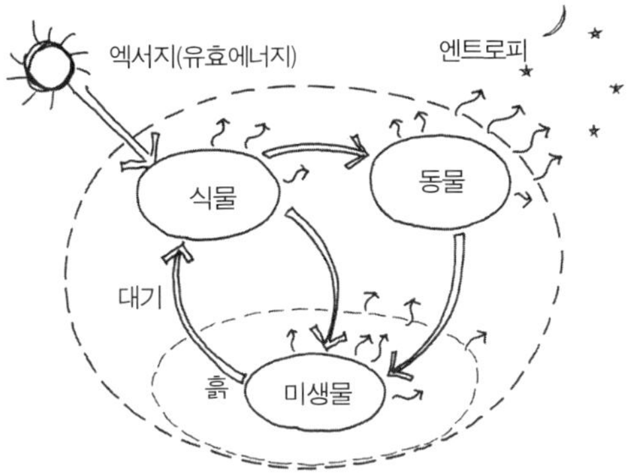

그림 2-3-5 지구환경공간(대기 · 흙)에 있는 식물 · 미생물의 생태계. 먹이사슬 관계 속에 순환이 있다.

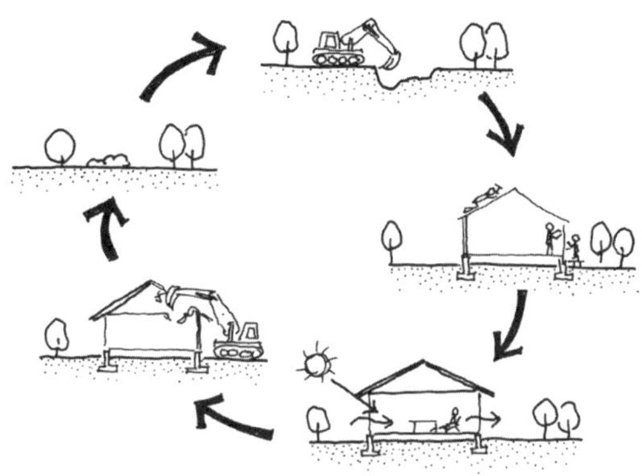

그림 2-3-6 건축행위의 순환. 건축은 수십 년부터 백 년을 한 사이클로 하여 순환해 나가지 않으면 안 된다.

의할 수는 없다. 그러한 이유로 사람들을 포함한 다세포 동물은, 그 체내에 '순환'이라고 하는 기능을 가능하게 하는 구조를 조직하게 되었다.

이러한 사실에 비추어, 한 번 더 네스트 구조의 환경공간을 생각해 보자. 지구환경에서는 유효에너지의 투입 및 소비와 엔트로피의 생성 및 배출이라고 하는 틀 안에 대기와 물의 '순환'이 있다. 지구환경의 연간 평균온도는 약 15℃이지만 대기와 물의 순환이 없으면 15℃를 유지할 수 없다.

또 그림 2-3-5와 같이 지구환경 공간 속에는 다양한 식물과 동물 · 미생물이 있고, 그것들은 모두 먹고 먹히는 관계로 되어 있다. 지구환경문제가 논의되는 가운데 생물의 다양성이 없어지고 있는 것이 자주 지적되지만, 다양성이 풍부하지 않으면 안 되는 것은 각각의 생물이 위에 서술한 것과 같은 '연결'을 담당하고 있기 때문이다.

생물의 다양성이 궁핍해지는 것은 지구환경에 있어서의 순환이 궁핍해지는 것을 의미한다. 그것은 우리 사람들의 신체에서 심장이 쇠약해져 가는 것과 같은 것이다. 건축환경이나 도시환경 공간의 개발은 지금까지 지구환경에 있는 식물 · 동물 · 미생물로 이루어지는 생태계의 '순환'을 끊어버리는 방향으로 행해져 왔다.

건축의 행위도, 또 그림 2-3-6에 나타낸 바와 같이 수십 년부터 백 년을 하나의 사이클로 하는 '순환'이라고 볼 수 있다. 앞으로 건축환경이나 도시환경 공간의 디자인은 지구환경에 있어서의 '순환'과의 정합성이 이루어지도록 행해질 필요가 있다. 이것은 다음 5항에서 서술하는 것처럼, 인공(人工)의 안쪽에 있는 자연—사람의 신체—을 회복하는 것도 될 것이다.

5 리듬

그림 2-3-2에 나타낸 사람의 신체(내부가 되는 자연), 인공환경(건축환경 · 도시환경), 지역환경 · 지구환경(외부가 되는 자연)에서 공통적으로 보여지는 '흐름', '순환'의 특징으로서, 여기서 하나 더 인식해 두고 싶은 것은 흐름이나 순환에는 '리듬'이 수반되는 것이다.

그림 2-3-7에 나타나듯이 사람의 신체(내부가 되는 자연)와 지역환경 · 지구환경(외부가 되는 자연)을 생각해 보자. 누구라도 곧바로 눈치 채는 것은, 대략 70회/분이라고 하는 심박리듬, 대략 17회/분이라고 하는 호흡리듬일 것이다. 또 심박이나 호흡과 같이 의식할 수 없지만, 중요한 리듬으로서 하루를 주기로 하는 체온 리듬, 또 지구와 달의 자전 · 공전이 가져오는 음양 두 체내시계 리듬이 있는 것도 상기시키고 싶다.

지역환경 · 지구환경(외부가 되는 자연)에도 다양한 리듬이 있다. 얼어 붙을 듯한 겨울은 머지 않아 햇볕이 더하여짐과 함께 봄을 맞이하고, 봄인가 하면 초여름이 되어 식물의 푸르름이 짙어진 여름이 되어 열매를 맺는 가을을 맞이하고, 얼마 안 있어 낙엽이 흩날리기 시작하고 다시 겨울을 맞이한다. 사계의 변천은 1회/년의 리듬을 가

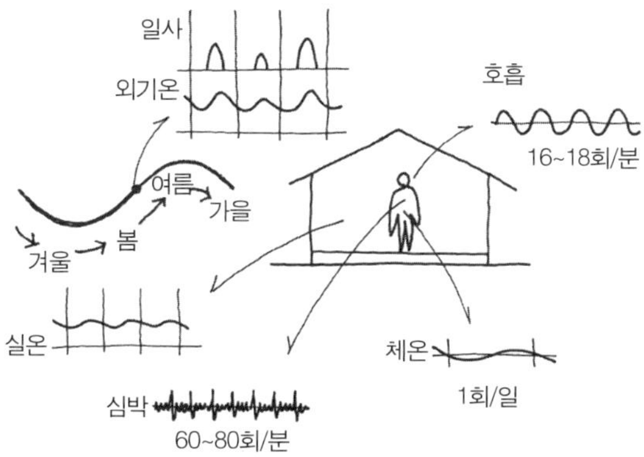

그림 2-3-7 사람의 신체(내부가 되는 자연)와 지역환경 · 지구환경 · 우주환경(외부가 되는 자연)에 존재하는 다양한 리듬

진다.

외부의 기온은 새벽녘에 가장 낮아지고 정오가 지나고 조금 후에 가장 높아진다. 외기온의 하루 동안의 변동은 해가 뜨고 지는 반복에 의한 대기 · 지표의 가열과 우주환경에 의한 끊임없는 대기의 냉각에 의해서 일어난다. 외기온도 일사도 춘하추동을 통해서 하루를 주기로 하는 리듬을 가진다.

이상과 같은 리듬 있는 자연에 둘러싸여 개방계로서 존재하는 건축환경 및 도시환경에도 역시 리듬이 있어 마땅하다. 20세기에 현저하게 발달한 화석연료의 소비를 전제로 한 조명이나 난방 · 냉방의 기술은 자연의 리듬을 무시하면서 발달해 왔다. 무시해 왔다고 하는 것보다도, 오히려 리듬을 없애버리려고 해온 것처럼도 생각된다.

'흐름' '순환'에 더해 '리듬'이 있는 것은, 살아 있는 계 — 개방계 — 의 특징이다. 지구환경건축의 디자인이란 '흐름' '순환' '리듬'을 풍부하게 하는 디자인이라고 해도 좋다.

(슈쿠야 마사노리)

1-2-4 라이프사이클에서 생각하는 건축의 환경부하와 비용

건물을 만들기 위해서는 설계 · 자재제조 · 운반 · 공사 등에 있어서 막대한 자금이 필요하게 된다. 동시에 자원과 에너지를 사용함에 따라서 CO_2를 비롯한 다양한 환경부하 물질이 배출된다. 그러나 이것은 건물의 생애에 있어서 빙산의 일각에 지나지 않는다. 그림 2-4-1은 사무소 빌딩의 생애에 소요되는 라이프사이클 비용(이하 LCC)과 라이프사이클 CO_2 (이하 $LCCO_2$)의 계산 결과를 수면에 떠오르는 빙산에 비교 판단하여 표현한 그래프이다.

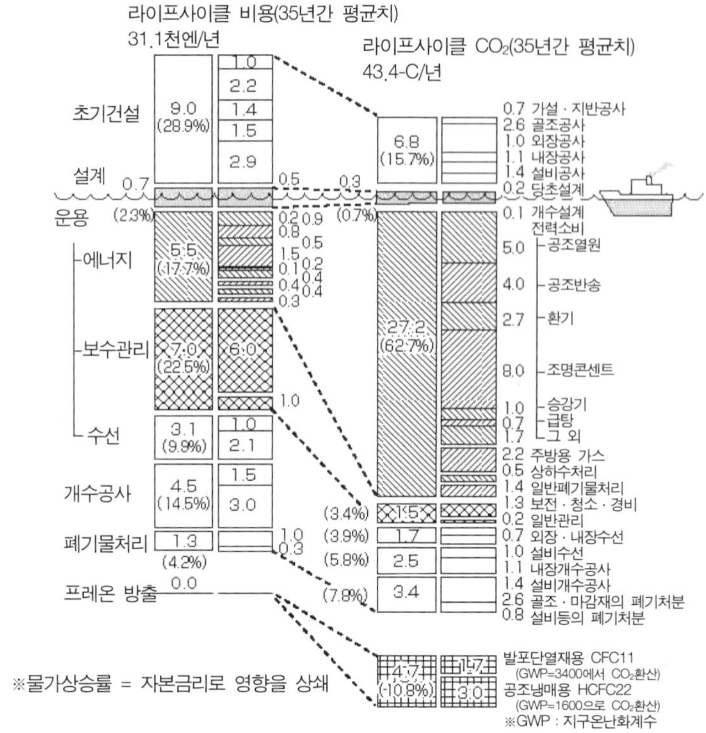

그림 2-4-1 사무실 빌딩의 라이프사이클에 있어서 비용과 CO_2 (문헌 1-5)

1) 건물의 생애를 설계한다

그림 2-4-1 좌측의 막대그래프와 같이 해수면 위에 나타난 최초의 설계와 건설 시에 드는 비용은 LCC의 30%이며, 해수면 아래에 숨은 나머지의 70%는 건물 완성 후의 비용이다. 한편, 우측의 $LCCO_2$에서는 해수면 위의 16%에 대해서 해수면 아래에 숨은 부분은 84%인 것과 같이 건설 후의 부하가 한층 더 커지고 있다. 따라서 눈앞의 비용과 CO_2만 주목하지 말고 건물의 생애를 설계하는 것의 중요함을 나타내고 있다.

2) 에너지를 능숙하게 활용한다

다음에 주목해야 할 것은 운용에 수반하는 에너지 소비이다. LCC에서는 18%이지만 $LCCO_2$에서는 63%로 가장 큰 항목이 되고 있다. 지구온난화 방지대책으로서의 에너지 절약 설계 · 에너지 절약 관리의 중요성을 다시 한 번 인식시키는 결과가 되고 있다.

한편, 업무절감(인건비)대책의 대상인 보수관리 업무는 LCC에서는 22%로 에너지 비용 이상으로 큰 비중을 차지하고 있는 데 대하여 $LCCO_2$에서는 3%에 지나지 않는다. 이것은 업무절감대책이 개별 빌딩의 경제성에서는 높게 평가되어도 업무절감이 된만큼 인구가 줄지 않는 한, 지구 전체의 CO_2 삭감에는 기여하지 않는 것을 반영한다. 결국, 지구환경의 문제는 세계의 인구문제에 귀결되는 것을 시사하고 있다.

3) 건물에 여유를 갖게 하고 오래 활용한다

초기 건설 시의 LCC는 29%이며, $LCCO_2$에서는 16%가 되고 있다. 이것들은 건물을 오래 활용함에 의해서 삭감될 수 있다. 철과 콘크리트로 구성되는 건축 구조체 자체의 물리적인 수명은 100년 이상이라고도 일컬어지고 있지만, 건물에 공간적 · 구조적인 융통성이 없었기 때문에 시대와 함께 바뀌는 기능 요구에 응하지 못하고 해체되는 예도 많다. 오래 사용할 수 있는 부분에 융통성을 갖게 하는 것의 중요성을 나타내고 있다.

4) 에코 머티리얼(eco-Materials)을 채용한다

수선 · 개수 · 폐기처분의 LCC(29%)는 초기 건설 시의 LCC에 필적하고 $LCCO_2$에서도 같은 경향이 보인다. 이것은 오래 활용하는 것의 중요함과 동시에, 재료 제조 시의 부하가 적고 재이용 및 재활용이 용이한 재료를 능숙하게 사용하는 것이 $LCCO_2$의 삭감에 유효하다는 것을 나타낸다.

5) 폐기처분까지 지켜 본다

오존층을 파괴한다고 하는 프레온(Fron gas)은 CO_2의 수천 배의 온실효과 가스이기도 하다. 프레온 발포 단열재와 공조 냉매용으로 사용되고 있는 프레온가스의 온실효과를 CO_2로 환산한 값은 $LCCO_2$의 11%이며, 공조 열원의 운전에 수반하는 CO_2에 필적한다. 특정 프레온(CFC11)에 의한 발포 단열재는 더 이상 판매되지는 않지만, 발포 단열재에서는 발포공정 시에 약 20%, 나머지의 80%는 서서히 누설된다. 그리고 30년 경과해서도 아직 반 이상이 독립기포 안에 봉해져 있을 수 있다는 실태조사보고도 있다. 기존 건축물에 있어서도 폐기처분 방법이 문제가 된다. 또 공조 열원 기기에 충진되어 있는 냉매용 프레온(HCFC22 등)은 인체에 무해하다 하여 지금까지는 대기에 방출되어 왔지만 더 이상 이것은 허락되지 않는다.

표 2-4-1 일본의 건축관련 CO_2 배출량의 예측 시나리오 (문헌 1-3)

	건축계의 대책 시나리오		2010년도 CO_2 원단위 삭감 시나리오	2008~2012 년도 시점	2050년도 시점
	대책내용	개시연도			
사례-A	대책 없음	—	—	1.15	0.90
사례-B	신축 30% + 개수 15% 에너지절약 + 수명 3배 + 에코 머티리얼 채용대책	1988년도	90년도비 0% 삭감	1.02	0.59
사례-C			90년도비 10% 삭감	0.99	0.51
사례-D			90년도비 20% 삭감	0.94	0.41
사례-E		2001년도		0.97	0.42
사례-F		2006년도		1.01	0.45

주) 1990년도 건축관련 CO_2 배출량(4.1억톤-CO_2/년)을 1.0으로 하는 상대치(—)

6) 지속가능한 사회를 위한 수치 목표

한 번 세워진 건물은 수십 년간 사용되기 때문에 지금 당장 지구환경건축을 설계하기 시작하더라도 일본의 모든 건축물이 지구환경건축으로 바뀌기 위해서는 수십 년의 세월을 요하게 된다. 표 2-4-1의 사례 A는 일본의 모든 건축물에 관하여 매년의 신축, 개축, 운용에 수반하는 CO_2 배출량을 2050년까지 예측한 결과이다. 삭감대책을 강화시키지 않는 경우, 2008~2012년의 CO_2 배출량은 1990년에 비하여 15% 증대하는 결과가 된다.

이것에 대하여 일본건축학회는 기후변동조약 교토회의에 응하여 1997년 12월에 발표한 '건축학회 성명(신축 건물에 있어서 $LCCO_2$ 30% 삭감, 내구연수 3배 연장을 목표로 해야 함)'에 상응하는 대책을 도입한 경우를 표 2-4-1의 사례-D와 그림 2-4-2에 표시한다.

국민 1인당의 건축 총연면적을 2010년경까지 유럽 수준으로 증대시켜 나간다. 1998년도 이후, 모든 신축 건물에서 현 상황의 평균에 비하여 에너지 소비량을 30% 삭감하고 사용연수를 3배에 늘리는 것과 함께, 개수공사 때에 에너지 소비량을 15% 삭감

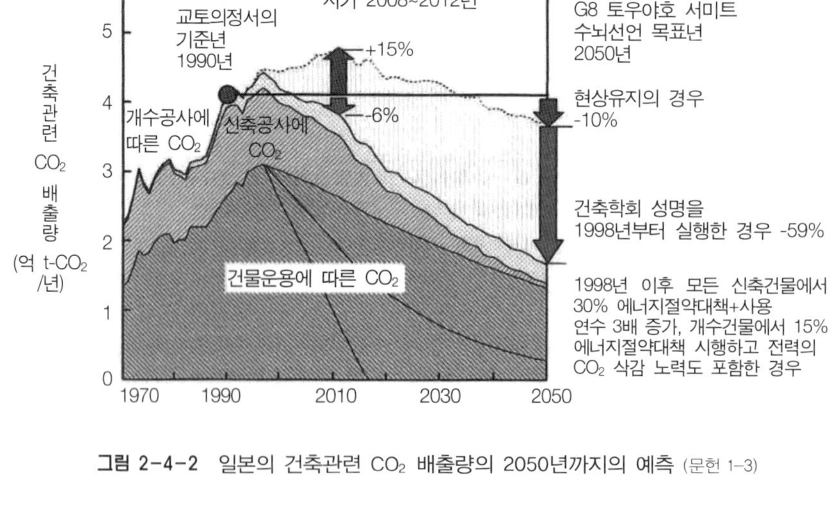

그림 2-4-2 일본의 건축관련 CO_2 배출량의 2050년까지의 예측 (문헌 1-3)

하는 대책을 포함시키고 있다. 또한 2010년의 전력 CO_2 원단위가 전력산업계의 목표대로 1990년에 비해 20% 삭감되었을 경우에는 2008~2012년도의 평균 CO_2 배출량이 1990년도의 0.94배(6% 삭감)가 된다고 추정 계산된다.

2008년 7월초에 개최된 G8 홋카이도 토우야코 정상회담에서는 2050년까지 세계의 온실효과 가스 배출량을 현재보다 50% 삭감될 수 있도록 각국이 노력하기로 합의하였다. 2008년 7월말에 각 부처장관회의에서 결정된 '저탄소 사회 만들기 행동계획'에서는 2050년의 일본의 온실효과 가스 배출량을 현재 상태보다 60~80% 삭감하는 것이 포함되었다.

앞에서 서술한 학회 성명은 이러한 움직임에 앞서는 것이었지만, 유감스럽게도 학회 성명의 수치 목표가 달성되는 신축 혹은 개수 건축은 극히 소수에 머문 채 벌써 10년이 지나버렸다. 지금부터 대책에 착수한다고 했을 경우의 새로운 수치 목표는 'CCO_2 40~50% 삭감(에너지 전환 부문의 CO_2 원단위 삭감이 경제산업성의 장기적 에너지 비전에 나타난 수치의 경우)'이다. 그것을 위해서 필요로 하는 저탄소화 투자를 총공사비의 수 퍼센트~십수 퍼센트 확보할 필요가 있다.

만약 지금 이 선행 투자를 아까워하면, 일본의 건축은 저탄소화를 도모하지 못한 채 불량한 건축 스톡(stock=재고자산)이 됨과 동시에 온실효과 가스 삭감 목표 미달성분에 따라 해외에 막대한 자금이 유실되어버린다는 것을 자각할 필요가 있다.(이카가 토시하루)

라이프사이클 어세스먼트(LCA)

1. LCA란

라이프사이클 어세스먼트(LCA : Life Cycle Assessment)란, 제품의 원재료의 채취로부터 제조, 사용 및 처분에 이르는 생애(즉, 요람으로부터 무덤까지)를 통한 환경 측면 및 잠재적 환경영향을 평가하는 것이다. 환경영향의 영역으로서는 자원 이용, 사람의 건강 및 생태계에 대한 영향이 포함된다.

2. LCA의 역사

LCA의 역사는 미국의 청량음료 회사가 1960년대 말, 병의 환경영향을 평가하는 연구에까지 거슬러 올라간다고 한다. 그러나 그것이 보급되기 시작한 것은 1990년대 후반의 일이다. 1997년 6월에 간신히 IS014000 시리즈(환경 매니지먼트 규격군)의 일부로서 IS014040(LCA의 원칙 및 골격)이 국제규격이 되어 그것이 일본어로 번역되고, 같은 해 11월에 일본공업규격 JISQ14040이 되었다. 일본에서는 1994년 10월에 '재료와 기술개발을 위한 라이프사이클 어세스먼트'라고 제목을 붙이는 제1회 에코 밸런스 국제회의가 개최되는 등 LCA에 대한 각 산업 분야에서의 연구의 기운이 고양되었다. 동시에 1994년 12월에 각의 결정된 '환경기본계획'에도 연구를 추진해야 할 취지가 명기되었다. 1995년 10월에는 통상 산업성(현 : 경제 산업성)의 주도로 LCA 일본 포럼이 설립되고, LCA에 대응하는 산관학의 횡단적 활동의 결과가 1997년 6월에 보고서로 공표되었다. 이에 따라 1998년도부터 5개년 계획으로 '제품 등의 라이프사이클 환경영향평가 기술개발(LCA 프로젝트)'이 추진되고 있다.

3. ISO14040S 규격이란

그림 1에 표시된 것처럼 IS014040 규격에는 LCA에는 ① 목적 및 조사범위의 설정, ② 인벤토리 분석, ③ 영향평가, ④ 결과의 해석을 포함한다.

① 목적 및 조사범위의 설정

LCA 실시의 목적, 조사범위에 관한 규격은 IS014041(1998년 10월 발효)에 정해져 있다. LCA의 목적은 예를 들어, 설비배관의 재질을 검토하는 것인가, 공조 시스템을 검토하는 것인가에 따라 분석의 레벨은 달라진다. 규격에는 LCA 실시의 목적 및 조사범위의 설정을 요구하고 있다.

② 인벤토리 분석

인벤토리 분석(Inventory Analysis)이란 '대상으로 하는 제품 시스템에 대한 라이프사이클 전체를 통한 입력 및 출력의 요약, 그리고 정량화를 실시하는 라이프사이클 어세스먼트의 구성단계'라고 정의되고 있다(ISO 14040). 즉 라이프사이클 각 단계에서 투입, 산출되는 모든 원재료와 에너지 및 폐기물의 양을 일람표로 정리하고 정량화하는 작업이다.

③ 영향평가

영향평가(Impact Assessment)에 관한 규격은 IS014042로 정해져 있다. 인벤토리분석으로 얻어진 환경영향 물질을 지구온난화, 오존층 파괴, 산성화, 부영양화 등의 환경영향으로 분류하고, 각 분류내용을 특성 계수로 집계한다. 또한 인간의 건강의 손실, 생태계의 쇠퇴, 자원의 고갈 등의 피해를 자연과학적인 지식을 이용해 얻을 수 있는 피해 함수를 설정해 추정 계산한다. 마지막으로 피해를 화폐 환산 등에 의해서 단일 지표화하는 것이다.

④ 결과의 해석

결과의 해석(Interpretation)에 관한 규격은 IS014043에 정해져 있다. 영향평가의 결과를 바탕으로 하여 검토대상으로 하고 있는 건축의 기능을 손상시키는 것 없이, 일정의 환경부하 또는 환경영향의 결과를 해석하여 개선책으로 정리하기 위한 프로세스이다.

⑤ 보고

LCA의 결과 데이터, 방법, 전제조건 및 한계에는 투명성이 있어야 한다. 그리고 해당 LCA 조사 고유의 복잡 및 트레이드오프를 독자에게 이해되도록 충분히 상세하게 나타내 보이지 않으면 안 된다고 한다. 특히, LCA의 결과가 제3자(당사자 이외의 이해관계자)를 위한 것인 경우, 비평적 리뷰의 실시와 함께 보고서에 실려야 할 내용을 규정하고 있다.

⑥ 비평적 리뷰(Critical Review)

이 규격에서 규정하는 비평적 리뷰란, LCA 실시의 프로세스 또는 데이터와 방법이 규격에 적합한 것인지 아닌지를 심사하는 것이다. LCA를 실시하기 위해서 이용한 방법이 규격에 합치하고, 과학적 및 기술적으로도 타당하고, 사용한 데이터가 조사의 목적에 비추어 적절하고 합리적이어 한다. 그리고 결과의 해석은 분명해진 한계 및 목적을 반영해야 한다. 그리고 조사보고는 투명성 및 정합성이 있는 것을 보증하지 않으면 안 된다.

4. 건축물의 LCA

건축물의 환경부하평가(LCA : 라이프사이클 어세스먼트)의 수법은 그림 2에 표시된 것처럼 일본건축학회 공기조화 · 위생공학회, 건축 · 환경 에너지절약기구, 건축연구소, 국토교통성대신관방관청영선부 등에서 연구되고 있다.

일본건축학회에 있어서의 LCA적인 연구는 1990년에 설치된 건축과 지구환경 특별연구위원회로 거슬러 올라간다. 그중에 에너지 WG(현재는 LCA 지침 소위원회에 계승되고 있다)가 프레온류의 온난화 효과도 가미한 $LCCO_2$ 계산 수법을 1992년에 제안하고, 개량을 거듭하여 연구성과 보고서로서 순차적으로 공표해 왔다. 1997년 7월, 「일본건축학회 지구환경행동계획」에서 건축물의 환경부하평가를 중점연구로 삼았다. 1999년 11월에는 설계단계 전용의 LCA 실용 계산 소프트(개발=이카가 토시하루)와 데이터베이스(CD-ROM 수록)가 포함된 일본건축학회 LCA 지침(안)을 출판했다(문헌 1-9).

그리고 2003년 2월에 정식 판을 발행하고 2006년 11월에 개정판을 발행했다. 이 지침은 설계단계에 설계자가 스스로 건물의 라이프사이클 전체를 고려한 환경배려 설계안을 검토할 시의 LCA 수법의 일례를 나타낸 것이다. 산업연관표를 이용한 LCA 데이터가 포함되어 있고 검토목적에 따라 국내분/해외분, 소비지출분/자본형성분 등의 시스템 경계가 선택될 수 있다. 또한 사무소, 물건판매점포, 음식점포, 호텔, 학교, 병원, 집합주택, 단독주택 등 다양한 용도의 공사실적 데이터베이스도 포함되어 있다. 에너지 소비량, CO_2 SO_X, NOx 배출량, 자원소비량, 폐기물배출량 등의 인벤토리 항목별의 계산결과 외에, 지구온난화, 오존층 파괴, 산성화, 대기오염 원인에 의한 건강 장해, 에너지 자원 고갈과 같은 환경영향 항목, 그리고 라이프사이클 비용의 계산 결과가 표시된다.(이카가 토시하루)

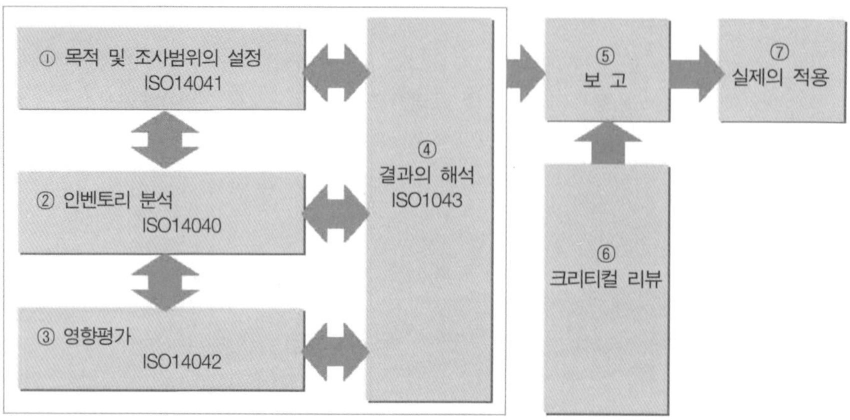

그림 1 ISO14040 규격에 의한 LCA의 순서

일본건축학회 지구환경위원회 LCA 지침소위원회
건축의 LCA 지침 1999, 2003, 2006

공기조화 · 위생공학회 지구환경위원회 LCA 분과회
공기조화 · 위생설비의 환경부하삭감대책 매뉴얼 2001

국토교통성 국토기술정책 총합연구소
BEAT-Bldg 2008

국토교통성 대신 관방관 영선부
그린청사기준(관청시설의 환경보전성에 관한 기준) 2005
그린진단 · 개수계획기준, 2005

그림 2 건축물의 LCA수법

1-2-5 종합화와 협동(Collaboration)

지금까지 보아 온 것처럼, 지구환경건축의 관점은 종래의 건축개념에 비해 대단히 넓은 영역의 다양한 전문 분야와 관련되는 것으로 이해될 수 있다. 20세기는 전문 분화한 과학기술의 발전에 의해서 비약적인 진보를 이루었다. 특히 일본의 건축교육은 대개 공학부나 이공학부의 틀 안에서 이루어져 왔고, 일본의 건축사 자격제도도 건축 기술자를 인정하는 성격이 강하다. 지구환경건축의 창조에는 그러한 종래의 틀을 넘어 보다 광범위한 지식이나 경험이 요구된다.

즉, 이러한 정도까지 전문 분화가 진행된 현대사회 속에 있으면서 환경의 시점으로부터 건축 본연의 자세를 재고하는 과정에서 그러한 성과를 통합화하고, 주어진 조건에 따른 안의 최적화를 도모하는 계획기술 및 그 운영의 필요성이 인식되고 있다.

원래 생태학(에콜로지)이란 생물과 그 주변에 있는 제 요소 간의 관계성을 분명히 하는 학문이다. 그 시점을 존중하여 형태 등 한 부분을 감소한 건축이 아니고, 우리의 주변으로부터 지구에 이르는 환경을 구성하는 다양한 요소와의 베스트 밸런스를 추구하는 방법론을 확립하지 않으면 안 된다. 그때의 키워드는 '종합화'와 '컬래버레이션(협동)'이다.

1 기술 · 체제 · 의식의 변혁

우선 '종합화'의 전제로서, 건축의 물리적인 '기술'의 변혁은 물론, 이용자나 만드는 사람들의 '의식'과 그러한 변혁의 동기 부여와 지원이 가능하도록 하는 사회 '틀(체제)'의 본연의 자세에 대하여 서술하고 싶다.

우선 '기술' 면에서는 현대 지식이나 첨단기술의 성과를 이용 및 활용하여 에너지나 자원의 유효이용을 추진하는 한편, 지역에 전해지는 전통적인 구법(構法=구조체계)이나 소재를 재발견해 그 지혜나 생각을 배우는 것도 중요하다.

공업제품의 유통이나 공업화 기술의 일반화 과정에서 버려진 과거의 기술이나 재료가, 실은 그 지역의 풍토에 적합하고 라이프사이클의 시점에서 경제적으로도 유리할 가능성을 가지고 있는 경우도 있기 때문이다. 그 잠재적인 장점을 찾아내고 현대에 활용하려는 시점을 가지는 것이다.

다음으로 '틀(체제)'의 문제에서는 환경과의 관계를 배려한 건축적 개념 및 기술을 보급시키기 위해서 행정도 정책적으로 대처하여 조성(助成)과 같은 지원을 이미 시작하고 있다. 그 외에도 공적 단체에 의한 평가 · 인정제도나 제도융자, 유도를 위한 가이드라인, 라벨링, 지침, 룰 만들기 등이 있다.

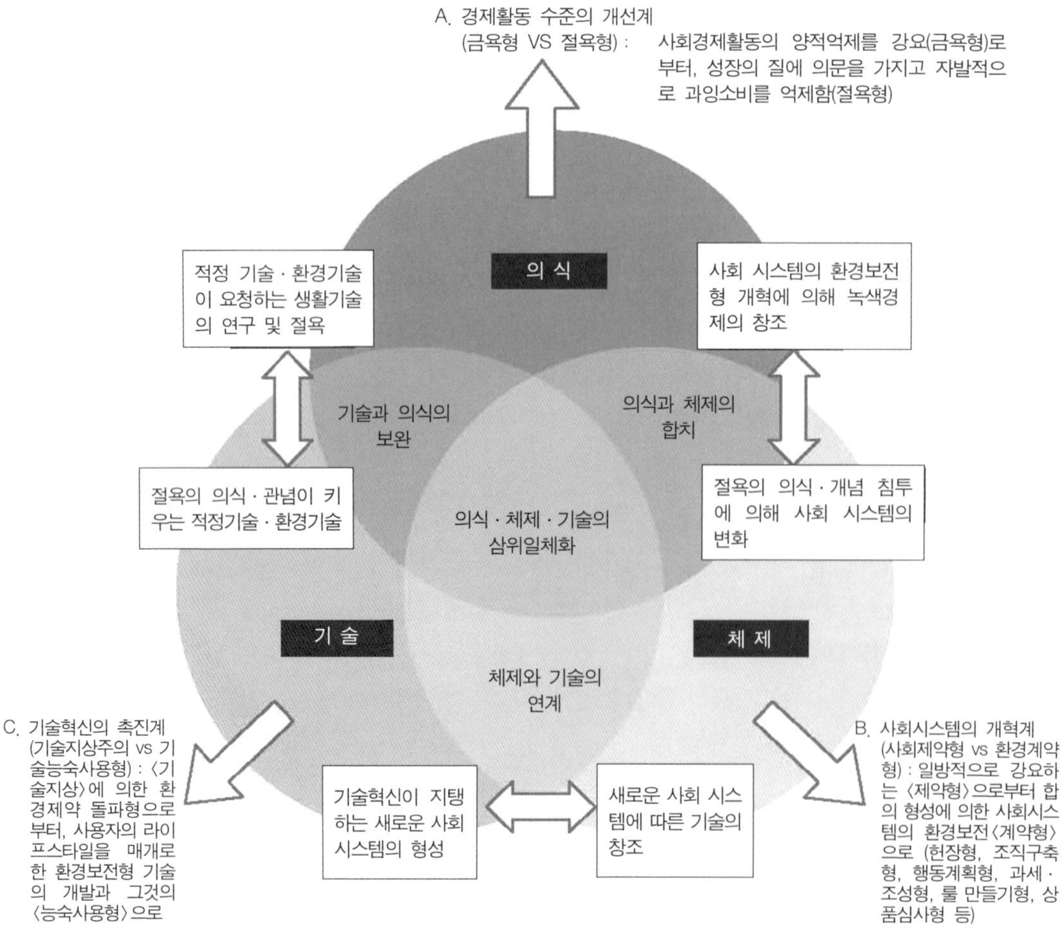

그림 2-5-1 기술 · 체제 · 의식의 변혁 (문헌 1-12)

최근, 제조사나 건설회사 등의 기업을 비롯하여 지방자치체에서 지구환경에 대한 배려의 노력이 국제적인 틀에서 의문시 되기 시작하여, 사회에 대한 조직행동이나 환경 윤리적 도덕으로는 물론 경제원리가 작동하는 비즈니스의 현장에서도 무관심할 수 없는 상황에 놓여 있다. IS014001 시리즈(EMS＝환경 매니지먼트 시스템)를 비롯하여 제조자 책임(PL법), PRTR법, ESCO사업(각각 책 마지막의 '주요 용어 해설'참조) 등을 둘러싼 활발한 움직임이 그것을 이야기하고 있다.

그리고 '의식'의 문제이다. 예를 들어, 주택 및 지역형성의 바람직한 형태로서, 그곳에 살고 있거나 살고자 하는 사람들이 '지구환경건축'의 개념이나 방법을 공유하여 계획의 단계부터 참가하는 방법이 있다. 이 참가의 방법에도 여러 가지 형태 및 레벨이 있지만, 이러한 시도의 실효성은 한 사람 한 사람의 가치관이나 라이프스타일의 차이를 넘어선 공통의 이해나 룰 만들기 등의 소프트한 대처에 크게 좌우된다. 한편, 만드는 측도 '환경'에 관계된 자신의 '의식'의 문제에 접근하여 거주자와 함께 일종의 '운동'으로서 접근하는 자세가 요구되고 있는 것이다(그림 2-5-1).

표 2-5-1 당사자 간의 역할분담

당사자	A 행정	B 개발사업자	C 건설산업계	D 건축전문가	E 이용자
	국가와 지방공공단체 등	개발업자, 건축주 등	건설회사, 건축재료 · 부품제조사 등	계획자 · 설계자, 연구자 · 시공기술자, 기능인 등	특정이용자, 일반이용자, 지역주민 등
자원 · 에너지	• 정책목표(치)의 설정 • 자원 · 에너지 유효이용의 촉진 • 기기, 시스템 개발을 위한 유도책, 인센티브 • 법과 제도의 정비 · 운용에 의한 한 규제, 유도(에너지절약법 등)	• 지구환경문제의 인식 • 에너지문제의 인식과 경제효과의 이해 • 자원 · 폐기물 문제의 인식과 경제효과의 이해 • 유지관리와 중고유통을 염두에 둔 관리, 자산가치의 재평가	• 라이프사이클 분석에 기초한 상품개발 • 에너지절약, 자원절약에 가치를 두는 건축 · 기기 · 시스템의 개발 상품화 • 기업활동의 에너지절약, 자원절약에 관한 정보공개	• 디자인 프로세스에 대응된 건축계획의 검토 · 자기평가 • 기기 · 시스템연구 · 개발에 참가 • 라이프사이클에 기초한 비용 성과의 검토 • 개발사업자와 이용자 등에 대한 컨설팅	• 지구환경문제의 인식 • 에너지문제의 인식과 경제효과의 이해 • 자원 · 폐기물 문제의 인식과 경제효과의 이해 • 일상적인 에너지절약, 자원절약 활동의 참가
건축의 만드는 방법	• 정책목표의 설정 • 환경을 배려한 계획, 재료, 구조공법개발을 위한 각종 조성 • 보조금제도, 융자에 의한 건설촉진 • 법과 제도의 정비 · 운용에 의한 규제 유도	• 환경을 배려한 건축재료, 구법의 마케팅 • 지역성 · 장소성 반영 • 이용자에 대한 대응 • 라이프사이클을 기초로 한 자산관리 · 운영	• 필요에 대응한 장기의 내구성, 내구성을 겸비한 구조공법, 건축재료의 개발 · 상품화 • 실내공기질 등 환경을 배려한 구조공법, 건축재료의 개발 · 상품화	• 계획 · 설계 수법의 재평가 • 환경을 배려한 디자인 프로세스의 인식과 실천 • 주어진 조건에 대응된 건축재료와 구조공법의 최적 조화와 종합화 • 라이프사이클에 기초한 코스트 성과의 검토	• 환경을 배려한 건조방법에 관한 관심과 이해 • 계획 및 설계 프로세스에 적극적 참가 • 지역성, 장소성에 대한 관심과 이해
라이프스타일 워크스타일	• 정책의 합의 형성 • 산업계에 대한 규제 유도형으로부터 규제완화 · 자주 활동형으로 • 이용자의 프로세스 참가의 지원	• 이용자의 편에 선 실천적 마케팅 • 라이프스타일, 워크스타일의 재평가 • 환경문제와 마케팅의 전략적 전개	• 기업이념으로서의 환경대책의 PR • 왼쪽에 기술한 것에 대응된 상품개발 • 환경정책에 대응권 기업활동의 전개 • 환경매니지먼트의 실천과 정보공개	• 디자인프로세스에 대응된 설계수법의 전개 • 다른 영영과의 협동과 종합화 • 자신의 워크스타일, 라이프스타일의 재평가	• 환경을 배려한 워크스타일, 라이프스타일의 이해와 실천 • 건축물의 육성관리에 참가, 룰 형성 • 환경교육의 이해, 실천

2 이해관계자 간의 역할분담과 협동

건축의 실무과정에는 실로 다양한 입장의 이해관계자가 관여한다. 간단한 경우를 생각해도, 기획으로부터 시작되어 설계, 공사, 운용, 개수 등 건축의 라이프사이클의 각 단계에서 관여하는 사람들의 집단은 다음과 같다. ① 공공이든 민간이든, 사업을 추진하는 사람들 ② 시장조사나 입지환경조사 등의 결과에 근거해, 기본방침으로부터 프로그램의 기획 · 계획을 책정하는 플래닝 전문가(집단) ③ 사업의 프로그램에 따르는 건축을 설계하는 측의 전문가 집단 ④ 설계와 법규, 예산에 따라 실제 건설에 종사하는 기능자 집단, 기업 ⑤ 지역주민이나 이용자 등 건축의 사업화에 의해 이해관계가 있는 사람들, ⑥ 사업화의 과정에서 도시계획이나 건축행정, 지역주민과의 조정을 감독하는 행정 측의 사람들 등이 있다.

하나의 사업이 원활히 수행되려면 이와 같이 다방면에 걸치는 이해관계자(영어권에서는 Stakeholder) 간의 공통인식을 구축하여 전체를 조정하는 입장의 존재가 불가결하다.

Illustration : Kazuo Iwamura

'1-1-2 지속가능성에 관하여'에서 말한 것처럼, 지구환경건축은 그 이념으로서 개별 건축의 사업화에만 봉사하는 것이 아니고, 그 주변을 포함한 지역의 지속가능한 사회의 구축에 이바지하는 건축 본연의 자세를 찾는 것을 추구하고 있다.

즉, 위와 같이 다양한 당사자 간의 조정을 도모하면서 투명성 있는 프로세스에 따라 사업의 진전을 도모한다. 그것을 위한 역할분담과 협동이 불가결하게 된다. 그 전체적인 이미지는 표 2-5-1과 같지만 사업의 규모나 내용에 따라서 다양한 경우가 상정된다. 그렇지만 건축 전문가로서 단편적인 전문 분야에만 봉사하는 것이 아니고, 이러한 사업의 전체 형태에 집중하면서 스스로의 역할을 이해하여 창조적인 협동을 위한 넓은 시야를 가지지 않으면 안 된다. 자세한 것은 '4.2 사회에 있어서의 건축 전문가의 역할'을 참조하기를 바란다.(이와무라 카즈오)

독일 바우비올로기(Baubiologie)의 기본 개념

1970년대의 후반, 독일은 건축의 패러다임(paradigm)을 둘러싸고 커다란 동요가 있었다.

늦게 도래한 포스트모던의 유혹과 함께, 나치스의 전쟁책임을 끌어온 독일은 다른 나라들처럼 역사적 상징주의(symbolism)를 가벼운 마음으로 전전하는 무절제적인 '디자인'의 입장에 서는 것에 큰 윤리적 망설임을 느끼고 있었기 때문이다. 한편으로는, 그러한 논의와는 무관한 시야에서 현대건축의 에너지나 자원 및 '건축물리학(Bauphysik)'과 관련되는 모든 성능을, 실내외의 환경이나 사용자의 심리나 생리의 시점으로부터 재검토하는 움직임이 급속히 싹트고 있었다. 그러한 움직임의 복선은 60년대, 또는 전쟁 전부터의 주마다 그 지역성을 현저하게 반영한 착실한 시도의 축적에서 찾을 수 있다. 그리고 미국의 60년대 후반의 벅민스턴 퓰러를 중심으로 하는 움직임과 오일 쇼크 등에 의해 촉발되어 단번에 가속된 것이다. 그때, 생물학이나 생태학과 건축과의 관계를, 인간의 마음이나 신체성을 통해 고찰하는 방법이 취해졌다. 그것을 '바우비올로기(Baubiologie : 건축 생물학)'라고 불렀던 것이다 .

그 무렵부터 중심적 인물인 리햐르트 디트리히는, 한편으로 에너지 효율이 높은 공업화 기술을 구사한 오픈빌딩 구법에 의한 뉴타운 만들기를 루르지방에서 시도하면서, 독일 남부의 자택에서는 자연의 재료를 이용하여 주변의 풍부한 자연환경과의 맥락 안에서 궁극의 에코 하우스를 실현하고 있었다. '바우비올로기'는 그의 그러한 초기의 왕성한, 그러나 모순으로 가득 찬 실천의 성과나 지견에 의하는 것이 크다(그림1 ~ 4참조). 즉, 생물학적인 존재인 인간의 입장에서 보아 인간의 생명 활동을 가능하게 하는 지구, 지역이나 주변 환경과 건축이라고 하는 구축물과의 상호관계의 이상적인 모습을 구상하여 현대건축의 상식을 일일이 상세하게 재검토하는 것부터 그 전망을 열어 가고자 하는 것이었다.

다름슈타트의 프란츠 포르하트, 카셀(Kassel)의 게르노트 민케 등은 경량 점토라고 하는 지역의 자연재료에 주목하여 각각 독자적인 공법을 개발해, 스스로 집 만들기의 직공이 되어 토착적인 바우비올로기의 실천가로서 지속적인 활동을 해 왔다. 또한 슈투트가르트대학에서 같은 시기에 건축을 배운 만프레드 헤가와 요아힘 에브레는 1980년대 중반에 시기를 같이하면서도 완전히 다른 형태의 '생태단지'를 카셀과 튜빙에 각각 실현하였다. 전자가 새로운 기술과의 통합을 도모한 모던 디자인을 출발점으로 하고 있는 데 반해, 후자는 루돌프 슈타이너(1861~1925)의 사상에 깊게 영향을 받아 모던 디자인으로부터 거리를 둔 형태상의 특이성을 특징으로 나타내고 있다. 또 자연계에 존재하는 구조체를 정교하게 분석하는 한편, 건축구조의 합리성을 밝혀내는 과정에서 그 합일성을 발견한 프라이 오토(1925~)는 60년대부터 건축의 구조디자인의 세계에 완전히 새로운 시점을 열어, 슈투트가르트 공과대학과 자신의 아틀리에를 거점으로 하여 경량 막구조라고 하는 독자적인 세계를 만들어냈다.

이와 같이 실로 다채로운 어프로치로 '바우비올로기'는 실천되어 왔다.

그러나 그 대다수에 공통되는 의식 속에는 '근대' 이후 현대를 구성해 온 생산과 유통의 측면에 치우친 획일적인 세획수법과, 그것의 결과로서 사람과 자연에게 '건강하지 않은' 건축환경에 대한 강렬한 회의와 비판성을 간파할 수 있다. 즉, '건강'을 원점에 놓고 현대 건축의 비생물학성을 지적하며, 건축생산이나 유통의 근대화 · 공업화의 과정에서 구축(驅逐)된 전통적 공법이나 재료의 재평가하는 과정에서 보다 광범위한 '근대' 그 자체가 안고 있는 문제를 표면화해 왔던 것이다.

일본건축학회의 〈건축 잡지〉는 1986년의 6월호에 '에콜로지와 건축'의 특집을 편집하여, 거기에 건축, 환경공학, 경제학, 식생학, 건축생물학 등 광범위한 관련 분야에서 논문을 게제하였다. 그 편집방침은 '……건축이나 도시의 장래를 생각할 때, 에콜로지의 개념을 인연이 없는 것으로 이야기할 수는 없어졌다. 그것은 각종의 인위적 활동의 결과가 가져온 향후 사회의 사람들의 생활에 미치는 영향이라든지 제약이라고 하는 측면이며, 그것은 또 각 지역의 자연, 산업, 문화에 뿌리를 둔 생활의 요청이라고 하는 측면이다. 그리고 오늘날 그러한 상황에 대응된 건축이나 도시의 본연의 자세나 그 표현이 요구되고 있다. 그것을 뒷받침하는 기술의 개발이 필요하게 되었다……'라는 인식에 근거하고 있었다. 또 그 잡지에 소개된 독일에서의 '건축생물학 연맹 선언'은, 그 후의 바우비올로기의 전개에 의해서 약간 희미해져 버린 본래의 의도가 문제 제기의 형태로 명확하게 기술되어 있다. 그 내용은 아래와 같다.

건축생물학 연맹 선언(1980년)

1) 획일적인 건축조형의 비인간성에 대한 반성을 더욱 깊이할 것 〈조형상의 문제〉
2) 극도로 인공적인 주생활, 생산활동, 교육활동의 장을 건축생물학적 법칙에 준거해 다시 생각할 것 〈인공적 환경의 비생물적 문제〉
3) 건축자재의 조달로부터 도시계획까지 생태학적 배려에 의한 재편성을 도모할 것 〈건축과 관계된 계획 · 생산 · 유통의 생태학적 문제〉
4) 건설에 있어서의 관료정치에 의해서 붕괴한, 건축에 의한 혼과 정신과 육체의 합일을 다시 추구하여, 건축의 문제를 예술로서 생물학적으로 사회적 일관성을 가지고 구축할 것 〈건축행위의 종합성과 예술성의 문제〉
5) 역행하는 자연주의적 건축론이 아니라 인간과 자연과 건축과의 관련을 혁신적인 자연관으로 유지 발전시킬 것 〈건축과 자연관의 문제〉
6) 진보에 대한 불안이나 국가에 대한 불신으로부터 오는 단순한 거절주의가 아니라 극단의 물질주의에 대항하는 환경 형성상의 자유를 획득할 것 〈환경형성과 물질주의의 문제〉
7) 공업화를 부정하는 것이 아니라 유기체로서의 인간의 존재에 유효한 기술의 재편성을 도모할 것 〈기술과 인간의 문제〉
8) 사회의 성장을 인정한 다음, 건설행위의 본질이어야 하는 환경보전의 자리매김을 적극적으로 할 것 〈건축행위와 환경보전의 문제〉

이 선언에서 보이는 과제에 대한 대처는 뛰어난 학제적, 영역 횡단적인 어프로치를 전제로 하고 있다(그림 4 참조). 일본에서 1990년부터 추진되어 온 '환경공생주택'이나, 근년의 '지속가능한 건축'에 있어서의 기본 인식의 공통 항의 대부분을 여기에서 찾아낼 수 있다. 그리고 '지구환경문제'에 관한 글로벌인 위기감과 지속가능한 사회를 지탱하는 커뮤니티 본연의 자세 등이 나중에 새롭게 더해진 점이다.

앞으로의 건축은 시대사조로서 넓게 공유되어야 할 현대적인 과제와 지역에 의한 현재적, 잠재적으로 발견되는 독특한 과제를 결합시켜 신체적인 체험에 뿌리를 둔 최선의 실천(Best practice)으로서 구상된다. 바우비올로기는 지금도 더욱 더 중요함을 호소하고 있다. (이와무라 카즈오)

주 : 그림 1–4는 캡션을 포함하여 모두 독일인 건축가 리하르트.J.디트리히 박사에 의한 것이다. (번역책임 : 이와무라 카즈오)

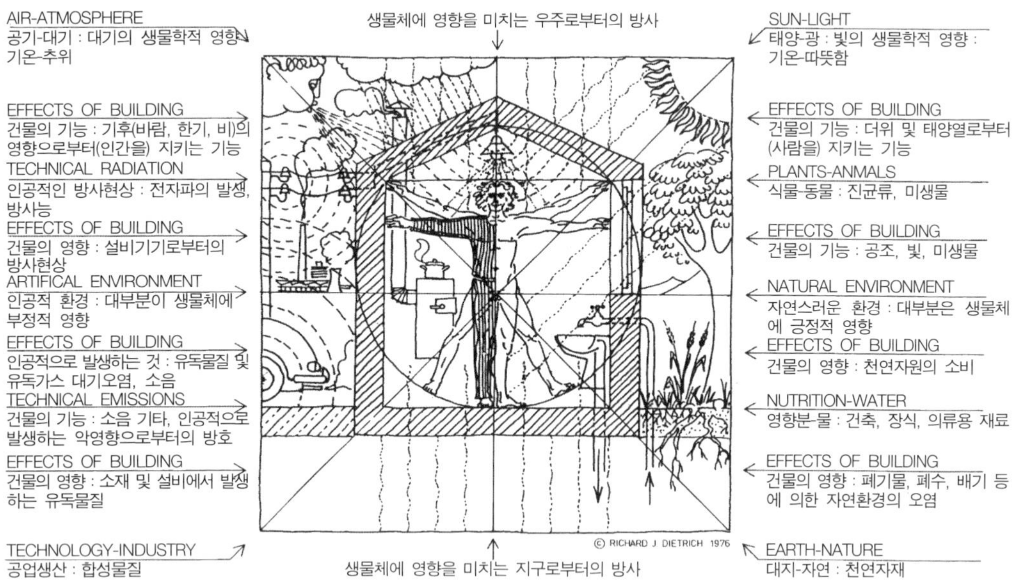

그림 1 인간–주거–환경의 상호영향의 연쇄

좀 더 큰 도시환경의 시스템을 검토하기 위해서는 오히려 더욱 마크로 레벨, 「인간-주거-주변환경」이라고 하는 연관에 있어서 섞여 들어가 있는 생물학적 상호작용을 요소별로 분류하여, 그 효과의 긍정적, 부정적 영향을 명백하게 하여야 한다.

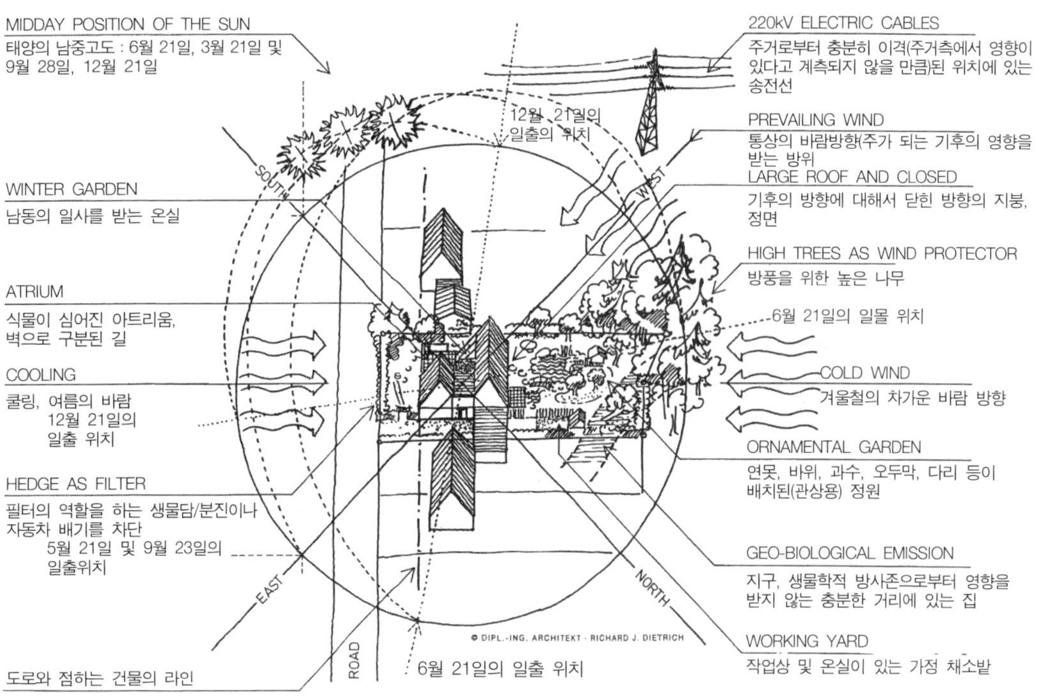

그림 2 '자연환경을 도입한 주거 및 가로'

자연을 끌어들이는 것을 고려한 주거 및 가로를 설계하기 위해서는 연간을 통한 일조조건, 바람의 방향, 건물과 주변건조물 및 자연환경과의 상호작용 등을 감안하지 않으면 안 되는 경우가 많다.

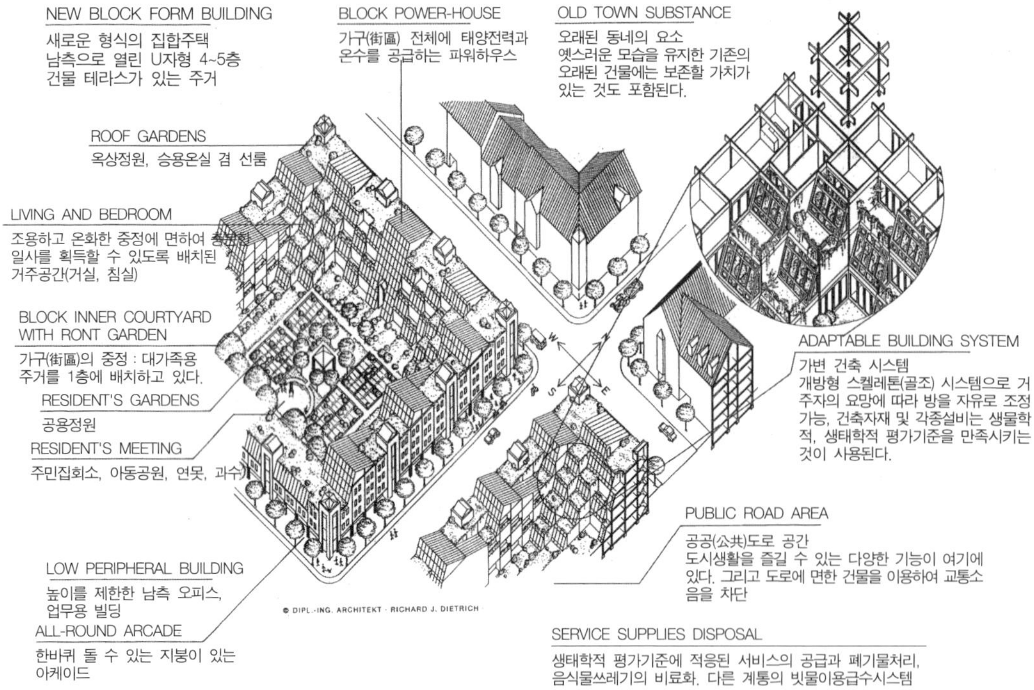

그림 3 '도시부의 다기능 내추럴 하우징 블록'

밀집도가 높은 도화지에서도 블록 전체적으로 종래의 도시계획 기준에 바탕을 준, 수층 건물의 내추럴하우스를 건축할 수가 있다. 예로 든 것은 뮌헨 시가지의 도시재개발계획에서 설계된 것이다. 도시기능에 대한 접근가능성을 확보하면서 소음이 주거공간에 침입할 수 없도록 중정을 건물로 둘러싼 설계로 되어 있다.

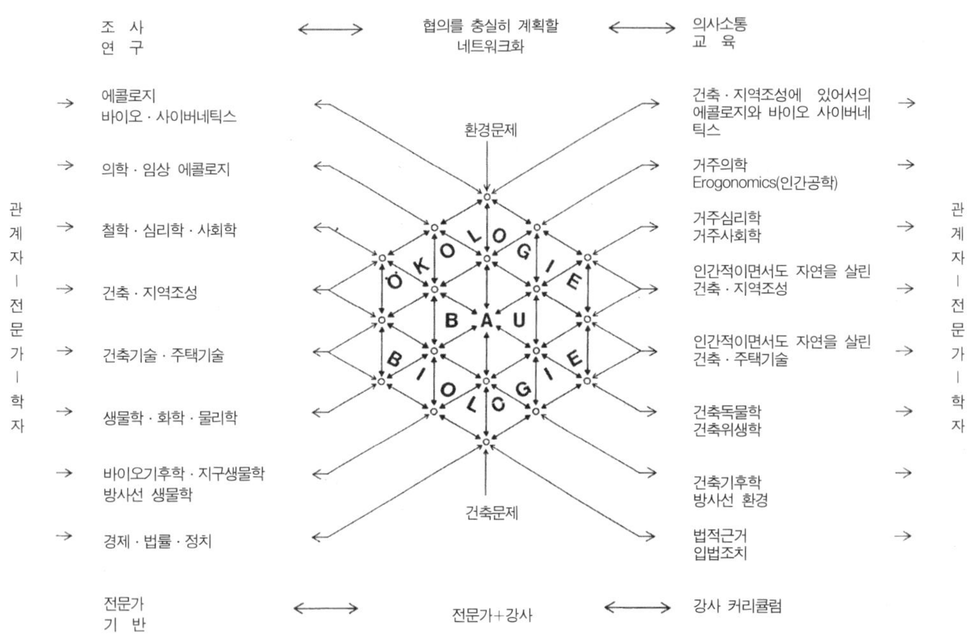

그림 4 '바우비올로기'의 전체 모습

지속가능한 미래를 위한 상호의존 선언

1993년 6월 18일~21일 : 국제 건축가연합(UIA) /미국 건축가협회(AIA)

1992년 브라질 리우 데 자네이루에서 개최된 '지구 서미트'의 '지속가능한 발전'에 대한 논의를 받아들여, 국제 건축가연합(UIA)은 미국 건축가협회(AIA)와 함께 1993년의 시카고 대회에서 다음과 같은 선언을 정리해 세계에 공표하였다. 건축계에 있어서의 지속가능성을 골자로 한 첫 선언이며, 그 후의 UIA의 활동에 큰 영향을 주고 있다.(이와무라 카즈오)

지속가능한 사회는 모든 생물을 위해서 미래에 걸쳐 자연과 문화를 회복하고 보존하여 향상시키는 것이다. 건전한 사회는 변화가 풍부한 건강한 환경이 본질적인 가치를 가짐과 동시에 필수적인 것으로 인식되는 것이다. 그러나 오늘의 사회는 심각한 환경 질의 저하를 부르고 있어 지속가능한 것이 아니다.

우리 인간은 자연환경 전체와 생태적인 상호의존 관계에 있다. 또한 사회적, 문화적, 경제적으로 전 인류가 상호의존 관계를 가지고 있다. 이러한 상호의존 관계하에 있기 때문에 모든 관계자 사이의 파트너십과 평등성과 밸런스가 지속가능성에 있어서 불가결한 조건이 된다.

인간이 자연환경과 생활의 질을 향상시키는 데 있어서 건축물과 건축환경은 주요한 역할을 하는 것이다. 자원과 에너지 효율에 대한 배려, 건전한 건축과 재료, 생태계와 사회를 배려한 토지 이용, 그리고 인스피레이션과 확신에 품격을 주는 미적 감성, 이러한 것을 통합하는 것이 지속가능한 설계이다. 인간이 자연환경에게 주는 악영향은 지속가능한 설계에 의해 큰 폭으로 경감될 수 있다. 그것은 동시에 생활의 질과 경제적 이익의 향상에도 연결된다.

이상의 인식에 근거해, 우리는 책임감을 가지고 다음과 같은 사항에 임한다. 세계의 건축 및 건축디자인에 종사하는 프로 집단의 일원으로서 개인 또는 단체를 통해 :

- 환경 및 사회의 지속성을, 우리들의 실무와 직능적 책임의 중핵으로 한다.
- 지속가능한 설계를 실시하기 위한 건축의 실무, 실시절차, 생산물, 커리큘럼, 서비스 및 기준을 개발하고 이것들을 지속적으로 개선한다.
- 건축의 프로 집단 및 건축업계, 고객, 학생, 그리고 일반시민에 대해서 지속가능한 설계가 가지는 결정적인 중대성과 실천적인 가능성에 대해 교육한다.
- 지속가능한 설계가 결국에는 통상의 방식이 되도록 정책이나 규제 및 실시 수법을 행정과 비즈니스 레벨의 쌍방에서 확립한다.
- 건축환경이 가지는 현재 및 장래의 모든 요인을 설계, 생산, 이용, 재이용의 각 단계에 있어서 지속가능한 설계의 레벨로 끌어올린다.

Olufemi majekodunmi ; UIA 회장

Susan A. Maxman ; AIA 회장

환경공생주택 선언

1997년 11월 21일 : 환경공생주택 추진협의회

지구환경문제로부터 시작하여 환경과 거주지·마을 만들기 본연의 자세를 생각하는 '환경공생주택'은 1990년에 태어났다. 그 연구 개발의 모태는 일본의 거주공간 조성에 관련하는 다양한 기업, 단체, 지자체, 학식자 등으로 구성된 연구회(현 추진 협의회)이다. 그 이후의 활동은 벌써 19년째를 맞이하고 있다. 지금 우리가 직면하고 있는 지구나 지역, 그리고 주거를 둘러싼 다양한 환경문제에 대해 주택 및 지역 조성의 면에서 종합적이고 효과적으로 대처함으로써 다음 세대에 인도할 수 있는 지속가능한 사회의 구축에 기여하는 것을 목적으로 하고 있다. 그 취지에 근거해, 협의회는 COP3 교토회의가 개최되기 직전인 1997년 11월, 회원의 총의로서 다음의 8개의 목표를 내걸고 그 실현에 이바지하는 구체적인 활동의 지속적인 전개를 선언했다.

(이와무라 카즈오)

■ 지구환경의 보전을 도모하기 위해

① 주택·지역 조성의 라이프사이클에 있어서 에너지 절약을 추진하고, 자연·미이용 에너지 등의 이용을 촉진함으로써 지구온난화를 억제한다(에너지 절약의 추진).

② 주택·지역 조성의 라이프사이클에 있어서의 자원의 유효이용과 재활용을 추진해 폐기물을 큰 폭으로 삭감한다(자원의 유효이용·폐기물의 삭감).

■ 주변 환경과의 친화성을 도모하기 위해

③ 부지 및 그 주변 환경의 기후풍토나 생태인문 조건을 충분히 파악해, 그 지역성에 친화된 아름다운 주택·지역 조성을 추진한다(주변 환경과의 조화).

④ 부지·주변 환경조건에 응한 주택이나 지역 내외의 연관성에 배려하고 자연의 혜택을 향수할 수 있도록 노력한다(자연 혜택의 향수).

■ 거주환경의 안전·건강·쾌적화를 도모하기 위해

⑤ 부지조건에 맞는 주택의 기본적인 안전성·건강성·쾌적성을 확보함과 동시에, 개개의 거주자의 속성에 배려한 거주지 만들기를 추진한다(안전·건강. 쾌적성의 확보).

⑥ 집합된 주택지인 경우, 개개의 주택을 풍요롭게 형성하면서 거주자들 간, 그리고 주변 거주자와의 공생적 생활이 가능한 주택·지역 조성을 추진한다(공생적인 생활의 지원).

■ 이상의 활동을 널리 국내외에 지속적으로 보급하고 추진하기 위해

⑦ 국내의 주택생산·공급자, 설계자, 기능자, 그리고 생활자를 향해 환경공생주택의 취지나 수법, 생활방법에 대한 정보 공개를 적극적으로 추진한다(정보 공개) .

⑧ 전국에 단지 규모의 구체적인 모델 프로젝트를 전개함과 동시에, 국내외의 같은 이념을 공유하는 다양한 시도나 활동과의 정보·기술 교류를 촉진한다(정보·기술 교류).

'지구환경 · 건축헌장'과 그 의의

1990년, 일본 건축계의 다양한 조직이나 개인은 일제히 지구환경문제에 관심을 가지고 이것에 대해 진지하게 임하기 시작하였다. 그리고 지구환경과 건축과의 관계를 조사하는 정력적인 초기 활동의 결과, 일본의 건축이 나라 전체 온난화의 $\frac{1}{3}$이상을 점하고 있다는 예상외의 환경부하에 관한 사실을 알게 되었다. 이 현실을 중요하게 본 일본건축학회는 1997년 '기후변동 범위 조약 제3회 체결국 회의'(COP3)를 향해서, '일본의 건축은 향후, 생애 이산화탄소 배출을 30% 삭감, 내용연수 3배 늘리고, 100년 이상을 목표로 해야 한다'라는 학회 성명을 발표하여, 지구의 온난화 문제에 관해서 향후의 건축이 목표로 해야 할 방향을 나타냈다. 이러한 다양한 활동이 왕성하게 진행되어 COP3에서는 온난화 방지에 관한 국제조약인 교토의정서가 정리되었다.

그러나 지구환경문제는 지구 전체의 온난화만이 아니라 오존층 파괴, 야생생물 종 감소, 대기 · 수역 · 해양 · 토양의 오염, 희소자원 고갈 등 차세대의 생존권이나 생활권을 현저히 해칠 위험이 있는 것으로 구성되어 있고, 건축은 그것들에 직접 · 간접적으로 크게 관여하고 있다.

온난화 문제에 대한 대응을 계승하여 지구환경이 안고 있는 다양한 문제에, 건축 분야가 얼마나 대응 가능한가를 검토해 온 건축학회에서는 이러한 지구환경문제의 현실을 감안하여 좀 더 광범위하게 건축 관계자를 포함한 방향 전환적 대응이 필요하다고 생각했다. 거기서 설계 · 계획, 건설, 그리고 학술, 연구 분야에서 일본의 건축계에 큰 역할을 하고 있는 일본건축학회, 일본건축사회 연합회, 일본건축사사무소협회 연합회, 일본 건축가협회, 건축업협회의 5개의 단체가 모여 '지속적 사회를 구축하는 데 있어서 일본의 건축이 있어야 할 모습을 공유하자'고 하였다. 학회를 비롯하여 다양한 관련 분야에서의 검토가 진행되어 5단체의 합의를 얻어 2000년 7월 발표된 '지구환경 · 건축헌장'은 향후 일본의 건축지침이 되는 것과 동시에, 일본의 건축계에서 처음으로 입장을 떠나 건축계가 큰 목표를 공유한 기념비라고도 할 수 있다.

또한 이 지구환경 · 건축헌장을 기본으로 주택 · 건축 유지보전협회와 공기조화 · 위생공학회라는 두 단체가 더해지고, 지속적인 사회의 건축으로서 본연의 모습을 구체적으로 나타내 보이는 '지구환경 · 건축헌장 운용지침'이 검토되어 2000년 10월에 발표되었다.

지구환경문제는 건축 관계자가 본래 견지해야 하지만, 이 반세기 동안 잊어버렸던 윤리, 즉 세대를 넘어 계속 사용되는 건축을 실현하는 사회적 역할을 추궁하는 것이라고 생각할 수 있다. 또 제2차 세계대전 후 격렬한 근대화, 공업화의 흐름속에서 많은 건축 관계자가 무시하거나 혹은 회피해 온 자연과 건축과의 공생관계의 구축은, 지구환경을 지키는 것 이상으로 종으로서의 인간의 생존에 빠뜨려서는 안 될 조건인 것이 재인식되는 시대가 되었다. 자연의 다양한 은혜를, 계속되는 세대 간에 동일하게 향수할 수 있도록 현 세대가 충분히 배려하는 것, 인간이 지구를 지배한다고 하는 인간 중심주의로부터 벗어나서 살아 있는 온갖 것이 동일하게 생의 영위가 가능하도록 환경을 정비하는 것, 이것들은 유한의 지구에 공생하는 여러 생명의 기본적 윤리이다.

다음에 나타내는 '지구환경 · 건축헌장' 및 '동 운용지침'은 이러한 윤리에 근거하여 책정되었다.(기마타 노부유키)

지구환경 · 건축헌장

우리 건축관련 5단체는 오늘날의 지구환경문제와 건축과의 관계에 대한 인식을 바탕으로 '지구환경 · 건축헌장'을 제정해, 지속가능한 순환형 사회의 실현을 목표로 연계하여 대처할 것을 선언합니다.

2000년 6월 1일
사단법인 일본건축학회
사단법인 일본건축사회 연합회
사단법인 일본건축사사무소협회 연합회
사단법인 일본건축가협회
사단법인 건축업협회

20세기, 물질문명의 발달과 일본을 비롯하여 세계 각지에서의 급속한 도시화는 인간을 중심으로 한 쾌적한 생활의 실현을 가능하게 하였습니다. 그 결과 지구규모에 대해서는 문제가 나타나기 시작했습니다. 지구온난화를 비롯하여 생태계의 파괴, 자원의 남용, 폐기물의 누적 등에 의해 모든 생명을 지탱하는 지구환경 전체가 위협받고 있습니다. 그리고 건축활동이 이러한 현상들과 깊은 관계가 있다는 것도 명백해지고 있습니다.

지금, 우리는 지구환경의 보전과 인간의 건강과 안전을 도모하고 지속가능한 사회를 실현해 가는 것을 긴급한 과제라고 인식하고 있습니다. 건축은 그 자체로 완결된 것이 아니고, 지역의 또 지구규모의 환경과의 관계에서 파악되지 않으면 안 됩니다. 우리는 21세기의 목표로서 건축에 관계하는 모든 사람들과 함께 다음과 같이 건축의 창조에 임합니다.

1) 건축은 세대를 넘어 지속적으로 사용되는 가치 있는 사회자원이 되도록 기획 · 계획 · 설계 · 건설 · 운용 · 유지된다(장수명).
2) 건축은 자연환경과 조화를 이루며 다양한 생물과의 공존을 도모하면서 양호한 환경의 구성요소로서 형성된다(자연공생).
3) 건축의 생애에너지 소비는 최소한으로 억제하고 자연에너지나 미이용 에너지를 최대한으로 활용한다(에너지절약).
4) 건축은 가능한 한 환경부하가 적고, 또 재이용 및 재생가능한 자원 및 재료에 기초하여 구성되어 건축 생애의 자원소비는 최소한으로 억제된다(절약자원 순환).
5) 건축은 다양한 지역의 풍토 · 역사를 존중하면서 새로운 문화로서 창조되어 양호한 육성환경으로서 차세대에게 계승된다(계승).

지구환경 · 건축헌장 운용지침

지속적인 사회의 실현을 건축 활동에서 전개함에 있어서의 '지구환경 · 건축헌장' 운용의 지침을 아래에 나타낸다.

1. 장수명

오늘날의 일본의 건축은 그 대부분이 25~30년에 재건축되고 있다. 이에 비해 유럽의 건축은 수세기에 걸쳐서 지속 이용되는 것이 보통이다. 미국에서도 100년 정도 수명의 건축은 드물지 않다. 예전에는 일본에서도 100년을 넘는 장기간의 사용은 매우 일반적이었다. 건축이 단수명인 것은 단순하게 사회자산의 형성이 늦는 것뿐만 아니라 지구온난화의 원인인 CO_2 배출, 삼림의 파괴나 대량의 건축폐자재 발생 등의 대단히 심각한 문제를 낳고 있다.

지금부터는 현존하는 건축은 가능한 한 길게 계속적으로 사용되도록 대책을 강구하는 것과 동시에, 새롭게 만드는 건축은 장기간 사용 가능하도록 계획의 초기단계로부터 충분한 검토를 실시하고, 완성 후에도 지속적으로 적정하게 유지 관리하는 것이 기본적인 조건이다.

〈주민참가에 의한 합의 형성〉

건축을 오래 유지하여 사용해 나가기 위해서 주변의 주민도 포함하여 이용 · 운영 · 소유와 관련되는 관계자의 합의와 협력을 얻는다. 또 신축이나 증개축의 기획 · 계획단계에서는 지역커뮤니티 내에서 건축의 이용 · 운영 · 소유 · 시공 등의 관계자에 의한 충분한 검토가 이루어져 그 필요성, 목적, 용도, 기능, 성능, 형태 등에 관하여 합의형성을 도모한다.

〈새로운 가치의 형성〉

계획적이고 적정한 운용, 유지 보전함으로써 건축에 역사가 부가되고 품격이 갖춰져 가치가 높아지고, 사회적으로도 경제적으로도 유용한 자산이 되도록 가치관이나 라이프스타일을 육성한다. 또 건축을 재구성해 다른 용도로 전환하거나 개수에 의해 새로운 운용에 대응 가능한 공간으로서 재생함으로써 새로운 가치를 낳는 노력을 계속한다. 100년을 넘는 긴 세월 사용되는 건축은 파리의 오르세미술관과 같이, 용도나 기능을 변화시켜 재생함으로써 더욱 매력적인 공간을 만들 가능성을 가지는 것에 배려한다.

〈건축을 유지하는 사회 시스템〉

소유 · 운영 · 이용에 관련되는 다양한 관계자가 시대를 넘어 건축을 계승해 계속 사용해 가기 위해 적정하고 명쾌한 평가 시스템을 마련하고 활발한 유통 시스템을 정비한다.

〈유지 보전하기 쉬운 건축의 구축〉

적절하게 유지 보전함으로써 노후화 되는 일 없이 오히려 가치를 높여가는 건축은, 좀 더 오래 남겨서 계속 사용하고 싶다고 하는 강한 애착심을 가지게 한다. 유지 보전의 곤란함이나 노후화에 의한 경비의 증대로 인하여 건축의 수명이 짧아지는 것을 막기 위해 건축의 유지 보전을 용이하게 할 수 있도록 대책을 강구한다.

〈변화에 대응하는 유연한 건축〉

현대사회의 요구 변화는 빠르고 격렬하다. 용도의 변경이나 개수 등에 대하여 용이하게 대응할 수 있는 여유 있는 건축공간, 층고, 건축물의 기둥간격 및 설비 샤프트를 부여하는 건축계획이 중요하다. 대지에 대해서도 가능한 한 변화에 대응할 수 있는 여유를 갖게 한다.

〈높은 내구성과 갱신의 용이성〉

건축을 구성하는 부재·부품의 각각이 건축 전체의 수명에 관계되는 것을 고려한다. 구조체와 내외장·설비부재가 용이하게 분리할 수 있고, 각각 다른 요소에 대한 영향을 최소한으로 하고 교환할 수 있도록 한다. 구조체, 외장, 기간 설비를 구성하는 것에 대해서는 쉽게 열화하지 않는 재료, 경년에 의해 가치가 높아지는 재료와 교환이 쉬운 부재·부품을 개발해 활용한다.

〈장수명을 실현하는 법제도의 개혁〉

토지 소유나 이용에 관련되는 법제도에 의해서도 실제로 많은 건축이 파괴되어 왔다. 법이 가지는 다면적인 영향력을 감안하여, 사회자산·문화자산으로서 건축을 전승해 갈 수 있도록 혹은 남기는 것이 유리하도록 법제도의 정비나 개혁을 실시한다.

2. 자연공생

일본은 몬순지대에 속하여 본래 풍요로운 자연을 가진 지역이다. 전통적 건축은 그러한 자연을 향유해 자연과 공생하는 환경을 길러 왔다. 그러나 최근 반세기 동안 무질서한 개발에 의한 도시나 건축은 지역에 존재해 온 생물종의 다양성을 잃어버리게 하고 있다. 또 열섬현상이나 다양한 도시공해가 생태계를 파괴한 것만이 아니라 사람들에 있어서도 불쾌한 환경을 만들어 마음을 달래고 몸을 쉬는 공간을 대부분 잃어버리게 해 사람들을 자연으로부터 멀리하게 하고 있다.

앞으로 지상에 존재하는 종의 건전한 지속성을 목표로 하여 중요한 과제는 우리 생활 주변의 다양한 생물이 친근하게 느끼도록 환경을 재구축하는 것이다.

〈자연생태계를 육성하는 환경의 구축〉

풍요롭고 다양한 생태계의 유지를 위해서 자연의 영역이 도로나 건축 등의 인공물에 의해서 분단되는 일이 없도록 유효한 대책을 강구한다. 인공적인 환경에 관해서도 다양한 생물의 생명을 유지할 수 있는 생존환경을 만들어 그것들의 유기적 네트워크들을 유지, 구축한다.

〈도시부의 자연회복 유지, 확대〉

도시부에 있어도 자연환경을 보전, 복원 및 창조한다. 또한 도시의 온열환경을 개선할 뿐만 아니라 개방감이나 충족감 등이 다양한 심리적 효용을 얻기 위해 식물을 심고 녹지를 늘리고 건축의 벽면이나 옥상 등을 녹화한다.

〈건축의 환경영향에 대한 배려〉
지역의 자연과 공생하기 위해서 건축을 기획 및 계획할 단계에서는 그 부지와 그 주변이 가지고 있는 자연환경의 특성을 충분히 조사하여 기상, 지형, 지질, 지하수계, 식생, 생물, 경관 등의 상황을 이해하고 건축에 의한 영향을 배려하여 이러한 것들을 적극적으로 계획에 반영한다.

3. 에너지 절약

지금 도시 · 건축은, 그 건설이나 운용에 방대한 에너지를 필요로 하게 되었다. 또한 지구온난화 원인의 40%는 건축의 생산으로부터 시공, 운용, 폐기에 이르는 라이프사이클에서의 CO_2 배출에 의한 것이다. 석유를 비롯한 화석자원은 유한하고 에너지원으로서의 이용은 온난화에 직결되는 것이기 때문에 그것의 사용을 방치해서는 안 된다. 그러기 위해서는 화석자원에 의한 재래 에너지의 이용을 큰 폭으로 저감시키고 효율화하여 자연에너지나 미이용 에너지를 활용하는 도시 · 건축으로 전환하지 않으면 안 된다.

〈지역의 기후에 적합한 건축계획〉
건축의 지붕 속, 처마, 툇마루, 외벽, 창, 출입구 등 외기에 접하는 부분으로부터의 열 부하를 크게 경감하도록 구성한다. 특히 건축의 창은 통풍이나 채광 등의 자연에너지 이용의 관점에서는 중요한 반면에, 공조의 열 부하로서는 약점이 된다. 이에 대해서 적절한 개구부의 선정, 일사의 적극적인 도입을 위한 아이디어, 일사차단의 아이디어, 이중유리 등에 의한 단열의 아이디어, 통풍이 좋은 공간의 구성 등과 같은 대책을 강구한다.

〈에너지 절약 시스템의 개발과 정착〉
건축의 생애 에너지의 반 이상이 운용 시의 건축설비 운전을 위해 소비된다. 공조, 환기, 조명, 급탕, 승강기 등의 효율을 비약적으로 향상시키는 설비 시스템을 개발하고 구축함과 동시에, 자연에너지 · 미이용 에너지를 활용한다. 또한 그것들을 적절한 에너지 관리 시스템과 정합적으로 연계시킨다.

〈건설 시의 에너지 삭감〉
건설에 수반되는 기자재의 수송 에너지 사용량을 최소한으로 하기 위해서 생산자 사이의 제휴에 의한 물류의 간소화, 그 지역 재료의 이용, 소요되는 기자재 양의 삭감, 재사용 · 재생 이용 및 건설 부산물의 지역 내 순환이용을 촉진한다.

〈지역 에너지 시스템의 구축〉
에너지를 가구(街區)레벨에서 공급함으로써 에너지의 고효율 이용 및 최적의 관리가 용이하게 되는 경우도 있다. 특히 하천수나 해수, 우물물, 지열, 쓰레기 소각열 등 미이용 에너지의 활용을 위해서 대규모 시설이 필요한 경우에는 가구레벨에서 열 공급을 검토한다. 또한 건축레벨에서도 커다란 큰 배출열이 있는 경우에 그것의 유효이용을 도모한다.

〈자연에너지의 활용에 대응한 도시의 공간구성〉
도시의 구조는 건축레벨에서의 일조 이용을 촉진하는 인동간격이나 바람길의 확보 등 자연에너지를 충분히 활용할 수 있도록 배치상의 대책을 강구한다.

〈에너지 절약에 기여하는 교통을 위한 도시공간〉

공공교통기관의 정비에 충실하게 호응하도록 건축을 정비하고, 도시 그 자체를 자동차의 이용에 의지하지 않고 살 수 있는 시가지 형성을 추진한다. 또한 도시 내에서 이용되는 자전거의 이용 촉진, 자동차의 소형화나 공용화를 위해 자전거 주행로, 자전거 보관소의 정비, 주차공간의 공간 이용 효율의 향상 등 환경과 조화를 이루는 교통을 위한 공간구축으로 전환한다.

〈에너지 절약 의식의 보급과 정착〉

건축 운영 시의 에너지 절약은 건축설비의 효율 향상만이 아니다. 쓸모없는 조명이나 공조의 정지라든지 물 절약 등의 효과도 매우 크다. 이용 및 운영의 관계자가 스스로의 에너지 사용 상황을 파악해 그 정보를 데이터베이스로서 공유함으로써 에너지 절약 의식의 향상을 도모한다. 또한 라이프스타일의 변혁을 포함한 의식개혁을 위해서 건축계는 적극적으로 학교교육이나 평생학습 등을 통해서 계발활동을 추진한다.

4. 자원절약과 순환

지구상의 자원은 유한한데 건축 분야에서의 과잉소비는 자원고갈이나 산업폐기물 등 심각한 문제를 가져왔다. 이미 일본 각지의 최종 처리장은 거의 가득 차버렸다. 건설관련 폐자재는 최종처분량의 40%에 미친다고 한다.

새로운 자원은 가능한 한 사용하지 말고 건설현장에서 폐기물로서 배출하지 않고 재사용하고 재생 이용하도록 하여 순환해 나가는 것이 필요하다.

〈환경부하가 적은 재료의 채용〉

건축의 부위, 부재는 그 생산 및 운용·폐기단계에서 가능한 한 환경부가가 적은 재료, 즉 에코머티리얼(Eco-Materials)로 구성한다. 이러한 재료의 개발을 촉진하고 유통시켜 올바르게 사용되도록 정보를 공개한다.

〈재사용·재생이용의 촉진〉

건축에서의 재사용·재생이용재의 채용률을 가능한 높인다. 그렇게 하기 위해 건축은 그 구성재를 그 사용연수나 기능에 따라 분리 가능하게 구성하고, 교환, 보수, 변경을 최소한으로 할 수 있도록 한다. 또한 구성재는 유지, 갱신이 용이한 구법으로 구축하여 제거, 분해, 해체하기 쉽고 재사용·재생이용 자원으로서 용이하게 활용할 수 있도록 한다.

〈목질구조 및 재료의 적용 확대〉

탄소의 고정에 의해 환경부하를 저감함과 동시에 질 높은 거주환경을 만들어 낸다고 하는 점에 있어서도 목질구조 및 재료의 이용을 위한 환경을 마련한다.

일본은 목재자원이 풍부한 나라이다. 일본 삼림의 건강을 지키고 자원의 적정한 갱신을 도모하여 실효적인 온실효과 가스의 방출 삭감에 기여하기 위해 일본자재를 유효하게 활용한다.

〈건설 부산물의 유통 촉진에 의한 폐기물의 삭감〉

건축의 해체단계에서 배출되는 건설 부산물은 가능한 한 분별함과 동시에 재사용·재생하는 시스템을 확립하고, 물적 유통을 촉진하는 체제 및 시설을 정비함으로써 폐기물을 삭감한다.

또한 공사를 할 때에는 재료의 포장재료 절약 및 프리패브화 공법 등의 고안을 통해 건설현장에서 폐기물 발생 제로를 목표로 한다.

〈생활의식의 변혁과 행동에 대한 기대〉

건축의 개장 및 개축 시에 폐기물이 발생하지 않도록 하고, 가능한 한 오래 사용할 수 있도록 함과 동시에 기존의 건축물의 재사용 재생 이용하는 방향으로 생활의식의 변혁이 이루어지도록 건축계는 시민의 일상적인 교육과 계몽에 노력한다. 또한 그것을 촉진하는 법제도 및 경제적인 지원 시스템도 정비하여 활용한다.

5. 계승

일본의 많은 도시경관이 애정을 가지고 지켜지도록 하고자 하는 시민의 지지를 얻을 수 있는 것이 아니다. 건축은 선인들의 자산으로서 모든 사람들에게 계승되고, 또한 미래의 아이들에게 자산으로서 계승해 나가지 않으면 안 된다. 좋은 건축문화를 남기지 않으면 안 되는 것과 마찬가지로 남길 수 있는 건축문화를 만들지 않으면 안 된다. 또한 미래를 이끄는 우리의 아이들이 건강하고 쾌적하게 성장할 수 있도록 현재 우리의 건축활동은 아이들의 건전한 성장환경을 보장해야 한다. 지금, 아이들의 생활환경은 건전한 성장환경으로서 좋은 것이 되어 있는가. 건축도 도시도 아이들을 압박하여 궁지에 몰아 고립시키고 있지는 않은가. 우리는 다음 시대를 만들 아이들을 위해 좋은 성장환경을 정비해야 한다.

〈좋은 건축문화의 계승〉

건축은 대지 위에 건설된다. 건축은 그 토지의 풍토, 역사, 문화에 의해 육성된 경관, 생활양식, 건축문화를 소중히 하고, 새로운 건축문화는 그 위에 구축하고 계승한다. 또한 세대 간의 계승의 기회도 소중히 한다.

〈매력적인 시가지 만들기〉

건축의 집합체로서의 도시공간은 지역의 문화를 표현하는 공유재산이라는 사고방식에 서서 개개의 건축디자인은 각각이 독립한 존재가 아니고, 지역의 특성을 고려한 도시경관이나 자연과의 조화를 도모하여 그러한 것들과 경관적, 생활적, 정신적, 문화적인 관계를 가지는 매력 있는 환경을 창조할 책임이 있다. 또한 가로구성, 가구 형성에 대해서는 자동차 중심의 사고방식을 생활자 및 보행자 중심으로 바꾸어 종합적으로 안전하고 살기 좋은 도시로 성장시킨다.

〈어린이의 양호한 성장을 촉진하는 환경정비〉

어린이의 생활환경은 가능한 한 대지에 접하도록 계획하고 지역에서 자립적이고 자유롭고 안전한 놀이공간을 충분히 보장한다. 건축과 도시환경이 어린이들의 외유를 촉진시키도록 한다. 또한 가까운 곳에서 자연과 접할 수 있는 환경을 일상적으로 가질 수 있도록 정비한다.

〈계승을 위한 정보의 정보〉

건축에 사용된 지식, 기술, 기자재 및 완성된 건축과 도시의 환경에 관련되는 모든 정보는 정확하게 다음 시대에 전달되도록 정보기반을 사회적으로 정비한다.

제1장 인용 · 참고문헌 등

■ 1-1-1

1-1.『Efficiency and Sufficiency』エルンスト・フォン・ワイゼッカー（武蔵工業大学環境情報学部紀要創刊号、2000）

■ 1-1-2

1-2.『環境倫理学のすすめ』加藤尚武（丸善ライブラリー、丸善 1991）

■ 1-2-2

1-3.「わが国の建築関連 CO_2 排出量の 2050 年までの予測―建築・都市の環境負荷評価に関する研究―」伊香賀俊治、村上周三、加藤信介、白石靖幸（日本建築学会計画系論文集 No.535、2000）

■ 1-2-3

1-4.『自然共生建築を求めて』宿谷昌則（鹿島出版会、1999）

1-5.「建築設備分野のライフサイクル CO_2 による地球環境評価」伊香賀俊治（日本学術会議環境工学連合講演会講演論文集、1995）

■コラム LCA

1-6.『建築のライフサイクルエネルギー算出プログラムマニュアル』小玉祐一郎ほか（建設省建築研究所、1997）

1-7.『環境共生住宅 A-Z』環境共生住宅推進協議会編（ビオシティ、1998、2009）

1-8.『空気調和・衛生設備の環境負荷削減対策マニュアル』（空気調和・衛生工学会　2001）

1-9.『建物の LCA 指針、温暖化・資源消費・廃棄物対策のための評価ツール』（日本建築学会、2006）

1-10.『グリーン庁舎基準及び同解説』平成 17 年版（公共建築協会、2006）

1-11.『グリーン診断・改修計画基準及び同解説』平成 17 年版（建築保全センター、2006）

■ 1-2-4

1-12.「環境システム研究」盛岡通（『土木学会』Vol.19、1991）

■コラム　バウビオロギー

1-13.『建築雑誌』（日本建築学会、1986、6 月号）

1-14.『建築環境論』岩村和夫（SD 選書 211、鹿島出版会、1990）

1-15.『サステイナブル建築最前線』岩村和夫ほか（ビオシティ、2000）

제 2 장

지구환경건축의 비전과 구축방법, 사용방법

2-1

자연이나 지역 및 도시와 연결한다

2-1-1 건축과 자연을 연결한다

1 자연의 시스템과 패턴

1) 자연 시스템의 특징

건축은 자연 위에 성립한다. 그 자연의 특징을 이해하는 것은 건축물을 만드는 자에게는 기본이다. 또한 자연이 지닌 체계(system)와 형태를 만드는 힘(조형력)을 배워서 건축디자인에 활용한다. 자연은 각각의 구성요소가 밀접하게 관계하여 지속가능하며 자기충족적인 항상적 시스템이다.

지구의 역사가 생물을 탄생시켜 그 생물이 다양하게 관련하여 성립되는 복잡한 자연생태계를 창조해왔다. 지구상의 생물을 포함하고 있는 생태계를 움직이는 힘은 태양에너지, 지구의 힘(중력), 달의 힘(조력) 등이다. 특히 태양에너지는 모든 것의 원천이다. 태양에너지를 교묘하게 이용하여 이러한 자연 시스템은 성립되어 있다.

자연에는 부분적인 카타스트로피(Catastrophe, 파국) 또한 존재하고, 그러한 환경변화로부터 새로운 자연성장이 시작된다. 인간의 생존, 인간의 생산, 생활의 행위는 자연을 부분적이나마 인위적으로 교란시키는 것으로 자연에 파국을 주는 행위라고 말할 수 있다. 건축적 행위 또한 그러한 행위이다. 따라서 건축적 행위는 그곳에 유지되어 온 자연 시스템과 생태계에 어떠한 영향을 줄 것인가를 먼저 이해하고 실시되어야 한다.

2) 자연의 패턴

자연은 다양한 모습이나 형태로 우리의 눈앞에 나타난다. 각각의 모습은 복잡한 형

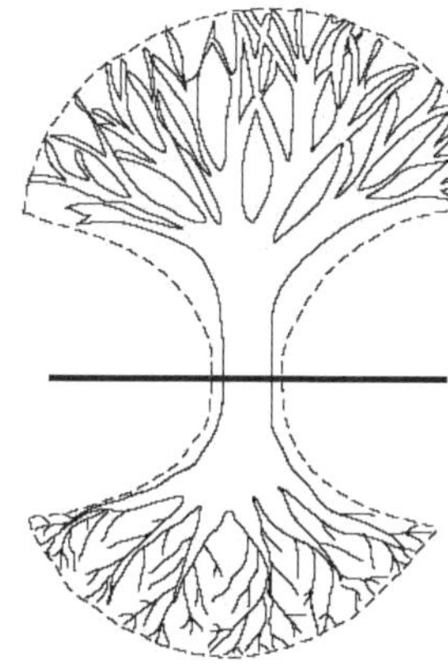

A 코어(심)패턴 : 나무형태의 패턴
나무의 지상부와 지하부의 구성은 유사한 패턴을 갖는다.

B 버섯패턴 : 코어패턴을 이등분한 패턴
하천이 바다에 흘러들어 가는 패턴

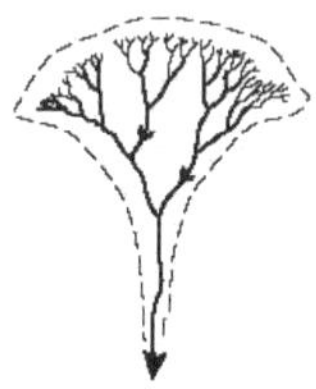

C 잎맥의 패턴 : 잎맥과 하천의 흐름패턴

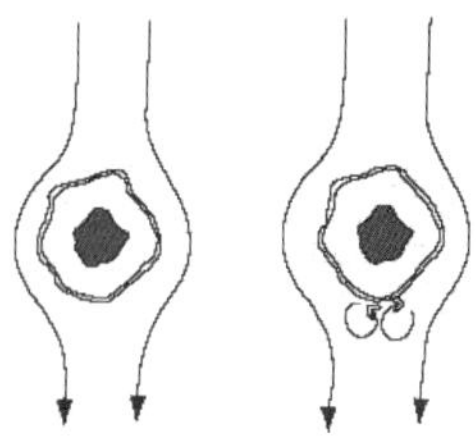

D 유선형과 회오리형 : 물과 공기의 흐름, 섬(산)의 밑에 복잡한 회오리가 형성된다.

그림 1-1-1 자연패턴의 사례 (문헌 2-1의 그림을 일부수정, 이토나가, 세키)

태를 가지고 있지만, 그것들에서 공통된 틀과 패턴을 발견할 수 있다. 자연이 만드는 이러한 패턴을 자연의 조형력 및 자연의 디자인 능력의 표현으로 이해하고, 우리들의 디자인에 응용하는 것이 가능하다. 자연환경에 순응하는 건축적 환경을 만드는 데 있어서 자연은 중요한 힌트를 준다.

자연의 패턴은 태양의 힘, 지구의 힘, 물의 힘, 바람의 힘이 만들어 낸 것이며 또한 자연의 패턴은 생물이 살아가기 위해 만들어 낸 서식을 위한 패턴이기도 하다. 자연의 패턴은 시간의 산물이기도 하다. 그것은 성장을 위한 골격이 된다.

전형적인 자연 패턴에는 ① 잎맥의 형(나뭇잎의 잎맥 분기형, 하천의 흐름, 포도송이), ② 나무형(나무와 뿌리가 만드는 형, 집산과 확산의 조합, 불꽃의 형), ③ 분산형(해조류, 바위에 서식하는 지의식물, 이끼의 분포), ④ 망형(땅의 갈라짐, 벌집), ⑤ 파형(수면의 파도, 바람에 의한 모래언덕의 문양), ⑥ 동심원형(중심이 퍼져나가는 파의 문양), ⑦ 유선형(장애물을 넘어가는 물의 흐름, 바람의 흐름), ⑧ 회오리형(은하, 소용돌이, 중심에서 확산되어 가는 흐름, 중심에 향하는 흐름), ⑨ 방사선형(귤의 단면), ⑩ 프렉탈형 [자기유사구조를 가진 형태로 부분이 전체에 닮아 있는 것으로서, 해안선에서 볼 수 있는 복잡한 요철(凹凸)형, 복잡한 에지(edge)를 파악하는 데 있어서 유효한 형] 등이 있다.

3) 자연의 패턴에서 배워 디자인한다

자연의 패턴은 인류 역사 속에 편입되어져 왔다. 다양한 민족이 자연의 힘을 이해하고, 그 힘을 자신의 것으로 만들려고 노력해 왔다. 자연이 만들어 낸 패턴을 자연의 힘이 표출된 것으로 이해하고, 인류는 다양한 패턴을 창조해 왔다. 그리고 친근한 생활환경 속에 편입시켜 왔다. 자연과 공생하는 디자인은 자연의 패턴에서 배우고 그것을 살린 디자인(symbol)이다.

그림 1-1-2 아이누의 문양
자연의 패턴과 유사하다.

또한 그러한 패턴들이 상징(Symbol)으로서 표현되어 왔다. 선사시대의 동굴벽화, 신석기시대(새끼줄무늬시대)인 및 아이누인의 상징문양, 아보리지니(Aborigines)의 상징문양 및 문신 등에서 그러한 자연패턴들을 읽어낼 수 있다. 그러한 것들에서 우리는 자연의 힘을 패턴으로서 표현하고, 그것을 가까운 장소와 공간에 배치함으로써 자연의 힘을 자기의 것으로서 동일화하는 과정의 의미를 이해할 수 있다. 또한 생활의 장에 있어서 자연의 힘과 시스템을 다음 세대에 전하는 수단으로서 패턴적인 인식이 계승되어져 왔다. 상형문자, 이야기, 무용, 음악, 의식과 같은 것으로서 패턴화되었다. 여러 민족의 조형패턴은 자연의 힘을 디자인한 것으로서 이해될 수 있다.

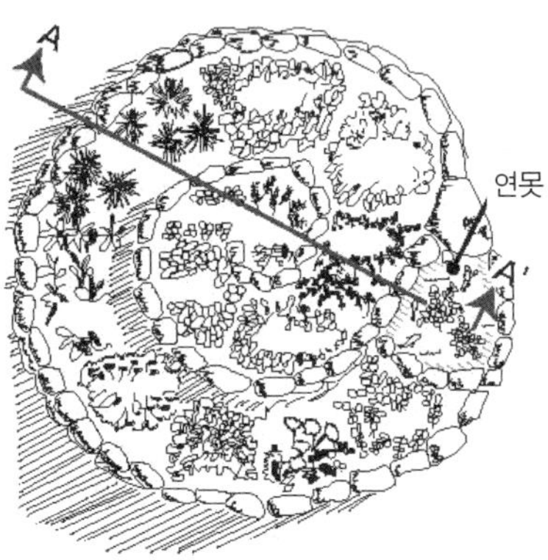

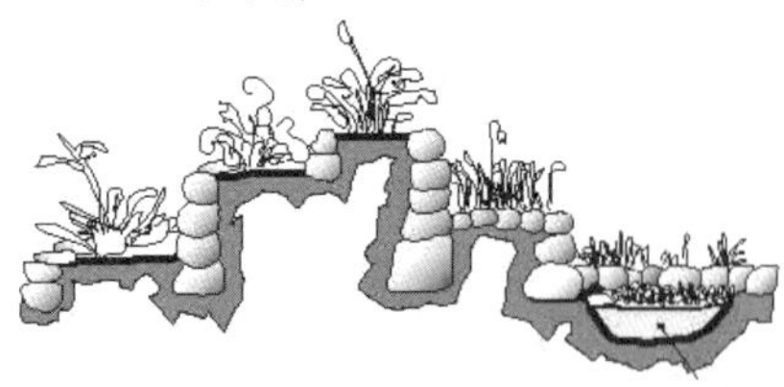

그림 1-1-3 스파이럴가든(A–A′ 단면)
직경 2m×높이 1m의 회오리 형상의 입체. 미기후가 형성되어 각 부분에 적합한 야채와 허브가 생산된다.
(문헌 2-1의 그림을 일부 수정, 이토나가, 세키)

긴 세월에 걸쳐 물체 및 에너지의 흐름을 조정하고 각각의 요소가 지속적으로 공생하여 전체를 만듦으로써 지속될 수 있는 패턴이 자연에서 만들어졌다. 그것은 '자연의 미'로서 우리들을 감동시킨다. 그것은 기능성, 지속성, 항상성, 조화성을 지니고 '자연의 미'를 빚어낸다. 자연의 패턴으로부터 학습하고 그것을 활용하는 것은 자연과 공생하는 인간환경을 위한 디자인이 된다. 안정적이고 지속적인 자연과 공생하는, 환경부하가 적은 환경을 만들기 위한 디자인이다.

자연의 패턴으로부터 배운 디자인은 ① 등고선에 나란한 수로의 형상, ② 회오리상의 스파이럴 가든(입체적인 허브 가든의 그림 1-1-3 : 양지와 음지, 건조, 습윤의 미기후가 형성되어 각각에 적합한 허브를 재배한다), ③ 육각형의 플랜, ④ 나뭇잎 형상 응용의 클러스터 플랜,

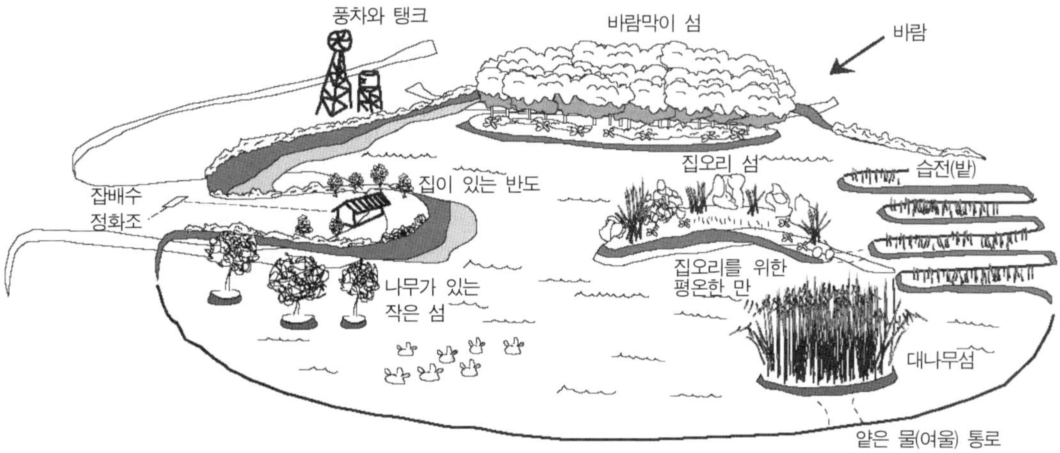

그림 1-1-4 다양한 에지가 있는 연못
다양한 에지들이 복잡하고 풍요로운 생태계의 연못환경을 만든다(문헌 2-1의 그림을 일부 수정, 이토나가, 세키)

⑤ 다양한 동식물의 생활을 가능하게 하는 복잡하고 다양한 에지가 있는 연못 등이 있다.

2 생태계(Eco-system)와 생태적인 디자인(Ecological Design)

1) 가이아(Gaia)로서의 지구

약 45억 년 전에 탄생한 지구에 최초의 세포가 탄생한 것은 35억 년 전이다. 그리고 30억 년 전에 광합성을 하는 박테리아가 탄생하고 태양에너지를 사용하여 이산화탄소와 물을 결합하여 유기화합물을 생산하고 산소를 배출하였다. 그 결과 지구상에 대량의 산소가 공급되어 오늘날의 “살아있는 지구”가 창조되었다. 5억 년 전에 지구생물을 자외선으로부터 보호하는 오존층이 형성되고 4억 년 전에 대류권의 산소 조성이 현재와 같은 21%로 확보되어 가이아로서의 지구가 탄생했다고 한다. 지구 대류권은 지구상 생물의 다양한 활동에 의한 미묘한 균형 위에 성립, 유지된다. 그 안에서 우리 인류는 생존하고 있다. 생명권을 지탱하는 미생물로 구성된 토양은 3.5억 년 전에 확립되고 인류는 약 200만 년 전 무렵에 탄생했다. 1만 년 전에 농업혁명을 거쳐 6천 년 전에 고대도시문명이 탄생한다.

이러한 지구의 긴 역사과정에서 인간이 문명을 세우고 건축행위를 해온 것은 매우 짧은 시간에 지나지 않는다. 오늘날의 지구환경문제는 인간의 행위에 의한 이러한 미묘한 균형붕괴에서 비롯되는 것이다. 지구환경과 공생하는 건축, 도시, 지역을 디자인하기 위해서는 가이아로서의 지구의 기나긴 역사와 인간을 둘러싸고 있는 생명권의 영위와 협조를 고려하는 것이 요구된다.

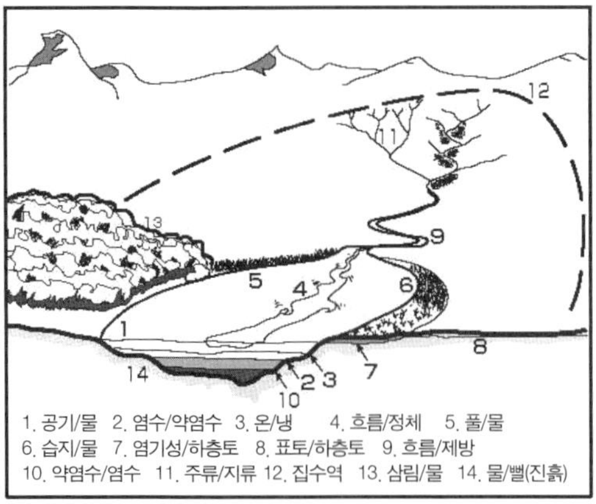

그림 1-1-5 3개 권역의 접촉영역으로서의 지구환경의 구성모델

대기, 물, 흙, 돌, 진흙, 식물 등이 접하는 다양한 에지의 구성은 풍부한 생태계를 만든다(문헌 2-1의 그림을 일부 수정, 이토나가, 세키)

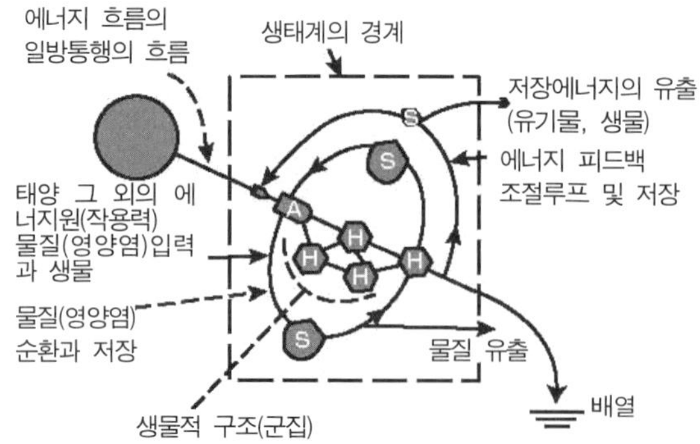

그림 1-1-6 생태계의 기능도

생태계는 에너지의 흐름, 물질순환, 피드백 조정루프 등의 주요 구성요소로 구성된다. A는 독립영양자(태양에너지를 사용하는 생산자), H는 종속영양자(소비자), S는 스톡(분해자에 의해 분해된 물질의 저장)이다.(문헌 2-3을 일부 수정)

2) 생물권(Biosphere)의 구조

생물권은 생명에 의해 지탱되어 있는 권역을 말한다. 생물권은 생물과 비생물로 구성되어 있다. 생물은 아래와 같은 삼자에 의해 구성된다. 즉 태양에너지를 흡수하여 유기물을 생산하는 '생산자'로서의 녹색식물, 광합성 세균과 그것을 포식하는 '소비자'인 동물과 미생물, 그리고 그 폐기물과 사체를 해체 및 분해하여 물과 토양에 양분을 공급하는 '분해자'인 동물 및 미생물 및 균류 등이다.

비생물의 구성요소는 흙, 물, 공기, 불(태양의 빛과 열)이다. 흙은 식물은 키우는 매개체이고 미네랄의 공급원이다. 또한 흙은 양분의 재활용 역할을 하는 미생물과 대기 중의 질소를 고정시키는 균류의 서식처이며 수분의 공급원이다. 식물세포의 90%가 물인 것에서 알 수 있듯이, 물은 양분의 수송과 대사의 매개체이고 또한 열 및 열교환의 매개체이므로 생명체의 생존에 필요한 환경(기후)의 원천이다. 공기는 열과 물의 분배의 공간이고 식물의 성장 및 동물의 생존에 있어서 중요한 3요소(탄소, 질소, 산소)를 담고 있다. 태양광은 지구상의 모든 생물에게 필요한 에너지의 공급원이다.

생물권은 이러한 생물과 미생물들의 순환계의 복합체로 형성되어 있다. 이 복합체는 지권(地圈), 수권(水圈), 대기권(大氣圈)으로 구성되어 있다. 이러한 3개 권의 접촉영역은 생물 번식에 있어서 중요한 장소가 된다. 접촉영역은 대륙붕, 해안, 하구, 강안, 수면, 저목군, 삼림의 변두리부 등이 해당된다. 이와 같은 에지(edge)들의 환경은 복잡하고 다양한 환경을 만들어 내어 다양한 생물을 위한 서식의 장이 된다(그림 1-1-4, 1-1-5).

3) 생태계(Ecosystem)

이러한 3개 권역 간을 물질과 에너지가 흐르고 그 사이에 존재하는 생물의 작업에 의해 3개 권역의 균형이 유지된다. 가이아로서의 항상적인 조성은 생물의 작업에 의해 보호된 살아 있는 균형인 것이다. 이러한 상황을 생태계(Eco-system)라고 말한다.

지구 전체의 커다란 생태계로부터 바다의 생태계, 삼림의 생태계, 농촌의 생태계 등 개개의 생태계가 단계적으로 구성되어 있다. 물론 이러한 생태계들은 닫힌 생태계가 아니고, 외부에 대하여 열린 생태계로 이루어져 있다. 생태계라는 것은 생물과 비생물의 상호관계, 생물과 생물의 상호관계가 복잡하게 얽혀 있는 관계의 총체이다. 그 관계성은 태양을 원천으로 하는 에너지에 의해 연결된다. 생태계는 탄즈리(1871~1955)에 의해 1935년 제창되었다. 그 후 오덤(1913~)에 의해 총체적인 시스템으로 정리되었다.

생태계는 순환하는 무기물(C, N 등), 생물과 비생물을 연결하는 유기화합물(탄수화물, 단백질, 지질 등), 그러한 것들을 운반하는 공기, 물, 흙 등의 환경, 기후적인 물리적인 모든 요소로부터 구성되어 그 순환계를 구성하는 생물은 생산자로서의 식물, 소비자로서의 동물 및 미생물, 분해자로서의 동물 및 미생물의 삼자로 구성되어 있다.

생태계의 원천이 되는 에콜로지(생태학)는 19세기 말에 독일의 생물학자 에른스트 헤켈(1834~1919)에 의한 만들어진 단어이다. 유기체와 그 환경 간의 모든 관계를 해명하기 위한 종합적인 과학으로서 자리매김하였다. 어원은 그리스어로 집을 의미하는 오이코스(OIKOS)이다. 각각의 유기체에게 환경은 인간이 안주하는 집과 같은 종합체로서 구성되어 있다 라는 사상인 것이다. 주체와 그것을 둘러싸는 환경계(생물+비생물)와의 관계의 총합성을 밝히는 학문이다.

그 후, 인간의 생활을 중심으로 그 주위의 환경과의 총체적 관계를 밝히는 학문으로서 미국의 "가정학의 어머니"라고 불리는 엘렌 스와로에 의해 '에콜로지'가 사용되었다. 식물과학, 소비자과학, 환경과학을 융합한, 이른바 생활생태학이라고 불리는 학문의 수립이다. 이것이 현대 생태학의 두 가지 흐름이다. 그 두 가지는 생태학적 삶을 실현하기 위한 종합과학의 수립을 시사한다.

4) 생태적인 디자인

디자인이라는 것은 외관의 형태를 만드는 것만이 아니다. 지구상에서, 지역환경의 안에서, 각각을 적절하고 확실하게 배치시켜 그것들이 유기적으로 연결되어 전체적인 기능을 달성시키도록 하는 것이다. 지구환경, 지역환경, 지역 생태계와의 공생에 있어서 그 배치가 적절하고 확실한 형태로서 나타나도록 하기 위해서는 생태계로부터 디자인을 배우는 것이 효과적이다.

심 반다린은 "디자인이라는 것은 목적을 위해서 물질 및 에너지에 의도적으로 형태를 부여하는 것으로, 또한 필요성과 요망들을 충족시키기 위한 프로세스이다. 물질의 교환, 에너지의 흐름, 토지이용의 선정 등을 통해서 문화와 자연을 필연적으로 이어주는 것이다"라고 말하고, 생태학적 디자인이라는 것은 '자연의 프로세스와 통합됨으로써 환경에 대한 파괴적 영향을 최소화하는 모든 디자인 형태'라고 정의한다. 그것은

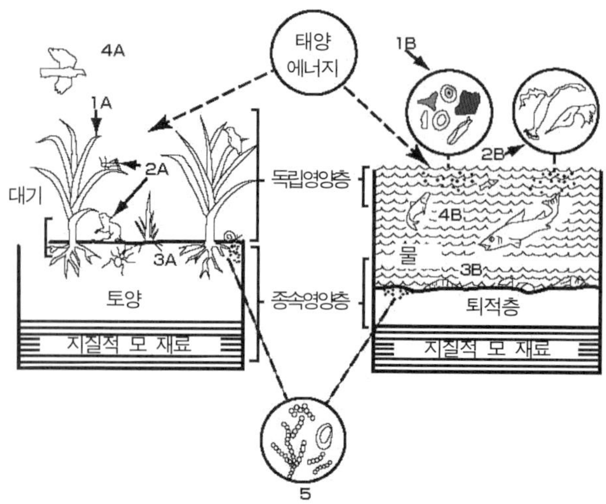

그림 1-1-7 육상과 수계의 생태계 비교도

태양에너지 아래에서 식물 등으로 구성되는 독립영양층(생산자), 그것을 포식하는 종속영양층(소비자)과 박테리아 등의 분해자로 구성된다. 1은 독립영양자, 2는 종속영양자, 3은 부식자, 4는 육식자, 5는 부생자이다.(문헌 2-3의 그림을 일부 수정)

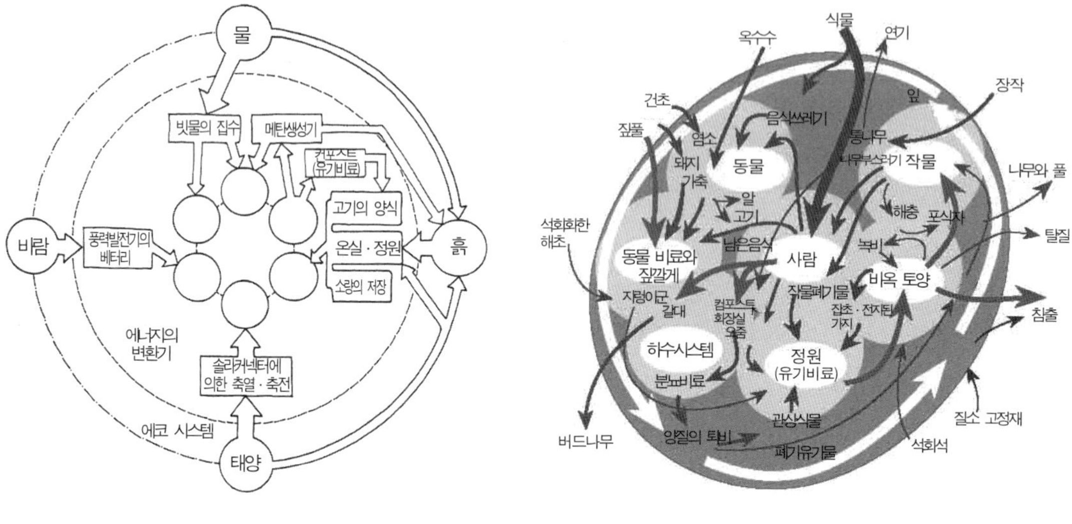

그림 1-1-8 순환의 생태학적인 디자인

심 반다린의 완전자급자족형 도시주택 시스템도

(왼쪽) C.A.T. 내의 물질의 순환흐름(문헌 2-6) (오른쪽) 순환사회를 위한 원형구조(〈BIO-City〉에서 인용)

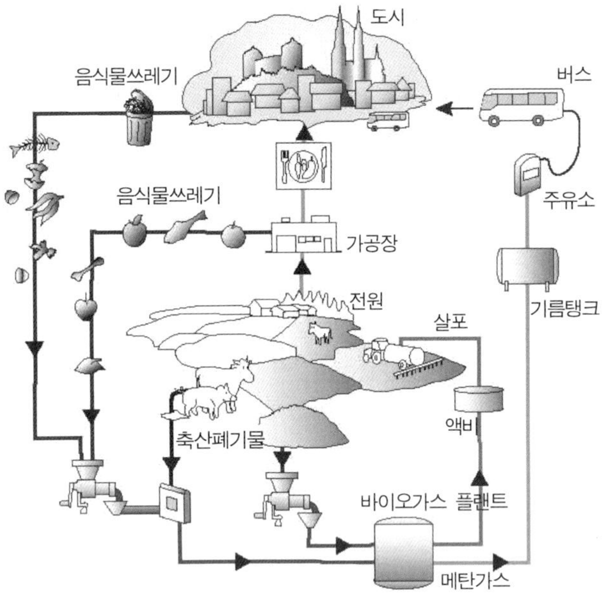

그림 1-1-9 도시와 농촌의 유기물 순환 시스템 모델도
도시로부터 배출되는 쓰레기, 농촌에서 나오는 농축산폐기물을 바이오 가스화하여 에너지로서 도시교통에 활용. 액체비료는 농지에 순환되어 농산물을 생산하는 데 이용되고 농산물은 도시에 공급된다.(스웨덴의 삼림에코도시, 벡쇼시 로컬 어젠더실 작성의 그림을 일부 수정, 이토나가, 세키)

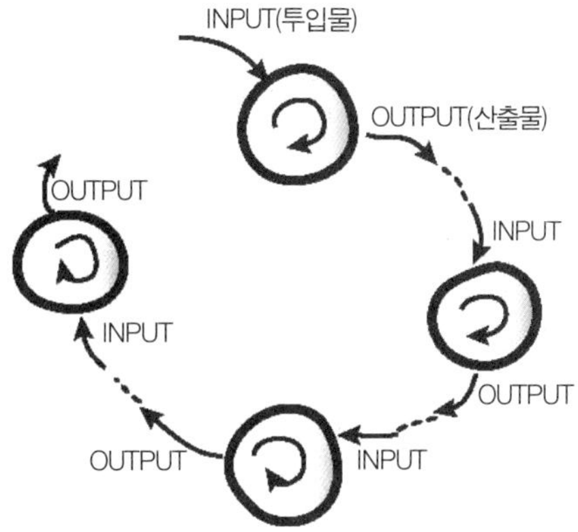

그림 1-1-10 연결성이 있는 배치

'자연의 프로세스에 대한 효과적인 적응과 통합', '자연 그 자체가 지니고 있는 흐름, 사이클, 패턴에 인간의 목적을 통합시키는 하나의 방법'으로 '생태학적 문맥을 깊게 이해하고 문화적 문맥과 일치된 해결법'이라고 하였다. 또한 자연뿐만이 아니라 인류가 역사적 과정에서 구축해온 자연과 인간의 관계로서의 풍토적 환경과 조화된 디자인이라고 한다.

또한 생태계로부터 배운 생태학적 디자인으로서, 퍼머컬처(Permaculture : 영속성이라는 뜻의 퍼머넌트와 농업의 어그리컬처(Agriculture), 문화의 컬처의 합성어로서 지속성 있는 농업, 건축, 랜드스케이프 디자인까지 포함하는 통합적인 디자인 개념)의 디자인론도 참고가 된다. 아래와 같은 디자인 원칙이 제창되어 있다.

① 연결성이 있는 배치 : 요소 간에 관계가 있는 것이 인접되어 배치되고, 어떤 것의 산출물(output)이 다른 것의 투입물(input)이 되는 네트워크의 구성, ② 다기능성 : 하나의 요소가 3개 이상의 기능을 충족시킨다, ③ 순환성 : 물질과 에너지가 지역 안, 건물 안의 소규모 영역 안에서 순환한다, ④ 자연천이의 활용 : 자연의 천이과정을 활용하여 일년초로부터 극상종이 혼재된 에코 시스템을 도입한 환경의 형성, ⑤ 다양성과 동업조합의 형성 : 다양한 요소의 공생에 의해서 좀 더 풍부한 동료집단의 형성, ⑥ 에지의 최대화 : 해안, 산 주위 등의 성질이 다른 영역의 주변부는 다양하고 풍부한 생태계 형성의 장이 된다.(이토나가 코우지)

2-1-2 생태계가 받쳐주는 중층적 도시 · 농촌환경

건축은 우주공간에 점 하나 생기듯이 세워지는 것이 아니다. 건축은 지구라는 별의 자연사(自然史)와 그 토지에 관계된 사람들의 생활과 함께 한 역사와 문화 위에 존재한다. 그 토지는 다양한 변천을 이루어 온 자연생태계를 품고 있다. 또한 그 토지에 거주한 인간의 생활과 관계를 가지고 성장한 자연도 존재한다. 식료와 생활재료를 생산해 온 농림지가 있고, 인간이 긴 시간에 걸쳐 육성한 결과로서의 2차적 자연생태계가 존재한다. 2002년의 '신생물다양성 국가전략'의 속에도 이 2차적 자연이 일본 독자의 생물다양성을 지켜왔다고 강조하고 있다.

더욱이 지역에는 역사적 도시 및 마을 등의 인공적 건조물이 빚어내는 풍경을 담고 있다. 이러한 것처럼, 지역에서의 사회생활 및 생산활동은 자연—2차적 자연—인공물로 구성되는 환경의 중층 위에서 전개된다. 다르게 표현하자면, 원생적 생태계와 자연에 대한 인간의 활동에 의해 지탱된 생태계 위에 농촌집락과 도시환경이 존재하는 구조이다.

기반이 되는 층으로 자연은 위에서 서술한 생태계들의 복합체로서 구성되어 있다. 건물의 기초가 되는 흙도 '지권(地圈)' 및 '수권(水圈)'의 관점에서 보면 다양한 생태적 특징을 지닌다. 건물의 콘크리트 등으로 점유되어진다면, 그 토지에 어떠한 영향을 미치는가에 대해서는 고려되어야 한다. 건물의 기초인 흙은 생태계를 유지시키고 있는 분해자인 박테리아 등의 서식처라는 것을 잊으면 안 된다. 또한 2차적 자연이라는 것은 논과 야산으로 대표되는 자연을 의미한다. 특히 일본의 경우는 죠몬시대 후기인 1만 2~3천 전부터 거주지 주위의 자연에 손을 대었다. 그 결과 자연천이(自然遷移) 그대로 원생자연을 활용해 온 것이 아니라 자연천이의 과정에 대하여 항상 정기적인 교란(인간의 관리작업)을 해 온 것이다. 그 결과 인간에게 유용한 2차적 자연이 만들어져 왔다.

사진 1-2-1 이다시의 경관정비 사례
거리불상 보전, 성의 수로 복원, 사과나무와 보차공존의 경관정비

2차적 자연에는 논, 야산에 서식하는 생물(관리되는 야산에 사는 엘레지, 복수초, 봄에 갈아엎어 놓은 논에서 산란하는 개구리 등 이러한 것들을 농업생물이라고 부르는 경우도 있음)들이 살고 있다. 동요의 '토끼 쫓는 산, 붕어 잡는 강'이라는 가사의 농촌환경은 인간이 자연과 함께 만든 환경을 뜻한다. 그러한 환경 위에 또는 그러한 환경들에 에워싸여서 주택 등과 같

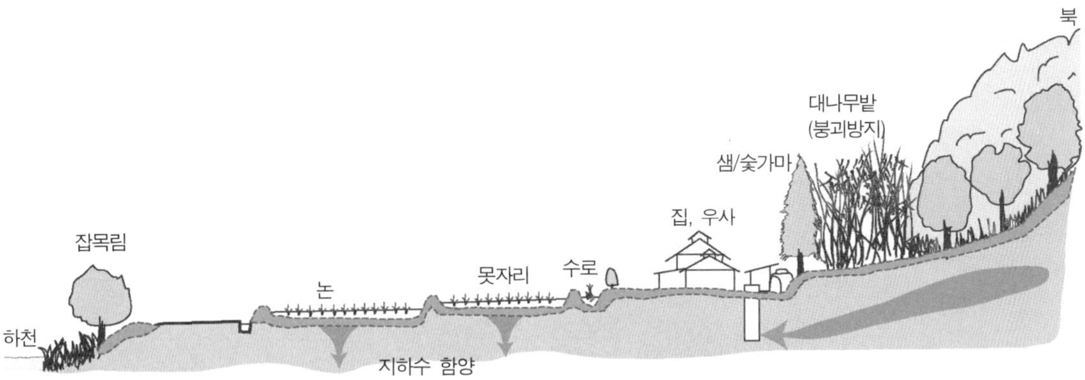

그림 1-2-1 농가택지와 주위의 낮은 산과의 중층성
농가주택을 중심으로 낮은 산과 농지로 구성된다. 사람이 창출한 생태계 (그림 : 이토나가, 우라가미, 세키)

그림 1-2-2 농가주택의 주택림 생태계
인간이 다양한 목적을 가지고 창조한 생태계-시원한 바람, 생물의 서식, 버섯의 재배 등
(야마다기타 현 어느 마을의 팸플릿 「녹색 마을 조성」〈그림 : 애식물 설계〉를 일부 수정)

은 건물이 존재하고 있다.

일본의 도시는 하천범람지역, 해안변, 높은 평지, 구릉지 등의 다양하고 복잡한 자연지형 위에 형성되어 왔다. 또한 그러한 입지는 다양한 생태계를 가지는 에지환경이기도 하다. 도시가 되기 이전은 농촌적 환경이고, 그 역사풍토적인 2차적 자연은 야산, 평지림, 농지, 차폐림, 농업수로, 제방, 하천, 모래사장 등으로 남아 있다.

도쿄는 수로 중심의 물의 도시였다. 전국적으로도 수로, 하천, 농업용수로를 도시환경의 요소로서 조성한 도시구조가 전국적으로 다수 남아 있다. 또한 사찰림, 도시 안의 농림지, 농가주택의 숲, 평지림, 구릉림 등의 녹지시스템도 도시 내부에 편입되어 있다. 그러한 곳들은 작은 동물의 서식처이기도 하다. 일본의 도시는 본래 생물다양성이 풍부한 도시이다. 이것은 다른 나라에는 없는 일본적인 도시의 특징이다. 도시의 환경을 좀 더 풍요롭게 하기 위해서 이러한 2차적 자연유산을 어떻게 계승해 가고, 그것을 기초로 어떻게 도시를 재구축해 갈 것인가가 문제이다.(이토나가 코우지)

2-1-3 자연을 끌어들인 네스트(Nest)구조의 지역환경

지역의 환경은 공간적 단계구조를 가지고 있다. 이것을 [네스트 구조]라고 부른다. 농가택지는 '채소밭-주택-주택림'의 단위환경, 이러한 것들이 집합된 '논-밭-농가택지가 집합된 마을-야산-깊은 산'으로 구성되는 취락환경은, 농가택지의 환경구조가 네스트의 형태로 쏙 들어간 구조로서 형성되어 있다. 이러한 시스템들을 연결하고 있는 것은 길, 수로, 하천의 수계, 구릉부의 녹지대 등이다. 이러한 네트워크들은 야생동물이 이동하는 회랑적(回廊的) 공간의 역할을 담당한다. 자연과 공생하는 네스트 구조가 그곳에 있다.

한편, 농촌환경과 비교해서 도시환경의 자연적 요소는 희박하다. 택지, 근린주구, 주택지, 구, 도시로 확대되어 가는 과정에서 기본적으로 자연을 끌어들인 네스트 구조가 반복되어야만 한다. 주택과 정원 및 녹지로 구성된 택지환경, 그러한 구성을 가진 택지환경들이 집적된 주택지환경, 주택지환경이 집적된 도시환경으로, 이와 같이 연속적으로 연결되어 감으로써 도시 내에서도 인간과 다른 생물이 함께 살아갈 수 있는 환경이 만들어질 수 있다.

분재와 화분의 꽃으로 에지(Edge)가 채워진 주택지의 골목공간에서 그것의 원래 단위를 볼 수 있다. 이와 같이 가까운 자연과 공생하는 관계가 네스트 구조로서 반복되고,

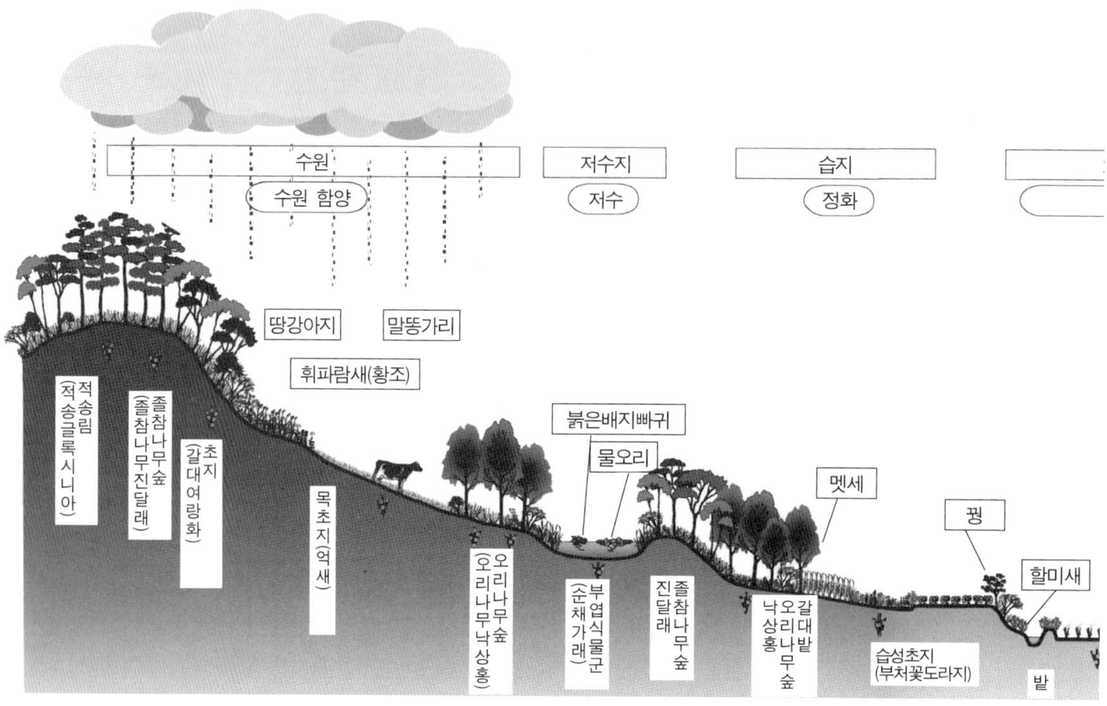

그림 1-3-1 농촌취락의 네스트 구조의 단면모델

'야산-저수지-밭-택지-논-하천'과 자연지형에 따라서 단계적으로 구성된 유용한 생태계(야마가타 현 동부지구계획 보고서에서, 그림 : 애식물 설계)

더욱이 연못, 하천과 녹지대 등의 회랑공간이 연속되어 존재해 가는 것으로서, 도시에서도 생물과 인간이 공존하는 좀 더 풍부한 환경이 만들어질 수 있다. 이처럼 우리 주변의 공간에 얼마만큼 자연을 끌어들일 수 있는가가 중요하게 된다. 또한 생물은 도시환경 내의 점과 같은 고립된 영역에서 지속적으로 서식할 수 없다. 비오톱(Biotope) 네트워크와 회랑이 지역환경 내에서 그물망처럼 전개되는 것이 중요하다. 때로는 원생자연이 도시속에 쐐기처럼 들어와 있는 것도 필요하다. 또 자연과 인공적 공간이 패치워크(조각보자기)처럼 흩어져 채워져 있는 토지이용도 풍요로운 환경의 전개를 제공해 준다.

에도(江戸)시기에 도시는 농촌과 밀접한 관계를 가졌다. 도시의 분뇨는 근교 농촌에서 퇴비로 쓰였고, 그곳에서 생산된 농산물은 도시의 식량이 되었다. 도시의 위생환경에 기여한 것은 농촌의 생산환경이었다. 하천, 용수로, 수로의 물 등을 매개로 하여 농촌의 자연환경이 도시 내부로 깊게 끌어들여져 쌍방이 밀접한 관계를 유지하였다. 농촌환경의 네스트 구조와 도시환경의 네스트 구조가 유역(流域)이라는 거대한 잎맥패턴을 매개로 연계되어 있던 것이다.(이토나가 코우지)

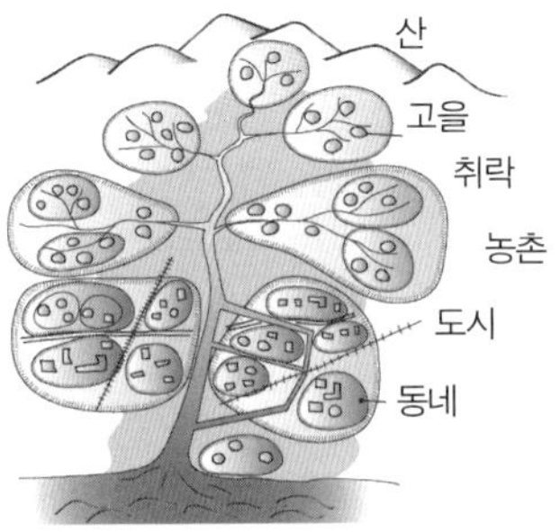

그림 1-3-2 유역을 매개로 한 도시와 농촌의 네스트 구조

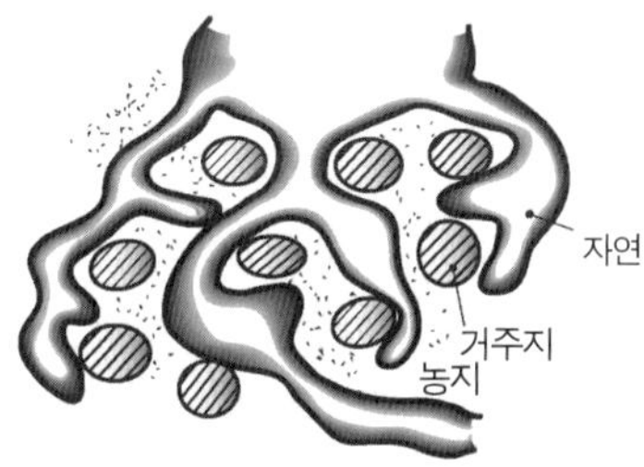

그림 1-3-3 자연 주거지 농지 패치워크(patchwork)와 쐐기형상의 구성

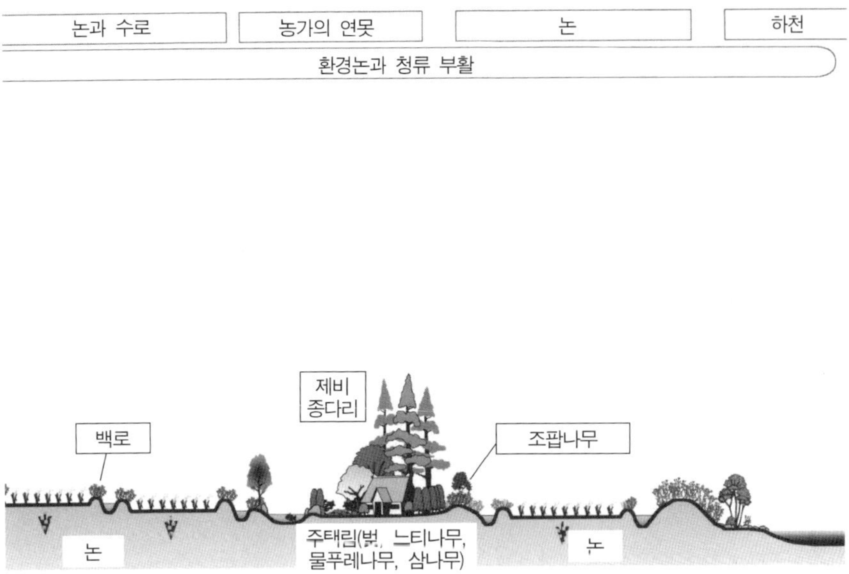

2-1-4 도시의 자연회복·창조의 디자인

1 비오톱(Biotope) 네트워크와 건축, 도시

지역환경은 지역생태계의 관계성 위에서 성립되어 있다. 지역생태계는 랜드스케이프 에콜로지라고도 불리어, 어떤 일정지역의 지형, 지질, 수계의 기반 위에 형성된 지역 고유의 생태계이다. 근대화, 공업화, 도시화라는 흐름에서 생존이 위협받는 생물의 보전은 지역적 과제이고 지구적 과제이다. 건축과 지역계획에 있어서도 충분한 배려가 필요한 과제이다. 이러한 환경변화에 의한 생물 감소를 경감시키고 그 보전과 재생을 목적으로 지역생태계를 간주하는 것, 이것이 비오톱의 사고방식이다.

사진 1-4-1 빌리지 홈즈(미국 데이비스시)
건물 전체가 식물로 둘러싸여 있어서 주택지의 비오톱 네트워크의 일부가 되고 있다.

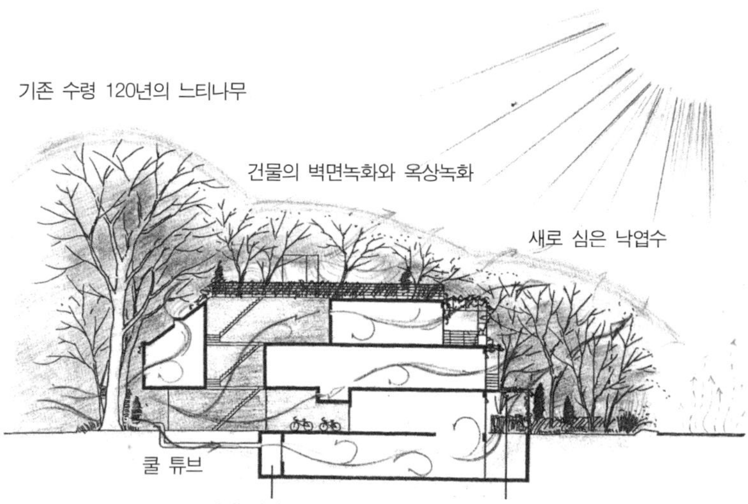

그림 1-4-1 코퍼러티브 주택 '교도우노토'의 식물에 의한 쾌적환경 조성
북측에 남겨진 느티나무가로수에 의해 여름에 차가운 바람이 건물로 흘러들어 온다.(그림 : 마사키오보에 제공)

비오톱이라는 것은 '특정의 생물군집이 생존할 수 있는 특정의 환경조건을 갖춘, 균질한 어떤 한정된 지역(〈생태학 사전〉 치쿠치 서관)'이고, '생물군집, 그 생존을 보장하는 환경조건, 최소의 지리적 공간단위라는 3개의 요소가 함께 갖추어진 것이다(〈지역의 생태학〉 다케우치키즈히코)'. 좁은 의미에서는 소동물의 서식공간을 말하지만, 그 공간들이 개개로 존재하는 것이 아니라 지역 전체에 비오톱 네트워크로서 존재하는 것이 개개의 생물의 지속적인 생존을 보장하게 된다.

건축물이나 도로와 같은 인공물에 의한 비생물적인 공간이 지역의 생태계에 끼치는 영향은 크다. 인공물의 난립으로 생물의 안전한 이동공간 및 서식공간이 파괴되어 위협받고 있다. 건축물이 입지한 지역을 지역생태계로서 간주하여, 이러한 자연과의 공존에 입각해서 건축의 입지와 건축환경을 디자인할 필요가 있다.

비오톱 네트워크 안에 건축을 편입하는 것과 같은 디자인이 요구된다. 건축물이 점유하는 공간이 지역의 비오톱을 위협하지 않도록 하는 배려, 또는 만약 그것을 위협하는 것이 된다면, 그것의 배상으로서 비오톱을 제공(미티게이션, 완화)하는 디자인이 필요해진다. 지역의 비오톱 네트워크 구성의 중요한 요소로서 건물의 벽면녹화와 옥상녹화, 대지 안의 정원 등의 디자인 또한 요구된다. 이러한 녹지공간들은 다양한 생물의 서식처가 된다. 식물을 끌어들여 건축적 환경을 새롭게 만듦으로써 지역의 비오톱 네트워크를 한층 풍요롭게 해야 한다.

2 도시의 에코 업과 쾌적한 미기후의 창조

도시화는 지구온난화문제의 커다란 요인이다. 세계인구의 반 이상이 도시에 살고, 일본 인구의 80% 이상이 도시에 거주하는 시대가 되고 있다. 도시의 압도적 면적을 점유하는 건축의 존재방식이 의문시되고 있다. 도시 안에서 자연을 회복시키면서 건축하는 것이 요구되고 있다. 건축은 도시의 에코 업에 어떠한 방식으로 기여하고, 또한 어떠한 건축디자인, 어떠한 도시디자인을 해나가면 좋은 것인가.

식물은 건축물의 안과 주위에 끌어들이는 자연의 요소로서 주요한 것이다. 식물과 공생하는 건축 및 도시의 디자인이 요구된다. 다양한 생물의 서식처가 되는 건축, 도시, 즉 '요람상자의 건축' '보금자리 상자의 도시'라고 말할 수 있는 환경을 구축하는 것이다. 다공질한 환경을 만듦으로써 다양한 생물이 서식 가능한 환경이 제공된다.

자연계의 식물은 다층으로 구성되어 있다. 이끼류 - 지의식물 - 야채 및 허브의 초류 - 관목 - 저목 - 중목 - 고목과 수목에 사는 덩굴식물 등이다. 또한 낙엽활엽수, 상록활엽수, 침엽수 등으로 분류된다. 식료가 되는 야채 및 과수, 연료 및 건축재로 사용되는 수목이라는 분류도 있다. 건축물과 도시에서 식물이 목적에 따라 선택적으로 배치되는 것이다.

식물이 가까이 있으면, 적정한 습도의 환경이 유지된다. 또한 증발산과 광합성이라

사진 1-4-2 비오톱이 있는 집합주택의 중정

덴마크, 오프스 시내. 우수이용의 소하천이 있는 중정. 건물과 중정의 에코 업 재정비 사례

사진 1-4-3 집합주택 중정에 설치된 식물에 의한 오수정화 플랜트(바이오워크스)

덴마크, 코링그. 우수저류수는 화장실세정수로서 이용되고, 주택의 오수는 1차 저장된 후, 유리 피라미드 안의 저수지에서 식물정화되어 마지막으로 지하에서 침투처리된다.

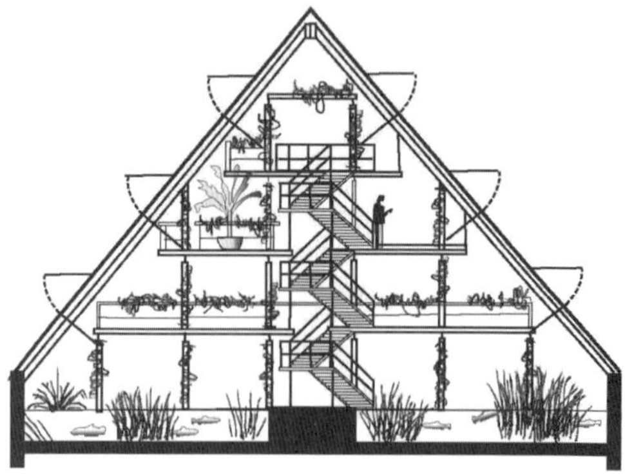

그림 1-4-2 바이오워크스의 단면도

하층의 인공저수지의 식물에서 처리된 물의 일부는 상부의 꽃 재배용의 물로서 이용된다.(문헌 2-11의 그림을 일부 수정, 이토나가, 세키)

는 식물의 생명활동은 주위에 신선한 냉기를 공급해 쾌적한 미기후를 만들어낸다. 건물의 남면에 식재된 낙엽활엽수에 의해 여름에는 식물에 덮인 쾌적한 그늘이 만들어지고 냉풍이 건물로 유입된다. 그리고 겨울에는 낙엽이 떨어지고 쾌적한 일조가 실내로 제공된다. 또한 북측에 식재된 수목의 증산작용에 의해 수목 주위에 냉기가 만들어지고 그곳으로부터 시원한 공기가 실내로 제공된다. 옥상녹화와 벽면녹화 또한 건물 주변 및 건물 내의 온열환경을 완화시켜 준다. 도시에서 식물에 의한 에코 업은 지구온난화현상에 대처 가능한 미기후를 만들어낸다.

3 '건축생태계'의 창조

지구는 긴 역사의 과정에서 〈생산자-소비자-분해자〉로 구성되는 고도의 생태계를 만들어 현재의 지구생명권을 창조해 왔다. 현재 지구환경의 위기는 지구생명권에 대한 위기이기도 하다. 지금이야말로, 건축디자인 분야에서도 지구의 자연순환계로부터 학습한 디자인 사상이 요구되고, '건축생태계'라고 부를 수 있는 것을 만들지 않으면 안

사진 1-4-4 리빙 머신의 내부
주택지에서 나오는 오수를 식물과 미생물의 힘으로 정화하는 시스템. 탱크 안에 1차 저수된 오수가 흘러들어 임시 정화되어 간다.(스코틀랜드, 핀단폰)

된다.

예를 들어, '건축생태계'에서의 물 순환계의 사례를 서술하면 다음과 같다. 생활오수를 주택 내에서 정화처리하고, 그 처리수를 다시 이용하는 시스템이다. 독일의 베를린 시내의 집합주택의 중정에서 갈대와 같은 추수식물과 그 식물의 뿌리의 미생물의 작용에 의해 부엌 및 목욕탕의 잡배수를 정화하고, 그 처리수를 화장실의 정화수로 이용하는 실험이 행해지고 있다. 유사하게 덴마크의 코링그의 집합주택에서는 오수를 중정에 설치된 유리피라미드 안의 습지에서 정화하는 시스템을 실험하여 성공을 거두고 있다.

또한 캐나다의 생물학자 존 톳도가 개발한 '리빙 머신'(사진 1-4-4)이라는 식물정화 시스템은 온실 내에 설치한 수조에 오수를 끌어들여 갈대와 같은 추수식물과 부생초로 식물정화 처리하여, 그 처리수에서 물고기를 키우는 복합형의 시스템이다. 그것은 실용단계에 있다. 오수정화에 식물이 포함된 생태계 시스템을 채택하는 '건축생태계'적 수법이다.

일본에서도 비슷한 사례가 있다. 농수성의 연구기관의 연구자, 오자키 박사 그룹의 '바이오 지오 필터'라는 실험적 시스템도 한 예이다. 가정용의 합병정화조에서 1차 처리된 처리수에는 아직 대량의 질소와 인이 포함되어 있어, 그 상태로 하천에 흘려보내면 부영양화의 원인이 된다. 따라서 정화조로부터의 처리수를 택지 내에 설치된 일종의 수경재배적인 수로에 흘려보내 야채, 꽃, 파피루스 등의 식물을 재배한다. 그 식물들은 분해되어 유출된 질소와 인의 영양분을 흡수하여 성장한다. 식물에 흡수된 후에 나오는 처리수는 물고기도 살 수 있는 깨끗한 물이 된다. 성장한 식물은 식료로 이용하는 것이 가능하고, 식료생산을 도입한 주택지 내의 순환계가 성립되었다고 할 수 있는 시스템이다.

4 에더블 랜드스케이프(Edible Landscape)

에더블 랜드스케이프(먹을 수 있는 경관 · 환경)라는 사고방식이 있다. 식량을 자신의 장소에서 생산하고 먹는 것, 그러한 식물환경이 더욱 풍요로운 생태계로서의 가치를 지닌다. 가까운 생활 속에 농업적 요소를 도입하여 가까운 생태계와 공생관계를 자급적이고 순환적인 관계로서 창조하는 것이다. 에도시대의 고메자와와 센다이에서는 비상시에 대비하여 무사(武士)주택지에 먹을 수 있는 식물을 키우도록 정책으로 장려하였다. 일본에서도 이러한 전통이 있었던 것이다.

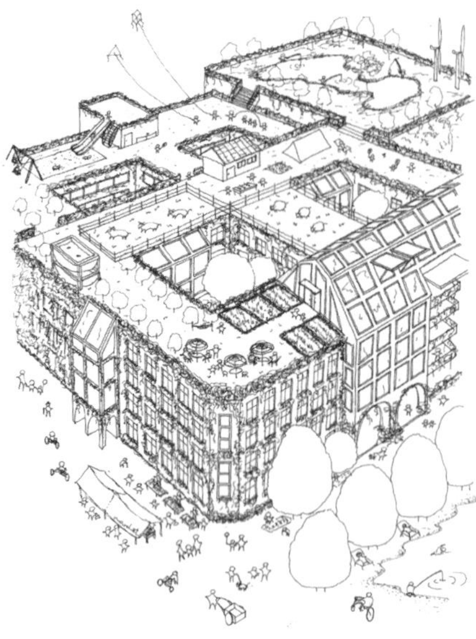

그림 1-4-3 에더블 아키텍처

건물 및 주변환경을 에더블 랜드스케이프로서 디자인한 이미지(퍼머컬처의 잡지를 참고로 이미지화한 것, 작도 : 이토나가, 구리하라)

그림 1-4-4 스웨덴, 예테보리 시의 환경재생단지와 그린하우스의 단면도

시내 단지의 에너지 절약개선(벽면내에 공기층 설치)과 동시에, 모델적으로 남면에 공동이용의 야채생산을 위한 그린하우스를 설치. 커뮤니티의 휴식의 장이 된다.

(문헌 2-12의 그림을 일부 수정, 이토나가, 스기야마)

사진 1-4-5 빌리지 홈즈의 보행자전용도로

주택지 안에는 먹을 수 있는 과수와 채소밭에 접한 보행자전용도로가 네트워크화되어 있다.

사진 1-4-6 예테보리 시의 환경재생단지와 그린하우스(그림 1-4-4)의 외관

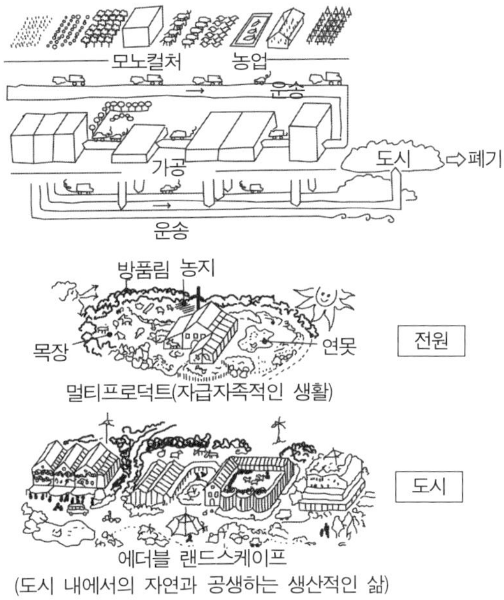

그림 1-4-5 자립 · 순환 · 공생의 복합적인 건축 · 도시 · 지역디자인으로의 전환

위 그림의 환경부하가 높은 근대 시스템에 대하여, 중앙 그림은 전원에서의 택지, 취락을 핵으로, 풍요로운 생태계와 공생하는 자립자족의 생활환경 만들기. 아래 그림은 에코 시스템, 에더블 랜드스케이프를 끌어들인 에코 시티의 이미지.(독일의 건축가 마그리트 케네디의 에코 빌리지 세계대회(1995)에서의 프레젠테이션을 참고로 작성. 작도 : 이토나가, 세키)

그것은 도시 내의 공간을 「먹을 수 있는 에코 시스템」으로 하는 시도이고, 주택의 가든, 베란다, 옥상, 벽면, 보도, 공터, 공원, 동네 광장에서의 농산물의 생산, 시민농원, 커뮤니티 가든(도시 안의 공지를 활용하여 커뮤니티에서 유기농을 생산하는 공동의 정원), 도시농장(도시 안의 공지를 활용하여 자원봉사 조직이 축산과 야채밭을 공동으로 경영하여 휴식과 순환계의 장으로서 유지 관리한다. 영국, 미국, 호주 등에서 인기 있다) 등 자급적인 생활의 장을 만들려는 움직임이다.

생태계 시스템의 분해자로서의 흙, 또는 농지의 기능 및 농업의 기능을 도시 시스템의 안에서 재평가할 필요가 있다. 도시생활로부터 나오는 음식물쓰레기는 도시 밖으로 버려져 왔다. 이러한 생활을 개선하여 순환형의 도시생활을 창조하는 데 있어 농토가 가지는 의의는 크다. 생태계에 있어서 생산자, 소비자, 분해자의 삼위일체의 관계가 지역적, 자립적으로 확립되어야 비로소 지속적인 생활공간이 가능해진다. 이러한 먹을 수 있는 환경을 주택지 안에 계획적으로 끌어들이는 사례로는 미국 캘리포니아 주 데이비스 시의 주택지 '빌리지 홈즈'가 유명하다.

5 에코 시티(Eco City)의 창조

지구환경에 대한 부하를 감소시키는 도시를 만드는 것, 현재의 도시구조를 보다 자립적이고 지속적인 구조로 전환시키는 것이 요구되고 있다. 자립적이고 순환적이며 지속적인 도시를 표현하는 단어로 '에코 시티'가 있다. 〈에코 시티〉라는 책을 쓴 리차드 레지스터는 "에코 시티라는 것은 생태학적으로 건전한 도시이다"라고 정의하고 있다. 즉 자립적이고 지속적인 자연계가 가진 에코 시스템을 모방한 도시를 이미지화 한 것이다.

인간은 본래 에코 시스템이 성립되어 있던 자연계를 개척, 개발하여 도시를 창조해 왔다. 그곳에 있었던 에코 시스템의 연결을 파괴하여 도시를 형성해 왔다. 산업혁명 이후의 그러한 도시화 현상은 거대화되어 지금의 지구환경문제를 일으키고 있다. 이러한 환경문제에 대하여 '에코 시티'는 도시에서의 에코 시스템의 재생과 부활, 하천 등의 자연의 재생, 에코 시스템을 채용한 도시의 창조를 목표로 하고 있다. 에코 시티는 다양한 생물의 서식환경의 보전과 재생, 건전한 흙과 물과 공기가 있는 환경 등 생태계의 보전과 성장이 촉진되는 도시이다.

도시 전체는 광역적인 바이오 지역(생명지역) 안에 놓이게 된다. 바이오 지역이라는 것은 지형 · 수계 · 식물 · 동물상의 중층적 구조에서 성립하는 생태학적 지역이고, 유역으로서 간주된다. 도시는 이 유역의 농촌이나 산촌에 의해 지탱되고 비오톱 네트워크에 편입된다. 반면, 도시 내의 거주지는 '에코 빌리지(생태마을)'로부터 구성되고, 다양하고 복잡한 미니 에코 시스템을 도입한 '건축생태계'가 그것을 구성하는 세포가 된다.

에코 시티에서의 에너지 시스템은 태양광, 풍력, 바이오 가스 등의 자연에너지 이용의 비중이 높다. 이곳에서의 바이오 가스는 도시하수도에서 처리된 오니를 탱크에 저장해 혐기성 균의 작용으로 메탄가스를 발생시키고, 그 가스를 연소시켜 전기와 열을 도시에 공급하는 것이다. 발효탱크에 남은 오니는 탈수함으로써 조성용 흙과 유기비료(compost)로서 사용될 수도 있다. 이처럼 건물과 도시의 폐기물을 에너지와 그 밖의 유용한 자원으로 전환시키는 시스템을 제로 에미션(Zero-Emission)이라고 부른다.

6 에코 빌리지(Echo-village)

바이오지역과 에코 시티 안에서 세포가 되는 에코 빌리지는 어떠한 것인가. 에코 빌리지는 '소규모이면서도 자연환경과 공생하여 지구환경의 부하를 적게 하는 자립성, 순환성 있는 커뮤니티의 장'이라고 정의된다. 자연생태계, 사회생태계, 정신생태계라는 3개의 에콜로지에 의해 지탱되는 거주의 원단위로서의 커뮤니티이다.

주거, 일, 여가, 사회적 생활, 자연과의 교류 등 인간의 기본적인 요구는 가능한 한

그림 1-4-6 어번 에코 빌리지의 네트워크로 구성되는 에코 시티의 이미지

자립순환형 콤팩트 에코 빌리지가 네트워크되고, 그 사이는 농림적 환경과 자연적 환경으로 구성되는 에코 시티의 이미지(문헌 2-13의 그림을 일부 수정. 작도 : 이토나가, 세키)

사진 1-4-7 덴마크의 에코 빌리지, 토라프

DIY에 의한 주택건설, 에너지 자급, 오수의 식물정화 시스템 개발 등 생태학적인 거주지 만들기가 진행되고 있다.

그림 1-4-7 어번 에코 빌리지의 이미지

에코건축, 비오톱, 건물 주위에는 우수와 식물정화된 물이 흐른다. 비오톱에는 다양한 생물이 서식한다. 미기후를 만드는 식물의 일부는 먹을 수 있는 식물의 에더블 랜드스케이프로 구성된다.(문헌 2-14를 일부 수정. 작도 : 이토나가, 세키)

휴먼스케일 내의 에코 빌리지에서 충족된다. 에코 빌리지 내외에는 풍부한 자연환경이 존재하고 식료가 되는 생물자원을 생산하는 동시에 유기폐기물은 적절히 에코 사이클 안에서 처리되어 재활용된다.

말할 필요도 없지만, 건축은 환경부하가 적은 건재를 사용하고 건축에 공급되는 에너지는 풍차와 바이오 가스 시스템, 바이오매스 활용 등에 의한 재생가능한 에너지다. 에코 빌리지 안의 환경관리와 사회생활은 구성원에 의한 민주적인 절차로 진행된다. 이러한 이상적인 에코 빌리지는 아직 완전히 실현되지 않고 있다. 그러나 세계 각지의 도시와 농촌에서 이러한 이상을 실현하기 위한 시도가 시작된 것도 확실하다.

일본의 농산어촌에는 14만 개에 이르는 취락이 존재한다. 이러한 취락들의 전통적이고 환경공생적인 삶을 재평가, 보전, 재생하여 도시 주민과 협력해서 열려있는 새로운 에코 빌리지를 창조하는 것이 가능하다. 또는 선구적인 사람들과 공동으로 에코 빌리지를 창조하는 것도 필요하다. 또한 도시에서도 전통적인 시가지문화의 재평가, 보전, 재생에 맞추어 새로운 생태학적인 디자인과 기술을 조합시킨 에코 빌리지를 창조하는 것이 가능하다.(이토나가 코우지)

2-1-5 콤팩트 시티(Compact City)

1 시작하며

자연발생적인 농촌이나 어촌과 다르게, 도시는 기능을 인위적으로 집적해 계획적으로 만든 거주공간이다. 농촌이 토지를 자원으로 하여 생산과 거주를 결합시킨 생태학적인 자연조건을 기반으로 하고 있는 것에 반하여, 도시의 원리적 존재방식은 각종의 도시기능을 콤팩트하게 조성하여 주위의 농촌이나 자연지역을 침식하지 않는 것에 있다.

즉, 도시란 본래 콤팩트한 것이다. 그저 무작위로 주변으로 확대되는 것이 아니라 도시의 모든 요소를 유기적으로 조합하여 효율적인 도시공간을 만들어, 도시의 다양한 구성요소의 상호작용에 의해 고도의 정보를 생산해 내는 것이다. 이것이 도시의 이상이다.

일반적으로는 성벽에 둘러싸여 있었던 유럽 중세의 역사도시나 중국의 성벽도시가 콤팩트 시티의 모델로 보인다. 성벽이 물리적인 장해가 되어 도시의 확대가 내부를 충실하게 하는 것으로 향하기 때문에 필연적으로 콤팩트하게 된다. 그러나 20세기 도시로의 인구집중과 교통기관의 비약적인 발전으로 도시는 주변으로 확산되었고, 기능이 분화하여 무미건조한 도시공간이 되었다. 규모가 적정하고 인간적이며, 풍요로운 도시공간을 회복하기 위해서 반대되는 콤팩트 시티를 목표로 해야 한다는 생각이 널리 퍼졌다. 그에 비하여 일본의 도시, 예를 들어 조가마치(城下町)는 일반적으로 도시 전체를 둘러싼 성벽을 가지고 있지 않다. 조가마치는 주변 농촌지역과 연속성을 유지하면서 자연을 도시 안에 끌어 들이며 그러한 연속성을 누리면서 도시로서 형성되었다. 일본의 도시는 유럽의 역사적 도시의 콤팩트한 구성과는 상당히 많은 차이가 난다는 점에서 의미가 있다(그림 1-5-1, 1-5-2).

그런데 현재는 그러한 상황이 일본만이 아니라 세계의 다른 나라에서도 '콤팩트 시티'에 대응한 도시상이 나타나고 있다. 여기에서 그것을 3개로 나누어 소개한다.

우선 첫 번째는 지구환경의 보전이라고 하는 환경문제에의 대응측면에서 지향되는 에너지 소비가 적은 도시구조라 할 수 있는 콤팩트 시티론이고, 두 번째는 교외화와 산업구조의 변화에 따라 쇠퇴한 도심을 재건하여 본래 도시 본연의 자세를 되찾으려고 하는 콤팩트 시티론이다. 세 번째는 휴먼 스케일의 거주공간을 회복하여 콤팩트한 생활양식에 의한 인간적인 지역사회로 재생하려고 하는 콤팩트 시티론이다.

1) 에너지 소비를 최소화하는 콤팩트 시티

에너지 다소비형 도시에의 대응은 21세기 최대의 과제이다.

이 때문에 도시의 비대화를 막고, 도시의 다양한 요소를 유기적으로 조합하여 에너

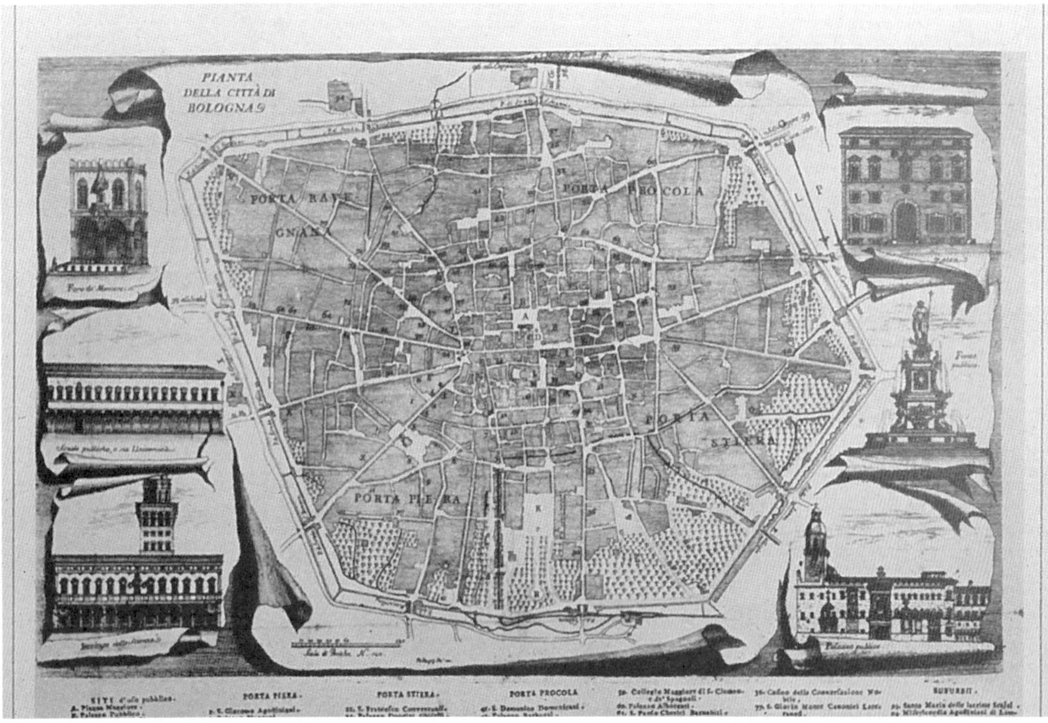

그림 1-5-1 이탈리아 볼로냐의 역사도시

성벽으로 둘러싸인 도시지역의 내부는 중세의 변용을 거쳐 유기적인 가로구성이며 고밀도인 인공공간이 형성되어 있음을 알 수 있다. 그리고 주위에는 상징적인 건축물이 그려져 있어 도시가 건축의 집합으로 형성된 인공공간인 것이 표현되어 있다.

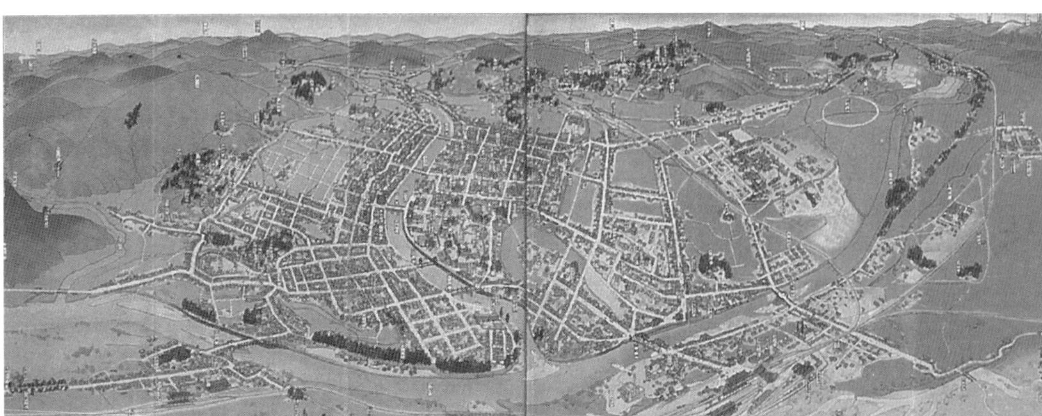

그림 1-5-2 조가마치(城下町)인 모리오카(盛岡)의 조감도(메이지 후기)

주위의 산들이나 하천의 흐름을 채용하여 커다란 자연에 안겨져, 그 질서와 호응하면서 도시가 구성되어 있음을 알 수 있다. 도시와 주변이 일체화된 미크로 코스모스로서 정원처럼 디자인되어 있다.

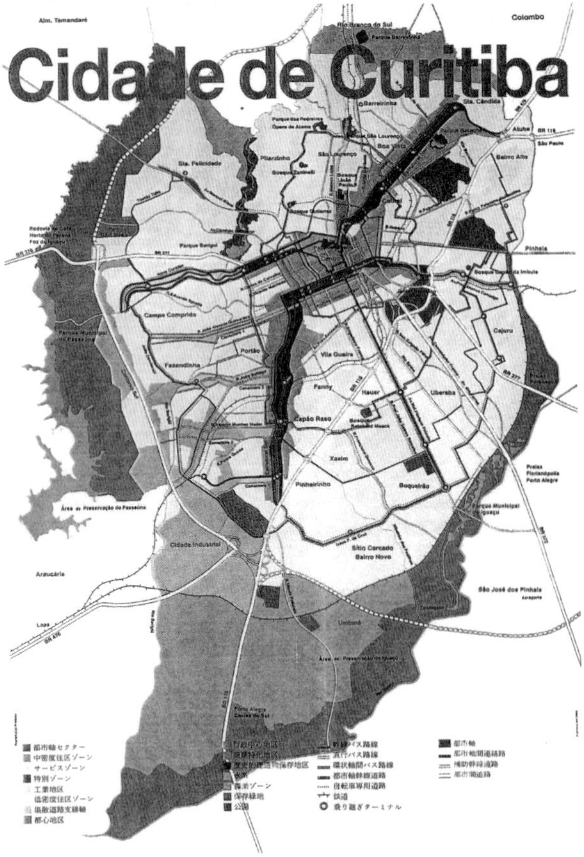

그림 1-5-3 브라질 쿠리치바 시의 마스터플랜〈쿠리치바 시청 제공〉
도시권 전체를 포함하여 에코 시티로서의 비전하에 콤팩트한 도시구성이 계획되어 시가지의 확대가 제어되어 있다.

지 소비를 최소화하는 적정규모의 '콤팩트 시티'를 목표로 하고 있다. 생태학적인 환경을 유지하여 지구환경을 지킬 수 있도록 도시공간을 재구성하자는 것이다.

도시가 무질서하게 확대되면 출퇴근이나 물자의 수송거리가 길어져 에너지를 대량으로 소비한다. 이때 구체적인 문제로서 생각할 수 있는 것이 자동차 교통문제이다. 자동차에 의존하지 않는 인간적 스케일의 도시의 구성은 생태학적인(ecological) 원칙에 따르는 것이며, 자동차 교통에 의존하는 현대의 도시는 이것과는 반대의 방향으로 향하는 것이다. 교통문제를 재구성하기 위하여 콤팩트 시티는 공공교통으로 접근할 수 있는 도심에 기능을 집중하여 효율적인 교통 네트워크를 형성하는 것이다. 이러한 관점에서 유럽과 미국의 모든 도시에 있어서의 경전철(LRT, light rail transit)의 도입, 파크 앤 라이드 시스템(자가용과 대중교통의 연계 시스템, park and ride) 등은 콤팩트 시티의 실천이라고 볼 수 있다.

에코 시티의 성공적인 사례로 알려진 브라질의 쿠리치바(Curitiva) 시는 도시권 전역에 대한 고속버스 시스템을 정비하여, 그것에 나란한 도시적 토지이용을 유도함으로써 환경교육운동, 매력적인 도시 디자인에 의한 도심의 활성화 등 종합적인 시책에 의해 콤팩트하고 생태학적인 도시를 실현하려 하고 있다(그림 1-5-3).

2) 중심시가지의 재건을 위한 콤팩트 시티

앞에서의 콤팩트 시티론이 환경문제를 심각하게 받아들이고 있는 대도시의 문제인데 반해, 지방의 중소도시에서는 도시 그 자체의 존립이 위기에 직면하고 있다. 이러한 위기를 콤팩트한 도시라는 도시에 대한 새로운 개념으로 극복하려는 운동이 일어나고 있다.

지방 중심도시에 있어서 중심시가지의 쇠퇴는 산업구조의 변화와 더불어 교외화와 과도한 자동차 교통에 대한 의존이 초래한 세계의 선진도시에서 일어나는 공통의 문제이다.

도심은 시민활동의 터전이고 거점이며, 그 지역의 문화가 육성된다. 도심이 공동화되는 것은 지역의 문화나 아이덴티티(Identity)의 상실을 의미한다. 도시의 교외화를 막아 도시의 중심기능을 높임으로써 도보로 생활할 수 있는 도시로 재생시키기 위한 것이 '콤팩트 시티'이다.

유럽에서는 EU의 전략적인 도시재생지원책하에 황폐했던 공업도시가 예술과 문화, 신산업이 집중된 인간적인 매력이 있는 도심으로 재생(Urban Renaissance)되었다. 콤팩트한 도심에 보행자 공간을 대담하게 도입함으로써 전략적인 도시디자인에 의한 '문화도심'으로서 많은 지방도시가 훌륭하게 재생되었다. 일본에서도 중심시가지 활성화 시책을 실시하여 도야마(富山) 시는 새로운 LRT를 도입하였고, 아오모리(青森) 시에서는 주변지역에 대한 엄격한 토지이용관리와 도심재개발을 실시하는 등 각 지역에서 콤팩트 시티로서의 도심재생 시도를 하고 있다.

의료시설, 상점가, 공공시설 등 생활지원시설을 보행거리 범위로 배치하고 모든 세대가 활기 있게 교류할 수 있기 때문에 지역문화의 발신 거점으로서 도심의 재건이 요구되고 있다. 그러기 위해서 무질서한 교외화를 억제하고 교외에 입지한 공공시설 등을 다시 도심에 귀환시켜 도시의 집적을 높일 수 있는 '콤팩트 시티'가 지향되고 있는 것이다.

3) 지역사회의 재건에 의한 콤팩트 시티

대도시권역 안에서는 교외 도시와 시가지의 지역사회가 본래 가지고 있던 활력이 없어지고 인간적인 장소나 풍요로운 삶도 상실되고 있다. 본래 도시는 복합적인 기능을 집적하여 인간적인 접촉에 의해 문화와 예술, 학술연구, 그리고 새로운 산업을 만들어내는 부화기이다. 이른바, '시타마치(下町)'로 대표되는 번화함이 있는 '시가지'에서 산업과 상업이 빠져나가고, 고령자가 남겨져서 철거지에 건축된 고층맨션은 지역사회에서 단절되고 친밀한 지역사회는 붕괴되어 가고 있다.

이에 비하여 거주하는 동네의 긍지를 부흥하여 전통건축과 공장을 재생하고, 새로운 커뮤니티 비즈니스(Community Business)와 지역산업을 창업하거나 혹은 예술가(Artist)와 젊은 사회적 기업가 등을 불러들여 직장과 주거가 근접한 '도보로 생활가능한' 콤팩트한 커뮤니티와 생활양식을 부흥하려는 시도를 하고 있다. 어반 빌리지(Urban Village) 등으로 불리는 표현은 바로 이러한 사고방식으로, 미국의 대도시권의 교외도시에서는 가장 대중적인 표어가 되고 있다. 예전의 근린주구론이나 커뮤니티론의 연장선상에서 한층 더 복합적이고 다양한 라이프스타일이 가능한 자율적인 지역사회를 실현하려고 하는 것이 콤팩트 시티론이다.

예를 들면, 지진재해의 부흥이 마무리된 고베(神戸) 시에서는 콤팩트한 지역사회를 콤팩트 타운이라고 명명해, 그것들이 네트워크 되어 도시 전체를 조성한다고 하는 콤팩트 시티 구상에 몰두하고 있다. 본래 도시에서 필요한 것은, 인간이 인간다운 모습으로 생활할 수 있고 자유로운 발상이나 활동을 보장하는 휴먼 스케일의 시가지이며 지역사회이다.

4) 지역자원을 유효하게 활용해 가는 도시

위에서 콤팩트 시티의 세 가지 측면을 살펴보았다. 각각 강조하는 방법에 따라 강약이 있지만, 이것들을 종합하는 것이 본래 콤팩트 시티가 추구하려고 하는 방향이다. 이와 같이 생각했을 때, 콤팩트 시티란 밀도가 높다든가 입체적으로 구성되어 있다든가가 아니다. 콤팩트 시티란 장소의 잠재력을 기초로 지역자원을 유기적으로 조립되어 효과적으로 상생되는 도시라고 할 수 있다. 다양한 도시활동이 원활히 행해지고 다양한 주체의 상호작용에 의한 창조적인 장소로 구성되고 있는 도시 본연의 자세인 것이다. 이렇게 함으로써 인간의 자유로운 상상력이나 발상을 가능케 하는 장소, 그리고 그것을 교환해 문화가 성숙해 나가는 도시, 이것이 '콤팩트 시티'의 모습이다. 이렇게 생각했을 때, 부흥된 유럽의 역사적인 도심은 확실히 콤팩트 시티의 핵으로서 적합해 보인다. '뉴어버니즘(New Urbanism)'에 전형적으로 표현되어 있듯이, 미국의 그리드(Grid)를 기반으로 한 도시에 있어도 스트리트(Street) 문화를 재생하는 콤팩트 시티를 목표로 하는 방향성은 타당한 방향이라고 생각된다.

그러면 일본은 어떻게 해야 할까. 대도시 권역에서는, 도심은 충분히 고밀도로 콤팩트하고 오히려 스프롤(Sprawl)한 주변부의 교외도시나 도심지역(Inner City)의 지역사회의 자율성을 높여 그것들을 네트워크적인 도시구조로 새로 구성하여 장거리 통근·통학, 장거리 수송을 적극적으로 억제하는 도시구조의 재건이 요구된다.

다음으로 원칙적인 의미에서 콤팩트 시티가 필요한 지방도시의 경우를 다음에서 살펴보자.

2 콤팩트 시티로서의 조가마치(城下町)도시

지방도시의 상당수는 역사적으로 조가마치를 기반으로 하고 있다. 이러한 지방의 조가마치의 경우 어떻게 생각해야 하는 것일까. 일본의 조가마치는 하천이나 녹지, 정원이 있는 단독주택 등으로 자연을 채용하고 있으므로 유럽적인 의미와는 완전히 다른 콤팩트 시티로 생각된다.

조가마치 주변의 하급무사주택(下級武家屋)에는 가정 채소밭이 부속된 농업생산이나 자연요소가 포함된 조가마치는 생태학적인 질서를 내포한 또 하나의 콤팩트 시티의 존재방식이다. 성곽은 광대한 밭을 가지고 산의 자연을 조가마치의 속에 끌어들인 평산성(平山城) 수로 네트워크로 연결된 수성(水城)도 일반적이었다. 주변의 자연과 협조하여 풍경을 취합하면서 다양하고 매력적인 도시공간이 디자인되어 있었다. 이와 같이 도시를 구성하는 각 요소가 유기적, 합리적으로 조합되어 성립되어 있는 것이 일본의 조가마치였다.

그러나 이러한 주변과 연속적 구성이 특히 2차대전 후 자동차화 시대에 스프롤(확산)을 조장하는 역할을 한 것도 부정할 수 없다. 교외로 뻗어나간 가도를 따라 시가지가 자연적으로 확산해가는 조건을 가지고 있던 것이 조가마치였다. 그리고 현재는 주변에 건설된 바이패스 도시간 고속도로에 쇼핑센터나 교외주택지가 입지하여 도심은 빈 점포가 늘어나는 쇠퇴상황이다.

3 콤팩트 시티의 디자인

이와 같은 조가마치를 어떻게 인간적인 스케일의 콤팩트 시티로 재구성해야 하는지, 본래의 미묘한 자연지형에 순응하면서 구성된 조가마치에서 획일적인 공간모델을 적용할 수 없다.

유럽의 역사도시는 성벽을 부수어 환상도로를 형성하고 도심은 교통 셀에 의한 보행자 공간으로 하고 있지만, 일본의 도시는 그렇게 획일적으로 구성되어 있지 않다.

차와 인간, 보행자 공간과의 관계를 어떻게 할 것인지, 그것이 도시의 구성과 어떻게 관계되는지, 각각의 도시 공간적인 특징에 대응한 구성으로 디자인하는 것이 요구된다.

여기에서는 우츠노미야(宇都宮) 시와 쓰루오카(鶴岡) 시의 예를 살펴보자. 우츠노미야에서는 그림에서 표시된 것과 같이 조가마치의 기반 위에 근대도시의 골격을 중첩되어 도심이 격자(井) 모양으로 짜인 가로로 구성되어 있다. 그러한 가로의 정면에는 현청이나 시청, 철도역, 신사(神社), 구(舊)성곽의 터(城址) 등의 주요한 도시 거점이 위치하며, 각각 역사축, 심벌(Symbol)축, 보행자몰(Mall)축, 구(舊)가로에서 JR역에 연결된 동서 주요가로에는 LPT를 계획하는 등 특색 있는 도시축을 구성하고 있다(그림 1-5-4). 이러한 구성을 한층 강화함으로써 충실한 콤팩트 시티의 구성을 목표로 하고 있다.

쓰루오카 시는 주위 자연과 일체가 되도록 디자인한 아름다운 조가마치 도시이다. 북쪽은 조카이산(鳥海山), 남쪽으로 금봉(金峯)·모수(母狩), 동쪽은 월산연봉(月山連峰)을 내다볼 수 있게 가로를 배치하였고, 이 경치를 보존하기 위해서 엄격하게 건축물의 높이제한을 조례로 제정하였다. 이러한 역사적 기반 위에 상징적인 성곽공원을 중심으로 시립병원을 개축하고, 남쪽의 저수지를 복원하여 고등교육 연구시설과 아트포름(Art-forme, 예술전시시설)을 배치하였다. 또한 관청과 시민시설을 복합하는 Civic-core를 구 도심지(三の丸)에 계획하는 등 중심시가지에 공공시설을 입지하도록 하는 콤팩트한 도심형성을 생각하고 있다.

그리고 옛날부터 자리 잡고 있는 상점가에서는 다양한 시민조직이 협력하여 시민과 행정이 제휴하여 다수의 시가지 조성 프로젝트를 추진하고 있다. 유한책임사업조합이 추진하는 '고령자의 코퍼러티브(Cooperative) 주택'을 핵심으로 한 '건강주거거점-Cuore House' 등의 사업화와, 상점가에서의 협동사업에 의한 '도심 재생'을 추진하고 있다.

이상의 두 도시에서 볼 수 있는 바와 같이, 역사와 풍토에 근거를 두고 각각 개성 있는 도시의 기본구성을 살리며, 시민의 주체적인 활력에 의해 점진적으로 도시의 골

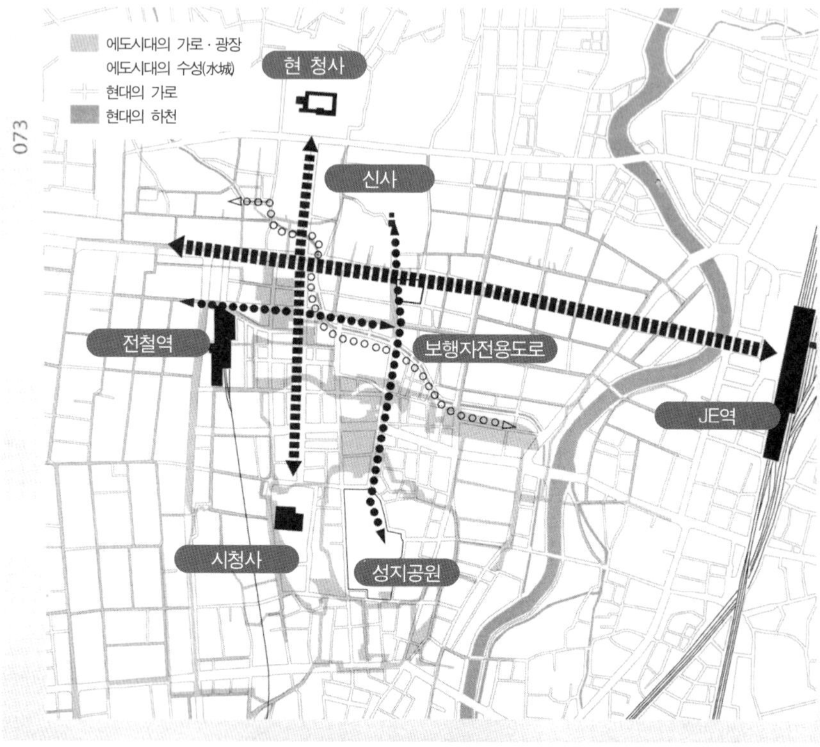

그림 1-5-4 우츠노미야 시 도시골격계획

조가마치의 구성 위에 근·현대의 도시골격이 디자인되어 역사적인 구성을 답습했던 콤팩트한 도심공간이 디자인되어 있다(문헌 2-16에 의함).

격정비와 도시공간의 개선을 계획하고 있는 것이 일본 지방도시의 콤팩트 시티 이미지다(그림 1-5-5).

이와 같은 도시의 기본구성을 살려서 독자적인 도시구성을 디자인함으로써 본래 의미의 콤팩트 시티가 실현되는 것이다.(사토 시게루)

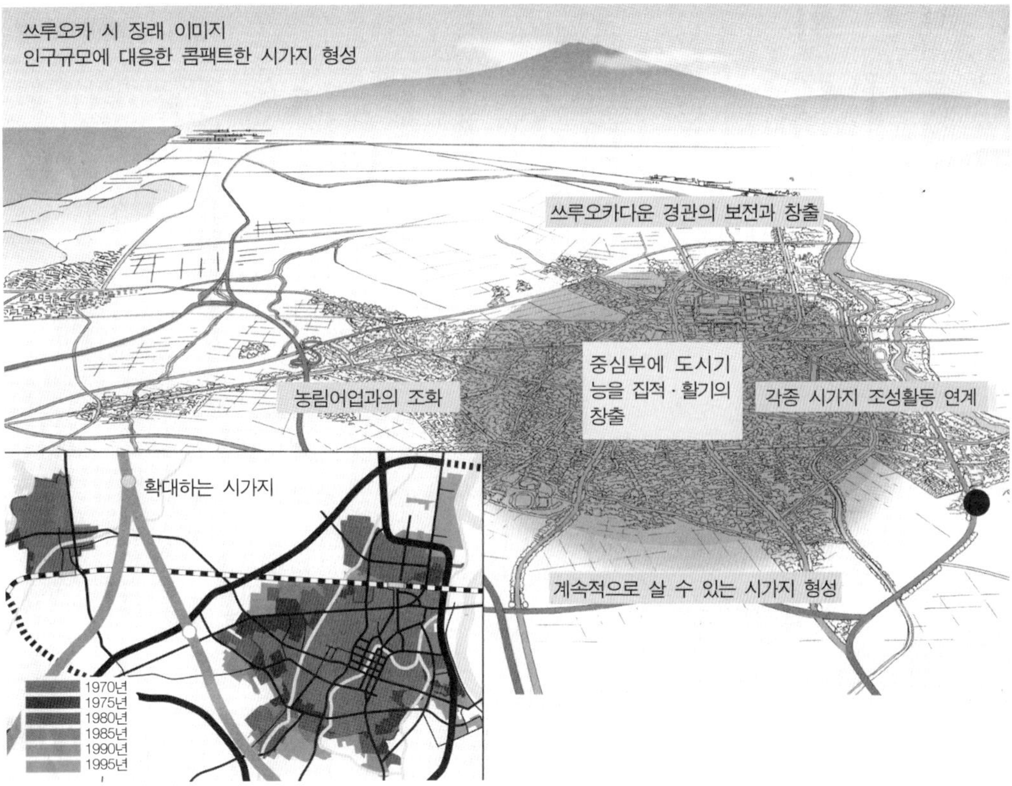

그림 1-5-5 야마가타(山形)현 쓰루오카 시의 도시 마스터플랜

주변의 지역과 조화를 이루면서 중심부에 도시기능을 집중시켜 콤팩트한 시가지를 형성하는 것이 조가마치를 기반으로 한 지방도시의 미래상이다.

2-1-6 환경과의 공생을 목표로 하는 참가와 협동의 거주공간 형성

환경과의 공생을 고려할 때 '주거 커뮤니티' 또는 그보다 넓은 '지역 커뮤니티'가 수행할 역할은 크다. 다만, 그곳 주민의 협동성과 지역활동에의 참가성을 높이는 것이 필요조건이다. 그것을 실현하기 위해 '참가형 거주공간 형성'의 과정을 통하여 협동성과 참가의식이 높은 '주거 커뮤니티'를 형성해 가는 것이 여기에 소개하려는 것이다. 사실, 최근 코퍼러티브(Cooperavive) 주택의 일부는 '환경과 공생'을 주제(Theme)로 하고 있다. 여기서는 그러한 거주공간 형성의 실태와 전망을 서술한다.

1 '참가와 협동의 거주공간 형성'이란 무엇인가?

최근, 코퍼러티브(Cooperative) 주택뿐만이 아니라, 코렉티브(Corrective) 주택, 그룹리빙(Group Living), 쉐어 하우스(Share House), 에코 빌리지(Eco-village) 등 다양한 형태나 호칭의 새로운 거주공간 형성이 각지에서 행해지게 되었다.

이것들은 계획에 대한 주민참여와 협동성을 중시하는 점에서 공통적이다. 표제에서는 그것들을 '참가와 협동의 거주공간 형성'이라고 하여 묶지만, 그것들을 'Alternative Housing & Living=선택적 주거방법'이라고 부르기로 한다. 어느 것이나 약간 길어서 여기에서는 통칭으로서 '커뮤니티 하우징(Community Housing)'으로 하도록 한다. 그러한 거주공간 형성이 '양호한 주거 커뮤니티'를 중시하기 때문에 이름 붙인 것이지만, 물론 일반화된 용어는 아니다. 여기에서는 그 전체상을 부감하여 각각의 위상을 부여하고 환경공생과의 접점을 모색함과 동시에 앞으로의 과제를 정리해보고자 한다.

2 현 실태에서 어떠한 커뮤니티 하우징이 있을까?

우선 커뮤니티 하우징의 대표적인 타입에 대해 특징을 간단하게 정리해 본다.

1) 일본의 코퍼러티브(Cooperative) 주택

입주 희망자가 모여 '주택건설조합'을 결성하고, 코디네이터(Coordinator) 등의 지원을 받으면서 토지의 선정, 계획이나 설계, 공사의 발주, 관리규약의 작성 등을 실시한다. 1970년대에 자연적으로 발생해 35년 동안 약 550개의 프로젝트, 약 1만호가 건설되었다.

조합은 법인 격이 없기 때문에 준공 후에는 구분소유가 되지만 각 세대의 방 배치를 자유롭게 할 수 있어서 인기가 있다. 실제 비용만을 지불하며 양호한 커뮤니티가 이루어지는 것도 특징이다. 최근에는 에코 빌리지 등의 호칭으로 환경과의 공생을 주제로 하는 프로젝트가 증가하고 있다.

2) 서구의 코퍼러티브 주택

200년의 역사와 수백만 호의 실적이 있는 주택공급방법이다. 지역의 '주택 협동조합'이 조합원을 위해서 비영리사업으로 건설하지만, 일본과 같이 입주 희망자가 설계 등에 직접 참가하지는 않는다.

조합은 법인 격이 있으므로 토지나 건물을 소유하고 입주자(조합원)는 영구적인 '거주권'을 갖는다. 원래 저소득층을 위하여 시작되었으므로 경제적인 것 때문에 인기가 있지만, 최근에는 양호한 관리와 커뮤니티를 실현할 수 있는 수법으로서 주목받고 있다.

3) 서구의 코렉티브(Corrective) 주택

북유럽 제국이나 네덜란드에서 1970년대에 시작한 공동생활을 중시하는 주거공간 형성방법이다. 공동의 부엌과 식당이 있어 일주일에 몇 회는 입주자가 교대로 저녁식사를 만들어 공동식사를 하는 라이프스타일이 특징이다. 편모가족, 맞벌이부부, 고령자, 독신자, 핵가족 등이 서로 돕는 형태로 일과 육아를 병행하여 풍요로운 공동생활을 실현하려고 한다. 소유형태는 공적 임대, 코퍼러티브 소유(거주권), 구분소유 등 다양하다.

이 수법이 미국에 도입되어 '코하우징(Co-Housing)'으로 불리고 있지만, 고립되기 쉬운 도시생활자의 관심을 받은 것처럼 생각되는데 상당한 발전을 보이고 있다.

4) 일본의 코렉티브 주택

일본에 개념이 도입된 것은 1990년 무렵인데 본격적인 사례는 3개가 실현되었다. 지진재해에 대한 부흥의 일환으로서 효고 현과 고베 시가 공영주택의 일부에 코렉티브형 주택을 몇 개 동 시행적으로 실시하고 있지만, 고령자를 중심으로 하고 있어 복지적인 성격이 강하기 때문에 코렉티브 주택이라기보다는 다음에 소개하는 그룹 리빙에 가깝다.

5) 고령자 그룹 리빙(Group Living)

그룹 리빙이라는 말이 최근에 사용되고 있다. 일본 후생노동성에 '고령자 그룹 리빙'의 정의와 지원제도가 있다. 이와는 별도로, 민간이 독자적으로 시행하고 있는 고령자 대상의 공동생활형 주거가 각지에서 건축되고 있지만 이것들은 그룹 리빙, 그룹 하우스, 시니어 하우스, 쉐어 하우스 등 다양하게 불리고 있다. 공동의 부엌과 식당이 있어 입주자 자신이 조리하거나 자원봉사자나 NPO 조직이 조리를 대신하는 형태도 있다.

소유형태는 토지와 건물의 소유자가 별도로 있고 입주자는 장기 임차형태(당초에 권리금적인 설정도 있다)로 하는 것이 많다. 젊은 사람을 포함한 다양한 연령층의 거주를 목표로 하는 경우는 코렉티브 하우스의 범주로 볼 수 있다.

6) 그룹 홈

일반적으로는 후생노동성이 정한 '치매성 고령자를 위한 그룹 홈'을 말하지만 지적 장애인에게도 적용되고 있다. 5~9명 정도가 1그룹이 되어 간호직원이 배치되는 것이 특징이다. 장기 임차형태가 많아 공적인 보조가 있다. 복지시설적인 색채가 강해서 좁은 의미로 보면 커뮤니티 하우징에 포함시키지 않을 수도 있다.

3 커뮤니티 하우징(Community Housing)의 4요소

이상과 같이 다양한 '참가와 협동의 거주공간 형성'의 특징을 크게 4가지 요소로 파악할 수 있다.

A. 참가성·개별성

일본의 코프 주택 특유의 직접적인 계획에의 참가나 자유 설계를 의미한다. 서구에서는 간접적 참가(캐나다의 코프는 직접참가, 또 Corrective는 직접참가도 있다)가 보통이고 설계에는 마감재를 선택할 수 있는 것은 있어도 방 배치나 설비를 주문으로 하는 예는 거의 없다.

B. 경제성·관리성

토지나 공사에 관련한 실비성, 입주자 중심의 자치관리 등은 일본의 코프 주택에서도 하나의 특징이다. 그러나 서구에서는 주택조합이 법인이므로 부동산을 소유하고, 입주자는 거주권을 갖는 형태이므로 관리를 좀 더 철저히 하고 있다. 조합이 공공으로부터 토지를 장기 임차하고 장기저리의 융자를 받으며, 관리운영에 대해서는 입주자의 의견보다 조합의 결정이 우선하며 권리의 양도에는 조합의 허가를 필요로 하는 등의 관리적 요소가 강하다.

C. 공동생활성

코렉티브 주택의 주된 목적은 이 생활의 공동화이다. 고령자 그룹 리빙도 그룹 홈도 이것을 중시한다. 물론 일본의 코프 주택도 양호한 커뮤니티를 목표로 하고 있으므로 이러한 요소를 갖고 있지만, 여기에서는 공동의 거실, 식당, 부엌 그 외의 공용실 등을 개입시킨 강한 공동성을 의미하고 있다.

D. 복지성

사회적인 약자가 서로 도우면서, 또 필요한 지원을 받으면서 가능한 한 자립하며 산다고 하는 특징을 의미하고 있다. 그룹 홈은 이것이 중심이 된다. 고령자 그룹 리빙도 수년이 지나 입주자가 고령자화되면 이 부분이 더욱 중요하게 된다.

4 커뮤니티 하우징의 요소와 각 수법의 위상

4요소를 개념도로 하여, 현재의 커뮤니티 하우징이 어떻게 자리매김해지는지를 나타낸 것이(그림 1-6-1)이다.

일본의 코프 주택은 [코퍼렉티브 건설]이지만, '코퍼렉티브 소유'는 아니기 때문에 'B. 경제성 · 관리성'이 표면적으로밖에 실현되지 못하고, 'A. 참가성 · 개별성'에 치우쳐 있다. 서구의 코프 주택은 이와는 반대로 B가 중심으로 최근 A가 조금씩 받아들여지고 있다. 코렉티브는 'C. 공동생활성'을 중심테마로 하고 A, B, D의 테마도 일부 채용되고 있다. 그룹 홈은 복지적인 성격이 강하다. 고령자 그룹 리빙은 D. 복지성과 C. 공동생활성의 중간적인 위치가 된다.

여기서 주목하고 싶은 것은, 5개의 하우징 중에서 '일본의 코프 주택'을 제외한 4개에 대해서는 그 하우징이 본래 목적으로 하고 있는 분야에 자리매김해지고 있지만 일본의 코프 주택은 본래의 위치에서 벗어나 있다는 점이다. 일본의 코프 주택은 본래는 A+B+C를 목표로 해야 하지만 실제는 A가 중심으로 편중되어 있다.

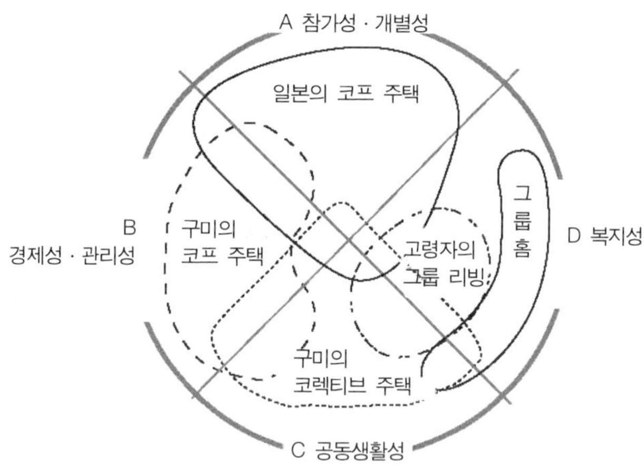

그림 1-6-1 요소와 자리매김

5 사례의 분류

현재 일본의 사례를 A, B, C, D의 4요소의 관계를 포함해서 분류하면 표 1-6-1과 같이 된다.

표 1-6-1

방식	일반적 분류	구체적인 사례	요소분류			
			A 참가성·개별성	B 경제성·관리성	C 공동 생활성	D 복지성
코프주택	일반형 코프 주택	(유코트)대부분의 사례	○	○	△	
	고령자 코프 주택	타츠노코 힐스(사례 적음)	△	○	○	△
	임대형 코프 주택	아루쥬(1사례만 존재)	○	△	△	
코렉티브 주택	일반형 코렉티브 주택	칸칸모리(이외 2사례)	△	△	○	
	임대형 코렉티브 주택	산세존 I (기업이 경영)		△	○	
	이재민 코렉티브 주택	한신지진 피해자 공영 코렉티브		△	○	△
그룹 리빙	고령자 그룹 리빙	코코쇼난다이, 샤롬츠키야, 등	△	△	○	△
	개호 포함 그룹 리빙	시니어하우스미나토기타, 그룹하우스 유우 등		△	○	○
	다세대 하우스 공유	마츠인 코몬스(1사례만 존재)		△	○	
그룹 홈	치매고령자 그룹 홈	사례 많음			○	○
	지적장애인 그룹 홈	아직 수가 적음			○	○

6 환경공생을 목표로 하는 최근의 '지향성 커뮤니티 하우징'

최근 4요소와는 다르게 명확한 주제(Theme)를 가진 코프 주택의 사례가 늘어나고 있다. 예를 들면 '에코라이브' '건강한 생활' '다세대의 공생' '애완동물과 공생' '지방에서 반농업적 생활' 등이다.

이 중에서도 생태를 주제로 한 프로젝트는 '에코 빌리지' '코프 빌리지' 등으로 불려 도시 근교에서도 지방의 전원지역에서도 계속 증가하고 있다. 에코 빌리지는 외국의 선진적 사례가 다수 존재하고 최근의 지구환경문제와 관계하여 주목을 받고 있다. 이러한 것들은 '지향성 커뮤니티(Intentional Community)'라고 불리는 경우가 많다. 이러한 움직임들은 주민들이 자신의 지역환경을 보전하면서 환경을 배려한 생활을 하려는 의지에서 주거환경 형성에 참가하고 있다는 것을 의미한다.

외국의 사례는 야채밭과 농원이 겸비되어 가축도 사육하고 식생활의 자급을 목표로 하는 등 큰 특징을 가지고 있다. 일본에서는 코프방식으로 건설된 도시형 에코 빌리지로서 '경당의 숲(経堂の杜)' '느티나무 하우스' '바람의 숲 ' '나무향기의 집' 등이 있고, 지방도시에서 전원형 에코 빌리지 프로젝트가 다수 진행되고 있다.

환경보전도 에너지 및 식생활의 자급을 목표로 하는 것도 주민참가와 협동이 이루어져야 효과적으로 실현될 수 있다. 따라서 이러한 '지향성 커뮤니티 하우징=에코 빌리지'는 앞으로 우리가 목표로 해야 할 방향일 것이다.(나카바야시 노부유키)

사진 1-6-1 '경당의 숲(에코 빌리지 경당)'
주민협력에 의한 외벽녹화

사진 1-6-2 '나무향기의 집(에코 빌리지 쓰루가와'
조감도. 옥상에 25구획의 야채밭

사진 1-6-3 '나무향기의 집'
옥상 야채밭에 모인 주민들

사진 1-6-4 '나무향기의 집'
삼나무 외단열재 마감

카셀 생태단지
- 생명이 사는 건축 및 시가지 조성-

1980년대 초, 독일 헥센 주의 카셀 시는 주택정책의 일환으로서 당시의 싼 토지를 활용하여 젊은 세대의 가족을 위한 주택건설을 지원하는 〈융게 파미리에(젊은 가족) 계획〉을 추진했다. 〈카셀 생태단지〉는 그곳에 채택된 거주자 주도의 소규모 코퍼러티브형 주택단지개발사업이다. 필자와 친한 건축가 헷카(HHS설계사무소) 부부와 G. 민케 교수 등의 협력으로 실현되었다. 이 프로젝트는 다음과 같은 개요를 가지고 있다.

1981. : 개발 핵심멤버가 환경공생형〈제1개념 안〉을 초안. 카셀 시는 이 개념에 흥미를 표하고, 시유지를 분양하여 동 단지를 건설할 것을 검토하기 시작.

1982.3 : HHS는 동 집합주택의 건설에 흥미를 가진, 나이가 비슷한 건축주를 모으고 워킹 그룹〈카셀 생태단지〉을 결성

1982.6 : 시의 도시계획국과 공동으로 확정된 대지에 생태단지의 건설이 가능해지는 〈B 플랜(지구상세계획〉의 작성을 시작함.

1982.7 : 워킹 그룹은 정기적으로 회합을 하여 단지의 공동계획을 위한 구체적 작업이나 전체의 조직 및 체제에 관한 상세한 조건 및 룰을 완성시켜 나감.

1983. : 8호로 구성되는 제1기 공사를 위한 설계 개시

1984.9 : 건축허가의 어려움을 극복하고 착공

1885. 여름 : 제1기 준공, 입주(8호)

1991. 봄 : 제2기 준공, 입주(7호/필자의 자택도 포함됨)

이 사업의 기본개념은 환경의 문제에 대하여 폭넓은 시야를 가지고 에너지 절약, 건강, 저비용 주택을 단지규모로 실현하는 것이다. 기본적 방침은 ① 물 순환, ② 식재와 녹화, ③ 태양에너지의 패시브 이용, ④ 실내 열환경, ⑤ 비용절약, ⑥ 쓰레기 처리 등과 같은 항목에 이르고, 계획에 앞서 〈개발 카탈로그〉로서 명문화되었다. 이 이념을 장기간에 걸쳐 지켜가기 위해서 기본적 항목은 행정과 공동으로 작성한 B 플랜(지구상세계획)에 반영되고, 앞으로 이 단지에 거주할 주민들이 지켜야 할 최소한의 룰로서 결정되었다.

그 내용은 현대의 비생물학적인 거주환경을 미크로와 마크로의 생명관에 기초하여 생태학적으로 재편하는 것이고, 그 속에서 생활하는 생물체로서의 '사람'의 건강과 사회적 존재로서의 '인간'의 생활환경의 존재방식을 언급한 것이다. 이러한 움직임의 배경에는 루돌프 슈타이너의 〈인지학人智學〉의 영향, 구서독을 중심으로 1970년대부터 널리 퍼지기 시작한 풀뿌리〈바우비올로기(건축생물학 : pp.46 ~ 47)〉에 관련된 논의와 사회화의 흐름이 있었다.

더욱이 여기에서는 그러한 세계관 속에서 다양성을 중시하는 입장에서, 옥상녹화와 칠하지 않은 낙엽송 판재에 의한 외벽마감을 의무 지우는 것 이외는 각 주호에서 가능한 한 형태상의 자유를 허용하고 있다. 이러한 결과, 완만한 통일성 안에서 2호 연립, 8각형의 집합체, ㄷ자형, 대칭 등등 다양한 형태를 가진 주택군이 완성되었다. 즉 차갑고 경직된 부자유스러운 주환경이 아니라 생명이 사는 활성화된 환경의 실현을 목표로 한 것이다. 달리 말하면, 〈지루한 조화〉보다는 〈활기 있는 대조〉를, 〈차가운 위엄〉이 아니라 〈밝은 개방성〉을, 그리고 〈숨 막히는 완전성〉이 아니라 〈자유로운 탐험〉이 약속어로서 공유되었다.

〈고주와 집주(孤住と와 集住)〉

카셀 생태단지는 제1기가 준공되고 4반세기가 경과했다. 당시 유아였던 어린이가 청년이 되어 독립한 사람도 있다. 시작부터 거주자참가형 단지 건설의 프로세스를 통하여 숙성도 높은 커뮤니티를 형성하고 있다. 도장하지 않은 낙엽송 외벽목재가 회색이 되고 식재도 충분히 성장하여 현재는 계절의 꽃과 과실수 등의 주변 녹지가 시민농원이 어우러져 성숙된 풍경을 자아내고 있다. 산책 중에 방문하는 사람들과 서식하는 작은 동물들과의 만남도 많다. 비교적 개방적인 단지의 공간구성 덕분에 그곳에는 쾌적하고 조용한 공기가 가득 차 있다.

물론 개개의 가족구성과 가정의 사정도 시간과 함께 변화한다. 항상 변모하는 커뮤니티에서 인간관계는 언제나 새로운 문제를 유발시킨다. 그러나 그것들을 당연시하고 매번 대화가 이루어졌다. 이런 성가신 것을 회피하거나 다른 사람에게 전가하지 않고 극복하여 달성되는 '집주'의 편안한 점은, 다른 사람을 배제하여 얻는 '고주'의 편안함과는 비교도 되지 않는다. 이것은 '환경디자인'의 프로세스에서도 마찬가지이다. 무엇보다도 타 분야에 대한 지속적 관심과 공동이 필요불가결하다.

독일과 일본의 건축 및 시가지 조성의 배경이 다른 것은 말할 것도 없다. 그렇지만 '생명'이 거주하는 '환경'에 대한 미래 이미지의 근본은 하나이다. 겉에 나타나는 다양한 모습과 과정의 차이를 구별하면서 미크로와 마크로의 현장을 왕복한다. 이 단지에서 이러한 환경디자인의 영위가 시간흐름과 함께 계속 성숙해 나아가고 있다.(이와무라 카즈오)

■ **참고문헌**

岩村和夫『建築環境論』(SD 選書 211) 鹿島出版会、1990

岩村和夫「西ドイツのエコロジー団地」(講座「地球環境」5.—地球環境と市民)、中央法規出版、1990

岩村和夫ほか『共に住むかたち』建築資料研究社、1997

2-2 에너지를 소중히 한다

2-2-1 기후풍토와 에너지 절약

1 현대문명과 에너지 소비

지금 우리가 왜 대량으로 에너지를 소비하고 있으며, 에너지 절약을 과제로 하지 않으면 안 되는 것인지에 대해서는 제1장에서 자세하게 해설했지만, 본 장에서 기후풍토와 에너지 절약의 관계에 대해 말하기 전에 다시 한 번 그 요점을 확인해 두고자 한다.

우리가 에너지를 대량으로 소비하는 이유는 '강하게, 빠르게, 편리하게, 쾌적하게, 풍요하게' 등의 말로 대표되는 물질(物質, Hard)이나 사상(事象, Soft)의 가치를 인정하

조그만 창과 두꺼운 벽으로 된 독인 뮌헨의 집합주택

스칸디나비아의 귀틀구조 민가(통나무와 통나무의 틈새는 동물의 가죽 등으로 기밀화)

그림 2-1-1 한랭기후의 민가

풍탑이 있는 두바이(아랍수장국연방)의 주택가

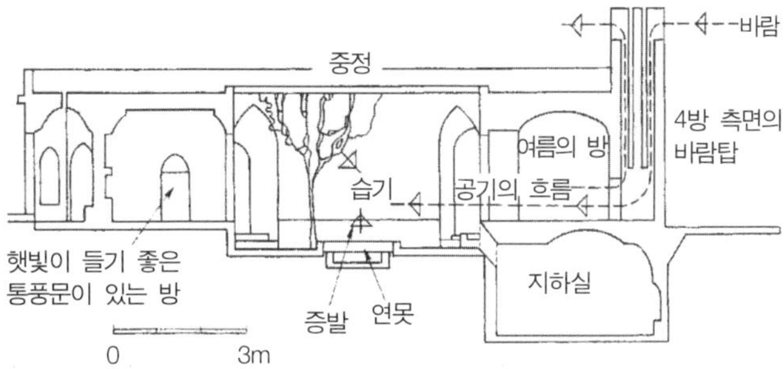

풍탑과 연못을 이용한 증발냉각의 체계(이란)
(출전 : 건축환경공학용 교제, 일본건축학회)

그림 2-1-2 고온 · 건조기후의 민가

고 있기 때문이다. 이것은 산업혁명 이래, 계속하여 인간을 지배해 온 가치관이라고 해도 좋을 것이다. 군사, 산업, 기술, 경제, 상업, 학문, 스포츠 등 여러 분야에서 경쟁을 하기 때문에 대다수의 사람은 승리를 목표로 최선을 다하게 된다. 그리고 승리를 위해서는 '강하게, 빠르게……'가 키워드가 되고, 그 결과 에너지를 대량으로 사용하게 되었다. 우리는 이 '승리'의 대가로 전쟁이나 큰 사고, 자연파괴, 환경문제 등에서 볼 수 있듯이 막대한 희생을 지불해 왔다. 왜 인간은, 이러한 큰 '희생'까지 지불하며 '승리'에 집착하는 것일까? 그 대답은 간단하지 않다. 인간의 유전자만이 알고 있는 것일지도 모른다.

어쨌든 에너지 절약은 현대문명에 대한 '뒤처리=엉덩이 닦기'임에 틀림없다. 그러나 그 방법을 모색함에 있어서는 상기의 '강하게, 빠르게, 편리하게, 쾌적하게, 풍부하게'를 애초부터 전면적으로 부정하는 것이 아니라 사회의 발전을 감안하면서도 많은 사람들이 허용할 수 있는 가치관으로의 전환을 바탕으로 논의할 필요가 있다.

2 전통적 민가와 열환경

'기후풍토와 에너지 절약'이라고 하는 주제(Theme, 이하 테마)는 좀 더 구체적으로 생각하면 '전통적 민가의 열환경'이라고 하는 테마에 귀착한다. 전력이나 석유 등의 인공에너지를 저가로 구입할 수 없던 시대에서의 인간은 다양한 지혜를 동원하여 가혹한 자연에 대응해 왔다.

특히 외부의 기후환경에 대한 대응이라고 하는 점에서 본다면, 더위와 추위를 막기 위한 조상들의 생각(工夫, 고안)을 세계 각지의 전통적 민가에서 다양한 형태로 발견할 수가 있다(문헌 2 · 21).

큰 개구부와 깊은 처마를 하고 있는 일본의 민가

통풍이 좋은 방콕의 수상주택

그림 2-1-3 고온 · 다습기후의 민가

이 중에는 현대과학의 눈으로 봐도 이치에 맞는 것이 상당수 있기 때문에 에너지 절약 대책의 원점 또는 힌트로서 고찰할 가치가 있다. 또 이러한 지혜를 조금이라도 과학적으로 규명하려는 목적으로 연구도 행해져 왔다(문헌 2-22).

이상과 같이 생각하면, 세계 각지의 민가가 지역의 기후 특색에 대응한 건축이 되어 있고, 기후와 깊은 관계를 나타내는 것은 오히려 당연한 것으로 생각된다.

이러한 기후와 민가의 관계는 세계 각지를 훑어보면 다수 존재하지만, 그 대표적인 예를 ①~③의 기후지역에 따라 정리하면 다음과 같다.

① **북유럽 등 한랭기후 지역** : 난방열 등의 열이 방산하는 것을 방지하기 위해 건물의 벽은 일반적으로 틈새가 없고 개구부는 작다(그림 2-1-1 참조).

② **중근동 등의 고온 · 건조기후 지역** : 개구부는 작고, 햇빛에 말린(日乾) 벽돌 등으로 만들어진 밀실한 벽으로 된 민가를 볼 수 있다. 그러나 이 지역의 이러한 건축은 일사열이 건물에 침입하는 것을 막고 있어, 한랭지의 경우와는 그 기능이나 효과가 약간 차이가 난다. 또한 이 지역 민가에서 특징적인 것은 풍탑(風塔)과 안뜰(중정)에 있는 연못의 존재이다(그림 2-1-2 참조). 이러한 시도는 약간 고가이긴 하지만 통풍이 좋아지고 연못 물의 증발이 촉진되므로 실온을 낮추는 효과가 있다.

③ **일본을 포함한 동남아시아의 고온다습기후의 지역** : 통풍을 위해서 큰 개구부를 가진 민가를 자주 볼 수 있다(그림 2-1-3 참조). 이것은 바람을 잘 통하게 하여 더위를 견디는 지혜라고 생각된다. 또한 햇볕을 차단하기 위해서 깊은 처마나 차양을 설치한 것이 많다.

민가 등 토착건축에서의 고안이나 지혜의 배경에 있는 생각은 현대에도 건축의 에너지 절약의 방법으로서 훌륭하게 통용될 수 있다.

예를 들어, ①은 단열과 기밀을, ②는 일사차폐, 열용량 이용, 통풍, 및 증발냉각을, ③은 통풍과 일사차폐를 저마다 적용한 에너지 절약의 방법이라고 할 수 있다.

다만, 이러한 민가에 백점 만점을 주는 것은 과대평가가 된다. 즉, 이러한 생각만으로는 대부분의 현대인이 만족할 수 있는 충분한 실내환경을 만들어 내는 것이 곤란하기 때문이다. 예를 들어, 단열 · 기밀만으로 홋카이도(北海道)와 같은 추운 겨울을 극복할 수 없고, 장소에 따라 다르지만 통풍과 일사차폐만으로는 아열대의 여름을 쾌적하게(찌는 듯이 더운 감각 없이) 보낼 수 없다. 현대에서는 많은 경우, 난방 혹은 냉방의 도움이 아무래도 필요하게 된다.

그러나 현대의 우리는 단열 · 기밀이나 통풍 · 일사차폐 등의 대책이 충분히 이루어진 건물에서는 난방 · 냉방의 부하가 큰 폭으로 감소하여 많은 에너지 절약을 할 수 있다는 것을 알고 있다. 즉, 민가에서 볼 수 있는 것과 같은 생각이나 지혜는 현대에도 냉난방부하를 저감하는, 건축적인 에너지 절약법으로서 도움이 된다.

즉, 냉난방 장치가 설비를 통한 '액티브 기술'이라고 한다면, 민가에서 볼 수 있는 고안(단열, 기밀, 하기 일사차폐, 통풍, 동기 일사취득, 열용량 이용, 조습 등)은 건축 자체에 시도되는 '패시브 기술'이다. 지구환경건축에서는 양자를 서로 보완시켜 쾌적하고 건강한 실내환경과 에너지 절약의 실현에 기여해야 한다고 생각된다.

또한 민가에 대해서 소재나 부재의 관점에서 언급해야 할 것이 있다. 민가를 구성하는 재료는 대부분이 건설되는 현지의 근교에서 산출되는 그 지방의 재료이다. 예를 들어, 일건벽돌, 석재, 갈대, 회반죽, 토벽, 목재 등이 대표적인 것이지만, 이것들은 현대 건물의 단열재나 개구부의 재료로서 보았을 때, 반드시 충분한 물리성능을 가지고 있다고는 말할 수 없다. 물론 이러한 재료를 성능이 그다지 높게 요구되지 않는 부위나 개소에 사용하는 것은 전혀 문제가 없다. 그러나 고성능이 요구되는 부위 등에는 고성능 단열재나 개구부의 재료를 이용함으로써 높은 수준의 쾌적 · 건강과 에너지 절약을 실현할 수 있다.(사카모토 유조)

일본의 지역구분

건축의 열 성능이나 에너지 절약의 관점에서 일본의 기후를 구분하는 시도는 자주 있었다. 일본의 영토는 남북으로 좁고 길며, 그 기후는 아한대부터 아열대까지 다양성이 풍부하다. 일본의 기후구분을 생각할 때, 이 남북의 기온 차이가 가장 중요한 인자이다. 그림 1에 1월(겨울의 대표 월)과 8월(여름의 대표 월)의 기온분포를 나타낸다. 기온의 남북차는 여름보다 겨울에 현저하다는 것을 알 수 있다. 그러므로 냉방의 차이보다도 난방의 차이에 주목하는 것이 일본의 기후 차이를 구분하기 쉽다. 그림 2는 난방도일(Degree Day, $D_{8\text{-}18}$)의 분포도이며, 이것을 이용하면 건축 열환경의 관점에서 기후를 구분할 수 있는 것을 알 수 있다.

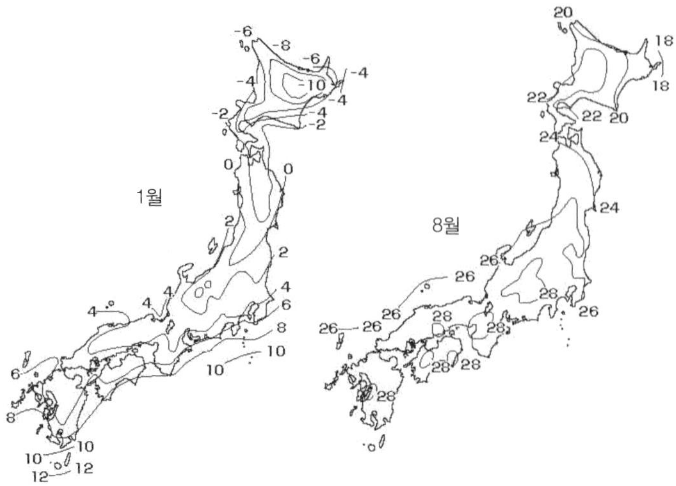

그림 1 1월과 8월 일본의 월평균 기온(단위 : ℃)

(「건축환경공학용 교재」 일본건축학회를 바탕으로 작도)

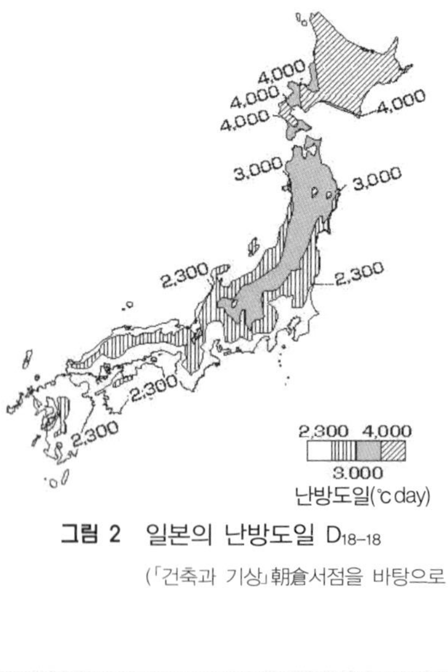

그림 2 일본의 난방도일 D18-18

(「건축과 기상」 朝倉서점을 바탕으로 작도)

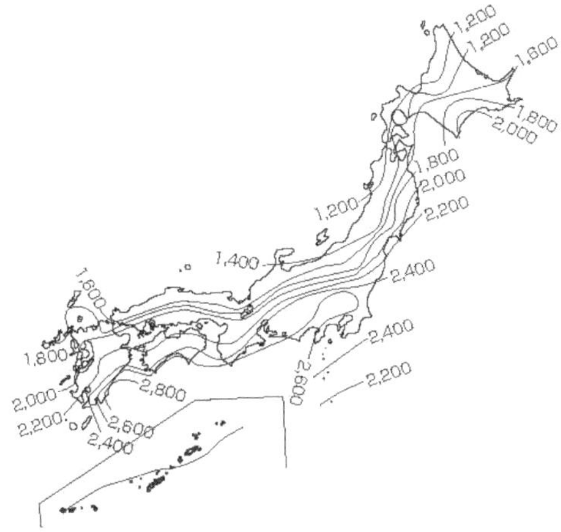

그림 3 1월의 일 적산 수평면 하루 일사량(단위 : Wh/m²d)

(「건축환경공학교재」 일본건축학회를 바탕으로 작도)

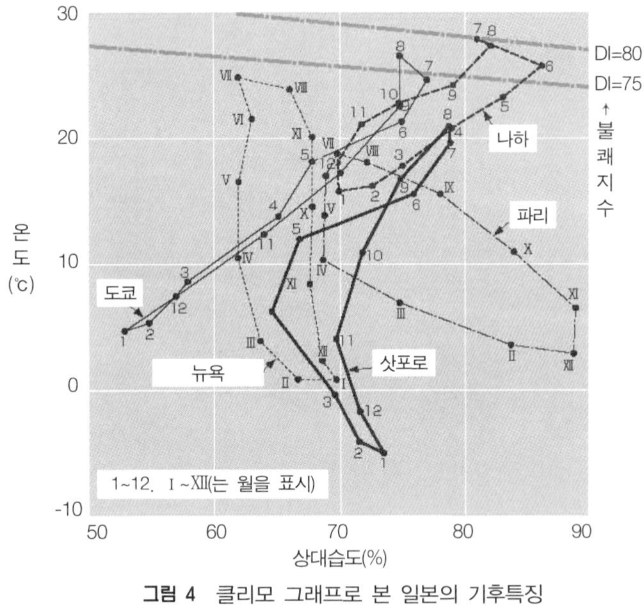

그림 4 클리모 그래프로 본 일본의 기후특징

(「에너지절약핸드북93」 건축환경 · 에너지절약기구를 바탕으로 작도)

일본의 기후를 생각할 때, 기온차 이외에 고려해야 할 요소가 두세 가지 더 있다. 하나는 태평양 쪽과 동해 쪽의 동절기 일사량의 차이이다. 동절기의 일사량은 중앙산맥을 경계로 하여 태평양 쪽이 많고 동해 쪽은 적다. 이 차이는 그림 3을 통하여 알 수 있듯이 상당히 명료하다.

또 하나의 요소는 여름이나 장마철의 고습도이다. 그림 4의 클리모 그래프(기후 그래프)를 통해서 알 수 있듯이, 일본의 여름은 기온은 물론 습도도 높다. 그리고 습도가 높기 때문에 기온에 비해 불쾌지수가 높아지고 불쾌감이 증가하는 것이다.

정부의 에너지절약기준 등에 있어 공식으로 사용되고 있는 일본의 지역구분을 그림 5와 그림 6에 나타낸다. 그림 5는 주택용 기준으로 이용되고 있는 지역구분도(구분 수는 6)이다.

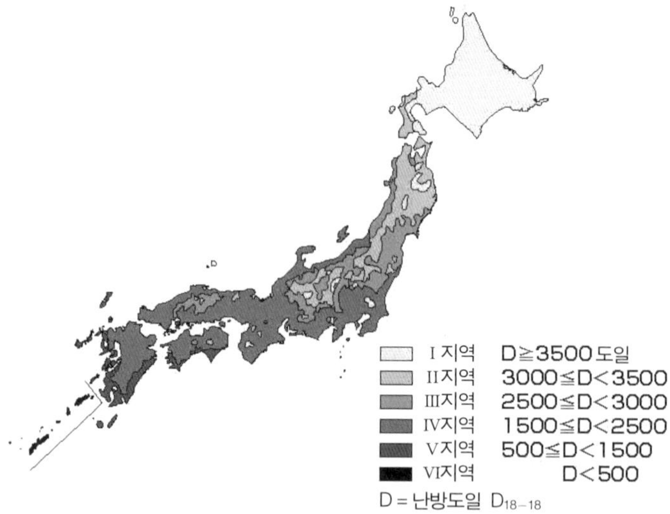

그림 5 주택용 에너지절약 기준에서의 지역구분

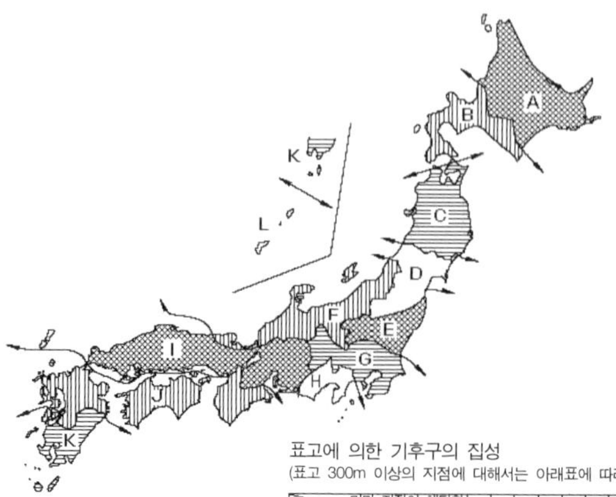

표고에 의한 기후구의 집성
(표고 300m 이상의 지점에 대해서는 아래표에 따라 기후구를 수정한다.)

표고 ＼ 기타 지점이 해당한 기후 구역	A	B	C	D	E	F	G	H	I	J	K	L
300m이상 600m미만	A	A	B	C	D	D	E	G	F	I	J	K
600m이상 900m미만	A	A	A	B	C	C	D	E	D	F	I	／
900m이상 1200m미만	A	A	A	A	B	B	C	D	C	D	F	／
1200m이상	A	A	A	A	A	A	B	C	B	C	D	／

그림 6 비주택 에너지절약 기준에서의 지역구분

(「건축환경공학용 교재」 일본건축학회를 바탕으로 작도)

이 그림은 시읍면의 관공서 소재지의 난방 도일을 확장 아메다스(기상관측 시스템) 기상 데이터(문헌 2-23)를 사용하여 추정하고, 원칙적으로 그 난방 도일을 근거로 하여 시읍면 단위에서 좀 더 구분을 한 지역구분도이다. 난방 도일만을 근거로 한 이유는, 주택에서는 냉방보다 난방이 중요시되고 냉방부하도 난방부하와 부(負)의 상관 관계가 있는 것을 알고 있기 때문이다. 그림 6은 빌딩용(비주택용)의 기준으로 이용되고 있는 지역구분도이다. 이 구분에서는 난방부하뿐만 아니라 냉방부하 요소도 가미하여 지역구분이 되어 있으므로, 구분도는 주택용보다 자세한 것(구분 수는 12)이 되어 있다.(사카모토 유조)

2-2-2 도시환경과 열 및 에너지

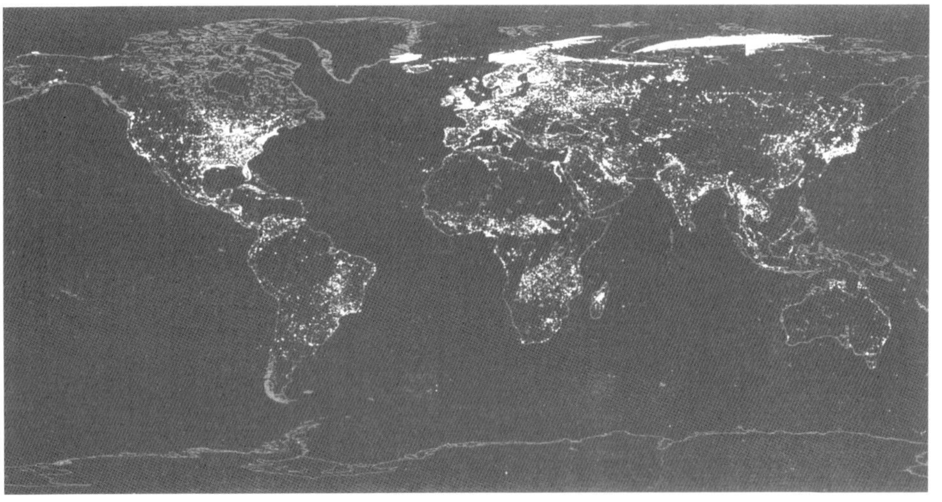

자연현상이나 인위에 의한 다양한 빛의 패턴이 나타나고 있다. 특히 후자에 의한 빛의 분포가 현저하고, 그중에서도 세계 각국의 도시가 밝은 것이 눈길을 끈다. 건물, 교통망, 가로등, 광고탑 등을 빛의 집합체로서 간주할 수 있어 인간의 활동에 수반하는 에너지 소비의 양태를 빛의 분포로서 나타낸 것이라고 할 수 있다. 문헌 2-24에서는 도시의 빛과 도시인구와의 관계나 도시의 전력 소비량과의 관계 등에 대해 고찰하고 있다. 또한 인도차이나반도나 아프리카 중앙부의 화전(火田)의 빛, 동해상의 집어등의 빛, 유전지대의 빛 등 인공적인 빛에 대해서도 기술하고 있다.

그림 2-2-1 인공위성 DMSP(Defence Meteorological Satelite Program)로 관측된 지구의 야간 영상

1 생활의 터전(場)으로서 도시환경

1) 우주에서 본 도시

지구의 전 표면의 약 30%가 육지이며 거기에 인류는 생활하고 있다. 그림 2-2-1은 우주 리모트센싱(원격탐사)으로 파악한 지구의 야간영상이다(문헌 2-21).

북극에 보이는 오로라나 산불 등 자연의 빛뿐만 아니라 북아메리카, 유럽, 그리고 일본 등 거대도시가 분포하는 지역의 밝기에는 새삼스럽게 놀랄 따름이다.

일본 열도는 거의 완전한 모습으로 그 실루엣을 알 수 있을 만큼 전체가 밝다. 외등, 건축조명, 자동차의 라이트 등 인공조명에 의한 소비 에너지의 방대함을 이야기하고 있다. 만일 이 밝은 범위를 인구가 집중된 도시지역이라고 본다면, 이 도시지역에서 영위되는 인간활동이 지구환경에 미치는 직접적, 간접적 영향은 무시할 수 없다는 것이 이해된다.

2) 지구환경문제의 축소판으로서의 도시환경

그러면, 그 도시는 어떤가? 최근 전 세계에서 도시화가 급속히 진행되고 있지만, 앞으로도 도시인구는 더욱 증가한다고 말하고 있다. 도시로의 인구의 집중은 도시의 편리성의 이면에 인공화(人工化)에 의한 극도의 생태계 파괴 등으로 생활환경의 악화를 초래하고, 동시에 도시 주변의 자연환경도 파괴하고 있다. 또한 일개의 국가레벨을 넘은 지구레벨의 환경문제도 일으키고 있다.

지구환경문제에서 지구규모의 생태계 균형 파괴라고 하면, 오늘날 많은 도시의 환경은 그것과는 비교가 되지 않을 정도로 극도로 인공화가 진행되어 생태계가 파괴되어 있다. 확실히 도시환경문제는 지구환경문제의 축소판이라고 할 수 있다.

3) 도시환경문제

도심에서 교외에 걸친 다양한 토지이용 지구에서 발생하고 있는 도시환경문제를 개관해 보자. 이러한 문제는 직접 생활환경의 질을 결정하게 된다. 공장지대에서는 다양한 생산활동의 결과, 대기오염과 배수에 의한 해수나 하천수의 수질오염, 열오염, 토양오염, 지반침하 등이 문제가 되어 왔다. 또 공장지대에서 대기 중에 방출된 오염물질이 상공에 흘러 낮 동안 주변의 시가지보다 표면온도가 상승하지 않은 녹지가 많은 공원 등에 다운 드래프트 현상으로 춤추듯 내려앉아, 공장의 주변뿐만이 아니라 생각하지도 않은 곳에서 대기가 고농도로 오염되는 문제도 생기고 있다. 단지 외형만으로 판단한 아름다운 환경뿐만이 아니라 눈에 보이지 않는 열, 공기, 소리 등의 환경도 중요하다는 것을 나타내는 일례이다.

고층건축을 비롯한 대규모 건축물의 건설에 의해 그 주변의 일조장해, 전파장해와 같이 광역으로 확산하는 환경문제도 있다. 지상뿐만이 아니라 지하에서도 이들 대규모 건축물이나 지하철 등의 건설로 지하수맥이 절단되는 등 눈에 보이지 않는 지하의 환경도 크게 바뀌고 있다.

양측이 높은 건물로 둘러싸인 시가지의 도로공간은, 마치 계곡의 골짜기와 같이 된다. 이 때문에 이러한 공간은 스트리트 캐년으로 불리고 있지만, 반밀폐공간이 되기 때문에 상공과 비교하면 풍속이 극도로 감소한다. 그 결과 자동차나 주변 건물로부터 배출된 오염물질이나 열이 여기에 정체되어 시가지 안에서도 국소적으로 최악의 환경이 형성될 위험성이 높다.

편리성이나 효율을 추구하는 생활양식을 지탱하는 자동차교통도 시가지의 환경 악화뿐만 아니라 고속도로 주변의 주민에 대하여 교통소음, 진동, 배기가스 등에 의한 대기오염을 일으키고 있는 경우가 많다.

또 교외에서는 도시의 확장이 급격하게 진행되고 있다. 지가의 상승으로 부지면적은 세분화되어, 이른바 미니개발에 의해 일조장해, 녹지의 감소 등 주거환경의 잠재력이 저하하고, 또 절벽붕괴 등의 뉴스가 큰 비가 올 때마다 보도되고 있듯이 자연을 무시한 개발이 계속되고 있다.

이상에서 알 수 있듯이, '공해대책기본법'에서 지정하고 있는 전형적인 7가지 공해뿐만이 아니라 위와 같은 다양한 환경문제가 있다. 오히려 최근에는 도시지역에 대해서는 전형적인 7공해 이외의 환경문제에 관한 불평이 증가하고 있는 것을 〈환경백서〉에서 보고하고 있다.

또한 열·에너지에 관한 여러 문제 및 거기에 따라 일어나는 환경문제, 예를 들어 열섬현상이나 건축 외부공간의 미기후 등은 전형적인 7가지 공해로 지정되어 있지 않아도 도시생활에 직접적으로도 간접적으로도 다대한 영향을 미치고 있는 것은 물론이다. 환경문제는 전형 7공해로서 다루어지고 있는 것뿐만 아니라 그 이외에도 눈으로 직접 보이지 않기 때문에, 또 개량화 하기 어렵기 때문에 그 공해의 원인을 특정하기 어렵고 직접평가의 대상이 되지 않는 것도 많다.

2 열섬(Heatisland)현상과 생활환경

1) 도시기후의 특징

이상으로 매크로·미크로 시점에서 도시환경의 악화에 대해 말했지만, 그중에 양쪽에 관련되는 환경문제의 예로서 도시에 형성되는 특유한 기후, 즉 도시기후를 들 수 있다. 이 도시기후도 도시에만 특유한 국지기후 또는 미기후로서 간주할 수가 있다. 이것은 이전부터 경험적으로도 알려져 있지만, 도시기후가 비교적 쉽게 파악할 수 있는 도시경관의 문제와 크게 다른 점은 여러 가지 문제가 모여서 섞여 있는 것, 직접 눈으로 볼 수 없는 현상이 많은 점이다.

기후요소 중에서 가장 친밀한 기온에 대해 보면 그림 2-2-2의 예에서 볼 수 있듯이, 도심에 고온지역이 형성되어 등온선이 마치 섬의 등고선과 같이 되기 때문에 열섬현상으로 불리고 있다. 유럽에서는 일찍이 19세기부터 알려져 있으며, 그 후 온 세상의 많은 도시에서도 확인되고 있다. 그리고 많은 논의가 되고 있는 지구의 온난화와 비교하면 대도시에서는 그 10배 가까운 온도상승이 관측되고 있다.

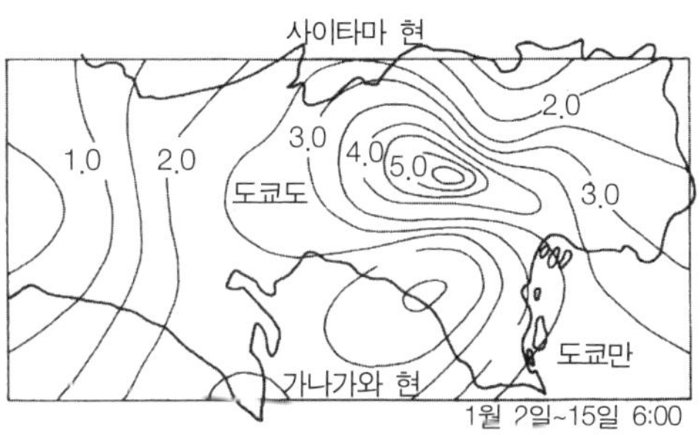

그림 2-2-2 도쿄의 열섬현상(등치선은 기온(℃))
(문헌 2-25)

그 현상의 정도나 특징은 뒤에 말하는 열섬현상의 형성요인 중에서 어느 요인이 지배적인가에 따라, 또 연안도시인가 분지인가라고 하는 그 지역의 지리적 요인에 따라서 달라지지만, 적어도 일본과 같이 녹지가 풍부한 지역에서는 도시의 인공화나 확대의 정도와 분명한 상관관계를 관찰할 수 있다. 이것은 관측 데이터에 의해서도, 그리고 또 수치 시뮬레이션에 의해서도 상당히 설명할 수 있을 단계에 이르러 예측·평가도 가능하다고 말하고 있다. 상대습도와 일사량은 감소하고, 특히 도쿄의 경우에는 습도는 10% 이상 낮고 일사량은 대기오염이 심한 시기에는 25 ~ 30%의 감소가 관측되고 있다.

도시는 건물이 밀집하고 높은 건물이 증가함으로써 지표면의 요철(凹凸)의 규모가 커지기 때문에 교외보다 풍속이 약해진다. 장애물이 없는 들판에 비해 단층집 건물이 늘어서는 교외나 고층건물이 밀집하는 시가지일수록 풍속의 감쇠가 현저하고, 시가지 특유의 바람으로 인해 시가지풍으로 불리고 있다. 여름의 통풍계획에 있어 도시에서는 자연의 잠재력이 저하하고 있는 것이 된다. 한편, 이것과는 반대로 국소적으로 강풍이 나타나는 곳도 있다. 고층건물의 주변, 특히 제트기류가 되는 필로티나 건물의 측면에서는 강풍역이 발생하여 보행장해나 간판의 비산 등 생각하지 않은 재해를 일으킨다.

2) 열섬(heat island)현상의 형성요인

열섬현상의 형성요인으로서는 ① 토지피복의 개변(改變), ② 방대한 에너지 소비, ③ 대기오염 등을 들 수 있다.

① 토지피복의 변경은

(a) 건물이 밀집화하고 지표면의 요철, 즉 골이 깊어지면 같은 재료로 지표면이 구성되어 있어도 골짜기 부분에서의 다중반사에 의해 일사의 흡수율이 커진다. 즉, 주간에 건물이나 지표면에 흡수되는 일사열이 많아진다. 또 야간에는 건물에 둘러싸인 지면은 대기가 단절되어 있기 때문에 부(負)의 태양인 하늘로 열방사를 방해할 수 있어 대기방사냉각이 억제된다.

(b) 골이 깊은 도시에서는 빌딩풍과 같이 국소적으로 강풍이 발생하는 곳도 있고, 상공에 비해 풍속이 감쇠한다. 예를 들어, 일본의 많은 연안도시에서는 낮에 상공에서는 시원한 바닷바람이 불고 있어도 도시 안에 들어오면 풍속이 급격하게 감소한다. 즉, 여름의 통풍에서 귀중한 자연의 잠재력을 잃어버린 결과가 된다. 특히 양측이 높은 건물로 연속적으로 둘러싸인 도로공간과 같이 폐쇄적인 공간에서는 바람이 약한 날에는 열이나 오염물질의 확산능력이 저하하여 생활환경이 극도로 악화되는 위험성도 있다.

(c) 그리고 가장 큰 요인으로 거론할 수 있는 것이 나대지 등 물이 스며드는 표면이나 수목, 풀, 지의식물 등의 녹지가 감소하는 것이다. 빗물을 머금는 능력이 저하함과 동시에 증발산에 의한 냉각작용이 저하되어 결과적으로 공기의 온도를 높이는 현열(顯熱)량이 증가한다.

(d) 아스팔트포장 면이나 콘크리트구조 건물 등 열용량의 큰 재료가 지면을 덮어서, 이것들에 낮 동안 흡수된 일사열이 축열되어 야간이 되어도 고온을 유지한다. 즉, 열대야의 발생을 조장하는 주 요인이다.

② 방대한 에너지 소비는 건물 등의 냉난방과 조명, 달리는 자동차, 제조공장의 생산공정 등에 의한 배열이 대기 중에 방출되어 대기를 따뜻하게 한다.

③ 대기의 오염에 의해 스모그가 형성되어 도시 전체가 온실과 같이 되어 기온을 상승시킨다.

3) 리모트센싱(원격탐사)으로 파악한 도시의 지표면 온도

다음으로, 열섬현상의 형성요인 중 하나인 토지피복의 변경에 주목하여, 도시의 표면온도가 토지피복 상태에 따라 어떻게 다른지 원격탐사 화상으로 보자. 그림 2-2-3은 여름철 맑은 하늘일 때, 삼림의 수도라고 하는 인구 백만 도시 센다이의 시가지와 교외에서 관측된 항공기 원격탐사 화상이다. 좌측 그림은 MSS(멀티 스팩트럴 스캐너)라고 하는 센서로 관측된 3개의 파장대의 화상을 청(가시역), 초록(근적외역), 그리고 빨강(열적외역)으로 합성한 '컬러합성 화상'이다. 녹색(옅은 색)은 신록이 풍부한 숲, 청록색은 논, 그리고 붉은색(짙은 색)이 도로, 건물, 나대지 등으로 구성되어 있는 시가지나 주택지를 나타내고 있다. 센다이 시가지가 숲이나 논으로 확장하고 있는 상태를 알 수 있다. 중간 그림은 '컬러합성 화상'에 나타낸 것 같은 다중분광 화상을 이용하여 자동분류한 '녹피분포도(綠皮分布圖)'이다. 1화소는 10m×10m에 상당한다.

흑색의 화소는 그 1화소 안에 전혀 녹지가 존재하지 않는 곳이다. 그렇다면 지표면 온도는 어떨까? 컬러코드로 지표면 온도의 양상을 나타낸 것이 오른쪽 그림이다. 녹피분포도와 대응시키면 충분히 물을 머금고 있는 곳, 즉 바다나 숲 또는 논의 표면온도는 기온과 같이 대략 30℃ 정도이다. 이에 비해서 시가지나 개발이 진행된 교외의 주택지를 보면, 녹지가 적고 인공물로 덮여 있는 시가지가 가장 고온으로 60℃ 가까이에 이르고 있다. 그리고 교외의 주택지도 숲이나 논보다 훨씬 고온이다. 삼림의 수도라고 하는 센다이에서도 시가지나 주택지 안에는 녹지가 적다. 녹지를, 그리고 지표면으로부터 물을 배제해버린 시가지에서는 표면온도가 기온보다 20℃ 이상이나 상승하고 있는 것을 알 수 있다. 콘크리트 정글에 의하여 도시사막이 된 상태이다.(p.127 그림 참고)

4) 토지의 피복상태와 표면온도의 관계

상기의 열화상으로부터도 알 수 있듯이, 여름에 도시가 더운 것은 기온이 높기 때문만은 아니다. 그 이상으로 기온 형성요인인 표면온도가 높다. 여러 가지 토지피복상태의 지구를 원격탐사 화상으로부터 추출하여 여름철 맑은 날 낮에 그러한 지구별 평균 표면온도를 산출하여 토지피복상태에 대한 화상을 해석해 보았다.

우선 녹피율과의 관계를 보면, 그림 2-2-4에서는 녹피율이 감소함에 따라 표면온도가 높아지는 경향을 읽어낼 수 있다. 그리고 녹피율이 30%보다 낮으면 표면온도가 극단적으로 높은 지구가 나타난다. 녹지가 거의 없는 상업지구나 목조건물이 밀집한 지구의 표면온도는 55℃에 이르는 곳도 있나. 진체가 나대지와 거의 같은 온도이다. 말 그대로 도시사막이다. 그리고 저녁이 되어도 낮에 일사를 받은 포장면 등은 40℃ 가까운 온도를 유지하고 있다. 시원한 저녁 바람에 의한 청량감 따위를 느낄 수 있을 리가 없다.

다음으로 건물의 구조형식에 주목하여, 지구별 목조건물과 철근콘크리트조 건물의 건폐율에 대해 조사하여 겨울철 맑은 날 이른 아침과 낮의 표면온도와의 관계를 구해 보았다.

그림 2-2-5와 같이 지구의 평균 표면온도는 이른 아침과 낮 양쪽 다 목조건폐율, 철근콘크리트 건폐율과 역상관을 나타내고 있다. 이것으로부터 건물의 열용량의 차이가 도시의 표면온도 일변화에 큰 영향을 미치고 있는 것이 밝혀졌다. 목조건물이 밀집한 지구에서는 방재를 위해서 불연화 건물의 건설이 촉진되고 있지만 포장화와 마찬가지로 여름철 열대야의 발생을 조장하고 있다. 종합적인 시점에서 도시조성에 대한 연구가 요구된다.

이상 검토한 것을 열화상으로 좀 더 시각적으로 이해해 주었으면 한다. 동경 이케부쿠로의 선샤인 60빌딩(p.128 그림 2-2-6 참조)으로부터, 여름철 맑은 날에 인접한 지구(地區)의 열화상을 기록해 보았다. 그림 2-2-6의 바로 앞 지역은 목조건물이 밀집한 지구이다. 중앙에 결집된 녹지는 고코쿠지(護國寺) 숲, 우측에는 고속도로가 있고 그 양측으로 철근콘크리트조 건물이 줄지어 있다. 낮 동안 바로 앞 목조건물의 지붕이 가장 고온이 된다. 고속도로의 포장면도 마찬가지로 고온을 나타내고 있다. 이에 비해서 고코쿠지 숲의 온도는 기온과 대충 같고 목조건물의 지붕에 비하면 20℃나 낮다.

저녁이 되면 목조건물의 지붕은 대기방사에 의해 급격하게 표면온도가 내려간다. 고코쿠지 숲의 온도는 기온과 대략 같지만 목조건물의 지붕은 그것 이하가 된다. 한편, 낮 동안에는 기온보다 거의 온도가 상승하지 않았던 철근콘크리트조 건물의 벽면은 저녁에 표면온도가 가장 높다.

이러한 화상에서 도시 속의 넓은 면적의 녹지는 건물이나 도로의 포장면과 비교하면 하루의 표면온도 변화가 적고 도시기후의 완화에 도움이 되는 것을 알 수 있다. 즉 열섬현상을 완화하려면 가능한 한 많은 녹지를 어떻게 확보하는가에 달렸다는 것에는 이의가 없을 것이다. 그러나 단지 양만의 문제는 아니다. 열섬현상의 억제방법으로 옥상녹화나 벽면녹화, 큰 나무에 의한 그늘 형성 등 초목을 유기적으로 도입하여 열용량이 큰 건물이나 포장도로에 직접 일사가 도달하지 않도록 하는 연구를 하는 것이 중요하다. 다른 말로 하면, 열용량이 큰 철근콘크리트조 건물이나 포장도로에 직접 일사가 도달하지 못하도록 초목으로 감싸 초목과 융합시키는 것이 중요하다. 그리고 건물의 배치나 구성재료의 일사 흡수율, 열용량 등도 열환경을 크게 좌우하며, 열섬현상의 형성과 깊이 관련되어 있다.

중간그림 : 리모트센싱 데이터를 사용하여 작성한 녹피분포도. 왼쪽 그림과 비교하면 식물이 있는 곳은 표면온도가 낮고 식물이 없는 시가지가 고온을 나타내고 있는 것을 알 수 있다.
숲의 고을 센다이로 일컬어지지만, 시가지 안에는 식물이 적다.

오른쪽 그림 : 항공기 멀티스팩트럼 스캐너로 수록한 센다이 시가지와 교외의 열화상. 바다, 논, 삼림의 표면온도는 기온보다 낮다.
이에 비하여 건물이나 포장면으로 덮인 시가지나 개발이 진행된 교외단지의 표면기온보다 20℃나 높다. 그 고온인 지역은 지면을 덮고 있는 건물의 지붕이다. 말 그대로 도시사막이다.

그림 2-2-3 센다이의 여름철 · 맑은 날의 열화상과 녹피분포
(항공기 MSS 데이터로 작성, 1993년 8월 29일 관측, 기후 쾌청, 기온 26℃) (문헌 2-26)

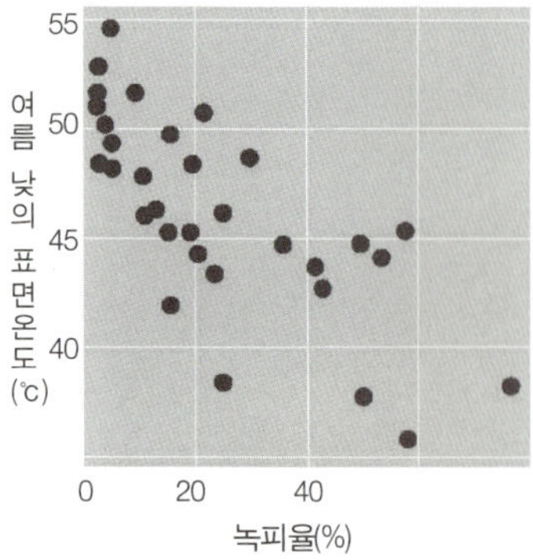

그림 2-2-4 주택지의 평균 표면온도와 녹피율과의 관계
(문헌 2-27)

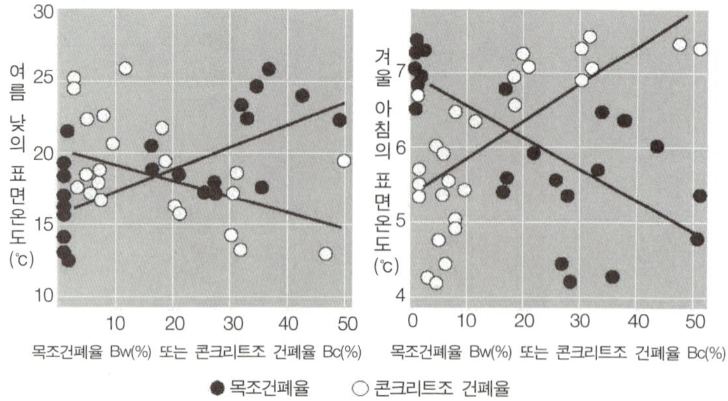

그림 2-2-5 주택지의 평균 표면온도와 건물구조별 건폐율과의 관계
(문헌 2-27)

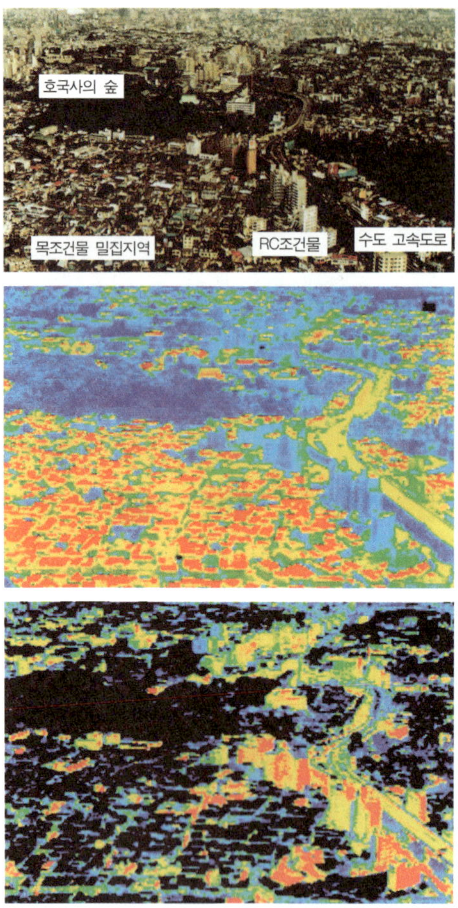

이케부쿠로(池袋)의 선샤인 60빌딩에서 촬영
중앙의 결집된 녹지가 고코쿠지 숲. 바로 앞은 목조건물이 밀집한 지역. 우측의 고속도로가에 철근콘크리트조 건물이 줄지어 있다.

여름 낮의 열화상(1990년 7월 28일 12 : 00)
바로 앞의 목조건물 지붕이 가장 고온이다. 고속도로의 포장면도 고온을 나타낸다. 고코쿠지 숲의 온도는 기온과 대략 같고 목조건물의 지붕과 비교하면 20℃나 낮다.

여름밤의 열화상(1990년 7월 28일 21 : 00)
밤이 되면 목조건물의 지붕은 대기방사에 의해 급격하게 표면온도가 내린다. 고코쿠지 숲의 온도는 낮과 같이 기온과 대략 같다. 철근콘크리트 건물의 벽면은 낮 동안 흡수한 일사열이 축열되어 고온을 유지한다. 포장도로도 고온을 나타내어 열대야의 발생을 조장한다.

그림 2-2-6 여름철 · 맑은 날의 시가지 열화상 (문헌 2-26)

3 환경공생적인 생활환경의 창조를 향하여

1) 지구-도시-건축 외부공간-실내

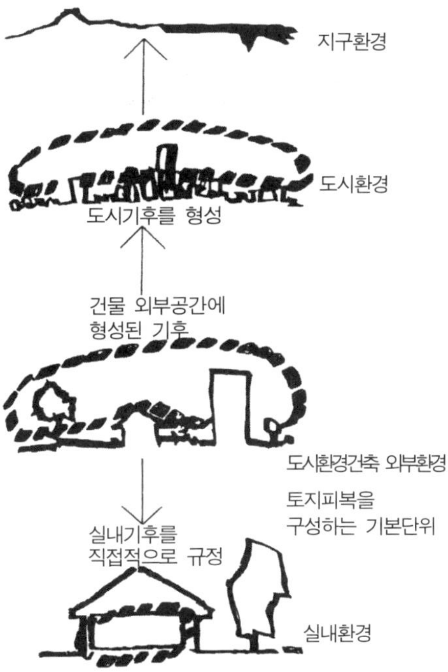

그림 2-2-7 건축외부공간의 위상정립 (문헌 2-26)

들판의 단독주택에서도 그곳에 건물이 있음으로 인하여 그 주변에 새로운 기후가 발생한다. 건물이 군(群)으로서 존재하는 시가지에서는 건물 등에 의해 둘러싸인 폐쇄적인 공간이 형성된다(이곳을 건축 외부공간이라고 부르기로 한다). 그 결과 이 건축 외부공간에서는 그곳의 형태나 사용된 재료에 따라 특유의 미기후가 형성된다. 그림 2-2-7에 나타낸 것과 같이, 이 미기후는 옥외에서의 인간활동에 크게 영향을 미친다. 그리고 거시적으로는 면적효과에 의해 도시기후를 형성하는 기본단위가 됨과 동시에 미시적으로는 실내기후와 밀접하게 관계한다. 이와 같이 생각할 경우 이 건축 외부공간은 도시의 쾌적한 생활환경 형성을 위한, 또 친환경 생활환경 조성을 위한 키워드라고도 할 수 있다.

2) 시원시원한 도시 형성을 위하여

이른 아침, 태양빛에 반짝반짝 빛나는 아침이슬은 청량함이나 거리의 풍요로움을 나타내는 하나의 바로미터가 아닌가. 그러나 거대한 냉열원이라고도 할 수 있는 하늘이 거의 보이지 않는 빌딩 사이, 그리고 낮에 일사를 충분히 저축한 열용량이 큰 포장도로나 콘크리트 지면, 이른 아침이라도 표면온도가 기온보다 내려가는 경우가 거의 없는 이러한 표면으로 구성된 시가지는 아침이슬과는 인연이 없는 광경이다.

건물이나 지면으로 구성된 건축 외부공간. 그리고 거기에 형성되는 미기후에 관련되는 모든 현상. 그것은 확실히 도시의 지표면, 즉 건물에 있어서는 건물의 배치나 형상, 그리고 지붕이나 벽의 재료, 식재의 종류나 나무의 형상 및 그 배치 등에 따라 정해진다. 전술한 바와 같이, 낮 동안 햇빛을 받은 포장도로나 RC조 건물은 일사 열을 충분히 흡수하여 그것을 밤부터 이른 아침에 걸쳐 대기에 방열하여 열대야의 발생을 한층 더 조장한다.

최근, 방재의 관점에서 목조건물이 밀집한 지역의 불연화 촉진사업이 진행되고 있지만, 지금도 열섬현상이 표면화하고 있는 도시가 RC조로 더 덮여버리면, 그리고 좁은 골목공지이기 때문에 그늘공간이 되어 있었는데 그것이 개방되어 포장된 주차장이 되어버리면 안전하겠지만 더워서 살기 어려워진다. 이와 같은 현상이 현실적으로 일어나도 불가사의하지는 않다. 동남아시아나 비교적 저위도에 있는 일본의 도시에서는 열심현

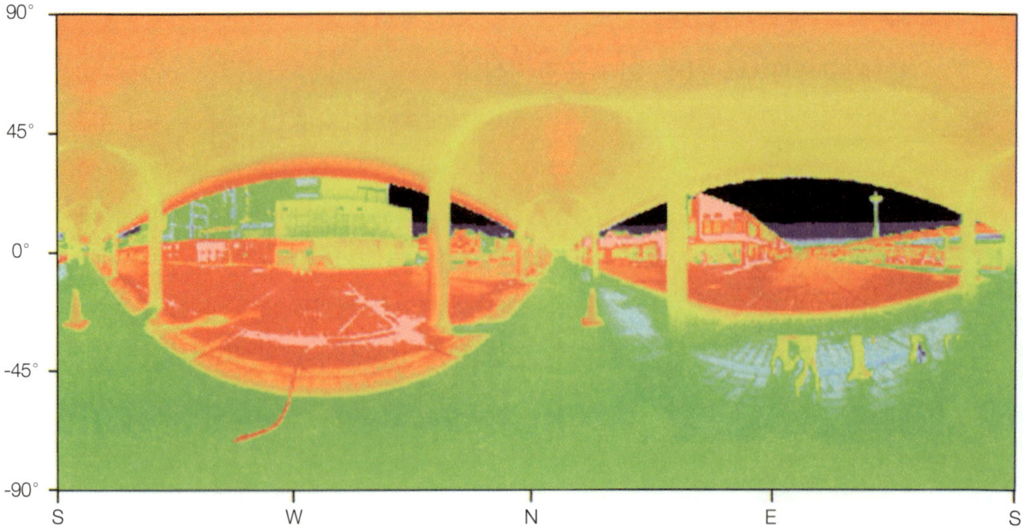

인공 천개(天蓋)로 덮여버린 통로
1997년 9월 10일 12 : 18
(동경도 하치오오지 시 남 오오사와역 앞)
기온 29.0℃, 습도 50%, 풍속 1.8m/s
전일사량 97w/1, 평균 방사온도 36.6℃

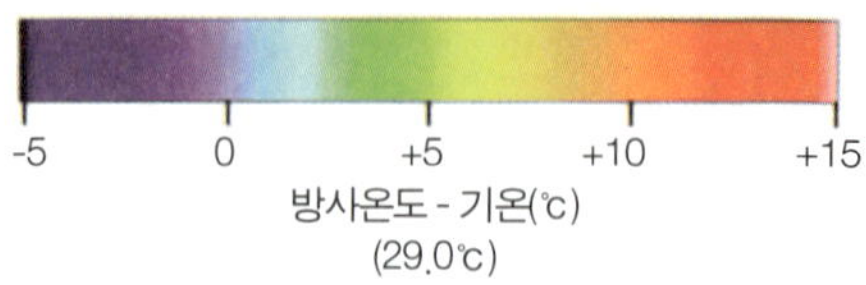

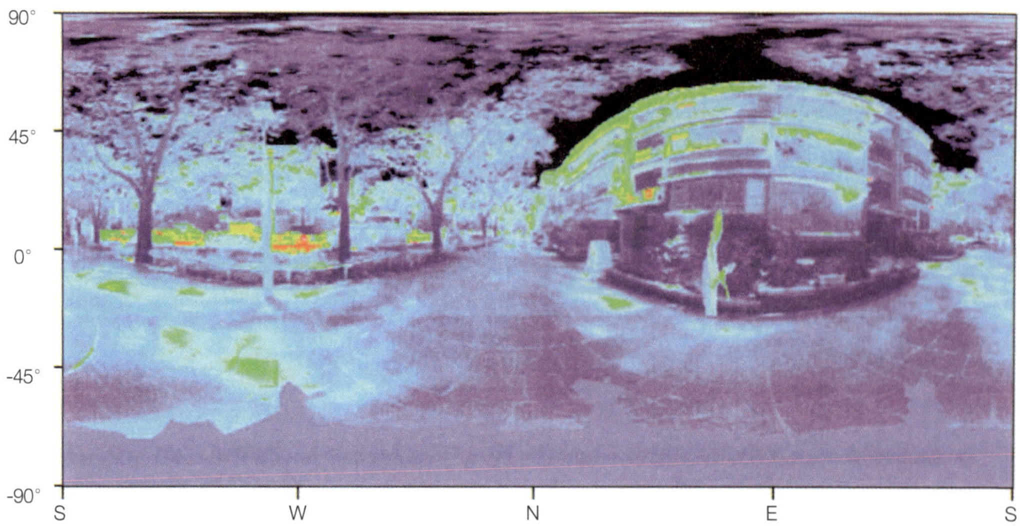

커다란 수관(나무그늘)의 가로수로 덮인 가로
1997년 7월 24일 11 : 55
(동경도 시부야구 오모데산도)
기온 30.3℃, 습도 51%, 풍속 0.6m/s
전일사량 31w/1, 평균 방사온도 30.2℃

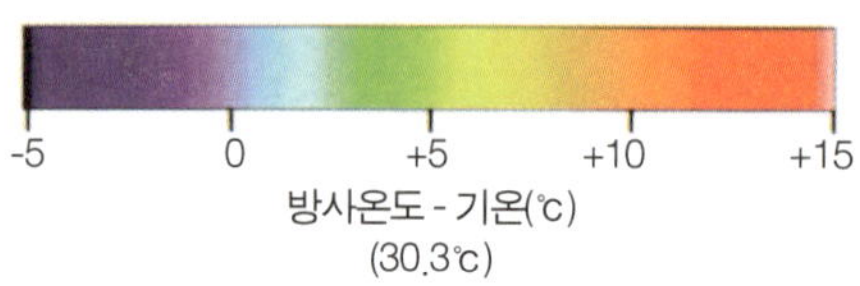

그림 2-2-8 인공의 천개로 덮여버린 통로와 가로수로 덮인 가로 (문헌 2-28)

상에 의한 여름의 열환경 악화는 옥외에서의 쾌적한 활동이나 쾌적한 실내환경의 형성, 또 에너지 절약을 위해서 해결해야 할 초미의 과제가 아닌가?

여름의 열섬현상을 완화하는 유효한 방법 중의 하나는 열용량의 큰 RC조의 건물이나 포장도로에 직접 일사가 쬐지 않게 초목으로 감싸서 식물과 융합하는 것이 중요하다. 구체적으로는 옥상 식재, 벽면이나 베란다의 녹화, 가로수 등이다. 특히 열화상을 통하여 관찰하였듯이, 그늘이 넓은 낙엽수는 여름과 겨울이 있는 지역에서는 유효하다.

4 나무 그늘은 왜 시원한가?

왜 나무 그늘이 시원한가? 물론 직사광선이 차단된 것에 의한 효과는 크다. 그러나 그것만으로는 나무 그늘의 시원함이 얻어지지 않는다. 그렇다고 해서 큰 삼림 속이 아닌 이상, 나무 그늘의 기온이 양지보다 몇 도나 낮지도 않다. 그 대답은, 그림 2-2-8에 나타내는 여름철 낮의 열화상을 보면 알 수 있듯이, 양지의 아스팔트포장 면에서는 표면온도가 50℃ 이상이 되는 데 비해 큰 나무에 의해 그늘이 되어 있는 지표면의 온도는 기온보다 낮다. 나무 자체의 온도는 대략 기온과 같다.

우리가 덥거나 춥다고 느끼는 것은 기온뿐만이 아니라 바람이나 주위로부터의 방사열도 크게 영향을 주고 있다. 즉 낮 동안 기온이 30℃이더라도 미풍이 불고 주위의 표면온도가 기온보다 낮으면, 여름의 찌는 듯한 더움 속에서도 기분 좋은 시원함을 느낄 수 있다.

그렇다면 일사를 차단하여 응달을 만들면 좋은가 하면, 그것이 꽤 난해하다. 일사차폐를 위해서 텐트가 자주 이용된다. 그런데 텐트에 의해 베란다의 일사는 차폐할 수 있어도 흡수된 일사열로 텐트 자체의 온도는 고온이 되어 버린다. 그렇기 때문에 베란다에 나오면 텐트의 방사열 때문에 불쾌감을 면할 수 없다. 즉, 일사차폐를 철저히 하려면, 이른바 직사광선의 차폐뿐만이 아니라 흡수된 일사열에 의한 2차적인 영향을 되도록이면 줄여야 된다.

5 도시·건축 녹화와 그 환경조정 효과

1) 옥상녹화에 주목

도시·건축녹화의 방법에는 도시레벨부터 각 건축물레벨까지 다양한 것이 있다. 옥상녹화도 그림 2-2-9에서와 같이 도시녹화의 한 방법으로서 자리매김할 수 있다. 옥상을 녹화함으로써 바뀌는 것은 도시경관만이 아니다. 표 2-2-1에서와 같이 일사열에 의한 실내로의 열전달을 저감할 수 있고 구조체에 대한 열 스트레스가 완화되며, 또 옥상에서의 아웃도어(outdoor) 생활도 풍부하게 된다. 또 도시기후의 완화, 빗물의 보수 등의 효과, 극도로 인공화된 도시 안에서 생태계를 연결하는 역할도 있다.

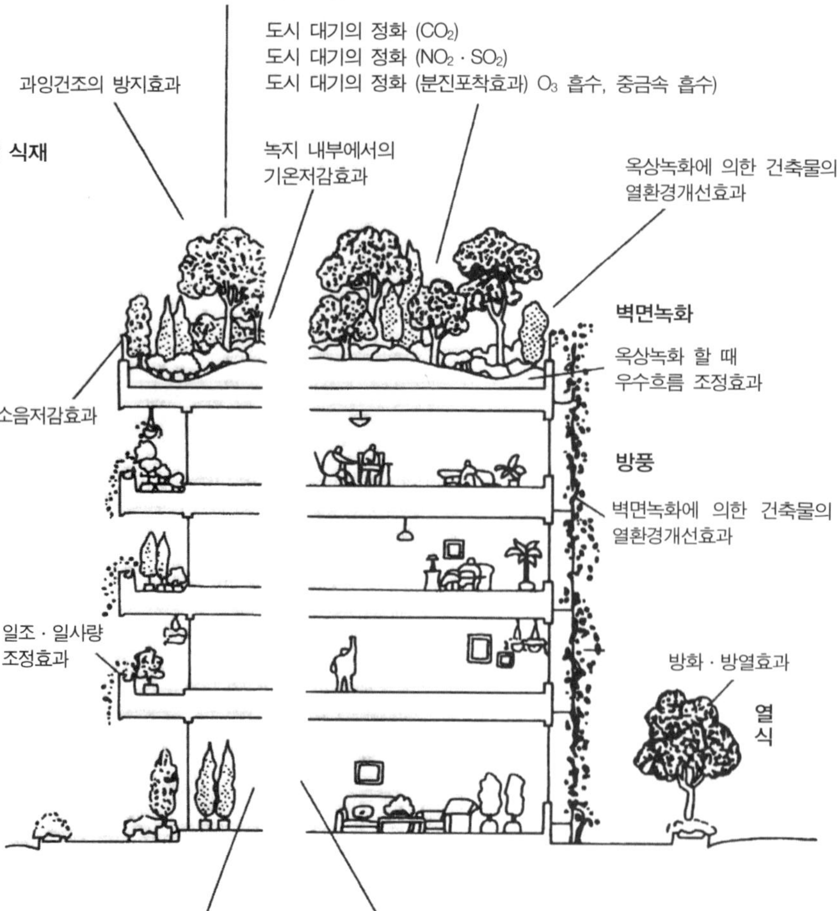

그림 2-2-9 그린건축과 녹색환경조정효과 (문헌 2-29)

그림 2-2-10 단열이 나쁜 지붕으로부터 일사가 침입하는 것을 나타내는 열화상 (문헌 2-26)
천장은 고온을 나타내고 냉방기를 틀어도 실온은 내려가지 않고 천장으로부터의 열방사로 불쾌한 환경

물론 그러한 효과의 정도는 다음에서 소개하는 열전달 저감효과나 단열효과와 같이 옥상 식재만으로는 정해지지 않는다. 또 도시 전체 안에서의 녹화면적에 따라서도 크게 다를 것이며, 눈에 띄는 큰 효과는 아닐지도 모르지만 상기와 같은 각 효과의 종합적인 효과로서는 인공적인 수법으로는 얻을 수 없는 것임은 확실하다.

2) 옥상녹화로 생활환경의 무엇이 바뀔까?

'인간의 정보의 90%는 시각정보다'라고 하듯이, 녹화라고 하면 경관의 문제로서 생각하기 쉽다. 옥상녹화는 '도시녹화'나 '그린건축'의 가장 좋은 예일 것이다. 만약 건물의 옥상을 녹화하면 어떻게 될까? 상공으로부터 촬영된 공중사진을 사용하여 옥상을 녹화했을 때의 시뮬레이션 화상을 만들어 보았다. 도시경관이 어떻게 바뀔지는 일목요연하다. 특히 지저분하게 어질러진 일본의 많은 도시에서는 옥상녹화에 의해 도시경관은 일변한다.

건물의 옥상을 모두 녹화했을 경우의 시뮬레이션 화상과 현재 상태를 비교해 보면, 도시경관의 변화는 명쾌하여 옥상녹화의 시각적 효과는 이해되기 쉽다. 그러나 우리 눈에 보이지 않는 열, 공기, 소리 등의 물리환경 요소나 생리·심리도 포함한 종합적인 평가가 중요하다. 특히, 미래의 쾌적한 도시환경을 고려함에 있어서는 눈에 보이지 않기 때문에 경시되어온 빛 이외의 물리환경이, 사실은 우리의 일상생활에 큰 영향을 미치고 있다는 것을 올바르게 인식할 필요가 있다.

3) 옥상녹화에 의한 열전달 저감효과·단열효과

표 2-2-1 옥상녹화의 환경조정효과(문헌 2-29)

1. 실내환경	1) 방사열 침투 방지 2) 단열효과 3) 차음효과 4) 방진효과 5) 그 외
2. 옥외환경	1) 반사방지효과 2) 쿨 스팟 형성 효과 3) 흡음효과 4) 쾌적성(amenity) 향상효과
3. 도시환경	1) 도시형 홍수 억제 2) 열섬(Heatisland)현상 경감효과 3) 지나친 건조화 억제 4) 온난화가스(이산화탄소) 흡수 5) 도시경관

표 2-2-1에 나타낸 환경조정효과의 하나에 대해 그 구체적인 예를 소개한다.

건물의 최상층에 산 경험이 있는 사람으로 여름에 천장으로부터의 일사열 전달을 경험한 적이 없는 사람은 없다고 해도 좋을 정도로, 최상층이 더운 것은 상식화되어 있다. 본래, 최상층은 디자인적으로도 가장 큰 가능성을 가지고 있는 곳일 터이지만 유감스러운 일이다.

그림 2-2-10은 천장과 지붕과의 사이에 공간이 있어도 거의 일사차폐의 대책이 되지 않은 평지붕 아래의 방에서, 여름철 맑은 날의 낮 동안에 기록한 열화상이다. 오른쪽 위의 쿨러를 틀어놓아도 천장의 표면온도가 35℃ 이상에 이르고 있다. 이것은 천장에 방열판(Panel Heater)이 있는 것 같은 것으로, 냉방으로 실온을 내려도 천장으로부터의 방사열 때문에 불쾌감은 없앨 수 없다. 이러한 일사열 전달을 저감하려면 다음과 같이 옥상 잔디재배가 매우

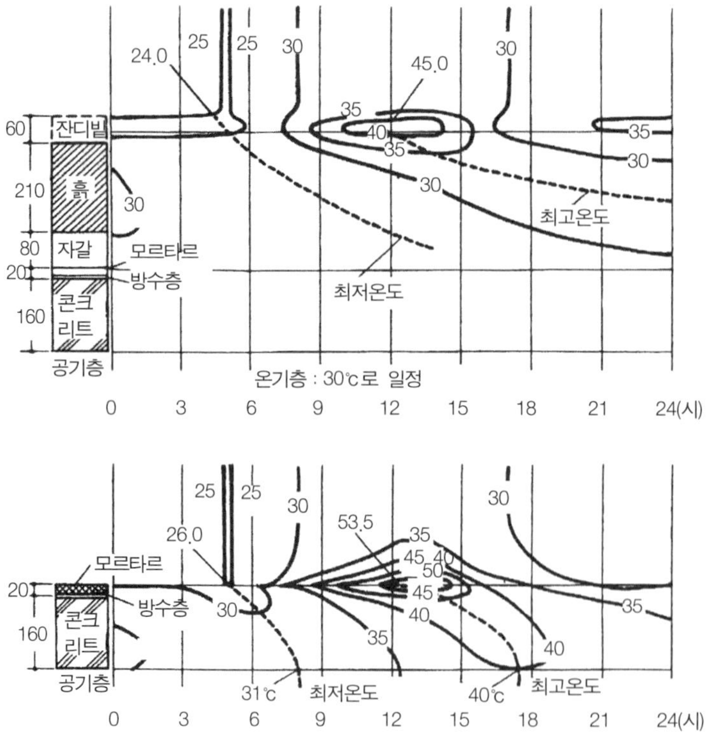

그림 2-2-11 옥상 잔디밭 식재의 단면온도 분포 (문헌 2-26)

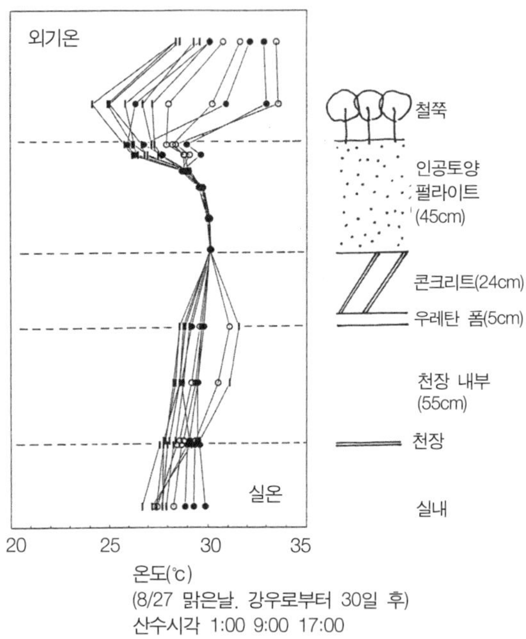

그림 2-2-12-1 RC조 건물의 옥상식재 단면 온도분포
(문헌 2-30)

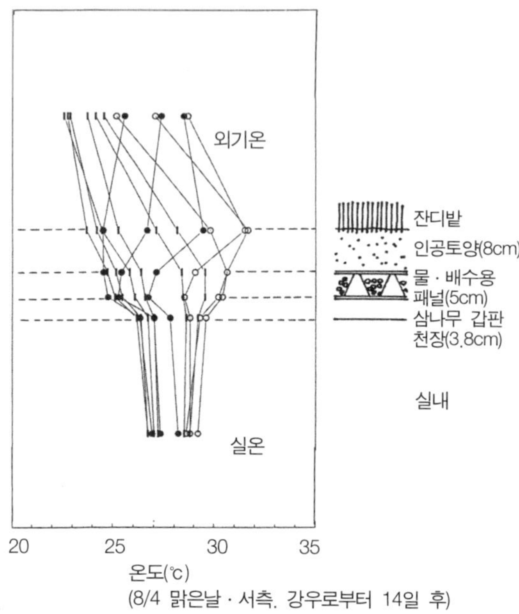

그림 2-2-12-2 목조건물 옥상식재 단면 온도분포
(문헌 2-31)

효과적이다.

콘크리트 평지붕에 방수층을 만들고 그 위에 두께 30cm의 성토를 하여 잔디를 심었을 경우, 여름철 맑은 날 단면온도 분포를 그림 2-2-11에 나타냈다. 모르타르 마감만으로는 슬래브의 실내측 표면온도가 9시경부터 상승한다. 18시경에는 열전달이 최대가 되어 40℃에 도달한다. 즉 그림 2-2-10에 나타낸 것 같은 상황이 생기게 된다.

이에 대해서 옥상에 성토를 하여 잔디를 재배하면 슬래브의 온도는 거의 일정하고, 열전달 현상은 전혀 볼 수 없다. 이것은 잔디에 의한 증산(蒸散)작용과 흙의 활약으로 일사나 외기온 변동의 영향이 완전하게 제거되고 있는 것을 나타내고 있다. 또 열 스트레스에 의한 방수층의 균열발생 등의 문제도 해결할 수 있다.

열전달 저감효과나 단열효과는 성토의 두께나 단열재의 유무에 따라서도 당연히 다르다. 그림 2-2-12는 모두 평지붕이지만 구조가 완전히 다른 실제의 건물에 대해 실측한 여름철 맑은 날의 단면 온도분포이다. 이 두 지붕은 옥상식재로서는 하중 등에 대해 양극단의 예이지만, 단면 온도분포에도 큰 차이를 관찰할 수 있다.

4) 옥상녹화의 실현을 위하여

이상과 같이, 열환경의 악화를 완화하는 방법의 예에서도 지붕이나 벽의 새로운 처리를 들 수 있다. 옥상녹화도 이러한 시점에서 꼭 논의해 주었으면 한다. 옥상을 녹화하려고 하는 경우, 식물의 다양한 환경조정 기능이나 흙이 가지고 있는 다양한 기능을 제대로 평가하여 초목이나 흙의 특징을 전체적으로 파악한 다음 불리하거나 부족한 면을 보충하는 연구가 필요한 것은, 앞에서 말한 것으로부터 이해될 것이다.

건물이 있고 슬래브가 있어 그 위에 방수층을 깔고 흙을 얹어 재배를 한다고 하는 건물 측의 문제만이 아니라, 그 지역의 기후특성과의 관련되어 도시환경의 시점, 또 옥상녹화에 의해 기대되는 다양한 효과의 종합적인 평가의 시점도 요구된다. 특히 그 지역의 기후특성과 밀접하게 관련되는 녹화기술에 대해서는 지역성을 무시하여 외국의 기술을 그대로 도입할 수는 없다.

옥상녹화라고 하면, 곧바로 방수나 하중문제나 건물 내부로의 열전달을 방지할 수 있다든가, 단열효과가 있다는 건물 측에서의 시점만이 논의된다. 일본의 건물은 연간 강수량이 1,500~3,000mm라고 하는 다우조건 아래 경사가 심한 지붕이 주류였다. 그러나 철근콘크리트조 건축의 보급과 함께 일본에서도 평지붕이 나타났고, 거기에 동반하여 방수 등의 관련기술도 진보해 왔다.

그리고 지금, 도시 안의 새로운 활동공간으로서 기대되는 옥상에 식재를 하려고 하고 있다. 단지 옥상녹화기술의 문제뿐만 아니라 지붕을 녹화하는 것이 어떠한 것인가를, 일본의 기후풍토 또는 도시환경의 시점에서 다시 생각해볼 필요가 있는 것은 아닐까.

6 지구에 친절하고 쾌적한 도시환경 조성을 위하여

인구나 산업의 도시로의 지나친 집중은 사회자본의 정비나 계획적인 토지이용이 뒷전으로 밀려, 오늘날 많은 도시나 그 주변의 개발지역이 안전하고 쾌적한 생활환경의 기반이 튼튼하다고는 말하기 어렵고, 거시적 · 미시적으로 많은 환경문제가 산적해 있다.

지금까지의 도시조성은 기능성이나 효율이 우선되어 왔다. 또 종래의 건축학은 개개의 건축의 건설이나 쾌적한 실내공간의 형성에 초점을 맞추어 왔다. 그 결과 쾌적한 실내환경을 획득하기 위한 희생이 밖으로 떠밀려 왔다. 쾌적한 실내환경은 양호한 옥외환경이 있어야 달성되는 것이라는 인식이 필요하다. 옥외의 공기가 더럽고 소음이 심하기 때문에 실내를 옥외로부터 격리하여 공기조화설비를 통한 쾌적한 실내환경을 획득하는 발상으로는 오늘의 환경문제는 해결되지 않는다. 이러한 발상이야말로 도시환경, 또 지구환경의 악화를 조장하게 된다.

또한 대량생산, 대량소비, 대량폐기의 사회 시스템에 대해서 엄중한 재검토가 필요하다. 도시생활의 결과 배출되는 폐기물이나 쓰레기 처리에 대해에서도 지속가능한 개발을 계속하고, 또한 자원 순환형 사회를 형성하기 위한 유효한 개념으로 제로 에미션(zero emission)이 주목 받고 있다. 이것은 어느 산업으로부터 나오는 폐기물은 새롭게 다른 분야의 원료로 이용하여 모든 폐기물을 제로로 하는 것을 목표로 하는 것으로, 산업, 지방행정을 비롯한 공공부문, 소비자인 도시생활자를 포함한 종합적인 환경조화형 시스템이다.

일상의 생활환경은, 이상 이야기한 바와 밀접하게 관계를 갖고 있는 것을 충분히 인식할 필요가 있다. 다시 한 번, "Think globally, act locally"라는 사고방식과 거기에 기초를 둔 일상생활에서의 실천이 요구되고 있는 것을 강조하고 싶다.(호야노 아키라)

2-2-3 주택의 에너지 절약

일본에서는 주택 에너지 절약의 일환으로서 단열기밀화는 석유위기 직후 '주택에 있어서의 에너지 절약기준'*1)의 책정(1979) 및 그 후의 두 번의 개정(1992, 1999)과 함께 진행되어 오고 있지만, 생활의 질이 향상함에 따라 에너지 소비량은 해마다 증가의 일로를 걷고 있다. 고갈자원을 절약하고 지구온난화를 방지하기 위해서는 실질적인 의미에서의 에너지 절약을 추진하지 않으면 안 된다(문헌 2-32).

여기서는 우선 주택에서 사용되고 있는 에너지 소비의 현황에 대해 말한다. 그 후, 용도별 에너지 소비에 대응하여 어떠한 에너지 절약 방법을 적용할 수 있을지에 대해서 정리하여 해설한다. 덧붙여, 이른바 '차세대 에너지 절약기준'(문헌 2-36)의 개요에 대해서는 별도 항목으로 나타낸다.

1 주택 에너지 소비량의 현황

1) 일본의 주택용 에너지 소비량의 추이

일본의 주택 1호당 연간 에너지 소비량의 추이(문헌 2-34)는 그림 2-3-1대로이다. 그림에 의하면, 주택용 에너지 소비량은 거의 해마다 증가하고 있고, 10년간의 신장률은 11.5%이다. 용도별로 보면 냉난방용, 급탕용, 조명 · 동력, 그 외 용도는 대체로 3분의 1씩 되어 있지만 최근에는 냉난방보다 오히려 급탕, 그 외에 용도의 증가율이 큰 것을 알 수 있다. 이것은 건물의 단열 · 기밀화가 진행되는 한편, 급탕에 대한 요구가 높아지고 각종의 가전제품의 보급에 따른 것이라고 추측된다.

2) 서구제국의 주택용 에너지 소비

구미제국과의 비교에서 1993년의 1호당 에너지 소비량(문헌 2-35)을 보면 그림 2-3-2와 같다. 그림에 의하면, 일본의 주택용 에너지 소비량은 구미제국과 비교하면 훨씬 적은 것이 명백하지만, 그것과 동시에 난방용 에너지가 전체의 30%에 약간 부족한 정도인 데 비해 구미제국에서는 60~70%를 차지하고 있는 것을 알 수 있다. 다만, 홋카이도는 구미 수준의 소비량과 소비구성이 되고 있다. 일본의 난방용 에너지가 구미보다 훨씬 적은 이유는, 구미에서는 연속적으로 전실을 난방하고 있는 데 비해 일본의 주택에서는 홋카이도를 제외하면 난방의 사용법이 간헐적이고 부분적이기 때문이다.

과거의 에너지 소비량의 추이(문헌 2-36)를 보면, 구미의 주택난방용 에너지 소비량

---

*1) 통상산업성 · 건설성고시 제2호 : 주택과 관계되는 에너지의 사용의 합리화에 관한 건축주의 판단의 기준적 이용에 관한 법률. 1992년에 있어 개정된 것을 '신에너지 절약 기준', 1999년에 개정된 것을 '차세대 에너지 절약기준'이라고 약칭하고 있다.

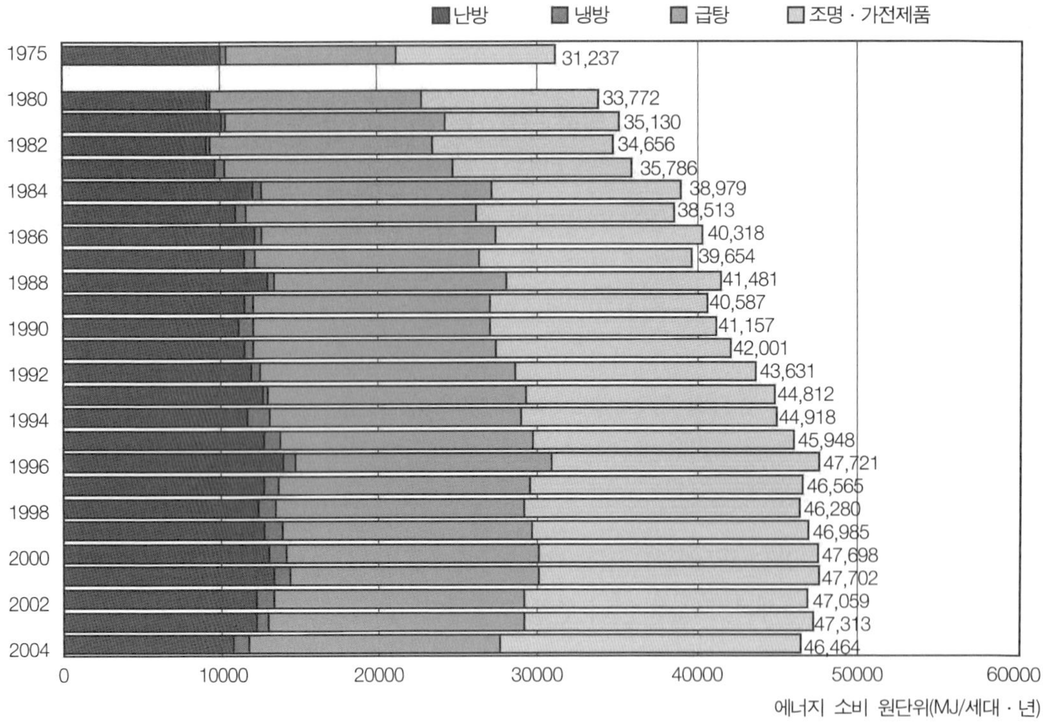

그림 2-3-1 가정용 용도별 에너지 소비량 원단위 추이 (문헌 2-34)

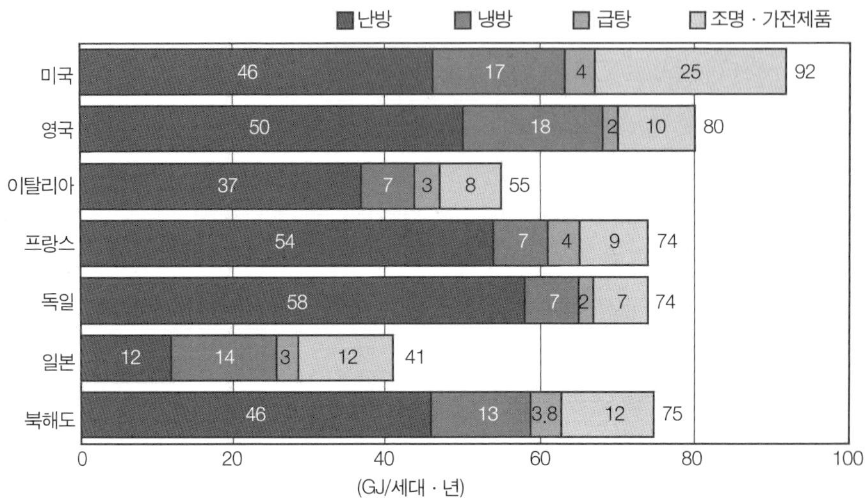

그림 2-3-2 용도별 에너지 소비 원단위 국제비교(2001년) (문헌 2-34, 35)

이 석유위기 이후 상당히 감소하고 있고, 특히 미국과 덴마크에서는 석유위기인 1973년에 비하면 3분의 2로 줄고 있다. 이것은 에너지 절약을 위한 단열기밀화 효과에 의존하는 바가 크다고 추측된다. 일본으로서는 에너지 소비량 증가 없이 쾌적성이나 편리성을 높여 가는 것이 바람직하다고 말할 수 있다.

또 조사(문헌 2-37)에 의하면, 아오모리(青森) 시와 아키타(秋田) 시의 주택 에너지 소비량은 1980년도 이후 삿포로 시의 그것을 넘고 있다. 이것은 홋카이도에서는 단열 · 기밀화가 진행된 것에 비해 아오모리 시와 아키타 시에서는 전반적으로 단열 · 기밀화가 불충분하고 난방면적이 확대된 것이 큰 원인이다.

이상 나타낸 에너지 소비량 데이터에서 보면, 난방용은 향후 쾌적성에 대한 수요의 고조와 함께 증가할 것으로 예상됨에 따라 단열 · 기밀화를 강화하여 그것을 억제할 것, 급탕용은 태양열 이용을 널리 보급시켜 더 이상의 증가를 초래하지 않을 것, 조명 · 동력 그 외 용도에 대해서는 기기의 효율 향상과 거주방법에 지혜를 동원하여 성장을 억제하는 것이 기본적인 에너지 절약대책이라고 생각된다.

2 용도별로 본 에너지 절약방법

주택의 에너지 절약방법은 크게 3가지로 분류할 수가 있다. 즉, 건물 자체의 설계에서 지혜를 동원한 에너지 절약, 각종 설비기기의 에너지 절약, 거주방법에 지혜를 동원한 에너지 절약이다. 자연 에너지를 이용하는 방법은 상기 각 방법 안에서 생각할 수 있다. 표 2-3-1에 그러한 에너지 절약방법을 일람표로 나타낸다.

표 2-3-1 각종 에너지 절약방법

1. 건물 자체의 설계연구에 의한 에너지 절약	1) 건물 배치, 형태	남향의 창
	2) 부하의 삭감	단열, 기밀, 일사차폐
	3) 일사의 이용	남면의 창, 남향, 열용량 이용
	4) 일사의 차폐	차양, 블라인드, 외벽과 지붕에 반사율이 높은 색상, 식재의 이용, 반사 방지
	5) 통풍, 환기 이용	통풍을 위한 개구부 배치, 야간환기
	6) 주광 이용	창의 배치, 공간구성
2. 각종 설비의 효율향상에 의한 에너지 절약	1) 난방, 냉방	기기 본체의 고효율화, 온수배관의 단열, 냉난방설비의 설치위치 고려
	2) 급탕	고효율 기기 도입, 태양열 이용, 폐열회수, 배관단열, 욕조 단열
	3) 환기	계획적인 환기, 열 교환기에 의한 폐열회수, 쿨 튜브에 의한 지열 이용
	4) 전기	태양광발전, 대기전력 저감
	5) 각종 설비	설비기기 자체의 효율 향상
3. 생활의 지혜에 의한 에너지 절약	1) 유지관리	환기팬, 냉난방용 필터, 열 교환기의 청소
	2) 개구부의 개폐	자연환기이용, 환기창, 커튼, 셔터, 차양창의 개폐
	3) 냉난방 온도	적절한 설정
	4) 불요한 전원	조명이나 가전제품의 전원을 차단
	5) 폐열의 이용	욕조 온수의 재이용
	6) 그 외	연속 입욕

1) 건물 자체의 설계에 지혜를 동원한 방법

a) 냉난방용 에너지의 삭감

① 단열 · 기밀화와 건물형태

난방 · 냉방용의 에너지 소비를 줄이기 위해서는 단열 · 기밀화를 철저히 하여 냉난방 부하를 적게 하는 것이 기본이다. 단열 · 기밀화하는 부위는 벽 · 바닥 · 천장뿐만이 아니라 창이나 현관 등의 출입구도 포함된다. 특히 창은 열손실의 큰 부위이기 때문에 이중삼중의 복층유리를 이용하여 단열성을 높인다. 그러나 전 항에서도 말한 것처럼 혼슈(本州) 이남의 많은 주택에서는 난방하는 방은 거실과 식당 등에 한정되어 있는 경우가 많고 난방시간대는 아침과 밤뿐이다. 즉, 난방형태가 공간적, 시간적으로 한정되어 있다. 따라서 난방에 사용되는 에너지 소비량은 원래 적기 때문에 단열 · 기밀화를 해도 종래 주택의 에너지 소비량보다 그다지 적게 될 것은 없다.

그러면 어느 정도의 단열 · 기밀화를 하면 지금까지보다 난방용 에너지를 감소시키는 것이 가능할 것인가? 여기서 건축학회에서 제안한 표준주택을 대상으로 하여 1월의 난방부하를 계산한 예를 그림 2-3-3에 나타낸다(문헌 2-38).

일반주택이란 천장, 벽, 바닥에 각각 10kg/m^{2}의 유리섬유 단열재를 50, 25, 25mm의 두께로 설치하고, 거실만 간헐적으로 난방하는 것을 상정한 주택*2)이다. 그 주택에서 전 실내 연속난방을 하면 간헐 난방 때의 약 3배까지 부하가 증대해 버린다. 실내온도를 그대로 두고 현황레벨까지 부하를 삭감하기 위해서는 차세대 에너지 절약 기준보

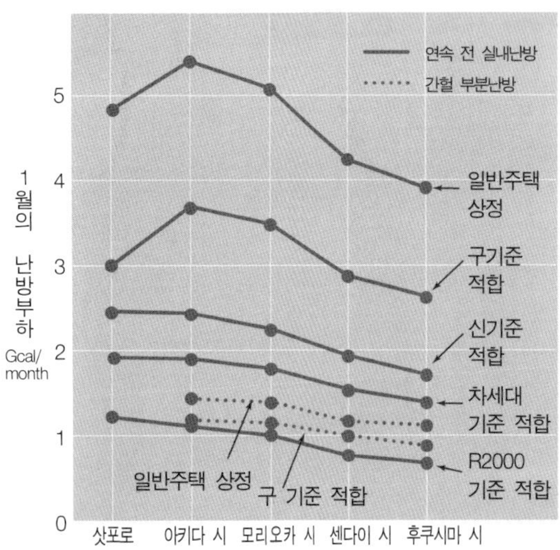

그림 2-3-3 각 도시의 난방부하 비교 (문헌 2-38)

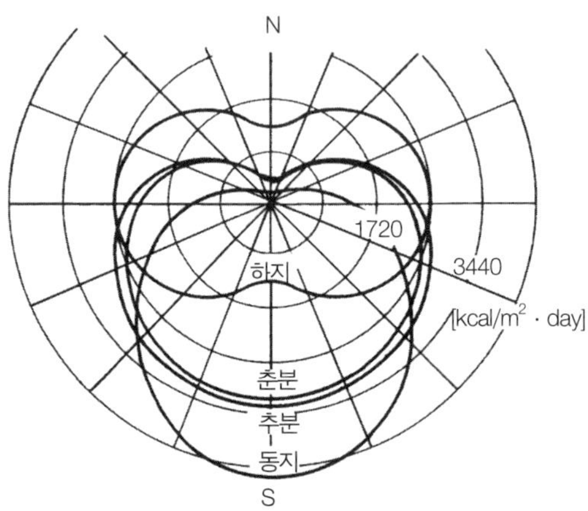

그림 2-3-4 각 방위의 수직면이 맑은 날 받는 1일의 총 일사량(도쿄) (문헌 2-40)

*2) 간헐 부분난방에서는 거실만을 6 : 00 ~ 10 : 00 및 17 : 00 ~ 23 : 00부터 실온이 20℃가 되도록 난방을 실시하고, 연속전실난방에서는 거실과 부엌에서는 6 : 00 ~ 23 : 00, 침실에서는19 : 00 ~ 23 : 00에 실온이 20℃, 그 이외의 시간대는 16℃로, 그 외의 방에서는 종일 16℃가 되도록 난방을 실시하는 것으로 상정하고 있다.

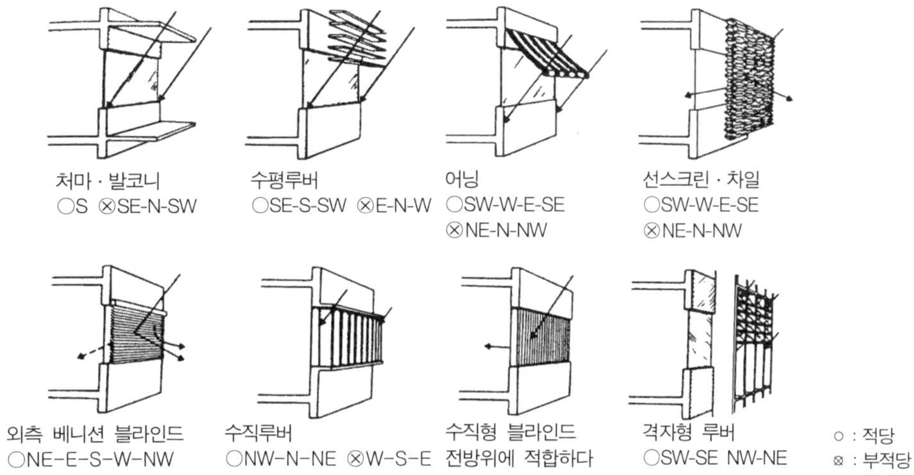

그림 2-3-5 차양의 예

다 한층 더 성능이 높은 R2000 주택레벨*3)까지 단열 · 기밀화하지 않으면 안 된다. 이 결과로부터, 난방용 에너지 소비를 증가시키지 않고 전 실내를 연속적으로 난방하기 위해서는 단열 · 기밀화가 얼마나 중요한지를 알 수 있다.

그런데 건물의 단열 · 기밀화는 단지, 열손실을 저감시키기 위해서만 필요한 것은 아니다. 단열 · 기밀화를 하면 상하의 온도차와 실 간의 온도차도 적어지고 냉복사도 없어져 온열적인 면에서 쾌적성이 향상되고, 표면결로 · 내부결로의 방지나 내구성의 향상에도 기여한다. 또한 계획적인 환기를 실현하기 위해서도 중요하다. 고단열 · 고기밀 주택을 대상으로 한 조사(문헌 2-39)에 의하면, 실내의 온열환경은 큰 폭으로 개선되고 있는 것이 분명하고, 실 간의 온도차가 적고 상하 온도차도 적다. 그 결과 거주자는 지금까지 살고 있던 주택과 비교하여 '아침의 기상이 편해졌다', '밤의 화장실이 귀찮지 않게 되었다', '어린이나 고령자의 실내에서의 활동범위가 증가했다' 등이라고 회답하고 있다. 이와 같이 단열 · 기밀 주택에서의 온열 쾌적성에 대한 평가는 높다.

냉난방 부하를 줄이기 위한 다른 방법은 건물형태를 단순하게 하여 외벽의 면적을 줄이는 것이다. 또한 건물을 남쪽으로 향하게 하고 큰 창과 차양을 마련하여 겨울에는 일사를 이용하고 여름에는 일사를 제어할 필요가 있다.

② 동절기의 일사 이용

동절기의 일사의 이용은 난방부하를 삭감하는 데 있어서 매우 효과가 크다. 단열 · 기밀성능을 높이고 남쪽으로 큰 창을 마련하면 낮 동안 맑은 날인 경우에는 난방은 거

*3) 사단법인 일본 투바이포(2*4) 건축협회에 의해 작성된 R2000 주택인정제도(1991 ~ 2001년)의 단열 · 기밀 레벨이며, 캐나다 R2000 주택에 준해 작성되어 있다. 캐나다 R2000 주택이란, 캐나다 정부가 주체가 되어 서기 2000년까지 주택의 에너지 소비량을 반으로 하는 것을 목표로 하여 1980년대 초에 개시된 프로젝트에 대해 설정된 주택이다.

의 불필요해진다. 또한 건물에 큰 열용량을 갖게 하여 낮 동안 축적한 열을 야간에 방출시키면 태양열을 효과적으로 이용할 수가 있다. 큰 열용량은 콘크리트의 구체, 벽돌바닥이나 벽을 이용하여 얻을 수 있다.

이러한 태양열 이용방법을 패시브 태양열 방식이라고 불리며, [2.2.7 패시브 디자인]에서 해설된다. 동절기 일조시간이 적은 지역에서는 일사의 이용에는 한도가 있어, 창을 너무 크게 취하면 열손실이 증대하여 난방부하가 증가해 버릴 우려가 있다. 이용할 수 있는 일사량이나 창의 단열성능에 따라 적절한 크기로 설계할 필요가 있다.

③ 하절기의 일사차폐와 통풍 · 환기 촉진

단열 · 기밀화한 주택에서는 여름이 덥다고 하는 클레임이 자주 있다. 이것은 일사의 차폐가 충분하지 않은 것이 큰 원인이다. 신축 주택을 보면 확실히 창에 차양이 없는 경우가 대부분이다. 단열 · 기밀화는 일사의 차폐와 세트로 생각하지 않으면 안 된다. 일사를 효과적으로 차폐하기 위해서는 정남쪽으로 창을 향하게 하고 차양을 마련해야 한다. 벽의 방향과 일사 수열량의 관계(문헌 2-40)를 그림 2-3-4에 나타냈지만, 남쪽으로 향한 벽은 겨울에 수열량이 가장 크고 여름에 가장 적다. 남쪽으로 향하게 하는 것은 부지의 제약이 있기 때문에 어려운 경우가 많다고 생각되지만, 그것을 연구하여 설계하는 것이 건축가의 역할이다. 동쪽이나 서쪽으로 면한 벽은 여름의 수열량이 크기 때문에 동서측 벽의 창은 가능한 한 작게 하든지, 일사차폐를 적절히 계획한다. 일사차폐의 방법으로는 그림 2-3-5(문헌 2-40)에 나타내듯이 세로형 루버나 블라인드의 설치가 가능하지만, 그것들은 창의 외측에 마련하지 않으면 효과가 없다. 또 식재를 이용하여 일사를 차폐하는 것도 생각할 수 있다.

외벽을 통한 일사의 실내 전달을 저감하기 위해서는 외벽이나 지붕의 마감색을 밝게 하는 것이 유리하다. 캘리포니아에서는 White Painting이라고 불러, 건물의 외벽이나 지붕을 희게 하는 것이 추천되고 있다(문헌 2-41).

통풍을 이용하기 위해서는, 그 지역의 여름 풍향을 고려하여 개구부를 바람이 불어오는 쪽과 바람이 부는 방향 쪽으로 마련하는 것이 기본이다. 또 가능한 한 높은 위치에 개구부를 마련하면 온도차에 의한 부력효과나 바람의 유인효과에 의해 통풍이 촉진된다. 건물에 열용량이 있을 경우, 외기온도가 저하하는 야간에 환기를 실시하여 건물을 차게 함으로써 낮 동안의 실내온도의 상승을 막아 냉방부하를 줄이는 것이 가능해진다.

b) 조명전력의 삭감

건물 자체의 설계에 지혜를 발휘하여 조명전력을 절약하는 것이 가능하다. 즉, 주광을 충분히 이용할 수 있도록 창을 높은 위치에 배치하여 빛이 안쪽까지 닿도록 공간구성을 고려하여 계획한다. 그러면 낮 동안의 조명용 전력이 절약된다.

2) 각종 설비기기의 에너지 절약

① 냉난방용 에너지

냉난방 부하를 적게 하는 방법에 대해서는 이미 말했다. 난방설비는 열원의 종류, 방열방식, 중앙집중식인가 개별식인가, 열 매체 등에 따라 다양한 방식이 있다. 그러한 기기의 종류에 따라 에너지 절약의 수법이 달라진다. 예를 들어, 보일러 등 열원기기의 고효율화는 필요하지만 고단열 · 고기밀 주택에 대응한 중앙집중식 난방용 소형 보일러는 일본에서는 드물다. 저부하로 운전되어 효율이 낮은 것이 현실이며, 소형 보일러의 개발이 바람직하다. 또 실외에 설치되는 온수배관의 단열화가 필요한 것은 당연하다. 방열기의 설치위치는 상하의 온도분포를 적게 하여 효율적으로 실내 전체를 따뜻하게 하기 위해서 창가로 배치해야 한다.

또한 팬히터 등의 개방형 연소기구는 효율이 100%이지만, 단열 · 기밀화된 주택에서의 사용은 실내 공기오염이나 결로방지의 관점에서 생각하면 삼가해야 하는 것이다.

② 환기부하

단열 · 기밀화를 철저히 하면 냉난방 부하에서 차지하는 환기부하의 비율이 증가한다. 환기는 실내공기를 청정하게 유지하는 데 있어서 매우 중요하고, 요즈음의 시크하우스 문제를 생각해 보면 필요 최소한의 환기량을 확보하여 효율적으로 각 실에 외기를 공급하는 것이 더욱 중요하다. 필요환기량의 기준은 환기횟수로 0.5회이지만, 시크 하우스의 원인인 휘발성 유기화합물을 포함한 건재, 가구로부터의 발생량이나 그것들이 건강에 미치는 영향도에 따라서는 한층 더 많은 환기량이 필요할 가능성도 있다. 이에 대해서는 향후 더욱 연구할 필요가 있다. 환기에 의한 열손실을 저감하는 방법으로는 열교환기를 이용한 배열회수나 지중에 매설한 쿨 튜브를 통해 외기를 도입하는 것 등을 생각할 수 있다. 예를 들어, 40m의 길이의 쿨 튜브를 통해 외기를 도입하면 겨울에는 외기온보다 8℃ 높은 온도, 여름에는 8℃ 낮은 공기를 획득할 수 있다(문헌 2-42).

③ 급탕부하

급탕용 에너지 소비를 줄이기 위해서는 급탕용 배관 및 욕조의 단열, 배관길이의 단축 등으로 열손실을 억제하는 것을 생각할 수 있다. 가장 효과적인 방법은 태양열 이용이지만, 유감스럽게도 태양열 온수기나 솔라 시스템의 보급률은 감소하는 경향에 있다. 2000년도의 전국 평균 태양열 급탕기 보급률은 13%이다. 태양열 급탕의 이용효율은 지역의 기후조건에 의존하지만, 연간을 통해서 생각하면 겨울철 일조시간이 적은 곳에서도 에너지 절약효과는 크다. 일본 전국의 보급률은 아직까지는 낮으며, 보급을 촉진하기 위한 인센티브를 주는 시책이 필요하다.

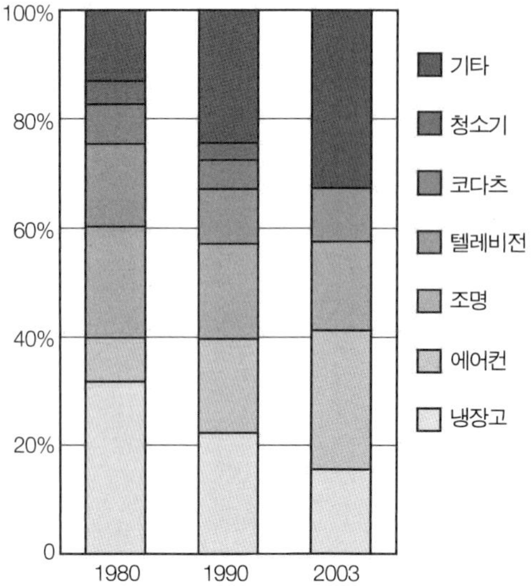

그림 2-3-6 가전제품별 전력소비 비율 (문헌 2-43)

④ 전등전력

그림 2-3-6에 가전기기별 전력소비 비율(문헌 2-29)을 나타냈다. 1997년에는 에어컨, 냉장고, 조명, 텔레비전이 3분의 2를 차지하고 있어 에너지 절약을 도모하려면 이러한 기기에 주목할 필요가 있다. 냉장고나 컬러텔레비전의 효율은 석유위기 후 큰 폭으로 개선되었지만, 1980년경부터는 대형화 등으로 1대당 소비전력은 약간 증가하고 있다. 한편, 에어컨의 성능은 최근 큰 폭으로 향상되고 있으므로 새로운 제품을 구입하면 에너지 절약이 이루어진다.

또 텔레비전은 스위치가 OFF인 상태에도 전기가 흐르고 있기 때문에 ON으로 했을 때 바로 화면이 나타나게 되는데, 이것을 대기전력이라고 부른다. 텔레비전 이외에도 오디오, 에어컨, 세탁기, 온수 세정변좌, 자동응답전화 등이 있다. 대기전력은 일본에서는 가정용 전력소비량의 15%를 차지한다고 말하고 있어, 이것을 줄이기 위해서는 사용하지 않을 때 콘센트를 뽑아놓는 방법이 있지만 현실적으로는 어렵다. 가전 제조사의 대기전력 효율 향상이 필요하다.

또 태양광발전도 상용전력을 절약하는 데 있어서는 효과가 크지만, 현재 상태로서는 설치비가 비싸 보급이 지체되고 있다. 양산되면 비용도 낮아지기 때문에 보조금 제도를 충실화하는 것 등 보급을 위한 인센티브를 주는 것이 필요하다.

3) 거주방법의 고안에 의한 에너지 절약

거주방법의 연구에 의한 에너지 절약의 수법으로는 설비기기를 적절히 유지 관리하는 것을 들 수 있다. 예를 들어, 환기팬, 냉난방 기기의 필터, 환기용 열교환기를 청소하여 효율적으로 사용하는 것이 중요하다. 또 커튼 · 셔터 · 덧문을 야간에 닫는 것, 냉난방 설정온도를 적절히 하는 것, 겨울은 너무 따뜻하게 하지 않게, 여름은 너무 차게 하지 않게 하는 것, 소용없는 조명은 끄는 것, 욕조의 뜨거운 물을 세탁에 이용하는 것 등을 들 수 있다.

4) 마무리

단열 · 기밀화의 효과나 태양열 이용의 유효성은 분명하다. 문제는 다소의 비용을 들여서라도 그러한 에너지 절약방법을 수용하려고 하는지 말지이다. 따라서 그러기 위해서는 동기가 중요하다. 지구온난화 문제나 화석자원의 고갈문제에 대해 설계자나 소비자에게 충분한 정보를 제공하여 에너지 절약 의식을 높이는 것이 대단히 중요하다.

(요시노 히로시)

2-2-4 주택의 차세대 에너지 절약기준

1 배경

일본에는 주택에도 정부가 정하는 에너지 절약기준이라는 것이 있다. 이 에너지 절약기준은 1979년에 제정된 '에너지의 사용의 합리화에 관한 법률'(통칭 '에너지 절약법')에 근거하는 것이지만, 이 에너지 절약법이 벌칙규정을 가지지 않는 법률이기 때문에 이 기준에는 강제력은 없다. 기준에서는 신설 주택의 건축주에 대해서 에너지 절약 주택의 성능레벨을 제시하여 에너지 절약 주택의 건설을 호소하고 있다.

주택의 에너지 절약기준은 1980년에 처음으로 제정되어 1992년에 개정되고 1999년 3월에 다시 개정되었다. 99년의 개정은 꽤 대규모 개정이며, 개정 후의 기준은 통칭 '차세대 에너지 절약기준'으로 불리고 있다(여기에서는 생략하여 '차세대 기준'라고 칭한다).

차세대 기준이 제정된 이유는 일본 정부가 지구온난화 방지를 위해서, 이른바 교토의정서에서 합의했기 때문이다. 그 결과 일본은 2012년까지 1990년 대비 6%의 이산화탄소를 삭감하는 것이 목표가 되었다. 이 삭감목표를 달성하기 위해서 정부는 다양한 대책을 강구하지 않으면 안 되었기에 그러한 대책의 하나로서 차세대 기준을 제정했던 것이다.

그러나 2007~2008년도에 교토의정서 후의 대응도 염두에 둘 필요가 있어, 일본의 주택용 에너지 절약기준은 재검토되었다. 그렇다고 허더라도 단열을 그 기본으로 하는 것에는 변화가 없고, 단독주택 판매업자만을 대상으로 한 외피와 설비의 종합평가에 의한 에너지 절약기준(주택사업 건축주의 판단기준)이 새로이 규정되거나, 현실과 실태를 고려하여 기밀성의 측정이 철폐되거나, 단열보강이 완화되거나 하였다.

2 에너지 절약기준의 전략

현대사회에서는 실로 다양한 곳에서 에너지가 사용되고 있으므로, 에너지 절약이라고 하는 과제는 그렇게 간단하게 해결할 수 있는 것은 아니다. 따라서 전략을 가지고 대책을 강구하지 않으면 헛수고로 끝나 버릴 가능성도 있다. 여기에서는 차세대 기준의 내용에 접하기 전에 주택의 에너지 절약기준에 있어서의 방침이나 전략에 대해 설명한다.

주택의 에너지 절약대책은 건물의 단열 구조화 등 건축적 대책과 가전제품의 효율향상 등과 같이 설비기기에 대한 대책으로 분리하여 진행되고 있다. 전자는 국토교통성 관할, 후자는 경제 산업성 관할로 역할분담이 되어 있다. 차세대 기준은 당연히 전자와 관계되는 기준이다. 또 에너지 소비의 용도 면에서 말한다면 냉난방 용도에 관련한 기준이다.

주택의 에너지 절약기준에 대해 특히 중요한 대책은 '단열화'이다. 왜냐하면, 에너지 절약의 효과에 있어서 '단열화'가 명료하고 극적이기 때문이다. 예를 들어, 무단열의 주택과 이른바 단열·기밀화 주택을 비교하면 열 손실량의 비율은 8 : 1이나 된다. 그리고 난방의 경우에는, 양자의 실온이 같을 경우 이 비율이 그대로 에너지 소비의 비율로 된다. 즉, 에너지 절약률에서는 무려(8−1)÷8=87.5%나 되는 것이다. 이렇게 큰 에너지 절약률을 가지는 대책은 그 밖에 존재하지 않는다.

또 초기 비용도 복층유리에서 볼 수 있듯이, 최근에 비용이 대폭 저하하고 있어 단열화를 위한 비용대비 효과는 현격히 좋아지고 있다. 그 때문에 난방을 하는 경우에는 단열·기밀화가 우선적으로 채택해야 할 에너지 절약대책이라고 생각된다.

이상과 같은 이유에서, 주택의 에너지 절약기준에서는 1980년 이래 단열화에 의한 열손실 삭감 대책이 중심으로 자리 잡아 왔다. 물론 차세대 기준에서도 이 전략은 관철되고 있어 단열기준은 한층 강화되었다. 또한 기밀성 기준이 단열효과를 보증하는 것으로서 전국적으로 제정되었었지만, 2009년 1월 개정에서 철폐되었다.

온난지역에서는 난방을 별로 하지 않으므로 단열도 필요 없다고 생각할 수도 있다. 그러나 일본의 경우 인구의 70~80%가 온난지역에 살고 있으므로 국가규모의 에너지 절약을 생각하는 경우에, 온난지역에서의 단열화는 비록 주택 한 호당 효과는 적어도 국가 전체로 보면 큰 효과가 있으므로 필요한 대책이다.

3 차세대 에너지 절약기준의 콘셉트

건축적인 에너지 절약대책에는 단열·기밀 이외에도 몇 가지 방법이 존재한다. 차세대 기준에서는 이러한 단열·기밀 이외의 에너지 절약방법에 대해서도 기준이나 주의사항을 제시하고 있다. 차세대 기준의 기본 콘셉트는 그림 2-4-1에서와 같이 겨울과

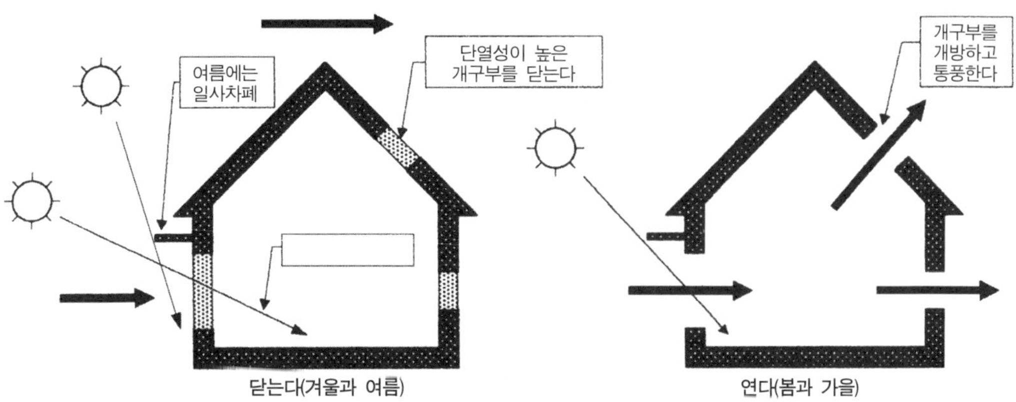

그림 2-4-1 닫고 여는 것을 분별하여 사용

여름을 위하여 확실히 '차폐'하는 방법과 봄가을에는 조건에 따라 적절히 '개방'하는 것이다. '차폐'란 구체적으로는 단열 · 기밀과 여름철의 일사차폐이다. 또 '개방'이란 봄가을이나 여름철의 통풍과 겨울철의 일사취득 · 태양열 이용, 자연채광이다.

온난지역에서는 '개방'하는 것에 대해서는 차치하고라도 '차폐'하는 것에 대해 상당한 저항이 있다. 예를 들어, 겨울의 따뜻함이나 여름의 시원함은 인간을 허약한 체질로 바꾸어버린다든가, 단열 · 기밀화나 공기조절 · 환기장치 등에서 볼 수 있는 건축의 중장비화는 정말로 좋은 일인가라고 하는 '비판'이다. 지구온난화 등의 환경문제 해결의 방향은, 현대문명을 전면적으로 부정하는 것은 아니지만 차세대 기준의 콘셉트인 '차폐 · 개방'에서도 볼 수 있듯이, 문명의 이기를 균형 있고 지혜롭게 다루는 방법을 생각하는 것에 있다.

4 차세대 에너지 절약기준의 내용과 효과

차세대 기준은 '건축주의 판단기준'이 되는 [성능 규정형]의 기준과 '설계 및 시공의 지침'이라고 하는 [시방 규정형]의 기준으로 나누어져 제시되고 있다. 이 기준을 적용하는 경우에는 어느 쪽인지 하나를 적용하면 된다.

건축주의 판단기준에 있어서는 에너지 절약 성능을 평가하기 위하여 등가(等價)인 두 개의 방법이 준비되어 있으며 각각에 대하여 기준치가 제정되어 있다. 하나는 연간 냉난방부하를 평가지표로 사용하는 방법이고, 다른 하나는 열손실계수(이하, Q치라고 한다)와 하절기 일사취득계수 μ (뮤치라고 한다)를 평가지표로 사용하는 방법이다. 여기에서는 후자의 방법을 설명한다.

Q치는 그림 2-4-2에서와 같이 건물의 보온성(환기에 의한 열손실을 제외하면, 단열성이라고 해도 됨)을 나타내는 성능치이다.

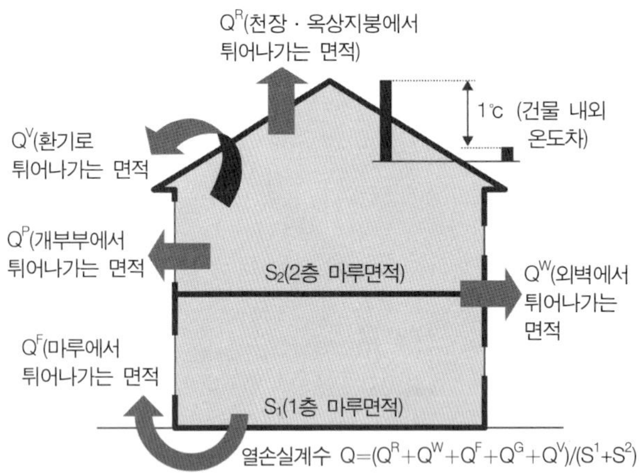

그림 2-4-2 열손실계수의 개념과 정의

각국의 단열 기준치 등으로부터 산출되는 열손실 계수를 비교했다. 난방 등급이란 난방온도(여기에서는 18℃)와 일평균 기온과의 차이를 동절기 동안 합계한 수치이다.

이 수치가 적을수록 보온성이 높고 겨울에 따뜻한 건물, 혹은 난방부하가 적은 건물이라고 판단된다. 또 여름철 일사취득계수는 그림 2-4-3에서와 같이 일사의 차폐를 나타내는 성능치이며, 여름의 더위를 완화하기 위해 혹은 냉방부하를 삭감하기 위해 설정되어 있다. 그러

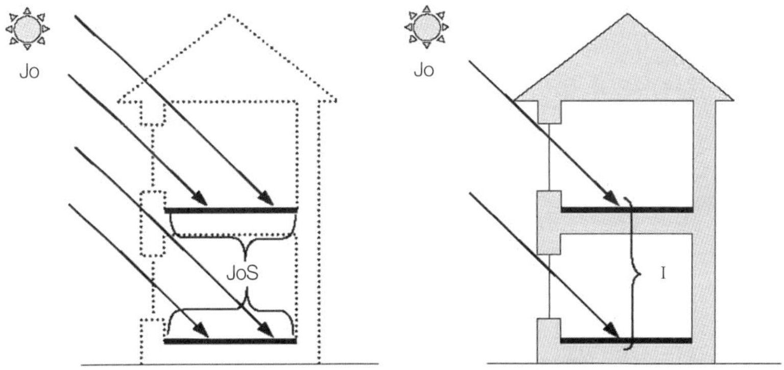

μ : I/JoS (I 도 및 Jo는 하절기의 기간 평균치)

그림 2-4-3 여름철 일사취득계수 μ의 개념과 정의

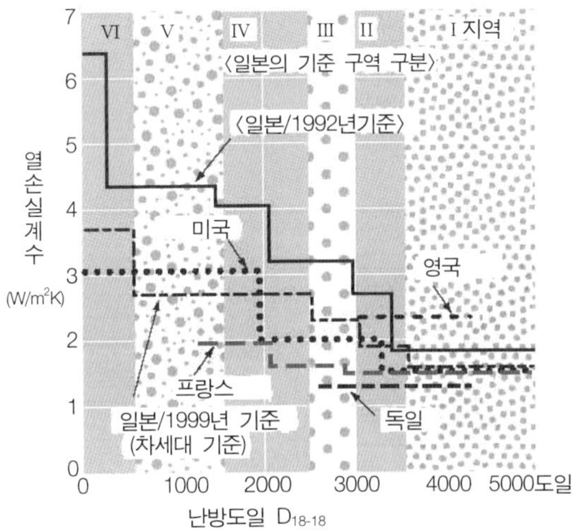

그림 2-4-4 에너지 절약기준의 국제 비교(1999년)

- 각 국의 단열 기준치 등을 참조하여 산출된 열손실 계수를 비교하였다.
- 난방도일(디그리데이)이란 난방온도(여기에서는 18℃)와 일평균 기온과의 차이를 한 번의 겨울기간 동안 합계한 수치.

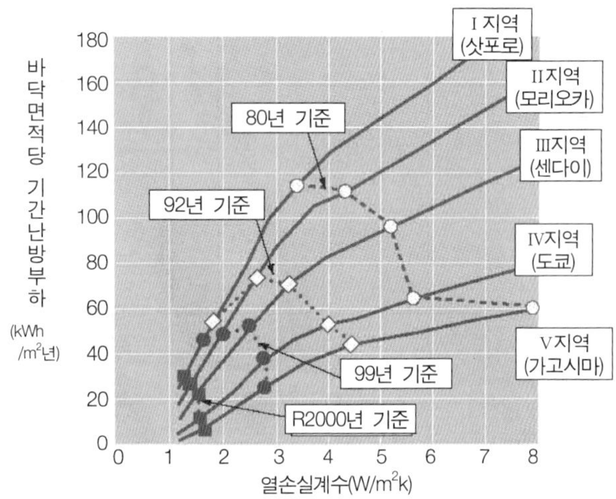

그림 2-4-5 열손실계수의 기준치와 기간난방부하의 관계

나 온난지역이라고 해도 일본의 주택에 있어서는 냉방보다 난방 쪽이 에너지 소비량이 많기 때문에 Q치의 기준레벨이 에너지 절약기준에서 더 중요하다.

그림 2-4-4는 약간 오래되었지만, 1999년 당시의 선진 제국 에너지 절약기준을 Q치로 환산하여 비교한 것이다(p.118 [일본의 지역구분] 참조). 일본의 에너지 절약기준은 차세대 기준의 제정으로 간신히 선진국의 레벨을 따라 잡은 것을 이 그림에서 알 수 있다. 그림 2-4-5는 일본 각 지역의 Q치와 기간난방부하의 관계를 나타낸 그래프로, 지금까지의 3개의 에너지 절약기준의 기준치를 표현한 것이다. 세로축(기간난방부하)의 차이를 해독하여 각 기준 간의 양적 차이를 이해할 수 있다.

기밀성은 일본의 건축계나 주택업계에서는 그다지 인식되어 오지 않았던 개념이다.

표 2-4-1 차세대 에너지 기준의 개요(항목과 기준치 등)

에너지 성능의 확보 (a, b, c중에 어느것 하나를 적용하여 판정)
a) 연간 냉난방부하의 기준치(부표 참조)
b) 가와 나를 적용 { 가. 열손실계수의 기준치(부표 참조)
나. 여름철 일사취득계수의 기준치(부표 참조)
c) 설계시공지침 (단열재 열저항이나 개구부 시방서 등에 대해 제시)

부표 각 지표의 기준치 (모두 기준치 이하가 기준을 만족함)

지표명	I 지역	II 지역	III 지역	IV지역	V지역	VI지역
연간 냉난방부하 (MJ/m^2)	390	390	460	460	350	290
열손실계수 (W/m^2k)	1.6	1.9	2.4	2.7	2.7	3.7
여름철 일사취득계수 (-)	0.08	0.08	0.07	0.07	0.07	0.06

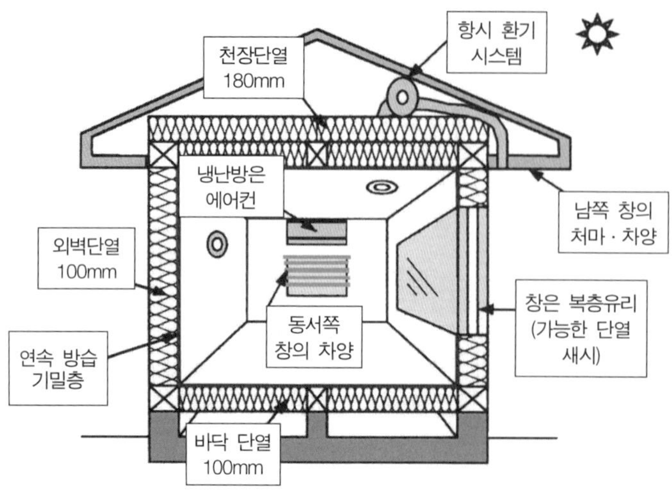

그림 2-4-6 차세대 에너지 절약기준에 맞추어 지은 단독주택의 이미지(IV지역의 시방을 상정)

그러나 최근의 연구에 의해 벽체 등에 시공된 단열재가 확실히 단열효과를 발휘하기 위해서는 불가결한 요소인 것을 알 수 있다. 차세대 기준에서는 상기의 기능을 중시해(환언하면, 확실한 단열시공이 증거로서) 기밀성의 기준치를 전국에서 설정하였었으나, 2009년도의 개정에서는 기밀성이 전국적으로 확보되었다고 보고 그 규정을 철폐하였다.

벽체 내부 등의 방로(防露)대책은 내구성의 향상을 위해서는 불가결한 것이다. 특히 목조주택에서 내부 결로대책이 중요하다. 차세대 기준의 주된 내용을 정리하여 표 2-4-1에 나타낸다.

또 거주자 측에서 보면, 차세대 기준에 준거하여 건설한 주택(시방의 이미지를 그림 2-4-6에 나타낸다)은 ① 냉난방 에너지 절약, ② 열적인 쾌적성(혹은 겨울과 여름의 거주공간의 확대), ③ 거주자의 건강, ④ 건물의 장수명이라는 4개의 이점이 있다고 생각된다.(사카모토 유조)

2-2-5 건축(비주택)의 에너지 절약

1 건축에 있어서의 에너지 소비

건축의 에너지 절약을 말하려면, 우선 건축물을 매개로 어느 정도의 에너지가 어떠한 목적으로 사용되고 있는가를 알아야 된다. 공장 등에서 사용되는 생산용 에너지를 제외하면, 건축물에서 소비되는 에너지는 공기조절이나 조명 등의, 이른바 건축설비가 소비하는 에너지이다. 이러한 에너지는 민생용 에너지라고 하고 있으며, 일본에서는 전 소비의 23~27%가 이 민생용 에너지다. 민생용 에너지는 약 절반이 주택 소비용이며 나머지의 반은 본 항의 주제인 업무건축물에서의 소비이다.

업무건축이라고 해도 다양한 용도가 있어 에너지 소비의 양상도 결코 단순하지 않다. 그러나 건축물의 용도와 에너지 소비에는 어느 정도의 관계성이 있다. 그림 2-5-1은 건축물 용도별 1차 에너지(전력도 원래의 화석에너지로 환산한 에너지) 소비량과 그 소비내역에 대해서 일본 전국의 평균적인 양상을 나타낸 것이다. 소비내역은 각 용도별로 특징이 있는 것을 알 수 있다. 예를 들어, 사무소나 백화점에서는 공기조절용이나 조명용 소비비율이 매우 높지만 급탕용 비율은 낮다. 그러나 호텔이나 병원에서는 급탕용도 큰 비율을 차지하고 있다. 또 공기조절용(냉난방용 열원 및 공기조절용 반송동력)의 소비는 어느 용도의 건축물에서도 비율이 높기 때문에 공기조절용 에너지의 절약대책은 큰 효과를 얻을 수 있다.

2 건축의 에너지 절약에 있어서의 전략

상기와 같이 업무건축물에서는 다양한 목적으로 에너지가 소비되고 있다. 그중에는 PC나 OA기기 등과 같이 업무에 직접 관여하는 기계류가 소비하는 에너지도 포함되어 있다. 그러나 이러한 에너지까지도 에너지 절약의 대상으로 하면 업무 그 자체에 지장을 초래할 우려가 있으므로, 이러한 용도로 사용되는 에너지는 통상 건축물 에너지 절약의 대상에서 제외된다.

건축의 에너지 절약이라고 하는 경우, 보통 건축설비에서 소비되는 에너지(즉 실내환경의 제어나 건물의 편리성 확보를 위해서 사용되는 에너지)만이 그 대상이 된다.

에너지 소비는 반드시 목적에 따른 수요가 있으므로 발생하지만, 건축설비에서는 그러한 수요를 '부하'라고 부른다. 건축에서 에너지 절약의 특징으로서 에너지 절약대책을 부하의 발생단계까지 거슬러 올라가서 생각하지 않으면 안 되는 것을 들 수 있다. 왜냐하면, 건축의 계획이나 설계의 내용이 부하의 크기를 상당히 좌우하기 때문이다.

예를 들어, 유리벽으로 된 건축을 만들어 일사대책을 하지 않으면 몹시 큰 냉방부하

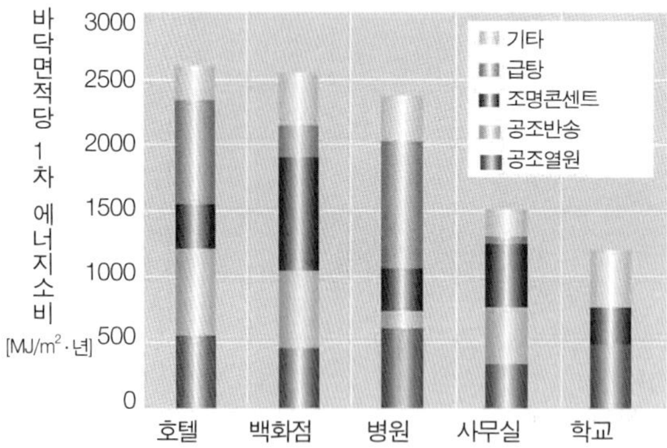

그림 2-5-1 건축용도별 1차 에너지 소비량과 내역 (문헌 2-46)

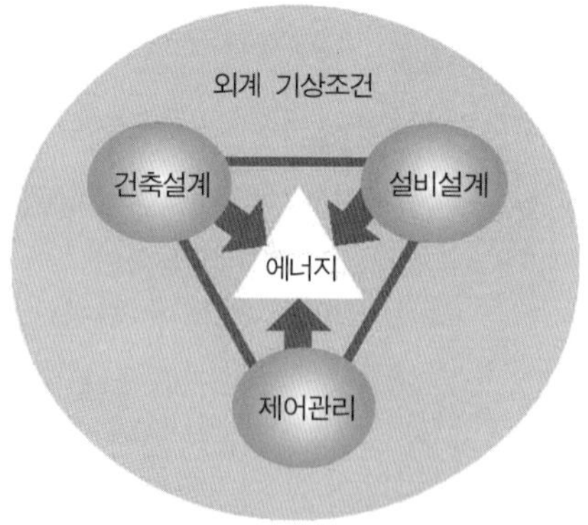

그림 2-5-2 건축 에너지 절약의 3가지 인자

가 발생하고 만다. 그러한 이유 때문에 건축의 에너지 절약은 단지 설비 시스템이나 기기류의 효율을 규제하는 것만으로는 불충분하고, 부하 그 자체의 발생기구까지 고려하여 대책이나 규제를 생각할 필요가 있다.

결국, 공조설비 등 건축설비의 에너지 소비량을 결정짓는 인자는 기후 등 외계조건을 제외하면 다음 3개로 분류할 수 있다.

① 건물의 형상이나 실의 배치, 외벽 · 지붕 · 창 등 외계에 접하는 부위의 재료 · 구조 등 건축계획이나 구법, 재료에 관계하는 인자

② 설비 시스템을 구성하는 다양한 기기의 효율 등 시스템 구성요소의 성질이나 성능에 관련되는 인자

③ 건물이나 설비 시스템의 사용법이나 제어 · 관리에 관계하는 인자

건축의 에너지 절약에 관한 전략을 생각하는 경우에도 상기의 분류는 유효하다. 즉, 건축의 에너지 절약 포인트는 다음 세 가지로 요약할 수 있다.

① 건축을 계획 · 설계할 단계로부터 부하가 작아지도록 충분히 연구와 배려한다.

② 불필요한 에너지 소비가 없도록 제어 시스템이나 고효율 기기를 채용하여 시스템 전체적으로 효율이 좋은 운전을 할 수 있는 설비 시스템을 설계한다.

③ 건물과 설비 시스템을 항상 올바르게 사용 · 관리하여 쓸데없는 에너지 소비로 연결되는 사용이나 운전은 피한다.

①은 건축설계에서, ②는 설비설계에서, ③은 건물과 설비의 관리 · 운전에 각각 깊이 관계하고 있다. 이상과 같이 건축의 에너지 절약에는 이러한 3개의 인자나 단계가 있는 것을 인식하여, 각각에서 대응이나 대책을 세우고 그것들이 서로 잘 맞물리도록 하는 것이 중요하다(그림 2-5-2 참조).

3 건축의 에너지 절약기준

일본의 에너지 절약 정책은 1979년에 공포된 '에너지의 사용의 합리화에 관한 법률(소위 에너지 절약법)'에 준거해 전개 · 실시되어 왔다. 업무건축에 대해서도 이 법률에 근거해 에너지 절약기준이 제정되어 있다. 이 기준에서 규제의 대상이 되고 있는 에너지의 소비용도는 원칙적으로 건축설비의 소비용도이다. 그러나 현재로서는 구체적인 기준이 있는 소비용도는 공조, 조명, 급탕, 환기, 엘리베이터 등 5종류뿐이고, 급배수 설비 등에 대해서는 아직 규제나 기준이 없다.

건축의 에너지 절약기준 안에는 에너지 절약성의 평가를 위해서 PAL과 CEC라고 하는 두 지표가 이용되고 있다. 자세한 것은 다음에 기술하겠지만, 두 지표를 한마디로 설명하면 PAL은 건축의 계획 · 설계를, CEC는 설비설계를 각각 평가하는 지표이다. 다만, CEC쪽은 좀 더 구체적으로 설비의 종류별로 공조용[CEC/AC], 환기용[CEC/V], 조명용[CEC/L], 급탕용[CEC/HW], 엘리베이터용[CEC/EV] 등 5가지 지표로 나누어져 있다(그림 2-5-3).

덧붙여 CEC/V에서 대상으로 하는 환기설비는 기계실이나 주차장 등의 비거실의 환기설비이며, 거실용 환기설비에 대해서는 CEC/AC 안에서 다루고 있다.

앞에서 말한 바와 같이 건축의 에너지 절약은 ①~③의 3개의 요점으로 분류되지만, 상기의 에너지 절약기준에 대해에서도 이 분류를 적용해 보자. PAL은 건축설계에 관계하므로

①에, CEC는 설비설계에 관계하므로 ②에 각각 대응하는 것을 용이하게 알 수 있다.

③에 대해서는 관리상황을 일괄하여 나타내는 평가지표 등이 없지만, 건축행정에

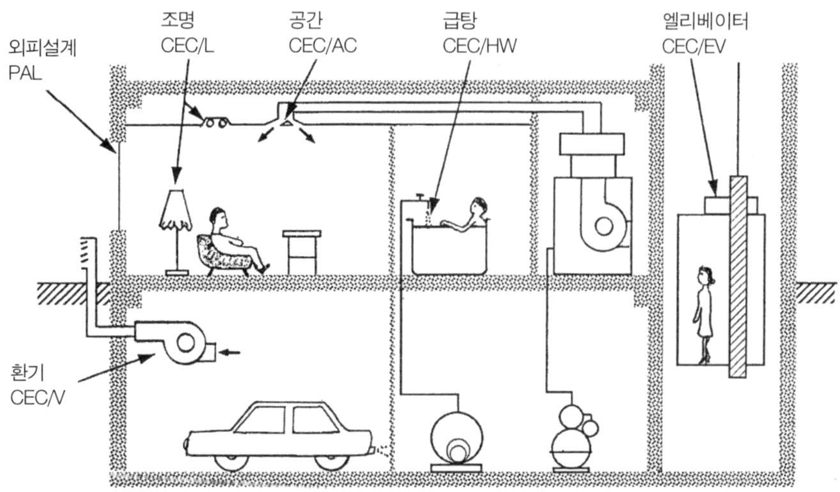

그림 2-5-3 에너지 절약기준에서 사용되는 평가지표

있어서는 2006년도부터 에너지 절약조치의 관리상황에 관한 정기보고(3년에 1회)를 실시하고 있다. 건축의 에너지 절약기준에 관련하는 정부의 규제와 현재 일정규모(바닥면적 2,000m^2) 이상의 신축 및 대규모 수선 건물 모두(주택도 포함)에 대하여 에너지 절약 조치의 보고와 상기의 정기보고 의무의 형태로 실시되고 있다. 에너지 절약 조치에 대해서는 앞에서 말한 PAL과 CEC로 에너지 절약 성능을 평가하는 것이 원칙으로 되어 있으며, 양 지표가 표 2-5-1에 나타내는 기준치를 밑돌도록 노력하는 것이 의무화되어 있다.

바닥면적이 5,000m^2 이하의 건물에서는 포인트법이라고 불리는 간이법으로 평가하는 것도 인정되고 있지만, 여기에서는 이 방법에 대해서는 생략한다.

건축의 에너지 절약 성능평가라고 하는 경우, 바닥면적당 소비에너지 등과 같이 단순한 지표만을 이용하여 실시하는 것도 당연히 생각된다. 그러나 현재의 에너지 절약기준에서는 그러한 단순한 방법이 아니라 건축 외피의 성능과 건축설비의 성능으로 나누어 평가한다. 즉, 좀 더 정밀도가 높은 방법이 채용되고 있다. 또 건물이나 설비의 사용시간은 건축의 에너지 소비에 큰 영향을 미치므로, PAL이나 CEC의 계산에서는 건축용도별로 표준적인 사용시간을 정하여 그것들을 산출하는 규정으로 되어 있다. 따라서 에너지 절약기준에서 계산되는 PAL이나 CEC의 값은 이러한 표준적인 사용시간을 전제로 하여 얻은 수치이며, 그것이 반드시 실제 사용 상황을 전제로 얻을 수 있는 수치와는 동일하지 않은 것에 주의해야 한다.

4 건축 외피와 PAL

PAL(연간 열부하 계수)는 "Perimeter Annual Load"의 약어로서 다음 식으로 정의된다.

$$\text{PAL} = \frac{\text{옥내 주위공간의 연간 열부하[MJ/년]}}{\text{옥내 주위공간의 바닥면적}[\text{m}^2]}$$

여기서, 옥내 주위공간이란 그림 2-5-4에서와 같이 건물의 외주 존(Zone)이다. 이러한 존은 통상 파라메터 존이라고 일컬어지는데, 존의 깊이에 대해서는 특별히 엄밀한 정의가 있는 것은 아니다. 그러나 에너지 절약기준에서는 그것을 5m 이내로 정하고 있다. 이러한 존은 외기온이나 일사 등의 외계 기상요소의 영향을 강하게 받으므로, 외피("Envelope"라든지 "Skin"의 번역어이며, 외벽 · 지붕 · 창 등 바깥공기에 접하는 부위의 총칭)의 열적 설계를 잘하면 그 존의 연간 열부하(연간 난방부하와 냉방부하의 합계)를 줄일 수 있다.

공조 에너지 절약을 생각하는 경우, 이와 같이 외피에서 발생하는 열부하([파라메터

표 2-5-1 PAL과 CEC의 판단기준치 (2003년 통산성 · 건설성고시 제1호)

건축용도	호텔 등	병원 등	물건판매 점포 등	사무소 등	학교 등	음식점 등	집회소 등	공장 등
PAL [MJ/m²년]	420*1	340*2	380	300	320	550	550	–
CEC/AC [–]	2.5	2.5	1.7	1.5	1.5	2.2	2.2	–
CEC/V [–]	1.0	1.0	0.9	1.0	0.8	1.5	1.0	–
CEC/L [–]	1.0							
CEC/HW [–]	1.5~1.9 사이에서 급탕량/배관길이에 의해 정해진 수치							
CEC/EV [–]	1.0	–	–	1.0	–	–	–	–

*1 한랭지에서는 470 *2 한랭지에서는 370

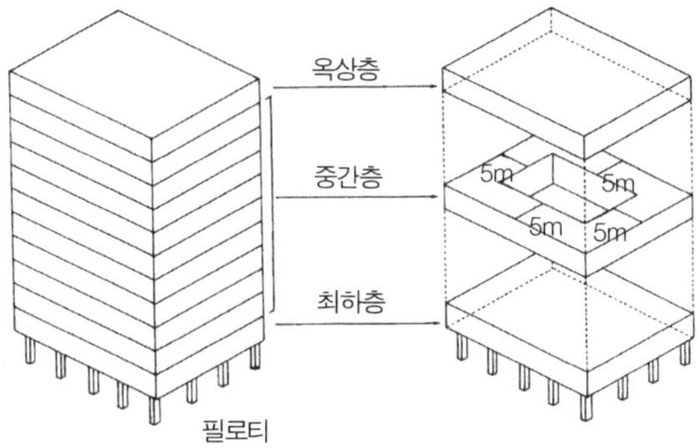

그림 2-5-4 옥내 주위공간의 정의범위 (문헌 2-46)

부하라라고 한다)를 적게 하는 것, 즉 PAL을 적게 하는 것이 우선 채용해야 할 방책이다. 열부하가 큰 건물에 아무리 효율이 좋은 공조설비를 설치하더라도 에너지 소비량은 그다지 줄어들지 않는다. 또 일반적으로 연간 열부하를 적게 하면 최대 열부하도 적어지므로 공기조절 설비용량이 작아져 열원기기도 효율이 나쁜고 부하운전을 피할 수 있다.

PAL은 건축설계도서를 이용하여 수치를 계산할 수 있는 성능치이다. PAL의 산출에는 연간 열부하를 계산해야 하지만, 그것을 위한 수법으로는 확장 디그리 도일(EDD법)이라고 하는 약산법을 이용하는 방법과 HASP/ACLD 등의 시뮬레이션 프로그램을 이용하는 방법이 있다.

그런데 에너지 절약을 위해서는 PAL치를 적게 할 필요가 있지만, 그러기 위해서는 어떻게 하면 좋을 것인가? 그 방법은 크게 나누면, ① 건물형상, 방위, 조닝(지역설정계획), 창 면적 등 건축계획상의 요소에 대해 연구 및 배려하고, ② 외벽 등의 단열이나 차양의 설치 등 건축재료 및 부품에 관해서 적절한 설계와 선정을 실시하는 것 두 가지로 나눌 수 있다. 그림 2-5-5에 그러한 방법을 좀 더 구체적으로 나타낸다. 그 방

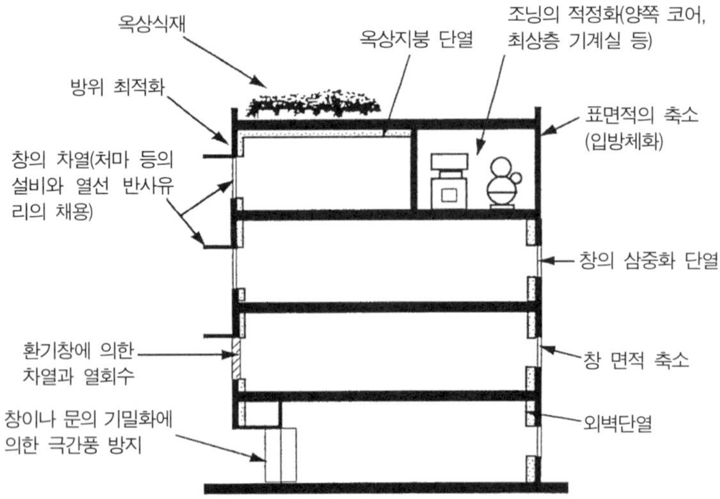

그림 2-5-5 PLA치(연간 열부하)를 적게 하기 위한 주요 수법

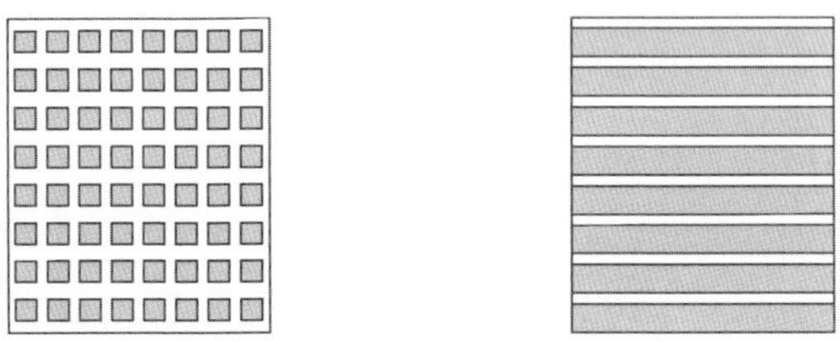

S·W·N·E 각 면의 거실에 면한 창면적률 30%	에너지절약법에 의한 건축주의 판단기준	S·W·H·E 각 면의 거실에 면한 창면적률 70%

창유리의 시방 : 보통투명 8mm < PAL300MJ/(년) < 창유리 시방 : 열선흡수 8mm
PAL 233MJ/(m^2년) PAL 337MJ/(m^2년)

약 8000m^2, 8층 건물 사무소의 시산예를 나타낸다. 커다란 창 면적인 경우 기준치가 만족되지 못하고 고성능 창 등의 대응이 필요

그림 2-5-6 PAL치의 계산 예 (문헌 2-49)

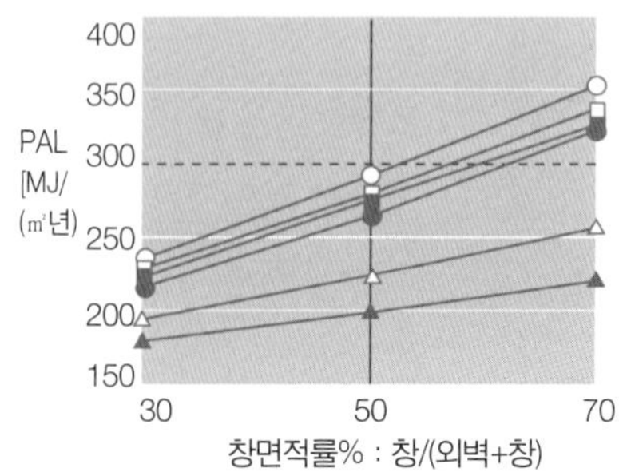

지역 : 도쿄, 단열 25mm
4면창(S · W · N · E)

- ○ 투명 FL8
- □ 열선흡수 GFL8
- ■ 열선반사(RC) RC8
- ● 투명복층 FL8+A6+FL8
- △ 고성능 열반 SS8(8)
- ▲ 고성능 열반 복층 SS8(8)+A6+FL8

창의 시방과 면적에 의한 PAL치 변화시산 결과를 나타낸다. 창은 열적으로 약한 곳이 되므로 창의 적절한 설계가 중요하다.

그림 2-5-7 창면적 및 창 시방과 PAL치 관계 (문헌 2-49)

법 중에서 특히 영향이 큰 것으로서, 창 면적과 창 시방(차열과 단열에 관한 시방)을 들 수 있지만, 그림 2-5-6과 그림 2-5-7은 그것들의 영향을 계산한 일례이다.

덧붙여 PAL은 공조부하의 일종이므로 외부 기후의 영향도 받는다. 실제로 난방부하와 냉방부하를 각각 단독으로 보면 한랭지에서는 난방부하가, 온난지역에서는 냉방부하가 크기 때문에 PAL 외부기후나 지역에 따라서도 큰 영향을 받는 것처럼 생각된다. 그러나 난방부하와 냉방부하를 합계하여 연간 열부하(PAL의 분자)로 해버리면 기후의 영향은 줄어들게 된다. PAL의 기준치가 표 2-5-2에 나타낸 것처럼 전국 일률의 수치가 되고 있는 것은 이 때문이다.

5 건축설비와 CEC

CEC(에너지 소비 계수)는 "Coefficient of Energy Consumption"의 약어이며, 3의 에너지 절약기준에서 말한 것처럼 5종류의 설비에 대해서 정의되고 있다. 그러나 이하에 나타내듯이 열을 공급하는 공조설비 및 급탕설비의 경우와 그 이외의 환기, 조명, 엘리베이터 설비의 경우는 정의가 약간 차이가 난다.

① 공조설비(CEC/AC)와 급탕설비(CEC/HW)의 경우

CEC = 해당 설비의 연간 소비 1차 에너지[MJ/년] / 해당 용도의 연간 가상부하[MJ/년]

$$PAL = \frac{\text{옥내 주위공간의 연간 열부하[MJ/년]}}{\text{옥내 주위공간의 바닥면적[㎡]}}$$

② 환기설비(CEC/V), 조명설비(CEC/L), 엘리베이터설비(CEC/EV)의 경우

CEC = 해당 설비의 연간소비 1차 에너지[MJ/년] / 해당설비의 연간 가상소비 1차 에너지[MJ/년]

$$PAL = \frac{\text{옥내 주위공간의 연간 열부하[MJ/년]}}{\text{옥내 주위공간의 바닥면적[㎡]}}$$

상기의 두 식으로부터 알 수 있듯이, CEC는 ①에서도 ②에서도 그 수치는 작을수록 에너지 절약 성능이 높다고 판단된다. 그러나 수치의 의미는 ①과 ②는 약간 다르다. ①은 에너지 효율의 역수이지만 ②는 소비 에너지양에 관한 비율이다.

CEC의 계산은 CEC/AC나 CEC/HW는 말처럼 용이한 것은 아니다. 왜냐하면, 연간 소비 에너지나 가상부하를 계산해야 하기 때문이다. CEC/AC의 계산에는 전용 시뮬레이션 프로그램(BECS3)도 개발되고 있다. 각 CEC의 계산에 관한 상세한 내용은(문헌

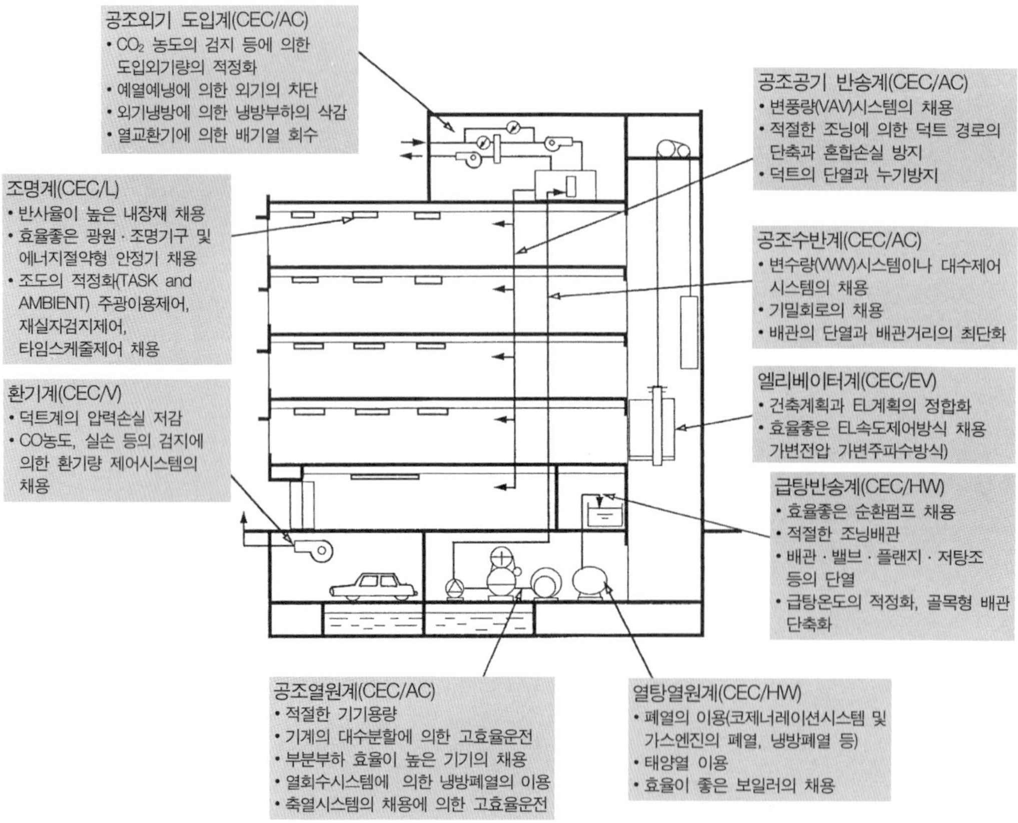

그림 2-5-8 CEC를 작게 하기 위한 주요수법

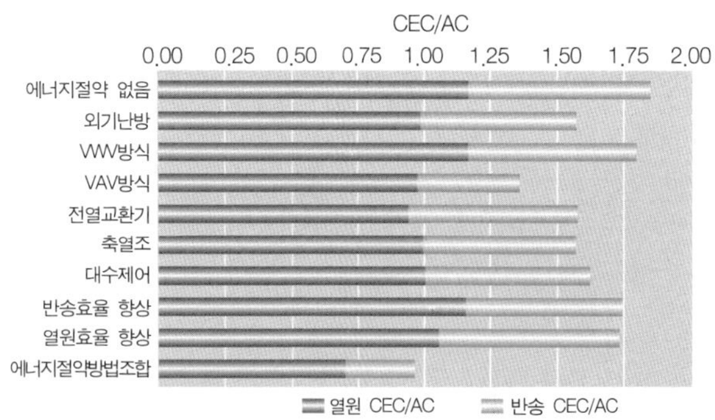

주요계산조건	도쿄, 연면적=10,000, 지상7층, 지하1층 사무소 용도 열원=터보냉동기+온수보일러의 중앙방식, 공조=각층 AHU+FCU방식

그림 2-5-9 공조설비의 에너지 절약 수법에 의한 LEC/AC치의 감소 (문헌 2-33)

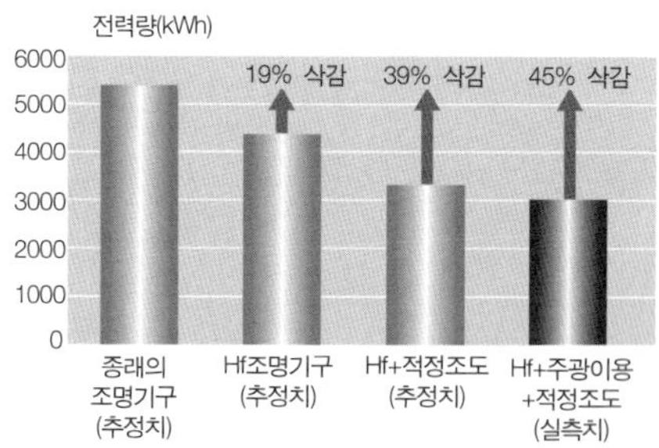

그림 2-5-10 조명설비의 에너지 절약 수법에 의한 연간 조명전력의 삭감효과(어느 빌딩에서의 실측결과를 바탕으로 하여 추계한 예) (문헌 2-33)

2-48)을 참조 바란다.

CEC를 작게 하기 위해서는 구체적으로 어떠한 대책이나 방법을 취하면 되겠는가? 일반적으로는 다음의 4개의 포인트가 있다.

① 사용상황이나 제 방식에 따른 적절한 설비기기의 배치나 조닝(지역설정계획)

② 효율이 좋은 설비기기나 설비시스템의 채용

③ 효율이 높아지는 제어방식이나 시스템의 채용

④ 자연에너지 이용이나 폐열 이용 등 화석연료 이외의 에너지원이나 열원의 채용

이것들을 좀 더 구체적으로 나타낸 것이 그림 2-5-8이다. 이 그림 안에 있는 것 같은 각 에너지 절약 수법이 실제로 CEC의 값을 어느 정도 작게 하고, 어느 정도 에너지 절약에 기여할지를 아는 것은 중요하다.

여기에서는 이러한 분석의 사례로서 그림 2-5-9와 그림 2-5-10을 나타냈다. 그림 2-5-9는 공조설비에 에너지 절약 수법을 채용했을 경우 CEC/AC가 어느 정도 저감하는가 하는 것을, 에너지 절약 수법별로 시뮬레이션으로 계산한 것이다. 또 그림 2-5-10은 조명설비에 대해 에너지 절약 수법을 차례로 강화해 나갔을 경우, 조명용 전력이 어느 정도 저감하는가 하는 것을 나타낸 것이다.(사카모토 유조)

2-2-6 라이프사이클 에너지

건축물은 설계부터 자재제조(자원채굴 · 해양수송 · 제조 · 유통), 건설, 운용(공조 · 조명 · 급탕 등 유지 관리, 수선), 개수공사, 폐기처분에 이르는 라이프사이클 각 단계에서 에너지를 소비하고 있다. 그림 2-6-1은 일본건축학회 LCA 지침(안)에 근거한 계산 소프트를 이용하여 총바닥면적이 약 8,000m²인 에너지 절약 · 장수명형 모델사무소 빌딩의 라이프사이클 에너지를 총바닥면적당 100년간의 연평균치 당으로 나타낸 것으로 아래에 그 내용을 해설하였다.

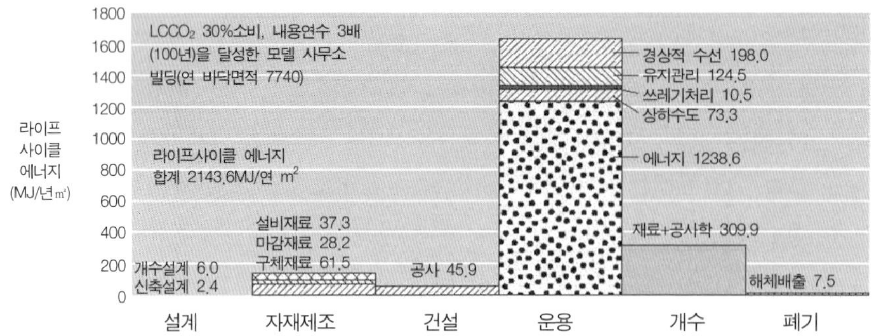

그림 2-6-1 사무소빌딩의 라이프사이클 에너지 (문헌 2-50, 2-51)

1 설계단계의 에너지 소비

설계단계의 에너지 소비에는 설계사무소에서 사용되는 공조, 조명, OA기기, 사무용품, 전철, 자동차 등에 수반하여 소비되는 에너지가 포함되어 있다. 이 값은 산업 간의 경제 거래가 정리된 산업연관표를 이용하여 계산된 것으로, 건축물의 라이프사이클 에너지 총합계에 대해서 1% 미만이며, 그래프로 식별할 수 없을 정도 작다. 환경배려 설계를 위해서 시간과 에너지를 투입한다고 해도 자재제조단계나 운용단계의 에너지를 삭감할 수만 있다면 라이프사이클 에너지가 삭감된다는 것을 시사하고 있다.

2 자재제조단계의 에너지 소비

자재제조단계의 에너지 소비에는 콘크리트 · 철근 · 철골 등의 구조체 재료, 알루미늄 새시 · 유리 · 석고보드 등의 마감재료, 전기 · 공조 · 위생 등의 설비기기 등 자재의 자원채굴부터 해양수송, 제조, 유통단계에서 소비되는 에너지 등이 포함된다. 자재의 제조, 유통에 소요되는 에너지 소비량은 그림 2-6-2에서와 같이 자재에 따라 크게 다르

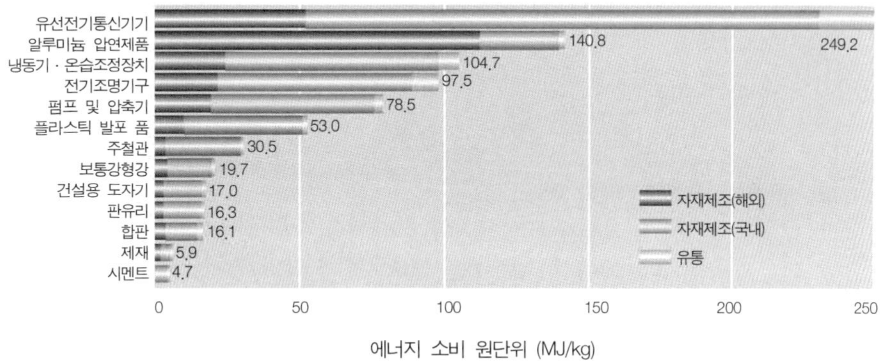

그림 2-6-2 건축재료의 제조 및 유통단계의 에너지 소비 원단위 (문헌 2-50, 2-54)

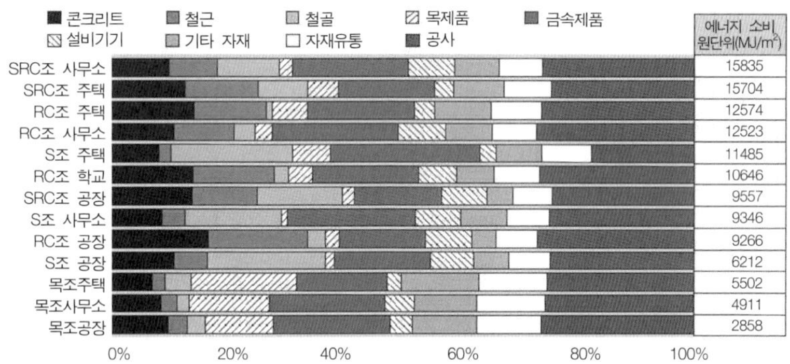

그림 2-6-3 건물 신축 시의 구조별 · 용도별 에너지 소비 원단위 (문헌 2-50, 2-51)

다. 자재제조(해외)는 해외에서의 자원채굴, 해양수송, 자재제조에 사용되는 에너지 등이며, 자재제조(국내)는 국내에서 사용되는 에너지 등이다. 유통은 공장출하 후 구입자에게 도착 시까지의 운반, 창고보관 등에 사용되는 에너지다. 어떠한 자재를 어느 정도 사용할지에 따라 건축물의 라이프사이클 에너지도 바뀐다.

3 건설단계의 에너지 소비

건설단계의 에너지 소비는 공장으로부터 반입된 건축자재를 현장에서 조립하기 위해 사용되는 연료, 전력, 사무용품, 건설기계, 현장 사무실 등의 직접적인 에너지 외에 건설회사의 기업활동을 위해서 간접적으로 사용되는 에너지 등도 포함된다. 건물 신축 시의 자재제조, 자재유통, 공사에 관련되는 에너지 소비 구성을 분석한 결과를 그림 2-6-3에 나타냈다. 이 데이터는 1990년 1년 동안 일본 전국에서 신축된 모든 건축물의 자재제조, 유통, 공사와 관련되는 에너지 소비량을 산업 연관표로부터 분석한 것이다. 우측의 란 외에 기재된 수치는 바닥면적당 에너지 소비량(MJ/m²)이며, SRC조 사무소가 약 16,000MJ/㎡로 가장 많고 가장 적은 목조공장의 약 6배가 되고 있다. 또 콘크리트 등 자재의 제조에너지가 전체의 60 ~ 70%, 자재의 유통에너지가 약 10%로 지배적인 요소이지만, 공사 관련의 에너지도 20 ~ 30%로 무시할 수 없는 요소이다.

4 운용단계의 에너지 소비

운용단계의 에너지 소비에는 공조 · 조명 · OA기기 등 건물에서 사용하는 에너지, 상수도 · 하수도 · 쓰레기처리장 등에서의 간접적인 에너지, 청소 · 경비 · 설비관리 · 경상적 수선(내장, 설비 등의 보수)에 수반하는 에너지가 포함되어 있다. 공조, 조명, OA기기 등 건물 내에서 사용하는 에너지만으로도 라이프사이클 에너지 전체의 약 60%를 차지하고 있기 때문에, 그 부분의 삭감을 도모하기 위한 에너지 절약 설계가 중요하다는 것을 시사하고 있다.

5 개수단계의 에너지 소비

건축물의 내부마감, 외부마감, 설비기기는 물리적인 열화, 기능 향상 등의 이유로 20 ~ 40년마다 갱신된다. 특히, 100년간 구조체를 계속 사용하는 장수명 건축의 경우에는 개수공사가 몇 차례에 이르기 때문에 제조에너지가 적게 소요되는 마감재료나 설비재료의 선택 등이 중요한 것을 시사하고 있다.

6 폐기단계의 에너지 소비

폐기단계의 에너지 소비에는 수선, 개수, 건물해체 시에 발생하는 사용이 끝난 자재를 중간처리장, 재자원화 시설 등으로 운반하기 위한 에너지가 계상되고 있다(이 계산에서는 편도 30km의 반송으로 가정). 덧붙여 이 계산에는 재자원화와 소각에 필요한 에너지는 미미하기 때문에 포함되지 않지만, 이산화탄소나 메탄 등의 온실효과 가스, 고형 폐기물량 등의 라이프사이클 평가에서는 무시할 수 없는 항목이다.(이카가 토시하루)

2-2-7 패시브 디자인(Passive Design)

1 패시브의 의미

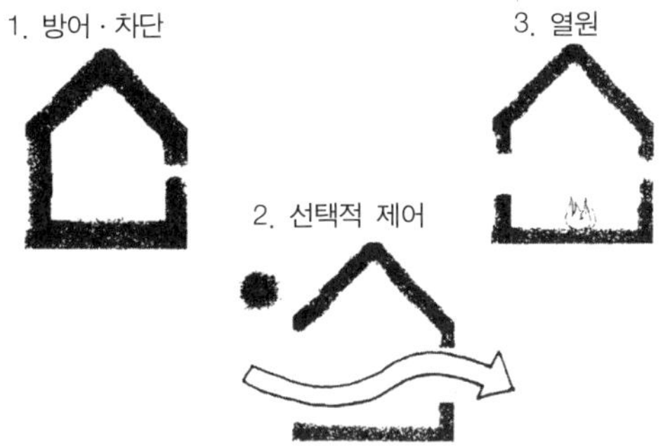

그림 2-7-1 전통적인 민가에서의 실내기후 제어방법

한랭지나 사막과 같이 가혹한 기후하에서는 외계로부터의 차단이 우선되고, 온난한 지역에서는 일사나 바람의 이용이 적극적으로 도모된다. 따뜻함을 획득하기 위해서 난로 등과 같은 열원이 반입되는 경우도 있다.

실내의 기후를 조정하여 쾌적한 실내공간을 만드는 방법에는 건축적인 방법과 기계적인 방법 두 가지가 있다. 난방이나 냉방, 인공조명설비나 공조설비 등 인공적인 환경기술은 후자의 대표적인 예이며, 에너지의 대량공급이 가능하게 된 1950년대부터 급속히 보급되어 현대건축의 발전에 공헌해 왔다.

건축물 외부로부터 에너지를 공급 받아 기계를 개재시켜 인공적으로 쾌적함을 획득하는 이러한 기술은 주변환경이 어떠하든, 인간의 생각대로 쾌적한 공간을 만들 수 있는 강하고 능동적인 기술이며, 인간의 거주공간 확대에 공헌해 왔다. 초고층 빌딩은 그 대표적인 예 중 하나이다. 자연을 극복하는 인간의 이미지와 중첩되어 '액티브한 기술'이라고 부르기에 어울리지만, 한편으로 에너지의 대량소비를 초래하고 지구환경 부하를 증대시키는 원인이 되었다.

그 이전의 건축의 긴 역사는 난로나 화로, 스토브나 온돌과 같이 외부로부터 에너지를 끌어오는 방법도 있었지만, 기본적으로는 건축적인 지혜로 방한 · 방서대책을 하는 것이 일반적이었다. 세계 각지의 민가에는 지역의 기후풍토에 주의 깊은 배려를 한 다양한 건축적 수법을 볼 수 있고, 지역성이 풍부한 건축문화를 형성하는 근원이 되기도 하였다(그림 2-7-1). 이러한 쉘터로서의 기후조절 성능에 새삼 현대적인 의의를 부여하여 새로운 기술개발의 대상으로 한 것이 '패시브 디자인'이다. '패시브'의 직역은 '수동적'이지만, 태양의 빛이나 열, 바람이나 기온의 변화 등 자연의 잠재력을 발견하여 그 혜택을 향수하는 기술로서 더욱 적극적인 의미가 담겨 있다.

2 패시브 디자인의 특징

본래 '패시브 수법'과 '액티브 수법'은 상호보완적인 관계에 있지만(그림 2-7-2), 가끔 상반되고 모순되는 경우도 있다. 건물의 용도, 사용되는 방법(사용자의 라이프스타일) 등에 따라 구분하여 사용할 필요가 있다.

폐쇄계 주거 / 개방계 주거

a. 한랭지의 주거
풍부한 목재자원을 전제로 한 귀틀집이지만, 기밀성을 높이기 위하여 연결부위에 진흙을 메운다든가 칠을 하였다. 또한 널판으로 마감한 내벽을 설치하여, 그 사이에도 진흙이나 나무부스러기를 채워 단열성을 높이는 경우도 있다. 바닥은 마루 또는 흙바닥이지만 흙바닥인 경우도 나무를 까는 방법도 있다.

b. 사막의 주거
비가 거의 오지 않기 때문에 열에 대한 대처가 대부분이다. 기온의 일교차가 크기 때문에 일건벽돌과 진흙으로 지어진 열용량이 큰 벽이나 지붕의 이점을 살린다. 기온이 35℃ 이상 되면 통풍은 오히려 불쾌감을 초래하므로 개구부는 작고 채광에 필요한 최소한의 크기로 모래바람이 불어오는 반대쪽에 낸다.

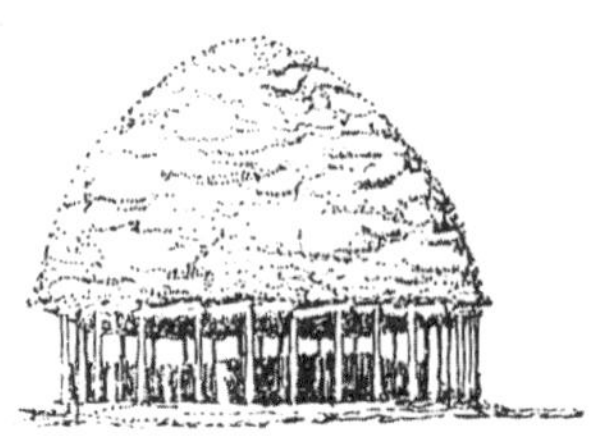

c. 개방형 주거-사모아의 주거
열대해양성 기후로서 고온다습하다.
무역풍이 불기 때문에 통풍을 최대한으로 이용하고 있다. 지붕은 비와 태양복사를 피하기 위하여 가장 중요한 부분이다. 벽은 없으며 바람이 들이치거나 눈가림을 하기 위하여 발을 친다. 바닥은 돌을 쌓아 습기를 피하면서 냉각감을 얻는다. 고온다습지방에서는 통풍을 잘되도록 하기 위하여 고상식(高床式)도 자주 사용된다.

그림 2-7-2 폐쇄계의 주거와 개방계의 주거

사진 2-7-1 개방계 민가 : 오키나와

사진 2-7-2 폐쇄계의 민가 : 릴레함메르, 노르웨이

사진 2-7-3
개방적인 공간과 폐쇄적인 공간(온돌)을 병행한 민가 : 안동, 한국

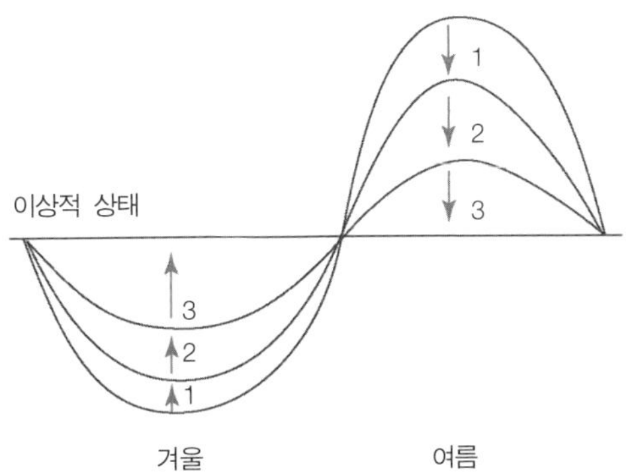

(1) 건물 주변의 계획
(2) 건축적 방법 (패시브)
(3) 설비적 방법 (액티브)

그림 2-7-3 실내기후 제어의 계획 프로세스
외계의 변동을 완화하고 쾌적하고 안정적인 실내기후를 획득하기 위한 계획은 건물주변 레벨, 건축레벨 순으로 실시하여 마지막에 적절한 설비를 계획한다.

지구 환경적인 시점에서 '패시브 디자인'의 중요성이 강조되는 것은, 그 배경에 편리함과 쾌적함을 안이하게 추구하여 과도하게 에너지에 의존하고 환경부하를 증대시커 온 인공환경기술의 과거 반세기의 역사에 대한 반성이 있기 때문이다. 그러나 다음의 액티브 디자인의 항에 있듯이, 현대의 세련된 인공환경기술 중에는 '액티브 수법'일지라도 에너지 효율의 현저한 향상으로 에너지 절약이 달성되어 환경부하도 작아졌다.

'패시브 수법'과 '액티브 수법'의 차이는 환경부하의 크고 작음만이 아니라 목적으로 하는 실내환경의 '질'의 차이에 의해서도 비교 · 선택된다. 균질하고 일정한 쾌적함은 '액티브 수법'의 특징이며, 자연의 변화를 전제로 한 친자연적인 쾌적함은 '패시브 수법'의 특징이라고 할 수 있다.

패시브 디자인은 건물에 생기는 자연의 열이나 빛의 흐름을 활용하여 난방효과, 냉각효과, 조명효과를 획득하는 체계라고 할 수 있다. 따라서 설계의 목적은 바람직한 열이나 빛의 흐름이 형성되도록 지역의 기후특성에 맞추어 건물의 부위나 전체의 설계를 하는 것이다(그림 2-7-3). 건물에 흐르는 열의 예측계산은 복수의 기후요인이나 건물요인이 관여하는 복잡한 비정상 계산이지만, 컴퓨터의 활용으로 현격히 친밀한 방법이 되었다. 설계자를 위하여 PC를 이용한 디자인 툴도 개발되어 일반 설계에 활용하게 되었다. 컴퓨터 시뮬레이션이라고 하는 하이테크 기술에 의해 패시브 디자인이라고 하는 로우테크 기술이 고도로 실용화되었다고 말할 수 있다.

3 패시브 디자인의 원리

1) 패시브 솔라 난방

태양열을 급탕설비와 난방설비의 열원으로 이용하는 것에서부터 시작한 솔라 시스템은, 1970년대 후반부터 패시브 솔라(Passive Solar)와 액티브 솔라(Active Solar)로 구분하게 되었다. 태양열을 난방설비의 열원으로 이용하는 종래의 솔라 시스템을 액티브 솔라로 부르고, 집열, 축열, 방열이라고 하는 난방 프로세스에서의 열의 이동에 펌프나 팬을 사용하지 않고 자연의 대류나 전도 · 방사에 의존하는 것이 패시브 솔라로서 새롭게 정의되었다. 맑은 날의 낮 동안에 취득한 태양열을 이용하여 야간이나 구름 낀 날에도 난방효과를 얻기 위해서는 축열이 필요하다. 축열재로서 콘크리트, 돌, 타일, 흙 등 열용량이 크고 열전도율의 적은 것이 바람직하다.

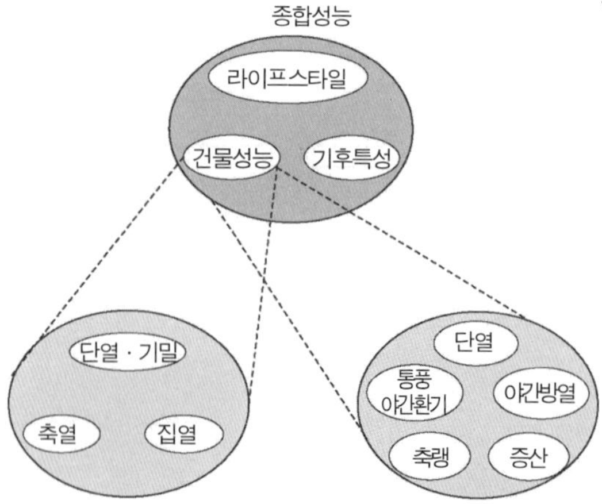

그림 2-7-4 주택의 열적성능을 계획
건물의 종합적인 성능은 기후특성이나 라이프스타일에 적합한 계획에 의해 달성된다. 겨울, 여름의 열적성능을 달성시키기 위해서는 각기 다른 건축적 고안이 필요하며 그것들의 통합이 요구된다.

이러한 축열재 외에 물을 이용하거나 물체의 융해 · 응고 시에 생기는 잠열을 이용하는 경우가 있다. 열의 이동은 자연순환이 원칙이지만 보조적으로 팬이나 펌프가 이용되는 경우도 있다. 패시브 솔라에서는 일반적으로 복잡한 메커니즘의 조작이나 고장으로 번거롭게 되지 않은 이점이 있지만, 반면에 빠르고 많은 열의 이동에 한계가 있기 때문에 실온조절이 어려운 결점이 있다. 지역의 기후특성에 맞추어 건물의 집열, 축열, 단열 · 보온의 밸런스를 생각한다. 우선은 열취득과 열손실의 균형을 생각하고, 그 다음에 축열의 방법을 생각한다.

① 직접집열형(Direct Gain System)

실내의 바닥이나 벽을 축열부위로 하여 남면하는 창이나 천창으로부터 일사를 도입하여 축열한다. 야간에 실온이 저하하기 시작하면 축열부위 표면으로부터 방열이 시작되어 난방효과를 얻을 수 있다. 축열부위는 그 실외 측에서 단열시공(외단열)되어야 한다. 일사가 직접 닿으면 신속하게 일사열이 흡수되도록 하기 위하여 가능한 넓은 면적의 축열부위 표면에 일사가 닿도록 하고, 또한 일사 흡수율이 큰 마감으로 하는 것이 바람직하다. 하루 주기의 축방열에 유효한 축열재의 두께는 콘크리트의 경우 15~20cm이다. 축열량을 늘리기 위해서는 두께를 늘리는 것보다 축열부위의 표면적을 늘리는 편이 좋다(사진 2-7-4).

② 트롬브 형

집열창의 실내 측에 자립한 축열벽을 배치하여, 이것을 관류하여 실내에 도달하는 열로 난방효과를 얻는다. 벽의 두께가 두꺼워지는 만큼 축열량이 증가하고 전열 타임렉도 커지지만, 그 대신 감쇠도 커진다. 벽 두께는 일반적으로 20~30cm로 하며 타임

사진 2-7-4 직접집열형의 예 : 쓰쿠바

낮에 일사를 받은 바닥은 따뜻해진다. 열은 차차 바닥에 흡수되어 축적된다.
그 열이 야간에 천천히 실내에 방출되어 실온의 저하를 방지한다.

사진 2-7-5 트롬브 원형의 예 : 프라이부르크, 독일

원형으로 된 축열벽 외측에 투명단열재가 설치되어 있다.
일사열은 벽에 축열되어 실내측으로 천천히 방출한다.

사진 2-7-6 온실 부설형의 예 : 슈투트가르트, 독일

남측에 커다란 온실을 가진 집합주택, 온실의 지붕유리 위에는 일사 차폐를 겸한 태양전지가 있다.

렉은 6~8시간 정도이다. 축열벽의 상부와 하부에 공기 순환구를 마련하여 공기의 대류에 의해 열의 이동을 촉진시키는 경우도 있다. 여름철의 오버히트를 막는 대책이 필요하다. 투명 단열재를 유리와 축열벽 사이의 공기층에 충전하는 구법이 개발되어 집열효율은 현저하게 향상했다. 트롬브란 개발자의 이름이다(사진 2-7-5).

③ 온실 부설형

거실의 남쪽에 부설된 온실(선룸)을 집열부위로 한다. 축열이 없는 경우, 온실의 실온은 태양이 비치고 있는 사이에 급상승하여 야간은 외기온도까지 저하하므로 1일의 온도변동이 큰 것이 특징이다. 온실의 용도에 따라 축열방법을 동원하여 온도변동을

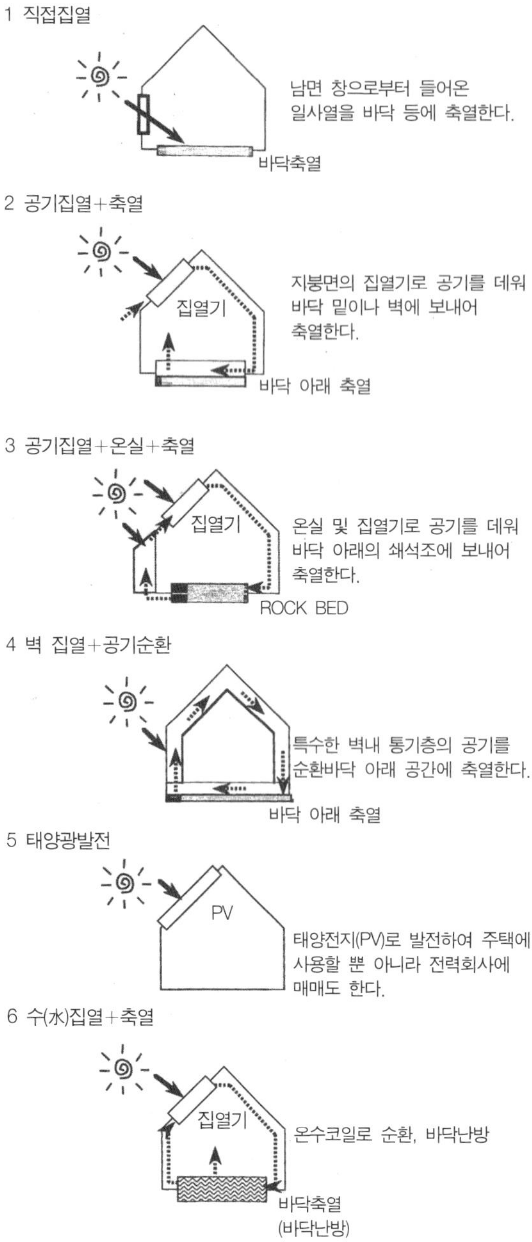

그림 2-7-5 패시브 솔라 난방방식

겨울

여름

사진 2-7-7 덩굴식물에 의한 일사차폐

겨울은 말라서 일사를 받아들이고 여름은 번무(무성)하여 차폐하는 식물은 자동제어되는 일사제어장치이기도 하다(츠쿠바).

(1) 오피스빌딩의 더블스킨 : 베를린
일반적인 창면의 외측 전체를 커버하는 유리루버가 설치되어 있다. 개폐하기에 따라 통풍과 일사를 조정할 수 있다.

(2) 초고층 아트리움 : 프랑크푸르트
건물중앙부의 아트리움을 중심으로 오피스공간이 나선형으로 배치되어 자연의 빛과 공기가 적극적으로 채용된 초고층 빌딩

사진 2-7-8 대형건축의 패시브디자인

채광, 일사열의 차폐, 통풍 등 복합적인 기능을 접하는 외벽 및 창의 디자인은 대형 건축에서도 적극적으로 개발되어 도입되고 있다.

완화한다. 열의 이동과 축열의 형식에는 많은 변화가 있다. 온실에서 따뜻하게 된 공기를 쇄석을 채운 축열조나 바닥 밑 피트공간에 보내 축열하는 방법 외에 온실에 축열부위를 부가하는 방법, 온실의 공기를 직접 거실에 보내 거실 내부에 축열부위를 부가하는 방법이 있다(사진 2-7-6).

④ 공기순환형

공기식 집열기로 따뜻하게 된 공기를 순환시키는 방법. 공기식 집열기를 난방공간보다 낮은 위치에 둘 경우 자연대류에 의해 열의 이동이 가능하다. 이 형식은 서모사이펀(Thermosyphon)으로 불린다. 공기식 집열기를 지붕면에 설치하면 일사취득은 용이하게 되지만 공기순환을 위한 팬이 필요하게 된다. 축열부위인 바닥 밑 공간과 조합하여 간편한 난방 시스템을 구성할 수가 있다. 실내 공기를 순환시키는 방식 외에 항상 신선한 바깥공기를 취입하는 방식도 있다. 또 건물 외피(지붕, 벽)를 이중구조로 하고, 이 이중벽 사이의 공기층에 공기를 순환시키는 방법도 이 방식의 일종이다.

2) 패시브 쿨링(涼房)

패시브 디자인은 한랭지의 솔라난방에서 시작했지만 난방에만 그치는 것은 아니다. 여름을 위한 건축적인 고안을 '패시브 쿨링'이라고 한다. '여름을 시원하게' 하는 것이 기본인 일본의 민가는, 오로지 패시브 쿨링을 목적으로 해온 것이라고 해도 과언이 아니다. 고온 다습한 기후풍토에 대한 기발한 기법을 발견할 수 있는 반면에 겨울철 대책에 약점이 있다. 여름과 겨울을 위한 건축적인 고안이 양립하는 것이 일본의 패시브 디자인의 과제이다.

① 차열 · 배열

패시브 쿨링의 첫 번째 원칙은 외부로부터 침입하는 열의 철저한 차단과 실내 열의 조속한 배출이다. 전통적인 민가의 커다란 억새지붕과 깊은 차양은 전형적인 차열 디자인이었다. 또 최근의 지붕녹화도 차열의 좋은 예이다. 억새지붕도 지붕녹화도 열손실을 막는 단열효과는 비교적 적다. 즉 여름의 차열과 겨울의 단열 · 보온을 혼동해서는 안 된다. 창으로부터의 일사차단도 불가결하다. 창의 방위를 고려하고 적절한 차양 디자인을 하며 유리를 신중히 선택해야 한다. 근래의 빌딩에서는 차열 · 배열기능을 겸비하면서 겨울의 집열기능도 고도화한 일사제어 시스템을 갖춘 개구부도 많아졌다. 또 빌딩 내의 열을 효율적으로 배출하는 방법도 있다.

② 통풍 · 야간환기

실내에서 느낄 수 있는 기류를 많게 하여 피부로부터 열 방산을 촉진하는 것이 통풍의 목적이다. 그러기 위해서는 실내는 가능한 한 개방적인 것이 바람직하고, 미리 바람이 지나가는 길을 설계해 둘 필요가 있다. 그러나 고온 고습한 바깥공기를 과도하게 도입하는 것은 역효과인 경우도 있기 때문에 통풍량이나 통풍경로를 제어하는 창의 연구가 필요하다. 또 바깥공기 온도가 내려가는 야간에 중점적으로 환기 · 통풍을 하는 경우도 있다. 또한 실내에 열용량이 있으면 야간환기로 냉기를 저장하여(축랭) 다음 날 낮에 냉각효과를 얻는 것도 가능하며, 그 효과도 크다. 바깥공기를 도입할 때 바닥 아래나 지중을 경유시켜 공기를 냉각하는 방법도 있다.

③ 증산(蒸氣發散)

물의 기화열을 이용하여 자연 냉각효과를 얻는 방법은 건조지에서는 큰 효과를 얻을 수 있다. 습하고 더운 지역에서는 일반적으로 크게 기대할 수는 없지만, 물을 뿌리는 습관에서 알 수 있듯이 지혜롭게 활용하는 방법도 있다. 빗물을 저장했다가 지붕면 살수에 이용하는 방법도 있다. 벽면녹화나 지붕면 녹화에 사용하는 식물에는 일사차단 효과뿐만 아니라 증산에 의한 냉각효과도 있다.

④ 야간방사

냉열원으로서 야간방사 및 대기방사를 이용하는 방법은 대기의 투과율이 높을수록 효과가 크지만 습도가 높은 지역에서는 일반적으로 대기투과율이 낮아 크게 기대할 수는 없다. 그렇지만 겨울에는 공기식 집열기를 활용하여 외기열을 실내로 끌어들이는 방법은 실용화되어 있다.

⑤ 그 외의 냉열원의 이용

1년을 걸쳐 온도변화가 적은 지하수나 대지는 냉열원으로서의 잠재력 가지고 있지만, 효율이나 생태계에 대한 영향을 고려할 필요가 있다. 일반적인 주택 정도의 규모에서는 바닥 밑이나 건물 북측 등 냉기가 모이는 곳에도 활용할 수 있다.

3) 자연광 이용 조명

자연광을 이용하는 조명은 지금까지 주로 천공으로부터의 확산광을 대상으로 해왔다. 직달일사(直達日射)는 밝기(조도)나 눈부심(휘도)의 제어가 어려웠지만, 다양한 연구를 하여 직달일사를 이용하는 자연광 조명도 많아지고 있다. 남쪽 창 중간부에 수평 차양을 붙여, 그 상면에서의 반사광을 천장과 문틀 사이에 있는 교창에서 실내로 도입하여 천장에 반사시키는 '조명선반'이 그 대표적인 수법이다. 조도를 감지하여 날(blade) 각도를 자동조절하는 베니션 블라인드 등 일사의 차폐와 이용을 겸하는 장치와 인공조명과 절묘하게 조화시킨 하이브리드 시스템도 있다.

4) 패시브 환기

한랭지에서는 난방 시의 열손실을 방지하기 위해 건물의 단열화와 함께 기밀화가 급속히 진행되었다. 그 결과 적절히 신선한 외기를 끌어들여 바람직한 실내 공기질을 유지하기 위한 계획환기가 매우 바람직하게 되었다. 기계환기에는 제어성이 뛰어난 다양한 시스템이 있지만, 한편으로는 팬 구동에 동력을 필요로 하지 않고 실내 전체의 적절한 환기를 할 수 있는 패시브 환기 시스템이 개발되고 있다.

4 패시브 디자인과 지역성

일본은 북위 26~45°에 걸치는 지역에 있기 때문에 아열대기후대로부터 북유럽·캐나다에 필적하는 한랭기후 지역까지 분포되어 있다. 대체로 온난기후라고 여겨지지만 자세히 보면 지역적 기후 차이가 큰 것에 재차 놀라게 된다. 예를 들어, 북위 44°인 구시로(釧路)의 연간 난방도일(煖房度日)은 북위 59°의 스톡홀름보다 많고 북위 40°의 모리오카(盛岡)는 52°의 베를린보다 많다. 기온의 분포뿐만 아니라 일사량 분포에도 큰 지역 차이가 있다. 태평양 연안 지역은 겨울에도 우수한 일조지역이다. 기후의 계절적 변동이 큰 것도 큰 특징이지만, 여름이나 중간기는 한층 더 지역적인 다양성이 풍부하다. 지역의 특성에 따라 다양한 디자인을 해야 한다.

이미 말한 것처럼, 일본의 전통적인 민가에는 온열성능 향상을 위한 다양한 연구를 해온 건축기술의 역사와 축적이 있다. 그렇다고는 해도, 그것들은 난방기술이나 냉방기술과 같은 강력한 기술과는 달리, 기술의 불완전함을 라이프스타일이나 거주방법의 연구로 보충하지 않으면 안 되는 약점과 부자유스러움이 있는 것도 부정할 수 없다. 그러나 한편으로 지금도 생활의 일부로 정착되어 거주의 쾌적함이 사랑 받고 선호되고 있다. 냉난방이 가져오는 쾌적함과는 질이 다른 쾌적함과 풍요로움으로 사랑 받고 있는 경우가 적지 않다. 전통적인 기술이나 라이프스타일을 개선해야 할 곳은 개선하고 인정해야 할 것은 인정하면서, 지역성이 풍부하고 다양한 쾌적성을 재발견, 재평가하는 것은 앞으로 패시브 디자인의 큰 주제이다.(고다마 유우이치로우)

PLEA(프레아)

PLEA
Passive and Low Energy Architecture

PLEA는(Passive and Low Energy Architecture)의 이니셜 문자이다. 1982년에 제1회 회의를 개최하고, 그 후 매년 개최되어 온 국제회의의 명칭이며, 그 모태인 국제 네트워크의 약칭이기도 하다. 그 기원은 마이애미대학의 아서 보엔의 운동에 있다. 1980년대 초기의, 이른바 포스트모더니즘 건축의 대두를 계기로 하여 다시금 지역의 기후풍토에 뿌리를 둔 건축디자인의 중요성을 제창한 것이 효시이다.

포스트모더니즘 건축은 기능성, 보통성, 합리성을 지나치게 추구하는 결함에 빠졌다. 즉, 모더니즘 건축의 지나친 요소환원주의에 대항한 이의제기라고 할 수 있다. 모더니즘 때문에 버려진 역사성, 장소성, 신체성이다[*1]. 포스트모더니즘은 그러한 것들의 회복을 도모해야 당연한 것이었지만, 현실적으로는 형태의 시각적인 의미, 상징의 조작에만 골몰해 있었다. 게다가 그 건축의 상당수는 물리적으로는 대량의 자원과 에너지의 소비에 의해 유지되고 있었던 것이다.

이런 의미에서 아서 보엔이 목표로 한 것은, 다른 각도에서 역사성, 장소성, 신체성의 회복을 의도했다고 간주할 수가 있다. 거기에서는 패러다임 시프트 의욕을 읽어낼 수 있다. 그렇게 보면, 그가 버네큘러(Vernacular) 취락이나 민가에 주목하고, 한편으로 차츰 충실해진 건축계획원론의 지견[Building Science]을 집대성하려고 한 것도 이해할 수 있다. 즉, 당초의 PLEA는 Passive and Low Energy Alternatives이기도 했던 것이다.

패시브 솔라라고 하는 명칭이 대중에게 인지된 것은 1976년 제1회 전미 패시브 솔라 회의 때이다. 물론 그때까지도 태양에너지 이용에 대한 연구개발은 있었지만, 이때부터 '패시브'는 '액티브'의 범주로부터 명확하게 구별되어 냉난방설비의 열원으로서 태양열 이용이 아니라 건물 자체의 건축적인 연구를 통하여 직접적으로 태양에너지를 이용하는 방법으로 초점이 좁혀졌다.

그 후, 전미 패시브 솔라 회의는 활발한 전개를 하여 패시브 디자인의 이론적 기반이 구축되었다. 겨울철뿐만 아니라 여름철의 자연에너지 이용－패시브 쿨링－에 대한 연구개발도 진행되었다. 이 시기는 컴퓨터 해석에 의한 열 해석 기술이 보급되어, 그때까지 손대지 못하고 있던 건물의 열이나 빛, 공기의 분석이 급속히 진행된 시기이기도 했다. 일본에서 이 분야는 '건축계획원론'이라고 불렸지만 패시브 디자인은 그 건축계획원론의 새로운 단계의 개막이기도 했다.

PLEA의 정신은 [PLEA 헌장] (표 1)에 잘 나타나 있다. PLEA가 커버하는 범위가 지극히 넓은 것도 특징중 하나이다. 민가나 취락의 조사부터 도시계획까지 다양한 테마가 있으며 연구자부터 설계자, 정책담당자 등 다양한 전문가가 참가한다. 그 조직이 회원제가 아닌 누구라도 참가할 수 있는 것도 큰 특징이다.

PLEA의 전개는 지금까지의 회의 테마가 잘 가리키고 있다. 에코기술, 지역주의, 기후변동 대응, 지구환경, 지속가능성이라고 하는 테마로부터 시대의 흐름을 읽어낼 수가 있다(표 2).

또 회의는 대도시가 아니라 지역성이 풍부한 소도시에서 개최되는 경우가 많은 것에는 이유가 있다. 지역의 장점을 살리려면 대도시는 그다지 어울리지 않고, 무엇보다도 거대도시는 지역의 장점을 희생으로 하여 그 위에 독자적인 문화를 쌓아 올려 온 경위가 있기 때문이다. 도시의 문화와 지역이 장점을 어떻게 하여 양립시킬 지가 PLEA의 목표이며, 또 그것을 필요로 하는 중소도시 쪽이 거대도시보다 그 수가 압도적으로 많다. 일본에서는 1989년에 나라(奈良)에서, 1997년에 구시로(釧路)에서 개최되었다.

패시브도 저에너지도 지역성과 풍토성이 긴밀하게 연결되어 있다. 지역의 기후풍토에 적응한 디자인은 '바이오 클라이매틱(Bio Climatic Design)'이라고 불리는 경우가 있지만, 이것은 PLEA의 중요한 키워드이다. 전통적인 민가가 그랬듯이, 오늘의 우리도 시대의 첨단적인 기술을 이용하고, 또한 지역의 기후풍토에 적응한 디자인을 하는 것이 요구되고 있다.(고다마 유우이치로우)

표1 PLEA 헌장

- PLEA는 에콜로지컬하고 환경을 배려한 건축 및 도시계획을 실천하려고 하는 모든 사람들의 참가를 추구한다.
- PLEA (Passive and Low Energy Architecture)는 패시브로 저에너지를 실현하는 건축을 의미하며, 건축의 지역적합기술, 환경설계기술, 자연활용기술을 개발, 기록, 보급한다.
- PLEA는 자연과 공생하는 인간의 거주환경을 실현하기 위하여 건축디자인, 건축환경계획, 도시계획상의 최고 수준의 연구와 직능의 확립을 기한다.
- PLEA는 건축과 도시계획의 분야에 있어서 환경의 질을 논하는 학제적인 장소를 제공한다.
- PLEA는 거주환경 형성에 관한 예술, 과학, 기술의 전문지식을 공유하려고 하는 개인의 자발적 네트워크이다.

* [패시브란]
패시브 디자인은 지역의 환경이 가진 잠재적인 힘을 끌어내, 그 쾌적함을 향수하는 방법. 환경의 잠재적인 힘, 포텐셜은 지역의 기후풍토마다 다르므로, 그 이용 및 향수하는 방법도 다양하다.

* [저에너지란]
즉물적(卽物的)으로 말하면, 저품질의 에너지, 온도의 에너지에 관한 것. 환경이 가진 에너지는 일반적으로 밀도가 낮은 저에너지이지만 이것을 이용한다. 건축에서 이용하는 온도는 냉난방이든 급탕이든, 대부분이 20~60도 범위이며 상온에 가깝다. 이러한 용도에는 에너지 밀도는 낮지만 충분히 존재한다. 태양이나 바람과 같은 자연에너지를 응축하지 않고 직접적으로 패시브로 이용하는 것이 이치에 맞다. 환경부하가 적은 로임팩트 에너지이다. 또 저에너지에는 하이테크에 대해서 로우테크라고 하는 경우와 같이 취급하기 편리하며 위험하지 않다는 뉘앙스도 있다.

표2 PLEA회의 개최도시와 주제(1981~2007)

1981 : Miami, USA (Meeting to inaugurate PLEA)
1982 : Bermuda (Passive and low energy alternatives)
1983 : Crete, Greece (Passive and low energy architecture)
1984 : Mexico city, Mexico (Passive and low energy eco-techniques applied to housing)
1985 : Venice, Italy (Architecture and regionalism)
1986 : Pecs, Hungary (Passive and low energy architecture in housing)
1988 : Porto, Portugal (Energy and buildings for temperate climate)
1989 : Nara, Japan (Global environment and architecture in the post-industrial age)
1990 : Halifax, Canada (Bioclimatic design in architecture and planning)
1991 : Seville, Spain (Architecture and urban space)
1992 : Auckland, New Zieland (Architectural responses to climate change)
1994 : Dead Sea, Israel (Architecture of the extremes)
1995 : New Delhi, India (Sustainability through climate responsive architecture)
1996 : Louvain-la-Neuve, Belgium (Building and urban renewal)
1997 : Kushiro, Japan (Bioclimatic design in cold climate)
1998 : Lisbon, Portugal (Environmentally friendly cities)
1999 : Brisbane, Australia (Sustaining the future : Energy-Ecology-Architecture)
2000 : Cambridge, UK (Architecture, City & Environment)
2001 : Florianopolis, Brazil (Renewable energy for a sustainable development of the built environment)
2002 : Toulouse, France (Environmentally responsive design)
2003 : Santiago, Chile (Rethinking development : Are we producing a people oriented habitat?)
2004 : Eindhoven, The Netherlands (Built environment and environmental buildings)
2005 : Beirut, Lebanon (Environmental sustainability : The challenge of awareness in developing societies)
2006 : Geneva, Switzerland (Clever design, affordable comfort : A Challenge for low energy architecture and urban planning)
2007 : Singapore (Sun, wind and architecture)
2008 : Dublin (Towards Zero Energy Building)

*1 [역사성, 장소성, 신체성] 코다마 유우이치로우 PLEA 1989 논문 개요집

2-2-8 액티브 디자인

외벽 · 지붕 · 창의 단열성능 향상, 차양 등에 의한 창의 일사 차폐성능 향상, 주광 이용, 태양열 직접 이용(다이렉트 게인), 자연환기 등 건축적인 방법을 패시브 디자인이라고 한다. 이것에 대해서 설비적인 방법으로 자연에너지를 이용, 혹은 화석에너지의 고효율 이용을 도모하는 시스템의 디자인을 액티브 디자인이라고 한다. 액티브 디자인에는 다종다양한 방법이 있기 때문에 건축 사례를 바탕으로 개요와 에너지 절약 효과의 검증 예를 개략적으로 설명한다.

1 초고층 대학 교사(校舍)의 액티브 디자인

메이지대학 리버티 타워는 도심의 기존 캠퍼스 재개발의 제1단계로 건설된 초고층 대학 교사(1998년 9월 준공, 총건축면적 59,000mm²)이다(사진 2-8-1). 주변 구역에 분산되어 있던 교실 군을 집약하면서, 도심부의 녹지 네트워크 형성에도 공헌할 수 있는 오픈 스페이스를 확보하기 위해서 그림 2-8-1에 나타낸 것과 같은 초고층 안이 선택되었다.

사진 2-8-1 메이지대학 리버티 타워 외관

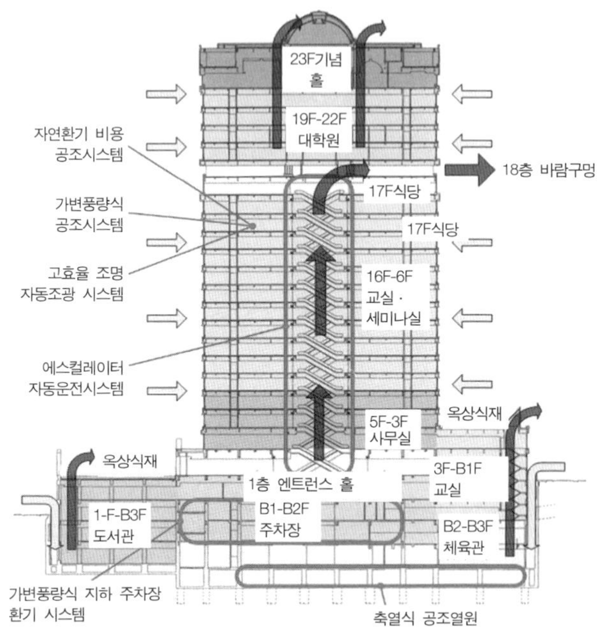

그림 2-8-1 메이지대학 리버티 타워의 패시브 & 액티브 디자인

이 교사를 일반적인 시방으로 설계(기준 안)해 실제의 강의 스케줄(휴일의 외부 대출 포함한다)에 맞춘 매 시간별 연간 컴퓨터 시뮬레이션으로 계산한 1차 에너지 소비량을 그림 2-8-2의 좌측에 막대그래프로 나타냈다. 공조용도(공기조절 열원+공기조절 펌프+공기조절 팬)가 50%, 조명용도가 20%, 합계 70%를 차지하고 있어 패시브 디자인과 함께 액티브 디자인의 중요성이 시사되고 있다.

중앙의 막대그래프는 실제의 설계 안(대책 안)의 예측치이며, 기준 안에 비해 약 40% 삭감되고 있다. 그림 2-8-2의 맨 오른쪽 막대그래프는 1999년도의 실적 값이며, 대개 예측대로 에너지 절약 실적을 올리고 있다(문헌 2-56). 또 채용된 주요한 액티브 수법별 에너지 절약 효과의 검증 예를 그림 2-8-3에 나타냈다.

1) 자연환기 겸용 공기조절 시스템

이 교사의 최대 특징은 초고층 건축에서 자연환기를 채용한 점에 있다. 실내 온·습도, 외기 온·습도, 강우상황, 외부풍속 등의 정보에 근거해 자동개폐 제어되는 환기창으로부터 받아들여진 바깥공기가 교실의 천장과 지붕과의 사이공간으로부터 복도부분으로 빠진다. 또한 학생의 교실 간 이동을 위해서 1층에서 17층까지 설치된 에스컬레이터 부분을 경유하여 18층 바람구멍으로 배기된다.

또 19층 이상의 대학원 층에는 자연환기용 보이드(Void)가 설치되어 23층 옥상레벨로 배기되는 환기창의 자동개폐 제어에 의해, 학생이 없는 전날 밤 동안에 실내에 틀어박힌 열기와 공기 오염물질이 제거되어 다음날의 냉방부하를 경감함과 동시에, 낮 동안도 자연환기를 하면서 부족분을 공기조절로 보충하는 패시브 디자인과 액티브 디자인의 융합에 의해 그림 2-8-3과 같이 연간 냉방에너지 소비량(공조열원+공기조절 팬)이 19% 삭감되고 있다.

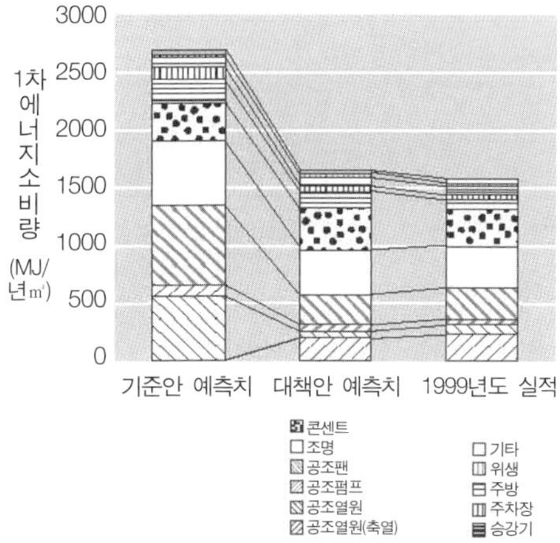

그림 2-8-2 1차 에너지 소비량 예측치와 실적치의 비교

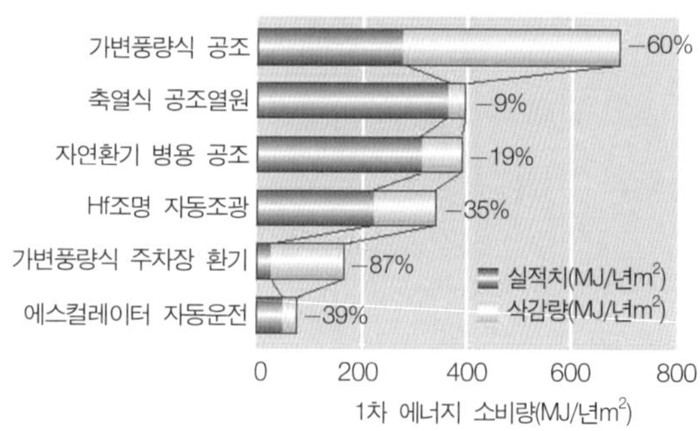

그림 2-8-3 각종 액티브 수법과 에너지 효과 검증 예

2) 가변풍량식 공기조절 시스템

그림 2-8-2의 막대그래프에 나타나고 있는 대로 각 교실에 공조공기를 공급하는 공조 팬의 에너지 소비량은 전체의 26%를 차지하고 있다. 양호한 실내환경을 유지하기 위해서는 실내 냉난방부하의 변동에 따라 공조공기의 공급풍량과 공급온도 어느 쪽이든 한쪽, 또는 양쪽 모두를 변화시킬 필요가 있다. 이 교사에서는 그 양자를 제어하는 시스템이 채용되어 그림 2-8-3에 나타내듯이, 공조 팬의 에너지 소비량이 약 60% 삭감되고 있다.

3) 축열식 공기조절 열원 시스템

교사 최하부의 기초 보 공간에는 수량 4,100㎥ 의 거대한 축열조가 설치되어 있다. 발전소의 전력공급이 부족한 낮을 피해 전날 밤 동안에 공조열원기기로 만든 냉수와 온수를 축적하는 시스템이다. 열원기기의 고효율 운전이 가능해져서 그림 2-8-3에서와 같이 축열조가 없는 일반적인 공조열원 시스템에 비해 공조열원용 에너지 소비량이 9% 삭감되고 있다.

4) 고효율 조명 자동조광 시스템

건물 전체의 에너지 소비량의 20%를 차지하는 조명용 전력을 삭감하기 위해서, 효율이 좋은 Hf형 형광등과 광센서에 의한 자동조광 시스템 채용으로 인해 그림 2-8-3에서와 같이 재래형 형광등에 비해 35% 삭감되고 있다.

5) 가변풍량식 지하주차장 환기 시스템

지하주차장 환기팬의 에너지 소비량은 그림 2-8-2의 막대그래프와 같이 전체의 4%를 차지하여 의외로 많다. 철저한 에너지 절약을 도모하기 위해 자동차의 배기가스에 포함된 일산화탄소의 농도를 검지하여 주차장 환기팬의 회전수를 제어하는 시스템의 채용으로 인해 환기팬용 에너지 소비량이 87% 삭감되고 있다.

6) 에스컬레이터 자동운전 시스템

엘리베이터와 에스컬레이터의 에너지 소비량은 그림 2-8-2의 막대그래프와 같이 전체의 8%를 차지하고 있다. 이 중 약 60%가 에스컬레이터용이다. 강의시간 사이의 단시간에 8,000명의 학생이 교실 사이를 이동하기 위해 설치된 34기의 에스컬레이터와 시간대에 따라 이용빈도가 크게 변동한다. 이 때문에 사람을 감지하는 센서를 이용한 출발정지 제어가 채용되어 에너지 소비량이 39% 삭감되고 있다.

2 환경과학연구소의 액티브 디자인

사진 2-8-2 야마나시 현 환경과학연구소의 조감사진 (촬영 : SS 도쿄)

야마나시 현(山梨県) 환경과학연구소는 후지산 북측의 표고 1,030m의 한랭지에 건설된, 연구와 환경학습의 기능을 가진 시설(1997년 5월 준공, 총건축면적 6,400m²)이다(사진 2-8-2). 외벽에는 콘크리트 구조체의 옥외 측에 장착된 두께 100mm의 발포 단열재, 25mm의 통기층, 75mm의 벽돌 마무리에 의한 외단열공법이, 창에는 로이(Low-e) 복층유리, 단열새시, 자연채광 효과를 높이기 위한 채광선반이 채용되고 있다. 또 그림 2-8-4에 나타내듯이, 3층 보이드 중앙복도의 고측창(High side light)를 자동개폐 제어하여 자연환기 효과를 높이고 건물을 남향으로 하여 태양광 · 태양열의 직접 이용(다이렉트 게인)을 도모하고 있다. 이와 같이 철저한 패시브 디자인에 더하여, 이하에 나타내는 것 같이 액티브 디자인으로 이 부지에 일반적인 시방으로 설계한 기준 안 (내단열 50mm, 보통 복층유리, 등유 냉온수기)에 비해, 1997 ~ 2000년도 사이에 CO_2 배출량이 약 40% 삭감되었다고 하는 실적이 분석되고 있다(문헌 2-59).

1) 태양열 · 지중열 · 배기열 이용 외기처리 시스템

남쪽으로 경사진 금속지붕 마무리면의 뒤편에 환기층을 확보하여, 동절기 맑은 날에는 처마 끝으로부터 빨아들인 외기를 예열하는 공기식 태양열 집열지붕 시스템이 채용되어 있다. 또 연중 온도가 안정되어 있는 지반과의 열 교환을 위해서 지하 구조체를 이용한 폭 3.6m × 높이 2.6m × 총연장 72m의 쿨/히트 터널을 마련함으로써 동절기의 외기 예열, 하절기의 외기를 예냉(Precooling)하고 있다.

또한 배기열을 회수하기 위한 전열교환기도 조합함으로써 연간의 외기 처리 에너지를 47% 삭감하고 있다(문헌 2-59). 세다가 집열지붕면 중 160m²분이 태양광발전 패널(20kW)이 되어 있어, 태양광발전과 공기식 태양열 집열기의 하이브리드(hybrid) 시스템

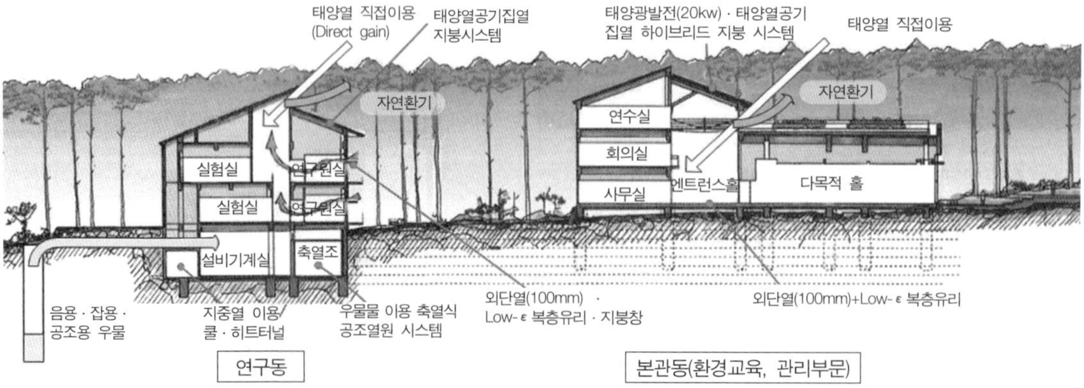

그림 2-8-4 야마나시 현 환경과학 연구소의 패시브 & 액티브 디자인

이 되어 있다.

같은 태양열 · 지중열 이용 외기처리 시스템은 국제협력 사업단의 홋카이도 국제센터 오비히로(帶廣)(문헌 2-60) (1995년 준공, 연면적 4,300㎡), 이와테 현립대학(1998년 준공, 연면적 80,000㎡) (문헌 2-61), 후술하는 지구환경전략연구기관 등에도 채용되어 있다.

2) 우물물 이용 축열식 공기조절 열원 시스템

도시가스 공급이 없는 건설지에서는 탱크로리로 운반되는 중유, 또는 등유를 연료로 하는 공조열원 시스템이 채용되는 경우가 많다. 그러나 자연림 속에서 대기오염 물질을 배출하는 시스템을 피하기 위해 전기식 공조열원이 검토되었다. 건설지의 동절기 설계 외기온도는 -13.8℃이며, 외기로부터 열을 채취하는 공기열원 히트펌프 시스템으로는 안정된 운전이 곤란하고 효율도 나쁘다.

따라서 1년 동안 수온이 10℃로 안정된 우물물을 열원으로 하는 수열원 히트펌프 시스템이 채용되었다. 또 실험용으로 한 해에 걸쳐 필요한 냉수 · 온수 · 급탕 상호의 열회수 운전을 발전소의 전력공급에 여유가 있고 전력의 CO_2 원단위(기준치)도 작은 야간에 하기 위하여 축열조가 설치되어 있다.

3 유수하라 읍(町) 종합청사의 패시브/액티브 디자인

청사가 세워진 고우치 현 유수하라 읍(梼原町)은 고우치 시로부터 차로 2시간 거리이며, 인구 약 4,200명의 농림업을 주된 산업으로 하는 마을이다. 시코쿠 카르스트 대지 및 사만토(四万十) 강 원류의 사계절 풍광이 아름다운 자연과 '가구라(神楽 : かぐら' 신에게 제사 지낼 때 연주하는 일본의 무악)나 접대하는 차당(茶堂) 등 풍부한 역사와 문화를 기지고 있다. 시코쿠 카르스트 고원의 바람을 이용한 '대형 풍력발전소',

'지열 이용'에 의한 [구름 위의 수영장], [바이오매스(Biomass) 에너지 사업] 등으로 유명하여 환경의 고장 '유수하라'로서 전국에서 주목을 끌고 있다. 2008년 7월에 내각부로부터 '환경모델 후보 도시'로도 선정되었다.

1968년에 건설된 철근콘크리트구조의 동사무소가 노후화 하여 '방재의 거점 기능'. '주민의 편리성', [유수하라에서 생산된 목재의 이용'을 고려하여, 행정 · 의회를 포함한 청사 용도에 JA(일본농협), 은행, 상공회를 더하여 총건축면적 3,000㎡, 지상 2층, 일부 지하 1층, 유수하라 읍 종합청사로서 2006년 10월에 완성했다. 외관사진(p.11 참조)에도 나타나 있듯이, 기둥, 보, 내부 마무리뿐만 아니라 외부 마무리에도 그 지방에서 생산된 삼(杉)재를 많이 사용하여 나무의 따뜻한 온기에 싸인 청사를 지었다. 기둥, 보, 바닥 등의 주요 구조부는 지진력을 부담하기 위해 일부를 RC조로 한 하이브리드(Hybrid) 구조이다. 즉 지진재해 때 등의 활동거점이 되는 것도 고려하여 기준이 되는 지진력을 계산하여 내진성능을 높였다.

채용한 패시브 · 액티브 통합 수법을 권두 삽화(p.11)에 나타내었다. 남쪽의 큰 개구부는 목재 패널로 유리면적을 조정하고, 바닥공조를 통한 공기조절이나 바닥난방이라고 하는 대공간에 적절한 설비에 의한 쾌적한 아트리움 환경을 목표로 하였다. 자연재료(Eco-Materials)에 의한 단열 · 일사차단을 통하여 열부하 저감과 양호한 실내 온열 환경의 실현이라는 두 마리 토끼를 겨냥했다. 유수하라에서 생산된 목재로 만들어진 목재 창틀에 로이복층유리를 조합한 베니션 블라인드에는 슬릿 자체에 단열성을 가지게 하여 결과적으로 일사차폐 효과가 높은 목재 블라인드를 채용했다.

또한 단열재에는 폐지를 원료로 한, 완전 논 프레온(이산화탄소) 발포 단열재(75mm 두께)를 채용했다. 폐지를 이용한 성형단열재는 현장 분사작업도 없고 소재에 포름알데히드를 포함하지 않기 때문에 건강 면에서의 안전성이 높은 단열재이다. 단열성능은 밀도 32kg/㎥의 유리섬유와 동등하다. 외기처리에는 자연에너지를 이용하여 예냉예열(豫冷豫熱)을 실시하고 있다. 남측 벽면의 동서 끝에 설치된 외기 도입구로부터 도입된 신선한 외기는 온도변화가 적은 지중을 경유하여 예냉예열을 한 뒤에 공기조절기에 들어간다. 태양광발전 패널을 이용한 이중지붕을 사용한 태양열 집열과 함께 외기부하를 저감하여 공조용 에너지 소비량을 삭감하고 있다. 하절기의 태양광 패널의 온도저하에 의하여 발전효율 향상도 동시에 겨냥하였다(문헌 2-63).(이카가 토시하루)

2-3 자원을 소중히 한다

2-3-1 건축물의 수명을 늘려서 오래 사용하자

1 자원스톡(Stock)으로써의 건물

그림 3-1-1은 건축에 있어서의 자원이용 방법을 탱크에서 흐르는 물로 단순화하여 도식화한 것이다. 여기에는 두 개의 탱크가 있는데 하나는 자연계의 스톡자원이며 또 하나는 자원스톡으로써의 건물군이다. 지금까지는 자연계의 스톡양만 관심이 집중되어 있었는데, 선진공업국에서는 자연계의 자원을 이용하여 만들어진 인공물의 스톡양이 무시할 수 없을 정도로 커지고 있다.

더구나 시모다(下田) 등의 연구에 의하면, 인공물 스톡의 약 반 이상은 건축물이 차지한다(문헌 2-64). 이러한 사실을 두고 최근에는 '도시 광산'이나 '도시 삼림'이라는 말이 사용되기 시작했다. 이것은 "실제로 광산이나 삼림이 있다는 뜻이 아니라 건축물 등 도시의 인공물 스톡 중에 존재하는 광산자원이나 목질재료 자원의 총량을 무시할 수 없어, 이것을 폐기물의 발생원이 아닌 자원스톡으로써 봐야 한다"라는 주장에 의해 만들어진 용어이다.

2 자원 이용에 있어서의 건물수명의 의미

그림 3-1-1에 있어서 일정시간(예를 들어 1년) 동안에 자연계에 의한 자원스톡의 '탱크'에서, 자원스톡으로써의 건물에서 유출되는 양 $V_{construction}$은 건물의 신축량에 관련이 있으며, 또 자원스톡으로써 건물의 '탱크'에서 일정시간 동안에 흘러나오는 물의 양 $V_{demolish}$는 건물의 제거량에도 관련 있다. 그림 3-1-1의 두 개 '탱크'의 양은 $V_{construction}$

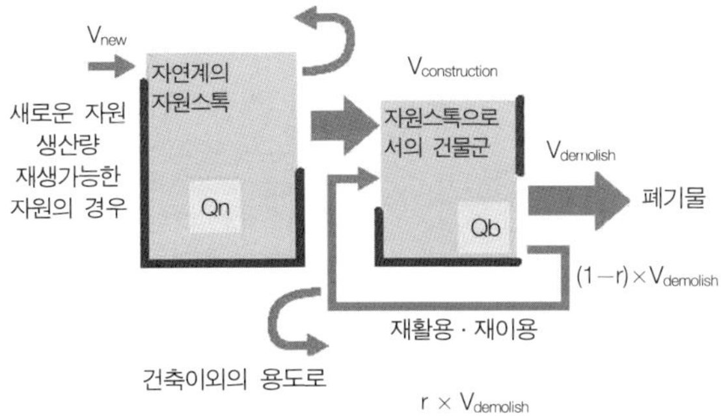

그림 3-1-1 건축에 있어서 자원이용방법

또는 $V_{demolish}$에 의해 결정되어진다.

자원스톡으로써의 건물의 양이 늘어난다는 것은, 그 증가분에 맞는 부분만 자연계에 의한 자원스톡이 $V_{construction}$이라는 속도로 건물군에 이동되었다고 해석할 수 있다. 여기서 $V_{demolish}$가 늘어났다는 것은 '탱크'로부터의 누출이 늘어난다는 것이므로, 같은 양의 건물량의 증가를 실현시키기 위해서는 $V_{construction}$을 늘리거나 재순환·재이용의 기여분 $r \times V_{demolish}$(r은 재이용률)를 늘리지 않으면 안 된다.

건축의 수명은 건물이 세워지면서부터 멸실될 때까지의 기간을 말하며 유사한 용어로 '내용연수'가 있지만, 그것은 건물의 성능과 효능을 일정성능 이상으로 유지하는 것이 가능한 시간을 나타낸다. 내용연수가 예측치·목표치에 있는 것에 대해, 수명은 결과를 나타내는 개념이다. 내용연수가 남아 있어도 건물이 멸실된다면 (수명 < 내용연수), 내용연수가 끝났더라도 건물이 존재하는 경우도 있다(수명 > 내용연수).

$V_{demolish}$는 건물의 수명에 의해 영향을 받는다. 건물의 수명이 짧을수록 $V_{demolish}$는 더 커지고 장수명일수록 $V_{demolish}$는 작아진다. 따라서 $V_{construction}$을 감소시키는 것은 건물의 수명을 길게 하는 것이며 재이용률을 증가시키는 것이다.

3 일본 건물의 수명실태

그렇다면 일본의 건물 수명은 어느 정도일까? 그림 3-1-2, 3-1-3은 도쿄도 주오 구에 있는 목조가 아닌 사무소 건물의 수명실태 조사결과를 나타낸 것이다(문헌 2-65). 이 그림의 세로축의 잔존율 R(t)은 다음 식으로 표현된다.

$R(t) = m(t)/N$

t = 건물 준공부터 경과연수

N = 샘플 수

m(t) = 건물 준공 후 t년 후에 잔존하고 있는 샘플 수

R(t)는 경과연수 t = 0년에 최대치 1을 나타내고, 경과연수와 함께 그 수치를 감소시켜 모든 건물 샘플이 제거된 시점에서 최소치 0이 된다. R(t) = 0.5가 되는 해의 T_m은 건물 샘플의 반이 제거되어 남은 반의 건물 샘플이 잔존하고 있는 연도이다. 다시 말해 T_m은 건물의 수명의 Medium(중위)치이고, 건물 샘플군의 수명의 대표값을 나타내고 있다고 해석할 수 있다.

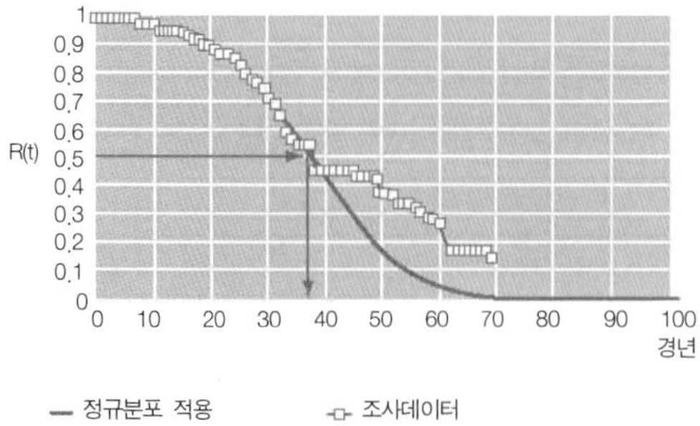

그림 3-1-2 도쿄 도 주오 구에 있는 철골조 사무소 건물의 수명실태

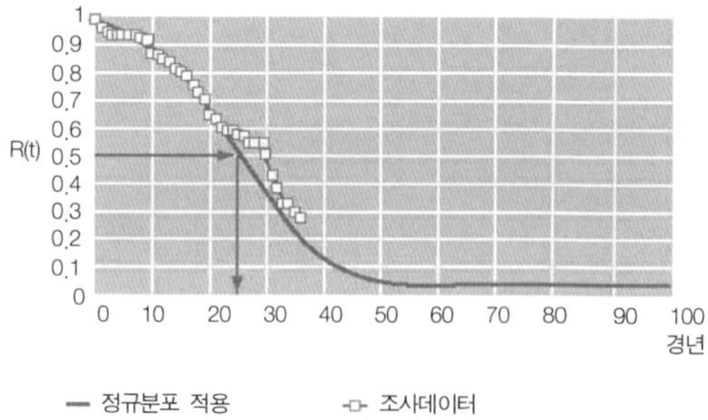

그림 3-1-3 도쿄 도 주오 구에 있는 RC조 사무소 건물의 수명실태
(야시로 등에 의함)

실제로 R(t)는 고정자산상의 자료를 기준으로, 인구통계와 같은 수법을 사용하여 1년간의 건물 멸실 경향에서부터 추정된다(문헌 2-65). 그림 3-1-2, 3-1-3도 고정자산대장의 자료를 기준으로 집계된 것이다. 이 그림에서 도쿄 도 주오 구에 있는 철골조사무소건축 수명의 대표치 T_m은 약 30년, RC조 사무소건축의 대표치 T_m은 약 40년을 나타내고 있다.

가토 고마츠는 1990년대에 일본 전국의 도시의 여러 구조형식 및 용도건물에 대해 조사를 계속하고 있다. 그 결과 표 3-1-1에 예시되는 것과 같은 조사결과를 얻었다. 이 표를 볼 경우에는 그림 3-1-2, 3-1-3과 같이 수명의 대표치 T_m은 30년에서 약 50년의 수치를 나타내고 있다(문헌 2-66, 2-67 등).

4 제 외국의 수명실태와의 비교

이러한 수명 경향은 일본에서만 일어나는 것인가. 위와 같은 수법으로 수명을 측정한 해외의 예는 극히 드문 경우지만, 그림 3-1-4는 그 작은 예의 하나로, 미국 인디애나폴리스에서의 결과와 일본의 목조주택의 결과를 집계·비교한 것이다.

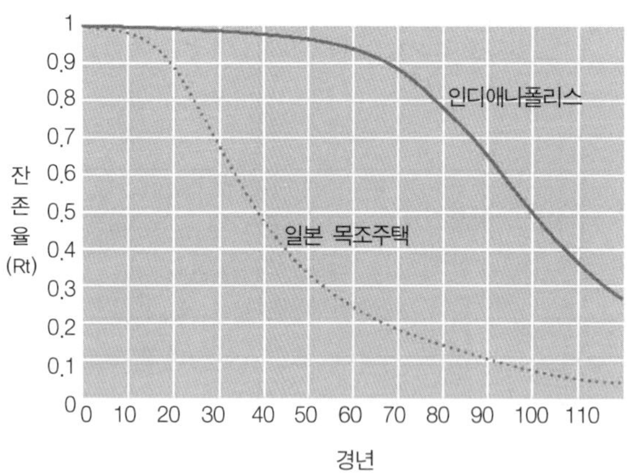

그림 3-1-4 목조주택의 경년적 잔존율 비교

이 그림에서는 일본 목조주택 수명의 대표치 T_m을 그 수명의 중앙값(Medium)이라고 하면, 약 39년이다. 그래프에 표시된 미국 인디애나폴리스의 실태와 비교하면 이 수명은 절반밖에 되지 않는다. 다른 서유럽, 북미 모든 나라도 미국과 같은 수명 경향을 갖고 있으며, 일본 건물의 수명은 다른 선진공업국과 비교해보면 현저하게 짧은 것으로 나타난다.

표 3-1-1 구조별 · 조사지에 의한 비교

조사지	출전	비목조	SRC조	철근콘크리트조	철골조	콘크리트블록조
오사카 주오 구 1980~90	1	23.4	26.8	30.1	17.2	31.7
도쿄 도 지요다 구 1991	2	19.5	17.2	21.9	15.3	34.7
도쿄 도 지요다 구 1991	3	26.4	30.0	32.7	17.9	27.1

1 우에기「건축물의 멸실사태에 관한 연구」-오사카 시 주오 구를 대상으로 하여」 일본건축학회대회학술강연집(8059) 1992년 8월
2 사이토 외「도쿄 도심부에 있어서 비목조건물의 멸실사태에 관한 연구」 일본건축학회대회학술강연집, 1991년
3 가토 외「도쿄 도 주오 구의 비목조건축물의 제거 연수에 관한 조사」일본건축학회 내용연수 소위원회 자료, 1991년

서유럽, 북미 모든 나라에서는 오히려 내용연수가 지나도 사용되는 건물(수명〉내용연수)의 갱신을 어떻게 할지가 과제조차 되지 않고 있는 반면, 일본에서는 단수명 경향(수명＜내용연수)을 나타내고 있다.

5 단수명 증후군(Syndrome)

"일본에서 건물의 수명이 짧다"라는 것은 그림 3-1-1의 모델에 있어서, 특히 $V_{demolish}$가 크다는 점, 즉 자원스톡으로써의 건물 '탱크' 개폐장치가 다른 선진공업국에 비해 덜 조여짐으로써 누수량이 크다는 것을 나타내고 있다.

만약, 일본 전국의 철골조 건물 및 RC조 건물이 그림 3-1-2, 3-1-3에 나타내는 것과 같이 수명경향을 지금부터 유지한다고 하면, 해체건물에서 배출되는 해체재 양은 증가일변도가 된다. 왜냐하면, 현재 해체되고 있는 건물의 대다수는 1970년 이전에 세워진 것이 대부분이지만, 현재 일본 기존 건물의 70% 이상은 1970년 이후에 세워졌기 때문이다. 일본의 매년 건물 신축물량은 1990년대 초반인 버블경제 시기에 2.5억m^2 정도를 뛰어넘은 시기를 제외하면, 거의 2억m^2 정도로 보합하는 경향을 나타내고 있다. 이것과 수명 경향을 합쳐서 생각해보면, 가까운 미래에는 건물의 신축에 필요한 자원량과 거의 같은 양의 수준에 $V_{demolish}$가 도달할 것이라고 추정된다.

일본의 건물 신축물량이 21세기 초기 시점에서 EU국 전체에 필적하는 규모를 갖고 있으나, 해체자재 모든 것을 재이용하는 것이 기술적으로 곤란하다는 것을 고려하면, 이 '단수명 증후군'은 다음과 같이 여러 심각한 문제를 일으킨다.

첫째, 우리 세대가 지구상에 있는 비재생성의 자원을, 이제껏 어느 세대도 하지 못했던 것과 같이 급격한 속도로 소비해버려 다음 세대가 분쟁의 씨앗이 되는 어려움을 맞이하게 될 수 있다.

둘째, 단수명으로 재개발과 재건축(Scrap and Build)을 반복하는 것은 방대한 양의 건설폐기물을 만들고 최종처분장의 용량은 한정되어 있으므로 밖에서 태워 버리거나 불법투기를 포함한 부적절한 폐기물처리를 조장하게 된다(미래의 고고학자가 20세기 중기 이후부터 21세기에 이 혹성에 묻힌 것을 보고 어떻게 생각할까 상상해보면 좋을 것 같다).

셋째, 주택이 단수명이라는 것은 주택 융자금을 완불하면 개축이라는 희비극을 반복하는 것이 되고, 주택 융자금의 부담이 세대를 넘어 계속해서 주어지게 된다.

넷째, 영국의 건축가 이안 코픈의 '낡은 건물이 없는 마을은 기억이 없는 인간과 같다'라는 말이 상징되는 것과 같이, 건축의 수명이 짧다는 것은 우리가 사는 마을이 기억을 스톡시켜 마을풍경을 숙성시키는 기회를 빼앗는 것이 된다.

'단수명 신드롬'을 현 세대의 일본인이 개선하는 것은, 이 작은 혹성과 다가오는 세대에 대해 짊어져야 만하는 중요한 책임과 의무인 것을 인식해야 한다.

6 단수명의 원인과 대책

일본의 '단수명 증후군'이 건물이 물리적으로 완전히 소멸되는(물리적 내용연수가 다하다) 것을 주요인으로 하고 있다는 것은 아니다. 오히려 그림 3-1-5에 나타난 것처럼 건물의 기능적 후퇴와 보다 넓은 바닥면적을 획득하는 등의 사회적 · 경제적 요인이 건물 제거의 주요인이 되고 있다(문헌 2-68).

따라서 건물의 물리적 내구성을 향상시키는 것은 '단수명 증후군'을 완화하기 위한 필요조건이기는 하지만 충분조건은 아니고, 건물을 단수명에서 제거시키는 사회적 · 경제적 요인에 대한 해결책을 마련하지 않는 한 '단수명 신드롬'을 해결할 수 없다.

첫째, 일본 현행의 세법이나 정책융자의 체계가 어느 일정 연수가 경과한 건물에 대해서 개수보다 개축 동기를 부여하는 현재 상황이 고쳐져야만 한다. 예를 들면, 임대사무소 건물에서는 건물을 개수하면 그것은 자본적 지출로 여겨져 과세액이 증가되는 반면, 제거 개축에 대해서는 공제제도 등의 우대조치가 있다. 또 주택에 대해서도 신

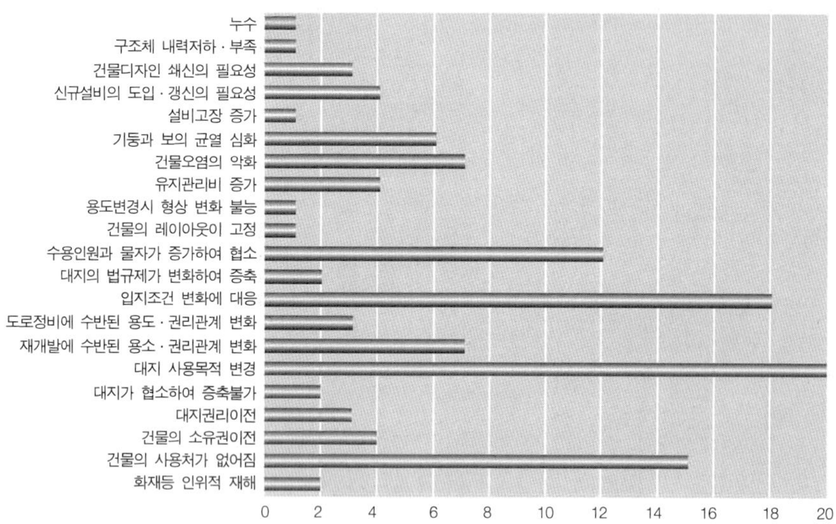

그림 3-1-5 건물이 제거되는 이유 (문헌 2-67)

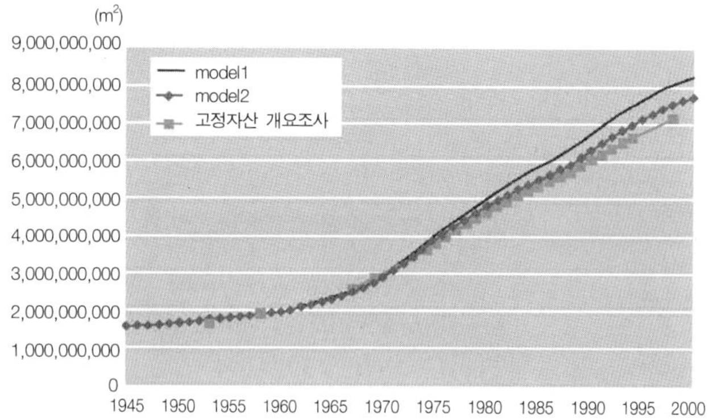

그림 3-1-6 일본 전국의 건물 총 물량의 추이

축에 대한 융자가 충실한 반면, 일정연수 이상이 경과한 건물을 개수하는 행위에 대해서는 한정적인 융자제도만 준비되어 있다.

둘째, 무분별한 면적확대 요구를 억제하는 방책도 필요하다. 그림 3-1-6은 과거 일본 전국에서의 건물 총물량의 추이를 추정한 결과를 나타낸 것이다. 1970년쯤에는 30억m^2 정도 있던 건물 총량은 2000년에는 거의 80억m^2에 달하고 있다. 30년 동안 건물 총물량이 약 2.7배 증가하고 건물에 있는 자원스톡양이 증가했다.

그러나 도시 공간활용의 한계, 인구의 정체, 기존 건물의 유지보전 비용 등을 생각하면, 이후에도 과거 30년간과 같은 건물 총물량이 증가되기는 어렵다고 생각한다. 오히려 일본의 건물 총물량은, 예를 들면 90억m^2에서 100억m^2 정도를 상한으로 거의 일정량이 된다고 예측된다. 이러한 것을 생각하면, 더 많은 바닥면적을 획득하려고 하는 압력은 이후 일본에서 약해질 것으로 생각되고, 오히려 빈 집을 시작으로 사용되지 않는 유휴시설이 유령도시화해 가는 것이 사회문제로 현실화 될 가능성이 높다고 생각된다.

셋째, 건물기능의 후퇴를 예방해야 한다. 다시 말해, 오늘의 요구조건과 현저하게 분리시키지 않은 채 건물의 기능을 갱신 · 적합 · 향상시켜야 한다.

이상 3가지 중 개개의 건축기술자 스스로 실무에서 매니지먼트 할 수 있는 것은, 실은 세 번째이며, 그래서 이 점에 대해 더욱 자세히 생각해보자.

7 왜 적응 가능한 건물(Adaptable Building)인가?

건물이 세워지고 일어날 수 있는 것을 사전에 예측하는 것은 다음과 같은 의미로 어렵다고 볼 수 있다.

표 3-1-2 건설시설에의 요구조건 변화 예

병원건축	급속히 발전하는 의료기술 및 관련기술, 그 시대의 질병특성(어떤 특성의 환자가 증감하는가)에 따라 새로운 설비나 기기를 도입하기 위하여 변경을 거의 항상적으로 필요로 한다(과거 50년간의 개수이력을 분석하여 그 병원내에 공사용 발판이 없었던 기간의 합계가 겨우 5년밖에 되지 않는 사례도 있다.).
오피스 빌딩	1970년대 중기 무렵에 건설된 오피스 빌딩은 당시의 에너지절약 개념을 반영하여 창 등의 개구부 면적을 작게 하는 경향이 있었다. 그러나 현재는 거꾸로 자연광을 많이 채용하여 조명을 위한 에너지를 절약하는 쪽이 종합적으로 보아 에너지절약 효과가 높다는 견해를 바탕으로 단열성이 높은 패어클라스(2중 유리) 등을 활용하면서 보다 큰 개구부를 가진 오피스 빌딩이 건설되고 있다.
공공주택	국가가 작성하는 주택건설 5개년 계획을 바탕으로 작성되는 주거기준을 약간 상회하는 규모로 설정하여 공급되어 왔지만, 과거 30여 년간 정책적으로 설정되는 주거기준이 점점 높아져 왔기 때문에 가까운 과거에 건설된 공공주택은 그 시점이 되면 주거기준에 미달되는 경우가 계속되어 왔다. 또 1990년대 초두까지 재정당국의 강한 의지도 있어 5층 이하의 공공주택에는 원칙적으로 EL을 설치하지 않는 정책이었으므로, 현재 4~5층 건물에 사는 고령화된 거주자는 접근성(Accessibilty)의 개선이 요구되고 있다.
전화국 건물	이전 전신전화공사 시대에 건설된 전화국 건물은 관할지역의 인구동태 예측을 바탕으로 인구증가 지역에서는 장래 전화교환기를 증설할 여유공간을 남기고 건설되어 왔다. 그러나 교환기가 소형화되었기 때문에 그러한 여유공간을 사용할 필요가 없어졌다. 그 반면 단위공간당 발열량이 증가하였기 때문에 교환기 설치공간의 공기조절부하가 증가하여 대책을 세울 필요가 생겼다.
고속도로 · 자동차전용도로	1906년대부터 1970년대까지 건설된 고속도로와 자동차 전용도로에는 설계사의 예측을 훨씬 상회하는 교통량이 있기 때문에 노반을 두껍게 하는 등 하중을 견디기 위한 대책을 강구하는 것이 요구된다.

1) 장래의 요구조건 변화의 사전예측의 어려움

건설되는 시설의 라이프사이클 과정에서 일어날 수 있는 요구조건의 변화는 표 3-1-2에 예시되는 것과 같이 여러 가지 있지만, 많은 변화는 설계시점에서 정확하게 예견하는 것은 어렵다.

2) 경과연수(經年)에 따른 변화 예측의 어려움

건물을 구성하는 재료 · 부품의 성능 · 기능 및 그것들을 조합(Assemble)한 건물 그 자체의 성능과 기능이 시간경과에 따라 어떻게 노후화해 가는가에 대해 건물의 설계시점에 있어서 정확하게 예측하는 것은 어렵다. 이것은 다음과 같은 이유에 의해서이다.

1. 지속적으로 새로운 재료 · 구법이 개발되고 있다.
2. 개발된 새로운 재료 · 구법의 경과연수 변화를 노화촉진시험 등으로 재현되는 것에는 한계가 있고, 이것들의 재료 · 구법을 실제로 이용하여 얻은 경험적 지식을 피드백시키지 않으면 설계에서 참조할 수 있는 경과연수 변화모델이 구성되지 않을 경우가 많다. 그 결과 경과연수 변화모델을 얻는 데에 시간이 필요하다.
3. 게다가 신뢰할 수 있는 경과연수 변화모델을 얻었을 시점에서는 이미 그 재료 ·

표 3-1-3 집합주택에 있어서 요구조건 변화

1 기술변화에 따른 요소조건의 변화
신규 설비기기의 보급에 의한 필요 전력용량의 증가 IT 대응에 따른 정보라인의 증설 요구 VOC 발생원 증가에 따른 공기정화 요구
2 환경변화
주변 교통의 변화 주변 상업활동의 변화 주변 녹화환경의 · 미기후 · 일사환경의 변화
3 주거수준 · 사회환경의 변화
거주자 수준의 변화 배리어프리 대응 엘리베이터 설치 요구 빈집화 · 공동화 · 반달리즘(vandalism) 대응
4 거주자의 라이프스타일 변화
가족구성의 변화 · 가령(加齡) 단신 거주자의 증가 주택근무의 증가

구법은 사용되지 않고 신종의 재료 · 구법이 사용되고 있는 경우도 있다.

이러한 이유로, 미래의 모두가 예견할 수 있다고 생각하는 것은 큰 오산인 것이다. 오히려 다음 세대의 재량의 폭을 가능한 한 많이 남기는 것이 지금 세대의 책무이다. 그러나 20세기 후반의 건축학은 미래의 예견에 관해 과도한 자신감으로, 건물을 신축하는 시점에서의 요구조건에 대해 적절한 계획내용을 가진 건물을 만드는 노력을 경주하여 왔다. 그 결과 남겨진 것은 기능갱신도 생각대로 되지 않은 방치된 기존 건물군이다.

예를 들면, 도시 내부에서는 인구구성의 변화에 의해 초등학교의 수요가 저하하는 반면 고령자의 요양과 복지시설의 수요가 늘어나고 있는데, 초등학교로써 기능특화한 건물을 요양, 복지건물로써 활용하는 것은 곤란하다. 이러한 수요의 변화에 의해 빈집화와 공동(空洞)화 한 건물이 있는 한편, 그 지역에서 필요로 했던 시설물들이 부족해지는 문제가 발생하고 있다.

또 기능향상을 꾀할 수 없는 사무소 건물에서 신축된 사무소 건물에 세입자들이 이동하여 공동화되는 것처럼 기능향상의 어려움이 문제를 만드는 사례도 많다.

'Static Building in Dynamic Environment(다이내믹하게 움직이는 상황에 있는 적응불능한 건물)'라는 말에 대표되는 것처럼, 신축 시점에서의 요구조건에 최적화된 건물은 심각한 경제적 · 사회적 비효율성을 만들어낸다. 건축기술자는 이러한 과거의 '실수'를 겸허하게 인정해야 한다. 이러한 반성 위에 떠오르는 이념이 적응 가능한 건물(Adaptable Building)이다.

8 적응 가능한 건물(Adaptable Building)의 요건

일본을 포함하여 세계 각지의 전통적인 거리풍경 · 도시는 긴 세월에 걸쳐 변화된 여러 조건에 적응해 왔다. 거기에는 시각적 통일감과는 상반되게 여러 가지 용도가 혼합되어 있다(사진 3-1-1 참조).

적응 가능한 건물은 결코 신기한 생각이 아니다. 근대건축과 그것에 부응하는 건축학이 어느새 부정해 버린 생각이지만, 오히려 온고지신(溫故知新)이라고 말해야 하는 것이다.

적응 가능한 건축은 뛰어난 '여유성능(Capacity to Change : 변화력)'을 가져야만 한다. 이것은 사전예측이 곤란한 요구의 변화에 대해 건물이 적응할 수 있는 정도를 나

사진 3-1-1 각종의 용도를 내포한 전통적 거리 풍경

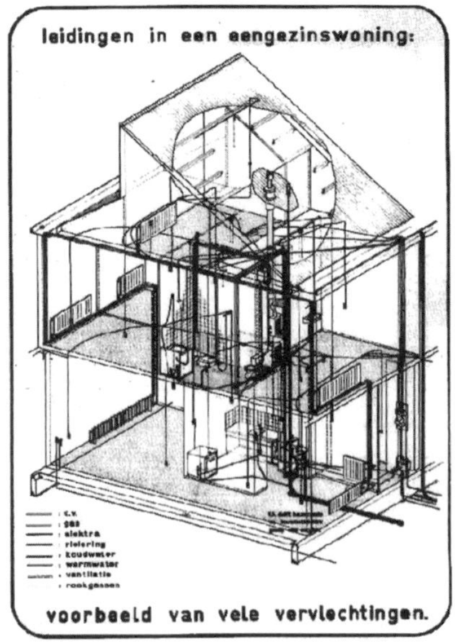

그림 3-1-7 [얽힘 : 교란]상태(Delft 공과대학 Huanranden 교수에 의해) (문헌 2-69)

타내는 성능이다. '여유성능'은 불용의 잉여가 아니라 유용의 잉여다. 현 시점에서 '여유성능'을 정량적으로 계측하는 방법은 확립되어있지 않지만, 다음과 같은 요인이 중요하다.

① 구조부재의 간격(span)

구조부재의 간격이 넓을수록 평면계획상의 제약이 낮아지므로 라이프사이클에 있어 여유성능이 향상된다.

② 공동주택의 실내 내력벽량

내력벽량이 적을수록 평면계획의 제약이 낮아지므로 라이프사이클에 있어 여유성능이 향상된다.

③ 구조부재 요철의 적음

보의 요철, 기둥의 요철이 실내에 없으면 평면 및 단면계획상의 제약이 낮아지므로 설비 · 부품 · 가구 등의 선택폭이 넓어져 여유성능이 현저하게 향상한다.

④ 층고

층고가 높을수록 평면 및 단면계획상의 제약이 낮아지므로 설비 · 부품 · 가구 등의 선택의 폭이 넓어지고, 또 여러 가지 공간계획도 가능하여 여유성능(변화력)이 현저하게 향상한다.

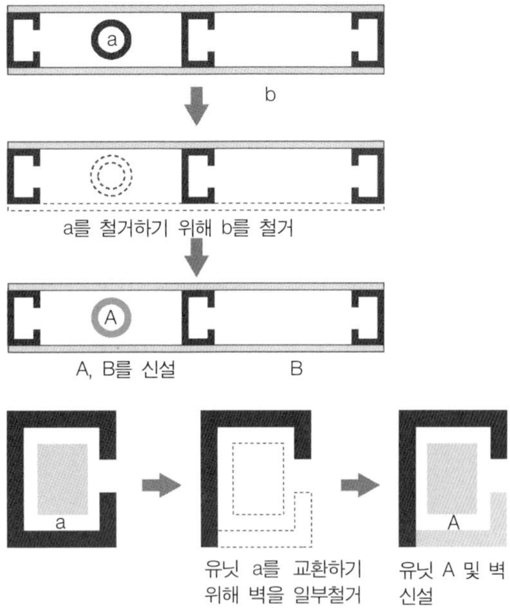

그림 3-1-8 동반 공사

⑤ 구조체와 설비배선 · 배관의 분리

구조체와 설비배선 · 배관이 서로 복잡하게 뒤얽혀(이 상황을 '얽힘'이나 '스파게티상황'이라고 표현하는 예도 있다.) 있다면 벽체 내부, 마루 밑, 천장 내부의 설비기기 · 배관 · 배선을 갱신시키기 위해 마루 · 벽 · 천장을 일부 철거하거나 갱신대상이 아닌 배선 · 배관을 절단하거나 다시 연결하거나 하는, 이른바 [동반 공사]가 발생해 버린다. 구조체와 설비배선 · 배관의 분리 정도가 높을수록 [동반 공사]는 적어지고 설비배선 · 배관의 갱신효율을 높아지므로, 그것들의 갱신이 촉진되는 것이 기대된다.

따라서 구조체와 설비배선 · 배관의 분리 정도가 높을수록 여유성능이 향상한다. 또 이런 분리 정도를 높이는 것은 공업제품 일반에서 제안되고 있는 '환경배려형 설계(DfE : Design for Enviro- nment)'라는 생각과 일치한다. 그것에 관해서는 '2-3-4 개수기술'의 항에서 자세히 해설한다.

이상 5가지의 '여유성능'을 의식해서 계획된 건축물은 적응 가능한 건물이 갖추어야 하는 물리조건을 갖는다. 그러나 그것은 필요조건으로, 이 물리적 조건이 유효하게 사용되어 계속 주거하고 사용되기 위해서는 '1-2-2 건축디자인의 새로운 패러다임'에서 해설한 '지속적 최적화(Continuous Customization)'를 위한 조직적인 구조도 병행해 나갈 필요가 있다.

다음 소개하는 'SI건축 · 오픈빌딩'은 적응 가능한 건물의 구체적인 형태를 나타낸 것이다.(야시로 토모나리)

2-3-2 'SI건축'과 오픈빌딩

지금 일본에서 사용되고 있는 SI(Skeleton-infill)건축은, 사실은 '아파트' '와프로'와 같이 본래는 일본식 영어로, 오히려 영어권에서는 '오픈빌딩'이라고 불린다. 이 말 자체는 오픈빌딩의 생각을 제창한 하브라켄(Habraken : MIT 명예교수 일본건축학회 명예회원), Huanranden(Delft 공과대학 명예교수) 및 델프트(Delft)공과대학 오픈빌딩 연구그룹(OBOM)에 의해 제창된 것이다. 그러나 일본에서도 거의 같은 시기에 우치다 쇼우야(도쿄대학 명예교수)가 오픈시스템으로써, 또 다츠미 카즈오(교토대학 명예교수)가 2단계 공급 시스템으로서 제창된 생각과 동일하다. 이처럼 국제적으로는 오픈빌딩이라는 생각은 하브라켄, Huanranden, 우치다 다쯔미에 의해 확립되었다고 볼 수 있다.

1 건축의 지속가능성(Sustainability)과 매스하우징(mass-Housing)

이러한 생각의 핵심은 건축, 도시에 관한 의사결정의 레벨과 그것이 변화하는 시간의 Scale이나 소유, 이용, 관리주체의 차이에 정합시켜 명확하게 분리하려는 생각이다. 표 3-2-1은 이러한 생각을 모식적으로 나타낸 것으로 건축, 도시는 도시의 골격인 어반티슈(Urban Tissue), 건축공간의 골격과 기능기반인 서포트(Support) 및 거주자, 사용자의 기능을 제공하는 인필(Infill)이라는 3개의 레벨로 구분된다.

그림 3-2-1의 레벨구분을 집합주택에 맞춰보면, 티슈와 서포트에 의하여 정의되는 영역이 주동이고, 서포트와 인필에 의해 정의되는 영역이 주택이다. 각각의 레벨 변화, 변경의 시간간격의 Scale은 그림 3-2-1에 나타난 것과 같이 인필은 10~20년 정도, 서

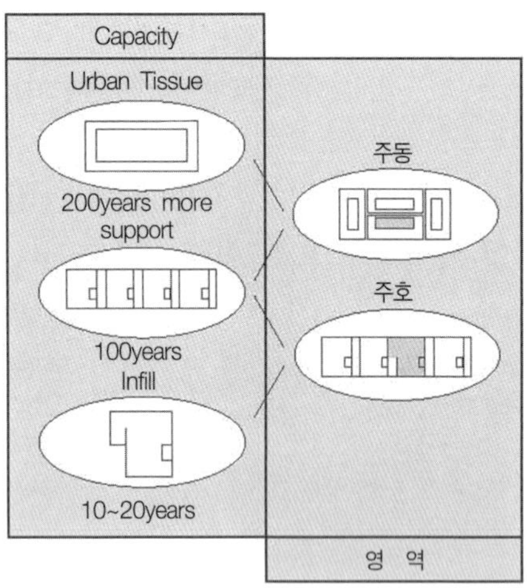

그림 3-2-1 오픈빌딩의 기본적인 사고방식

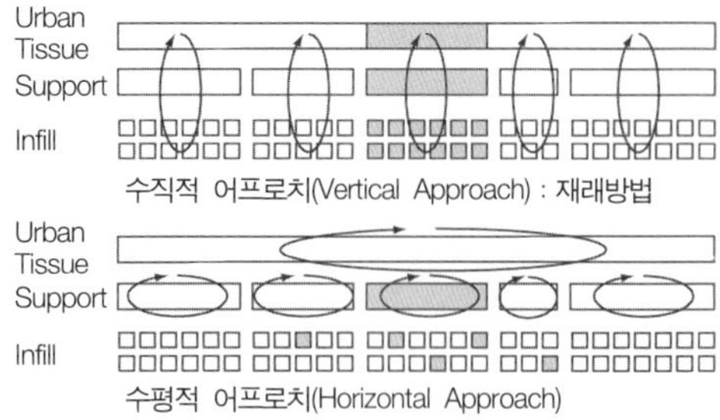

그림 3-2-2 수직적인 어프로치와 수평적인 어프로치

사진 3-2-1 NEXT 21

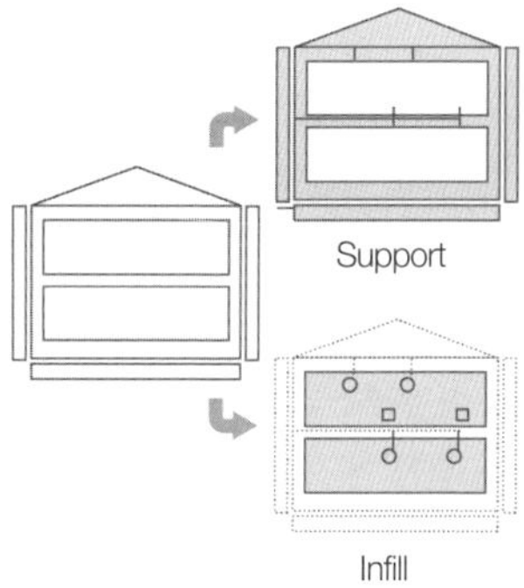

그림 3-2-3 오픈빌딩

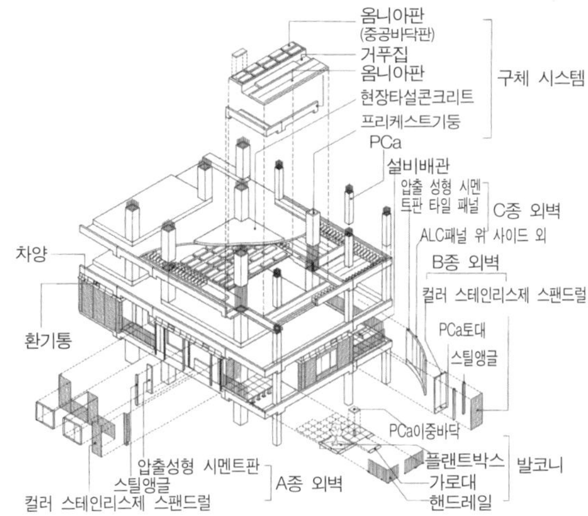

그림 3-2-4 NEXT 21 다이어그램

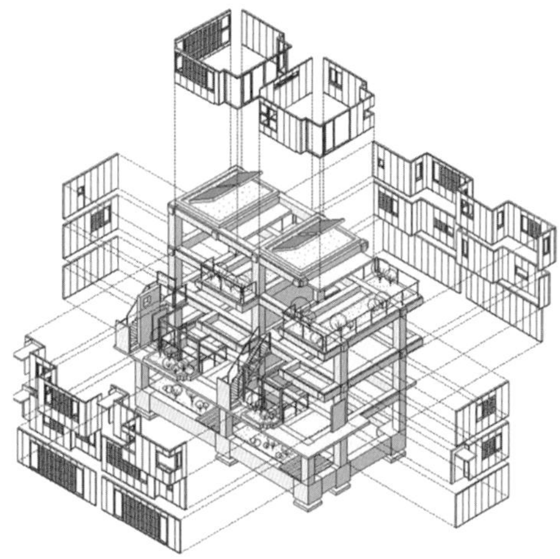
그림 3-2-5 구가하라(久が原 : 지명)프로젝트 다이어그램

포트는 100년 정도, 그리고 티슈는 수백 년이다.

종래의 건축, 도시를 만드는 방식은 일반적으로는 그림 3-2-2의 수직적인 계획 어프로치(Vertical Approach)에 대하여, 1인의 건축가나 계획가가 인필에서 어반 티슈까지 여러 레벨의 의사결정을 하는 경향이 있었다.

이러한 계획 어프로치에서 상정되는 것은 '평균적인 가족'이나 '보통사람'이다. 그러나 하브라켄이 벌써 1960년대를 예견하였고, 그리고 그 후 예견한 대로 매스하우징 문제는 바로 '평균적인 가정'이나 '보통사람'이라는 생각이 결렬된 것이다. 개인이나 가족 등 여러 사회집단이 갖는 다양함, 게다가 그 다양함은 시간과 같이 심화되어 가는 것을 무시한 결말은 주택단지 전체의 황폐였다.

버티컬 어프로치에 의거하여, 세계 각지에서 1950년대 이후에 전개된 매스하우징은 각 입주자의 요구와 건축공간의 괴리를 증내시킨 것이다. 이러한 비좁고 융통성 없음이 건축의 지속가능성을 위협한다는 교훈을 매스하우징은 남겼다.

2 독립된 의사결정방법(레벨 어프로치)

그림 3-2-2의 수평적인 계획 어프로치(Horizontal Approach)는 이러한 개개의 어려움과 부조화가 일어나지 않도록 각각의 레벨에 관한 주체가 다른 레벨에서부터 독립해서 의사결정할 수 있도록 한 계획수법이다. 집합주택에서 인필은 각 주택의 거주자가, 서포트는 주 동의 소유자가, 어반 티슈는 단지소유자 또는 지방자치단체가 계획의 주체가 된다.

이러한 수평적인 계획 어프로치는 단순히 레벨 어프로치에 의한 의사결정법이라고 불린다. 즉, 레벨 어프로치란,

① 어떤 레벨에서 일어날 수 있는 변화와 갱신이 상위나 하위의 레벨과 전혀 영향을 미치지 않고

② 또 다른 레벨에서의 간섭을 받지도 않으며

③ 그 레벨 안에서 완결하도록 도시공간이나 건물 구성요소를 명확하게 몇 가지 레벨로 분리하여

④ 그 각 레벨의 의사결정에 관한 주체를 단일화 또는 간명화한 의사결정방법이다.

이러한 독립된 의사결정을 하기 위해서는 각각의 레벨끼리 물리적으로 뒤얽혀 만나서는 안 되며, 레벨끼리 명확하게 분리되어 있는 것이 필요조건이다. 그림 3-2-3은 이러한 물리적인 분리를 표현한 다이어그램이고, SI건축의 설명으로 이 그림은 자주 사용된다. 일본의 SI건축에서는 서포트와 인필을 분리하는 것이 목적이지만, 본래 그것은 수단이고, 레벨 어프로치에 의해 개개가 자유롭게 의사결정을 할 수 있도록 하는 것이 목적이다.(야시로 토모나리)

2-3-3 자원 낭비하지 않는다

1 미래의 세대로부터 빌린 물건으로서의 자원

지구라는 작은 혹성에 사는 인류는 산업혁명 이후 폭발적으로 자원 이용량을 늘려왔다. 게다가 20세기 후반에 세계를 석권한 경제 시스템은 무한한 자원과 오염물질의 쓰레기통으로서의 무한의 환경용량(Capacity)를 전제로 한 대량생산 · 대량폐기를 불러일으켰다. 자원의 고갈은 산업혁명 초기부터 우려하였으며 비관적인 예측이 시작되었다. 그러나 기술혁명에 의한 생산성의 향상이나 채취기술의 진보에 의해 과거의 비관적인 예측은 부정되어 왔다. 따라서 대량생산 · 폐기가 초래하는 위기적 예측이 되어도 상당수의 경제학자는 아직 회의적이다.

그러나 생산성이나 채취기술 향상의 한계가 명확해지는 반면, 아직 20%의 인구가 세계의 80% 정도의 자원을 사용했던 북쪽의 부유한 나라처럼 남쪽의 개발도상국에서의 1명당 자원 사용량은 자꾸만 늘어나고 있고, 더욱이 이러한 나라에서의 인구폭발이 사용량을 더 증대시키고 있다.

표 3-3-1 자원고갈 예상(예)
(「환경용량(Weterings and Opschoor)」, 1992 「탈물질 경제는 가능한가? - 우리는 얼마만큼 소비를 줄여야 하는가?」 야마모토 료이치)로부터

Indicator(지표)	지속가능 수준	2040년의 예상수준	필요한 삭감률(%)	Scale
석유	50년	자원고갈	85	글로벌
천연가스	50년	자원고갈	70	글로벌
석탄	50년	자원고갈	20	글로벌
알루미늄	50년	50년분 이상 있음	0	글로벌
동	50년	자원고갈	80	글로벌
우라늄	50년	원자력에 대한 의존도에 따름	정량평가 불가	글로벌
재생자원				
동물 바이오매스	전체의 20%	전체의 50%	60	글로벌
생물다양성	5종 전멸/년	365종/년	99	글로벌
탄소배출	2.6Gt/년	13Gt/년	80	글로벌
산소화물질 침착	400acid eq/ha년	2400~3600acid eq/ha년	85	대륙
P	30kg/ha년	정량적 자료 없음	평가불능	내셔널
N	267kg/ha년	정량적 자료 없음	평가불능	내셔널
Cd	침착 2t/년	50t/년	95	내셔널
Cu 침착	10t/년	830t/년	90	내셔널
Pb 침착	58t/년	700t/년	90	내셔널
Zn 침착	215t/년	5,100t/년	95	내셔널
토양손실	93억t/년	450~600억t/년	85	글로벌

이러한 자원수요의 증가와 더불어 많은 자원을 지금과 같이 써 버린다면 50년 이내에 고갈하여 석유나 천연가스도 21세기 중에는 모두 소비한다는 예측에는 상당한 정확도가 있다. 화학연료 등은 인간의 모든 활동의 시간적 스케일에서 말하면 실질적으로 재생산 불가능이라는 점에서 '비재생성 자원'이라고 불리고 있다.

삼림이나 지하수는 인간의 모든 활동이 갖는 시간적 스케일 안에서 재생이 가능하기 때문에 '재생가능 자원'이라고 불린다. 그러나 수요량의 급격한 증가는 이러한 재생가능한 자원조차 재생 불능화시킬 위험이 있다. 고대 이래로, 많은 문명이 인구 증가에 의한 삼림의 소실과 기후변화에 의해 멸망해온 예를 보면, 그것은 결코 비현실적인 것은 아니다.

이처럼 우리들 세대의 생활이 전제로 되어 있는 대량생산과 대량폐기를 지속한다면, 다음 세대는 자원이 사라지는 고통을 겪게 될 것이다. 우리들이 지금 '사용하고 있는 자원은 미래의 세대에서 빌린 것이고, 지구라는 혹성이 허용할 수 있는 폐기용량도 유한하다'라는 것을 깊이 인식하고 우리의 시스템을 바꿔야만 한다.

2 자원이용의 1/2을 건축이 차지

2-3-1 '건축의 수명을 늘리고, 오래 사용한다'라고 소개한 것처럼, 시모다(下田)에 의한 간사이의 지자체 권역에서의 물질수지의 추계(推計)에 의하면, 스톡되는 자원의 약 반은 건물에 스톡되어 있다(문헌 2-64). 그림 3-3-1은 그것을 증명하는 것으로, 건설에 관한 여러 경제활동이 북미 · 서유럽 · 일본 등의 공업국에서 1년에 사용되는 자원 총량의 약 반을 차지하고 있는 것을 나타내고 있다. 건축 분야에서 자원이 낭비되어지는가? 또는 효율적으로 사용되는가?는 나라 전체의 자원이용방법에 관련되어 왔다는 것을 알 수 있다.

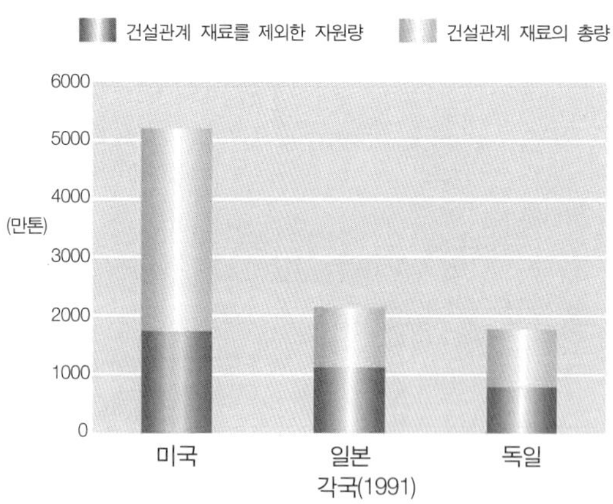

그림 3-3-1 한 나라의 자원이용에서 차지하는 건설관계 재료의 중량 (World Resource Institute, 1997)

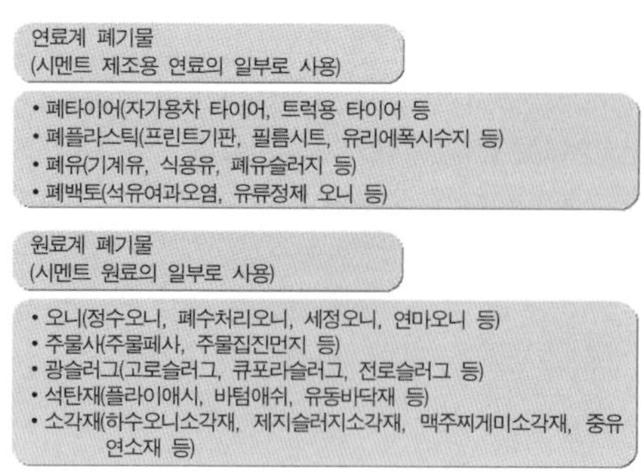

그림 3-3-2 시멘트 원료에 혼입되고 있는 폐기물 · 부산물 (스미토모 시멘트 조사)

이 양적인 점유와 더불어 건축에 쓰이는 자원은 국가 전체의 자원이용체계 안에서 다른 산업에서 발생하는 폐기물이나 부산물의 처리를 맡고 있다는 점에 있어서도 중요성을 갖고 있다. 예를 들면, 시멘트에는 여러 폐기물과 부산물이 원료로 혼입된다. 또 석고보드는 탈황장치나 유리제조로부터 발생하는 석고의 부산물 처리가 되고 있다는 관점이 가능하다. 이러한 거시적 자원이용체계 안에서 건축이 맡은 역할에도 유의할 필요가 있다.

3 자원이용효율(이라는 생각)

자원이용효율(Resource Efficiency)(문헌 2-70)은 자원생산성(Resource Productivity)(문헌 2-71)의 동의어다. 이것은 OECD(경제개발협력기구)나, WBCSD(World Business Council for Sustainable Development : 세계 규모의 거대 기업 경영자가 참가하는 지속적인 발전을 위한 산업계 회의)가 제창하는 환경효율(Eco efficiency)과 같은 생각을 근거로 한 개념이다(문헌 2-72). 어느 특정 행위·활동에 관한 환경효율은 다음 식으로 나타냈다(문헌 2-73).

$$\text{환경효율} = \frac{\text{생활의 질(Output)}}{\text{환경부하(Input)}} \qquad \text{1) 식}$$

이것은 행위·활동 등에 의해 획득된 생활의 질이, 그것에 의해 일으켜진 환경에의 부하에 대해 충분히 높은 것이라면 허용될 수도 있지만, 반대로 많은 환경부하를 병행하면서 지나치게 높은 생활의 질을 실현할 수 없는 경우는 받아들여질 수 없다는 생각에 의거한 지표이다. 이것과 같이 자원이용효율의 개념은 다음 식으로 나타낼 수 있다.

$$\text{자원이용효율} = \frac{\text{편익 및 서비스양(Output)}}{\text{자원 사용량(Input)}} \qquad \text{2) 식}$$

자원 사용량에 대해 충분한 편익 및 서비스를 얻을 수 있으면 가능하지만, 반대로 조금의 편익 서비스밖에 얻을 수 없는 경우에는 받아들여질 수 없다는 생각이 자원이용효율 및 자원생산성의 개념에 포함되어 있다.

바이츠재커(Weizsäcker)는 이 자원이용효율의 생각을 기준으로 'Factor 4'라는 생각을 제창했다(문헌 2-74). 이것은 자원이용효율의 4배의 증가를 의미하고, 예를 들어 자원사용량을 계속적으로 절반으로 하여 얻어지는 편익 서비스를 배로 증가하는 것을 나타낸다. 게다가 슈미트브릭(Schumitbrick)은 자원이용효율의 10배 증가를 의미하는 'Factor 10'을 제창했다(문헌 2-75). Factor10이라는 목표는 단순히 단어 느낌으로 설정되었다고 오해되었지만 근거가 있는 목표이다. 자원의 지속성을 생각하여 자원이용량을 전 지구적으로 현재의 2분의 1 및 인구 1명당의 자원 사용량을 평등화한다고 한다면, 20%의 인구가 세계의 80%의 자원을 사용하고 있는 선진공업국은 Factor 10을 실현해야만 한다는 것이 슈미트브릭의 주장이다. 이와 같이 자원이용효율은 생활의 풍요로움을 향상시키며 사용하는 자원량을 삭감해 가는 방책의 효과를 측정하는 지표로 넓게 사용되고 있다.

4 탈물질화로서의 기존 건물 활용

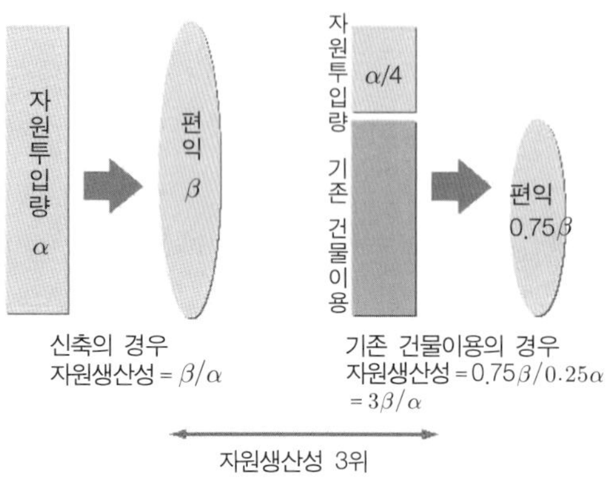

그림 3-3-3 신축과 기존 건물 활용의 자원이용효율 비교 개념도

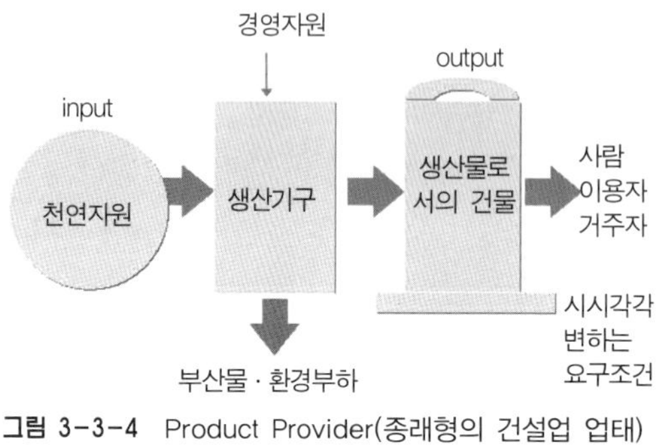

그림 3-3-4 Product Provider(종래형의 건설업 업태)

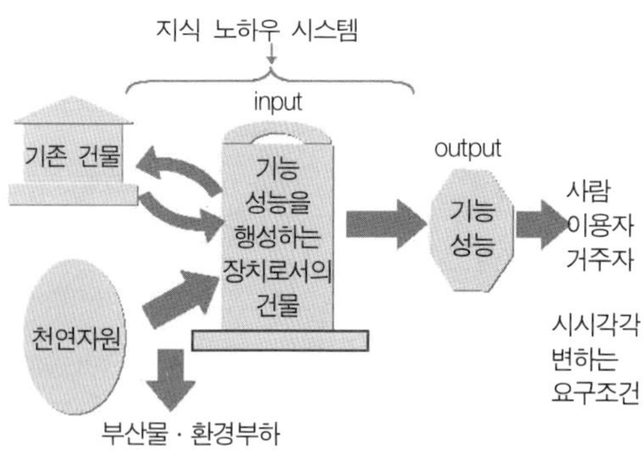

그림 3-3-5 Service Provider([탈물질화]한 새로운 업태)

자원이용효율을 증가시키기 위해 자원 이용량을 삭감하여 편의 서비스를 획득해나가는 지향은 '탈물질화(dematerialization)'라고 불린다. 건축에 있어서 가장 전형적인 탈물질화는 기존 건물의 활용이다. 기존 건물의 개수에 의해 얻어지는 편의 서비스는, 예를 들면 신축하는 경우의 4분의 3정도라도 자원 사용량이 신축의 4분의1 정도면 자원이용효율은 신축의 3배가 된다.

기존 건물 활용에 의한 건축산업의 '탈물질화'를 촉진시키기 위해서는 대가(代價)거래의 근거를, 자원 사용량을 기초한 비용적산에서 비용산출의 근거를 가지고 얻어지는 편익 서비스로 대체해야만 한다. 이것은 계약방식의 변경과 건축산업의 업태 변경을 동반할 수 있으며, 새로운 '탈물질화' 계약방식에서는 건물은 편익 서비스를 만들어내는 장치로 인식된다. 이것은 건물이라는 물건 그 자체를 대가의 근거로 하는 종래의 업태(그림 3-3-4)와는 전혀 다른 것이고, '서비스 공급자(Service Provider)'라고 불리는 업태이다(그림 3-3-5).

서비스 공급자라는 업태가 정착된다면, 편익 서비스를 만들어내는 장치로서의 건물비용을 억제하기 위해 건물이나 그 구성부재와 부품을 재이용하려는 동기 부여가 일어나게 된다.

5 자원의 순환이용의 개념

전술했던 한 나라의 자원이용에서 차지하는 건축의 양적 · 질적 중요성을 고려할 경우, 건축에 있어서 자원의 순환이용을 진행시키는 것은 나라 전체의 자원이용효율을 높이고 순환경제 시스템을 구축하는 데 매우 중요하다.

그림 3-3-6 ~ 3-3-8은 일본건축학회 지구환경위원회 자원순환소위원회가 추정한 강재, 콘크리트재, 목재의 자원이용의 실태이다.

이것들의 실제 그림에 포함되어 있는 재이용은 일반적으로는 다음과 같은 레벨로 분류할 수 있다.

① 레벨1 : 같은 용도에 의한 재이용(Reuse)

건축구성재의 품질, 기능, 성능을 현저하게 저하시키지 않고 거의 같은 용도로 다른 건물에서 사용되는 재이용 형태를 가리킨다. 오래된 주택의 구조재 · 조작(造作)재를 신축건물에서 사용하거나 주택을 이축하는 것 등이다.

② 레벨2 : 타 용도로의 재활용(Recycling)

건축구조재를 전과 다른 용도로 사용하는 재이용의 형태를 가리킨다. 다다미를 밭의 모판으로 사용하는 예와 같이, 간단한 가공 · 조정으로 재활용하는(Reconditioning) 것 및 목질재료를 칩보드의 원료를 다른 종류의 원재료 원료로 재활용하는(Reprocessing) 것을 포함한다. 이러한 타 용도에 있어서 재료의 순도, 품질, 성능은 재활용

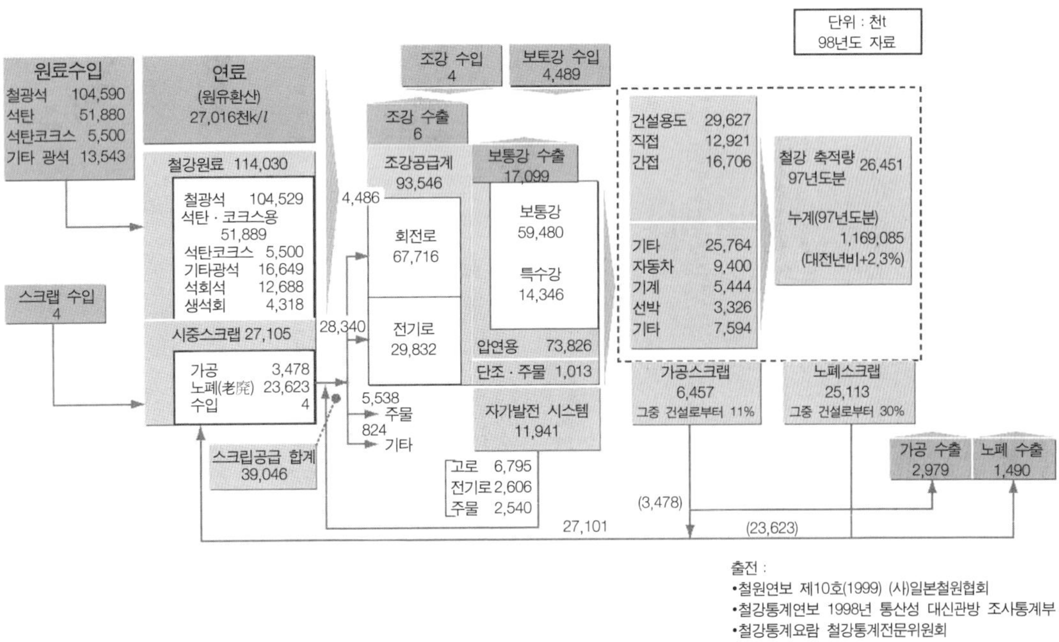

그림 3-3-6 강재 자원이용 실태 (일본건축학회 지구환경위원회 자원순환소위원회 우루시자키 노보루 WG위원 작성)

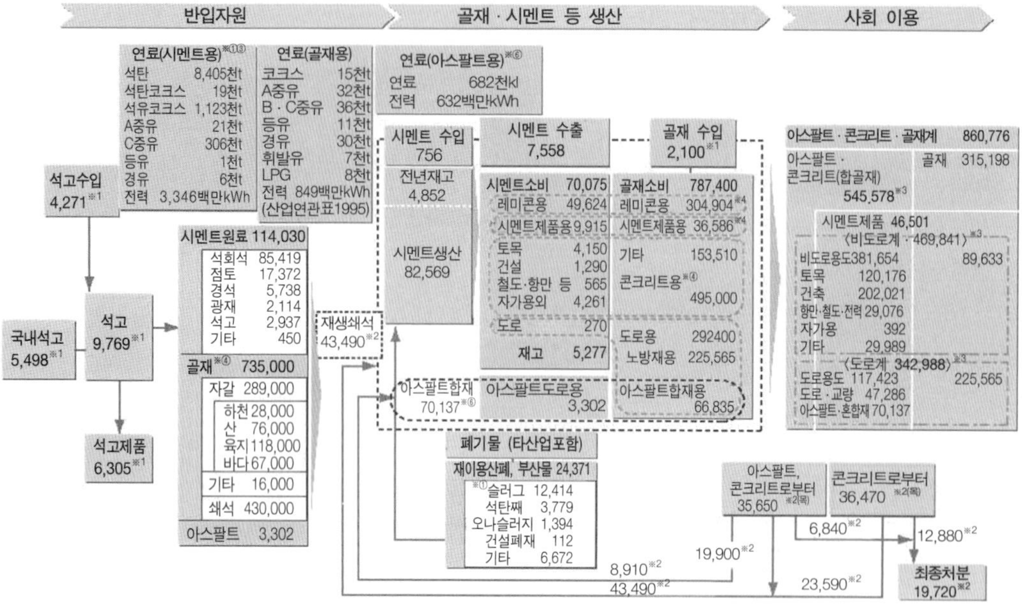

주석
단위 : 천톤, 1998년 자료
※1 1997년도
※2 1995년도
※3 수요부분별 시멘트소비량(시멘트핸드북)을 바탕으로 레미콘 1m³(2150kg)당 301kg환산으로 산출(레미콘 통계연보)
※4 레미콘, 콘크리트 및 시멘트 제품용 골재량은 시멘트양으로 추계
콘크리트=시멘트양×6.13(레미콘 통계연보로부터 산출)
시멘트 제품용=시멘트양×3.69(요업 전재통계연보로부터 산출

출전
※① 시멘트핸드북 1999년판 (사)시멘트협회
※② 1998년 레미콘통계연보 통산성 생활산업국
※③ 1998년 요업 · 건재통계연보 · 통산성 대신관방조사통계부
※④ 광업편람2000년판 · 자원에너지청
※⑤ 종합적 건설부산물대책 1999년판 건설부산물 리사이클광보추진회의
※⑥ 아스팔트합재 통계연보(1999년도) (사)일본아스팔트합재협회

그림 3-3-7 콘크리트 자원이용 실태 (일본건축학회 지구환경위원회 자원순환소위원회 우루시자키 노보루 WG위원 작성)

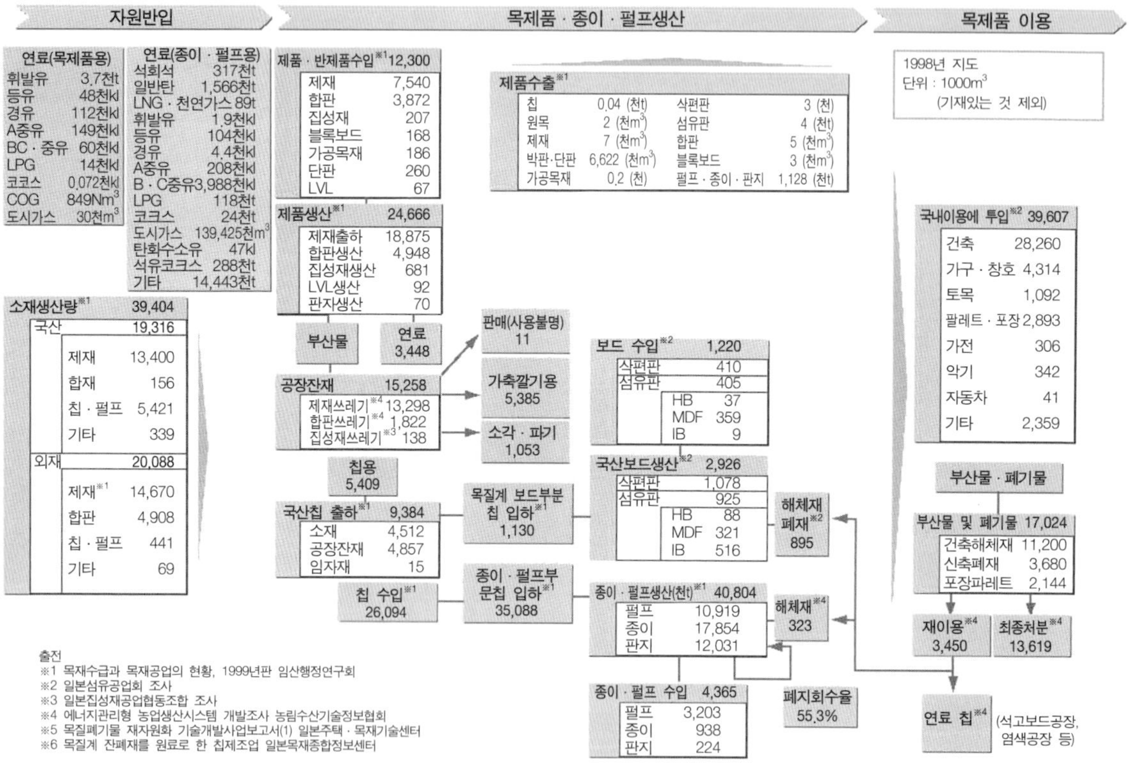

출전
※1 목재수급과 목재공업의 현황, 1999년판 임산행정연구회
※2 일본섬유공업회 조사
※3 일본집성재공업협동조합 조사
※4 에너지관리형 농업생산시스템 개발조사 농림수산기술정보협회
※5 목질폐기물 재자원화 기술개발사업보고서(1) 일본주택 · 목재기술센터
※6 목질계 잔폐재를 원료로 한 칩제조업 일본목재종합정보센터

그림 3-3-8 목재 자원이용 실태 (일본건축학회 지구환경위원회 자원순환소위원회 우루시자키 노보루 WG위원 작성)

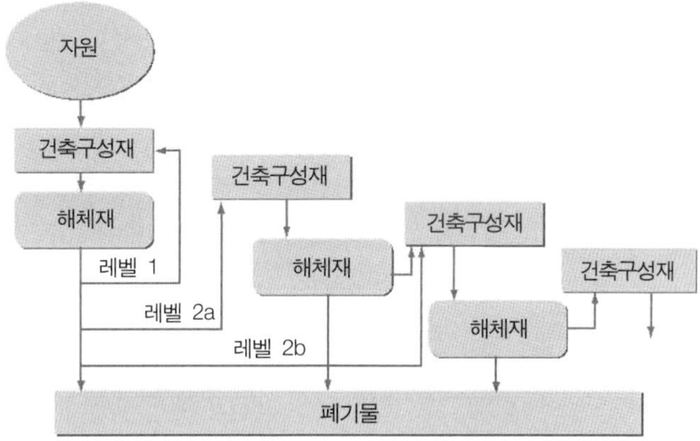

그림 3-3-9 재이용 형태, 레벨, 개념도

전보다도 낮은 레벨이 되는 것이 일반적이다(캐스케이드형 이용). 형강을 원 재료로 다시 형강재를 제조하는 것은 형강을 철근용 봉강으로 제조하는 것보다 높은 레벨에의 재이용이라는 것을 생각할 수 있다.

그림 3-3-9는 재이용 상태의 레벨 그림을 나타낸 것이다. 레벨 1에 의한 재이용으로는 완결된 닫힌 식으로 이해할 수 있다. 한편, 레벨 2의 재활용 형태는 건축생산이라는 닫힌 식으로 이해하는 한 폐기물의 발생억제효과를 만들 수는 있지만, 건물의 신설과 같이 필요해지는 새로운 자원소비를 억제하는 직접적인 효과를 발견할 수는 없다. 해체재가 제지 칩(chip)으로 재이용되는 자원소비 절감효과는 건축생산과 제지라는 2종류의 생산합동을 포함한, 보다 큰 식에서는 처음 인정할 수는 있다. 어느 범위의 식으로 재이용의 효과를 얻느냐를 명확하게 의논해야만 한다.

6 'B급 재료'를 사용한다.

일반적으로 그림 3-3-9의 레벨 1과 같은 재이용을 하는 것은 기술적으로 곤란하거나, 그것이 가능하다고 해도 경제적인 실행 가능성이 없는 경우가 많다. 그 결과 레벨 2와 같은 재활용 형태가 더 일반적이라고 생각된다. 그러나 새롭게 제작된 재료보다도 성능이 낮은 재이용재의 수요가 늘지 않는다. 그 이유는 지금까지의 건축기술자나 건축학은 '건축의 성능을 높이기 위해 같은 경제조건에서 할 수 있는 한 성능과 품질이 높은 재료를 개발하여 사용한다'라는 생각에 발상의 원점을 둔 것을 볼 수 있다. 그러나 자원이용효율을 개선하는 입장에서는 '재이용재라는 B급 재료를 잘 이용하여 만족해야 하는 건축의 품질 · 성능을 얻는다'는 발상에 의거해야 한다고 생각된다.

7 '제로 에미션' 구상

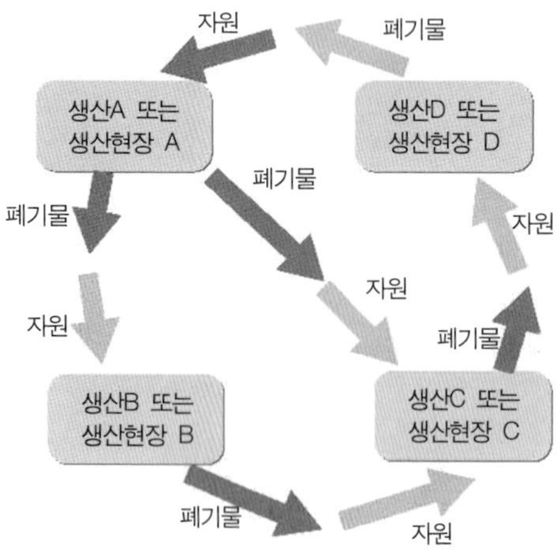

그림 3-3-10 제로 에미션 개념도

제로 에미션(Zero Emission)이라는 말이 사용된 계기는 1994년에 유엔대학교(국제연합대학)가 제로 에미션 연구 이니시어티브(Zero Emissions Research Initiative)를 창시한 것으로 거슬러 올라간다. 이것은 산업계에 생산활동의 결과 배출되는 폐기물을 제로로 하기 위해 전 산업의 제조과정을 재편성하여 순환형 산업 시스템을 만든다는 구상이다. A산업에 있어서는 폐기물이라도, B산업에 있어서는 자원이 되는 가능성이 있는 점에 착목하여 A산업→B산업→C산업→…이라는 산업연관 고리를 만들어 폐기물을 배출하지 않는 환경보전적인 산업구조(=산업 크라스터)를 창조한다는 생각이 구상의 주축을 이룬다(그림 3-3-10).

여기서 주의해야 하는 것은 엄밀한 의미로 제로 에미션이라는 것은 있을 수 없다는 것이다. 에미션(Emission)이란, 배출하는 행위 프로세스 또는 열·빛·냄새·소리 등 배출되는 것 자체를 가리킨다. 제로 에미션을 글자의 뜻만으로 해석하면, 배출되는 행위프로세스가 제로라는 것, 또는 배출되는 것이 제로라는 뜻이 된다. 그러나 배출되는 행위프로세스가 제로가 되는 생산과정이라는 것은 생각하기 어렵다.

예를 들면, 열수지 등에 대해서 생각하면 알 수 있듯이, 어느 용도에 맞게 에너지나 자원을 변환하는 행위에 있어서, CO_2가스 등을 포함하여 외부에의 배출이 엄밀하게 제로가 되는 것은 있을 수 없다. 따라서 기술용어로 제로 에미션은 '배출을 최소화하는 행위' 또는 '최종처분장에 매립하는 고형폐기물을 제로로 하는 것'이라는 뜻이 있다고 보면 된다. 지금 상황으로 제로 에미션은 후자의 의미, 즉 '폐기물을 100% 재자원화한다'라는 의미에서 사용되는 것이 일반적이다.

또한 여기서 '폐기물을 100% 재자원한다'는 것에는 재이용(Reuse)와 재활용(Recycle)이 포함된다. 재활용에는 동종의 재료로서 그대로 이용하는 재료 재활용(Material recycle)뿐만 아니라 화학적 프로세스를 거쳐 다른 종류의 재료를 원료로 하는 케미컬 재활용(Chemical recycle 별칭 Feed stock recycle)을 포함하는 것이 일반적이다. 플라스틱 재료를 열원으로 사용하는 것처럼, 열원으로서 회수하는 열에 의한 재활용(Thermal recycle)을 제로 에미션의 범위에 포함하는 것도 있다. 단, 열에 의한 재활용에 대해서는 여러 유해물질이나 이산화탄소를 배출하는 의미로, 문제가 있어서 제로 에미션의 범주에 있어서는 안 된다는 이견이 있다.

8 재이용(Reuse) · 재활용(Recycle)의 딜레마

이상 서술한 것과 같이 자원의 재이용은 대상으로 하는 건재만 주목했을 경우에 자원이용효율을 상시 향상시키는 것처럼 보인다. 그러나 재자원화에서 사용되는 에너지, 생산설비, 수송기재 등의 자원 이용량 전부를 고려하여 산입했을 경우에는 재이용재가 새롭게 제조된 자재에 비해 자원이용효율이 뛰어나다는 보장은 없다.

다시 말하면, 단순히 폐기물을 제로로 하는, 또는 감량화하는 것을 목적으로 한다면, 자원의 재이용은 더욱 긍정적으로 평가되나 자원이용효율을 평가기준으로 한 경우는 재이용에 있어서 새롭게 직접 · 간접으로 투입된 자원량이 새롭게 제조된 재료보다 더 많고, 게다가 편익 서비스가 새롭게 제조된 재료보다 떨어진다면 재이용재는 부정적으로 평가된다.

일반적으로 일단 사용을 끝낸 새롭게 제작된 자재는 타 종류의 재료와의 나눔이나 분리가 곤란하고, 더군다나 소량씩 산재하고 있는 경우 재이용을 위한 새로운 투입을 해야 하는 자원량이 증가할 가능성이 있다.

먼저 재이용이 아니라 자원이용효율을 최대화하는 관점에서 기술적 수단을 유연하게 선택해야 한다.

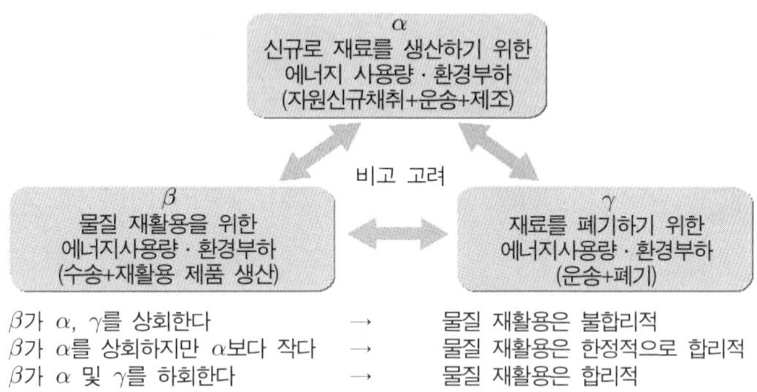

그림 3-3-11 재이용 · 재활용의 딜레마

9 보존과 자원이용효율

전통적인 거리풍경이나 오래된 경관재료와 희귀목재 등 오래된 재료는 그대로의 편익 및 서비스가 매우 크고, 이것들을 재이용할 때 상당량의 자원투입을 한다고 해도 새로운 재료를 사용하는 것보다 훨씬 좋은 자원이용효율을 얻을 수 있다.

다시 말해, 자원이용효율이라는 관점에서 본다면 보존되는 건축이 갖는 가치가 충분히 큰 것이라면 보존을 위해 상당량의 자원을 사용한다고 해도, 그것은 합리적이라고 생각할 수 있다.(야시로 토모나리)

2-3-4 개수기술

21세기는 '순환형 사회'라고 불린다. 즉, 지금까지의 산업경제는 저렴한 화석연료를 사용한 대량소비 · 대량폐기를 성장 엔진으로 사용했지만, 21세기의 성장엔진은 에코 디자인으로 바꾼다라는 것이다. 에코 디자인의 핵이 되는 키워드는 4R(Repair, Reuse, Remanufacturing, Recyling)과 자연에너지 이용으로, 이것들이 '순환형 사회'에 요구된다.

그런데 일본에서는 업무용 건축만 수십억 m^2의 방대한 건축스톡이 이미 있지만, 지금까지의 건축은 수명이 너무 짧다라는 통계데이터가 있다. 사무소건축물을 예로 보면 RC조(造)로 38년, 철골조는 29년 정도이다.

21세기의 '순환형 사회'에 있어서는 신축건물에 있어서의 장수명화 기술의 채용은 물론, 기존 건물에 있어서도 적절한 개수기술에 의한 건축재생(소생)에 의한 장수명화가 중요한 열쇠를 쥐고 있다고 해도 지나친 말이 아니다.

최근의 사례로 고베 세관이 있다. 한신 · 아와지 대진재에서 피해를 입은 구관(館)을 보존 재생하여 정비를 행한 것이다. 정비에 있어서는 단순한 보존뿐만 아니라 안뜰을 일반인에게 개방하고 구관에서 사용된 석재의 재이용이나 공조부하의 저감을 이루는 시스템 등 현재의 요구에 대응한 정비를 행한 점이 높이 평가되었다.

1 개수기술과 기대되는 효과

방대한 건축스톡을 안고 있는 일본에서는 지구온난화 등의 환경영향을 완화시키기 위해 기존 건축에서 배출되는 환경부하를 삭감하는 대안을 빼놓을 수 없다. 그림 3-4-1

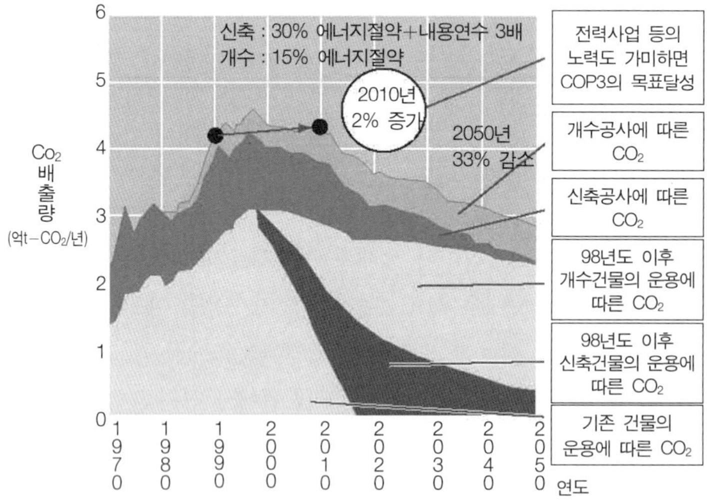

그림 3-4-1 환경부하 삭감 시산 예(일본건축학회)

사진 3-4-1 고베 세관

은 일본의 건축 분야에서 배출되는 환경부하 발생량의 경과연수 변화를 나타낸 것이다. 환경부하의 발생량을 빨리 안착시키기 위해서는 신축에 있어서 뿐만 아니라 개수공사에 있어서도 환경부하삭감대책이 시급하다는 것을 알 수 있다.

이러한 것을 배경으로 하여 일본 국토교통성에서는 2001년 3월에 '관청시설의 환경배려진단 · 개수계획지침(Green진단 · 개수계획지침)'을 책정했다. 이 지침에 의하면 시설의 노후화 등이 원인으로서, 개수공사를 실시할 때 그린진단(친환경진단)을 필히 실시하여 정성적이고 정량적인 효과를 행하여 경제성도 고려하고 적절한 개수기술을 채용하는 것으로 하고 있다. 그 결과 표준적인 청사에 있어서의 약 30%의 에너지 절약과 15%의 $LCCO_2$ 삭감이 가능하다는 결과가 나왔다.

이 지침의 정성적인 평가방법인 레이더 차트는 주변환경에 대한 배려, 에너지 절약(부하 억제, 자연에너지 이용, 고효율 이용), 장수명, 에코 친환경재료, 적정 사용 · 적정처리 등 7개의 평가축에서 자기채점에 의해 개수 전후의 평가를 행하는 것으로 한다. 또 이 지침에서 개수기술은 신축(Green계획, 설계지침)과 같이 취급되지만 7개의 평가요소 중에서 개수공사에는 채용이 어려운 경우가 있기 때문에, 선정할 때 목표를 나타내는 것과 더불어 선정과정을 기록으로 남기는 것을 목적으로 하는 "그린화 기술 선정 시트"가 준비되어 있다.

2 개수의 목적과 개수기술

일반적으로 개수공사의 동기는 시설의 진부화나 노후화에의 대응에 더해, 임대빌딩 등으로는 서비스 성능(쾌적성, 신뢰성, 안전성 등)의 향상에 있다.

진부화의 예로 오피스빌딩을 예로 들면, OA화나 IT에 따라오는 전원용량 부족이나 정보배선시설의 곤란함, 또는 냉방능력 부족 등이 있다.

노후화의 예로는 외벽이나 방수 등의 노후화나 배관부식, 설비기기의 효율저하 등이 대표적인 예이다.

서비스 성능의 예로는 쾌적한 시환경(눈부심 방지의 조명기구 등)이나 온열환경(취향에 따른 냉난방기구의 선택이나 온도설정 변경 등)의 확보, 중요기기에 대한 만일의 정전에 대비한 백업전원의 확보 등이 있다.

이들을 보면 알 수 있듯이, 본래 개수 목적은 환경부하의 삭감과 관계가 적은 경우가 많다. 그러나 전술한 것과 같이 환경부하의 삭감은 긴급과제이고, 개수공사의 본래의 목적과 환경부하의 삭감을 동시에 달성할 수 있는 개수기술의 선정이 중요하다.

3 개수공사에 요구되는 기술

1) 건축적 제약조건과 개수기술

1960년대의 일본은 초고층빌딩의 시작 시기를 맞이하고 있었는데, 건축 분야에서는 리미트 디자인이라는 말이 유행했다고 한다. 공간적인 여유의 확보나 확장성, 갱신성보다도 경제성을 우선했다는 것이다. 따라서 그 당시의 건축을 개수할 경우, 바닥의 무게나 층고, 샤프트 면적 등의 건축적 제약이 있는 경우가 많다.

이러한 제약조건을 완화시키기 위해서는 제품의 경량화나 슬림화, 옥외나 지하피트 등 사용하지 않는 공간의 유효이용, 공기조절로 말하자면 온도차에 의한 공기조절 능력의 증대 등이 효과적이다.

사진 3-4-3 ~ 3-4-5의 사례는 낡은 외벽의 외측을 유리커튼월로 다 덮고 외벽을 이중외피화한 것이다. 이렇게 함으로써 더블스킨의 내측을 설비공간으로 이용하고 있다. 또 이중외피화하는 것으로 외피부하를 억제하는 효과가 있다고 생각된다.

이러한 개수기술은 벽면 선이나 용적률 등 법적인 규제로 모든 건물에서 채용 가능하지는 않지만 큰 실마리가 감춰져 있다.

또 사진 3-4-2의 사례는 열원기기의 리뉴얼을 계기로, 수(水)축(蓄)열조로서 이용되어졌던 지하피트를 빙(氷)축열조로 갱신하는 것으로 열원의 냉방용량을 늘리는 것과 같이, 얼음의 저온성을 활용한 2차측 공기조절의 온도차를 크게 함으로써 공기조절 능력의 강화를 꾀한 것이다.

일반적으로 공기조절 능력을 강화할 경우 공간적인 제약으로 덕트를 크게 하는 것

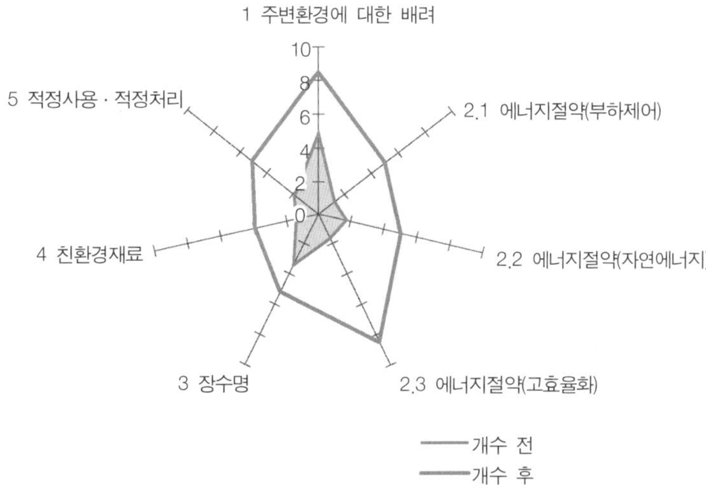

그림 3-4-2 레이더 차트

사진 3-4-2 도쿄전력 도시바 지사 리뉴얼 사례 ([일본능률협회 에너지대책기술 심포지엄 2002. 4] 야마가와)

사진 3-4-3 개수 전

사진 3-4-4 개수 후

사진 3-4-5
더블스킨(2중외피) 내부사진

사진 3-4-6 면진(免震) Retrofit 사례

사진 3-4-7 제진보강 사례 (사진협력 : 다케나카공무점)

은 불가능할 확률이 높다. 그렇게 때문에 공기조절 온도차를 똑같이 하면 송풍량을 크게 할(풍속을 높이는) 필요가 있다. 그러나 이 방법으로는 팬 동력이 현저하게 증대하게 되어 에너지 절약이 되지 않는다. 한편, 온도차를 크게 할 경우는 팬 동력의 증대를 억제할 수가 있기 때문에 공기조절 능력의 강화와 에너지 절약을 꾀할 수 있다.*1)

이상으로 2개의 사례를 조사해봤는데, 개수공사의 본래 목적을 달성함과 동시에 환경부하의 삭감, 장수명화 등으로 크게 기여하는 적절한 개수기술의 선택을 하고 있다고 할 수 있다.

2) 그 외의 제약조건과 개수기술

개수공사는 신축공사와 비교해서 건축적 제약조건 외에도 많은 제약조건이 있다. 가장 일반적인 제약조건은 경제성이다. 이것은 개수공사는 동반 공사가 많다고 하는 것처럼, 개수가 필요한 부위뿐만 아니라 그 주변까지 공사가 파급되어버린다.

예를 들면, 옥상의 방수공사를 하기 위해서는 옥상에 설치되어 있는 설비기기를 이설하는 등의 비용이 이것에 해당한다. 동반 공사를 줄이기 위해서는 신축할 때 개수주기가 다른 부위에 대한 설계상의 배려가 중요하지만, 개수할 때의 노력으로는 동반 공사가 최소가 되도록 중장기의 개수계획의 입안이 중요하다.

더욱이 개수공사의 경우 거주하거나 사용하면서 공사가 진행되는 경우가 많기 때문에 공사에 동반되는 소음이나 진동, 정전이나 수도공급 차단, 화재 등의 사고방지 등 여러 사례에 걸쳐 유의사항이 있다. 이러한 것으로 가설공사나 양생 등의 비용이 늘어나고 공사비가 올라간다.

최근의 대규모 빌딩에서는 장래의 개수공사를 상정하고, 공사에 필요한 가설 엘리베이터의 설비공간을 먼저 확보한 계획 등이 출현하기 시작했다.

또 개수공사에 따르는 폐기물의 발생량을 최소한으로 억제하기 위해 보수 등을 시

*1) 제습부하가 증대하기 때문에 반송동력의 저감효과와의 밸런스를 배려할 필요가 있다. 또 실내공기가 저온도가 되기 때문에 열적쾌적성의 관점에서 같은 쾌적성을 얻기 위해서 설정온도를 높이는 것이 가능하고 제어도 이 점을 배려하는 것이 요구된다.

행한다면 지속 사용한 것은 가능한 사용하는 것이 중요하다. 덕트나 배관 등은 열화진단을 행하고 갱신의 필요성을 꼭 판정한다. 청소나 세탁을 행하고 보온 등의 보수를 시행한다면 사용할 수 있는 곳도 많다. 또 천장을 메우는 식의 조명기구를 에너지절약형으로 바꿀 경우 미적 관심이나 그 외의 문제점에서 천장을 포함하여 쇄신하는 방법도 있지만, 기존 천장을 그대로 사용하고 기존 조명기구와 같은 크기의 기구를 사용하는 등도 중요한 검토과제이다.

또한 내진기능이 부족하여 안전성의 확보에 문제가 있는 경우에도 최근에는 면진구조나 제진구조를 채용하는 등의 방법으로 구조내력을 소생하는 것도 행해진다.(노하라 후미오)

2-3-5 환경과 사람에게 좋은 건재(建材)를 사용하자

1 친환경 자재(Eco Material)

1) 다양한 뜻

환경부하를 명확하게 인지하여 건축재료를 사용하는 필요성에서 친환경 자재라는 말이 생겼다. '환경조화재료' '환경배려재료'의 유의어라고 생각하면 된다. 2001년의 시점에서는 '친환경 자재'이라는 말은 사용하는 사람에 의해 의미하는 내용이 달라서 '환경조화재료' '환경배려재료'라는 말이 부과되어 '자연소재가 갖고 있는 기분 좋음·감촉·ameinity'라는 의미도 포함되는 경우도 많다. 또 상업상의 캐치프레이즈로서 '친환경 자재'의 사용빈도가 높아지고 있는데, 이미지가 우선되어 그 구체적인 기술적 내용을 모르는 경우도 있다. 표 3-5-1은 친환경 자재의 기술적 내용을 평가하는 관점을 열거한 것이다.

친환경 자재라고 불리는 재료는 표 3-5-1에 열거한, 적어도 하나의 관점에서 볼 때 높은 성능을 갖고 있는 재료이다. 표 3-5-1에 열거한 관점은 밀접하게 관련된 것도 있지만 개념상으로는 독립적인 것으로, 일반적으로는 표 3-5-1 모든 관점에 있어서 높은 성능을 갖는 재료는 드물다.

오히려 부산물과 재활용재의 사용빈도는 높지만 그 제조과정에서 화석연료 사용량은 일반재료와는 크게 차이가 없는 것과 같이 장점과 단점이 있다고 생각하면 된다. 따라서 표 3-5-1의 어느 관점에서 볼 때 친환경 자재라고 하는지를 명확하게 하지 않으면 기술적으로는 무의미하다 해도 과언은 아니다. 표 3-5-1에 나타나는 평가가 갖는 의미를 다음의 관점 1~6에 대해 생각해보자.

표 3-5-1 친환경 자재 평가관점

자원생산성에 대한 관점
1) 사용자원의 재생가능성·잔존성에 대한 배려(화석연료의 절약·희소광물자원의 절약·재생가능한 삼림으로부터 채취한 물질자원 사용) 2) 재료의 재이용 가능성 3) 부산물이나 재활용 재료의 사용
환경부하·건강에 대한 영향의 관점
4) 제조 및 사용에 수반한 지구환경에 대한 부담의 경감(제조과정에서 발생하는 온난화 가스의 저감·오존층 파괴재료 회피) 5) 폐기처분에 수반되는 환경부하 경감(다이옥신 발생 원인물질 회피·지하수 등에 영향을 미치는 물질 회피) 6) 제조 및 사용에 수반되는 생태계 및 건강성에 대한 영향저감(실내환경오염에 의한 질병 유도요인 제거, 환경호르몬물질 회피, 방사성물질 회피)
감각에 관한 관점
7) 소재가 오감(五感)을 통하여 전달하는 기분·촉감·쾌적성의 향상

표 3-5-2 정성적 종합판단의 예

부위별로 사용 가능 재료를 나열해서 상호 비교하여 가장 바람직한 것부터 피해야 하는 것까지 상대평가하는 방법

	바람직하다	그런 대로 바람직하다	허용할 수는 있다	회피하고 싶다
외부 배수관	도기	폴리에틸렌/폴리프로필렌 콘크리트	재활용한(Recycle) 염화비닐	염화비닐
외부 경질포장	재생콘크리트	콘크리트/잔디	도기타일/콘크리트블록	아스팔트계
외부 연질포장	목재 칩	모래	조개껍질	자갈
단열재	셀룰로오스계/코르크	광물계 울(섬유)	EPS(발포폴리스티렌)/발포유리	폴리우레탄/압출폴리스티렌
외부 개구부 틀	지속가능한 내구성을 보유한 목재	질산계방부제로 처리한 soft wood	알루미늄/방부처리된 목재 재활용된 염화비닐	열대우림목재/염화비닐
물사용 공간의 바닥	테라초	자기타일	폴리에스틸렌	염화비닐
담(울타리)	식물 울타리	가지치기한 목재	처리하지 않은 목재	재활용된 염화비닐/열대재료/방부처리목재

2) 관점 1 : 사용 자원의 재생성 및 잔존량에의 배려

화석연료 자원이나 많은 광물 자원은 인간행위의 시간적 Scale에서 본다면 재생이 곤란하고 '비재생성 자원'이라고 불린다. 한편, 후술하는 바와 같이 재생가능이라고 하는 것처럼, 관리된 삼림에서 산출된 목재는 '재생성 자원'이라고 불린다. 이 평가관점에서는 아래의 특질이 현저하게 친환경 자재로서의 정도가 높다고 생각된다.

- 재생성 자원의 사용량과 사용비율이 높다.
- 신규로 채취된 비재생성 자원의 사용량 · 사용비율이 낮다(사용되는 비재생성 자원은 재이용재이다).

3) 관점 2 : 재료의 재이용 가능성

성능을 향상시키거나 기능을 상호보완하기 위해 복수의 소재를 합친 복합재료가 건재로서 적지 않게 사용된다. 건재의 사용이 종료된 시점에서 복합재료가 다시 재료에 용이하게 분해되는 경우는 재이용할 수 있는 가능성이 높아지지만, 반대로 이것들이 소재를 분해하기 힘든 경우에는 재이용이 곤란하다. 사용종료 시점에서 구성소재에 용이하게 분류할 수 있고, 더욱이 그 재이용을 위한 유통시스템이 확립되어 있어 반복 재이용할 수 있는 건재는 재이용 가능성이라는 관점에서 보면 친환경 자재라고 할 수 있는 것이다.

4) 관점 3 : 부산물·재활용재를 원료로 사용

부산물(by-product)이란, 주 제품(Main product)을 제조할 때에 부차적으로 생산 · 제조되는 재료류를 말한다. 강철이라는 주산물을 용광로로 제조할 때 발생하는 고로 슬

표 3-5-3 '친환경 자재'의 사용 장소에 대해 고려해야 할 사항

재료의 형태 및 사용조건	재료에 대한 구속이 느슨한가, 그렇지 않은가(자유로)? 휘발요소를 포함하는가? 가연성인가? 천연 방사성 물질을 포함하는가?	먼지의 원인이 되는가? 유해가스를 배출하는가?
건물에서의 위치	물에 접할 가능성이 있는가? 음식물과 접할 가능성이 있는가? 외부인가 내부인가? 노출되어 있는가, 피복되어 있는가? 만지면 위험성이 있는가?	
성능열화의 상태	박리 (벗겨져 떨어짐)	통상의 기후에 대한 폭로상태 통상의 사용상태 DIY에 의한 (긁어내기)
	화학작용	corrosion(부식, 침식, 종) 건조 가스배출 DIY(태우기)
환기상태	환기횟수	주택의 거주상태 거주자가 통상 창을 여는 빈도에 수반되는 환기
라이프스타일	거주기간 폭로된 기간에 영향을 주는 시간적 조건	
유지관리 사이클	유해물질을 도입하거나 먼지를 증가시키는 결과를 초래할 수 있다.	

래그시멘트나 배연탈류 프로세스에서 발생하는 석고는 전형적인 부산물이고, 각각 고로 슬래그나 석고보드의 원료로 사용되고 있다. 부산물을 활용한 건재는 자원생 산성('2.3.3 자원의 낭비를 하지 않는다' 참조)을 높일 수 있다는 의미로 친환경 자재라고도 말할 수 있다. 재활용재를 원료로 포함하는 건재도 친환경 자재가 있다고 생각된다. 목질계 재료폐기물을 원료로 하는 칩보드는 그 전형적인 예이다

5) 관점 4 : 재료의 제조 및 사용에 따른 지구환경의 부하경감

재료의 제조과정에서 화석에너지를 연소시키면 CO_2 등의 지구온난화 가스가 발생한다. 또 화력발전소에서도 화석에너지가 사용되기 때문에 제조과정에 있어서 전력사용은 지구온난화 가스를 간접적으로 배출한다고 생각된다. 재료의 제조에 이르기까지 배출되는 CO_2양(Em-bodied carbon dioxide)이 적을수록 높은 친환경 자재라고 생각된다(그 정량적 평가방법은 다음 항 '2. 재료의 LCA'에서 해설).

종래의 발포단열재나 소화재 등에 프레온과 하론가스를 사용해 왔다. 이 가스들은 단위량당의 지구온난화 효과가 CO_2의 수백 배부터 수천 배에 달할 뿐 아니라 자외선 등 유해한 우주선(線)에서 지구상의 생물을 보호하는 오존층을 파괴한다. 따라서 프레온, 하론가스를 발포재에 사용하지 않고 제조된 단열재는 친환경 자재라고 생각할 수 있다.

6) 관점5 : 폐기처분에 따른 환경부하 경감

건물의 수명이 한정되어 있는 이상, 이것을 구성하는 건재의 사용기간도 정해져 있다. 가치가 없는 건재는 무언가의 모습으로 재이용되거나 폐기처분된다. 폐기처분의 현재 상황을 생각하면, 사용이 끝난 건재가 몰래 공지(空地) 등에서 저온으로 다른 종류의 재료와 혼합된 상태로 소각되거나 불법 투기되는 가능성이 전혀 없는 것은 아니다. 따라서 폐기처분에 따른 환경부하 경감을 고려해서 건물 신축 시의 재료 선택을 할 필요가 있다. 이러한 이유에서, 소각이나 땅 속에 버리는 등의 폐기처분에 따른 환경부하가 적은 재료는 친환경 자재라고 생각할 수 있다.

이러한 것에 관련하여 가장 걱정되는 환경부하는 소각에 따른 다이옥신 등 유해물질의 발생과 땅에 파묻는 최종처분된 경우의 지하수의 영향이다.

베트남 전쟁에서 대량으로 살포된 고엽재에 포함되어 있던 다이옥신류는 체내에 축적되는 것에 의해 선천성이상아의 출산 · 사산 등을 일으키고, 그 생식독성 및 지연성 독성의 무서움을 인류는 알았다. 다이옥신이 발생하는 상세한 과정은 과학적으로 분명하지 않지만, 염소를 포함한 물질에서 염화수소 또는 염소가 발생하여, 그것이 불완전 연소로 만들어지는 물질과 반응하여 다이옥신이 된다고 생각할 수 있다.

200 ~ 400° 정도의 저온에서 염화수소를 발생하는 것과 같은 염소 포함 건재는 그 건재가 불법연소나 화재 등 저온연소되는 리스크를 갖고 있는 한 사용은 피하는 것이 좋다. 반대로 말하면, 저온연소 시에 염화수소를 발생하지 않는 것이 친환경 자재로서의 필수요건이다.

매립처리된 후 빗물 등이 침투했을 때에 인체 · 생명체에 무언가의 영향이 있는 물질을 용출하는 건재는 지하수의 수질을 보전하는 것에 문제가 있다. 이러한 지하수의 영향이 걱정되는 재료를 사용하고 있지 않은 점도 친환경 자재로서의 필수요건이다.

7) 관점 6 : 재료의 제조 및 사용에 따른 생태계·건강성의 영향 저감

실내공기오염에 의한 질병의 유도요인이 되지 않고 환경호르몬 물질이나 방사성 물질을 사용하지 않는 재료가 친환경 자재라고 생각된다. 어떤 재료가 실내공기오염에 의한 질병유도 요인이 되고, 환경호르몬 물질을 포함하는가에 대해서는 별도 차트에서 자세히 해설한다.

8) 친환경 자재의 선택 및 사용

표 3-5-1에 나타난 다른 관점을 어떻게 포괄적 · 종합적으로 판단하여 친환경 자재를 선정하여 사용하면 좋을 것인가.

하나는, 각각의 관점의 평과결과에 평점을 부여하여 이것을 레이더 차트나 히스트그램에 나타내어, 그 형상에서 징합적으로 판단하는 방법이 있다. 그러나 현재, 친환경 자재에 대해 어떤 평점 그래프화 수법에 관해 정해진 기준은 없다. 그 외에 일대일 비교를 전제로 한 AHP 등의 수법을 사용하여 선택하는 것도 생각된다.

또 하나는, 표 3-5-2에 예시되는 것처럼 정성적 종합판단을 하는 방법이 있다. 이 경우는 랭킹의 관점을 명시적으로 제 삼자에게 설명할 수 있도록 문서화할 필요가 있다.

건축은 재료의 단순한 더하기로 성립되어 있는 것이 아니므로 친환경 자재를 사용할 때, 다른 종류 재료와의 혼합의 효과 · 영향이나 표 3-5-3에 나타낸 사용 장소에 주의할 필요성도 있다.(야시로 토모야)

2 재료의 LCA(Life Cycle Assessment)

1) 일본의 CO_2 배출량

재료의 LCA평가를 행하는 환경지표로서 에너지 소비량, CO_2 배출량, 대기 · 수질오염량, 폐기물량 등이 있는데, CO_2 배출량에서 평가하는 경우가 많다.

일본의 CO_2 배출량은 1명당 약 2.72t - C/년이다. 그림 3-5-1은 일본의 CO_2 배출량의 내역이다. 주택 / 비주택 건축의 건설에 따른 CO_2 배출량은 전체의 7.8%를 차지하고 있다. CO_2는 건설자재의 제조, 운반 등에 따라 공장이나 트럭에서 배출되는 양과 건설현장에서 배출되는 양의 합계이다.

또 운용에 의해 배출되는 CO_2는 건설의 2배가 되어 있어 건설 시에 배출되는 CO_2를 삭감하는 경우도 운용에 따른 CO_2 배출량이 커지지 않도록 충분히 배려할 필요가 있다.

2) 건설재료의 환경부하 저감수법

건설재료의 제조에 관한 환경부하를 저감하는 수법으로서 재료를 오래 사용하는 장수명화와 재활용 재료의 보급이 있다.

① 콘크리트의 고품질화 및 장수명화

콘크리트의 물(水)시멘트 비율을 60%에서 55%로 하여, 피복두께를 보통보다 1cm 1kg - C(탄소환산) = 3.67kg - CO_2(CO_2 환산) 두껍게 하여 4cm로 한다. 콘크리트의 강도는 300kg/cm²(2,942 × 10,000N/m²) 이상으로 하는 등 콘크리트 자체의 장수명화를 재는 한편, 집합주택의 경우 바닥두께를 20 ~ 28cm 이상으로 하여 거주성능 향상에 힘써 오래 사용하는 것이 중요하다.

② 회전로방식로 강과 전기로 강

전기로는 재활용 강이고 제조에너지는 회전로방식로 강의 약 50%로 해결된다. 일반적으로 형강에 사용되는 강재는 고로방식로 철, 철근에 사용되는 강재는 전기로 강인데 전기로 강의 형강도 시판되고 있다(표 3-5-6).

표 3-5-4 각종 재료의 CO_2(탄소 환산) 1kg-C(탄소환산)=3.67kg-CO_2(CO_2 환산)

부재명		에너지 [MJ]	CO_2 [kg-C]	SO_X [g]	NO_X [g]	분진(그을음, 먼지) [g]	산업폐기물 [g]
지붕	RC조	1825	46	194	563	21	51
	목조(기와)	486	13	62	338	11	18
외벽	RC조	1500	35	168	402	18	41
	블록조	657	16	58	210	7	26
	압출성형 석면시멘트	1005	29	62	256	6	26
	목조	435	9	49	192	9	19
칸막이벽	RC조	1327	31	156	379	17	34
	블록조	523	12	45	170	5	18
	경철바탕 PB도장마감	506	12	27	95	3	12
	목조	402	8	47	147	6	14
바닥	마감재						
	카펫	100	2	33	26	1	2
	다다미	59	1	38	44	1	1
	나무판 플로어링	50	1	11	73	4	1
	쿠션 플로어	142	3	11	20	1	3
	RC조(목조바탕)	1247	30	150	332	15	25
	RC조(제물치장)	1252	31	144	296	12	24
	데크플레이트+경량콘크리트	707	19	28	89	3	11
	목조	54	1	12	71	4	2
개구부	알루미늄 새시 1중유리(1.8×1.8m)	975	21	154	241	13	42
	알루미늄 새시 복층유리(1.8×1.8m)	2968	61	338	736	40	148
	목재새시 1중유리(1.8×1.8m)	452	9	62	299	15	20
	장지(1.8×1.8m)	285	6	41	174	7	9
	금속재 비가림창(1.8×1.8m)	2662	61	499	658	37	102

③ 에코시멘트의 이용

고로 슬래그는 플라이애시 등 부산물 이용 시멘트는 CO_2 배출량이 적다. 기초콘크리트에 사용하고 CO_2 배출량을 삭감할 수 있다(표 3-5-6).

④ 콘크리트블록의 활용

콘크리트블록은 재활용 제품이다. 방수성능이 낮기 때문에 외벽에 사용할 때 방수대책이 필요하지만, 내벽이나 칸막이에는 차음성능이나 단열성능이 좋고 해체 · 갱신을 하기 쉽다는 이점이 있다.

⑤ 목재의 사용

완전히 성장한 삼림에서는 노목이 썩으면 젊은 나무가 생장하여 전체적으로는 CO_2의 흡수가 행해지지 않는다. 뽑고 다시 심는 것으로 젊은 나무가 성장하여 CO_2가 줄기에 흡수되는 것이다.

따라서 목재를 건축에 사용하여 식재를 행한다면 CO_2는 삭감된다. 더욱이 건축용으로 사용되었던 목재가 최종적으로 화석연료의 대체로 소비될 경우 CO_2 삭감에 효과적이다.

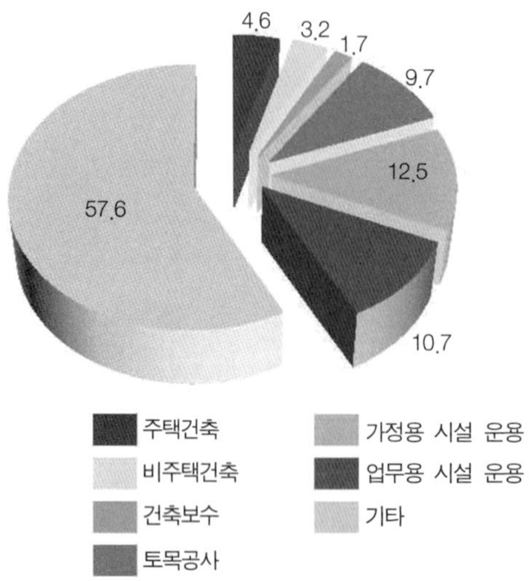

그림 3-5-1 1995년 일본의 CO_2 배출량 (탄소배출량 총량 : 3.57억t-C)

표 3-5-5 회전로 강과 전기로 강 제조에 따른 CO_2 배출량

	에너지 [MJ]	CO_2 [kg-C]
조강(회전로)	13,157	377
조강(전기로)	6,585	164
열간압연강재(회전로 강)	16,234	432
열간압연강재(전기로 강)	9,301	219

표 3-5-6 포틀랜드시멘트와 고로 슬래그시멘트를 사용한 콘크리트 1m^{3}당 에너지 소비량 CO_2 배출량

	에너지 소비량 [MJ]	CO_2배출량 [kg-C]
포틀랜드시멘트 사용	1,645	60.0
고로시멘트 사용	1,313	34.1

표 3-5-7 건설현장의 원단위

	사무소 건축현장 환경부하
전력소비량	22.2kWh/m^2
용수량	0.35m^3/m^2
혼합폐기물질	42~45kg/m^2
잔토	1,325kg/m^2(10예보고)
오니	362kg/m^2(10예보고)

3) 건설현장의 환경부하

자재의 운반, 건설기기의 가동, 공사에 따른 소음이나 대기·수질오염 등 건설현장은 근린공해의 원인이 되고 있다. 현장의 환경부하를 삭감하는 것에는 건물의 장수명화에 의한 효과는 크지만, 유닛화에 의한 건설기간을 단축하는 것에도 효과적이다(표 3-5-7).

4) 온실효과 가스

일반적으로 우레탄발포 단열재는 프레온 등의 온실효과 가스를 사용하여 제조된다. 대충 1m^{3}의 우레탄발포 단열재 속에는 3~4kg의 프레온이 들어 있을 거라 예상된다. 또 냉동기는 냉각출력 1kW당, 대략 0.25~0.3kg의 프레온 냉매가 필요하다. CO_2를 제외하면 단열재와 냉동기가 건물에 있어서의 온실효과 가스의 주를 이루는 발생원이 된다. 온실효과 가스는 CO_2의 온난화 효과와의 상대치에 의해 표현된다. 계산방법은 표 3-5-9에 있으며, 표 3-5-8은 계산에 이용되는 GWP의 일람표이다.

5) 수선에 수반되는 CO_2 배출량

1년간의 수선에 필요한 에너지 소비량과 CO_2 배출량의 1%라고 산정하는 것이 많다.

수선 에너지 소비량(MJ) = 0.01×라이프사이클 연수×구체(軀體)를 제외한 건설 에너지 소비량(MJ)

수선 CO_2 배출량(kg-C) = 0.01×라이프사이클 연수×구체(軀體)를 제외한 건설 CO_2 배출량(kg-C)

6) 해체

해체 에너지 개산치로서 연 바닥면적당 에너지 소비량과 CO_2 배출량을 사용해서 계산한다.

해체 에너지 소비량(MJ) = 연면적×913(MJ/m^2)

해체 CO_2 배출량(kg-C) = 연면적×20(kg-C/m^2)

(오카 타쯔오)

3 재생자원으로서의 목질재료

1) 환경보전 및 자원순환에 있어서의 목재와 삼림

건축생산은 기본적으로 자원, 에너지를 소비하는 것으로 성립된다. 동시에 장기간에 걸쳐 사용되는 점에서, 폐기될 때까지 자원을 스톡한다는 측면을 갖고 있다. 이러한 건축자원 속에 목재는 약간 특이한 위치에 있다. 즉, 목재가 재생가능 또는 지속적 공급 가능한 자원이라고 불리는 것처럼, 수목은 대기 중의 CO_2와 지중에서 물을 흡수하여 태양에너지로 수목 주성분의 셀룰로오스, 리그닌 등으로 변형되어 탄소가 고정된 것이다. 최종적으로 소각 또는 노후 등에 의하여 CO_2와 물로 돌아가는 것이다.

한편, 벌채된 곳의 삼림의 관리가 임업의 기본이었다면, 새로운 수목으로서 CO_2의 흡수고정이 재개된다. 1997년에 일본에서 개최된 '유엔 기후변동 범위조약 제 3회 체결회의 (COP3)'에서 채택된 1) '교토의정서 '에서는 CO_2 등의 온실효과 가스의 배출억제와 같이 삼림에 의한 흡수를 평가하게 되었다(p.32 참조). 이러한 CO_2의 수지를 고려할 때 목재를 이용하는 것에 의한 다음의 3가지의 효과를 볼 수 있다.

첫째, 삼림에 있어서 CO_2의 고정저장(즉 흡수원)과 목조건축 등의 저장이 '탄소저장효과'이다. 둘째, 목재는 다른 자재에 비교하면, 그 제조에 필요로 하는 에너지가 매우 적기 때문에 타 자재 대신에 목재를 사용하는 '에너지 절약 효과'. 그리고 셋째, 목재를 소각할 때의 에너지를 효율적으로 사용하여 화석연료의 소비삭감을 보는 '에너지 대체 효과'이다.

표 3-5-8 프레온류 온난화 계수의 시간 적분 한계치
AFEAS and DOE : Energy and Global Warming Impacts of CFC Alternative Technologies, 1991. 12

온난화 가스	온난화 계수의 시간적분 한계치[GWP(ITH)]			오존층 파괴계수 [ODP]	수명 [년]
	20년	100년	500년		
탄산가스(CO^2)	1	1	1	0	*
CFC-11	4500	3500	1500	1.0	60
CFC-114	6000	6900	5500	0.8	200
HCFC-22	410	1500	510	0.055	15
HCFC-123	310	85	29	0.2	1.6
HCFC-141b	1500	440	150	0.11	8
HFC-134a	3200	1200	420	0	-
HFC-32	2300	650	220	0	-

표 3-5-9 온난화 라이프사이클 평가방법

평가항목			사무소빌딩 : 3500m^2
탄산가스 배출에 의한 효과	건설에 의한 CO_2 배출량 운용에 의한 CO_2 배출량 해체에 의한 CO_2 배출량		3791t-CO_2 239t/년×30년=7170t-CO_2 128t-CO_2
	소계		11089t-CO_2
프레온에 의한 효과	오존층 파괴계수 수명(HCFC22) 프레온 손실량		HCFC22 0.055 15년 14kg/년×30년=420kg
	온난화 계수	GWP(1TH=100년)	1500
	온난화 인자	GR(1TH=100년)	630t-CO_2
종합온난화 인자	1TH=100년		11719t-CO_2

특히 건축 분야에서 중요한 것은 벌채된 후에 의연하게 탄소가 고정된 채 보관(Stock)되어 있는 것이다. 벌채되어 소각까지의 시간이 길면 삼림의 수목이 성장하는 시간을 부여하게 된다. 한편, 벌채된 땅에 '뽑고 심는다'라는 삼림관리의 기본, 즉 올바른 임업이 행해진다면 새로운 수목으로 탄소의 고정이 재개된다. 목재의 생물에 의한 열화, 또는 연소에 의한 양이 삼림에서의 성장량을 뛰어넘지 않는다면, 대기중의 CO_2는 목재를 이용해도 감소의 방향으로 향하게 된다. 다른 건축자재를 사용한다면 확실히 CO_2를 증가시키는 데 대해, 목재자재가 정말로 재생가능한 자원으로서 환경보전에 대해 매우 에콜로지컬한 자원이라고 불리는 까닭은 여기에 있다.

이에 대해 지구환경 파괴, 환경보전이라는 점에서 자주 눈에 보이는 대상으로 삼림파괴를 들 수 있다. 그것은 벌채라는 행위로 상징된다. 그러나 열대다우림이나 천연림과 같이 목재생산 이외의 기능(수토의 보전, 동식물의 보호, 풍치경관의 보전, 대기오염의 방지 등)을 기대하고 있는 삼림의 채벌을 억제하는 삼림보호의 문제와 건축자재 등의 자원생산을 위해 관리, 갱신하는 인공림의 적정 벌채 이용은 명확하게 구분되어

표 3-5-10 목제부재와 강제부재 등의 제조에너지와 탄소배출량 비교

Buchanan A 1990 ITEC Proceeding(나카지마, 오오쿠마 1991 목재공업 46)

제조에너지 탄소저장량	지붕틀 재료(1m)		대단면 보(1m)		외벽재($1m^2$)		$1m^2$의 창틀	
	강재 BP200/19	제재[*1] 300×50mm	강재 910UB40	집성재[*2] 550×135	강판 0.5mm	합판 12mm	알루미늄 새시	목제 새시[*4]
중량(kg)	5.6	7.5	40	37	4.7	6.0	11.2	11.2
에너지원단위(MJ/kg)	35	1.5	35	3.1	35	12	435	3.1
제조에너지(MJ)	196	11.3	1,400	115	165	72	4,872	34.7
탄소배출량(kg)[*3]	3.9	0.24	28	9.1	3.3	1.7	97	2.8
탄소저장량(kg)	0	3.75	0	18.5	0	2.7	0	5.8
순수저장량(kg)	−3.9	3.51	−28	9.4	−3.3	1.0	−97	2.8
탄소배출량의 차(kg)	7.4		37.4		4.3		99.8	
목재 대체에 의한 탄소 배출량의 경감(kg/kg)	1.3		0.9		0.9		8.9	

*1 천연건조재를 사용하는 것으로 했음.
*2 집성재 제조에너지는 인공 건조방부처리재와 같은 것으로 했음.
*3 목재부재에서는 원재(原材) 연소에 의한 탄소배출량을 고려했음.
*4 목재 새시는 인공 건조방부처리재를 사용하는 것으로 했음.

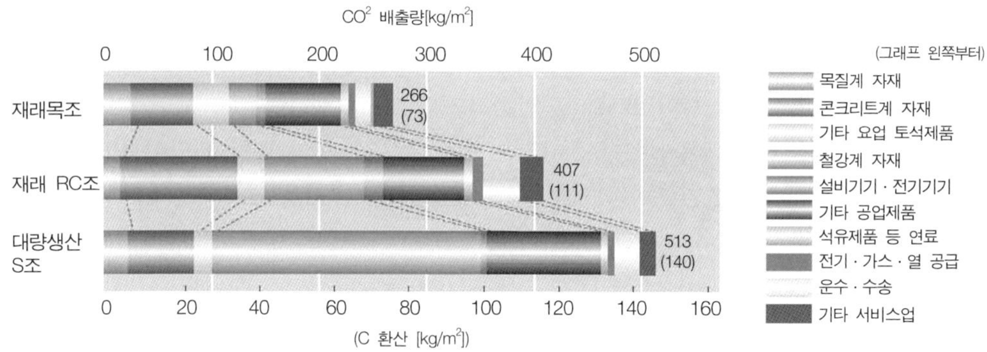

그림 3-5-2 주택건설 시에 배출되는 바닥면적당 CO_2 중량(구법별)
([자원(省資源)절약 · 에너지 절약형 국토개발기술]에 의함)

야 한다. 벌채라는 행위에서 보이는 단순한 대립구조는 피해야 하기 때문에 공존의 길을 찾는 것이 중요하다.

새로 정해진 일본의 '삼림 · 임업 기본법'에는 삼림이 있는 다면적 기능의 발휘를 목표로, '수토(水土)보전림' '삼림과 사람과의 공생림' '자원의 순환이용림'의 구분을 하고 있어, 그것에 어울리는 삼림의 적정한 정비 및 보전의 실시를 볼 수 있다.

건축자재의 제조에너지를 CO_2 배출량으로 환산하여 비교한 예는 표 3-5-10과 같다. 표 안의 탄소저장량이 자재 중에 목재로서 탄소고정된 양이고 생산에 필요한 에너지, 즉 탄소배출량을 뛰어넘고 있다.

그림 3-5-2는 일본의 각 구조 구성자재에서 바닥면적당의 CO_2 배출량을 비교한 것이고, 목조가 철근콘크리트조나 강구조의 제조에너지에 비교하여 극히 작은 것을 알

수 있다. 일본의 목조건축물의 바닥면적당의 CO_2 배출량은 철근콘크리트조나 강구조 건축물의 2분의 1~3분의 2로 되어 있어 꽤 적다. 특히 목조구체부의 CO_2 배출량은 목조건축물의 전체 방출량의 10% 이하로, 저장되어 있는 탄소량이 그것을 뛰어넘는 것이 인정되고 있다.

2) 증가하는 일본의 목재자원

일본은 국토의 3분의 2에 해당하는 2,500만ha가 삼림을 감싸고 있는 삼림국으로, 그 면적은 거의 일정하게 유지하고 있다. 이것은 삼림이 늘 경지나 목장 또는 사막으로 바뀌는 경쟁관계에 있는 나라와 결정적으로 다른 점이다. 즉, 일본의 삼림은 급경사로 경지가 될 수 없었기 때문에 삼림이 경지나 거주지로 보전함과 동시에 수자원의 중요한 역할을 담당해 왔다. 이 급경사가 일본의 산림면적을 보존함과 동시에 목재의 생산, 반출자원 생산에 있어서의 해외와의 경쟁을 곤란하게 하고 있다.

그림 3-5-3은 일본의 삼림 목재축적량을 나타내고 있다. 축적량의 증가(성장량에서 벌채량을 뺀 실질적인 양)의 대부분이 인공조림면적 1,000만ha에서의 삼나무, 노송나무, 낙엽송 등의 성장에 따른 것이다. 이용할 수 있는 수간부(樹幹部 : 나무줄기)의 성장량은 약 7,000만m^3에서 탄소고정량을 환산하면, 연간 약 1,750만t-C(밀도를 0.5, 탄소함유 비율을 1/2로 한다)가 된다. 일본 삼림의 연간 성장량은 전체 축적의 3% 이상, 연간 벌채량은 1% 이상이므로, 이러한 목재자원으로서의 축적이 많아지고 있다. 즉, 목재로서 탄소를 고정한 양이 대기중의 CO_2를 흡수하여 감소시킨 양이다.

'교토의정서'에서는 삼림에 의한 CO_2 흡수를 평가하는 것을 인정했다. 본 합의에서, 일본의 목조 CO_2 삭감 6%에 대해 삼림에 의한 탄소흡수 3.9%(상한으로 1,300만t-C)로 되었다.

삼림으로서 축적이 늘어나는 것은 나쁜 일은 아니지만 문제는 그 지속성이다. 그림 3-5-4는 인공림의 면적 수령분포를 나타낸 것이다. 어린나무 삼림이 적고 식림의 빈약함이 보인다. 삼림면적에 한도가 있는 이상, 벌채하지 않으면 순환자원으로서의 세대교체를 할 수 없다. 일본의 삼나무를 중심으로 한 인공조림목의 축적은 크게 늘어나고 있고 대량벌채 시기는 가깝다고 말하면서, 약 80%를 외국산 목재에 의존하고 있다. 시장경제의 논리로는 외국산 목재가 저렴하기 때문에 사용하는 것이 당연하고, 그런 저렴한 가격으로는 벌채 후 식재도 만만치 않아서 벌채하지 않는다는 것도 일리가 있다.

이와 같이 자원 확보와 환경보전의 문제는 현재 상황의 시장경제나 효율로는 서로 받아들일 수 없는 면이 존재한다. 외국 제품과의 가격차나 임업노동자의 고령화, 인력수급 부족 등 경영적인 과제에 멈추지 않고 조림목의 가지치기, 제초, 간벌을 할 수 없어 일본의 삼림 그 자체의 활력이 쇠퇴될 염려가 있다. 즉, 임업지역의 활성화나 지구규모의 생태계 보호, 온난화 방지라는 환경보전의 시점에서 이용 협력과 전개가 필요하다. 이때 국토에 있어서 자원의 갱신이나 CO_2를 흡수 고정하는 인공조림목의 적극적인 역할의 평가가 아주 중요하다.

순환형 사회는 생산과 이용의 연대가 상시 필요하지만, 삼림과 목재 이용의 3개의 효과를 의식한 사회 전체로서의 전개가 요구된다. '교토의정서'의 6% 삭감목표, 즉 화석자원의 CO_2 배출의 삭감을 피하기 위해 삼림의 CO_2의 흡수를 강요하는 것이 아니라 각 분야의 목재 이용을 하는 에너지 절약, 대체에너지 효과를 요구하는 것이 기대된다. 그것이 결과적으로 삼림에 흡수원으로서의 활력을 불러일으킬 가능성이 크기 때문이다.

3) 도시의 목질자원으로서의 해체재 이용

일본의 도시에 스톡되어 있는 목재는 주로 목재주택에 있지만, 탄소 환산에 약 1억 5,000만t-C이다. 그것은 일본의 삼림에서의 목재 축적량 6억 8,000만 t-C의 20% 이상에 해당된다.

표 3-5-11에 나타낸 것은 해체 폐목재 20,000t(목재중량 10,000t, 탄소환산 5,000t-C, 약 40평의 목조주택 1,000채 분에 상당)을 다음과 같은 각 조건으로 처리했을 때, CO_2 배출량, 소각 후 재의 양, 재이용에 의한 탄소저장, 화석연료 대체에너지 등을 비교한 것이다. 이 재의 양은 최종처분지의 면적에 관계되는 것이고, 여기서는 목재 중량에 대해 5%(탄소에 대해 10%)로 하고 있다.

① 폐목재를 거의 소각
② 폐목재를 모두 보드로 재생, 필요로 하는 에너지는 화석연료
③ 폐목재를 보드로 재생, 그것에 요하는 필요 에너지도 폐목재에서 보충할 수 있도록 배분
④ 폐목재는 1/2를 보드로 재생, 필요 에너지는 폐목재로, 남은 것은 소각
⑤ 폐목재의 1/2은 보드에 재생, 필요 에너지는 화석연료, 폐목재의 1/2은 소각

이것을 보면, 단순한 소각이 자원낭비와 CO_2 배출이라는 큰 환경부하가 되어 있는 것이 분명해진다. 탄소수지라는 시점에서 보면, ②와 같은 목재를 모두 보드로 재생, 필요로 하는 에너지는 화석연료로 보충하는 것이 우수하다. 그러나 ③의 폐목재를 보드와 그것에 필요한 필요 에너지원으로 배분하는 것은 순환형의 기본적인 생각이 될 것이다. 무엇이든, 이것들이 기능하기 위해서는 보드, 연료 등 재활용 자재를 이용하는 연대가 절대조건이고, 이것이 없다면 순환은 정지한다.(아리마 타카노리)

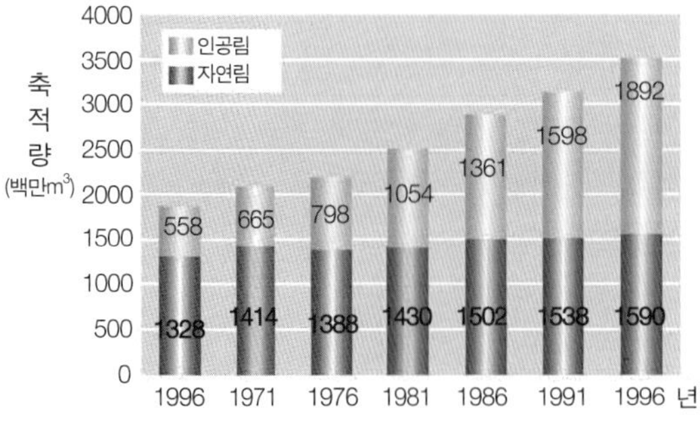

그림 3-5-3 일본 삼림에 있어서 축적량
([임업백서 1998년도 판] 임야청, 1998) 등에서 작성

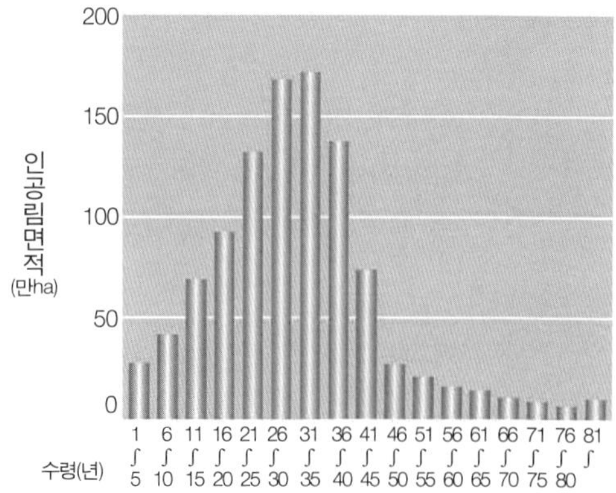

그림 3-5-4 일본 인공림 재령별 면적
(1995년 3월 시점 : 임야청, 1998)

표 3-5-11 목질 폐기물의 소각, 보드류 재활용 자원화의 CO_2에 의한 환경부하평가 ([목재공업] 아리마 55, 2000)

	목재 소각배출 t–C	보드 저장 t–C	제조에너지 t–C	전 수지 t–C	재 t	화석연료 t–C
① 모두 소각	5000			5000	500	
② 보드원료 화석연료		–5000	2000	–3000	0	2000
③ 보드원료 목질연료		–2777	2223	–544	222	–1112
④ 1/2 보드 목질연료 소각	500	–2500	2000	0	250	–1000
⑤ 1/2 보드 화석연료 소각 1/2	2500	–2500	1000	1000	125	1000

Board의 화석연료에 의한 제조에너지는 $100kgC/m^2$, 목질연료일 경우는 $200kgC/m^2$
보드 및 전수지의 –(Minus)는 저장을 표현한다. 화석연료의 –(Minus)는 절약을 표현한다.

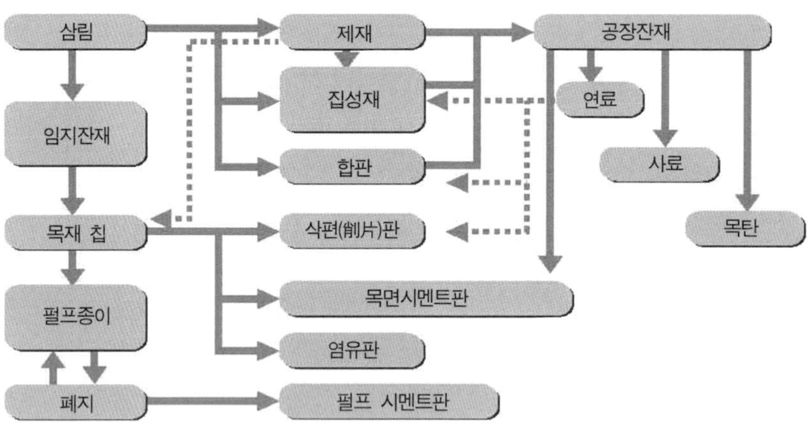

그림 3-5-5 수질자원의 흐름

4 지역의 나무로 집을 짓는다

1) 나무로 만든 집에 살고 싶다

나무집에 살고 싶다는 목소리가 커지고 있다. 주택잡지의 메인 페이지에는 나무집이 많이 게재되어 있다.

시크하우스의 문제는 오랜만에 이슈가 되었다. 알레르기를 가진 사람이 늘고 있으며 환경호르몬의 위협은 더욱 기분이 나빠진다. 우리의 내부에 환경=신체를 위협하는 현상에 민감할 수밖에 없는 것은 많다. 한편, 바깥 환경도 CO_2의 증가에 의한 이상기후, 물이나 식료품의 불안, 자원이나 쓰레기 문제 등 50년 후 인류의 건강한 생존 조차 위험한 상황이다.

건강한 집에 살고 싶다. 자연소재가 좋다고 하는 것은 이러한 상황에서 생긴 극히 정상적인 욕구 또는 비명일지도 모른다.

2) 왜 넘치는 일본재는 사용하지 않는가?

일본은 삼림률에서 세계 1,2위를 자랑하는 삼림대국이다. 이 삼림자원이 사용되고 있지 않아서 임업 경영이 되지 않고 붕괴위기에 빈사상태이다.

그렇다면 국산의 나무를 사용하여 그토록 바라던 목조 가옥을 만들면 되지 않느냐고 한다면, 이치는 당연하다. 그러나 그것은 행해지지 않았고, 행하려고 해도 꽤나 어렵다. 일본재가 외국자재에 비해 비싸기 때문에 기술이 있는 장인이 없어서라고 자주 말하고 있지만, 그것은 틀린 말이다. 일본재는 외국자재보다 싸고 장인은 아직 전국 방방곡곡에 있다. 그래도 일본재를 사용할 수 없는 것은, 만드는 쪽이 별로 돈벌이가 되지 않기 때문이다.

만드는 쪽이란 누구인가? 건설회사, 주택 제조회사, 부동산업 등의 주택산업이다. 공업생산의 신건축자재와 대량으로 수입되는 외국자재로 집 만들기는 이윤을 창출하는 산업이 되었다. 집 만들기는 지역 장인의 손에서 주택산업으로 옮겨지고, 장인 손에 의한 생업으로서의 지역 집 만들기는 이 나라에서는 거의 잃어버렸다.

집 만들기를 바꾼 또 하나의 요인은 소비자, 즉 집에 사는 사람의 가치관의 변화이다. 생활의 근대화, 서양풍화(洋風化)가 살기 좋은 집과 동의어였던 지난 30~40년 동안 신건축자재의 산업화 주택을 받아들였던 것이다. 대학의 건축학과에서도 전통적 목재주택은 거의 배울 수 없는 것으로 되어버렸다.

그렇기 때문에 갑자기 목조주택이라고 해도 이것에 대응할 수 있는 집 만들기 시스템이 없다. 누구에게 부탁하면 좋을지 모른다. 지금 일본재의 나무가 사용되지 않는 원인은 산(山) 쪽에도 있다. 일반적으로 산 쪽은 나무가 서 있는 상태에서 중매인에게 팔거나 원목을 시장에 내놓고 있었다. 제재소(製材所)도 나무를 제재하여 재목소와 목수에게 팔았다. 사용자의 수요가 없어지고 제재소나 목재상이 없어진다면 어쩔 수가 없다. 그리고 지금 산에 직접 목재를 구입하러 가도 품질관리를 한 여러 종류의 부재를 갖추어 내놓는 곳은 극히 드물다. 큰 산지는 구조개선 사업으로 대량생산형 근대적 설비를 정비하고 외국자재에 대항하는 목재를 제품화하여 주택산업 시장에 팔려고 노력하지만 어려움을 겪고 있는 곳이 적지 않다.

산(山) 쪽에도 지역의 건물구축에 어울리는 지역 목재를 제공하는 시스템은 거의 존재하지 않는다.

3) 지역의 나무를 사용하여 삼림을 육성하는 집 만들기는 어떻게 하면 좋을까

지역의 삼림 가치는 단순히 산출하는 목재의 가격에 의해 만들어지는 것이 아니다. 물의 함양, CO_2의 고정, 공기의 정화, 치산치수(治山治水)에 불가결한 것이다. 어느 도시에서든 삼림은 없어선 안 되는 환경자원이다. 그 삼림을 사용하지 않기 때문에 잃게 된다면, 그리고 도시에서는 그 정도로 나무집이 요구된다면, 지금 어떻게 해서라도 지역의 실상에 맞는 집 만들기 시스템을 재구축할 필요가 있는 것은 아닐까.

먼저, 소비자(사는 사람), 임업가 · 제재소 · 목재소(재료생산자), 설계자 · 공무점 · 장인(만드는 사람)이 직접 얼굴을 맞대고 상대의 입장과 사정을 서로 정확하게 인식하는 부분부터 시작하는 것이 어떨까.

50 ~ 60년 자란 삼나무를 팔아도 1그루에 3,000 ~ 4,000엔밖에 하지 않는 재료가격의 현상을 알면, 이것은 산을 가꾸는 것뿐 아니라 임업을 지속하는 것조차 할 수 없다는 것을 이해할 수 있을 것이다. 임업이 성립될 수 있는 재료의 가격 설정이 먼저 시도되어야만 한다는 것을 알 수 있다.

나무의 성질은 산마다 차이가 있다. 살아 있는 나무는 일단 한 그루 한 그루 모양과 성질이 다르다. 이 나무를 가장 유효하게 이용하려면 어떻게 하면 좋을까. 눈앞의 경제적 합리성뿐 아니라 나무라는 자연의 합리성에 맞는 집 만들기가 재고되어야만 하지 않을까. 그것에는 숙련된 직업인의 지혜와 기술도 필요할 것이다. 각각 지역의 재료와 사람의 조직이 있는 집 만들기가 모색되어야만 한다.

그리고 무엇보다도 거주하는 사람이 목조주택과 나무집을 잘 이해해야만 한다. 설계자에 있어서도 마찬가지다.

그러기 위해서는 사는 사람을 포함한 집 만들기에 관계하는 당사자가 같이 삼림을 보고, 목재의 생산을 보고, 집 만들기 프로세스를 보면 좋다. 즉, 그 지역의 나무집 만들기를 어떻게 하면 좋을지를 공부하고 새로운 시스템을 같이 만들면 좋다.

그래도 사람 손으로 만드는 것은 어렵다. 더군다나 다른 업종이라면 이해에 반하는 것도 많다. 그리고 이것은 마음이 통하는 정도는 적은 인원으로 만드는 것이 좋다. 그러한 지역의 네트워크를 몇 개라도 만들어 산림과 연계되며 좋지 않을까. 이때 설계자는 전체의 코디네이터로서 활동하고 목재소도 목재의 품질관리나 배송 코디네이터로서 활동하면 가장 기대되는 직종이 아닐까 생각된다.

지금 우리는 포스트산업사회를 목표로 경제적 가치뿐만 아니라 가치, 사는 것, 일하는 것의 의미, 생존환경을 지키고 풍요롭게 하는 것을 포함한 가치관에 기초된 새로운 일의 시스템을 만들어야만 하는 때이다. 이윤을 위한 집 만들기가 아닌 지역의 생업으로서의 집 만들기는 그 실현수단이다.

① 삼림 견학회-임업의 현장을 알다-(삼림과 주거강좌)

② 제재소 견학- 나무를 보고 집에 맞는 나무를 고르다 -(삼림과 주거강좌)

③ 워크숍 풍경림-주거하는 쪽, 만드는 쪽이 얼굴을 마주하고 집 만들기를 공부하다-(삼림과 주거강좌)

④ 대들보—손으로 깎아서 다부진 나무틀

⑤ 구조 견학회-시공 도중에 골격을 확인하다.

⑥ 완성한 도쿄의 목조 가옥 -1 — 골격을 노출하다.

사진 3-5-1 '도쿄의 나무로 집을 만드는 모임'의 활동(계속)

⑦ 완성한 도쿄의 목조 가옥-2— 나무의 감촉이 기분이 좋다.

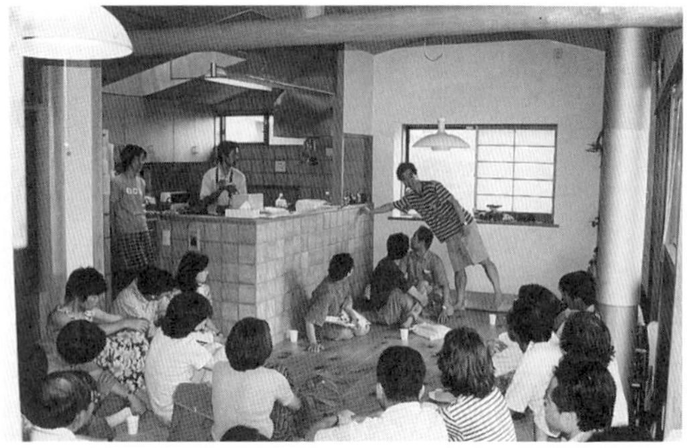

⑧ 목조 가옥에서 살아보고-완성 3년 후의 워크숍-(삼림과 주거강좌)

⑨ 식림(植林)대회-산에 감사의 식림을 하다-(삼림과 주거강좌)

사진 3-5-1 '도쿄의 나무로 집을 만드는 모임'의 활동

여기서 나타낸 일련의 사진은 이상의 생각에 의거하여 실천된 '지역의 나무로 집 만들기' 운동(도쿄)의 프로세스를 따른 것이다. 현재 NPO법인화된 네트워크 조직을 통해 전국운동으로 전개될 전망이다.

(하세가와 히로시)

순환형 사회 형성 추진 기본법

건설사업 분야를 비롯한 산업 분야나 일반생활에서의 폐기물 관리 · 재활용 시책은 종전의 대량생산, 대량소비, 대량폐기형의 사회경제 모든 활동에 따라 발생한 폐기물 대상에 제도정비가 되어 왔다. 그러나 21세기에 이르러 폐기물의 최종처분장의 추진 어려움을 겪는 지금, 지금까지의 경제사회 활동을 다시 보고 지속적으로 발전하기 위해, 이후에는 자원투입량의 감소와 환경보전에 있어 빈틈없고 포괄적인 시스템을 목표로 하며, 자원투입→제조→유통 · 판매→소비→수집→재생제조단계에의 재투입이라는 빈틈없는 물질순환의 환경을 형성해 자원순환형의 실현이 요구되게 되었다.

'순환형 사회형성 추진 기본법'은 2000년 6월, 환경기본법에 의해 사회경제 시스템에 있어서 물질순환을 확보하여 환경부하를 저감하여 순환형 사회를 형성하는 것을 목적으로, 폐기물처리규정 관례의 법률로 재활용 프로그램 추진 관계의 법률을 하나의 체계로 통합하여 종합적 · 계획적으로 추진하는 기본적 조직법으로서 정비된 법률이다. 본 법은 ① 순환형 사회의 형성을 향한 이념이나 나아가야 하는 방향, ② 정부, 지방공공단체, 산업자, 국민의 역할분담과 책무, ③ 폐기물 재활용 대책을 종합적으로 추진하기 위해 계획제도가 포함되어 있다. 또한 발생억제의 노력을 해오며 또 발생한 '순환자원'에 대해 재활용의 대책순위를 법률로 인해 정하고, ① 재사용, ② 재생이용, ③ 열회수, ④ 처분이다. 또 그 순위는 기술적 · 경제적인 가능성을 무시하기까지 요구되어지는 것이 아니라 환경부하의 저감에 있어서 필요한 것을 고려하여 행해진 것이라고 한다.

더욱이 그림 1에 나타난 본 법과 일체적으로 정비된 '폐기물처리법', '자원유효이용 촉진법', '건설 리사이클법', '그린 구입방법' 등의 관련 6법의 성립에 의해 세계 최고의 폐기물 재활용법 체계가 정비되었다. 또 각 법률의 기본방침은 기본적으로 조직법인 순환형 사회형성 추진 기본법에 있는 일본의 기본방침이나 순환형 사회형성 추진 기본계획과 정합을 도모하는 것이다.

일본의 건설사업은 자원이용량이 일본 전체의 약 50%, 폐기물의 최종처분량이 산업폐기물 전체의 40%, 폐기물 불법투기가 전체의 약 80%를 차지하는 등 재료공정(Material process) 면에서 자원순환에 대한 임팩트가 클 뿐 아니라, 고도성장기 이후에 건설된 건축물의 갱신, 개수 등 스톡면을 고려한 자원순환을 큰 명제로 다루어야 한다.

건축물은 다양한 건축재료에 어셈블리(조립)되어 벽 · 지붕 · 바닥 등의 건축부위나 건축물 · 건축공간을 구성하여, 장기간 공용으로 얻을 수 있는 성능 확보를 도모하는 전제가 있다. 또한 건축사업에는 발주자, 설계자, 시공자(원청, 하청), 건재제조사, 폐기물처리 · 운반업자, 행정 등의 많은 관계자가 존재한다. 여기에서 건축에 있어서의 사원순환의 실현을 위해서는 건축특성을 고려하며, 그림 2에 나타난 것과 같이 건축물의 장수명화, 분별해체, 재자원화, 재활용 자재의 이용촉진에 대해 관계자가 연대한 대처가 중요하다.(고바야시 히토시)

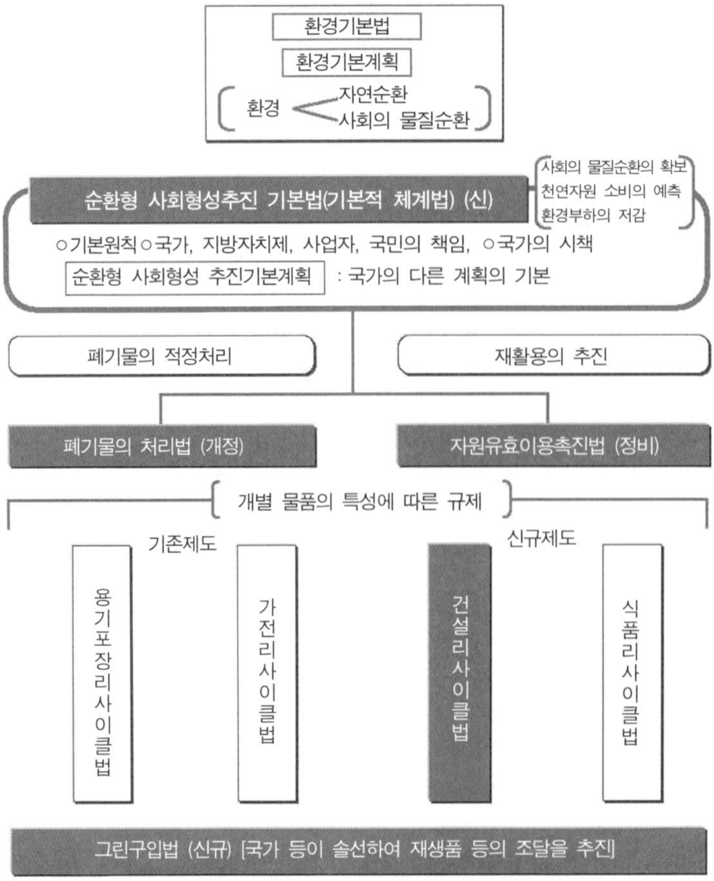

*진한 것이 건설사업에 관련하는 법률

그림 1 순환형 사회형성 추진을 위한 법의 체계

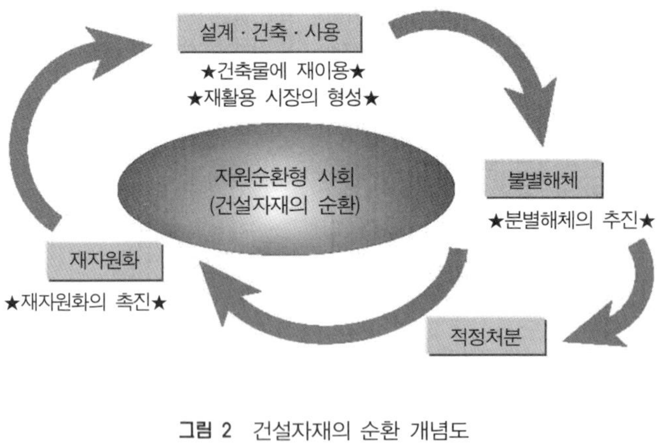

그림 2 건설자재의 순환 개념도

2-4 안전과 건강

2-4-1 건축물을 안전하게 만들기

1 안전하게 만들기 위한 요건

건축을 안전하게 만들기 위해서는 '안전성 · 내구성'의 확보만이 아니라 건축의 기능성 · 거주성의 확보가 중요하다. 게다가 경제성과의 균형 또한 필요하다. 이것은 건축구조설계의 기본 3항목이다.

우선 건축의 안전성은 사용기간 중에 목적으로 하는 기능을 지장 없이 발휘하기 위한 필요조건이다. 내구성은 일정기간 건축물의 안전성을 지속적으로 유지하기 위해서 불가결한 것이다. 또 건축공간은 당초 의도한 건축적 기능, 즉 생활공간 · 집무공간 혹은 생활공간 등에 부여된 기능을 충족시키는 것이어야 한다. 그리고 건설행위는 많은 자금을 필요로 하고 경제적 제약을 크게 받는다. 그래서 품질 좋은 건축을 가능한 한 낮은 공사비로 실현해야 한다.

그러나 지진과 태풍이라는 거대한 외력을 받는 일본 건축구조의 안전성은 단순한 구조강도에 의해서는 정할 수 없다.

일반적인 빌딩구조의 안전성은 외부로부터의 동적 에너지에 대한 구조체가 가지고 있는 에너지 흡수성능, 변형성능, 강성, 감쇠(減衰) 등의 성능에 의해 정한다. 여기서 에너지 흡수성능은 지진발생 시에는 구조물에 소성변형이 생겨 진동에너지를 흡수하는 능력이다. 이때는 거대한 변형이 발생하므로 변형성능도 중요하다. 강성과 감쇠의 크기는 빌딩구조 진동성능의 기본이 되는 수치이다. 강성 · 감쇠는 변형 · 진동의 어려움으로 건축의 기능성과 거주성을 설정하는 주요인도 된다.

일반적인 빌딩구조에 대해서 스페이스프레임이나 인장(Tension)구조 등의 대(大)공

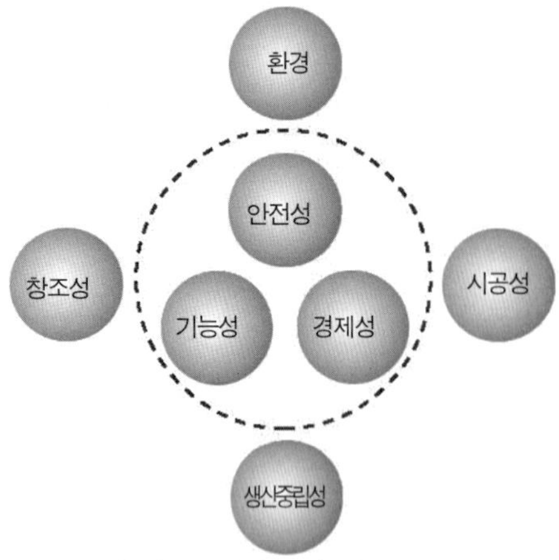

그림 4-1-1 안전하게 만들기 위한 요건

간구조의 안전성은 상시하중(자중하중+적재하중) 또는 적설(雪)하중이라는 연직(鉛直-Vertical)하중에 의해 주로 영향을 받고 있다. 대공간구조는 구조물의 탄성한계 내력을 안전율로 뺀 허용응력에 기초한 정적인 탄성설계에 의한다. 또 빌딩구조에 비해 부재(部材)의 노출 사용이 큰 대공간구조에서는 하중에 대한 고려 외에도 내청성(耐錆性 : 녹이슬지 않는 성질)이 안전성과 내구성의 큰 요인이 된다.

건축을 안전하게 만들기 위한 기본 3항목에 더하여 구조설계에서는 '시공성'과 '창조성'도 필요하다. 즉, 좋은 건축을 만들기 위해서는 재료 및 시공기술의 심도 있는 이해가 필요하다. 생산현장의 실정을 이해하고 시공 시 일어날 수 있는 문제점을 충분히 검토하는 것은 결과적으로 안전성과 경제성이 향상된다. 또 건축행위는 무에서 유를 만들어내는 것이고, 만들어진 것이 공간조형물로는 거대하므로 공학과 예술을 일체로 해서 유기적으로 창출해야 한다. 적극적인 사고에 의한 독창성 및 기술적 창조성이 요구된다.

여기서는 지구환경건축의 관점에서 이상의 5항목에 덧붙여 '생산중립성'과 '환경성'을 추가하고 싶다. 생산중립성은 건축의 성능과 가격이 건축주와 사용자에게 명시되어 발주상황에 의해 성능이 훼손되는 위험성이 낮다는 것을 나타내는 지표이다. 건축물의 품질이 생산·발주방식에 의해 설계 시에 고려한 성능에서 떨어지지 않도록 하는 것이 중요하다.

환경성은 지구환경건축을 만들기 위해 건축, 특히 구조체의 생산에 사용된 CO_2 배출량, 구조체 재활용(Recycle)성, 재이용(Reuse)성, 보수·유지의 용이성뿐만 아니라 폐기물량 등을 나타내는 지표이다. 이제부터 건축스톡은 재이용 또는 부분보수하면서 지금까지와는 비교되지 않은 장수명으로 사용해 나갈 필요가 있다. 부재·부품단위에서 재이용, 사용되어진 재료의 재활용이라는 순환체계가 가능하고 폐기물이 적은 구조체가 요구된다.

2 건축에 작용하는 하중

안전한 건축구조를 설계하기 위해서는 작용하는 하중 설정이 중요하다. 하중에는 정적으로 작용하는 것과 관성력을 동반하는 동적으로 작용하는 것이 있다. 지진과 바람과 같은 동적 힘에 대해서는 건축의 진동상황을 감안한 평가가 필요하다.

건축기준법시행령에서는 모든 건축에 대해서 고려해야 하는 하중·외력(外力)으로 ① 고정하중, ② 적재하중, ③ 적설(雪)하중, ④ 풍압력, ⑤ 지진력 5종류를 들고 있다.

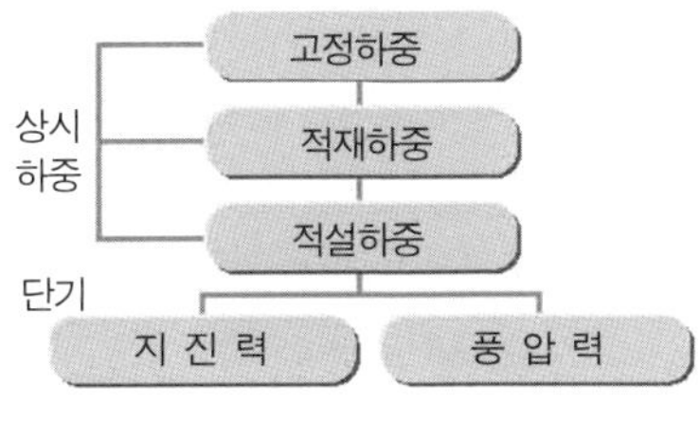

그림 4-1-2 건축에 작용하는 하중 · 외력

또한 건축의 실제 상황에 따라 토압, 수압, 진동 및 충격에 의한 외력을 채용한다.

'고정하중'이란 건축의 자중(自重)에도 있고 구조체, 내부공간을 분할하는 등의 비구조재, 내외의 마지막 단계에서의 창호, 설비기기 등 건축을 구성하는 모든 부분의 합계 중량이다. '적재하중'은 건축이 목적으로 하는 용도에 따라 수용되는 인간과 가구, 조도, 기구 등의 하중이다. '적설하중'은 단기간에 발생하는 적설상태와 장기간에 발생하는 상태에 따라 설정된다. 또 '풍압력'은 단기간에 발생하는 것과 극히 우연하게 발생하는 것으로 구별되고 있다. 여기서 단기 풍압력은 속도압에 풍력계수를 곱한 것이다. 지진은 지각파괴에 의한 충격이 파동되어 지중에 전달하고 지표를 흔드는 현상으로, 설계용 '지진력'이란 이러한 진동현상에서 건축으로의 지진응답을 평가하고 거의 같은 값인 외력으로 바꾸어 놓은 것이다.

건축구조설계에서는 상기의 하중을 감안해서 상시 또는 풍압력 · 지진력에 대해서 안전성 검토가 이루어진다. '상시하중'이란 눈이 많은 지역에서는 고정하중, 적재하중 및 상시적설하중의 3종류 하중을 말하고, 눈이 많은 지역 이외에서는 고정하중과 적재하중의 2종류의 하중을 말한다.

건축을 안전하게 만들기 위해 유의해야 할 것은 건축기준법시행령에서 정한 하중 · 외력의 설정을 단순히 따르지 말고 하중의 실태와 실정을 정확하게 인식하는 것이다. 법령은 최소한의 안전을 규정하고 있는 것에 불과하므로 더욱 큰 하중 · 외력이 실리는 경우가 있는 것을 잊어서는 안 된다.

3 건축구조에 있는 환경부하 삭감

건축구조의 라이프사이클에 있는 환경부하 삭감의 시나리오에 관한 연구에 따르면, 구조구체를 영구히(계산으로는 1000년) 사용하는 시나리오는 구조구체를 100년마다 모두 폐기하는 시나리오와 비교하여 약 50%의 CO_2 배출량의 삭감이 가능하다고 나타내고 있다. 또 구조구체를 100년마다 개축할 시에 구조부재만을 재이용 또는 소재로써 재활용하는 시나리오는 전체를 폐기하는 시나리오보다 각각 약 30%, 20%의 CO_2 배출량 삭감이 가능하다.

건축구조의 라이프사이클에 있는 환경부하 삭감을 하기 위해서는 첫째, 구조구체를 구성하는 상부구조와 기초구조의 장(長)수명화를 꾀하는 것, 또 이것이 이루어지지 않을 시에는 두 번째로 적어도 상부구조를 구성하는 부재의 재이용하는 것, 세 번째로는 소재의 재활용을 하는 것이 중요하다. 구조구체를 개축 시 전부 폐기하는 것은 마지막까지 생각하지 말아야 한다.

건축구조의 장수명화는 환경부하를 가장 낮추게 하지만, 실제적으로는 사회적 요인

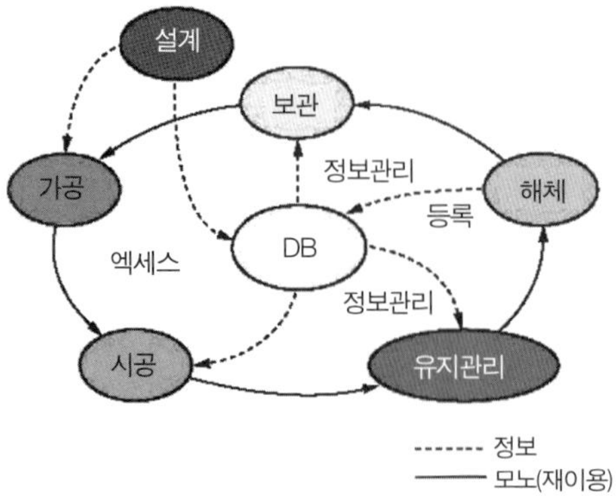

그림 4-1-3 재이용재의 정보관리

등으로 장수명화를 목적으로 한 건축물에 있어서도 설계수명을 달성하지 못하고 해체하는 경우에도 건축구조부재를 재이용하는 것으로 환경부하를 낮출 수 있다. 재이용재를 적극적으로 이용하는 설계는 부재·부품의 데이터베이스(DB)를 구축하는 것으로부터 가까운 장래에 가능하게 될 것이라고 본다.

재이용재는 DB를 이용해서 설계·가공·시공·유지관리·해체·보관 일련의 주기로 순환한다. 재이용재의 이용자는 건축주·설계사무소·시공자·사용자 등 불특정다수로, 각각 필요한 재이용재의 정보에 관해 인터넷을 이용하여 DB에 액세스한다. 건축주는 재이용재의 탐색과 재이용재의 사용을 설계자에게 의뢰한다. 구조설계자는 DB에 액세스해서 재이용재 및 신재료의 병행도 포함해서 선정한다. 재이용재 가공자는 발주된 재이용재를 공장 또는 현장에서 수선해서 적당한 부재로 완성하여 제품화 한다. 시공자는 재이용재 또는 신재료를 병행해서 시공한다.

재이용재는 DB에 있어서 일원적으로 관리되어 각 지구(地區)의 보관소에 보관된다. 유지관리단계에서는 건축물의 운용 중에 지진 등으로 부재의 손상이 있을 때와 건축물의 사용목적이 변할 때에는 개수하여 사용할지 해체할지를 판단한다. 해체할 때에는 그 시점에서 재이용재로써 DB에 등록한다.

4 손상제어구조

지속성이 있는 건축물을 실현하기 위해서는 라이프스타일에 맞춘 마무리와 설비가 갱신되어도 여기에 맞춘 구조구체가 갱신되지 않는 것이 중요하다. 구조구체를 장수명화 하기 위해서는 유지관리하기 쉬운 구조설계, 게다가 경과연수가 노후화(經年劣化)하는 부분에 있어서는 열화된 각 부재가 용이하게 교체 가능한 구법을 기술개발할 필요가 있다.

지진국인 일본에서는 지진에 의한 피해를 무시할 수 없다. 이 문제를 해결하기 위해서는 중력을 지지하는 주 가구(主架構)는, 예를 들면 큰 지진이 일어나도 탄성범위로 억제해 지진력을 부담하는 제진부재에 손상을 집약하는 "손상제어구조(Damage Controlled Structure)"를 채용해서 성능이 열화된 제진부재만을 교체하면 좋다.

제진구조와 면진구조 기술을 기초로 한 손상제어구조 개념은 1989년에 미국 캘리포니아 주에서 일어난 로마 프리에타(Loma Prieta)지진의 피해분석 등을 기초로 하여 1990년대 초에 발상되었다. 이 지진에서는 지진에너지를 흡수하기 위해서 소성힌지가 형성되어야 한다고 믿어 왔던 구조골조의 양단부(梁端部)가 많이 파단하고, 세부적인

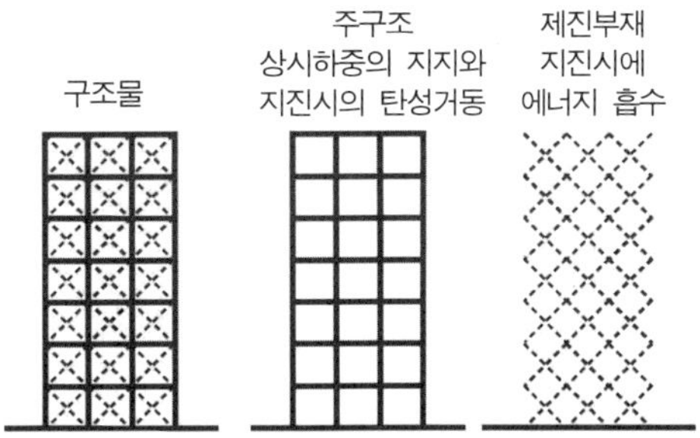

그림 4-1-4 손상제어구조

부분과 품질 신뢰성 문제가 현재화 되었다. 그 후에 1994년 같은 캘리포니아 주 노스리지(Northridge)지진 및 1995년 일본 효고 현 남부지진에서는 건축과 재산손상으로 개인적 · 사회적 손실이 심각한 문제가 되었다.

그래서 교체 가능한 제진부재에 손상을 집중시켜 기둥 · 들보라는 주요 구조를 건전하게 유지함으로써, 재산성과 경제적으로 보존하려는 설계개념이 주로 초고층 빌딩에 보급되었다. 제진부재를 사용하여 낮은 지진입력 레벨부터 제진부재를 소성화시키는 것으로, 에너지 흡수를 시작하여 종래에는 주요 구조의 손상을 어쩔 수 없이 받아들인 큰 지진 레벨에 대해서도 주 구조를 무손상의 탄성역 안에서 억제할 수 있는 것이 가능하다.

이와 같은 손상제어구조에서는 손상 발생 시의 손상비용은 설계 시에 건축물의 구조 신뢰성 및 지진발생률에서부터 예측하는 것이 가능하다. 건축주는 손상비용의 기대치를 기초로 리스크 관리(Risk Management) 중에 리스크금융(Risk Finance)수법을 사용하여 손상비용을 건축주 본인이 보유하고 건축의 재산가치 보호를 생각할 수 있는 것이 용이하다. 또 지진보험을 이용하여 지진리스크를 보험에 '전가'해서 손상을 보상하는 것도 가능하다.

손상이 집중하는 제진부재에는 종래의 내진부재보다 훨씬 과혹한 소성수축, 반복변형이 되므로, 제진부재는 그 신뢰성이 확인된 것만 사용할 필요가 있다. 소성수축과 반복변형의 성능은 소성역의 복원력 특성에 의해 파악할 수 있다. 복원력 특성이란 변형한 구조물을 원래대로 복원시키는 힘이다.

큰 지진 후의 구조체를 제진부재의 교환만으로 계속 이용하려고 하는 손상제어설계의 콘셉트는 큰 지진 후에 잔류변형을 남기고 거대한 산업폐기물이 되어 버리는 재래구법(構法)에 비해 지구환경을 배려한 것이라고 할 수 있다. 또 구조적 손상은 제진부재뿐이고 기둥 · 대들보라는 주 구조는 구조적 손상이 없다는 것은, 재료적 노후화가 없다면 해체한다고 해도 기둥 · 대들보의 부재는 무조건으로 재이용할 수 있다는 것으로, 환경성이라는 면에서 손상제어구조는 큰 의미를 갖는다.

5 지속가능한(Sustainable) 빌딩구조

손상제어구조의 사고를 바탕으로 새로운 구조시스템으로서의 지속가능한 빌딩구조의 하나를 제안한다. 이 지속가능한 빌딩구조는 종래의 기둥, 보(柱梁) 접합부와는 다른 새로운 기둥, 보 접합부가 있어 기둥재와 보재에 제진부재로서의 좌굴구속(座屈拘束)(좌굴하지 않게 고안) 가새대(Brace)를 수직재와 수평재가 만나는 곳에 보강을 위해

그림 4-1-5 손상제어구조의 예 (IK빌딩 설계 : 닛켄(日建)설계, 1993년 준공)

넣은 비스듬한 재료 같이 배치한 것이다. 새로운 접합부는 큰 지진 때에도 크게 휘는 모멘트가 발생하지 않게 고안되어 있어 종래의 접합부와 같은 손상을 입지 않는다. 안정된 복원력 특성을 가지고 있는 좌굴구속 가새만이 지진에너지를 흡수한다.

큰 지진 후에도 좌굴구속 가새만을 점검하여 필요에 따라 보수 · 교환할 수 있는 것으로 건축 전체는 계속사용이 가능하다. 만약, 장수명을 목표로 한 건설 시의 기대에 반해 해체된다고 해도 접합부는 접합강봉에 의한 것만 접합되어 있으므로 부재를 손상 없이 쉽게 해체할 수 있어 다음 건축구조에 부재의 재이용이 쉽다. 또 기둥재와 보재는 상시 탄성범위라는 특징에서 제안한 지속가능한 빌딩구조의 부재로서 신재뿐 아니라 용접 등으로 보수한 재이용재의 적용도 가능하다.

신기둥 보 접합부는 양단부에 블록형태의 접합유닛을 용접한다. 기둥재의 접합유닛과 접촉하는 플랜지에는 접합강봉을 관통하는 구멍을 만들고 그 구멍에 접합강봉을 통과시켜 초기장력을 넣어 강하게 조인다. 접합강봉은 수하(볼트의 머리부분을 제외한 부분)의 고장력(高力)볼트, 편향(one-sided) 볼트의 양단부를 강하게 비틀어서 절단한 것이기 때문에 보통의 볼트보다 길어 변형이 적고 변형능력이 뛰어나다. 이러한 고안으로, 접합부는 거대지진 때에도 파단(破斷)이 발생하지 않고 안정된 회전성능을 확보할 수 있다. 접합강봉에 의해 접합하기 위해 해체와 부재 재이용도 쉽다. 부재를 재이용할 때에는 접합유닛과 접합강봉 변경만으로 여러 접합부 성능에 대응할 수 있다.

6 통합 파사드(Façade)에 의한 기존 건물의 개수

건물의 외주부를 구성하는 파사드는 도시경관을 형성하는 중요한 요소이며 또한 건물 내부를 외적환경에서 보호하고 소비에너지에 영향을 미친다. 그렇게 때문에 기존건물의 개수에 있어서 파사드를 적절한 것으로 개수할 수 있다면 건물 외관을 일신하고 에너지 부하의 저감을 꾀하는 환경면에서의 개선이 가능해진다.

한편, 기존 건물에는 최신 내진기준을 만족하지 않는 기존 부적격 건축물이 많이 존재하고 큰 지진 시의 피해를 저감하기 위해서는 내진개수를 행하는 것이 필수이다.

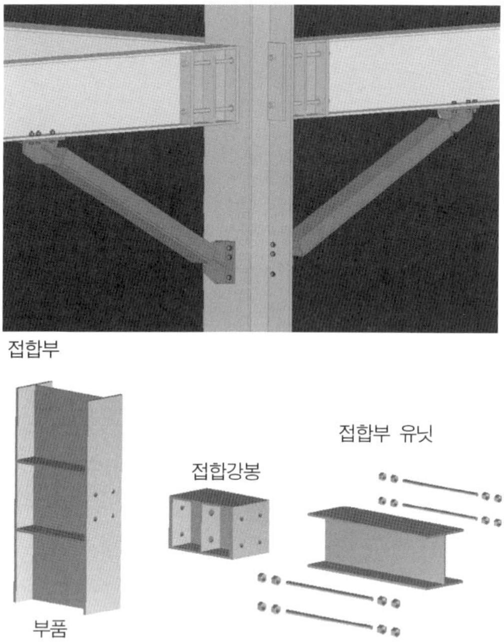

그림 4-1-6 지속가능한(Sustainable)빌딩 구조

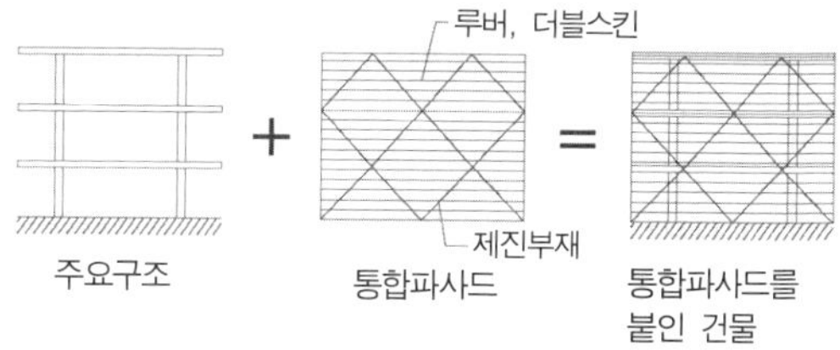

그림 4-1-7 통합 파사드 구성

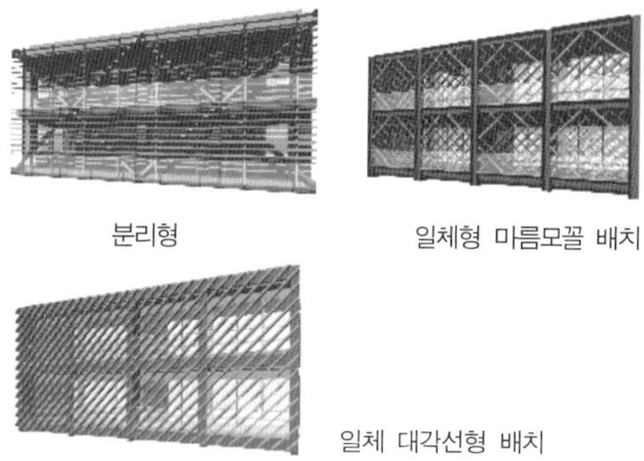

그림 4-1-8 통합 파사드 구법 이미지

내진보강 요소의 배치에는 살면서 보강이 가능한 것이나 구조적인 효율 면에서도 건물 외주부가 적합하다. 그러나 이러한 내진보강 요소의 대부분은 구조성능만을 생각하여 설계된 것이 많고 때로는 경관, 경계영역(Perimeter zone)의 환경을 악화시키는 등 파사드에 기대하는 기능과 모순되는 부분도 많다.

이들의 해결을 일거에 하는 개념으로서 의장, 구조 및 환경의 각 분야를 통합한 파사드를 제안한다. 통합 파사드의 구조면의 기능은 기존 건물의 외주부에 제진부재를 부가하는 것에 의해 내력의 개선과 함께 제진부재의 에너지 흡수로 최대응답변위의 저감을 도모한다. 환경 면의 기능은 환경제어기구(더블스킨 또는 외부 루버)를 부가하는 것으로 여름에는 직사태양광을 차폐하여 겨울에는 직사태양광을 유효이용하여 계절을 통한 에너지 부하의 저감을 꾀한다. 이들의 구조 면, 환경 면의 기능을 갖는 파사드에 의장 면에서도 높은 평가를 얻을 수 있도록 구성할 수 있다면 통합 파사드의 실현이 가능하다.

통합 파사드의 평가축은 도시경관 측면을 고려한 '디자인 축', 방재 · 내진 측면을 고려한 '쉘터(Shelter) 기능축', 환경에너지 측면을 고려한 '환경축'의 3축으로 구성한다. 이 평가축에 의한 분석에서 설정한 3축은 상호 독립성이 강한 것, 설정한 평가축에 의한 평가는 다른 평가자 사이에서는 명확한 상관성을 가지고 일정의 신뢰성이 있는 것이 확인되었다.(이와다 마모루)

2-4-2 유니버설 디자인

1 다양한 존재와 유니버설(Universal) 디자인

21세기 전반 지구규모의 현상으로서 확실하게 말할 수 있는 것 중 하나로 인구의 고령화가 있다. 고령화란 총인구에서 65살 이상의 고령자 인구가 차지하는 비율을 지표로 하고 있으며, 21세기 중반에는 선진지역은 물론 중국, 한국 그리고 개발도상지역도 현저하게 고령화의 진전이 예측되고 있다. 그중에서도 일본의 고령화는 특별하다고 본다. 일본의 고령화율은 2005년에는 20%를 넘고, 2015년에는 25%에 달한다고 예측되고 있다. 일본은 문자 그대로 세계 최고의 고령화국이다(그림 4-2-1).

이러한 현상은 지구상에 실로 다양한 주체(=인간)가 존재한다는 것을 의미한다. 나이만으로 생각해도 0살에서 100살을 넘는 사람까지 그 폭이 넓다. 이것은 체격이나 심신의 건강상태도 여러 사람이 동시적으로 존재하는 것을 의미한다. 유니버설 디자인은 이러한 다양한 주체의 존재를 인식하는 것을 대전제로 하여 환경, 제품, 커뮤니케이션 등 폭넓은 분야에 대하여 좀 더 통용성 높은 디자인을 하려고 하는 "모든 사람을 위한 디자인 = Design for All"이라는 이념을 의미한다(그림 4-2-2).

2 배리어프리(Barrier-free)에서 유니버설 디자인을 넘어서

a) 배리어프리 : 장벽의 인지와 제거

오스트로프(문헌 2-87)에 의하면, '배리어프리'라는 개념은 1950년대 후반에 건축환경에 있어서의 신체장애인을 막는 장애물을 제거하는 운동에서 시작되었다고 한다. 여

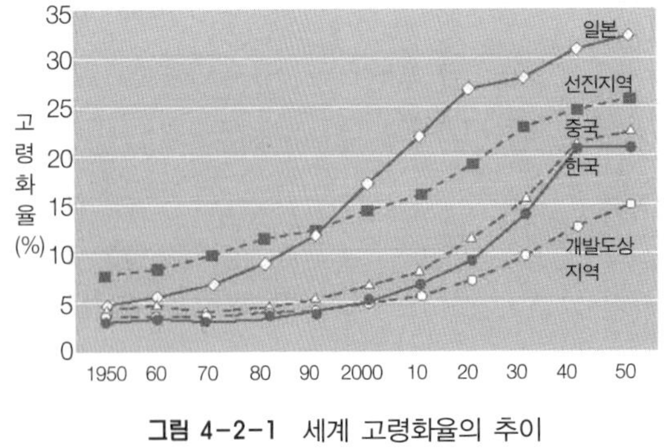

그림 4-2-1 세계 고령화율의 추이

자료 : UN World Population Prospects : 1998
단, 일본은 총무청 통계국 [국세조사] 및 후생성 국립사회보장 · 인구문제연구소 [일본의 장래추계인구(1997년1월 추계)]에 따름
*선진지역이란 북미, 일본, 유럽, 호주, 뉴질랜드를 말한다.
개발도상지역이란 선진지역 이외의 지역을 말한다.

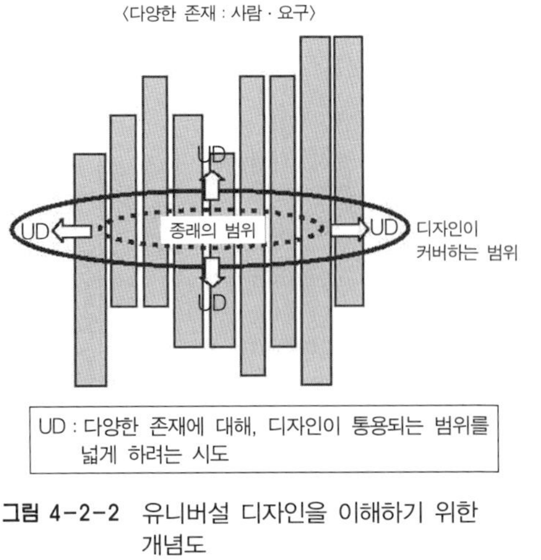

그림 4-2-2 유니버설 디자인을 이해하기 위한 개념도

국제리허빌리테이션협회가 정한 「장애인이 이용가능한 건물 시설인 것을」 나타내는 심벌마크. 구체적으로 다음과 같은 경우에 사용된다.

현관 : 지면과 같은 높이로 하든가, 계단 대신에 또는 계단 외에도 슬로프(경사로)를 설치한다.
출입구 : 80cm 이상의 폭(실제로 통행가능한 넓이)로 할 것. 회전문인 경우는 별도의 출입구를 병설한다.
슬로프 : 경사는 1/12이하로 한다. 실내외를 막론하고 계단 대신에 또는 계단 외에도 슬로프를 설치한다.
통로복도 : 130cm 이상으로 한다.
화장실 : 이용하기 편한 장소에 있으면서 밖으로 여는 문으로 하고 실내가 넓으며 핸드레일이 붙어 있는 것으로 한다.
엘리베이터: 출입폭은 80cm 이상으로 한다.

그림 4-2-3 국제 Access 심벌마크 [(재)일본장애인 리허빌리테이션(Rehabilitation)협회(JSRPD)의 사용지침으로부터]

기에서 지체부자유로 대표되는 장애인의 존재나 권리를 막는 장벽이 존재하는 것이 사회적으로 인지되어, 그것들을 제거하는 것이 명시적인 과제가 되었다는 것이다. 더욱이 배리어프리가 넓게 쓰이게 된 것은 1974년에 UN 전문가회의 보고서 〈배리어프리 디자인〉이 출판되고부터이다. 국제 Access 심벌마크는 바로 배리어프리의 상징이고, 일정한 요건을 만족시킨 건축물에 게시된다(그림 4-2-3).

b) 액세스어빌리티(Accessibility) : 권리의 보장

미국에서는 1970년대에서 80년대를 통해 배리어프리보다도 '액세스어빌리티'가 보다 일반적인 용어가 되었다. 그 배경에는 공민권 운동의 진전과 더불어 장애인의 권리보장으로서 액세스어빌리티(도달 용이성)가 중요시된 것이다. 자신의 의지대로 어느 건물에든, 어느 장소든 갈 수 있는 것이 참된 자유에 연결된다고 생각되었다. 액세스어빌리티의 보장은 ADA(장애를 갖은 미국인을 위한 법률)에 대표하는 법적 요건과 연결된다.

c) 유니버설 디자인 : 통용성의 확장

1990년대 초, 장애인에 대한 차별 제거의 원점에서 디자인 분야의 기회균등과 사회적 공정을 목표로 하는 새로운 개념이 탄생했다. 그것이 '유니버설 디자인'이다. 제창자는 자신도 무거운 장애를 안고 있는, 또 건축환경의 연구자였던 론 메이스(Ronald L. Mace 1941 ~ 1998)이다. 메이스는 유니버설 디자인을 '모든 사람이 할 수 있는 한 이용 가능하도록 제품, 건물, 환경을 디자인하는 것'이라고 정의하고 있다. 즉, 어느 디자인을 통용하여 얻는 대상자나 기회의 범위를 확장하는 것을 요구하고 있다. 메이스는 이 생각을 더 구체적으로 하기 위해 '유니버설 디자인 7원칙'을 발표하고 있다(표 4-2-1).

d) 인클루시브(Inclusive) 디자인 : 포용성

21세기 이후, 유니버설 디자인과 같이 인클루시브 디자인이라는 개념도 자주 사용

표 4-2-1 유니버설 디자인 7원칙

원칙	내용
원칙1 : 누구나 공평하게 이용할 수 있을 것	누구나 이용할 수 있도록 만들어져 있고 또한 용이하게 입수 가능할 것
원칙2 : 사용상 자유도가 높을 것	사용자의 각종 취향이나 능력에 맞도록 만들어져 있을 것
원칙3 : 사용방법이 간단하고 금방 알 수 있을 것	사용자의 경험, 지식, 언어능력, 집중력에 관계없이 사용방법이 알기 쉽게 만들어져 있을 것
원칙4 : 필요한 정보를 금방 이해할 수 있을 것	사용상황이나 사용자의 시각, 청각 등 감각기능에 관계없이 필요한 정보가 효과적으로 전달되도록 만들어져 있을 것
원칙5 : 실수나 위험으로 연결되지 않는 디자인일 것	깜빡하거나 의도하지 않은 행동이 위험이나 생각지 않은 결과로 연결되지 않도록 만들어져 있을 것
원칙6 : 무리한 자세를 취하지 않아도 적은 힘으로도 편하게 사용할 수 있을 것	효율좋고 기분좋고, 피로해지지 않으면서 사용할 수 있도록 할 것
원칙7 : 접근하기 쉬운 공간과 크기를 확보할 것	어떤 체격이나 자세, 이동능력의 사람이라도 접하기 쉽고 조작하기 쉬운 공간이나 크기로 할 것

되게 되었다. 유니버설이라는 어의를 획일적, 균질이라고 받아들여 버리면 본래 전제에 있었을 '다양성'을 오히려 잃게 되는 것이 아닌가? 라는 걱정에서이다. 인클루시브란, 일본어로 하면 '포섭'인데, 그것보다도 '배제하지 않는' 것이라고 생각하는 것이 더 알기 쉽다. 다양한 존재를 대전제로 그 누군가를 배제하는 것이 없는 디자인을 목표로 한다는 생각이다. 통용성 높은 디자인뿐 아니라 개개의 차이나 개개의 최적화를 위한 디자인을 포함하는 점에서 유니버설 디자인의 개념이 더 진화됐다고 할 수 있다.

3 유니버설 디자인의 대상과 방법

1) 유니버설 디자인의 대상

유니버설 디자인의 대상이 되는 것의 넓이를 생각해보자(그림 4-2-4). 그림에서는 디자인의 대상을 이용자의 범위를 규정한 '이용자 · 사용자'의 축과, 그것이 이용 · 사용되는 '시간적 지속성'의 축에서 이해할 수 있다.

이용자 · 사용자에는 개인으로 사용하는 "Personal Use", 가족으로 사용하는 "Family Use", 불특정다수의 사람이 사용하는 "Public Use"의 3가지 경우가 있다. 한편, 시간적 지속성에는 바로 소비해 버리는 "소모품", 내구성이 있어 일정기간 사용하는 "내구소비재", 적어도 수십 년 이상에 걸쳐 존속하여 사회적으로 사용하는 "사회재"의 3구분이 있다.

그 결과 그림 4-2-4의 a1(Personal Use로 에서의 소모품)은 양복, 식기, 문방구 등의 물건, a2(Personal Use에서의 내구소비재)는 자전거, 의자 등의 물건, b2(Family Use에

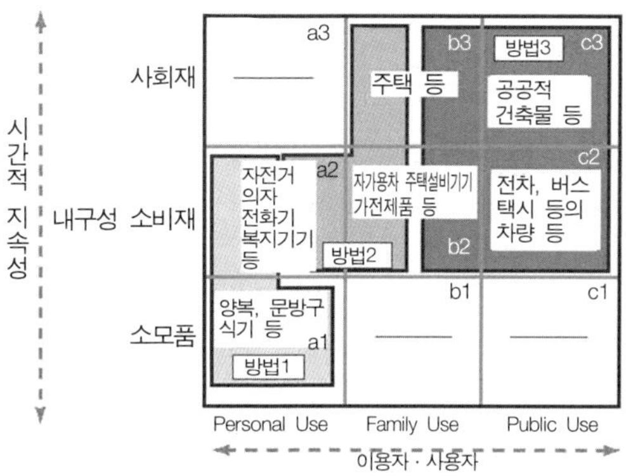

그림 4-2-4 대상의 넓이와 디자인 방법의 대응관계

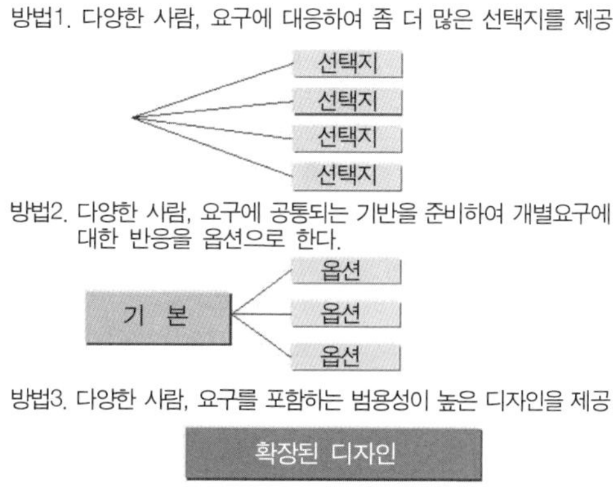

그림 4-2-5 유니버설 디자인을 달성하는 방법

서의 내구소비재)는 자가용차, 냉장고 등의 물건이다. 주택은 b3(Family Use에서의 사회재)에 위치할 수 있다. 주택은 일가족뿐 아니라 다른 가족이나 복수의 세대에 계승되어 거리풍경 등의 도시공간을 구성하는 요소라는(예를 들면 개인주택) 사회재에 가깝다고 할 수 있다. c2(Public Use에서의 내구소비재)에는 전철, 버스 및 택시 등의 공공교통기관의 탈 것, c3(Public Use에서의 사회재)에는 불특정다수의 사람이 이용하는 공공적 건축물, 도로, 공원 및 역 등이 있다.

2) 유니버설 디자인을 달성하는 방법

서로 다른 다양한 사람의 요구를 동시에 만족시켜야 하는 유니버설 디자인의 목적에 대해 그림 4-2-5에 나타나는 디자인의 방법이 있다.

먼저 제1의 방법은 다양한 사람 · 요구에 대해 각각 대응할 수 있는 개별 디자인을 되도록이면 많이 준비하는 것, 즉 보다 많은 선택을 제공하는 것이다.

제2의 방법은 다양한 사람 · 요구에 대해 공통되는 기초를 먼저 준비하여 그 위에 개별 요구에 대해 몇 가지 추가 또는 삭제의 선택(옵션)을 배열하는 것이다.

제3의 방법은 다양한 사람 · 요구를 포함하는 범용성 높은 디자인을 제공하는 것이다.

유니버설 디자인의 대상영역의 넓이와 그 달성방법을 소개하면 그림 4-2-4와 비슷하게 된다. 게다가 방법 3을 적용하는 영역에 대해서는 주의가 필요하다. 유니버설 디자인은 '골동품'이라고 해석하는 경우가 많이 있다. 그러면 '단일해 · 단일품'에서 전체를 만족시키지 못한다면 유니버설 디자인이 아니라고 해버리는 경향이 있다. 그러나 만약 "one solution fit for all"이라는 대답이 있다고 해도, 그것은 all에 공통되는 일부 요구를 만족한다는 의미로, all이 다양한 전부의 요구를 만족시키는 단일해는 애초부터 있을 수 없다. 따라서 방법 3에 의해 범용성 높은 디자인과 같이 제1이나 제2의 방법도 구사하는 것이 더 높은 수준의 유니버설 디자인을 달성한다.

4 공공적 건축물·도시공간에 있어서 유니버설 디자인

유니버설 디자인의 생각을 공공적 건축물이나 도시공간에 적용하면 다음과 같다.

① **이동의 보장** : 공간 이용에 관해 누구라도 수평이동과 수직이동을 원활하게 행할 수 있도록 한다. 휠체어 사용자는 매끄러운 노면을 요구하고, 시각장애인은 노면의 굴곡에서 이동에 관한 정보를 얻는데 양자의 요구를 조화시키는 것이 유니버설 디자인이다. 수직이동에서는 엘리베이터의 사용빈도가 가장 높다고 생각되지만 계단, 에스컬레이터 등의 이동수단도 비슷한 것으로 이용자의 선택이 많아진다(사진 4-2-1).

② **행위의 보장** : 이용자의 체격이나 심신상태에 의해 동작반경이나 지각이 달라져 건축이나 설비에 요구되는 조건도 달라진다. 여기에서 공간을 구성하는 각 부위는 되도록이면 많은 사람이 사용가능한 크기와 형상과 넓이로 설정한다. 또 스위치, 콘센트, 문고리 및 수도꼭지 등의 기기류에 대해서도 사용방법이 바로 이

사진 4-2-1 컬러링과 도로포장으로 걷기 편안한 도로

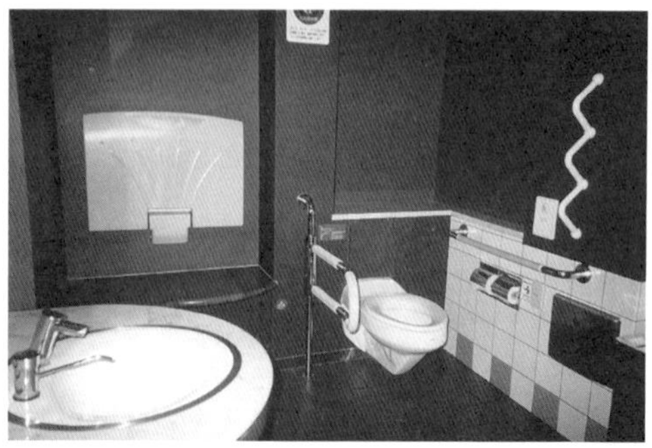

사진 4-2-3 공공적 시설에 설치된 휠체어용 화장실

사진 4-2-2 다목적 화장실, 물 마시는 곳, 벤치 등이 있는 길모퉁이와 광장

광장 하부에는 방화수조도 설치되어 있다.

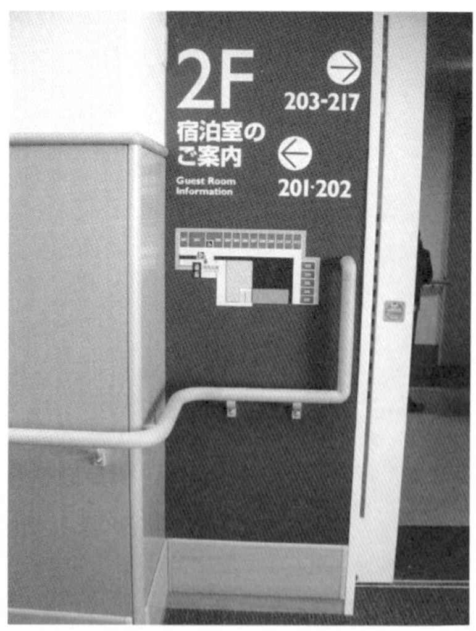

사진 4-2-4 크고 보기 쉬운 사인과 점자가 새겨진 지도

해되어 조작하기 쉽게, 만일 잘못 조작을 한다고 해도 안전하게 다시 할 수 있게 한다.(사진 4-2-2, 4-2-3)

③ **정보의 보장** : 시각에 장애가 있는 사람은 형태, 색깔 등의 정보를 받기 어렵고 청각에 장애가 있는 사람은 음성정보를 얻기 힘들다. 따라서 그것들을 대신하는 정보입력의 수단을 건축이나 설비 면에서 제공해야만 한다. 또 특단의 장애가 없는 보통사람도 자신의 목적지나 장소를 인식하기 위한 정보는 중요하다. 공간정보의 전달수단인 사인은 기호나 문자로 표현하지만, 어린이나 외국인도 포함하면 명확한 그림글자 표지가 가장 전달력이 높다. 단, 색과 크기, 설치위치 등의 배려도 동시에 해야 한다(사진 4-2-4).

④ **환경의 보장** : 이동, 행위 및 정보의 보장은 사람의 공간이용에 관한 기능적인 요구의 대응이지만, 사람에게 살기 좋은 환경을 제공하는 빛, 소리, 열, 공기, 촉감 등의 공간상태에 대한 보장도 중요하다. 보기 쉬움, 듣기 쉬움, 쾌적함을 배려하여 디자인할 필요가 있다. 그러나 빛, 소리, 열, 공기 등의 환경요소에 대한 각각의 지각반응은 명시적으로 설명하기 힘들기 때문에 디자인에는 반영하기 어렵다는 곤란함이 따라온다. 또 공기조절 때문에 설비기기의 암소음이 불쾌감의 원인이 되는 모순도 생긴다. 환경요소에 관련한 눈에 보이지 않는 장애물이 존재한다는 것을 인식하는 것이 유니버설 디자인의 첫 걸음이다.

⑤ **물적대응의 한계** : 유니버설 디자인이라고 하면 물적인 모양이 있는 것을 디자인하는 것이라고 생각하는 경향이 있다. 그러나 결코 그렇지 않다. 물적인 대응의 한계를 알고, 그것을 채우고 사람에 의한 원조, 개호(介護) 등이 있음을 생각하는 것도 유니버설 디자인이다.

5 디자인 재검토(Review)와 스파이럴 업(Spiral Up)

실제로 유니버설 디자인을 시도하려면 많은 어려움에 직면한다. “Design for All”의 이념은 이해되지만 건축물이나 도시공간으로서 하나씩의 현실적인 대답을 내려고 하면, 이용자 간에 상반하는 요구가 존재하거나 부지조건이나 비용의 제약 등 여러 어려움이 따른다.

그것을 극복하는 수단으로는 설계행위에 있어서 세심한 디자인 재검토의 실시와 지금까지 쌓아올린 경험에 의한 디자인 질의 스파이럴 업뿐이다(그림 4-2-6).

시설 등의 정비를 진행하는 기획구성에서 계획, 설계, 시공, 운영 · 관리의 각 단계에 있어서 유니버설 디자인의 입장에서 다양한 이용자의 요구 파악이나 확인, 해결책의 검토, 검증 및 평가 등을 행한다. 이것이 유니버설 디자인 재검토이다. 각 단계에서 재검토에 의거한 수정을 추가하고 디자인의 레벨 업을 꾀한다. 또한 다양한 이용자가 디자인을 결정하는 프로세스에 참가하여 상호 요구의 공통성과 다름을 확인하고 서로 이해하는 중요한 의의가 있다. 그것은 지구환경 그 자체의 이해와도 연결된다.

이러한 일련의 프로세스와 성과를 축적하여 그것을 다음의 프로젝트에 활용하는 수준을 부단하게 쌓아 올리면, 더 심화한 유니버설 디자인이 달성할 수 있다. 즉, 스파이럴 업이다.

6 유니버설(보편성) 디자인의 과제

유니버설 디자인은 모든 사람이 이용 가능한 디자인을 목표로 하는, 즉 이념이지만 그것을 사회적으로 공유하려고 할 때 기준이나 법률에서 필요조건을 정하는 것이다. 일본에서는 '고령자, 장애인의 이동 등의 원활화의 촉진에 관한 법률'(2006)이나 '고령자가 거주하는 주택의 설계에 관계하는 지침'(2001) 등이 정해져 있다. 또 많은 지자체가 '복지의 마을 만들기 조례'나 '하트빌딩(Heartful Building) 조례'를 제정하여 건축물 등에 관한 독자의 정비기준을 정하고 있다. 그것들의 기준은 건축물을 구성하는 각 부위 및 요소별로 요구조건을 정하고 있다.

그 결과 건축물을 설계할 때에는 각 부위에 정해진 조건을 분명히 할 필요가 있지만 거기에는 큰 문제가 숨어 있다. 부위별로 분명함을 축적한다고 해도 건축 전체로서의 가장 좋은 해결책에 꼭 도달하지 않는다는 것은 엄연한 사실이다.

이용자는 건물을 부위별로 이용하는 것이 아니며, 건물의 공간을 그때그때 필요한 상황에 맞추어 다양하게 이용한다. 또 이용한다는 기능적인 목적 이외에 "그냥 있는 것"이라는 상황도 있다.

유니버설 디자인이 직면한 과제는 "논리적으로 설명 가능한 부분 최적해를 넘어 더 고차원의 통합적인 디자인을 어떻게 달성하는가"이다. 이때는 공간의 아름다움이나 경치 그리고 경제적인 합리성도 당연히 문제시 된다.(소노다 마리코)

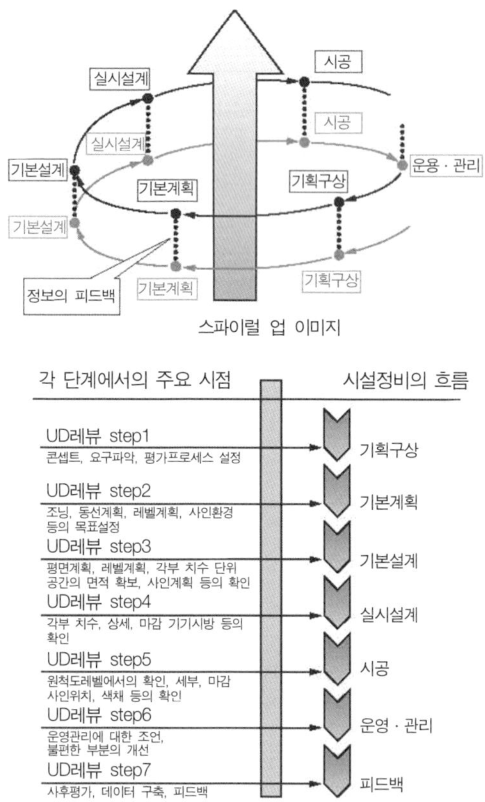

그림 4-2-6 유니버설 디자인 리뷰의 개념 (문헌 2-88, p.33, UD Review 해설도를 기초로 일부 조정)

2-4-3 공기의 질을 배려하며 만들고 사용하자!

1 공기와 건강

우리는 하루에 약 20리터, 20kg의 공기를 호흡하고 있다. 이것은 식물이나 물보다 체내에 흡수되는 물질의 양(각각 2 ~ 3kg/일)보다도 훨씬 많다. 그림 4-3-1은 체내로의 섭취량을 중량비로 나타낸 것인데, 실내의 호흡에 의해 흡수되는 공기의 양이 압도적으로 많다는 것이다. 이 공기가 오염되면 오염물질은 폐에서 혈액 내로 흡수되어 바로 전신에 운반되어 각종 장기와 기관 등에 여러 영향을 미친다.

한편, 식품 등에 포함되는 유해물질은 소화 · 흡수의 과정에서 간에서 해소되는 가능성이 높아 인체에 직접적인 영향은 비교적 적다. 따라서 체내에 섭취되는 양과 인체에 미치는 영향의 방법 양면에 있어서 공기의 오염은 식물이나 물의 오염보다 훨씬 심각한 문제라고 할 수 있다.

또한 음식물과 물은 오염이 적은 것을 구입하여 식음하는 것이 비교적 용이하여 누구라도 가능하지만, 좋은 공기를 흡입하는 것은 현재로서는 대단히 어렵다. 선호하는 공기를 편의점에서 구입할 수 없고 더러워 호흡하지 않겠다고 할 수 없기 때문이다. 공기가 오염되어 있는지를 판단하는 것도 어려운 경우가 많다.

몇 분이라도 결핍되는 것이 허용되지 않는 공기의 청정도를 유지하는 것은 기본적 인권의 하나라고 생각하여 그 확보에 최선의 노력을 기울일 필요가 있다.

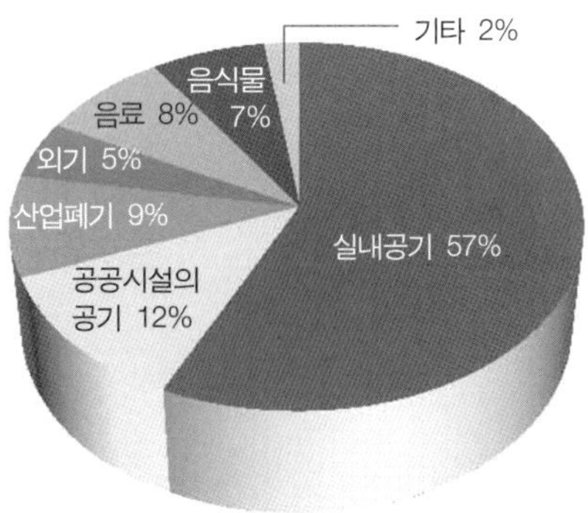

그림 4-3-1 인체에의 물질 섭취량 (문헌 2-89)

1990년대 중반 이후, 그 공기의 질을 따지는 새집증후군(sick house) 문제가 사회적으로 큰 관심을 받게 되었다. 이것은 건축자재 등에서 발생하는 공기 중에 포함되는 포름알데히드나 VOC(휘발성 유기화합물) 등의 화학물질이 인체에 영향을 미쳐 화학물질과민증세 등의 증상을 일으키는 것도 있다. 신축이나 리폼(reform)한 주택, 또는 새로운 빌딩에서 문제가 되었다. 과거에는 예가 없는 새로운 현상이고 실내의 공기질에 관련하는 문제로서, 건축환경 분야에 있어 중요한 과제의 하나가 되어 여러 대안을 예측할 수 있게 되었다.

2 건강 · 설비와 공기의 질

공기질의 문제로는 화학물질 이외에도 곰팡이, 진드기, 세균, 석면, 분진, 질소탄화물 등 많은 오염원이 있는데 이것들은 비교적 발생원이나 원인이 명확하고 대응도 하기 쉽고 이미 관련된 기술 또한 많다. 여기서는 실내의 화학물질오염을 중심으로서 원인이나 대책을 설명하도록 한다.

화학물질오염은 산업혁명 이후부터 20세기 말에 이르는 고도의 화학문명의 발달로 인한 부정적 유산의 하나로서 신중하게 대처해야 하는 대상이다. 지구환경건축이 여러 부정적 유산을 정산하여 보다 나은 사회의 건축계에 공헌할 필요가 있다. 그러기 위해서는 화학물질을 잘 이용함과 동시에 건강 등에 악영향을 배제하는 것이 필수요건이다. 여기에 실내공기질 대책을 거론하는 데에 의의가 있다.

3 화학물질오염과 지구환경건축

사람은 집 안에서 직접적인 주변 환경으로부터 자극을 받아 반응(생리적 · 심리적 · 행동적으로)하며 생활하고 있다. 자극의 근본인 환경의 상황이 건강성이나 쾌적성을 지배하고 있다고 할 수 있다. 그 환경의 상태는 건물이나 설비에 의해 형성되는 것이고, 결국 건축이나 설비의 좋고 나쁨이 우리의 건강이나 쾌적함에 크게 영향을 끼친다고 할 수가 있는 것이다. 물론 공기질에 관해서도 예외는 아니다.

실내에서 청정한 공기를 유지하기 위해서는 유해물질에 의한 공기오염이 발생하지 않도록 건축재료와 공법에 배려하고, 환기설비나 건축적인 제안으로 적절한 환기성능을 확보할 필요가 있다.

이러한 공기질의 문제에 대응하는 시크하우스 법 규정으로 2003년 건축기준법이 강화되었다. 설계계획단계에서 시공에 이르기까지 이 규정을 만족하는 것은 당연하고 더욱 좋은 환경을 목표삼아 건축가의 역할은 중요하고 그 책임은 크다고 하겠다. 또 규제가 목표로 하는 환경을 실제의 공간에 실현하기 위해서는 거주자에 의한 적절한 설비의 운용이나 주거가 중요하다. 건물을 만드는 것과 사용하는 것은 자동차의 양쪽 바퀴를 예로 들 수 있다. 어느 한쪽이 없다면 기능을 발휘할 수 없다.

4 공기오염물질과 인체영향

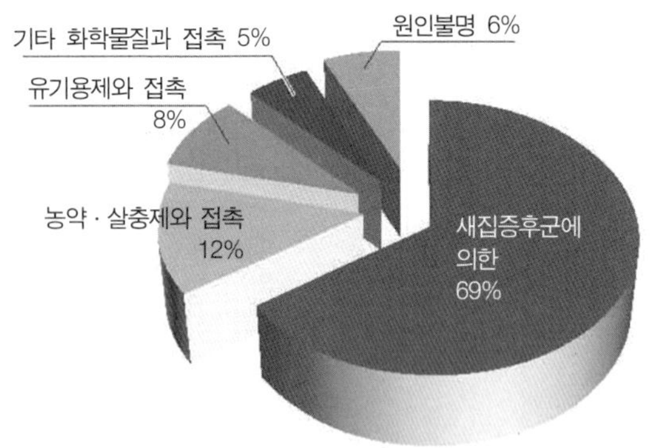

그림 4-3-2 화학물질과민성의 원인 (기타사토병원 연구소, 기타사토대학 의학부로부터)

공기질의 문제는 매우 광범위하고 오염물질의 발생원도 다양하다. 인간과 그 생활행위도 발생원이 될 수 있고, 건축자재나 많은 생활용품 또는 냉난방기기도 오염원이 된다.

신축, 개장한 건물 내에서 신체의 불편, 즉 알레르기 악화와 더 직접적으로는 화학물질 과민증세가 포름알데히드나 VOC 등의 화학물질에 의해 일어나는 것이 아닌지 문제되었다. 그러나 양자의 인과관계는 명확하게 증명되지 않고 VOC 그 자체에 대해 어떤 물질이 어느 정도 존재하는지조차 밝혀지지 않고 있다.

VOC는 약 50 ~ 250℃의 비등점을 갖는 유기화학물이고 천연과 합성을 합쳐 수천 개가 있다고 말한다. 그중 실내공기 중에는 900개 정도가 식별되고 250개 정도가 1ppb 이상의 농도를 기록했다고 보고되고 있다(문헌 2-90). 그 전부가 인체영향이나 안정성을 확인하려면 몇 세기가 걸린다고도 말한다.

포름알데히드는 자극성이 있는 무색 기체로 물에 잘 녹으며, 수용액은 포르말이라고 하는 살균·방부제로 사용된다. 화학공업의 원료로서 예부터 대량으로 사용되어 요소와 포름알데히드를 원료로 하는 요소수지의 접착제는 목재의 접합에 사용하며 합판 등에 많이 사용되어 왔다.

후생노동청에는 건강에 영향을 줄 위험이 있는 화학물질에 대해 독성지표에 의거한 실내농도 지침수치를 정하고 있다. 표 4-3-1은 2002년 1월 현재의 지침수치 일람표이다. 일반주택이나 건축물의 실내에서는 이 지침수치 이하가 되도록 노력할 필요가 있

표 4-3-1 농도지침 수치 일람

규정연도	물질명	농도지침값	발생원 등
1997년 6월	포름알데히드	100 $\mu g/m^3$ 0.08 ppm	건재, 접착제, 도료, 가구, 난방기구 등
2000년 6월	톨루엔	260 $\mu g/m^3$ 0.07 ppm	접착제, 도료, 가구 등
	크실렌(Xylen)	870 $\mu g/m^3$ 0.20 ppm	접착제, 도료, 가구 등
	파라디클로로벤젠	240 $\mu g/m^3$ 0.04 ppm	방충제, 방향제 등
2000년 12월	에틸벤젠	3800 $\mu g/m^3$ 0.88 ppm	접착제, 도료, 가구 등
	스티렌(Styrene)	220 $\mu g/m^3$ 0.05 ppm	각종 수지, 수지도료에 포함된 고분자 화합물의 원료 등
	클로르피리포스(Chlorpyrifos) 어린이의 경우 1/10	1 $\mu g/m^3$ 0.07 ppb	개미 살충제
	부탈산-n-부틸	220 $\mu g/m^3$ 0.02 ppm	도료, 안료, 접착제의 가공성, 가역성 효율을 높이기 위해 사용
2001년 7월	테트라데칸	330 $\mu g/m^3$ 0.41 ppm	등유, 도료 등의 용제
	부탈산G-2-에틸헥실(DEHP)	120 $\mu g/m^3$ 7.6 ppb	도료, 접착제 등의 가역성
	다이아지논	0.29 $\mu g/m^3$ 0.023 ppb	살충제
2002년 1월	아세트알데히드	48 $\mu g/m^3$ 0.03 ppm	접착제, 방부제 등
	페노브카르브	33 $\mu g/m^3$ 3.8 ppb	개미 살충제

표 4-3-2 2000년도 조사결과 개요

물질명	조사결과 평균농도 ppm	후생노동성 지침값 ppm	후생노동성의 지침값을 넘은 주택의 비율 %
포름알데히드	0.071	0.08	27.3
톨루엔	0.038	0.07	12.3
크실렌	0.005	0.20	0.13
에틸벤젠	0.008	0.88	0.0

다고 생각된다.

새집증후군과 화학물질과민성은 닮았지만 같은 병이라고는 할 수 없다. 화학물질과민성은 '상당량의 화학물질에 접촉한 후 또는 미량의 화학물질에 장기적으로 접촉한 후에 미량의 화학물질에 다시 접촉한 경우 나오는 불쾌한 증상'이라고 정의(Cullen, 미국)한다. 새집증후군에도 이 정의가 적용된다고 생각되는데, 어느 건물 안에 있을 때 증상이 나오는 것이 새집증후군으로 원인이 되는 건물에서 나오면 증상이 없어진다는 점이 화학물질과민성과 다르다는 것이다. 그림 4-3-2는 화학물질과민성의 원인을 분석한 것인데, 화학물질과민성의 상당 부분을 새집증후군이 차지하고 있다. 일본에서는 인구의 5~6%가 새집증후군이 아닌가 라고 말하고 있다(문헌 2-91).

5 공기질의 실태

일본 후생청(현 후생노동청)이 1997년, 1998년도에 전국의 일반가옥(385호)의 거주환경중 VOC농도를 측정한 결과로 톨루엔의 평균농도는 98.3㎍/㎥, 파라디클로로벤젠은 123.3㎍/㎥였다. 그중 톨루엔에 대해서는 후생노동청의 농도지침치(260㎍/㎥)를 넘는 주택의 비율이 약 6%로 나타났다.

실내 화학물질 공기오염조사연구위원회(일본건축학회)의 성과보고에 의하면, 니이가타 지역에서 실내 농도조사 결과, 포름알데히드는 34%, 톨루엔은 4%로 주택에서 후생노동청의 농도지침치를 넘고 있었다.

실내공기 대책연구회(국토교통성 외 5성청의 공동에 의한 연구조직)에서는 2000년도의 업무의 일환으로서 실내공기질 농도의 실태조사를 실시했다(문헌 2-92).

그 결과 총 4482호에서 24시간 평균의 추정치를 얻을 수 있었고, 결과의 개요는 표 4-3-2이지만 추정대상이었던 4물질의 평균치는 전부 후생노동성의 지침치를 넘지 못했다. 그러나 지침수치를 넘은 주택의 비율은 포름알데히드는 30% 가까이 달하고 있으며, 그 점에서 포름알데히드에 대해 어떤 대책이 필요하다고 생각되었다.

그림 4-3-3에서 포름알데히드의 농도에 대해서는 ① 건축 후 4,5년을 경과한 집의 농도가 높은 경향을 나타내고 ② 그것보다 오래된 집에서는 연수가 지날수록 낮아지

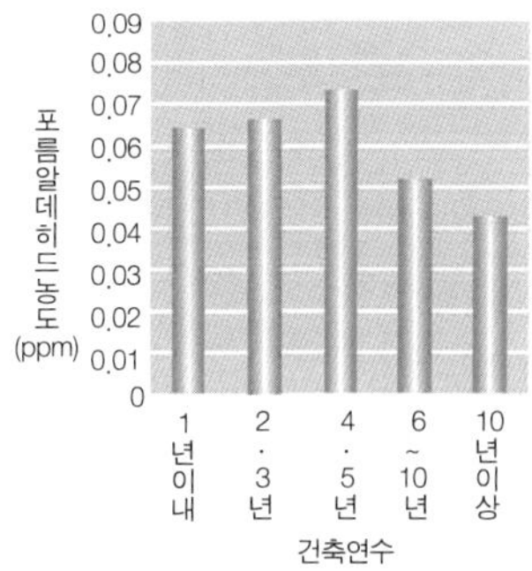

그림 4-3-3 건축연수와 농도의 관계

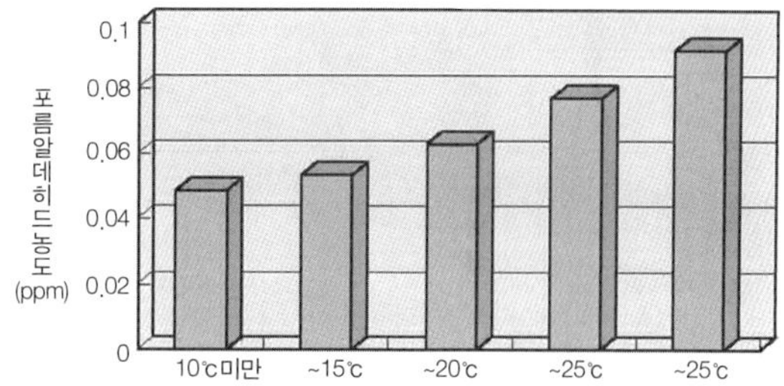

그림 4-3-4 온도 영향

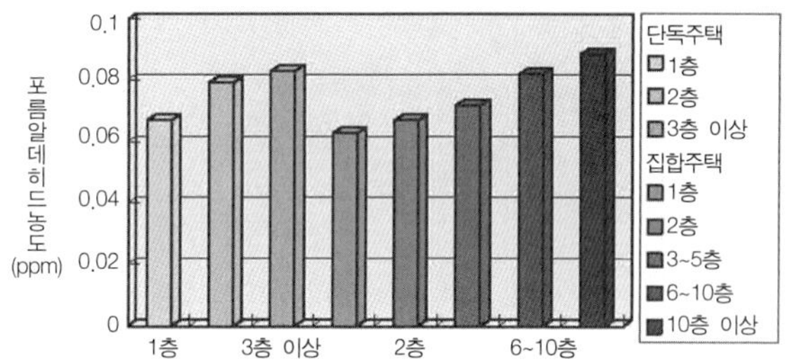

그림 4-3-5 층수의 영향

는 경향이 보이고 ③ 건축 후 1,2년의 새로운 집에서의 농도는 비교적 적은 경향을 나타낸다는 점을 알 수 있었다. 주택이 오래될수록 안정성이 높지만, 조사 시보다 4,5년 전(1995, 1996년 정도)까지는 포름알데히드 방산량이 비교적 많은 재료 등이 사용되어 있고, 그 후 대책이 진행되어 점차 영향이 적은 건축재의 사용이 일반적이 된 것을 알 수 있다.

그림 4-3-4에서는 ④ 실온이 높을수록 농도가 높아지는 경향이 있다는 것을 나타낸다. 온도가 10℃ 높아지면 건축재 등에서의 방산량은 2배 이상이 된다고 한다. 실내의 농도는 그렇게 단순하지 않은데, 실온의 상승에 비례하는 경향이 분명하다.

그림 4-3-5에서는 ⑤ 높은 층일수록 농도가 높아지는 경향이 있다는 것을 알 수 있다. 단독주택에서는 1층보다 2층의 실내가 더 높아지기 쉽다. 또 집합주택에서는 높을수록 공사의 완성이 느려지는 것이 일반적이다. 이로써 고층일수록 농도가 높아지는 경향이 있다는 것을 설명하는 것이 가능하다.

이상과 같이 2000년 시점에 변함없이 포름알데히드 등의 농도가 높은 주택이 많이 존재하는 것과 또한 톨루엔에 대해서도 수 퍼센트의 주택에서 농도지침수치를 넘는 실태를 나타내고 있고, 이것에 어떤 대응과 대책이 필요하다고 생각된다. 건축기본법의 시크하우스 규정은 이러한 결과가 중대히게 받아들여지는 결과로서 검토가 개시되어 성립했다고 해도 과언이 아니다.

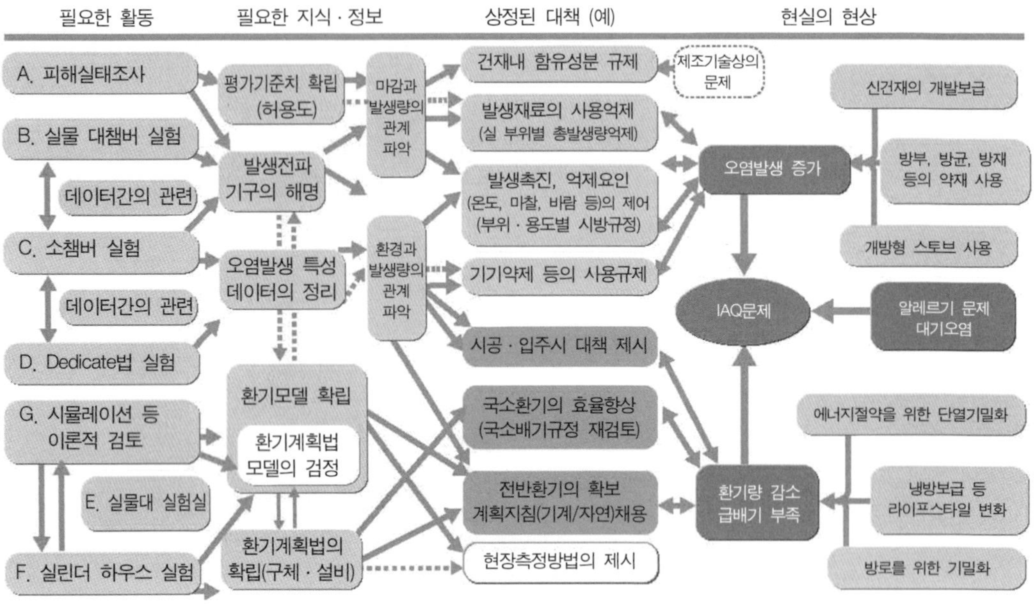

그림 4-3-6 실내공기의 질 문제의 구도 (오오사와에 의함)

6 공기오염의 원인

주택의 실내공기질 문제에 대해서 그 현상 · 원인이나 대응, 대책입안에 필요한 자료나 기준, 연구개발의 내용 등에 대해 개관한 것이 그림 4-3-6이다.

실내공기질 문제의 원인은 건축의 요인으로 다음 2가지 면이 있다.

① 오염물질의 발생량 증가

- 화학물질을 함유하는 신건축자재 등의 사용
- 방부 · 방균 · 방염, 방의 등의 약제의 사용
- 개방형 난방기구의 사용

② 환기의 부족

- 에너지절약을 위한 기밀화, 결로방지를 위한 기밀화
- 환기설비의 미비, 환기능력의 부족, 환기설비의 정지
- 라이프스타일의 변화(난냉방 등의 보급에 따르는 밀폐된 생활)

이 2개의 문제, 즉 ① 발생량의 증가와 ② 환기부족이 가장 주요한 요인이다. 동시에 이것들은 전부 현대주택이 갖고 있는 특성과 과제라는 것이다.

가장 영향이 크다고 생각되는 것이 오염물질의 발생량의 증가, 즉 건축자재의 문제이다. 천연재료와 같이 줄거나 휘는 게 아니기 때문에 가공이 간단하고, 더욱이 대량생산에서 안정된 품질과 저가격을 실현한 인공건재(즉 신건축자재)가 급속하게 주택의 재료로 사용되었다. 천연재로는 할 수 없는 편리한 성질을 만들기 위해 화학물질이 대량으로 사용되었다. 그리고 우리는 어느 순간 신건축자재의 냄새를 신축의 냄새라고 착각하게 되어 버렸다는 것이다.

또한 신건축자재의 보급과 거의 같은 시기에 주택의 기밀화가 진행되었다. 목재 창에서 알루미늄 새시 창으로 변하고 비닐벽지가 내장된 벽체는 나무와 흙과 종이의 벽보다 기밀성이 향상했다. 그 결과 환기부족으로 실내에 뭉치는 화학물질의 농도가 상승했다.

그 높은 농도의 화학물질에 반응하여 여러 증상을 일으키는 화학물질과민성 등을 증상으로 보이는 사람이 늘었다. 이것이 새집증후군이다.

7 공기오염 방지대책

원인에 대응하는 대책은 분명하다. 즉, 발생량의 억제와 환기의 촉진이다.

① 제일 먼저 생각해야 되는 것은 유해물질의 발생을 억제하거나 없애는 것이다. '뿌리를 뽑는다'는 것이 가장 명쾌하고 효과가 높은 방법이고, 안전한 재료를 공급하여 사용할 필요가 있다. 시공의 노력으로 발생량을 제어하는 방법도 있다.

② 다음으로는 발생한 오염물질을 희석하기 위해 환기를 적정하게 행하는 것이다. 그러기 위해 필요한 환기설비를 설치하고 그것을 올바르게 사용해야 한다. 환기는 주택 공급자와 사용자 양쪽에 관계가 있다. 환기설비가 적절하지 않거나 또는 올바르게 사용하지 않는 등 어느 쪽이 잘못되면 본래의 기능을 발휘하지 못한다. 오염물질을 발생하지 않는 냉난방계획에의 배려도 중요하다.

③ 또한 발생된 오염물질을 흡착 · 분해하는 재료나 기기시스템도 유효하다. 일시적으로 농도가 높아지는 것을 예방하고 영향을 억제할 수 있다.

이상 3가지의 대책이 ① 발생량의 억제를 첫째로, 다음으로 ② 환기의 배려로 ③

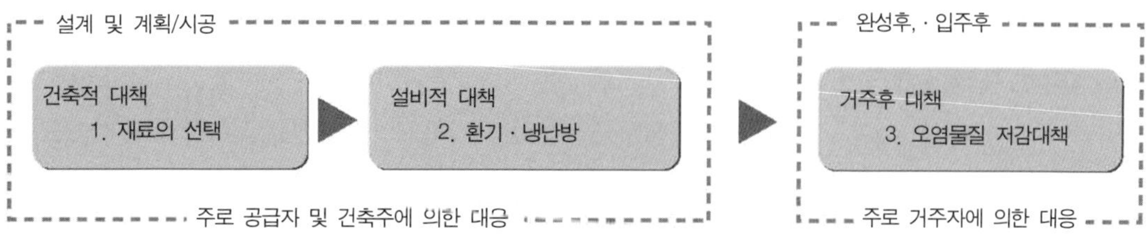

그림 4-3-7 공기오염대책의 순서와 분담의 개요

흡착 · 분해물질 등에 의한 대응은 차선책으로 생각하면 좋다(그림 4-3-7 참조).

①이 건축적인 대응이고, ②가 설비적인 대응으로 분류할 수 있다. 이것들은 모두 설계 · 계획 및 시공단계에서 할 수 있는 대응책이다. ③은 건축적 · 설비적인 대응이라고 말할 수 있지만, 건물의 완성 후 · 입주 후에 행할 수 있는 대책으로 생각해서 구분하는 것이 좋다. 이 3개의 단계와 맞추어 구체적인 방법을 정리해보자.*1)

1) 설계 · 계획/시공

주택의 설계 · 계획단계에 있어서 적절한 건재 · 시공재의 선택이나 통풍 · 환기시스템의 계획이 필요하다. 오염원이 되지 않도록 냉난방계획도 중요하다.

a) 재료선택과 부위별 유의점 〈건축적 대책〉

바탕재, 마감재, 접착제, 방부제, 방충제, 창호 등의 재료의 선택에 있어서 유해한 화학물질의 함유량과 방산량이 되도록 적은 것을 선택하는 것이다. 그 기준으로는 다음과 같은 재료에 관한 규격이 있다.

① 목질재료

- JAS(일본농림규격) : 합판, 구조용 패널, 플로어링, 집성재, 적층재 등의 포름알데히드 방산량 구분
- JIS(일본공업규격) : MDF, 파티클보드에 관한 포름알데히드 방산량 구분
- (사)일본건재산업협회의 공기환경 성능표시제도 : 섬유판과 파티클보드와 포름알데히드 방산량을 JLS와 같이 측정하여 표시

② 벽체 마감재료

- JIS A6921 : 내장 완성벽지의 품질, 치수, 실험방법에 관한 규격
- ISM(Interior Safety Material＝벽장재료협회의 자체규격) : 인테리어 재료에 대해 생활환경의 안전에 배려한 '가이드'와 품질관리를 위한 '환경기술기준(안전규정)'을 정한다.
- SV(Standard Value＝벽지제품규격협의회에 의한 자체규격) : 벽지제품의 쾌적, 건강, 안전에 배려한 제품공급을 목적으로 한 품질 등에 관한 규정
- RAL(독일의 벽지품질보증협회의 규격) : 품질과 원료상태를 규정하는, 세계적으로 높은 수준의 안전기준

③ 도료, 접착제 등

- (사)일본도료공업회 · 접착제공업회의 개발목표 : 실내환경에 영향이 적은 도료 ·

---

*1) 건설성 건축연구소가 실시한 관민연대공동연구 '건강적인 주거환경형성기술의 개발' (1997~1999년도)에서 정리한 '건강한 집 만들기를 위한 사용자 가이드'와 '건강한 집 만들기를 위한 설계시공가이드' (둘 다 2000년 10월 (재)건축 · 환경성 에너지기구에서 판매)에 의한 대책, 유의사항을 나타낸다.

접착제의 개발목표

- 제품안전 데이터시트(MSDS, 성분표지) : 제품의 함유성분의 표시 시트, 유해물질이 적은 재료의 선택에 활용

또 화학물질에 의한 영향을 저감하는 재료로서 다음과 같은 것도 효과적이라고 생각된다. 이것들은 효력과 내구성에 과제를 남기고 평가방법도 정해지지 않았는데 검토할 가치가 있다고 생각된다.

④ 천연재료

감즙 등의 자연도료, 천연재료 등(화학물질로 처리하지 않는 재료)

⑤ 실 재료

방산을 억제하는 도료 등(표면에 막을 만들어 밑의 재료에서의 방산을 막는다)

⑥ 흡착재료

규조토, 흙벽, 미장재 등의 흡착효과가 있는 재료. 활성탄 등을 섞어 넣은 재료도 있다(재료 내부의 작은 공간에 유해물질을 흡착시킨다).

⑦ 분해재료

광촉매 등에 의한 분해재료(산화치탄 등을 도포 · 함침 · 혼합한 재료)

이상의 재료 선택은 구조나 부위별 특성을 배려하며, 설계 · 시공단계에 유의할 필요가 있다. 부위별의 설계상의 유의점은 다음과 같다.

① 바닥밑

목재의 방부 · 방충처리에 대해 약제를 행하거나 그 외의 방법을 입주자의 체질 등을 파악한 후 시공자와 같이 의논하여 상담하고 선정할 필요가 있다. 약제를 사용하지 않는 방법으로는 노송나무 등 부패나 균 및 흰개미에 견디는 성질이 높은 심재의 사용, 보나 장선 등을 강재 등으로 하거나 방충시트를 깔거나 RC전면 기초를 하는 방법 등이 있다. 또 마루밑에서 약제가 실내에 침입하지 않도록 설계 · 시공하고 마루밑 환기가 충분히 되도록 환기구 등을 설치하는 등의 배려가 필요하다. 또 크롤비리호스에 대해서는 건축기준법에서 사용이 금지되어 있고, 그 전에 (사)일본시로아리(흰개미)대책협회에 있어서 유입, 제조, 판매, 사용이 자숙되어 있다.

② 내장바탕, 단열

최근의 주택에서는 기밀시공이 행해지는 곳이 많아지고 있는데, 기밀층의 내측의 재료에 대해서도 공기오염에 대한 배려가 필요하다. 건축기준법의 규제대상부위는 물론, 그 외의 부위에 대해서도 JIS · JAS 등의 규격품 선정이 기본이 된

다. 접착제 등도 포름알데히드 등의 방산이 적은 재료를 선정한다. 단열재는 벽 내부에서 기밀층의 실외 측에서 사용되기 때문에 영향은 적은 경우가 많지만, RC조의 내단열의 경우에는 충분히 유의하여 선택할 필요가 있다.

③ 내장마감

건축기준법 규제의 준수를 최소한의 요구로 하여 보다 좋은 제품을 사용한다. 포름알데히드를 포함하지 않는 규제대상 외의 건재가 가장 바람직하지만, 벽지나 플로어링 등의 규격(JIS, JAS, 공업회 레벨의 자체규격)을 참고하여 할 수 있는 한 방산량이 적은 재료를 선택한다. 카펫이나 플라스틱 타일 등에서도 VOC 등의 발산이 문제가 될 수 있으므로 주의하여 선택할 필요가 있다. 다다미 바닥의 약제나 농약, 삽입된 발포보드 등에 대해서도 배려할 필요가 있다. 규조토나 회반죽, 천연재 등은 흡착·발산억제의 효과가 기대된다.

④ 그 외의 내장, 시공

창호, 조작(造作)재(걸레받이, 창틀 등) 등의 재료에 대해서도 상태를 확인하여 선정할 필요가 있다. 키친세트나 화장대, 수납세트 등에 대해서도 같다. 또 만드는 가구 등의 상태와 시공재료 등에 대해서도 같은 배려가 필요하다. 현장시공에서 사용되는 도료나 접착제, 코킹제 등에 대해서는 VOC의 방산이 많은 것이 있기 때문에 주의할 필요가 있다. 이것은 시공업자의 건강관리에도 중요한 것이고, 살면서 행하는 리폼이나 개수에 있어서도 거주자에 대한 영향도 무시할 수 없기 때문에 시공관리 등의 배려에 특히 유의할 필요가 있다.

b) 환기 · 냉난방〈설비적 대책〉

실내의 유해물질을 효과적으로 배출하기 위해 수법·설비의 노력으로 통풍·환기가 유효하다. 바람이 지나가는 길을 고려해서 적극적인 통풍을 꾀하고, 건물의 기밀성 등에 걸맞은 환기설비를 정비할 필요가 있다. 고기밀주택(적정 공극면적 2㎠/㎡ 이하의 경우)에서는 연속 환기시스템이 필요하다.

〈환기설비의 종류〉

① 자연환기

실내외의 온도차에 의한 공기의 밀도차를 이용하는 경우와 풍압력을 이용하는 경우가 있다. 자연력에 의존하기 때문에 동력(에너지)은 필요하지 않지만, 필요한 환기량을 얻기 위해서는 건축적인 계획(각 실의 급재기구의 위치나 공기의 흐름)에 충분히 배려할 필요가 있다. 배기굴뚝 등을 설비하고 적극적으로 자연력을 이용하는 방법도 있다.

② 센트럴(central) 배기(제3종 환기시스템)

팬에 의한 강제배기를 실시하고, 각 실의 환기구에서 급기하는 방법과 욕실이나 화장실, 부엌의 환기팬을 연속 운전하는 방법과 덕트배관을 통하여 여러 방에서 배기하는 방법이 있다.

③ 센트럴 급배기(제1종 환기시스템)

급배기와 함께 덕트를 설비하고 팬에 의한 강제적인 환기를 행하는 방법이다. 열교환장치나 냉난방장치가 조합되어 있는 경우가 많아 급기와 배기를 기계 힘으로 행하기 때문에 확실한 환기가 기대되지만 설비공사에 비용이 발생한다.

이러한 시스템은 주택의 기밀성능이나 주택 종별에 의해 적용의 가능성과 적절성이 달라지기 때문에, 그 주택의 특성을 파악하고 최적의 시스템을 선택할 필요가 있다. 특히 고기밀 주택에서는 연속환기설비로 ②, ③이 필요하다. 다음의 환기시스템의 선정에 있어서 주택 종별의 유의점을 나타낸다.

〈1층 단독주택의 경우〉

① 배기굴뚝 이용 패시브(passive)환기

단층건물의 경우, 온도차에 의한 자연환기를 기대할 수 없기 때문에 굴뚝 등을 이용한 건물의 배려가 필요하다. 마루밑 등에서 각 실에 공기를 공급하여 굴뚝에서 배출한다. 문이나 장지문 등의 틈을 충분히 설비하고 굴뚝으로의 공기의 경로를 확보한다. 욕실, 화장실, 주방 등 오염물질이 발생하는 곳에는 그 방에서 오염물질(냄새나 수증기)이 확산되지 않도록 안전하게 배기할 수 있는 부분환기팬을 설치한다.

② 센트럴 배기(제3종 환기시스템)

온도차 환기가 발생하기 힘든 단층건물에 적합하다. 배기용 환기팬과 급배기구를 설치할 필요가 있지만 비교적 비용이 낮다. 화장실이나 욕실의 환기팬을 연속 운전하는 방법도 있다.

③ 센트럴 급배기(제1종 환기시스템)

확실한 환기가 가능하지만 덕트공사를 포함하여 비용이 높다. 러닝 코스트도 약간 높아진다.

〈2층의 단독주택의 경우〉

① 배기굴뚝 이용 수동환기

1층에서 2층으로 온도차에 의한 구동력을 기대할 수 있으므로 적절한 급배기구의 설치만으로 가능하고 비용이 낮다. 배기굴뚝을 설치하면 보다 확실하게 되지만 약간 비용이 올라간다.

② 센트럴 배기(제3종 환기시스템)

온도차 환기가 발생하므로 기밀성 확보(고기밀 주택의 수준)가 필요하다. 배기용 환기팬과 급배기구를 설치할 필요가 있지만 비교적 비용이 낮다. 1층과 2층에 각각 센트럴을 배기 설치하면 보다 확실한 환기가 가능하다.

③ 센트럴 급배기(제1종 환기시스템)

확실한 환기가 가능하지만 덕트공사를 포함하여 비용이 높다. 러닝 코스트도 약간 높아진다.

〈집합주택〉

집합주택은 단독주택과 비교해서 기밀성이 높아 일반적인 공법에 의한 경우에도 고기밀주택(상당 공간면적 2㎠/㎡ 이하)이다. 따라서 주호 전체에서의 환기가 불가피하다. 그러나 현 상황에서는 추운 지방을 제외하고 거의 환기에 대한 배려가 되어 있지 않다. 고층 주동에서는 풍력에 의한 자연환기도 가능하다고 생각되지만, 현 시점에는 이를 위한 계획수법이 정비되어 있지 않기 때문에 집합주택에서는 기계환기 시스템의 도입이 필요하다고 생각해야 한다.

① 자연환기

집합굴뚝 등을 이용한 패시브환기가 가능하지만, 일본에서는 구조상 · 방화상의 문제에서는 이용하는 것이 어렵다. 풍력이용에 관해서도 확실한 환기량의 확보가 어렵고 집합주택에서는 자연환기는 기대할 수 없다고 생각하는 것이 타당하다. 그러나 메조네트와 같은 1주호에서 2 이상의 층을 갖는 경우에는 2층 건물과 같은 자연환기를 이용할 수 있다.

② 센트럴 배기(제3종 환기시스템)

단층주택과 같이 온도차 환기가 발생하기 어렵기 때문에 적합하다. 배기용 환기팬과 급배기구를 설치할 필요가 있지만 비교적 비용이 낮다. 화장실이나 욕실의 환기팬을 연속 운전하는 방법도 있다.

③ 센트럴 급배기(제1종 환기시스템)

확실한 환기가 가능하지만 덕트공사를 포함하여 비용이 높다. 러닝 코스트도 조금 높아진다.

〈냉난방 설비〉

냉난방기기가 유해물질의 발생원이 되지 않도록 건축적 · 설비적 배려가 필요하다. 건축적으로는 밀폐식 난방기(FF식 온풍난방기 등)나 에어컨 사용이 가능할 수 있도록 필요에 따라 외벽에 슬리브(sleeve)를 설치한다. 냉난방설비로 센트럴 히팅 등을 계획한다. 포름알데히드 등의 유해물질의 발생원이 되는 개발형 난방기는 사용하지 않는 것에 대해 설계자, 시공자 및 거주자 모두가 인식할 필요가 있다.

2) 완성 후·거주 후

건물완성 후의 유해물질저감대책으로 전용기기 · 재료 · 수법에 의한 제거대책이 있다. 이것들은 일상생활 안에서 할 수 있는 대응이고, 또 건물의 완성에서 입주까지의 대책이다.

① 제거대책(전용기기나 재료, 약간 특수한 방법에 의한 저감대책)

- 베이크아웃 : 일시적으로 실온을 높여 유해물질의 발산을 촉진하는 방법. 내장재 등의 표면에 가까운 부분의 화학물질 발산에 효과가 있다.
- 공기청정기 : 일정효과는 기대할 수 있다.
- 일상대책품 : 숯, 흡착시트, 흡착도료 등 화학물질의 흡착 · 분해효과가 있는 재료를 사용한다.

② 일상생활에서의 대책

- 창 열기, 환기 : 적극적인 통풍, 창 열기 등에 의한 환기의 촉진 및 신축이나 개수를 행하여 입주한 직후에는 보다 적극적인 환기 · 통풍이 바람직하다. 또 기밀주택에 설치된 기계환기장치는 상시 운전해야 한다.
- 오염원의 제거 : 가구, 방향제, 살충제, 화장품, 스토브, 담배 등의 제거. 일상생활용품 안에도 많은 화학물질을 포함하는 것이 있고, 할 수 있는 한 이것들의 사용을 자제하는 것이 바람직하다.
- 가구는 낡은 것을 사용하는 것이 좋다.
- 방향제나 탈취제, 살충제를 많이 사용하지 않는다.
- 개방형 난방기구(석유나 가스스토브 또는 팬히터 등)를 사용하지 않는다. 시크하우스의 원인물질인 화학물질이나 수증기 등을 발생한다. 대량의 수증기는 결로의 원인이 되어 건물의 내구성 결핍과 동시에 곰팡이, 진드기의 발생 · 증식을 촉진하여 알레르기를 유발한다.
- 밀폐형 난방기구나 에어컨 등으로 변형해야 한다.
- 농도저감대책 : 공기청정기나 흡착 · 분해효과가 있는 기기 · 재료의 이용. 일시적인 농도저감의 효과는 기대할 수 있다.

③ 입주까지 할 수 있는 것

- 시간을 갖는다 : 완성에서 입주까지의 시간을 길게 하는 것은 효과가 있다. 내장공사 종료 후 2~3주간 오염물질의 발생량은 대폭 저감한다.
- 환기, 베이크아웃 : 보다 적극적으로 방산(放散)을 촉진한다. 완성에서 입주까시

환기설비를 운전한다. 또는 창 열기에 의한 환기를 행하는 것으로, 오염물질의 저감을 촉진하는 것이 가능하다. 그 사이에 베이크아웃을 행하는 것도 효과가 있다.

8 공기오염문제에 대한 행정적 대응

시크하우스 문제에 대한 국가레벨의 대응으로 ① 원인규명이나 대책입안의 조사·연구·개발, ② 건축기준법이나 JIS규격 등 법제도의 정비, ③ 주택금융금고(현 주택금융지원기구) 등에 의한 지원책의 제정, ④ 업계에의 지도·조언 등이 실시되었다.

1) 조사·연구·개발

일본 국토교통성 등 5성청이 공동으로 실시한 실내공기대책연구회(1998 ~ 2000년도)를 비롯하여 각 부처 독자의 예산에서 조사·연구가 실시되었다. 예를 들면 후생노동성에서는 '시크하우스 대책연구 조정회의'(2000 ~ 2003년도)나 '직무별 시크하우스 관련물질 검토회'(2000년)가 설치되고 또 국토교통성에는 종합기술개발 프로젝트 '시크하우스 대책기술의 개발'(2000 ~ 2002년도) 등이 실시되었다. 후생노동성에서는 의학적인 관점에서의 원인규명이나 대책확립을 위해 연구가 후생노동과학연구비 보조금 등을 활용하여 현재도 탄력적으로 진행되고 있다.

2) 공기오염문제에 관계하는 법제도나 규격의 정비

일본 후생성(현 후생노동성)에서는 화학물질에 의한 공기오염에 대응하기 위해 1997년에 포름알데히드의 실내농도 지침수치를 나타냈다. 2000년 5월에는 '공기오염에 관한 가이드라인(안)에 대해'를 공표하여, '1 실내농도에 관한 지침수치'의 추가와 함께 '2 실내공기중 화학물질의 채취방법과 측정방법'을 나타내고, 실내공기 중에서의 샘플링방법과 분석방법을 제안했다. 그 후에도 지침수치가 추가 공표되어 13물질에 대해 농도지침수치(표 4-3-1)가 발표되었다.

이것들의 지침치는 건강피해를 저감하기 위해 목표로 해야 하는 공기오염의 농도를 나타내는 것이고, 실제의 대책을 실행하는 중요한 기준이 되는 것이다.

실내공기의 질에 관련하는 기준·규격 등으로서 '주택의 품질확보의 촉진 등에 관한 법률'(품확법)에 있어서 주택성능표시제도 안에서 실내공기의 질 성능의 표지항목이 설정되어, 또 JAS(일본 농림규격), JIS(일본공업규격)에서는 건축재 등의 규격이 제정되어 있다.

품질확보법은 주택의 품질확보의 촉진과 소비자가 안심하여 주택을 취득할 수 있는 시장조건, 주택에 관한 분쟁의 처리체제 정비를 하기 위해 (a) 주택성능표시제도의 창설, (b) 주택에 관한 분쟁처리체제의 정비, (c)하자담보책임의 특례의 3가지 조치를 강구한 것이다(문헌 2-93).

공기의 질에 관한 주택성능표시제도에는 '포름알데히드 대책(내장)'으로서, 내장재의 포름알데히드 방산의 소량임을 평가하기 위해 사용된 재료의 종류와 방산등급을 표시한다. 또 화학물질의 희석에 유효한 환기에 대해 '전반환기대책'과 '극소환기대책'에 대해 환기설비의 유무 등을 표시하게 되어 있다.

또한 2001년 8월에 29번째 표지항목으로서 '실내공기중의 화학물질의 농도 등'의 항목이 추가되었다. 이것은 포름알데히드, 톨루엔, 크실렌, 에틸벤젠, 스티렌에 대해 그 실내농도를 측정 · 표시하려고 하는 것이다.

이들과 관련하여 공기의 질에 관한 마찰이나 분쟁의 처리지원체제도도 정비되었다. 2000년 4월 13일에 (재)주택 · 리폼분쟁처리 지원센터가 발족하여 상담업무 · 분쟁처리 지원업무가 실시되었다.

또 가장 효과적인 규정으로는 위에서 설명한 대로 건축기준법의 시크하우스 규제가 실시되었다. 이것은 적절한 건축재 선택과 환기장치의 의무, 방충제(크롤피리호스)의 사용금지를 주요한 내용으로 하는 것이고, 2002년 7월에 법안이 성립하여 2003년 7월에 실시되었다.

건축기준법의 규제강화와 관련하여 건축재의 규격이나 JIS측정법 등이 충실하게 되었다. 특히 건축기준법에서 요구하는 규제를 만족하기 위해서는 포름알데히드의 방산이 보다 적은 건축재가 필요하여, 엄격한 JAS, JIS규격의 제정이 진행되어 2003년 3월에 JIS와 JAS가 개정되어 표기방법도 F와 ☆을 사용하는 방법으로 통일되었다.

그전에 건축재 규격의 적합성을 측정하기 위해 필요한 측정법에 관계하는 규격의 정비도 시도되어 경제산업성에서도 포름알데히드 측정방법(데시케이터 법)의 JIS규격이 제정(2001년 1월)되고, 계속해서 건축재 등에서의 방산량 측정방법(소형 챔버형, 2003년 1월) 등의 규격이 제정되어 실내공기 중의 VOC측정방법 등의 표준화가 실시되었다.

그 외의 규제관련 대응으로는 후생노동성에 의한(건축물의 위생적 환경확보에 관하는 법률이 적시되어(2003년 4월, '포름알데히드의 양'을 건축물 환경위생관리기준에 추가) 신축 건물에서의 측정이 의무화되었다. 또 문부과학성에서는 학교위생환경의 기준이 수차례에 걸쳐 개정(2002년 2월, 2004년 2월 등)되어 교실의 포름알데히드 및 VOC의 검사가 추가됨으로써 신축 · 개축 · 개수를 행할 때 인도조건으로서 농도는 기준치 이하가 요구된다.

3) 지원책의 제정 · 정비

건강영향이 적은 주택을 만드는 방식이나 사는 방식을 지원하는 것을 목적으로, 주택금융금고(현재는 주택금융지원 기구)에 의한 할증융자*2)나 상담체제의 충실 등이 실시되고 있다.

① 주택분쟁처리지원센터 등의 상담

화학물질에 의한 건강영향 등에 관한 상담 대응으로서 시크하우스 담당의 전문상담원이 전화상담에 응함과 동시에 전문가에 의한 어드바이저 회의도 집중상담 및 시크하우스 전문상담(회의실에서의 면담에 의한 유료상담)으로 실시되고 있다.

② 그 외의 상담창구

후생노동성에서는 전국의 보건소가 상담에 응할 수 있도록 상담체제의 정비와 상담 매뉴얼의 작성 등이 진행되고 있으며, 관련업계의 PL센터 등에서도 상담을 받고 있다.

4) 관련업계에의 지도·조언

국토교통성에 의해 (사)일본 시로아리(흰개미)대책협회에 대해 클로르피리포스(chlorpyrifos)의 사용제한이 요청되어, 협회는 2002년 3월 말을 기한으로 유입·제조·판매·사용을 자제하도록 회원에게 요청했다.

또한 (사)주택생산단체 연합회가 건강을 배려한 내장재 등의 선정에 관한 지침을 만들어 회원에게 준수를 요구하고 있다.

경제산업성에 의한 건재(建材) 등의 관련단체 등의 지도·조언에 의해 안전한 건재의 개발을 촉진하거나 건재표시제도의 충실 등이 검토되었다. (사)일본건재산업협회에서는 포름알데히드의 방출량 표시제도를 만들었다.

9 시크하우스 대책의 동향

건축기준법에서 시크하우스 규제가 실시되었지만, 업계 등의 반응이 신속하게 시행된 것에 의해 규제강화가 자연스럽게 진행되어 규제 전부터 계속하여 실시되어진 실내농도 측정에서도 규제강화의 효과가 현저하게 나타난 것으로 밝혀졌다(그림 4-3-8, 문헌 2-94).

시크하우스 규제에 관한 법안의 부속결의에서 포름알데히드 이외의 VOC에의 대응 등이 요구되었으나 규제 후의 실내공기의 질은 양호한 개선상황 등도 있어 추가규제 강화의 움직임은 없지만, 시크하우스 문제가 완전하게 해결된 것이 아니므로 계속 학술적 연구에 실용적인 기술개발을 진행할 필요가 있다. 특히 종래의 대응이 통상적인 사람에의 영향회피를 주된 목적으로 하는 점에서 극히 미량의 화학물질에 반응하는 사람들의 대책에 대해서는 다른 차원의 연구개발과 대처가 요구된다. 또 시크하우스 이후의 과제로서 미지의 문제와 대처가 충분하지 않은 문제 (예를 들면 생물오염) 등

---

*2) 주택금융금고에 의한 융자제도 : 공기환경 유지를 위한 환기시스템을 설치하는 주택에의 할증융자제도가 설비되었다.(현재도 일부가 주택금융지원기구에서 지속하고 있다)

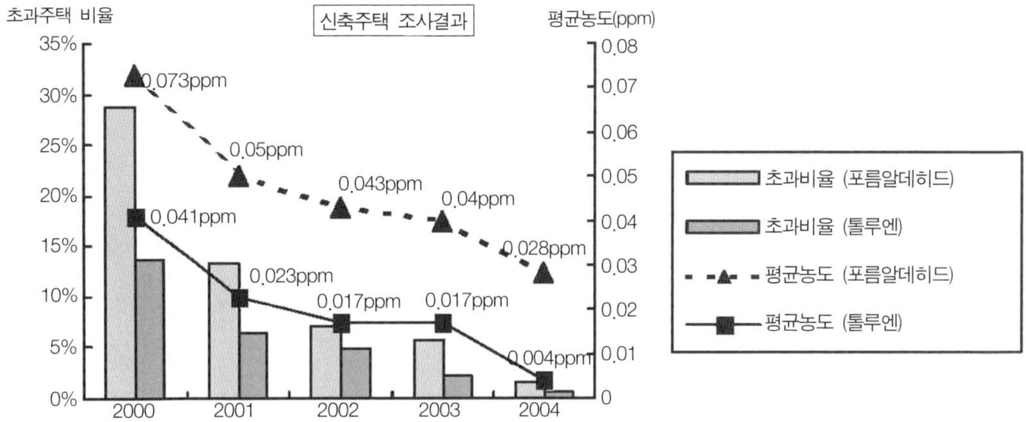

그림 4-3-8 신축주택에 있어서 실내공기의 질 농도 등의 변천

에도 배려할 필요가 있을 것이다.

또한 주거의 건강에 관한 대처로서, 국토교통성 주도에 의해 '건강유지증진 주택연구회'(2007년도부터)가 발족하는 등 건강의 마이너스 측면의 대처부터 한 걸음 앞서 나간 연구개발에 대한 관심도 커져 이들의 성과가 기대된다.(보우가키 카즈아키)

2-4-4 안전하고 건강하게 계속 사용하다

건축을 장수명으로 계속 사용할 수 있게 하기 위해서는 그곳에 생활하는 사람들에게 안전하고 건강하게 살 수 있도록 건축과 설비를 유지하는 것이 중요하다. 그러기 위해서 필요한 개념으로 커미셔닝(Commissioning, 성능검증)이 있다. 커미셔닝을 한마디로 설명하면 '건축과 설비가 발주자의 요구성능을 정말로 만족시키는 것인가 아닌가를 확인·검증한다'는 작업이지만, 여기서는 커미셔닝의 개념에 대하여 안전성, 신뢰성, 에너지 절약의 관점에서 해설하였다.

1) 안정성에 관한 검증

예를 들면 안전성에 관한 성능검증으로 최근에는 안전하고 건강하게 살기 위해 실내마감재 등에서 발산하는 VOC와 유해화학물질뿐만 아니라 악취와 대기오염(부유입자상 물질과 SOx, NOx 등), 소음, 진동 등의 주변 환경에 대해서도 신경을 쓸 필요가 있다고 말한다.

특히 도시부에서는 대기오염과 소음·진동 등이 악화되는 경향이 많고, 이러한 경우에서는 환경상황을 파악하는 것도 필요하게 되었다.

단, 실내외 환경에서는 상시 감시할 필요성이 비교적 낮으므로 정기적으로 견본추출(Sampling)해서 전문업자에게 분석을 의뢰하는 것이 일반적이다. 최근에는 가정에서도 VOC와 유해화학물질을 측정할 수 있다. 비교적 저렴한 가격으로 휴대용 측정기기도 판매되고 있다.

2) 신뢰성에 관한 검증

신뢰성에 관한 성능검증의 예로, 컴퓨터센터(Computer Center)에 있어 Non-down화를 들 수 있다. 컴퓨터센터 건설에 있어서 발주자는 설계자와 시공자에게 만일 '상용전원이 정전되는 경우에 있어서도 컴퓨터가 다운되지 않는 전원시스템과 공조시스템'을 의뢰했다고 가정하자. 종래에 설계자는 이 요구성능에 따라 비상용 발전기와 배터리, 공조열원(熱源)설비 등을 설계하고, 설계조건과 같이 필요에 따라 시스템 시뮬레이션 등을 행하고 설계내용을 구체화시켜 설계도서로서 하나로 묶었다. 또 시공자는 이 설계도서를 기초로 하여 시공도와 제작도를 작성하고 감리자의 승낙으로 시공을 행하며, 시공단계에서 행할 수 있는 기능검사를 실시해서 합격하면 발주자에게 전달한다.

그러나 이러한 방법만으로는 완성된 것이 발주자의 요구성능을 정말로 만족시키는 것인지 아닌지가 의문이 남는다. 왜냐하면 시공단계에서는 컴퓨터실에 열부하가 없어 열부하시험이 생략되기 때문이다. 열부하시험이란 상용전원이 정전 후 발전기가 가동하고 열원(熱源)·공조가 재가동까지 어느 정도까지 실내온도가 상승하는지 또는 컴퓨터의 허용범위일지 아닐지를 실제로 열부하를 행해 보는 것이다.

3) 에너지 절약에 관한 검증

에너지 절약에 관한 커미셔닝(Commissioning)은 운용단계에서 계속적으로 행하게 되어, 이러한 커미셔닝을 특히 Re-Commissioning 또는 Retro-Commissioning이라고 부르는 경우가 있다.

즉, 공조 · 열원(熱源)설비의 에너지 절약 성능검사는 시공 후 1년, 다시 말하면 4계절을 경험하는 것이 필요하다. 또 운용방법이 공조 · 열원설비의 에너지 절약 성능에 큰 영향을 미치므로 이것을 고려한 평가 · 검증이 필요하게 된다. 그래서 상당히 높은 수준의 전문성이 필요하다.

이상과 같이 고도의 전문성과 제3자의 관점이 필요한 커미셔닝은 종래의 설계자와 시공자 영역을 넘는 것으로 생각하기 시작했다.(노하라 후미오)

2-5 세대를 연결하고 문화를 계승한다

2-5-1 어린이의 건강한 발달을 위한 건축 · 도시환경

지구환경을 지키기 위해서는 사람이 활발하고 건강하게 자라는 환경이 되어야 한다. 건축과 도시가 지속가능해도 그곳에 사는 인간이 지속가능하지 않으면 의미가 없다. 지구환경은 다음 세대의 것이다. 그것은 동시에 지구환경을 지킬 수 있게 활력 있는 환경을 다음 세대를 위해 우리들이 남겨 놓아야 한다.

지금, 어린이들에 관한 여러 가지 화제가 신문을 떠들썩하게 하고 있다. 어린이들의 자살, 학급붕괴, 체력 · 운동능력의 저하, 학습의욕의 부진, 많은 왕따(이지메), 등교 거부, 성인병 발생 등 많은 문제점이 나타나고 있다. 현대 일본의 어린이들은 생존 에너지를 계속적으로 잃고 있는 것 같다. 2007년 유니세프가 15세 어린이에게 『본인은 외롭다고 생각하는가?』 라는 조사를 한 결과의 발표에 따르면, 일본의 어린이들은 약 30%가 고독하다고 대답하였다. 다른 선진국에서는 5 ~ 10%로 이런 돌출된 경향은 일본 어린이들의 상황을 정확하게 대변하고 있다.

어린이들을 둘러싼 여러 가지 문제의 원인은 많이 있다. 그러나 그중에서도 놀이를 통한 배움의 체험 결여가 크지 않을까 생각된다. 어린이들은 바깥놀이를 통해 어린이 커뮤니티를 형성해 가는데 지금의 어린이들은 놀 수 없다는 것이다.

놀이를 통해 창조성, 사회성, 감성과 신체의 건전성을 기르는 기회를 잃고 있다. 일본 어린이가 바깥놀이를 할 수 없는 요인은 많고 복잡하지만 도시적 · 건축적 요인이 크다고 생각된다.

1 최근 50년간 일본 어린이들의 놀이환경은 어떻게 변화하였는가?

1) 어린이 놀이환경의 조사

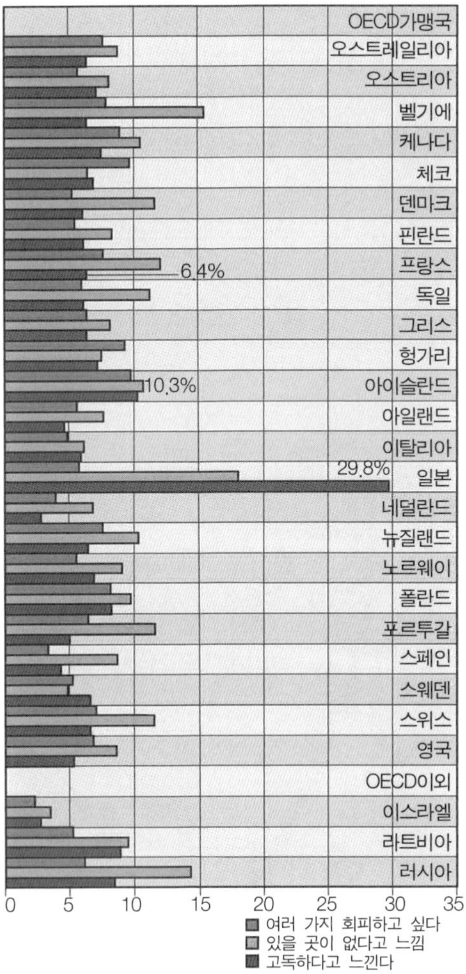

그림 5-1-1 27개국 15세 어린이의 외로움에 대한 조사

어린이 놀이환경의 조사로는 일본에서는 조경학자 오오야 레이이키가 1924년에 오사카 시를 조사한 것이 처음이다(문헌 2-94). 2차대전 전에는 가노우 찌카라, 요시다 사다스케 등이 연구를 하였고, 2차대전 후에는 지바대학의 후쿠토미 히사오, 일본여자대학의 오가와 노부코(小川信子) 등이 조사를 하였다.

최근에는 요코하마 시에서 1975년 전후에 어린이 놀이환경 조사를 집중적으로 하였다(센다 등). 그것은 부모와 어린이 세대를 비교연구하는 것이 주된 목적이었다. 즉, 1955년경과 1975년경의 비교로서 놀이환경이란 놀이장소(공간), 놀이시간, 놀이집단, 놀이방법의 4가지 요소로부터 이루어지는데, 요코하마에서 놀이장소(공간)는 1955년부터 20년 동안 그림 5-1-2와 같이 격감하고 있다. 그 동안에 요코하마 어린이들의 놀이공간량은 20분의 1로 감소하였다. 그 후의 조사에 따르면, 전국적으로도 10분의 1로 감소한 것이 밝혀졌으며 요코하마에서는 자연공간의 감소가 크다.

그 후 20년이 지난 1995년 전후에 요코하마와 도쿄를 시작으로 전국적인 조사가 이루어졌으며, 그 결과 1975년쯤과 비교하면 전체적으로는 약 3분의 1 정도의 감소로 감소율은 둔화하고 있다.

그러나 그것은 어린이 놀이공간이 계속적으로 최저 수준이라는 것을 나타내고 있다. 또 한편으로, 가까운 곳에 큰 공원조성이 이루어진 지역에서는 놀이공간이 감소하지 않는 경향이 보이고 공원 건설의 유효성도 나타나고 있다. 그러나 2003년 요코하마 자료에서는 1975년과 비교하면 5분의 1로 나타났다. 어린이 공간 축소화는 대도시에서 계속 진행되고 있다.

2) 놀이시간의 변화와 그 원인

놀이시간만 보면 1965년쯤을 기섬으로 일본 어린이들의 놀이시간은 집안놀이와 바깥놀이 시간이 바뀌게 되었다(그림 5-1-3). 즉, 1965년 이전의 일본 어린이들은 옥외에

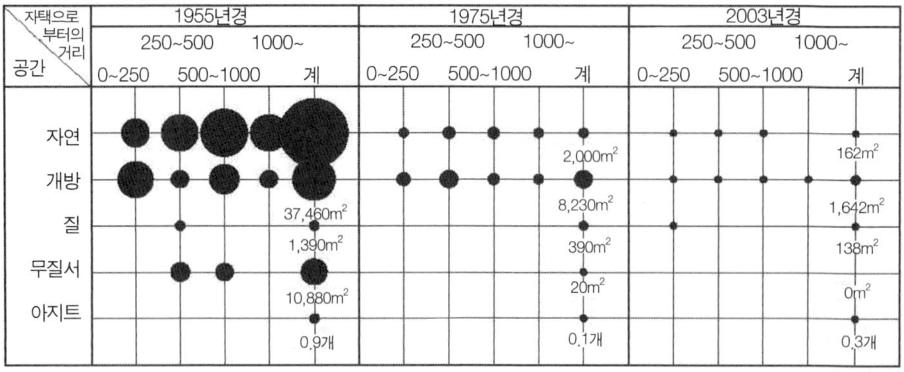

그림 5-1-2 요코하마의 놀이공간량의 비교

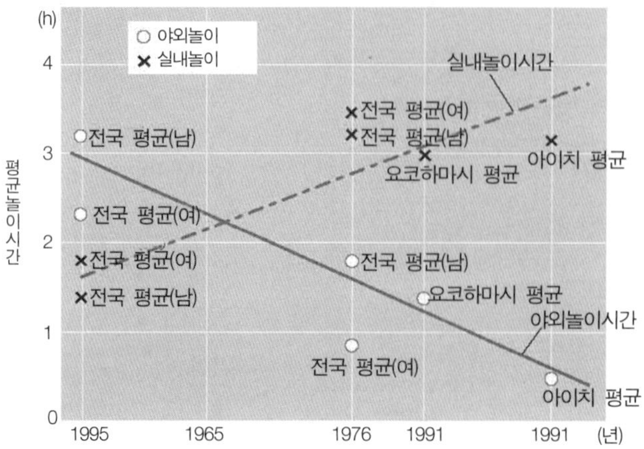

그림 5-1-3 놀이시간의 변화

서 놀았다. 그러나 1965년을 기점으로 어린이들은 바깥에서보다 집안에서 노는 경향이 보인다.

그것은 여러 가지 요인을 생각할 수 있으나 TV의 영향이 가장 크다고 생각된다. 게다가 1983년에 TV게임이 생기면서 그 영향은 TV 이상으로 집안놀이화가 진행되었다. 놀이환경에 있어서 놀이방법이라는 요소로 보면 이러한 TV와 TV게임이라는 2개의 전자기기는 어린이들에게 많은 영향을 주었다고 할 수 있다. 어느 보고(문헌 2-95)에 따르면 TV가 지역에 들어오면, 즉 TV방송이 어느 지역에 시작하면 그 지역의 어린이 집단이 해체된다고 한다.

예전에는 지역의 놀이집단에 들어가지 못하면 놀이에 참가 못하였지만 TV로 개인적으로도 놀이를 할 수 있게 되어 놀이집단의 존재의미가 희박하게 되었다.

TV게임은 참가성과 재미라는 점에서 TV보다 더욱 강력하다. TV게임에 의해 어린이들은 바깥놀이의 4배의 시간을 집안놀이에 사용하고 있다.

3) 놀이집단의 해체

놀이환경 요소로서 놀이집단은 놀이의 전승을 하고 있다. 예전에 어린이들은 항상 지역 놀이집단을 갖고 있었고 그러한 기지가 있었다. 그리고 그런 집단이 여러 지역에서의 놀이방법을 전승하고 있었다.

앞에서 같이 1960년대 후반의 놀이집단은 TV의 영향을 많이 받았는데, 그 이후 80년대에 접어들면서 TV게임만이 아니라 핵가족의 영향을 크게 받게 되었다. 일본 전통적인 어린이 놀이집단은 1970~85년에 걸쳐 한순간에 해체되었다고 해도 지나친 말이 아니다.

그것은 도시뿐만 아니라 지방, 다시 말하면 시골에서도 예외는 아니다. 지금 시골의 많은 어린이들이 자연놀이를 할 수 없다. 자연놀이라는 것은 처음에는 자연채취가 놀이의 원점이다. 언제, 어디에 가면 어떤 것을 채집할 수 있을까?를 모른다면 장수벌레, 꽃, 밤, 물고기를 채집할 수 없다. 또 자연에는 여러 가지 위험이 있다. 그것을 피하면서 놀기 위한 노하우가 필요하다. 지금 시골의 많은 어린이들은 산이나 강에 가서 노는 것이 어머니로 인해 금지되어 있다. 저출산이 놀이집단을 없애고 TV게임에 매달리고 있다. 이렇듯 현대 일본은 최근 40~50년 동안에 옛날부터의 어린이 놀이집단을 모체로 하는 옥외 놀이를 중심으로 하는 놀이형식을 상실하게 되었다.

2 놀이를 통하여 배우는 것

원래 놀이를 통해 어린이들은 여러 가지 능력을 개발하여 왔다. 어린이들이 옥외놀이에서 집안놀이로 변환함으로써 신체를 사용하지 않게 되어 어린이의 운동능력과 체력이 저하된 것은 쉽게 추측할 수 있다. 또 미국 작가 로버트 풀검(Robert Fulghum)이 "인생에 있어서 필요한 지혜는 모든 유치원의 모래밭에 있다"라고 하듯이 지혜라는 부분은 놀이를 통해 어린이들이 배우는 부분이 많다. 많은 젊은이가 인간관계를 형성하는데 서툴고, 혹은 인간관계 장애라고 할 수 있는 젊은이마저 있는 것은, 어린 시절 신체를 서로 부딪치며 여러 가지 형태로 놀이를 경험하지 않았기 때문일지도 모르겠다.

영국의 동물학자 데스몬드 모리스(Desmond Morris)는 "놀이는 창조성 개발을 보너스로 준다"라고 말하고 있다. 놀이라는 자유로움은 제약되지 않는 행위이다. 이러한 가운데 어린이들은 재미있는 것을 여러 가지 생각한다. 그래서 놀이는 창조성을 키운다고 할 수 있겠다. 또 [놀이의 기본(原)풍경]이라는 조사결과에 따르면 미적 감각과 감정적 감각은 놀이를 통해 키워진다. 자연에서 아름다운 풍경 혹은 자연에서 동물들의 행동에 미옴으로 느끼고, 흥미를 갖고, 이러한 아름다움에 감동하는 마음 혹은 사랑과 같은 정서개발도 놀이의 중요한 보너스이다.

지역	국가	도시	조사지구	놀이공간량(m²/명)
아시아	인도네시아	자카르타	S 1	3,137
			S 2	1,457
			S 3	956
			S 4	2,310[*1]
			S 5	1,542
		죠크 자카르타	S 6	2,099
			S 7	5,476[*1]
	일본	도쿄 (1993년)	T 1	1,621
			T 2	1,324
			T 3	1,466
		요코하마 (1990년)	Y 1	2,147
			Y 2	2,874
			Y 3	6,520
	한국	서울 (1989년)	S 1	4,623
			S 2	4,468
			S 3	3,823
	대만	타이베이 (1989년)	B 1	10,159
			B 2	1,476
			B 3	3,267
서구	북미	런던 (1991년)	M	13,946
			AL	17,402
			AH	12,284
	유럽	뮌헨 (1990년)	H	19,645[*2]
			G	6,932
			R	11,959

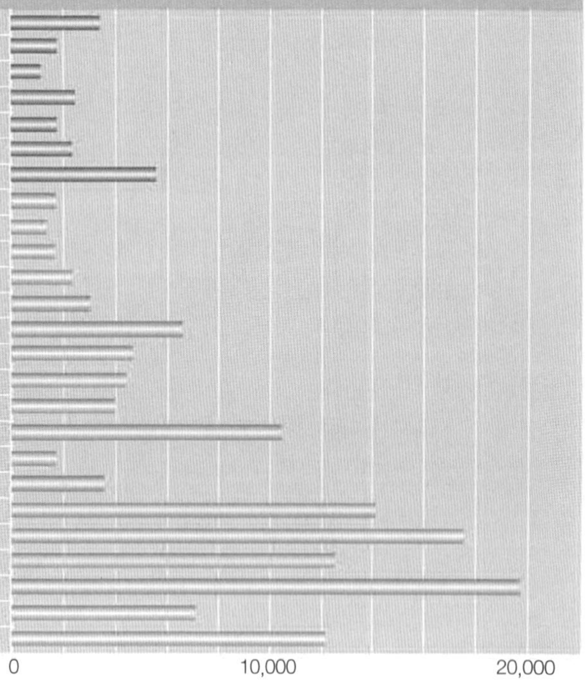

*1 다른 나라 자료와 맞추기 위하여 3학년생 자료를 제외하였다.
*2 여자 조사 대상자 중에 4명이 인접하는 대규모 도시공원의 전 지역을 놀이장소라고 대답하였다. 공간량의 돌출은 이러한 이유가 많다.

그림 5-1-4 놀이공간량

이렇게 생각한다면, 현대 어린이들이 얼마나 놀이로부터 소외되어 창조성, 사회성, 감성, 신체성의 개발에서 뒤떨어졌을까를 실감하게 된다. 현대의 경제적 · 산업적 발전은 제2차대전 전쟁 전 · 후에 짧은 시간의 놀이를 충분히 체험한 사람들, 바꾸어 말하면 창조성, 사회성, 감성, 신체성을 개발해온 사람들에 의해서 만들어졌다. 그러나 그들의 자녀들과 손자 세대에서는 그러한 능력을 개발하는 장소를 잃어버림으로써 이는 일본의 장래를 대단히 어둡게 하고 있다.

3 세계의 어린이 놀이환경과 일본

독일은 일본과 같이 제2차 대전의 패전국이다. 그러나 일본과 다르게 어린이의 놀이 환경을 충분히 보전하면서 부흥하고 도시개발을 행하여 왔다. 일본 어린이들의 놀이공간은 유럽, 북미, 동남아시아, 동아시아의 나라 중에서도 하위에 위치하고 있다(그림 5-1-4). 수량적으로 말하면, 요코하마 어린이들은 뮌헨 어린이들의 5분의 1 정도의 놀이공간밖에 갖고 있지 않으며 어린이들은 공원에서만 논다고 할 수 없다. 요코하마

시의 시민 1인당 공원면적은 최근 30년간 증가량이 5.0m²인 반면(문헌 2-96)에 뮌헨에는 20m²이다. 그나마 일본의 경우 최근의 공원면적 확대는 주택지 개발에 의해 생성된 개발 공원에 의해서 확대되어 왔다.

지금 거의 모든 어린이들은 공원에서 노는 것만이 허용된다. 예전 30년 전 요코하마에서도 공원은 적었지만 빈터와 들판과 도로 등 어린이들의 놀이장소는 많았다. 그곳에 담장을 치고 개발을 하고 또 증가하는 자동차에게 빼앗겼다. 그에 비해 독일은 공원 이외의 앞마당, 안마당 등 공유화된 많은 광장과 놀이장소가 있다. 따라서 공원 이외의 장소에도 일본과 독일은 많은 차이가 있다.

1994년 즈음 해외에서의 귀국 자녀를 대상으로 본인이 살았던 외국과 일본 어린이의 놀이환경을 비교하는 조사가 있었다. 그 결과에도 일본 치안은 좋은 평가를 받았지만, 느긋하게 놀 시간이 없고 놀이장소가 없다는 일본 상황에 대해서는 불만이 많았다.

인도네시아의 자카르타와 죠크 자카르타의 어린이들 놀이공간은 거의 도쿄와 같이 작지만, 주택 주변에 하라만이라고 부르는 개인적인 공유지가 있어서 면적은 매우 작아도 어린이들의 놀이집단이 존재하고 밀도 높게 놀고 있는 것이 확인되었다. 이것은 30년 전 도쿄의 일반동네에서 볼 수 있는 상황과 비슷하다. 그때는 작은 사찰의 경내와 빈터 등 어린이에게 전승되는 놀이공간이 있었다. 지금 일본에서는 빈터나 사찰의 많은 부분이 계속적으로 개인적인 공간으로 되고 있다. 공유지가 없어지고 점점 어린이의 놀이공간은 없어지고 있다.

4 6가지의 놀이공간

놀이공간과 장소는 시대와 같이 변화하고 있다. 예전에는 사찰과 사원의 경내가 놀이공간으로 거론되었다. 그러나 지금 많은 부분은 공원이다. 어린이들의 놀이공간이라는 형태로써 생각하면 어린이의 놀이공간에는 6개의 기본적인 공간이 있다고 생각된다(그림 5-1-5).

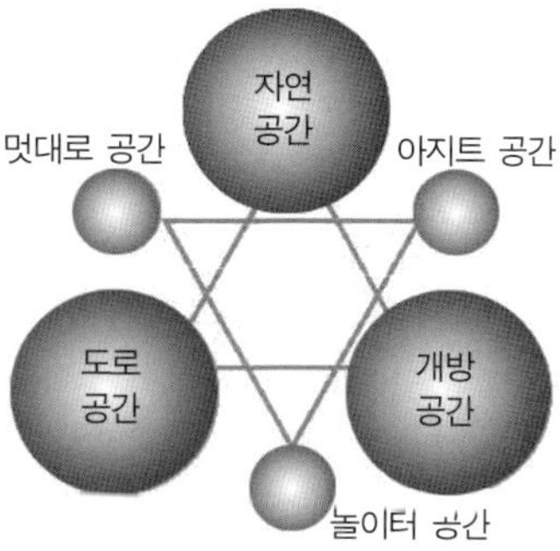

그림 5-1-5 6개의 기본(原)공간

① 오픈 스페이스 ② 자연스페이스 ③ 도로스페이스라는 3개의 기본적인 공간에 ④ 에너키(anarchy) 스페이스 ⑤ 아지트 스페이스 ⑥ 놀이기구 스페이스라는 부속적인 공간이 있다. 종래의 놀이장소 분류는 공원, 교정, 사찰의 경내라는 형태의 현상적인 것이었다. 그것을 오픈 스페이스, 자연스페이스라는 형태의 실체적 공간에 의해 유형화한 것이다. 그중에도 ② 자연스페이스는 매우 중요하며 다른 공간과 다른 점은 생물이 있다는 것이며, 그것은 다른 공간에서는 대신할 수가 없는 것이다.

① 오픈 스페이스의 놀이는 구기놀이와 집단게임놀이가 있으며,

마음껏 뛰어 노는 놀이공간이다. 그에 반해서

③ 도로공간에는 집단게임놀이가 있다. 즉 딱딱한 도로면을 이용한 놀이, 골목길 공간을 이용한 놀이 및 어른이 어린이를 지켜보기 쉬운 놀이 등이 전개된다. 예전에 놀이의 주류는 이 도로스페이스였으나 자동차에 의해 점거되어 놀이가 금지되어 버렸다. 그러나 원래 집 앞의 도로는 어린이들에게 중요한 놀이공간이다.

④ 에너키 스페이스는 폐가와 공사현장과 같은 미완성 장소와 버려진 장소로 어린이들에게 놀이의 창조력을 자극하는 장소이다.

⑤ 아지트 스페이스는 놀이집단의 비밀기지이며, 그것은 지금의 어린이들에게는 없어졌다.

⑥ 놀이기구 스페이스는 최근 30년 동안 많이 만들어진 놀이환경이다. 새로운 놀이 심벌이 되고 있으나 놀이기구 놀이는 어린이들 놀이의 모든 것을 대신할 수 없다. 어느 의미에서 놀이의 심벌과 집약화된 놀이를 일으키는 계기로써 충분히 그 존재가치는 있다고 생각하며, 특히 어린이들에게는 불가피한 공간이 되었다.

5 현재 어린이들의 놀이장소와 경향

현재 일본 어린이들의 놀이공간 경향에는 많은 특징이 있는데 놀이공간의 인공화다. 전국적인 어린이 놀이환경 조사를 해보면 어린이들은 지금 자연상태로 버려진 공간에서는 놀지 않는다. 자연스페이스와 에너키(anarchy) 스페이스도 관리된 자연, 관리된 에너키 스페이스이다. 만들어진 인공적인 장소에서만 노는 경향이 보인다. 공원이라는 관리되는 곳에서만 놀게 되는 것일까?

광장, 들판과 공사현장 등 예전의 어린이들이라면 놀이의 장인 공간을 놀이장소로 변화시키는 힘을 가지고 있지 못하고 있는 듯하다. 따라서 놀이공간으로 거론했던 도로스페이스, 자연스페이스, 에너키 스페이스 및 오픈 스페이스는 지금은 모두가 관리되는 공간으로 되어 버린 듯하다.

따라서 지금의 어린이들에게 최대의 놀이장소는 학교와 공원이다. 그 외에는 놀이장소로 인지되지 않아서 놀지 않는 것 같다. 여기서는 어린이들의 놀이장소의 힘(力)이라고 해야 하는 놀이의 장을 발견하고 만드는 능력이 떨어진 것이 나타나고 있다.

6 건물이 어린이들을 가두고 있다

최근 25년 동안 일본 주택의 75%가 새로 지어졌다는 보고가 있다. 그리고 최근의 조사에 의하면, 최근 40년간 전국적으로 바깥(外)복도 등 마루(縁側 : 일본풍 가옥의 독특한 구조로, 집 건물 주위를 둘러싼 판자로 깐 통로부분)가 있는 집은 90%에서 35%로 감소하고 있다(그림 5-1-6). 특히 도시에서는 바깥복도가 있는 집은 더욱 적다

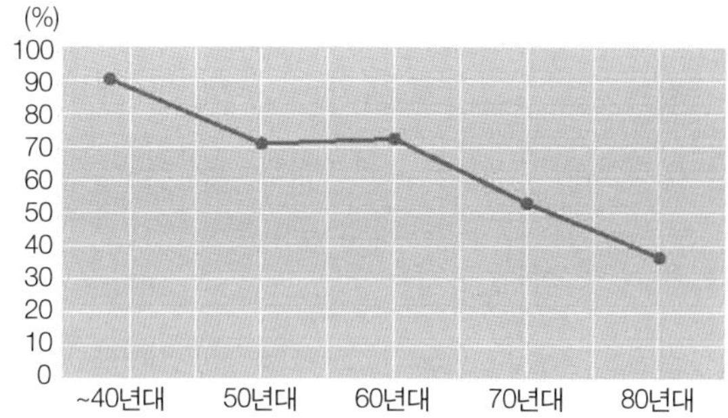

그림 5-1-6 바깥복도를 보유한 주택의 변화 (도쿄공업대학 센다연구실)

고 예상된다. 어린이들에게 일본 전통적인 집의 형식에 있는 바깥복도는 내부공간과 외부공간의 중간에 위치하고 바로 바깥에 나갈 수 있는 놀이장소였다. 그것이 없어지고 대신에 어린이 방이라는 개인 방을 만들었다. 40년 전에 어린이 방이 있던 집은 20%이지만 최근에는 어린이가 있는 집의 100%에 어린이 방이 있다.

어린이 방이 있다는 것은 반대로 어린이들이 그 방에서는 자유를 얻지만, 예전의 일본 전통적인 집과 같이 집 전체가 어린이들을 위한 집이 아니라는 것을 나타내는 것이다. 친구들이 와도 자신의 방에서 놀게 되고 완전히 도시의 아동공원처럼 집 안의 어린이 방은 방 내부만이 어린이의 자유로운 공간이 되었다. 그리고 TV게임이라는 놀이의 강력한 자력을 가진 도구가 어린이의 어린이 방으로의 자폐화를 촉진하고 있다.

4층 건물 초등학교의 4층 교실에 있는 초등학생의 행동을 조사해보니, 쉬는 시간에 저층의 어린이들은 운동장에 나가는 것에 비해 4층의 고학년 학생은 한 명도 밖에 나가지 않는다. 어린이들은 15분의 쉬는 시간에 계단을 내려와 운동화를 갈아 신고 바깥으로 나갈 여유가 없기 때문이다. 방송대학의 스미다 마사키는 왕따(이지메)는 폐쇄적인 놀이의 한 종류라고 한다. 폐쇄된 공간에서는 왕따가 발생하기 쉽지 않을까?

고층아파트가 늘고 있는데 15층 이상에 살고 있는 어린이들은 생활 자립능력이 떨어지고 있다고 도쿄대학 모자보건학실의 오다 마사아키가 지적하고 있다. 엘리베이터라는 편의시설이 있어도 나이 어린 어린이들은 지상에 내려 올 수 없다. 따라서 모자밀착형이 되어 버리며, 고층주거는 어린이들을 고립화, 자폐화로 향하게 한다. 현대 어린이들의 건축환경은 이와 같이 놀이라는 시점에서 볼 때 폐쇄와 놀이의 기회를 상실하고 있다고 할 수 있다.

7 도시에서는 어린이 놀이공간을 어떻게 확보해야 할까?

약 30년 전에 요코하마 시의 조사계보에 게재한 〈사면녹지론(센다)〉이라는 소논문이 있다. 요코하마 시의 공원배치와 풍치지구 개량을 위한 자료 작성의 조사에 근거해, 요코하마 시의 사면녹지의 중요성을 거론하면서 사면녹지 전 지역을 풍치지구로 지정할 것을 제안한 것이다.

도시지역의 4분1 정도인 9,000ha 사면녹지가 현재 2,800ha로 되어 버렸다(그림 5-1-7). 1개 장소당 10ha 정도의 사면녹지를 모두 풍치지구로 하면 관리가 어려워서 실제로 불가능하다는 것이 당시의 녹지부 부서장의 견해다. 그러나 요코하마 시의 풍치지구는 1940년에 제정되어 1960년대에 수정되었지만, 거의 현재까지 위치와 규모는 그대로이며 인구가 4배로 되었음에도 불구하고 60년 동안 거의 새롭게 지정되지 않았다.

이 사면녹지를 놀이장소로 이용한 요코하마의 어린이들은 사면녹지가 자연놀이 장소였다. 경관적으로도 요코하마풍을 사면녹지가 만들어 왔으며, 풍치지구에 지정되어진 사면녹지는 최근 30년 동안에도 잘 남겨져 있다.

요코하마 시는 시민의 숲(森) 제도를 사면녹지 보존을 위한 제도로 1971년에 발족시킴으로써 큰 역할을 하였다. 인접한 유치원에서는 원외교육의 장소로 이용되어 어린이들에게 공헌하고 있다. 그러나 그 수치는 전체의 적은 부분에 지나지 않고 또 시민의 숲은 사유지를 임차한 제도였던 것도 있어서 버블시기에 많이 없어져 버렸다.

사면녹지에 어떤 법적인 조치를 해야만 하였다. 정부의 법 제도는 개인소유에 크게 영향을 주고 있다. 본래 토지가격 등은 소유자의 노력에 의해 정해지는 것이 아니다. 도로 등의 공공사업에 의해서 정해지는 것이다. 사면녹지라고 해도 예전에는 공유지였던 것이 사유화 되어 보존하기 힘들게 되었다. 그러나 도시에 있어서 공유화라는 방향을 모색하는 것은 토지가격이 내린 지금 고려되어야 한다.

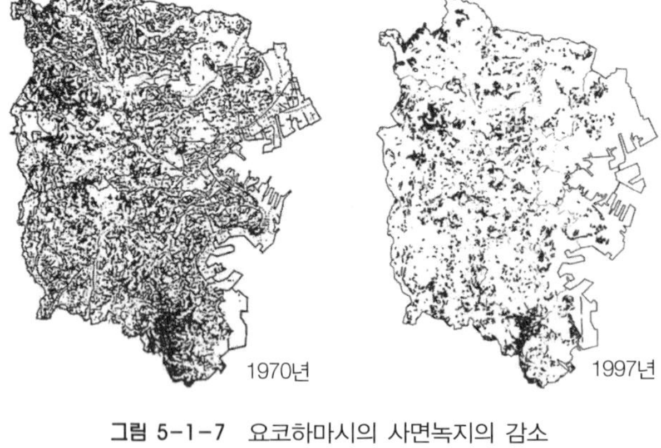

그림 5-1-7 요코하마시의 사면녹지의 감소

8 아동센터의 성황

유아를 키우는 젊은 어머니는 어린이들의 놀이장소를 찾기 위하여 매일 고생하고 있다. 어머니들은 동네가 어른만을 위해 만들어졌음을 실감하고 있다. 어린이들을 위해 어머니는 목소리를 크게 해야 한다.

공원 설계에 관한 주민설명에 참석한 사람은 노인뿐이고 어린이를 키우는 어머니는 거의 나오지 않는다. 그리고 아동공원이라는 명칭마저 가구(街區 : block)공원이라는 형태로 나이 드신 분이 거리낌 없이 게이트볼이 가능한 명칭으로 바꾸어 버렸다. 지금의 유치원의 어린이 놀이장소도 동네에서는 하나의 불편한 시설이 되고 있다. 어린이에게는 참정권이 없어 어린이를 키우는 부모가 좀 더 어린이들을 대변해서 강하게 말해야 하기 때문이다.

예를 들면 1998년에 완성한 아이치 현 아동종합센터(사진 5-1-1)의 경우 초창기에 35만 명, 다음 해 45만 명, 3년차에는 55만 명의 많은 어린이를 키우는 가족에게 이용되고 있다.

다시 말하면 유아를 키우는 가족은 지금 갈 장소가 없어 이러한 장소를 바라고 있다. 휴일에는 1일 5,000명 정도의 이용자가 있다. 그것은 정말로 놀이 피난민이라고 할 수 있는 상황이다. 또 여성의 사회진출로 방과 후 집에 돌아와도 가족이 없는 가정이 증가하고 있다. 이러한 어린이들을 위한 지역아동센터의 중요성이 점점 중요해지고 있다.

사진 5-1-1 아이치 현 아동종합센터

사진 5-1-2 하네키 플레이 파크

9 플레이 리더가 있는 공간

아이치 현 아동종합센터와 도야마 현 어린이 미래관의 장점은 어린이들 놀이의 플레이 리더(play leader)가 있다는 것이다. 건물이라는 하드웨어로써의 공간만이 아니라 놀이의 지도와 지원을 해주는 어른과 젊은이가 존재하고 있는 것이다. 유럽의 어드벤처 플레이 그라운드와 미국의 어린이박물관에는 플레이 리더 또는 플레이 스페셜리스트라는 사람들이 있고 간혹 자원봉사자로 참가하고 있는 사람들도 있다.

사진 5-1-3 사츠키 유치원의 비오톱(Biotope)

사진 5-1-4 공동주택(Collective House)[かんかん森]의 공동 식사

예전에는 다이쇼(大正, 1912년~1926년)시대부터 제2차 세계대전 전까지는 일본에도 이런 조직이 공적으로 있었다. 불행하게도 이런 시스템이 제2차 세계대전 후에 없어졌으나 지금처럼 그런 사람들의 존재가 중요한 시대는 없었다. 오오무라 겐이치 · 아키코 부부가 1970년대 시민운동으로 시작한 모험놀이는 지금 세타가야 구의 [하네키 플레이 파크]로써 정착하고, 자원봉사자를 중심으로 하는 시민 플레이 리더가 활약하고 있는 공원으로 유명하다(사진 5-1-2).

뛰어난 플레이 리더가 있는 아동시설도 각 지역에 나타나고 있다. 많은 사람들이 어린이들을 위해 플레이 리더로 참가할 필요가 있다.

10 유치원, 어린이집의 마당을 어린이의 자연체험 장소로

어린이들은 약 8세까지 뇌의 90%가 완성된다고 하는데 그때까지 다양한 체험, 특히 자연체험의 중요성이 지적되고 있다. 이를 위해서 유치원, 보육원의 마당과 초등학교의 운동장을 단순히 운동장소로서가 아니라 자연체험의 장소로서 개선 및 개수 할 필요가 있다. 가장 가까운 자연과의 마음이 통하는 장소로 정비될 필요가 있다.

11 많은 어른에 의해 어린이가 키워지는 주택환경정비

핵가족화는 어린이와 부모의 고립화, 고독화를 진행시키고 있다. 지금 모여서 안전하게 노는 어린이들의 환경이 없어지고 있다. 핵가족화 시대에 단독주택군(群)도 어린이가 활발하고 건강하게 성장하기 위한 환경으로는 위태롭게 되었다. 다세대형 주거, 중층 앞마당형 집합주택, 게다가 북유럽에서 개발한 일반적인 공간(Common Space)을 가지고 공동으로 어린이 키우기 등이 가능한 공동주택 등과 같이 많은 어른에 의해 어린이가 키워지는 주택환경정비의 추진이 좀 더 필요하다.

12 어린이들을 위한 동네 만들기

일본은 최근 40~50년간 어린이들의 공간을 희생시키며 경제성장을 하였다. 그러나 지금 다음 세대를 이루어야 하는 어린이들의 생존 에너지는 감소하고 있다. 일본 도시의 변화는 극심하며 25년만에 4분의 3이 변했다. 그러므로 다음 25년 후의 어린이들을 위한 도시로 바꾸어 만들기는 가능하다.

이를 위해서 큰 전략이 필요하다. 녹지 오픈 스페이스를 어린이들의 가까운 곳에 많이 그리고 연합하는 형태로 형성될 수 있도록 제도정비를 할 필요가 있다. 우리들은 지금까지 동네 만들기에 실패하였는데 그 원인은 비싼 땅값이라 할 수 있다. 버블 후 땅값이 떨어지고 그리고 아직 일본 경제에 힘이 있는 현 시점이 바꿀 수 있는 절호의 기회라고 생각한다.

그리고 많은 시민과 어른이 어린이들을 위해 노력해야 한다. 플레이 리더로써 어린이들과 함께 놀고 운동하고 생활해야 한다. 독일에서는 일본 어린이와 같이 TV게임과 개인 방을 갖고 있는 어린이들이 있어도 풍부한 놀이공간이 있고, 어른들은 짧은 노동시간으로 여가시간을, 지역에서 어린이들과 놀거나 운동을 하는 것으로 지향하고 있다. 그러므로 독일 어린이들은 옥외 놀이시간이 많다.

일본 어른이 변하지 않으면 안 되며, 그렇지 않으면 어린이도 바뀌지 않는다. 다음 25년 동안 우리들은 어린이들을 위해 노력하자. 그것이 일본의 미래를 만들기 때문이다.

지속가능한 환경이라는 것은 다음 시대를 만드는 어린이들이 건강하지 않으면 안 된다. 우리들은 다음 세대를 위해 몸과 마음을 자유롭게 할 수 있는 건축과 환경을 만들어야 한다.(센다 미츠루)

2-5-2 좋은 건축문화의 전달

1 왜?

훌륭한 건축형태와 공간, 세월과 더불어 성숙하여 온 거리풍경은 건축문화를 구체적으로 나타내고 있다. 그렇다면, 이러한 훌륭한 건축과 거리풍경은 물리적 실체만을 보전하면 건축문화를 계승하여 후세에 전달하는 것이 가능할까? 대답은 NO이다.

훌륭한 건축과 거리풍경은 물리적 실체만이 남아 있어도 그것을 건축적으로 재현하기 위해 충분한 기술적 지식과 기능이 없는 한, 대개 그 물리적 실체가 완전히 없어지는 것에 대하여 유효한 방법을 얻지 못했다. 더구나 그 시대의 요구에 맞추어 개조하여 그 가치를 늘려가는 것은 불가능하다.

건축과 거리의 물리적 실체와 건축도면이 남아 있으면 이러한 기술적 지식은 이해할 수 있다고 생각하는 사람들이 많다. 그러나 그렇게 말하는 사람들은, 건축을 하기 위한 지식으로 도서의 형태로 명시적으로 표현되어진(명시적 지식) 것과 보이지 않는 지식 [암묵지(暗黙知)] 이 있다는 것을 잊고 있다.

사진 5-2-1은 대목수가 목조주택을 건설할 때 사용된 [도판]이다. 그 뒤에 있는 보이지 않는 지식을 모르는 사람이 보면, 그것은 단순히 기둥과 대들보의 위치를 나타낸 도면이다. 그러나 조인트(잇는 방법) 등 목구조에 있어서 기술적인 규칙(원칙)과 그것을 가공해서 만드는 기술적 지식을 가지고 있는 대목수가 본다면, 도판은 시공도면이고 이것만 그리면 목조주택의 구조물을 만들어내는 것이 가능하다.

대목수가 목구조의 기술적 지식을 다른 사람에게 전달하기 위해 명시화 할 필요는 없는 것이며, 보이지 않는 지식이라고 해도 좋다. 반대로 이런 보이지 않는 지식이 없어지면 많은 목조구조물의 물리적 실체가 남아 있다고 하여도 우리는 그것을 재현하는 것이 불가능하다. 이런 점에서 우리가 훌륭한 건축기술을 계승하고 그것을 후세에 꼭 전달해 나가야 한다.

2 어떻게 전달할까?

암묵지(暗黙知)는 자전거를 타기 위한 지식으로 예를 들 수 있다. 자전거 균형을 잡는 방법과 주행방법을 설명해도 우리는 자전거를 탈 수가 없다.

실제로 자전거를 타 보는 연습을 하는 중에 균형을 잡는 방법과 주행방법의 비법을 체득하게 된다. 그러나 이 비법을 문서화해서 명시하는 것은 대단히 어렵고 전달방법으로는 비효율적이다.

건축기술 중에 숨은 암묵지의 계승·전달도 같은 형태로서 정확하게 건축을 하는 과정을 통해서 체득되어지는 성격이 강하다. 건축방법에 관한 지식은 다음과 같은 수

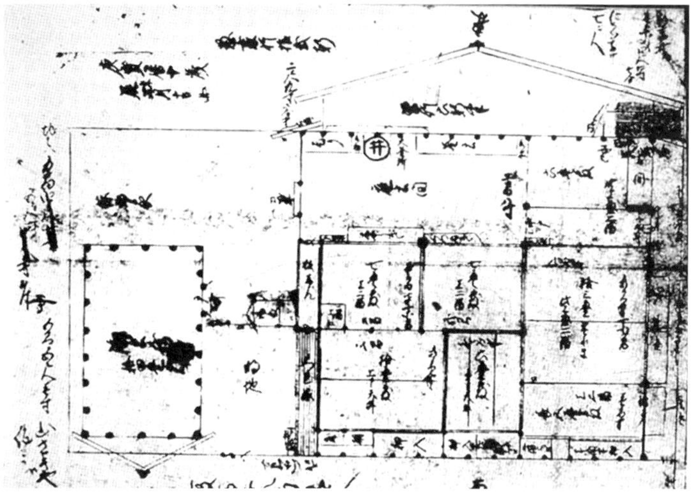

사진 5-2-1 대목수가 목조주택을 건설할 때 그린 도판

(출전 : 『일본의 건축생산 과거 · 현재 · 미래』우치다 요시치카 저)

단을 이용하여 세대 간에 전달하여 왔다.

1) 도제적(徒弟的) 교육

2) 동업자끼리 서로 배우기

3) 관찰

4) 교습

5) 도서

이 중에 1) 2) 3)이 암묵지의 계승을, 4) 5)는 명시적 지식의 계승을 맡고 있다.

1) 도제적 교육

건축생산 현장에서는 오랜 세월 동안 많은 도제적인 방법이 행해져 왔다. 이것에는 지식을 풍부하게 갖고 있는 사람들과 함께 일하면서 배우고, 도구에 투자하고, 그 문화를 흡수하고 그리고 그 사람의 일하는 방법을 주의 깊게 관찰하면서 일을 해나가는 것이 포함되어 있다.

2) 동업자끼리 서로 배우기

건축생산 조직이 프로젝트에 따라서 새롭게 편성됨과 동시에, 동일 혹은 유사한 직능 · 직종에 속하는 동업자들이 그룹을 만들어 기술적 지원을 서로 하고 있는데 유럽에서는 길드(Guild)가 여기에 해당된다.

3) 관찰

건축은 현장생산이고 게다가 그 생산 팀에 여러 직종이 포함되어 있기 때문에 건축 진행업무에 참가하고 있는 사람은 다른 사람들이 무엇을 하고 있는가를 관찰하는 것으로부터 지식을 계승하고 획득한다. 현대 일본에서는 건축생산방법의 개선활동은 생산현장에서의 관찰을 근거로 하고 있다.

4) 교육

근대 이후에는 강의, 연습, 세미나, 워크숍 등 학교에서 교육에 의해 지식이 계승되어 왔다.

5) 도서

교과서와 참고서, 연구 레포트, 체크리스트, 가이드라인 도면 등의 프로젝트 서류로 지식은 계승되었다.

기술 계승을 위해서는 위의 수단이 조합되어 명시적 지식과 보이지 않는 지식(암묵지)이 계승되어야 한다.

3 기술은 끊임없이 변화하고 있다

건축기술을 둘러싸고 있는 상황은 끊임없이 변화하고 있다. 사회경제 조건과 기능자와 여러 기술기반이 변하고 있고, 예전에는 안정된 기술이었지만 지금은 꼭 그렇지 않은 예도 적지 않다. 따라서 우리는 그 시대 · 지역에서 신뢰할 수 있는 기술을 실현하기 위하여 과거로부터의 계승을 근거로 하면서 항상 개량노력을 소홀히 해서는 안 된다. 기술의 계승은 정적인 지식의 단순한 계승이 아니고 새로운 창조를 낳기 위한 것이다.(야시로 토모야)

제2장 인용 · 참고문헌 등

■ 2-1-4

2-1.『PERMACULTURE A Designer's Manual』BILL MOLLISON（TAGARI 出版、1988）
2-2.『自然のパターン』ピーター・スティーヴンズ（白揚社、1987）
2-3.『基礎生態学』E. P. オダム（培風館、1991）
2-4.『地球生命圏／ガイアの科学』J・E・ラヴロック（工作舎、1984）
2-5.『「新しい」生態学』高橋正征（ビオシティ、2001）
2-6.『エコロジカル・デザイン』シム・ヴァンダーリン（ビオシティ、1997）
2-7.『三つのエコロジー』フェリックス・ガタリ（大村書店、1993）
2-8.『パーマカルチャー』ビル・モリソンほか（農山漁村文化普及協会、1993）
2-9.『バイオシェルター』ジョン・トッド（工作舎、1988）
2-10.『BIO-City』糸長浩司（ビオシティ、No.9、13、16、17、18、20）
2-11.『Designing Ecological Settlements』Margrit Kennedy ほか（Dietrich Reimer Verlag、2000）
2-12.『ECOLOGY-BASED PLANNING & CONSTRUCTION IN SWEDEN』Bj rn Malbert /Editor）（The Sweden Council for Building Research、1994）
2-13.『Rebuilding Community in America』Ken Norwood ほか（Shared Living Resource Center、1995）
2-14.『エコシティ』リチャード・レジスター（工作舎、1993）
2-15.『ECO URBANISM』Miguel Ruano（Gustavo Gili、1999）

■ 2-1-5

2-16.『図説・城下町都市』佐藤滋、城下町都市研究体（鹿島出版会、2002）
2-17.『コンパクトシティ』海道清信（学芸出版、2001）

■ コラム　カッセル・エコロジー団地

2-18.『建築環境論』岩村和夫（SD 選書 211 鹿島出版会、1990）
2-19. 岩村和夫「西ドイツのエコロジー団地」講座『地球環境』5.—地球環境と市民、1990 年、中央法規
2-20.『共に生きるかたち』岩村和夫ほか（建築資料研究社、1997）

■ 2-2-1

2-21.『建築環境学・2』木村建一編（丸善、1993）
2-22.『民家の自然エネルギー技術』木村建一編（彰国社、1999）

■ コラム　日本の地域区分

2-23.『拡張アメダス気象データ』日本建築学会（丸善、2000）

■ 2-2-2

2-24.「DMSP 全球夜間映像の作成と夜の光分布に関する地理学的考察」中山裕則・田中總太郎・菅雄三（日本リモートセンシング学会誌 13-4、1993）
2-25.「都市の熱的空気環境」岡建雄（建築雑誌、Vol.96、No.1185、1981）
2-26.『住まいの環境学（第 3 版）』梅干野晁（放送大学教育振興会、1998）
2-27.「住宅地における夏季・冬季の熱環境実態および土地被覆率との関係」梅干野晁ほか（日本建築学会論文報告集第 331 号、1983）
2-28.「全球熱画像による都市の暑さの評価」梅干野晁・浅野耕一（日本赤外線学会誌、第 9 巻、第 2 号、1999）
2-29.「屋上緑化と環境調整効果」梅干野晁（日本緑化工学会誌、第 27 巻、第 2 号、2001）
2-30.「RC 造建築物における屋上植栽の室内熱環境の調整効果に関する研究」堀口剛・梅干野晁・白井一義（日本緑化工学会誌、第 23 巻、第 2 号、1997）
2-31.「薄い盛土層を持った屋上芝生植栽の木造建物における室内熱環境調整効果」梅干野晁ほか（日本建築学会計画系論文集、第 527、2000）

■ 2-2-3

2-32.『京都議定書目標達成計画』地球温暖化対策推進本部、2008
2-33.『住宅・建築省エネルギーハンドブック 2002』国土交通省住宅局住宅生産課監修、同建築指導課編集、省エネルギーハンドブック編集委員会（(財) 建築環境・省エネルギー機構、2001）
2-34.『家庭用エネルギー統計年報 2004 年版』(株) 住環境計画研究所
2-35.「世界各国における家庭用エネルギー消費に関する調査（第 1 版欧米編）」岩船由美子、横尾美雪、中上英俊、曾田光男（第 22 回エネルギーシステム・経済・環境コンファレンス講演論文集、2006）
2-36. OECD/IEA「30 years OF ENERGY USE IN IEA COUNTRIES」2004
2-37.「全国都道府県庁所在都市の住宅におけるエネルギー消費と CO2 排出量の推移に関する研究」三浦秀一（日本建築学会計画系論文集　第 528 号、2000）
2-38.「東北地方を中心とした高断熱高気密住宅の暖房負荷に関する数値計算」長谷川兼一、吉野博（日本建築学会大会学術講演梗概集、1997）
2-39.「高断熱高気密住宅における熱環境特性と居住者の健康に関する調査」吉野博、吉野博（日本建築学会計画系論文集第 507 号、1998）
2-40.『建築設計資料集成 1』日本建築学会編（丸善、1978）
2-41. White Painting のガイドブック
2-42.「仙台市に建設された全電化パッシブ住宅の室内熱環境とエネルギー性能に関する長期実測」石川善美、吉野博、佐々木睦史（日本建築学会大会学術講演梗概集、1997）
2-43.『省エネルギー便覧 2006』(財) 省エネルギーセンター

■ 2-2-4

2-44.『住宅の省エネルギー基準の解説』((財) 住宅・建築省エネルギー機構、2009)
2-45.『次世代省エネルギー基準・早わかりガイド』坂本雄三（(財) 住宅・建築省エネルギー機構、1999）

■ 2-2-5

2-46.『建築物の省エネルギー基準と計算の手引』((財) IBEC、2001)
2-47.『空調設備の動的熱負荷計算入門』松尾陽、横山浩一、石野久弥、川元昭（日本建築設備士協会、1980）
2-48.『空気調和設備の省エネルギー計算プログラム「BECS/CEC/AC」計算マニュアル』((財) IBEC、2001)
2-49.『建築設計資料集成（総合編）』日本建築学会編（丸善、2001）

■ 2-2-6

2-50.『建物の LCA 指針（案）～地球温暖化防止のための LCCO2 を中心として～』（日本建築学会地球環境委員会 LCA 指針策定小委員会、1998）
2-51.『Development of Data Base for Life Cycle Assessment of Buildings (Part-3)』Ikaga T., Tonooka Y. and Hondo H. (Proceedings of The Third International Conference on EcoBalance、1998)
2-52.「建築物の LCA—CO2 と大気汚染排出評価」伊香賀俊治、外岡　豊、本藤祐樹、内山洋司（第 15 回エネルギーシステム・経済・環境コンファレンス講演論文集、エネルギー・資源学会、1999.1）
2-53.「事務所ビルの設備のライフサイクル環境負荷原単位」伊香賀俊治、外岡　豊（日本建築学会計画系論文集 No.529、2000）

2-54.「建築設備の建物用途別ライフサイクル環境負荷原単位」伊香賀俊治、外岡 豊（日本建築学会計画系論文集 No.533、2000）

■ 2-2-7

2-55.『パッシブ建築設計手法事典』小玉祐一郎ほか（彰国社、2000）
2-56.『住まいの中の自然』小玉祐一郎（丸善、1992）
2-57.『ゴールデンスレッド』ケン・ブッティ（技報堂出版、1985）
2-58.『居住のための建築を考える』小玉祐一郎ほか（建築資料研究社、1994）

■ 2-2-8

2-59.「特集 環境・省エネルギー建築賞受賞作品紹介、建設大臣賞 山梨県環境科学研究所 IBEC No.118 Vol.21-1」伊香賀俊治、丹羽勝己（建築環境・省エネルギー機構、2000）
2-60.「帯広に建つ研修センターにおける地中熱・太陽熱・雨水の5年間の利用実績、日本建築学会大会学術講演梗概集（オーガナイズドセッション）」伊香賀俊治、中村准二（(社) 日本建築学会、2001）
2-61.「第15回振興賞技術振興賞受賞物件／東北支部、岩手県立大学における環境親和型空調・衛生設備、空気調和・衛生工学、第75巻第11号」伊香賀俊治、丹羽勝巳ほか（(社) 空気調和・衛生工学会、2001）
2-62.「特集 環境・省エネルギー建築賞受賞作品紹介、国土交通大臣賞 明治大学リバティタワー、No.130 Vol.23-1」伊香賀俊治、近本智行（建築環境・省エネルギー機構、2002）
2-63.『特集 サステナブル建築賞受賞作品紹介、財団理事長賞 梼原町総合庁舎、No.166、Vol.23-1』隈 研吾、伊香賀俊治（建築環境・省エネルギー機構、2008.5）

■ 2-3-1

2-64.『住まいのまわりの物質循環 すまいろん』下田吉之（(財) 住宅研究総合財団、1999 夏号）
2-65.「東京都中央区における事務所建築の寿命実態—非木造建築物の寿命実態に関する調査研究」野城智也、加藤裕久、吉田倬郎、小松幸夫（日本建築学会計画系論文報告集、vol.413 1990）
2-66.「わが国における各種住宅の寿命分布に関する調査報告 1987年固定資産台帳に基づく推計」小松幸夫、加藤裕久、吉田倬郎、野城智也（日本建築学会計画系論文報告集、Vol.439 1992）
2-67.「住宅の寿命分布に関する調査研究報告書」加藤裕久、小松幸夫、吉田倬郎、野城智也（住宅研究総合研究財団、1992）
2-68.「建物の取壊し理由に関する調査研究」吉田倬郎、加藤裕久、小松幸夫、三橋博巳、飯田恭一、野城智也（日本建築学会第八回建築生産と管理技術シンポジウム論文集 vol.8、1992）
2-69.『もつれた建築をほどく オープンハウジングのすすめ』デルフト工科大学 OBOM 研究グループ、金子勇次郎、澤田誠二翻訳（住宅総合研究財団、1995）

■ 2-3-3

2-70.『Policy Design and Evaluation for Sustainable Buildings』（OECD, SUSTAINABLE CONSTRUCTION、2000）
2-71.『Natural Capitalism creating the next industrial revolution』P. Hawken ほか（Little Brown and company、2000）
2-72.『The business link to sustainable development』L. D. DeSimone（Eco-effciency、MIT Press、1997）
2-73.「サステナブルビルディング普及のための提言」（日本建築学会サステナブルビルディング小委員会報告書 1999）
2-74.『Factor Four : Doubling Wealth-Halving Resource Use』Ernst von Weizacker, Amory B. Lovins, L. Hunter Lovins（Earthscan、1998）
2-75.『The Fossil Makers-Factor 10 and More』F. Schmidt-Bleek（1993）

■ 2-3-4

2-76.「エコプロダクツ99記念シンポジウム基調講演—これからの企業戦略と環境マーケティング」山本良一

■ 2-3-5

2-77.『「消費する家」から「働く家へ」』長谷川敬、和田善行、村田徳治（建築資料研究社、1966）
2-78.『「いま、木の家をどうつくるか」木の家に住むことを勉強する本』「木の家」プロジェクト編（農山漁村文化協会、2002）

■ 2-4-1

2-79.『建築構造の設計』日本建築構造技術者協会編（オーム社、1993）
2-80.『鋼構造建築物における構造設計の考え方と枠組』（日本建築学会、1999）
2-81.『建築鋼構造のシステム化』岩田 衛・竹内 徹・藤田正則（鋼構造出版、2001）
2-82.『建築物の構造関係技術基準解説書』（国土交通省住宅局建築指導課、2001）
2-83.「環境保全型建築-建築構造」岩田 衛（公共建築、Vol.47、No.186、2005）
2-84.「構造研究者から見た地球環境建築」岩田 衛（日本構造技術者協会、Structure、No.97、2006）
2-85.「環境とコンクリート、環境負荷低減に向けて、構造設計からの取組み」岩田 衛（コンクリート工学、Vol.45、No.5、2007）
2-86.「建築鋼構造のリユースシステム」岩田 衛（ベース設計資料、No.135、建築［後］、2007）

■ 2-4-2

2-87.『ユニバーサルデザインハンドブック』梶本久夫：日本語監修（丸善、2003）
2-88. 国土交通省大臣官房官庁営繕部監修『官庁施設のユニバーサルデザインに関する基準及び同解説』公共建築協会、2007

■ 2-4-3

2-89.「室内環境と空気汚染（総論）」村上周三（シンポジウム資料「連続講座「ヘルシーな室内環境」—講座1化学物質による室内空気汚染—」、日本建築学会、2000）
2-90.「室内の揮発性有機化合物：現行基準と測定法」R. S. Dumont（第2回日加高気密・省エネルギー住宅会議論文集、日加高気密・省エネルギー住宅会議実行委員会、1994）
2-91.『シックハウス事典』日本建築学会編（技報堂出版、2001）
2-92.『実態調査分科会平成12年度報告書概要版』（(財) 建築環境・省エネルギー機構、2001）
2-93.『日本住宅性能表示基準・評価方法基準技術解説 2001』（工学図書、2001）
2-94.『平成16年度室内空気に関する実態調査報告書』（(財) 住宅リフォーム・紛争処理支援センター、2005）

■ 2-5-1

2-95.『都市の児童遊場の研究』（園芸学会誌4巻第1、1933）
2-96.『子供、教育とテレビ黒書』中村博也（労働自報社、1976）
2-97.「平成6年横浜市行政区別公園緑地面積表」横浜市緑政局公園部計画課編（1994）

제 3 장

디자인 프로세스와 평가

3-1 지구환경건축의 디자인, 프로세스와 평가

3-1-1 디자인 프로세스

건축물은 그것에 관련된 사람들의 입장이나 견해에 따라 다양한 평가가 이루어진다. 또한 평가의 기준은 기획단계로부터 설계, 공사감리, 운용단계, 증축 및 개축으로 이행함에 따라 서서히 변화한다. 또 건축물이 존재하는 기간(時長=time span)은 가설적인 물건을 제외하고 수십 년부터 100년 정도로 장기에 걸치기 때문에 시대배경이나 사회동향과 함께 평가 그 자체의 개념이나 방법도 변화한다. 사실, '지구환경건축'이라고 하는 개념이나 평가 그 자체가 그러한 변화의 과정에서 맞이한 지구환경시대의 산물이라는 것은 이미 제1장에서 거론했다.

건축행위의 전체 형태를 시간의 흐름 속에서 변화하는 것, 즉 프로세스로서 파악하는 태도는 일찍이 1960년대 초에 건축이나 도시도 생물과 같이 신진대사를 해야 한다고 주장한 '메타폴리즘'에서 주장된 것처럼 결코 새로운 것은 아니다. 지구환경건축은 그것으로부터 자원과 에너지의 흐름과 환경과의 관계에 대하여 더욱 관심을 기울여, 건물이 태어나서 죽을 때까지의 라이프사이클에 대응하는 디자인 프로세스의 흐름 속에서 관련되는 모든 건축적인 행위를 종합화하는 것을 요구하고 있다([1.2.3 에너지의 흐름과 물질 순환] 및 [3.3.3 라이프사이클 어세스먼트 수법] 참조).

그것도, 그 프로세스의 각 단계에서는 디자인하는 측의 가치관을 사용자나 사업자에게 일방적으로 밀어붙이는 것이 아니라 객관적인 평가도 가능한 디자인을 실시하여, 사회화되는 전제로서 그 경위나 결과에 대한 정보가 공개됨과 함께 차질이나 하자의 계속적인 개선에 반영되어 그 성과가 넓게 인지되는 것이 요구된다. 그것을 위한 사고의 틀과 그것들을 실현할 수 있는 툴의 개발은 현재 시행단계를 거쳐 보급단계에 이르렀다.

건축물 설계업무의 일반적인 전체 형태와 흐름은 그림 1-1-1과 같지만, 업무의 대부분은 설계 · 발주 · 공사단계로 나누어져 있다. 여기에서는 특히 그 전후의 관련작업의 중요성에 주목하여, 크게 부각시켜 1) 프리 디자인→2) 디자인→3) 포스트 디자인이라고 하는 3단계로 정리한다. 그리고 그 전모와 각각의 단계에서의 건축 디자인 행위의 내용과 그때 이용되는 툴로서의 평가수법에 대해 해설한다.

1 프리디자인(Pre-Design)

건축 디자인은 어떠한 경우이든 배경이 되는 사업환경은 물론 시대성이나 입지하는 지역의 특성을 적절하고 확실하게 조사하여 분석하는 것에서부터 모든 것은 시작한다. 이때 조사 및 분석의 대상은 건축의 물리적인 성능이나 어메니티(Amenity)에 직접 영향을 주는, 그 토지의 기후풍토나 지리 및 지세적인 '자연환경'에 속하는 측면과 그 건축물 및 건축생산에 직접 관련되는 사람들이나 사회문화에 관련되는 이른바 '인문사회환경'에 속하는 측면으로 나눌 수 있다.

이러한 복합적이고 종합적인 조건을 자세히 보고 해석하여 과제나 문제점을 발견함

1. 기획단계
건축주와 공동으로 요구사항과 조건을 명확하게 하고, 필요한 조사와 계획을 실시한다.
2. 설계단계
2.1 기본설계단계 요구사항 및 조건을 바탕으로 건축물의 구상을 확립한다. 그 구상의 법적, 기술적 근거 및 공기와 공사비에 대하여 확인을 하여 완성 시의 모습을 명확히 한다. 2.2 실시설계단계 디자인과 기술 양 측면에 걸쳐 상세한 검토를 거쳐 설계를 구체적으로 결정한다.
3. 발주단계
설계자는 실시설계도를 바탕으로 발주도서를 준비하여 건축주가 공사를 시공할 주체를 선정하여 공사계약을 체결하는 것을 지원 또는 대행한다.
4. 공사단계
4.1 공사단계 시공자가 실시하는 공사 및 공사관리를 지도하면서, 그 경과와 결과를 확인하여 발주도서에 따라 건축물이 준공될 때까지 감리를 한다. 4.2 공사완성단계 설계자 및 감리자로서 준공검사를 실시함과 함께, 행정주체(구청) 등의 완성검사 등 각종 검사의 합격을 확인한 다음 시공자로부터 건축주에게로의 인도에 입회한다.
5. 유지관리단계
건물인도 후에도 전문가의 입장에서 건물소유자 및 유지관리자를 조언 보좌한다.

그림 1-1-1 설계업무에서 본 프로젝트의 일반적인 흐름 (문헌 3-1)

으로써 그 해결을 위하여 관계자가 공유할 수 있는 방침을 정하여 프로젝트 전체를 관철하는 콘셉트로 정리하는 것이 이 단계의 목적이다.

따라서 이 단계에서는 자연과학부터 인문·사회과학에 이르는 폭넓은 관련 영역과의 협동이 요청됨과 동시에 거기로부터 발견되는 다각적인 지견을 하나의 명료한 프로젝트 방침과 프로그램으로 정리하는 종합화 수법이 불가결하다.

2 디자인

1.의 조사분석이나 콘셉트에 근거하여, 주어진 조건 속에서 프로그램을 공간화, 건축화하여 주변 환경을 포함하여 전문·세분화되어 있는 건축의장, 구조, 설비, 정원, 경관을 좀 더 실천 가능한 최적해, 즉 모범사례(Best Practices)로서 통합화한다. 보통은 기본설계에서 실시설계로 갈수록 설계의 정밀도는 올라가고 그와 함께 법규나 행정지도, 그 외 적산 등의 경제적 측면 등 기술적이고 현실적인 측면이 보다 중요한 요소로서 검토된다.

여기서 실현하려고 하는 건축물이 환경에 대해서 어떠한 영향을 미치고 또한 어떠한 환경성능을 가지는지에 대하여 설계자 스스로가 일정한 평가 툴을 사용하여 평가를 반복하는 것이 중요하다는 것을 강조하고 싶다.

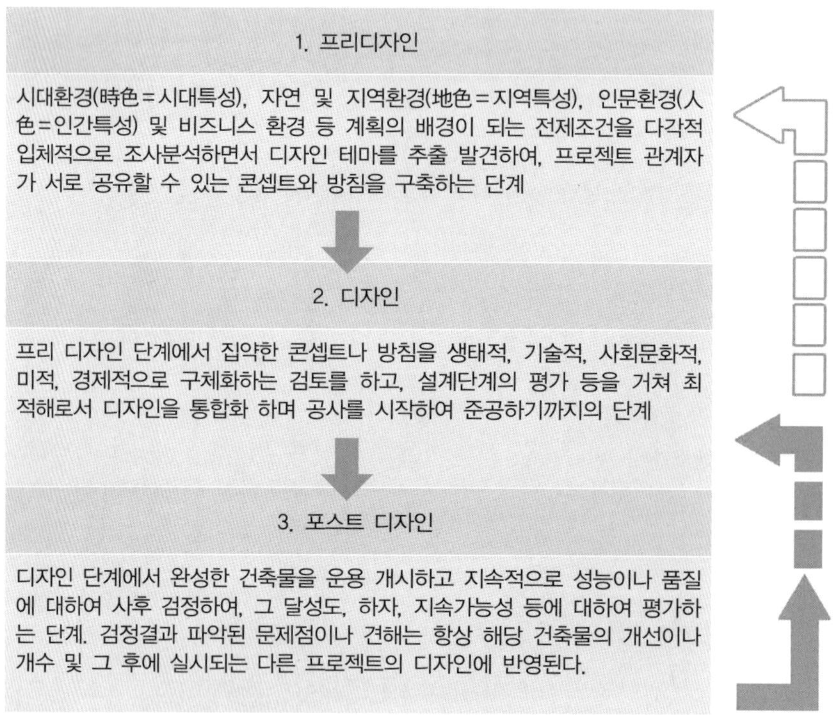

그림 1-1-2 지속가능한 환경디자인의 순환 흐름

즉, 건물의 라이프사이클을 통해서 환경부하를 저감하고 환경품질을 향상시킴으로써 환경성능이 향상된다고 보고 설계과정에서 그 수준을 미리 체크하는 것이다. 3.3.1 ~ 3.3.2 항에서 상세하게 기술하듯이, 그 툴의 개발에 관해서는 1990년대에 세계의 큰 흐름으로서 연구와 실천 · 보급이 추진되었으며, 일본에서는 2000년대에 들어와서 그러한 성과나 지견을 바탕으로 하여, 그것들과 독자적인 국가의 공통 툴(CASBEE : 3.3.2 참조)을 관계관청과 산학연이 공동으로 개발하였다. 그 후 지방자치단체를 통하여 급속히 보급되고 있다.

디자인 단계는 공사현장에서의 감리까지 포함되며, 준공 · 인도에서 일단 종료를 맞이한다. 즉, 착공에서 준공까지의 기간에서 설계변경을 수반하지 않는 공사는 거의 없다고 해도 좋다. 이 디자인의 최종단계의 기록, 즉 준공도 등 준공정보는 건축주나 사용자에게 전달되어 건축의 환경정보로서 보관 및 이용되지 않으면 안 된다.

3 포스트 디자인

건물이 준공되어 공간이 사용자의 이용에 제공되거나 설비의 운용이 시작한 후, 그 건물이 실제 설계한 대로의 환경성능 및 효율을 발휘하고 있는지를 검증한다. 그리고 검증결과로부터 하자가 발견되었을 경우, 원인규명과 개선설계 등의 행동으로 옮기는 것이 이 단계의 목적이다.

중요한 것은, 이 사후검증이나 대책을 임기응변적으로 실시하는 것이 아니라 프리디자인 단계에서부터 디자인 행위의 일환으로서 의도적으로 위상을 부여하는 것이다.

설계자가 이 단계에도 주체적으로 관련함으로써 운용단계의 현장실태에 접할 수 있고, 그 과정에서 배운 지견을 디자인의 질적 향상을 위하여 반영하며 그것을 보장할 수가 있다.

다만, 이 사후검증도 건축환경의 물리적, 성능적인 측면뿐만 아니라 사용자나 지역주민의 입장에서 라이프스타일이나 워크스타일 등의 인적인 측면까지 걸치는 것이 상정된다. 따라서 여기에서도 프리디자인과 마찬가지로, 관련된 다양한 관점에서의 분석과 제안이 요청된다.(이와무라 카즈오)

3-1-2 건축물의 종합적인 환경성능평가의 체계

전 항에서 해설한 디자인 프로세스에 따라 건축물의 종합적인 환경성능을 평가하는 수법에 대하여 상술하기 전에, 우선 그 전체적인 범위에 대하여 정리해 둔다.

표 1-2-1은 그 전체 형태를 매트릭스로서 표현한 것이다. 우선 세로축에 지구환경건축의 기본적 시점인 건축물의 라이프사이클을 두고 횡축에 건축물의 환경성능 효율을 높이는 '환경디자인' 대책과 건축물의 환경경영에 관한 '환경 매니지먼트'의 대책을 두고 있다.

1 환경디자인 : 건축물의 환경성능 효율을 높이는 대책

건축물과 환경과의 관계는 지금까지의 해설에서도 분명히 한 바와 같이 넓은 의미로 볼 때, 건축환경의 성능이나 품질을 높이는 기능이나 서비스라고 하는 플러스의 측면(Q=Quality)과 환경에 대하여 부하를 준다고 하는 마이너스의 측면(L=Loads)이 있다. 지금까지의 환경영향평가는 후자를 평가하는 것에 주목적이 놓여 있었지만, 지구환경건축에서는 그것과 함께 건축환경의 질적인 측면을 적극적으로 개선하는 시도를 평가하는 것에도 역점을 두고 있다.

즉, OECD 등에서 논의되어 온 '환경효율=환경성능/환경부하'라는 개념을 건축물의 환경성능평가의 기준으로 하는 것이다. 여기서 '환경효율'을 '건축환경효율(BEE=Building Environmental Efficiency)', '환경성능'을 '건축물의 환경품질 및 성능(생략하여 건축환경 성능) : Q', '환경부하'를 '건축물의 환경부하 : L'로 옮겨놓으면 BEE=Q/L이라는 식으로 나타낼 수가 있다.

1) Q : 건축물의 환경품질·성능

건축물의 환경에 관련되는 품질이나 성능은 다방면에 걸치지만, 표 1-2-1과 같이 대지 외, 대지 내, 건물 내라고 하는 공간적인 경계에 따라 정리할 수가 있다. 구체적으로는 주변의 생물환경이나 가로 및 경관, 지역성 등 지역과의 관계에 의한 기능성, 내구성 및 갱신성 등 건물의 서비스 기능, 그리고 소리 · 온열 · 빛 · 공기질이라고 하는 실내환경 등 건축환경의 적극적인 개선에 관련되는 항목이 그 대상이 된다. 그리고 여기에 3.3.1에서 해설하는 '가상 폐공간'의 개념을 도입하면 그 구조가 보다 명쾌해진다.

다만, 여기에서 거론하는 평가대상 속에는 정성적이거나 평가방법이 일정하지 않은 것이 적지 않기 때문에 단계적으로 평가하는 것으로 점수화하는 등 다양한 고안을 할 필요가 있다.

2) L : 건축물의 환경부하

에너지나 자원 및 폐기물 문제를 비롯하여 건축물을 건설하여 사용 및 제거하는 라이프사이클 전 과정에서 지구나 주변환경에 미치는 부하의 총계이다. 이것들은 다시 [L-1 : 투입되는 자원 및 에너지양]과 [L-2 : 건물이나 부품 및 부재로부터 발생하는 각종 환경부하]라는 두 개의 항목 군으로 정리할 수 있다.

① L-1 : 자원 및 에너지의 투입

건축물은 매우 다양한 부품이나 부재로 구성되어 있지만, 각각이 생산 및 유통과정, 사용단계, 폐기단계에서 자원 및 에너지를 소비한다. 지구환경건축의 최대 과제의 하나인 지구온난화 방지, 즉 CO_2 배출량 저감과 밀접한 관련이 있는 항목이다. 이것은 건축생산의 내부 비용을 저감하는 주제와도 겹쳐 지금까지 대처가 가장 잘 진행되고 있는 분야이다.

② L-2 : 건축물이나 부품 및 부재로부터 발생하는 각종 환경부하

건축물은 그 건설, 운용, 해체 및 폐기의 각 단계에서 건축물로부터 주변에 대해 많든 적든 다양한 환경부하를 발생한다. 그것은 자원 및 에너지가 투입되어 건물 내에서 소비되는 과정에서 불필요한 것이 소음, 폐열, 쓰레기, 오염된 공기와 물 및 기타 물질 등이 환경부하로서 외부로 폐기되기 때문이다.

그중에서도 대지 외에 미치는 환경부하에 관해서는 지금까지 외부 비용으로 인식되어 건축경제의 범위 내에서는 계산에서 제외해온 것이 일반적이다. 지구환경건축에서

표 1-2-1 건축물의 종합적 환경성능평가의 틀(체계)

건축물의 라이프사이클 \ 건축물의 종합적 환경디자인과 환경 매니지먼트		I 건축물의 환경성능효율(BEE=Q/L) 대책						II 건축물의 환경 매니지먼트 대책			
		Q. 건축환경성능 (기능과 서비스 등) → 강화한다			L. 환경부하 → 저감한다			P. 정책대응		S. 자주대응	
		1)대지외	2)대지내	3)건물내	L-1. 자원과 에너지 투입	L-2. 부하요소 발생 1)대지외	L-2. 부하요소 발생 2)대지내	1)규제 (법, 기준 등)	2)유도 (보조, 인증 등)	1)자주방침 (ISO14001등)	2)정보개시 (이력정보 등)
	1. 원재료의 채취 및 조달				○						
	↓ 운송				○						
	2. 공장에서의 제품화 (포장)	☆	☆	☆	○	○	○	PRTR법 MSDS	라벨링		
	↓ 운송				○	○	○				
프레 디자인 ↓ 디자인 (기획) (계획) (설계) ↓ 포스트 디자인	3.건설공급	☆	☆		○	○	○		라벨링		
	↓										
	4. 사용유지 (정상운용 시)	☆	☆	☆	○		○				
	↓										
	5. 개수, 증개축 (비정상운용 시)		☆	☆	○		○	에너지 절약법	라벨링		
	↓										
	6. 해체폐기	☆	☆		○	○	○	건설 리사이클법, 마니페스토			
	↓ 운송처분										

는 이러한 환경부하의 인과관계를 명확하게 하는 것보다도 가상경계 내부에서 외부로 배출하는 부하의 양을 극소화하는 노력을 요구하고 있다.

2 환경 매니지먼트 : 건축물의 환경정책 및 환경경영에 관한 대처

건축물의 라이프사이클에 따라 각 단계의 환경 매니지먼트 대처에 대한 사회적인 요청은 최근 나날이 높아지고 있다. 그 대처는 대체로 ① 행정 주도의 규제나 유도라는 정책적 대처와 ② 기업이나 사업자가 스스로 솔선하여 실시하는 자주적인 대처로 나눌 수 있다. 행정기관의 구조개혁이나 어려운 재정상황이라는 배경 때문에 규제완화의 방향으로 진행되지 않을 수 없고, 중장기적으로 보면 건축물의 환경성능에 관련되는 평가가 시장경제화 되는 것과 동시에 ①에서 ②로 변화해 갈 것이라고 생각된다.

1) P : 정책대응

건축기준법이 성능규정화된 것을 비롯하여 에너지 절약기준이나 건설자재 재활용법 등 건축물의 환경에 관한 규제를 강화할 목적으로 한 법이나 기준, 유도 등 신규정책(P=Policies)의 시행이나 개정은 최근 매우 활발하다(표 1-2-2 참조).

이 움직임을 보면 환경에 관해서는 오히려 규제강화의 시대라고 해도 좋을 정도이지만, 사회적인 요청이 높아지는 가운데 대책을 보급시키기 위한 과도기적인 상황이라고 생각된다. 어쨌든, 이러한 움직임을 적절하고 확실하게 파악함과 더불어 규제완화의 조류 속에서 자주적인 대처로 유도하는 것이 좋다고 생각된다.

2) S : 자주행동

건축물의 라이프사이클의 각 단계에서 그 건설이나 운영에 관련되는 기업이나 사업체는 매우 다방면에 걸치지만 각각의 기업이념이나 기업방침으로서 환경문제에 대한 이념을 분명히 하는 것과 동시에 스스로가 목표를 설정하여 행동으로 옮기고, 그 결과를 검증하는 것이 지구환경시대의 바람직한 모습으로 생각된다.

최근 일본에서 보급되고 있는 ISO14001시리즈(환경 매니지먼트 시스템)는 그 대표적인 대책이지만 그 일환으로 건축물의 환경 매니지먼트 상황도 평가할 수가 있다. 그리고 건축물의 증권화나 중고건물 유통시장을 육성하기 위해 건축물의 성능이나 품질에 관한 정보나 이력정보에 관해서 IT기술 등을 구사하여 정리 및 일원화 하고, 필요에 따라서 개시(開示)할 수 있도록 구조를 정비하는 것이 급선무이다.

이러한 수요는 향후 급속히 확대하리라고 전망되고 있으며, 건물의 신축량이 감소하는 가운데 건축물과 관련한 새로운 연구 분야, 업종, 업태로서 성장할 가능성이 있다.

본 장에서는 디자인 프로세스에 따라 주로 1) 환경디자인 대처의 현황에 대해 해설하고, 2) 환경 매니지먼트의 대처에 대해서는 '제4장 사회시스템과 건축전문가의 역

할'에서 상세하게 기술한다.(이와무라 카즈오)

표 1-2-2 주택에 관한 환경관련법 · 제도의 최근 동향(일본)

1995년 : 한신 · 아와지 대지진으로 내진개수촉진법	
4월	주택용 태양광발전시스템 설치지침(통산성)
6월	장수명사회 대응 주택설계지침(건설성)
12월	내진개수촉진법 시행
1996년 : 비용 저감과 규제 완화, 고내구화, 스톡화	
3월	주택건설비용 저감의 긴급중점계획(4성1청)
4월	주택건설 7기 5개년 계획 시작
4월	주택금융공고 금리체계 재검토
1997년 : 시크하우스 대책의 지침값—규제강화	
1월	폐기물처리법의 개정 성립
3월	주택산업의 비전 표명(건설성)
4월	포름알데히드 지침값(0.08ppm 이하) 표명
1998년 : 50년 만에 기준법 근본적 개정(성능규정화)	
4월	실내공기오염 저감 설계시공 가이드라인
5월	개정 건축기준법 성립(성능규정화 등 대개정) 채광규정 및 일조규정 폐지, 지하실 설치 해금, 연담건축물 설계제도 시작
5월	특허법 개정
6월	가전 리사이클법 성립
10월	주택금융공고가 내구성 기준을 기준금리 적용의 필수요건으로 함
12월	NPO법(특정 비영리 활동 촉진법) 시행
12월	폐기물처리법으로 산폐마니페스트(관리표) 의무화
1999년 : 주택신법(품확법)으로 성능(품질) 신시대	
1월	주택융자 감세 (2개년 시한조치로 2000년 12월까지)
3월	차세대 에너지 절약기준을 고시(건설성)
3월	환경공생주택 인증사업 개시(IBEC)
5월	개정건축기준법의 중간검사 및 확인검사 민간개방 시작
6월	주택품질확보촉진법(품확법)국회성립/공포
6월	폐기물처리법에 폐석고보드 등 관리처분으로
7월	다이옥신 특별조치법 성립
10월	건축해체폐기물 리사이클 프로그램 발표(건설성)
12월	주택융자 감세를 6개월 연장(2001년 6월까지)
2000년 : 환경리사이클 시대 시작	
1월	다이옥신 특별조치법이 개정 시행
2월	주택완성보증제도 가이드라인 공표(건설성)
3월	정기차가제도 개시
3월	PRTR법(특정 화학물질의 배출량 파악 및 관리개선 촉진법) 성립
4월	주택품질확보촉진법(품확법) 시행 신축주택의 10년 하사담보책임 의무화 개시
4월	개호보험법 시행
4월	소비자 계약법 성립
4월	주택금융공고가 내구성능기준을 충족하는 주택에 35년 상환(변제) 개시
5월	순환형 사회형성 촉진기준법(기본적 틀법) 성립 폐기물처리법 개정, 재생자원이용촉진법(리사이클법), 자원유효이용 촉진법, 그린구입법 등 입법
5월	건설자재 리사이클법 성립(순환형 사회형성 촉진 기준법의 하나)
5월	JAS(일본농립규격) 포름알데히드 방산등급 개정
6월	개정건축기준법의 성능규정화 시행
6월	동 성능규정화에 수반하여 주택금융공고가 공통 시방서 개정
7월	품확법의 성능표시기준, 분쟁처리 기술적 기준 등 고시(건설성)
8월	JAS(일본농림규격) 침엽수제재 함수율 구분 재고
9월	포름알데히드에 추가하여 7VOC(톨루엔, 크실렌, 팔라디클로로벤젠, 에틸벤젠, 스티렌, 후탈산지-n-부틸, 클로르피리호스)과 T(토털)VOC의 실내농도 지침값 공표(후생성)
10월	품확법의 성능표시제도 시행 각 지방자치체에 성능평가기관, 분쟁처리기관 설치
11월	IT(정보통신기술)기본법 성립
12월	주택융자 간세 2년 반 연장(2003년 12월까지)
2001년 : 환경과 품질의 세기가 시작	
1월	PRTR법 (특정 화학물질 배출량 및 관리개선 촉진법) 시행
1월	순환형 사회형성 촉진기준법(기본적 틀법) 시행
1월	중앙정부조직 개편(1부 12성청으로)
4월	소비자계약법 시행
4월	자원유효이용촉진법의 유닛욕실 및 부엌 리사이클촉진법 시행
4월	그린구입법 시행
4월	가전 리사이클법 시행
4월	주택건설 8기 5개년계획 시작(국토교통성) 신설 주택은 전기(前期) 12% 감소, 증개축 목표 430만 건으로 하여 현재의 3%인 배리어프리 주택을 향후 15년 간에 20%까지 끌어올리는 방침을 표명
4월	중고주택의 하자담보보증제도 시작
5월	건설자재 리사이클법의 해체공사업 등록제 개시
2002년 :	
3월	신 생물다양성 국가전략 결정
6월	교토의정서 비준
10월	특정제품에 관계되는 프레온의 회수 및 파괴 실시의 확보 등에 관한 법률(프레온 회수파괴법) 시행

2003년 :

4월 고령자, 신체장애인 등이 원활하게 이용할 수 있는 특정건축물의 건축촉진에 관한 법률(하트빌딩법 개정)
5월 토양오염대책법 시행
7월 아름다운 나라 만들기 정책대강(국토교통성)
7월 건축기준법 개정(시크하우스 대책)
클로르피리포스 및 포름알데히드에 관한 규제 개정
10월 사회자본 정비 중점계획 각의 결정
10월 환경교육 추진법 시행

2004년 :

3월 히트아일랜드 대책대강 결정
4월 온난화 방지 국민운동 및 팀 마이너스 6%(환경성)
4월 환경행동계획발행(국토교통성)
5월 대기오염방지법 개정(휘발성 유기화합물 VOC 규제)
6월 환경배려 촉진법의 공포
● 석면 함유 제품의 제조, 사용을 원칙 금지

2005년 :

2월 교토의정서 발효
3월 지역에너지 및 온난화대책 추진회의 설치
3월 온난화 대책법 개정
(온난화 가스의 산정, 보고, 공표제도)
3월 일본국제박람회[사랑 지구박람회] 개최
4월 교토의정서 목표 달성계획의 각의 결정
6월 경관록 3법 전면시행
8월 에너지 사용 합리화에 관한 법률의 일부를 개정하는 법률(개정 에너지 절약법)
11월 내진위장문제
● 석면에 의한 건강장해가 사회문제화

2006년 :

2월 석면에 의한 건강장해의 구제에 관한 법률 시행
2월 대기오염 방지법 개정
4월 주택건물 거래업법 시행규칙의 일부 개정
석면 조사, 내진진단에 관련한 정보에 대한 중요사항 설명에 추가
5월 200년 주택비전(자민당 주택토지 조사회)
6월 주생활기본법 공포
12월 건축사법 등의 일부를 개정하는 법률의 공포 건축사의 자질 및 능력 향상, 고도한 전문능력을 보유한 건축사에 의한 구조설계 및 설비설계의 적정화 등
12월 고령자, 장해인 등의 이동 등의 원활화의 촉진에 관한 법률(배리어프리 법) 시행
12월 석면 함유 건재 데이터베이스 공표(국토교통성)

2007년 :

1월 [200년 주택] 구상(후쿠다 내각)
2월 장기우량주택의 보급 촉진에 관한 법률안
2월 도시재생특별조치법 등의 일부를 개정하는 법률
5월 특정주택하자담보책임의 이행의 확보 등에 관한법률
6월 건축기준법 개정
건축확인 검사의 엄격화, 지정확인검사 기관의 업무의 적정화, 건축사 등의 업무의 적정화 및 벌칙강화 등
● 산업폐기물 처리업자 우량성 기준 적합인정제도 개시
● 개정 프레온 회수 파괴법 시행

2008년 :

4월 장기 우량주택 선도적 모델(국토교통성)
주택/건축물의 CO_2 저감추진 모델사업(국토교통성)
5월 에너지 절약법 개정
6월 생물다양성기준법 시행
7월 G8 서미트
● 교토의정서 목표달성계획 개정

참고 자료 :
신건신문사 [21세기 법제도 가이드] 2001
국토교통성 도시지역정비국 공원녹지경관과 공원녹지연표 (http : //www.mlit.go.jp/crd/city/park/siryou/database/nenpyou/index.html)
(재) 환경정보보급센터 EIC넷 환경연표 (http : //www.eic.or.Jp/library/nenpyo/)
국토교통성 건축행정 http : //www.mlit.go.jp/jutakukentiku/build/index.htm

3-2

입지환경을 평가한다

(Pre–Design)

3-2-1 자연, 풍토, 경관, 문화를 읽는다

건축이 세워지는 환경을 입지환경이라고 한다. 건축 대지는 단독으로 존재하는 것이 아니라 지역의 환경과 연속적인 관계 속에 있다. 생태계 속에서 살아 있는 각 생물과 마찬가지이다. 건축이나 거주지를 디자인하는 것은 지역의 다양한 환경 속에서 이 입지환경의 특징을 이해하는 것부터 시작된다.

지역의 다양한 환경 속에 우리의 건축디자인 행위가 성립한다. 디자인은 비전을 구상하고, 그것을 실현하기 위하여 구체적인 계획과 시스템을 설계하는 행위이며, 그 환경에 따라 적절하고 확실하게 사물을 배치하는 행위이기도 하다. 그러므로 그 디자인을 지탱하는 지역의 환경이 어떤 것인지를 사전에 충분히 파악해 두는 것이 중요하며 사전관찰 및 조사평가가 필요하다.

1 자연을 읽어 자연에 조화시킨다

건축이 입지하는 장소의 자연은 다양하다. 지형, 지층, 수계(水系), 토양, 대기, 기후와 같은 물리적 환경과 식물, 동물의 생물적 환경으로부터 구성된다. 이러한 자연요소가 서로 관계되어 성립하고 있다. 건축을 만든다고 하는 것은, 그 자연적 세계 속에 건축물이 끼어드는 것일 뿐이다. 때로는 자연의 연결을 절단해 버리는 경우도 있다. 연결된 자연을 절단하는 일이 없이 자연과 조화를 이룬 건축을 만드는 것이 요구된다. [자연을 읽는다]는 말이 무슨 뜻인가. 다음의 사항이 포인트가 된다.

① **지형적 특성** : 산간부, 내륙부, 분지, 해안선 연안, 하천 연안

② **기후 특성** : 아열대, 온대, 아한대, 한대 등의 기후구분과 연간 우량이나 연간 일조시간, 계절적인 풍향 및 풍속
③ **지층 및 수맥** : 건물의 지반이 되는 지층구성이나 지하수맥의 위치, 용수지의 분포
④ **식물상** : 지역의 잠재식생이나 대표적인 식물군 및 귀중한 종 등의 존재여부
⑤ **동물상** : 곤충이나 새, 작은 동물의 분포상황, 귀중한 종의 존재여부
⑥ **대기** : 대기의 오염상황

이상과 같은 자연에 관한 데이터는 지역의 기상관측소나 도서관, 행정기관으로부터 입수할 뿐만 아니라 시판하는 지도 등을 분석하여 손에 넣을 수 있는 것도 많이 있다. 또 대지 주변지역의 자연관찰을 통해서도 얻을 수 있으므로 현지조사를 빠뜨릴 수 없다. 이러한 데이터를 기초로, 가능한 한 그 지역의 자연특성을 살려 인공적인 에너지를 사용하지 않고 자연적인 에너지가 있는 곳을 발견하거나, 혹은 자연의 풍향 등을 발견하여 그러한 힘을 건축 대지에 도입하는 디자인이 필요하다.

건물에서 이용하는 물은 어디에서 오는 것인지, 신선한 공기는 어디서 만들어지고 있는 것인지, 여름에 시원한 바람을 대지로 이끌어 주는 녹지는 어디에 있는지는 대지 주위의 물의 흐름, 지형의 기복, 녹지의 배치상황을 조사함으로써 분명해진다. 농촌이나 산촌지역 입지환경에 있어서의 자연특성의 파악뿐만이 아니라 도시에 있어도 미지형, 미기후를 읽는 노력을 해야 한다. 시가지가 형성되기 전의 자연상황을 고지도로부터 읽어내는 것도 유효하다.

지역 동물들의 서식처는 어디에 있는 것인지, 그리고 그것들은 이전에는 어떠하였으며 현재는 어떻게 되어 있는지. 이러한 자연정보는 디자인하기 전에 충분히 파악해 두어야 지역의 비오톱(Biotope)과 공존이 가능해진다. 혹은 건물을 만들 때, 그 주위에 필요한 비오톱을 새롭게 창조함으로써 그 대지가 지역의 비오톱 네트워크의 한 요소가 될 수 있다.

2 자연재해의 경험을 읽어 위험을 피한다

입지환경에 있어 안전성은 가장 중요하다. 수해, 풍해, 지진, 토사붕괴 등의 자연재해의 역사를 읽음으로써 입지환경이 처해 있는 자연재해의 위험도를 인식한다. 이러한 자연재해 조건을 나타낸 지도를 '해저드 맵(Hazard Map)'이라고 한다. 건물의 입지환경에 위험한 영향을 미치는 곳과 역사적인 재해를 지도상에서 명확하게 한다.

고지도를 이용하여 부지 및 그 주위의 원래의 지형을 읽어내거나 지역 거주자로부터 청취하여 해저드 맵을 만들 수도 있다. 해저드 맵에 나타나는 위험한 곳은 행정 측도 같은 지적을 하는 경우가 많다. 즉, 건설이 허가된 대지라도 재해이력이 있는 곳의

사진 2-1-1 방품림이 있는 집이 분산되어 있는 취락

각 집에서 심어진 방품림은 바람뿐만 아니라 빙설, 여름의 냉기보급뿐만 아니라 마을 뒷산부터의 수계에 따라 입지하여 뒷산의 자연을 끌어안은 공간이 된다. 농업과 농촌적 생활이 역사가 키워 온 공생의 환경 경관으로서 유지되어 있다. (야마가타 현)

사진 2-1-2 억새지붕 민가가 다수 남아 있는 취락

억새지붕 기술은 그 지역의 젊은 기술자에게 계승되고 있다. 예전의 억새는 뒷산의 억새밭에서 채취되어 지방에 이용된 후는 퇴비로서 농지에 환원되었다. (교토부)

부근이라면 대지조성 시에 충분한 방재대책을 세울 필요가 있다.

또한 전통적인 농촌취락에서는 위험을 방어하고 좀 더 안전하게 살기 위한 토지이용의 연구나 환경디자인이 되어 있는 경우가 있다. 이와 같이 주위의 모습이나 토지이용의 특징으로부터 디자인의 힌트를 얻는 것도 중요하다. 방재 숲이나 방조림과 같이 풍해를 방지하기 위한 지혜, 수해상습지역에서의 윤중(수해로부터 거주지를 지키기 위해서 취락을 제방으로 둘러싼 지역을 말함. 일본 각지에서 볼 수 있지만 키소(木曽) 산센(三川) 하류지역이 유명하다)으로 보이는 전통적인 방재지역 만들기의 지혜와 같이, 풍토에서 길러진 지혜가 역사적으로 축적되어 있는 지역이 많이 있다. 이러한 지역에서의 토지이용 형상이나 건축대지 형태를 관찰 및 분석함으로써 지역 특유의 방재적인 환경디자인을 해석하는 것이 중요해진다.

3 풍토, 경관, 문화를 읽고 배운다

지역에는 고유한 풍토가 있다. 풍토는 단순한 자연의 집합이 아니다. 인간과 지역의 자연과의 긴 역사적인 관계성을 나타내는 개념이다. 인간은 풍토적 인간이며 건물도 풍토적인 물건이다. 건조한 풍토, 습윤한 숲의 풍부한 풍토, 물이 풍부하여 물과 공생해 온 풍토도 있다. 건축물이 세워지는 입지환경이 어떠한 풍토환경에 있는지를 이해하는 것이 중요하다. 습윤하고 더운 풍토에서 시원하게 보내기 위한 방안이 이루어진 대지나 건축의 형태가 있다. 대지 내를 흐르는 수로가 시원한 바람을 끌어들여 에너지가 절약된 쾌적한 실내를 만든다. 이러한 풍토적·생태학적 디자인을 읽어내는 것이다. 또 차가운 계절풍이나 대풍을 막기 위한 전통적인 방풍림이나 생울타리(生垣 생원, Hedge) 조성도 마찬가지다.

일찍이 근대건축은 국제양식이라고도 불려 세계일률(世界一律)의 건축을 요구했던 시기도 있었다. 그러나 앞으로의 건축은 그 각각의 입지풍토를 배려한 건축이 되어야 한다. 그러기 위해서는 입지환경을 포함한 지역의 풍토성과 거기의 버내큘러(Vernacular, 토착적) 디자인의 지혜를 해석할 필요가 있다. 역사적인 건축과 가로경관에는 적절하고 확실하게 빛이나 바람을 대지에 도입하는 환경적 연구가 있다. 즉, 오늘날과 같은 환경배려형 연구가 관찰된다. 이러한 지역에 뿌리내린 풍토적인 에콜로지컬 디자인의 코드를 읽어내어, 그것들을 새로운 건축의 디자인에 살리는 것이 중요하다.

지역의 종합적인 환경특징을 표현하는 말로서 '랜드스케이프(Landscape)'가 있다. '경관(景觀)', '경역(景域)'으로 번역된다. 경관은 인간의 시각으로 파악한 정경을 말하고, 경역은 지형, 식생, 토지이용 상황을 분석적으로 파악한 표현이다. 경역은 넓은 범위에서 지역의 특성을 파악하려고 하는 것이다. 또 가로경관과 같이 건물 군(群)이 구성하는 시각적 구성을 가리키는 경우도 있다.

자연적 입지특성 위에 구성된 생태계, 또 그것을 기초로 한 인간의 생산적 영위, 생활적 영위로서의 토지이용의 상황이 경관으로서 우리의 눈앞에 나타나고 있다. 지역의 경관은 자연에 대한 인간의 긴 영위의 결과적 표현이거나 가로경관과 같이 역사적, 문화적인 활동이 축적된 표현이다. 이러한 지역 고유의 경관은 보는 사람에게 안정감과 안심감을 준다.

건축물을 세운다고 하는 행위는 이러한 안정된 지역경관에 대해서 새로운 이물질을 삽입하는 행위이다. 이것을 충분히 의식하여 주위의 경관과 조화를 도모하는 것이 바람직하다.

지역의 역사적인 건축의 경관을 유심히 관찰하여 분석하는 방법에 '디자인 서베이(Design Survey)'가 있다. 이것은 건축의 형태, 가로경관, 취락의 구조를 분석하는 수법이다. 현재는 좀 더 환경적 관점에서 디자인 서베이가 바람직하다. 지역 고유의 건물 형태나 재료, 구법의 분석과 정리를 비롯하여 취락이나 마을의 도로, 건물의 배치패턴 등 토지이용의 특징을 분석한다. 또한 지역의 자연환경과 조화를 이룬 형태의 형성방법, 환경디자인의 전통적인 지혜와 작법을 찾는다. 이러한 관찰 및 분석은 오늘날과 같은 환경공생형, 풍토공생형 디자인으로 연결되어 각 지역에 맞은 지속가능한 건축 및 지역의 조성방향을 나타내 준다.

4 사회 및 제도적 환경을 읽어 조화시킨다

건축은 무인도에 세우는 것은 아니다. 기존의 사회적 환경 위에 세우는 것이므로 사회의 룰에 적합한 건물이 요구된다. 건축은 형태와 구조, 안전성을 법률적으로 규제 및 유도하는 건축기준법이나 도시계획법에 따라 세워진다. 당연히 대지의 이러한 사회제도적 입지환경을 사전에 조사해 두는 것이 필요하다. 또한 건축협정이나 녹화협정,

지구계획 등 지역에 따라 개별적으로 상세한 건축규제 항목이 정해져 있는 예도 있으므로, 이것들에 대한 조사도 필요하다.

한편, 이러한 법률 및 제도에 근거한 룰 이외에도 지역사회의 암묵적 이해라고도 할 수 있는 보이지 않는 룰이 있다. 지붕의 소재나 형태, 색조, 울타리, 방풍림의 설치, 현관의 위치나 형상, 개방적인 뜰 등이다. 전통적으로 형성되어 온 이러한 암묵의 룰에 의하여 앞서 말한 것과 같은 전통적인 가로경관이 형성되어 왔다. 이러한 암묵적 룰 모두를 따를 필요는 없지만, 그 룰 안에는 지역의 인간관계나 근린교류를 풍요롭게 해온 것도 있다.

예를 들어 도로에 면한 개방적인 뜰이 연결되는 농촌취락의 모습은 커뮤니티 의식을 높이고 있다고 말할 수 있다. 그러한 모습 속에 갑자기 높은 담을 가진 주택이 나타나면 커뮤니티에 있어서는 어울리지 않는 공간이 되어 버리거나 취락 내의 적절한 바람길(風道)을 차단하는 공간이 될지도 모른다. 취락이나 가로공간에 의해 사회가 어떻게 영위되고 커뮤니티가 형성되어 왔는지를 배려한 건축디자인의 방법이 요구된다.

(이토나가 코지)

3-2-2 맵핑(Mapping)

지역환경과 공생 가능한 지속적인 토지이용이나 건축계획을 위해서는 지역환경의 종합적인 해석, 어세스먼트(사전평가)가 필요하다.

지역환경의 종합적인 정보를 표현하는 수단으로서, 지도 위에 다양한 정보를 기입하여 해석하는 '지도화', '맵핑'이라고 하는 방법이 있다. 요즈음은 컴퓨터 기술의 발전으로 다양하고 복잡한 맵핑이 가능해지고 있다. 또 지역환경 정보를, 단지 객관적·과학적 분석으로 지도화할 뿐만 아니라 거기에 거주하는 주민이 스스로의 환경을 점검하여, 그것을 지도화함으로써 지역의 환경을 이해하고 개선해야 할 과제를 명확하게 할 수가 있다.

1 레이어 케이크(Layer Cake)에 의한 중층적 평가

지역의 환경을 중층적, 과학적으로 파악하는 방법으로서, 최근 IT를 활용한 GIS(지리정보시스템)의 개발과 그 응용이 빈번하다. 이 종합적인 해석수법의 토대가 된 것은

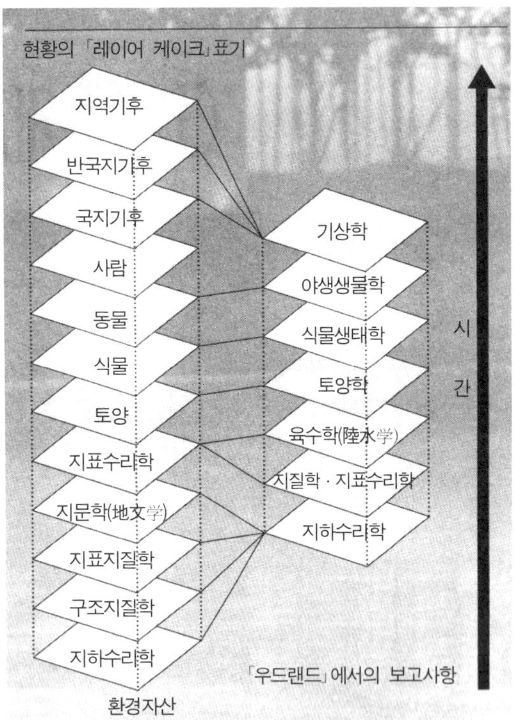

그림 2-2-1 레이어 케이크의 중층성(위)과 그 실천 예(우, 미국 뉴저지 주 메드포드 지구)

지역환경의 중층성과 학문의 관계도(문헌 3-6에서)

1960년대에 미국에서 이안 맥하그(Ian McHarg) 등에 의해 이루어진 레이어 케이크(레이어는 층의 의미)로 불리는 지역환경의 분석과 종합화의 수법이다. 이것은 지역환경에 맞는 적절한 토지이용을 결정하기 위해서 지역환경을 구성하는 다양한 요소를 평가하여 층으로 나누어 요소마다 분류한 지도를 작성하고, 그러한 지도를 겹쳐 맞추는 것으로 종합적인 평가를 하는 방법이다.

맵핑되는 요소는 토지이용계획의 목적에 따라 다르지만, 일반적으로는 기후, 지질, 수리, 토양, 식생, 야생생물의 생식지, 기존의 토지이용 등이다. 나누어진 그러한 요소는 지도상에서 겹쳐 맞추어져, 그 겹친 층의 농담으로 적절하고 확실한 토지이용의 방향성이나 과제가 시각적으로 명확하게 된다.

2 비오톱 맵(Biotope Map)

도시나 농촌지역의 생물생식환경 상황을 지도화한 것으로, 독일 등에서 활발히 실시되고 있는 '비오톱 맵'이 있다. 작은 동물이나 곤충의 생식환경인 녹지, 녹지 띠, 하천이나 늪 등의 수계(水系)의 분포상황도를 작성한다. 이 지역의 생물생식환경을 파괴하지 않도록 도로나 건축물의 계획적 배치를 규제, 유도하고, 때로는 이러한 생물이 연속적으로 이동할 수 있도록 회랑(corridor)을 도시나 농촌에 적극적으로 창조하기 위한 자료가 된다. 비오톱 네트워크를 창조하기 위한 기초적인 자료가 된다. 비오톱 맵은 해마다 새로운 정보를 갱신해 나가는 것이 필요하다.

지역의 생물환경과 공생하는 건축, 도시계획, 농촌계획에 있어 비오톱 맵은 그 계획을 진행시키는 필수조건을 제공해 준다. 우리나라에서도 이런 종류의 지역에 입각한 생태계 환경의 종합적인 맵핑이 긴급하게 요구되고 있다.

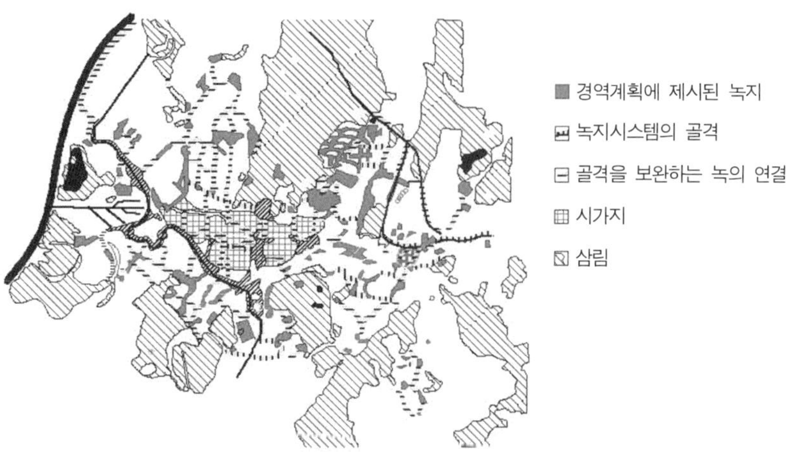

그림 2-2-2 독일의 비오톱 맵에 의한 녹지시스템의 사례, 카를스루에 시

3 바이오리전 맵(Bioregion Map)

인간의 생활환경이 성립되어 있는 지역환경의 중층성을 바이오리전(생명영역)으로 간주할 수 있다([2.1.4 도시의 자연회복·창조의 디자인] 참조). 지역의 경계를 국경이나 주 경계라고 하는 정치행정적인 차원에 의한 것이 아니라 하나의 통일성이 있는 자연적 특징을 가진 지역이나, 또는 인간이 자연에 능동적이고 계속적으로 손질을 하여 안정된 생태계를 만들어 낸 특정지역으로 간주하는 생각이다. 따라서 바이오리전은 지형, 토양, 수계, 식물상, 동물상에 인간의 사회활동도 가미되어 중층적으로 구성된다. 그리고 이 생명지역의 영역은 때때로 생태계의 통일성을 가진 하나의 하천유역(流域), 혹은 몇 개의 유역을 모은 지역으로서 인식된다.

원래 바이오리전이란 개념은 미국에서 환경운동의 일환으로 태어난 '바이오 리저널리즘'이라고 하는 운동에서 출발하였다. 지역주민 자신이, 지역의 환경적 과제를 유역의 단위로 연속적으로 생각하여 행정적인 영역구분을 넘어 연속된 생명영역으로서 스스로의 지역을 파악한다. 그러한 과정을 거쳐 지역의 환경개선이나 환경문제를 해결해 나가려는 사상이다. 또 인간을 에워싸고 있는 주변의 자연환경이나 사회·문화환경을 이해하고, 그것을 자기의 문제라고 인식하여 개선해 나가는 운동이다. '바이오리전'의 창시자인 피터 버그(Peter Berg)가 제시한 '바이오리전 맵'을 그리는 방법 및 순서는 다음과 같다.

그림 2-2-3 바이오리전 맵의 개념도
주민도 알기 쉽게 지역환경을 인식할 수 있다. (문헌 3-7의 그림 일부를 개편)

- 정점 : 종이의 중심에 ×표를 붙인다. 거기가 당신이 사는 장소이다.
- 방위 : 북쪽을 나타낸다. 방향감각을 확실히 하는 것은 생활에 있어서도 중요하다. 어느 방위로부터 태양의 빛이 들어올지에 따라 식물과 동물의 반응이 다르고 신축의 경우에도 필요하다.
- 바람과 비 : 종이의 구석에 몇 개의 화살표로 바람과 비가 올 방향을 나타낸다. 계절에 따라 다른 경우도 있다.
- 물 : ×표에서 제일 가까운 물의 위치를 그린다. 하천, 호수, 연못, 습지 뭐든지 좋다. 도시에서는 많은 하천이 도로로 복개되어 있으므로 배수구거(溝渠=도랑)가 물길을 나타내는 것이 될 것이다.
- 하천 : 물의 포인트를 강으로 연결한다. 물이 머무는 장소는 비싼 토지에 둘러싸인 장소이다.
- 산과 언덕 : 분수령을 만들어 내고 있는 산과 언덕을 그린다.

- 흙 · 식물 · 동물 : 흙의 요소를 기입한다. 돌, 모레, 진흙, 흑토 등 지역의 식물이나 동물을 그린다.
- 환경부하 : 지금까지는 인간의 흔적은 그리지 않았다. 우선 인간이 가하고 있는 환경영향의 큰 것을 그려 넣는다. 오염 공장지, 오염 수로, 환경부하가 높은 댐, 고속도로, 원자력 발전소 등 각자의 의견을 그린다.
- 환경공생 : 인간의 행동 중에서 자연과 조화를 이룬 친화적인 것을 그려 넣는다. 녹화, 자연보호지, 유기농업지, 재활용 프로젝트 등 각자의 의견을 그린다.
- 민주적 참가에 의한 견해 : 각자가 그린 지도를 서로 보여준다. 같은 지역 또는 유역 사람들이 공통 이해가 깊어져 장래 필요한 환경적 과제를 명확화하는 활동 프로그램을 생각한다.

이상과 같은 바이오리전 맵을 만듦으로써 지역주민 자신이 지역의 복잡한 환경을 감각적으로 인식하고 내용을 파악하며, 그들의 인식을 바탕으로 하여 지역의 환경조성 방향을 명확하게 할 수 있다.

4 워크숍에 의한 환경진단 지도 만들기

최근 주민참가 지역 만들기 혹은 마을 만들기가 빈번히 진행되고 있다. 주민 자신이 지역이나 취락의 환경을 어떻게 인식하고 있는지, 환경적 과제는 무엇인가를 파악하는 방법으로서 지도를 이용한 워크숍을 하고 있다. 경우에 따라 주민과 계획자가 현지를 함께 걸으면서 해결해야 할 과제의 발견이나, 보전해야 할 자연환경이나 비오톱의 장소, 문화 · 경관 등을 지도에 그려 넣어 가는 작업을 한다.

제3자에 의한 과학적 · 종합적인 지역환경의 진단에 대비되는 것으로, 그 지역에 살고 있으면서 환경조성의 당사자인 지역주민이 생활자의 시점에서 지역환경을 객관적으로 분석하는 것이다. 인공적으로 디자인한 환경을 사용하고, 그것을 지속적으로 유지 및 관리해 나가는 주체인 지역주민이 주변 환경을 객관적으로 이해하는 것은 중요하며, 실제로 계획 · 디자인하는 측에 매우 중요한 정보가 된다. 집회소 등의 공공시설 계획의 경우에는 지역주민과 공동으로 이러한 점검 워크숍은 실제의 디자인을 진행시켜 나가는 데 있어서 중요한 프로세스가 된다.(이토나가 코지)

사진 2-2-1 수로환경정비의 워크숍 풍경
(시가 현 고토우초 다나카 부락)

3-2-3 대지환경을 진단한다

1 대지환경을 단계적이고 종합적으로 진단한다

지구환경에 배려하고 지역환경과 지속적인 공생관계를 만들어 지구환경건축을 디자

표 2-3-1 지구환경건축을 디자인하기 위한 대지 진단 기본표

대항목	소항목	진단내용	진단자료 수집방법
I 물리적 자연	① 지도	• 지질, 지형, 포위, 경사도 토양, 성분, 침식, 토양오염의 유무와 이력	• 지형도, 지질도, 토양도, 토양오염도, 대지 가까이의 볼링조사자료
	② 수원	• 지하수, 표층수의 흐름, 용수, 하천, 바다, 호수의 유무	• 수맥도, 수계도, 대지 내의 우수흐름, 배수상황, 습지유무의 조사
	③ 대기권	• 공기오염의 유무	• 오염조사자료, 대지 내의 냄새조사
II 생물상	① 식물상	• 풀, 관목 및 중저 높이 나무의 분포와 성숙도, 관리상태, 대지의 극상조건, 대지 내의 귀중한 종의 유무	• 대지를 포함한 지역의 식생도, 대지에서의 식생환경조사 • 비오톱 맵
	② 동물상	• 곤충, 새 등의 생식상태, 야생동물의 유무, 맹금류의 생식상황, 귀중한 종의 유무	• 대지 및 주변의 동물상의 분포도, 귀중 종 등의 멸종위기생물조사 보고서(Red-data book), 특징적 동물의 행동파악조사
III 미기후	① 태양	• 연간 일조시간, 계절별 평균일조시간, 계절별 태양고도, 양달, 응달	• 이과연표(理科年表), 지역의 기상대 정보, 현지관찰조사, 청취조사
	② 비	• 연간 총우량, 월별 우량, 집중호우 유무	상동
	③ 온도	• 월별 평균 · 최고 · 최저기온, 건조지역 · 고온지역의 파악, 역전층(상부가 하부보다 기온이 높은 층)	상동
	④ 습도	• 월별 평균 · 최고 · 최저기온, 건조지역 및 고습지역 파악	상동
	⑤ 서리	• 계절과 기간, 정도, 발생개소	상동, 대지 내에서의 서리의 상황조사
	⑥ 바람	• 계절별 풍향과 풍력, 태풍의 빈도, 육풍 · 해풍 · 골짜기바람, 대지 내에서의 바람길	상동, 대지 내에서의 풍속계 설치를 통한 조사
IV 자연 에너지	① 중력	• 대지의 등고선, 고저차, 경사도	• 대지의 지형도, 고저차의 조사
	② 수력	• 수맥, 주위의 연못+수로+용수의 유무	• 대지 및 주위의 수맥 및 수계조사
	③ 풍력	• 높이별, 계절별 풍력과 풍향	• 기상청의 기록, 풍차설치 예정위치에서의 풍력조사
	④ 바이오매스	• 가까이 있는 목재, 유기폐기물의 유무	• 근처에 있는 바이오매스 에너지 실적조사
	⑤ 지열	• 지열, 지하수의 유무와 온도의 조사	• 현지조사, 주변의 온천조사
V 과거의 진단	① 재해	• 수해, 풍해, 지진, 토사붕괴 등의 자연재해의 이력	• 관계기관의 재해기록, 해저드 맵 조사, 관찰과 청취
	② 지혜	• 전통적인 주거형식에서의 지혜, 에너지절약 지혜, 방풍의 지혜, 물이용 지혜	• 고문서, 향토사, 관찰과 청취, 주위의 생활관찰
	③ 경관	• 주위의 가로경관, 촌락경관	• 경관관찰조사, 향토사, 민속사
VI 미래의 예측	① 자연환경의 변화	• 대지 및 주위의 자연변화 예측, 식물의 생장이나 생물의 다양성의 예측, 식물의 생장에 의한 미기후의 변화	• 선구 식물 종의 파악, 대지 주위에서 쾌적한 미기후를 형성하고 있는 대지의 관찰 및 청취, 건축에 의한 대지의 미기후의 변화 예측
	② 인공환경의 변화	• 대지 주변의 개발계획 여부, 대지 주위의 자연환경개변계획의 유무와 형성예측, 미기후의 형성 예측	• 각종 개발계획, 보전계획의 조사

인하기 위해서, 그 대지의 입지환경을 어떻게 파악해야 할 것인가를 생각한다. 그것은 대지환경을 단계적, 종합적으로 진단하는 것이다. 단계적이란 대지를 포함한 지역의 환경을 우선 최초로 진단해 두는 것이다. 지역환경의 특징을 기존자료를 활용하여 파악하는 것은 어느 정도 가능하다. 먼저 말한 것 같은 지역계획, 도시계획, 마을 만들기 과정에서 확인된 것을 활용하는 것도 생각할 수 있다. 이것을 참고로 함으로써 대지환경이 지역환경 속에서 어떠한 위치 및 가치를 가지고 있는지, 혹은 어떤 기여를 해나가야 할 것인가가 명확하게 된다.

건축은 비오톱 네트워크에서 어떤 역할을 완수해야 할 것인가, 생물의 다양성이나 생물의 서식환경을 위해서 그 대지가 어떤 역할을 완수하지 않으면 안 되는지, 또 지역의 풍경 속에서 어떠한 특성을 가져야 할 것인가 등의 조건이 정리된다. 또한 기존의 자료를 정리함으로써 대지가 처해 있는 환경조건을 대략적으로 파악할 수 있다. 그것에 의해 항목에 따라서는 좀 더 상세하게 대지환경을 조사해야 할 항목을 정리하는 것도 가능해진다.

지역환경으로서 조사 및 진단해 두어야 할 항목은, 이미 거론한 바와 같이 맵핑에서 지적한 것 같은 중층적인 항목으로 구성된다. 항목별 정리는 물론이고, 그것들을 지도 상태로 파악해 두는 것도 중요하다. 특히 넓은 대지의 개발행위를 수반하는 경우는 필수적인 조건이 된다.

2 지구환경건축을 디자인하기 위한 대지환경의 진단항목

지구환경건축의 시점에서 각 건축이 세워지는 개별 대지환경의 진단에 대해 생각한다. 건설된 후에도 건축이 대지와 함께 좀 더 쾌적한 환경으로 성장해 가는 것을 예측한 시간적인 변화도 포함하여 대지환경을 평가한다.

표 2-3-1과 같은 진단항목이 있다. 이 표는 주위의 자연환경을 파악하여 지역의 자연환경에 대한 부하를 줄이고 바람, 물, 태양 등 자연에너지를 충분히 활용하는 지구환경건축을 디자인하기 위한 대지환경 진단항목이다.

① **물리적 자연의 진단** : 생태계의 기반을 구성하는 지권 · 수권 · 대기권에 관한 지역 고유의 대지조건을 정리한다.

② **생물상의 진단** : 대지가 지역의 생물환경에 대해서 어떤 역할을 해오고 있는지, 또 거기에 건축이 세워짐으로써 지역의 생물상에 어떤 영향이 일어나는지를 생각하는 것이다. 먼저 말한 것 같은 비오톱 네트워크의 한 요소로서 그 대지가 해야 할 역할이 명확해진다. 때로는 건축이 생물을 위한 서식처를 제공하는 것을 생각하는 계기가 된다. 옥상녹화나 벽면녹화로 다양한 생물의 생식환경을 제공할 수도 있다.

③ **미기후의 진단** : 대지에서의 햇빛의 움직임, 바람, 온도, 습도 등의 미기후의 진

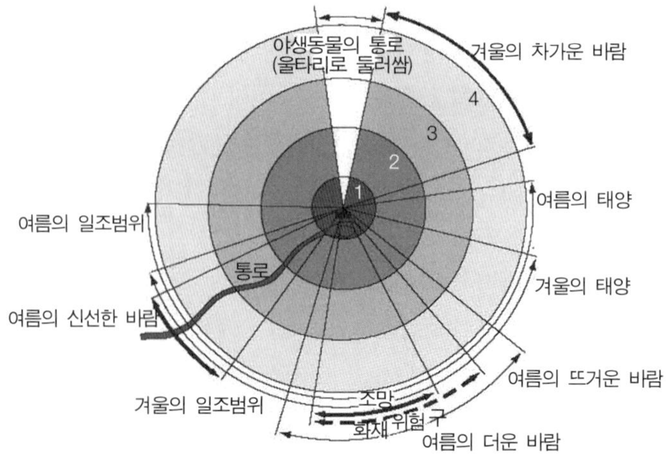

그림 2-3-1 태양의 빛을 고려한 대지의 특성 (문헌 3-8의 그림을 일부변경)

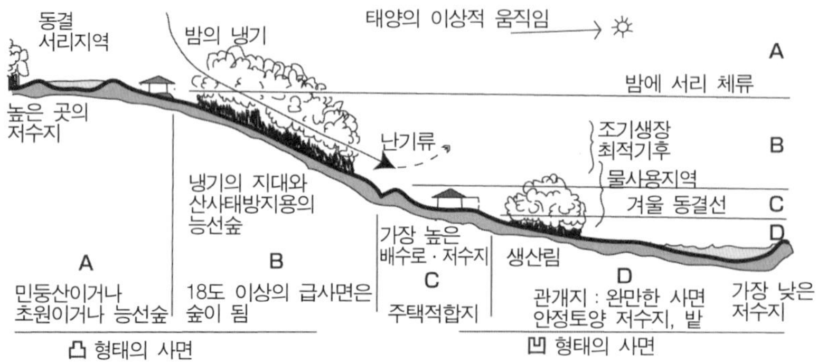

그림 2-3-2 사면의 지형이나 일조를 고려한 대지환경의 진단 (문헌 3-8의 그림을 일부변경)

단이다. 미기후를 진단하여 그 조건에 맞춘 건축계획, 환경계획을 함으로써 쓸데없는 에너지를 사용하지 않고 쾌적한 환경을 만들 수 있다. 또 그 대지에 건축이 건설됨으로써 대지나 그 주위의 미기후가 변화하는 것도 예측 진단해 둔다. 이것은 다음에 말하는 미래의 예측으로 연결된다. 건물이나 식물의 재배로 완성되는 미기후를 지혜롭게 활용함으로써 에너지 절약형 건축디자인이 가능하다.

④ **자연에너지의 진단** : 에너지를 절약하고 태양광이나 수력, 지열 등의 자연에너지를 활용하기 위해서는 대지가 가지고 있는 자연의 힘의 잠재력(potential)을 진단해둘 필요가 있다.

⑤ **과거의 진단** : 대지가 속해 있는 지역의 역사 · 문화 · 경관의 특징을 이해한다. 전통적인 거주방식, 건물의 건축방법, 자연을 건축에 이용하는 지혜로운 생각 등 배우는 것이 많다. 전통적인 가로경관과 촌락경관을 구성하는 디자인 코드를 체

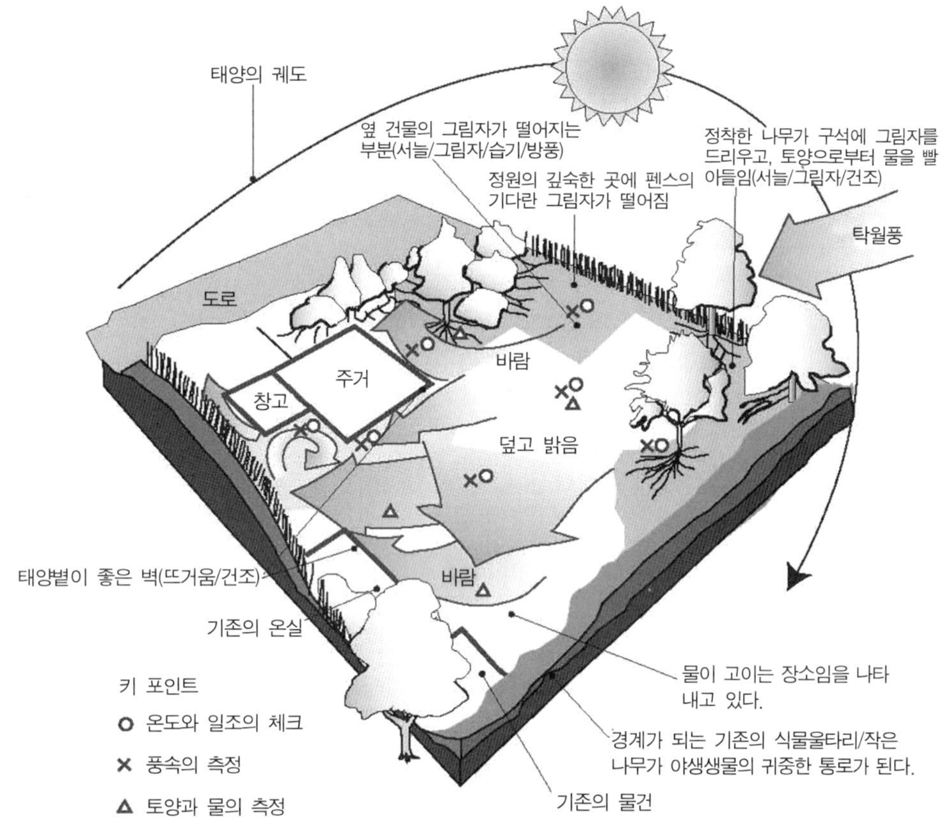

그림 2-3-3 주택지 대지환경의 종합적 평가 모식도 (문헌 3-9의 그림을 일부변경)

크해 두는 것도 필요하다.

⑥ **미래의 예측** : 건축물 때문에 어디에 응달이 생기고, 또한 어디에 물이 고이기 쉬워지는지, 주위의 미기후가 어떻게 변화해 나가는지, 식물의 성장으로 어떠한 대지환경이 생길지를 예측한다. 건물과 함께 성장하는 대지환경의 평가이다. 이것은 대지 주위의 기존 부지환경을 관찰하고 청취하여 어느 정도 예측할 수 있다. 또한 대지환경이 크게 변화하는 주위의 개발계획에 대해서도 조사해 두어 대지환경의 변화를 예측해 두는 것도 필요하다.(이토나가 코지)

페놀로지 가이드(Phénologie Guide : 생물계절(기후)학 가이드, 겹침달력)

건축이 귀속하는 토지나 장소에는 반드시 기후풍토와 생태계가 있고, 많은 경우 인간이 그것들과 관계하여 온 역사와 문화가 있다. 이 한 장의 표는 주변 환경과 응답한 계절별 건축물의 사용법이나 프로그램을 생각할 때에, 실로 다양한 입체적인 정보를 준다. 또한 그 작성과정에서 프로젝트의 '장소성'을 자연, 인문, 사회적 특성 측면에서 이해할 수가 있으며, 마지막으로 그 전체상을 가시화할 수 있다. 아래 표는 고베 시(神戸市) 히가시나다 구(東灘区)의 사례이다.(이와무라 카즈오)

표 고베 시 히가시나다 구의 페놀로지 가이드(겹침달력)

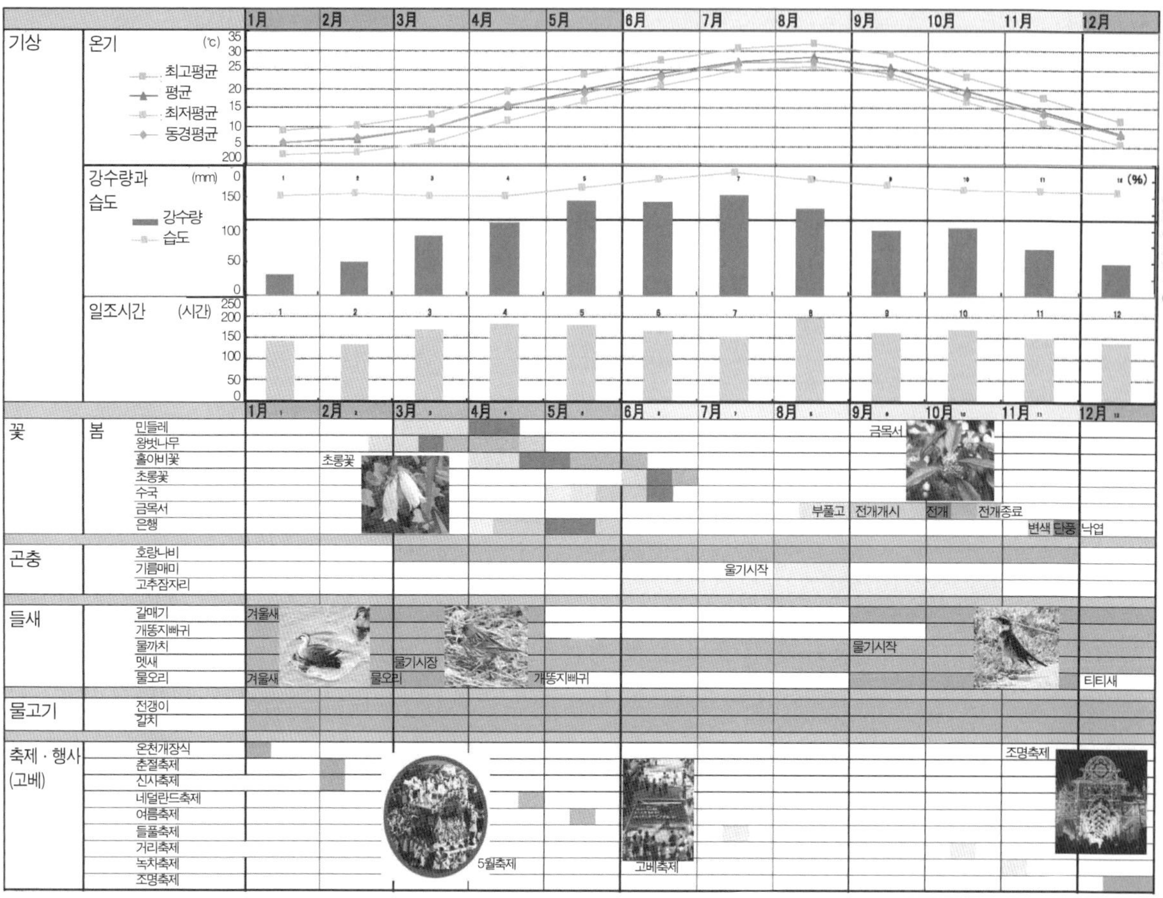

3-3

계획을 스스로 평가한다 (Design)

3-3-1 건축의 환경성능평가

1 건축환경평가의 역사적 전망

1) 제1단계 환경평가

건축에 관련된 환경평가에 관한 연구는 지구환경문제가 표면화되기 훨씬 이전부터 존재했다. 가장 오래 전부터 해온 환경평가는 주로 건물의 실내환경에 대한 성능평가, 바꿔 말하면, 건물 이용자의 생활 '쾌적성 향상' 혹은 '편익 향상'이라는 관점에서 이루어진 환경평가이다. 건축환경공학이라는 학문 분야에서 전통적으로 해온 환경평가는 오로지 이 타입뿐이었다. 이것을 건물에 대한 환경평가의 제1단계라고 할 수 있다. 이 단계에서는 지역환경 및 지구환경을 개방계(開放系)로 간주하는 것이 일반적이고, 외부에 미치는 환경부하에 대한 배려는 희박했다. 건축물 외부에 대한 환경부하에 대하여 의문이나 통양(痛痒, 아프고 가려움)을 느끼는 경우가 적었다고 하는 의미에서, 역설적으로 이 환경평가의 전제가 되는 개념은 명쾌하였다.

2) 제2단계의 환경평가

1960년대에 공해문제가 발생했을 때, 이른바 근린환경문제가 사회적으로 큰 관심을 불러일으켜 환경영향평가라는 형태로 사회에 정착되었다. 이것은 현재도 행정 속에 편입되어 근린환경파괴 방지에 큰 힘을 발휘하고 있다. 이것을 환경평가의 제2단계로 할 수 있다. 여기에서는 건물이 주변에 미치는 마이너스의 영향(이른바 공해)만이 환경영향(즉, 환경부하)으로서 평가되었다. 이런 의미에서, 제2단계의 환경평가의 개념도 내우 명확했다. 평가의 대상으로 그늘, 빌딩풍(Building Wind)에 의한 피해, 소음, 압박감 등 다양한 것을 다루고 있다.

제1단계 환경평가의 대상은 "사유재(私有財)"로서 환경인 반면, 제2단계의 평가대상은 "공공재(公共財)"로서의 환경이다. 제1단계와 제2단계에서 같은 환경이라는 말이 사용되고 있음에도 불구하고, 그 의미하는 바는 완전히 다른 것이다. 이것이 환경평가를 혼란시키고 있는 하나의 원인이다.

3) 제3단계와 제4단계의 환경평가

제3단계는 1990년대 이후, 지구환경문제가 표면화되고 나서 화제가 된 환경평가이다. 이것들은 BREEAM(Building Research Establishment Environmental Assessment Method), LEED(Leadership in Energy and Environmental Design), GB Tool(Green Building Assessment Tool, 현 : SBTool) 등으로서, 널리 세계적 관심을 모으는 단계에 이르렀다.

여기서 평가대상이 되는 것은 주로 제2단계와 마찬가지로 건축물의 생산, 사용, 폐기에 따르는 마이너스의 측면, 즉 환경부하이지만, 제2단계의 시점에 비해 지구환경에 대한 배려가 강화되고 라이프스타일이라는 관점이 부가된 것이 중요한 점이다. 그 외에 건물 그 자체의 성능(제1단계, 즉 건물 사용자의 생활 쾌적성)도 일부 평가대상으로 포함되어 있다.

상기의 어느 평가 툴에 있어서도 양자의 의미차(즉, 제1단계와 제2단계의 차이)가 명확하게는 설명되어 있지 않다. 또한 후술하는 바와 같이 평가의 대상범위가 명확하게 나타나지 않았다. 이 점이 GB Tool 등으로 대표되는 제3단계 환경평가를 이해하기 어렵게 하고 있는 큰 이유이다. 이 점에서 이들 제3단계 평가의 이념은 제1단계, 제2단계에 비해 환경평가가 전제로 하고 있는 개념에 명쾌함이 부족하다고 할 수 있다. 이러한 측면을 개량한 것이 다음에 말하는 제4단계 환경평가이다.

2 평가대상 범위에 대하여 : 폐쇄계(閉鎖系)와 환경용량

건물의 환경을 평가할 때에는, 우선 평가대상의 개념에 대해 정리하는 것이 필요하다. 지구환경문제에 대하여 우주선 지구호라고 하는 표현은 지구환경이 폐쇄계이며 평가대상의 경계를 명확하게 했다는 의미에서 획기적이고 환경평가에 대한 중요한 개념이라고 말할 수 있다.

앞에서 말한 제3단계의 환경평가는 대체로 지역이나 지구의 환경용량이 그 한계에 직면하였기 때문에 시작한 것이므로 환경평가를 할 때는 환경용량을 결정하는 폐쇄계에 대한 개념 제시가 필수적이다. 따라서 건물의 환경평가에도 어느 규모의 폐쇄계를 상정할지가 열쇠가 된다. 즉, 건축물의 평가에서도 평가대상의 범위를 명확하게 하는

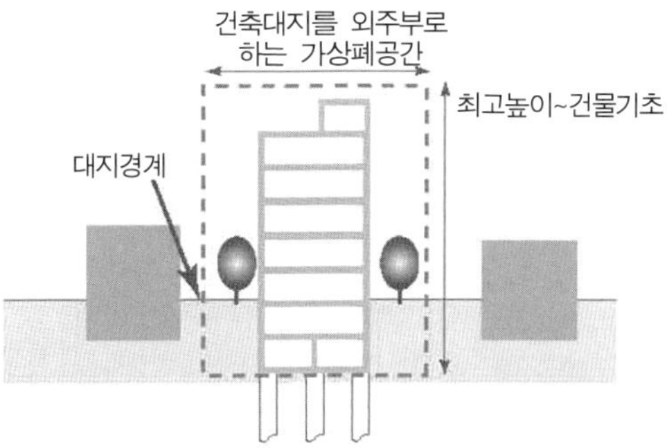

경계 내 : 건축물의 환경품질 및 성능으로 평가
경계 외 : 건축물의 환경부하 저감성으로 평가

그림 3-1-1 평가대상으로서의 가상 폐공간

것이 평가를 하기 위한 첫 단계라 할 수 있다. 이러한 생각을 바탕으로 하면, 건축물 환경평가의 경우 건물 대지를 외주(外周)로 하는 가상 폐공간을 생각하여, 이것을 평가대상으로 하는 것이 타당하다고 생각된다. 앞에서 말한 제3단계 평가는 이 점이 명확하지 않다.

건축 대지를 외주로 하는 가상 폐공간을 상정할 경우 그 공간의 환경용량은 일반적으로 작다. 따라서 건물을 건설하는 것의 영향이 가상 폐공간을 넘어 그 외부에 이르는 것은 피하기 어렵다. 상정한 가상 폐공간 외부에 미치는 영향을 올바르게 인식하는 것이 제4단계 환경평가의 출발점이다. 외부에 미치는 바람직하지 않은 환경적 영향이 환경부하이다. 즉, 폐쇄계를 상정한 가상 폐공간을 정의하지 않고서는 환경부하를 정의하는 것은 곤란하다고 말할 수 있다. 상기 가상 폐공간의 외부에 대한 부의 환경영향을 '환경부하(즉, 제2단계의 평가와 생각은 같음)'로 하고, 가상 폐공간 내부의 환경성능 향상을 '건물 사용자의 생활 쾌적성 향상(즉 제1단계의 평가)'으로 하여, 양자를 명확하게 구별하여 평가하는 것을 제4단계의 평가라고 한다. 이렇게 함으로써 평가의 개념은 명확해진다.

또한 (이용자의 생활 쾌적성 향상) / (외부 환경부하)를 Building Environmental Efficiency (BEE)라고 정의하면, 제4단계 환경평가의 개념은 좀 더 간단 명료한 것이 된다. 이러한 점이 제4단계 평가의 개념이 제3단계의 그것과 비교하여 개량된 점이다.

3 환경성능평가 툴의 활용방법

환경평가 툴은 폭넓게 이용되어야 할 것이다. 우선 적용의 시점으로서 ① 설계(준공)시점, ② 운용시점, ③ 개수 및 폐기시점이라는 3개의 시점을 선택할 필요가 있다.

또한 평가 툴은 다음에 나타내는 바와 같은 다양한 이용목적에 대응할 수 있어야 한다. ① 설계자를 위한 설계 툴(환경영향 설계도구)로서, ② 건축물의 자산평가에 이용 가능한 환경 라벨링(Labeling) 툴로서, ③ ESCO(Energy Service Company) 사업이나 리모델링 산업에서의 이용을 염두에 둔 환경성능진단 및 개수설계 툴로서, 앞으로 건축환경의 평가 툴은 지구환경 시대의 건축공간의 새로운 "풍요로움"이나 새로운 건축산업 분야의 개발을 모색 및 제공하기 위한 유효한 툴로서 활용되리라고 예상된다.

(무라카마 슈조)

3-3-2 설계자를 위한 환경성능평가 수법

건축물의 환경성능을 높이기 위해서는 설계의 각 단계에서 설계 안을 적절하게 평가할 필요가 있다.

1 해외의 건축물 환경성능평가 수법

1) BREEAM

BREEAM(Building Research Establishment Environmental Assessment Method)은 영국 건축연구소 BRE(Building Research Establishment)에 의해 1990년에 개발된 건축물의 환경부하평가 수법이다. 현재 캐나다, 홍콩, 오스트레일리아, 뉴질랜드 등에서 국가와 지역성을 고려하여 각국에 맞게 조정된 것이 사용되고 있다.

(1) 개발목적

평가수법 개발의 목적은 다음의 7가지이다.

① 설계자를 계발(啓發)하여 환경에 대한 배려를 의식하도록 한다. ② 환경에 배려한 건물을 요구하는 소리에 부응하여 디벨로퍼, 설계자 및 입주자가 그 수요를 불러일으킨다. ③ 건물이 지구온난화, 산성비, 오존층 파괴에 중대한 영향을 미치고 있다는 것을 넓게 인식시킨다. ④ 자주적인 조사와 평가를 할 수 있도록 목표와 표준을 설정하여 잘못된 주장이나 인식을 줄인다. ⑤ 건물이 환경에 주는 장기적인 영향을 저감한다. ⑥ 물, 화석연료 및 그 외 고갈성 자원의 소비량을 줄인다. ⑥ 실내환경의 질을 높여 거주자의 건강과 쾌적성을 향상시킨다.

(2) 평가대상

사무소, 점포, 주택, 공장에 대해 신축공사 및 개수공사용 환경평가 수법이 공표되었다. 기본적으로 영국을 대상으로 작성되었다. 전력의 CO_2 원단위(기준량)가 일본과 영국에서 서로 다른 점과 일본의 사정에 맞지 않은 평가항목 등이 있기 때문에 그대로 일본의 건축에 적용하려면 무리한 점이 있다.

(3) 평가항목

평가항목은 ① 지구환경문제와 자원이용, ② 지역환경문제, ③ 실내환경문제 3개로 대별되고, 다음에 나타내는 각 항목마다 목표를 달성하면 최고 42점이 주어진다. 서로 다른 시점의 평가항목으로서 가중치는 부여되지 않는다. 최종적인 평가는 ①~③ 각 부문의 최저 점수와 합계 점수로 보통(Fair), 좋음(Good), 매우 좋음(Very Good), 우수함(Excellent)이라는 4단계의 순위가 주어진다.

사무소, 소매점, 학교, 복합시설, 재판소, 형무소, 창고, 유통시설, 공장 등의 신축 시 평가, 기존(현재 상태) 평가, 개수 시 평가를 하기 위해서 건물용도별로 BREEAM이 개발되어 있다. 또한 이와 별도로 단독주택과 집합주택의 신축, 기존, 개수 시 용도로 에코홈(Eco-Home)이라고 하는 명칭의 평가 시스템이 있다.

2) LEED

LEED(Leadership in Energy and Environmental Design)라는 등급 부여 시스템은 비영리단체인 미국그린빌딩협의회에서 1995년에 제안한 평가수법이다. BREEAM 등에 대한 검토를 거쳐서 개발되었다. 이 평가수법은 A. 지속가능한 대지(최고 14점), B. 물의 이용효율(최고 5점), C. 에너지와 대기(최고 17점), D. 재료와 자원의 보호(최고 13점), E. 실내환경의 질(최고 15점), F. 혁신성과 설계 프로세스(최고 5점)라는 6가지 분야로 구성된다. 최고 득점은 69점이지만 득점에 따라서 인증(26 ~ 32점), 은상(33 ~ 38점), 금상(39 ~ 51점), 플래티나상(52점 이상)으로 등급을 매긴다.

LEED에는 신축 시 및 대규모 개수 시의 평가를 위한 LEED-NC(New Construction), 기존 건물을 평가하기 위한 LEED-EB(Existing Building), 상업시설의 인테리어 평가를 위한 LEED-CI(Commercial Interior), 인테리어 공사를 제외한 구체부분을 평가하기 위한 LEED-CS(Core & Shell), 주택의 평가를 위한 LEED-H(Home)가 개발되어 있다. 또 2009년에는 LEED version 3이 발표되어 에너지 절약이나 CO_2 삭감대책 등의 평가가 충실해졌다.

3) SB-Tool

이상과 같이 BREEAM, LEED 등이 각국에서 개발되어, 그것이 다른 나라에 보급되어 온 환경성능평가 수법에 비해서 국제적인 대처로서 주목 받은 것이 캐나다 주도에 의해 일본을 포함한 선진 14개국이 참가하여 1996년부터 개발되어 온 GB Tool 98(Green Building Tool 98)이다. 그 후 개발도상국도 연관되고 개량도 되어 현재는 명칭도SB Tool 2008(Sustainable Building Tool 2008)로 개정되었다(p.317 'GBC' 참조).

2 일본의 건축물 환경성능평가 수법

1) 청사 등을 대상으로 한 환경성능평가 수법

a) 그린청사계획 기준에 따른 환경배려 설계

일본 국토교통성 대신관방 관청 영선부는 각 부처의 14,000만㎡에 이르는 관청시설의 정비를 담당하는 부처이며, 관청시설 정비에서의 환경부하저감지침으로 "환경배려형 관청시설(그린청사) 계획지침"을 1998년 3월에 책정하였다. 청사판 $LCCO_2$ 계산법은 일본건축학회의 LCA수법을 관청시설에 어울리도록 간략하게 하고, 출력을 $LCCO_2$와

LCC로 하여 표준청사의 규모별 데이터베이스, 태양광발전, 태양열 등급을 달성하기 위해서는 계획 당초부터 공사 예산을 확보하는 것이 중요하기 때문에 개발된 것이다. 표준지(標準地)에 세우는 3,000m² 등급의 청사를 모델로 하여 대표적인 그린화 기술을 선택함으로써 $LCCO_2$, LCC, 초기 CO_2 회수연수, 초기투자 회수연수, $LCCO_2$ 삭감 1kg-C/년 당의 초기투자액이 어떻게 바뀔지를 메뉴방식으로 선택하면서 채용한 대책의 비용 대 효과를 확인할 수 있도록 고안되어 있다. 국가의 청사에 어울리도록 개발한 수법이지만 지방공공단체나 민간기업에서도 이러한 설계지원 툴을 이용하는 프로젝트가 증가하고 있다.

또한 기존 관청시설에 대해서는 “관청시설의 환경배려 진단 및 개수계획지침(그린진단 및 개수계획지침)”이 2000년 12월에 책정되어, 그 해설과 계산 소프트가 “그린진단·개수계획지침 및 동해설, CD-ROM 첨부”로서 2000년 3월에 공개되었다.

또한 관청 영선부가 2004년 7월에 책정한 “관청시설에 있어서의 환경부하저감 프로그램(영선 그린 프로그램)”을 근거로 하여, $LCCO_2$ 이외에도 LCR(자원소비), LCW(폐기물)를 더하고 환경회계적 시점을 도입한 비용 대 효과와의 평가와 더불어 CASBEE도 활용하는 평가시스템이 “그린청사 기준 및 동해설”과 “그린진단 및 개수계획 기준 및 동해설”로서 2006년에 공표되었다. 환경배려계약법이 2007년 5월 공포, 11월에 시행되어 국가나 독립행정법인의 시설 설계에 있어서의 $LCCO_2$ 평가가 의무화 되어 환경배려 설계가 계속적으로 진전할 것이라고 기대된다.

b) 지방공공단체의 공공시설의 환경배려 설계

지방공공단체에 있어서의 유사한 평가시스템으로서는 아오모리 현 현토 정비부가 2003년 12월에 공표한 “아오모리 현 환경조화건축 설계지침” 등이 있어, 청사 이외의 시설의 신축 및 개수에 해당하는 환경투자의 비용 대 효과 등을 평가할 수 있다. 아오모리 현의 평가시스템은 현의 웹 사이트 상에서 공개되어 있다. 또한 도쿄 도(東京都)는 지구온난화 방지를 향한 도 소유시설 환경배려정비지침에 근거하여 LCA, LCC와 CASBEE를 이용한 도청사, 도립고교, 도립병원을 중심으로 한 도 소유시설 환경·비용 평가시스템을 개발·활용하기 시작하고 있다. 게다가 후쿠시마 현 토목부도 도쿄 도와 같은 방법으로, 현 청사와 현립학교용 환경공생 건축계획설계지침을 2006년 11월에 공표하는 등 지방공공단체의 공공시설의 기획, 설계단계에서 LCA, LCC를 서서히 보급해 왔다. 전술한 환경배려 계약법(2007년 11월 시행)은 지방공공단체에 대해서 노력 의무를 부과하고 있으므로 환경배려 설계는 계속적으로 진전할 것이라고 기대된다.

2) 건축환경 종합성능평가 시스템

‘건축환경 종합성능평가 시스템(CASBEE)’은 건물을 환경성능 측면에서 평가하여 등급을 매기는 수법이다. 에너지 절약이나 자원절약 및 재활용 성능과 같은 환경부하 저감은 물론, 실내의 쾌적성이나 경관에 대한 배려 등 환경품질의 성능 향상도 포함하여 건물의 품질을 종합적으로 평가할 수 있다.

CASBEE 개발은 2001년부터 시작되어 국토교통성 주도 아래 (재)건축환경 · 에너지 절약기구 내에 설치된 위원회에서 계속적으로 진행되어 왔다. 2002년에는 최초의 평가 툴 'CAS-BEE-사무소판'이, 그 후로 2003년 7월에 'CAS-BEE-신축', 2004년 7월에 'CASBEE-기존', 2005년 7월에는 'CASBEE-개수'가 발간되었다. 또한 2006년 7월에는 'CASBE-마을 만들기', 2007년 9월에 'CASBEE-주거(단독주택)'도 완성했다. CASBEE 평가 툴의 특징은 ① 건물의 라이프사이클을 통한 평가를 할 수 있는 것, ② '환경품질(Quality)'과 '환경부하(Load)' 양 측면에서 평가하는 것, ③ '환경효율' 개념을 이용하여 새롭게 개발된 평가지표인 'BEE(Built Environment Efficiency; 건축환경효율)'로 평가하는 것에 있다.

CASBEE는 '국토교통성 환경행동계획'(2004년 6월)과 '교토의정서 목표달성계획'(2005년 4월 28일 내각회의 결정) 등의 시책 속에서도 그 개발과 보급이 명확하게 표명되어 있다.

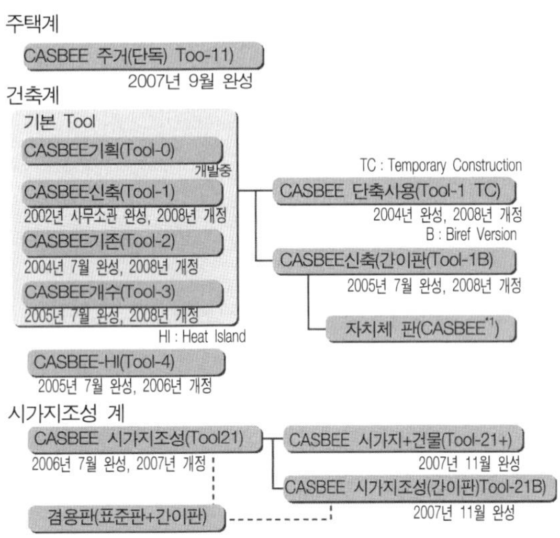

*1) CASBEE-나고야(2004.04 시행), CASBEE-오사카(2004.10 시행). CASBEE요코하마(2005.07 시행) 등 전국의 자치체에서 개발이 진행되고 있다.

그림 3-2-1 CASBEE 패밀리의 편성

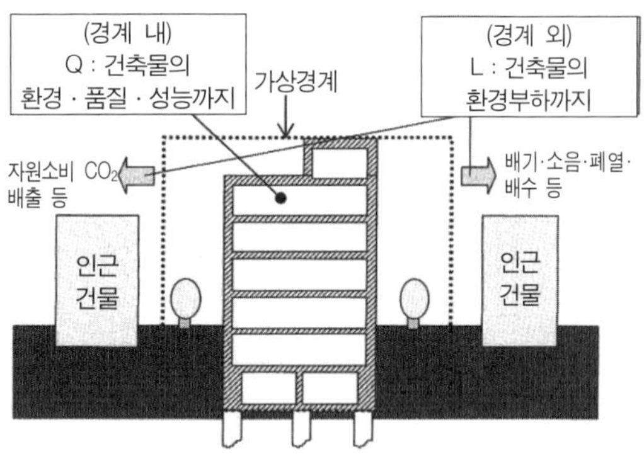

그림 3-2-2 가상 폐공간의 개념에 바탕을 둔 Q와 L의 평가분야 구분

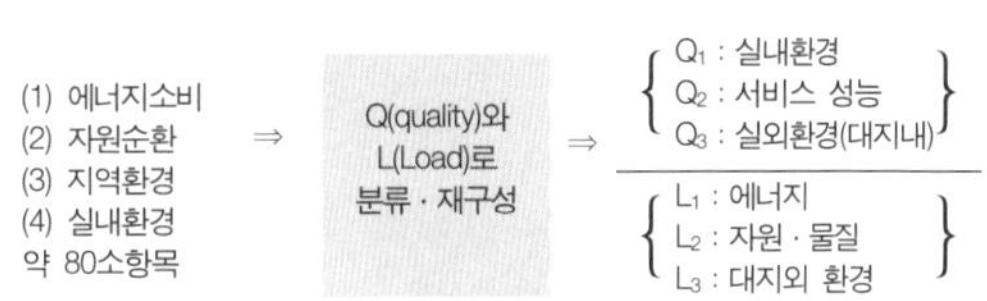

그림 3-2-3 Q(환경품질)와 L(환경부하)에 의한 평가항목의 분류 및 재구성

3) 2개의 평가분야

CASBEE에서는 대지경계 등에 의해서 정의되는 '가상경계'로 구분된 내외 2개 공간 각각에 관계하는 2개의 요인, 즉 '가상 폐공간을 넘어 그 외부(공적환경)에 미치는 환경 영향의 마이너스 측면'과 '가상 폐공간 내의 건물 사용자 생활 쾌적성 향상'을 동시에 고려하여, 건축물의 종합적인 환경성능평가의 틀을 제안했다. CASBEE에서는 이들 2개의 요인을 주요한 평가분야 Q 및 L로 다음과 같이 정의하여 각각 구별하여 평가한다.

- Q (Quality) : 건축물의 환경품질 및 성능 : '가상 폐공간 내의 건물 이용자 생활쾌적성 향상'을 평가한다.
- L (Load) : 건축물의 환경부하 : '가상 폐공간을 넘어 그 외부(공적환경)에 미치는 환경영향의 마이너스 측면'을 평가한다.

4) CASBEE에서 평가대상으로 선택한 4가지의 주요 분야와 그 재구성

CASBEE의 평가대상은 (1) 에너지 소비(Energy Efficiency), (2) 자원순환(Resource Efficiency), (3) 지역환경(Outdoor Environment), (4) 실내환경(Indoor Environment)이라는 4분야이다. 이 4분야는 대체로 앞에서 말한 국내외의 기존 평가 툴과 동등한 평가대상이지만, 반드시 같은 개념의 평가항목을 표현하는 것이 아니기 때문에 같은 것으로 취급하면 곤란하다. 따라서 이 4분야의 평가항목의 내용을 정리하여 재구성할 필요가 생겼다. 그 결과 평가항목은 그림 3-2-3과 같은 BEE의 분자측 Q(환경품질)와 분모측 L(환경부하)로 분류되었다. 그리고 Q는 Q1 : 실내환경, Q2 : 서비스 성능, Q3 : 실외환경(대지 내)이라는 3항목으로 나누어 평가하고, L은 L1 : 에너지, L2 : 자원 · 머티리얼, L3 : 대지외 환경계라는 3항목으로 평가한다.

5) 환경성능 효율(BEE)을 이용한 환경 라벨링

전 항에서 정리한 것처럼, Q와 L이라는 2개의 평가구분을 이용한 건축물 환경성능 효율(BEE)은 CASBEE의 주요 개념이다. 여기서 BEE(Building Environmental Efficiency)란, Q(건축물의 환경품질 · 성능)를 분자로 하고 L(건축물의 환경부하)을 분모로 하여 산출되는 지표이다.

BEE를 이용함으로써 건축물 환경성능평가의 결과를 좀 더 간결하고 명확하게 나타내는 것이 가능하게 되었다. Q의 값이 횡축의 L에 대하여 종축에 Q가 플롯될 때, BEE 값의 평가결과는 그래프상에 원점(0, 0)과 연결한 직선의 경사로 표시된다. Q의 값이 높고 L의 값이 낮을수록 경사가 급해져 더욱 지속가능한 성향의 건축물로 평가할 수 있다. 이 수법에 의하면, 그 기울기에 따라 분할되는 영역에 근거하여 건축물의 환경평가결과를 랭킹하는 것이 가능하다. 그래프에서는 건축물의 평가결과를 BEE값이 증가함에 따라, C랭크(★ : 뒤떨어지다)로부터 B－랭크(★★), B＋랭크(★★★), A랭크(★★★★), S랭크(★★★★★ 매우 우수하다)로 랭킹된다.

CASBEE 신 축 (간 이 판) ┃평 가 결 과┃

■사용 ●매뉴얼 :CASBEE-●●(簡易版)2008년도 사용평가 소프트웨어 CASBEE-NCb_2008(v.1.0)

1-1 건물개요

건물명칭	○○빌딩	●●	지상○○F
건설지	○○도 ○○시	●●	5●
용도지역	상업지역, 방화지역	평균거주인원	XX명
기후구분	지역구분 V	연간사용시간	XX시간/년
건물용도	사무소	평가의 ●●	실○○계○○평가
시공년	2011년 12월 예정	평가실시일	2008년 7월 8일
대지면적	×××m^2	작성일	○○○
건축면적	×××m^2	확인일	2009년 7월 10일
연면적	15,000m^2	확인자	○○○

1-2 외관

외관투시도

2-1 건물의 환경효율(BEE탱크와 차트)

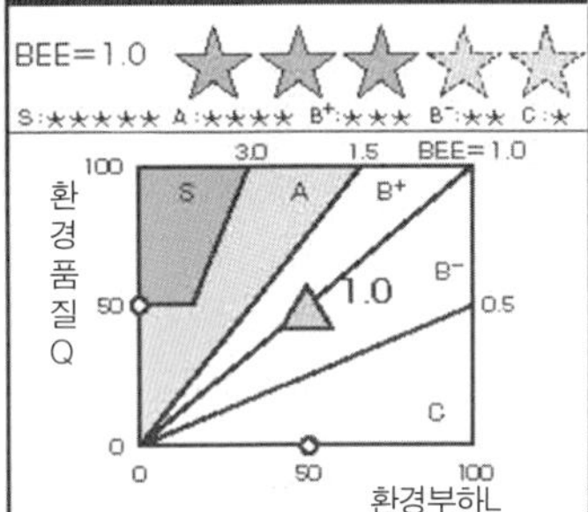

2-2 대항목의 평가(레이더 차트)

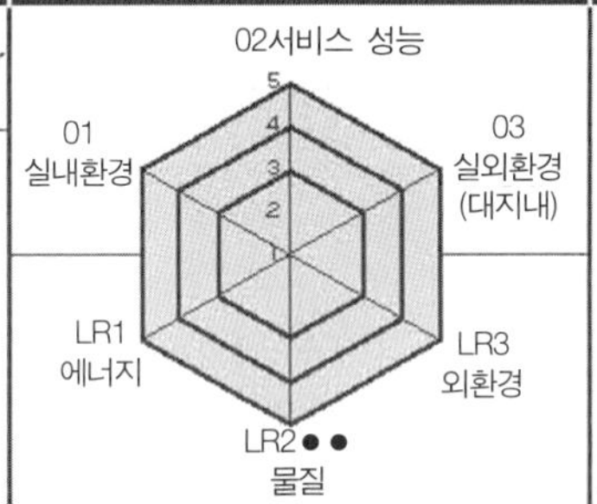

2-3 라이프사이클CO_2(온난화영향차트)

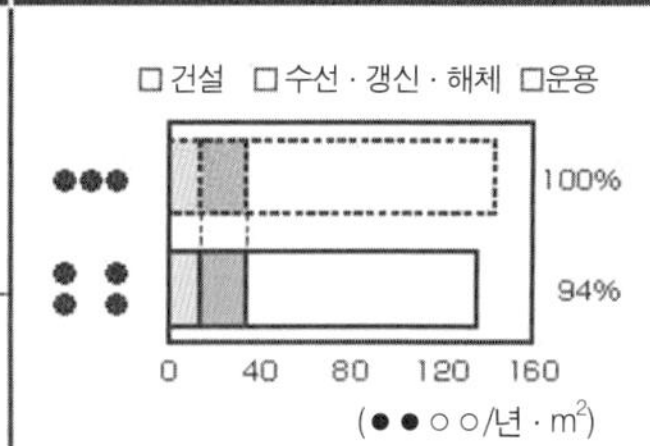

이 그래프는 LR3속의 「지구온난화에 대한 배려」와 내용을 일반적인 건물(●●●)과 비교한 라이프사이클 CO_2배출량의 짐작으로 나타낸 것이다.

2-4 중항목의 평가 (바차트)

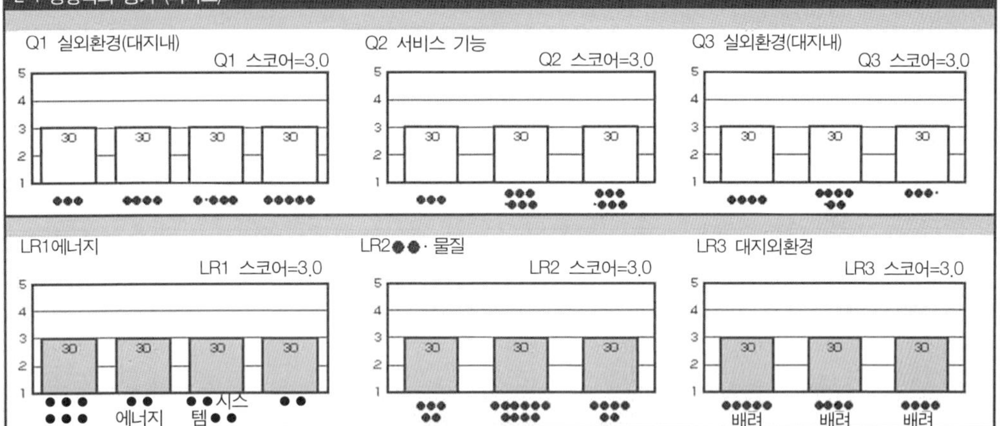

3 설계상의 배려사항

주) 설계의 종합적인 개념을 ●●에 배려해주세요.		주) 상기 6가지 가테고리 외에 ●●공사에서의 ●●재활용, 역사적 건조물의 보존 등 건물 자체●●로서 CASBEE●●하기 어려운 환경●●의 대처라면 여기에 기재해 주세요.
주) 실내환경에 대한 배려사항을 ●●에 기재해 주세요.	주) 서비스에 관한 배려사항을 ●●에 기재해 주세요.	주) 「TQ3●● 내)에 대한 ●●」을 ●●에 배려해 주세요.
주) 「LR1 에너지」에 대한 배려사항을 ●●에 기재해 주세요.	주) 「LR2 ●●물질」에 대한 배려사항을 ●●에 기재해 주세요.	주) 「LR3 ●●●●」에 대한 배려사항을 ●●에 기재해 주세요.

■CASBEE ●●

그림 3-2-4 「CASBEE 신축」(간이판)의 평가결과 시트

6) CASBEE에 있어서의 지구온난화대책의 명시적 평가의 도입

CASBEE 2006년판까지의 평가 툴에서는 다음과 같은 CO_2 배출량 저감에 공헌하는 대책을 개별적으로 평가하고 있었다.

① 온난화의 원인이 되는 운용에너지 삭감대책

② 건설자재 제조에 관련한 CO_2의 삭감에 이바지하는 기존 구체나 재활용 건재의 활용

③ 라이프사이클 CO_2 (이하 $LCCO_2$) 삭감에 공헌하는 장수명화 대책

이에 대해 최근의 지구온난화에 대한 신속한 대응이 요구되고 있는 상황을 감안하여, 2008년판에서는 '지구온난화에 대한 배려'라고 하는 평가항목을 새롭게 마련하고 상기와 같은 대책에 의한 $LCCO_2$를 추정하여 CASBEE의 평가에 명시적으로 도입하기로 했다.

평가순서의 개략은 다음과 같다.

① CASBEE에서는 '에너지' (LR-1)에서 '1차 에너지 소비량'을 평가하고 있지만, 여기에 수반하는 운용단계의 CO_2 배출량을 간단하고 쉽게 추계한다.

② 또한 '자원 머티리얼' (LR-2)에서는 '기존 건축구체의 계속사용'이나 '재활용 건재의 활용'이 평가되고 있지만, 이러한 대책을 고려한 건설자재 제조에 관련한 CO_2를 간단하고 쉽게 추정한다.

③ 장수명화 대책에 의한 내용연수의 향상은 'Q2. 서비스 성능'에서 평가되고 있다. 다만, 장수명화 대책에 의한 구체적인 내용연수를 이어나가는 것을 바르게 추정하는 것은 어렵기 때문에(주택을 제외한) 내용연수는 고정 값으로 하고 있다(사무소 등 60년, 물품판매점 등 30년).

④ 상기의 운용단계의 CO_2와 건설자재 제조에 관련한 CO_2, 내용연수를 바탕으로 $LCCO_2$를 간단하고 쉽게 추정하고 '대지 외 환경' (LR3)에 새롭게 마련한 '지구온난화에 대한 배려'에서 평가하는 것으로 정했다.

이상으로, '지구온난화에 대한 배려'가 '대지 외 환경' (LR3)의 중항목 (바차트의 레벨)에 더해져 CASBEE의 레이더 차트나 BEE값, BEE 랭크에 직접 영향을 주게 되어, CASBEE의 평가에서 '온난화대책의 추진'이 좀 더 명시적으로 평가하게 되었다.(이카가 토시하루)

3-3-3 라이프사이클 어세스먼트 수법

건축물의 라이프사이클을 통한 환경부하는 건축적 · 설비적인 에너지 절약대책, 환경부하가 적은 재료의 선택, 장수명화 대책 등의 환경배려 설계의 잘잘못에 따라 크게 달라진다. 설계단계에서의 환경배려 미비는 그 이후의 단계가 되고 나서 만회하려고 해도 한계가 있다. 일본건축학회가 1999년 11월에 공표한 건축물의 라이프사이클 어세스먼트(LCA)수법(문헌 3-18, 3-20)은 그림 3-3-1에 나타낸 순서로 환경배려 설계안의 환경부하를 정량화하여 채용하려고 하는 안(대책안)이 일반적인 설계수준 안(기준안)보다 우위라는 것을 나타내기 위한 수법이다. 계산 소프트는 학회의 홈페이지에 공개되어 있다. 그 개요는 다음과 같다.

1 설계단계의 환경부하

건축물을 설계할 때의 공조, 조명, OA기기, 사무용품 등의 이용, 회의를 위한 전철과 자동차 등 교통기관의 이용에 수반하여 표 3-3-1에 나타낸 것과 같은 다양한 환경부하가 발생한다. 이 환경부하 원단위(기준량)는 산업 간의 경제거래가 망라된 산업연관 표를 이용하여 산출된 것으로, 이 값에 설계위탁금액을 곱하여 설계단계의 환경부하를 계산한다.

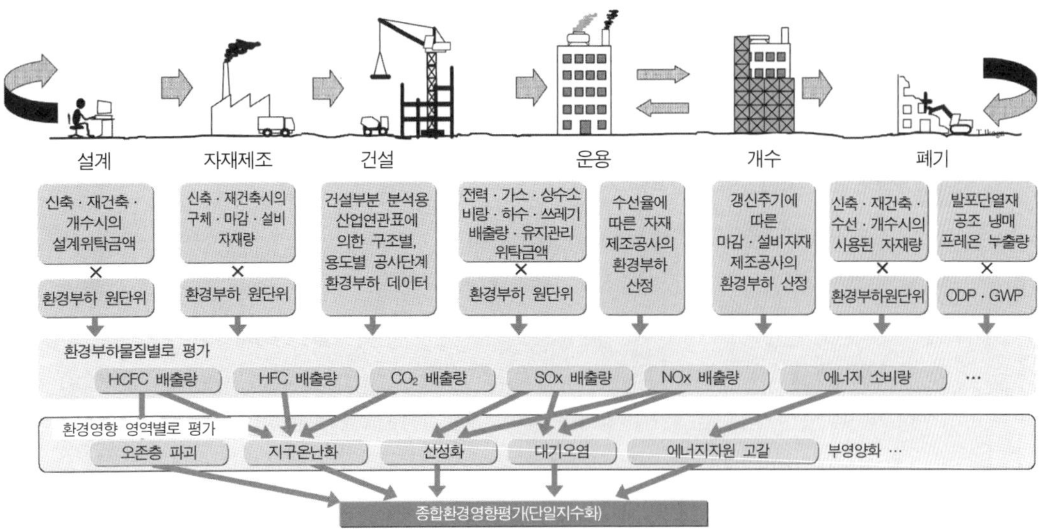

그림 3-3 1 건축물 라이프사이클 어세스먼트 수법의 개요

2 자재제조단계의 환경부하

콘크리트 · 철근 · 철골 등의 구체재료, 알루미늄 새시 · 유리 · 석고보드 등의 마감재료, 전기 · 공조 · 위생 등의 설비기기 자재의 자원채굴로부터 해양수송, 제조, 유통단계에서는 표 3-3-2에 나타내는 다양한 환경부하가 발생한다. 자재 사용량에 이러한 환경부하 원단위(기준량)를 곱하여 자원채굴부터 해양수송, 제조, 유통단계까지의 환경부하를 계산한다.

자재 사용량에 대해서는 상세한 도면이 없는 단계에서도 입력할 수 있도록 공사실적 통계데이터를 이용한 데이터베이스(문헌 3-21)로부터 디폴트값(기본값)이 준비되어 있다.

층고, 바닥하중, 설비스페이스의 여유 확보에 의한 기능수명 연장, 구조재료의 내구성 향상 등에 의한 환경부하 저감효과를 검토하기 위해서, 평가대상 기간 내(예를 들어 100년간)에 행해지는 전체공사의 횟수만큼 자재제조단계의 환경부하를 가산한다.

3 건설단계의 환경부하

건설단계(시공단계)에는 공장으로부터 반입된 건축자재를 현장에서 조립하기 위해 사용되는 연료, 전력, 사무용품, 건설기계, 현장사무소 등의 직접적인 환경부하 외에 건설회사의 기업활동에 수반하는 간접적인 환경부하가 발생한다.

이러한 환경부하를 설계안마다 계산하는 일은 막대하기 때문에 본 서 2.2.6절의 그림 2-6-3에 나타낸 건물 신축 시 구조별 · 용도별 에너지 소비구성과 마찬가지로, 작성된 각종 환경부하 구성을 이용하여 건설단계의 환경부하를 개산(概算)한다. 또한 자재제조단계와 마찬가지로 개축공사의 횟수 분만큼 건설단계의 환경부하를 가산한다.

4 운용단계의 환경부하

① 공조 · 환기 · 조명 · 급탕 등의 에너지 소비

총바닥면적 2,000㎡ 이상의 호텔, 병원, 물품판매점, 사무소, 학교, 음식점에 대해서는 '에너지의 사용의 합리화에 관한 법률(에너지 절약법)'에 근거하여 공조, 환기, 조명, 급탕, 승강기의 에너지 소비계수(CEC : Coefficient of Energy Consumption)의 계산을 의무로 한다. 그 계산과정에서 기준 사용조건에서 전력, 가스 등의 연간 소비량이 산출된다(문헌 3-22). 이것들은 모두 계산할 수 있지만, 공조에너지 소비량에 대해서는 개인용 컴퓨터(PC)판의 상세 연간계산 프로그램 'BECS/CEC/AC for Windows' (문헌 3-23), 공조시스템 시뮬레이션 프로그램 'Micro/ ACSS'(문헌 3-24) 등을 이용할 수 있다. 또한 주택용으로는 다수의 실(多數室) 연간 열부하 계산 프로그램 'SMASH for Windows' (문헌 3-25) 등도 이용할 수 있다.

표 3-3-1 설계업무, 빌딩 관리업무의 환경부하 원단위(기준치) 일례

	에너지 MJ/천엔	CO_2 kg-CO_2/천엔	SOx g-SO_2/천엔	NOx g-NO_2/천엔	비용 엔/일본사람
설 계 업 무	23.875	1.597	1.766	3.174	36.677
건 물 관 리 업 무	18.487	1.203	1.689	2.960	22.930

주1 : 1990년 산업연관표를 이용한 고정자본 형성을 포함하여 해외 파급을 포함한 환경부하 원단위(문헌 3-18)
주2 : 비용은 소비세를 포함한 기술자 1명 1일당 단가(1990년 가격)

표 3-3-2 건축자재, 설비기기의 환경부하 원단위(기준치) 일례

	에너지 MJ/천엔	CO_2 kg-CO_2/천엔	SOx g-So$_2$/천엔	NOx g-No$_2$/천엔	비용 엔/인일
냉동기 · 온습조절장치	104.7	6.724	11.967	18.162	1,792.2
전 기 조 명 기 구	97.5	6.118	9.725	16.275	1,849.8
보 통 강 형 강	19.7	1.303	2.517	5.133	71.1
판 유 리	16.3	1.019	1.698	3.647	203.8
합 판	16.1	0.975	1.523	2.763	287.0
시 멘 트	4.7	0.839	0.302	1.761	13.7
자 갈	0.13	0.009	0.019	0.049	1.7

주1 : 1990년 산업연관표를 이용한 고정자본 형성을 포함하여 해외 파급을 포함한 환경부하 원단위(기준치)(문헌 3-18)
주2 : 비용은 소비세를 포함한 기술자 1명 1일당 단가(1990년 가격)

또한 OA기기, 급배수펌프, 주방의 전력, 가스 등의 연간 소비량을 가산하여 표 3-3-3에 나타내는 환경부하 원단위(기준치)를 곱함으로써 공조, 환기, 조명, 급탕 등에 수반하는 환경부하를 산출한다.

② 상수도 · 하수도 · 쓰레기 처리

상수 소비량, 하수 배수량, 종이 쓰레기, 음식물 쓰레기 등의 일반 폐기물량의 계산 결과에 표 3-3-3에 나타내는 환경부하 원단위(기준치)를 곱하여 상수도, 하수도, 쓰레기 처리에 수반하는 환경부하를 산출한다.

③ 유지관리

청소, 경비, 설비관리 등의 유지관리 업무를 실시할 때에 청소용품, 사무용품, OA기기, 작업복, 전차, 자동차 등의 이용에 수반하여 표 3-3-1과 같이 다양한 환경부하가 발생한다. 이 값에 유지관리 위탁금액을 곱하여 유지관리에 수반하는 환경부하를 계산한다.

④ 경상적 수선

바닥, 벽, 천장, 창호 등의 내부미감, 기기, 배관 등의 설비는 시간이 지나면서 서서히 저하된다. 2.에서 설정한 건축자재, 설비기기의 중량에 연간 수선율(0.5 ~ 2%/년)과

표 3-3-3 전력, 가스, 상수, 하수, 쓰레기처리의 환경부하 원단위(기준치)의 일례

	에너지 MJ/☆	CO_2 kg-CO_2/☆	SOx g-SO_2/☆	NOx g-NO_2/☆	비용 엔/☆
전력	8.063	0.533	0.424	0.673	19.6엔/kWh
도시가스	1.221	0.064	0.015	0.096	2.56엔/MJ
상수도	30.691	2.011	2.318	4.785	158엔/m^3
하수도	25.656	1.543	2.853	2.667	200엔/m^3
일반폐기물처리	0.874	0.407	0.294	0.508	21.1엔/kg

주1 : 1990년 산업연관표를 이용한 고정자본 형성을 포함하여 해외파급을 포함한 환경부하 원단위(문헌 3-18)
주2 : 비용은 소비세를 포함한 기술자 1명 1일당의 단위
주3 : 별 모양 부분은 비용의 분모 측의 단위(MJ, kWh, m^3, kg)
주4 : 전력의 에너지 소비 원단위는 1990년에 있어서의 전국의 화력, 원자력, 수력 등의 모든 전원 평균치이다. 에너지절약법 시행령에서 제시한 전력의 1차 에너지 환산치 10.25MJ/kWh와는 개념이 다르므로 주의

3.에서 설정한 건설에 수반하는 환경부하의 비율을 곱하여 수선에 수반하는 환경부하를 산출한다.

5 개수단계의 환경부하

바닥 · 벽 · 천장, 붙박이 등의 내부마감, 기기 · 배관 등의 설비, 지붕 · 외벽 등의 외부마감은 15 ~ 40년마다 갱신된다. 2.에서 설정한 건축자재, 설비기기의 중량에 연간 수선율(0.5 ~ 2%/년)과 3.에서 설정한 건설에 수반하는 환경부하의 비율을 곱한 환경부하가 15 ~ 40년의 갱신주기마다 발생하는 것으로 하여 개수단계의 환경부하를 산출한다.

6 폐기단계의 환경부하

건설단계에 발생하는 폐자재, 포장재, 운용단계의 수선, 개수단계, 해체단계에 발생하는 사용이 끝난 건축자재, 설비자재 등의 중량을 트럭에 실제로 적재할 수 있는 중량으로 보정한 다음, 대지에서 중간처분장 또는 최종처분장까지 운반하는 것으로 하여 트럭 등의 환경부하를 산정한다. 또한 소각처분, 매립처분 등에 수반하는 환경부하(CO_2, 메탄 발생, 폐기물에 의한 자연환경의 파괴 등)에 대해서는 2010년도 개정 LCA 계산 소프트에 편입할 예정이다.

경질 우레탄 폼, 발포 폴리스티렌 등의 건축용 발포단열재에는 1995년쯤까지는 CFC가, 현재는 HCFC, HFC 등의 프레온가스가 발포제로 사용되고 있다.

또한 냉동기, 에어컨 등에는 냉매로서 HCFC, HFC가 충전되어 있다. 이러한 프레온의 누설량에 표 3-3-4에 나타내는 오존층 파괴계수와 지구온난화계수를 곱하여 환경부하를 산출한다.

표 3-3-4 발포단열재, 공조냉매용 프레온류의 지구온난화계수, 오존층파괴계수

물질명	화학식	GWP	ODP	건축관련 용도
CFC-11	$CFCl_3$	4,000	1	전동냉동기, 경질우레탄 폼 등(1996년 이후 생산중지)
HCFC-22	CF_2HCl	1,700	0.055	전동냉동기, 룸 에어컨, 발포단열재
HCFC-141b	C_2FH_3Cl	630	0.110	경질 우레탄 폼
HCFC-142b	$C_2F_2H_3Cl$	2,000	0.065	압출법 폴리스티렌 폼, 폴리에틸렌 폼
HFC-134a	CH_2FCF_3	1,300	0	전동냉동기, 룸 에어컨, 압축법 폴리스티렌 폼, 폴리에틸렌 폼

주1 : GWP (지구온난화계수)는 CO_2를 기준으로 한 중량당의 상대적 온실효과계수. 기후변동에 정부간 패널(IPCC)의 1996년 값
주2 : ODP (오존층파괴계수)는 CFC-11을 기준 물질로 한 상대적 오존층 파괴 계수. 오존층 보호 빈 조약 부속서에 의한 값
주3 : CFC (클로로플로로 카본), HCFC (하이드로클로로플로로 카본), HFC (하이드로플로로 카본)

7 환경영향 영역별 평가

이상과 같이, 1~6.에서 산출한 에너지 소비량, CO_2 배출량, SOx 배출량, NOx 배출량, 프레온류 배출량 등을 오존층 파괴, 지구온난화, 산성화, 건강장해(대기오염 원인), 에너지자원 고갈 등 환경영향 영역과의 관련에 따라 중량 가산한다.

그림 3-4-1에 총바닥면적 약 8,000㎡의 모델사무소의 설계단계부터 폐기단계까지의 지구온난화 영향을, 일반적인 설계 수준안(기준안)과 에너지 절약 및 장수명화를 도모한 대책안을 병렬 표시한 결과를 나타낸다.

프레온류에 대해서는 6.에 적은 대로이며, 산성화에 대해서는 수소이온의 수를 기본으로 NO_2를 SO_2의 0.7배의 중량으로 SO_2로 환산한다.

건강장해(대기오염 원인)에 대해서는 대기오염물질이 사람의 건강에 영향을 미치는 정도에 대한 판단기준으로서 환경기준을 채용하여, NO_2를 SO_2의 1.39배의 무게로 SO_2로 환산한다. 에너지자원 고갈에 대해서는 본래는 석유, 천연가스, 석탄, 우라늄 등의 자원별로 채취가능 연수의 비율로 가중해야 하지만 간략화하였다.

8 종합환경영향평가

오존층 파괴, 지구온난화, 산성비, 건강장해(대기오염 기인), 에너지자원 고갈과 같이 환경영향 영역마다 잠재적 영향물질을 가중하여 종합화하는 연구가 국내외에서 진행되고 있다. 장래, 건축물의 환경영향이 단일지표로 평가할 수 있을 것이라고 기대된다.(이카가 토시하루)

3-3-4 라이프사이클 코스팅(Life Cycle Costing) 수법

건축물의 라이프사이클 코스팅(LCC) 수법은 라이프사이클 어세스먼트 수법 이전부터 개발되어 실무에 이용되어 왔다. 1993년에는 건설성 대신관방 관청 영선부가 감수한 〈건축물의 라이프사이클 코스트〉 (문헌 3-27)가, 1996년에는 건축 · 설비 유지보전추진협회가 편저한 〈빌딩 LC비즈니스 백과〉 (문헌 3-28)가 출판되어, 그 후에도 차차 버전 업되면서 오늘에 이르고 있다. 또 앞 절에 기술한 일본건축학회의 LCA 수법에서도 환경부하와 동시에 간략화된 LCC를 계산할 수 있게 되어 있다. 그림 3-4-1과 동일한 사례에 대한 LCC의 결과를 그림 3-4-2에 나타냈다.

현재의 계산 소프트는 CO_2 원단위 등의 장래 변화를 전망하지 않는 것과 마찬가지로 비용계산에서도 물가 상승률과 차입 이자율을 동률로 취급하여 상쇄된다고 본 간이계산이 되어 있지만, 2010년도의 공표를 위해서 CO_2 원단위(기준치) 등의 장래 변화, 가격변동, 건설 부산물의 재활용과 최종처분 등을 검토할 수 있는 소프트로 개정하는 작업을 하고 있다.(이카가 토시하루)

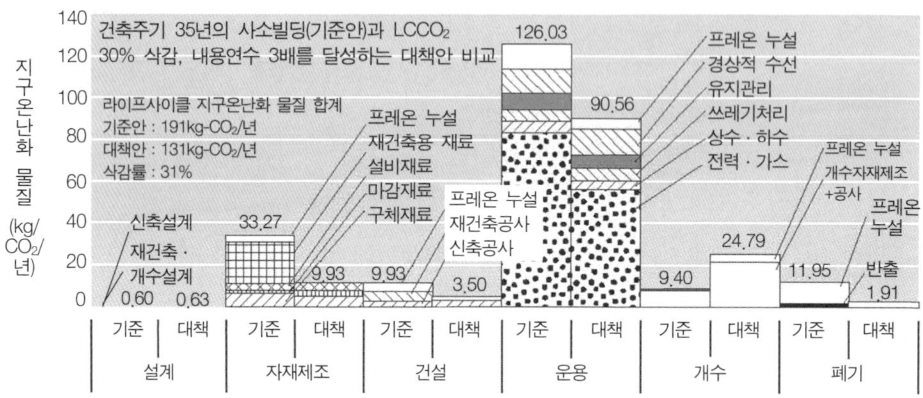

그림 3-4-1 모델 사무소 빌딩의 지구온난화 영향 검토 예

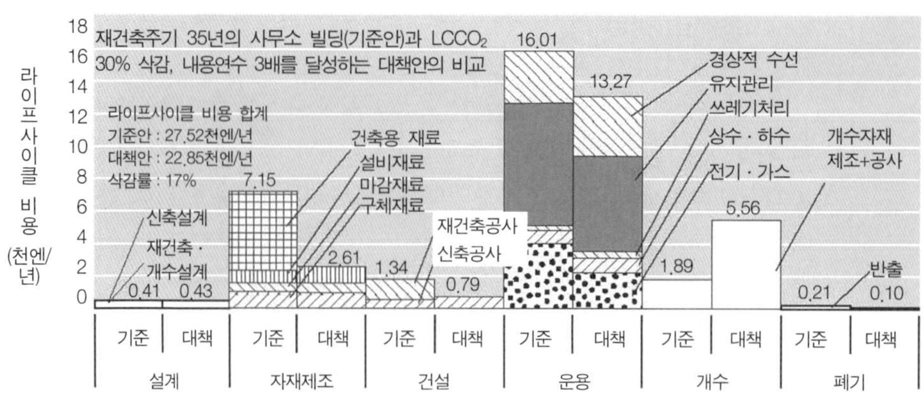

그림 3-4-2 모델 사무소 빌딩의 라이프사이클 비용 검토 예

GBC (Green Building Challenge)

1, GBC, GBTool로부터 SBC SBTool로

GBC는 세계의 주요한 지속가능한 건축을 모아 공통적인 평가수법으로 평가하여, 그 성능과 기술을 쇼케이스처럼 나타내 보이려고 한 것이다. 캐나다 브리티시 콜롬비아대학의 레이몬드 콜 교수와 당시 캐나다 천연자원성에 소속되어 있던 닐스랄슨 씨(iiSBE, 국제지속가능건축추진기구 이사)가 제창했다. 1996년에 제1회 IFC(International Framework Committee)가 바르샤바에서 개최되어 10개국 정도의 참가자가 기본적인 방향성을 논의하였다. 이 회의에서는 IFC 회의를 연 2회 정도 개최하고, 2년에 한 번씩 국제회의를 개최하는 것으로 결정되었다.

평가방법으로서 ① 표준적인 참조 건물을 설정하여 대상 건물이 참조 건물과 비교하여 어느 정도 우수한지를 점수로 표현한다, ② 각 항목의 점수에 미리 결정해둔 가중계수를 곱하여 집계한다라고 하는 GBTool (Green Building Assessment Tool)의 기본적인 수법이 결정되었다. 또한 모든 나라에서 사용되는 것을 상정한 툴인 만큼 참조 건물이나 벤치마크는 각국에서 자유롭게 선정하고 가중계수는 각국의 사정에 따라 자유로운 수치로 하여, 건물은 각국의 건물을 비교하는 것이 아니라 대상 건물의 성격을 명확하게 하기 위함이라는 것 등이 합의되었다. 이와 같이 GBTool의 구조는 지극히 융통성이 풍부한 것이다.

GBC의 활동은 GBC'98 (밴쿠버), SB2000 (마스트리히트), SB2002 (오슬로), SB2005 (도쿄), SB2008 (멜버른) 등 일련의 지속가능 건축 국제회의에서 하나의 세션으로서 활동하여 그 성과가 발표되고 있다. 이러는 중에 2007년부터 GBC는 SBC(Sustainable Building challenge)에, 그리고 GBTool는 SBTool로 그 호칭과 내용이 변했다.

GBTool은 당초 평가 툴로서 각국에서 도입하는 것을 상정하여 개발되어 이탈리아나 스페인 등 몇몇 나라에서 GBTool을 기초로 한 평가시스템이 개발되었지만, 많은 국가에서는 독자적인 평가 툴을 개발 · 운용하기에 이르렀다. 이것은 각국의 사회배경이나 법제도, 기준 등이 차이가 나는 것이 하나의 큰 요인이라고 생각할 수 있다.

SBTool의 개발은 iiSBE (국제 지속가능추진기구)의 주요한 활동으로 자리매김 되어, 약 14개국이 참가하여 SBTool과 각국의 평가 툴 개발, 운용, 그 경험을 기초로 한 평가 툴의 개발 · 운용에 관한 국제적인 정보교환의 장으로, 향후 평가 툴을 개발 · 도입

표 1 어세스먼트 툴 개발의 변천

	1990 1993	1996 1998	2000 2002 2004	2005 2008
국제회의		GBC98	SB2000 SB2002	SB05Tokyo SB08
조직발족	USGBC	BGC	WGBC iiSBE CaGBC	
Tool개발	BREEAM BEPAC	GBTool LEED Draft LEED Ver1.0 Pilot	GBTool200 GBTool02 LEED Ver2.0 LEED NCV Ver2.1	GBTool05 SBTool LEED NC Ver2.2 LEEDVer3.0 LEED-CI LEED CS LEED-EB LEED Homes LEED-ND LEED-Schools

하려는 국가나 조직의 지원 등이 중시되고 있다.

SBTool을 사용하려면 상당한 데이터양이 필요하고, 건물의 기본설계가 완성된 시점이 아니면 사용하기 어렵다. 그러나 이러한 툴이 설계에 유용하게 활용되어야만 좋은 건축물이 태어나는 것이므로, 계획 당초부터 사용하고 싶다는 요구가 있어 모순을 안게 되었다. 이 점은 IFC에서도 자주 지적되는 점이다. SBTool을 디자인 툴로 사용할지, 에코 라벨링으로 사용할지에 따라서 사용형태에 큰 차이가 있다.

GBTool은 2000, 2002, 2005년에 개정되었고, 2007년에는 그 평가방법을 SBMethod로, 그리고 SBMethod에 근거한 평가 툴을 SBTool로 하는 것이 합의되었다.

표 2 GBTool의 평가분야와 평가항목

R	**자원 소비**
R1	대지외로부터의 사용재료의 총량과 특질
R2	기존 구조 또는 대지내 재료의 재이용
R3	상수 소비량
R4	토지이용과 토지 질의 변화
R5	라이프사이클 에너지
L	**환경부하**
L1	대지 및 근린에 대한 환경적 역량
L2	수신 · 해체에 의한 폐기물
L3	폐기물(액체)
L4	폐기물(고체)
L5	폐기물(부영양화)
L6	광화학 옥시던트
L7	산성화
L8	오존층 파괴 물질
L9	건설시와 운용시의 온실효과가스 배출
Q	**실내환경**
Q1	전자파의 영향
Q2	소음과 음향
Q3	주광과 조명
Q4	열적 쾌적성
Q5	공기질과 환기
S	**서비스 품질**
S1	대지의 서비스 품질과 근린에 대한 영향
S2	쾌적한 설비와 대지내 시설의 질
S3	프라이버시와 일조 · 조망
S4	성능의 유지관리
S5	시스템의 제어성
S6	순응성과 적응성
E	**경제성능**
E1	경제성능
M	**운용개시 전 관리**
M1	건물의 운용계획
M2	시운전 조정
M3	건설과정에서의 계획
T	**통근수단**
T1	광화학 옥시던트
T2	산성화
T3	온실효과 가스

표 3 SBTool의 평가분야와 평가항목

A	**입지 선정 · 프로젝트 계획 · 개발**
A1	입지 선정
A2	프로젝트의 계획
A3	도시디자인과 대지개발
B	**에너지와 자원소비**
B1	라이프사이클 에너지(화석연료 기원)
B2	피크의 전력 소비량
B3	재생가능 에너지
B4	재료
B5	상수
C	**환경부하**
C1	온실효과 가스 배출
C2	기타 대기로의 배출
C3	폐기물(고체)
C4	우수, 호우수, 하수
C5	대지에 대한 부하
C6	기타 근린이나 지역에 대한 부하
D	**실내환경의 질**
D1	실내공기질
D2	환기
D3	온도, 습도
D4	주광, 조명
D5	소음, 음향
E	**서비스 품질**
E1	안전, 안심
E2	기능성, 효율
E3	제어성
E4	순응성, 적응성
E5	커미셔닝
E6	유지관리성
F	**사회경제**
F1	사회적 측면
F2	비용과 경제성
G	**문화**
G1	문화, 문화재
G2	가치관

SBMethod, SBTool은 기본적으로는 GBTool의 개념과 같지만, 그린(green)이라고 하는 환경에 초점을 맞춘 평가틀로서 지속가능성이라고 하는 좀 더 포괄적인 문제를 취급하는 것, 그리고 보다 과학적인 지견에 근거한 환경부하의 평가를 실시하는 것, 지역에 따라 적합화 할 수 있는 것을 촉진하기 위한 평가의 틀이라고 하는 점을 중시하면서 개발이 계속적이고 발전적으로 진행되고 있다.

2. SBTool의 구성

평가 분야는 7개 분야로 구성되어 각 분야마다 평가중항목과 평가항목이 있다. 전체 평가항목은 119개 항목으로부터 구성되어 있다. GBTool과의 주된 차이는 A : 입지 선정, F : 사회경제, G : 문화의 평가 분야이다. 가중계수, 벤치마크, 스코어링 방법, 지속가능성 지수로서의 절대성능치 등은 GBTool과 마찬가지지만, 개선점은 평가항목레벨의 가중계수의 설정은 GBTool에 비하여 좀 더 객관적인 방법이 도입되었다.

각 평가항목의 영향 · 임펙트를 '스케일', '강함', '기간'이라는 측면별로 순위를 매겨서 스케일은 '지구 · 지역 레벨'을 3, '도시 · 근린 레벨'을 2, '부지 · 건물 레벨'을 1, 강하다 : 강력 · 직접적 영향'을 3, '중간 정도 · 간접적 영향'을 2, '약한 영향'을 1, 그리고 기간은 '50년 이상'을 3, '10년 이상'을 2, '10년 미만'을 1로 하여, 이것을 바탕으로 하여 평가항목의 가중계수 값이 설정된다.(요코오 노리요시)

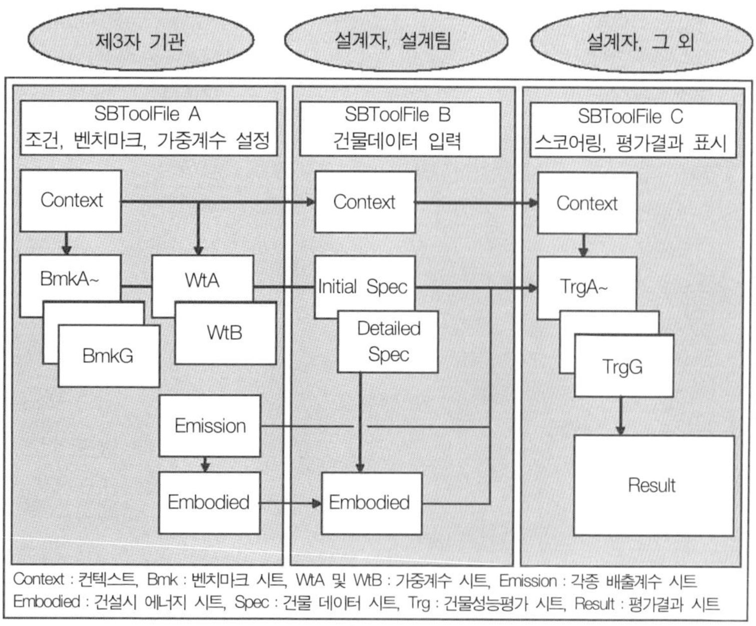

그림 1 SBTool의 파일 시트 구성

Predicted perfomance result based on information available during Design Phase	*Active Phase (set in Region file*	Design Phase
평가성능(상대평가치)	프로젝트 개요	

0=용인레벨 3=좋은 사례 5=최고사례

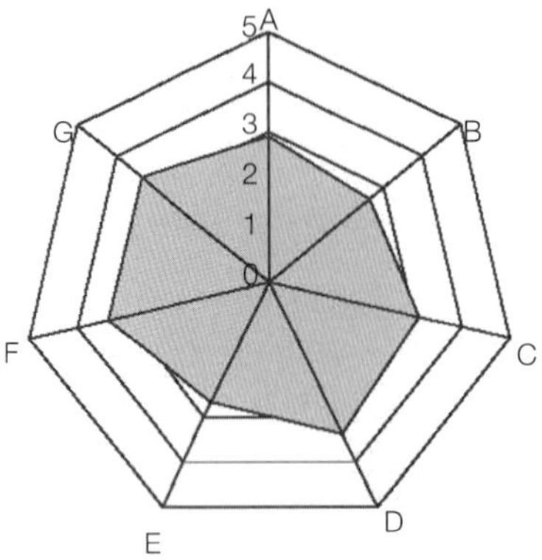

평가성능영역

규모 수명 용도 소재 평가단계			
수명 통화단위			
용도구성	Design target scores		
평가실시 항목수	118	최대평가 항목수	119
3점이하 필수평가 항목수	4	필수평가 항목수	10
평가항목의 상세는 Issue시트 참조		가중계수	가중된 점수
A 입지선정, 프로젝트의 계획, 개발		8%	2.9
B 에너지와 자원소비		23%	2.6
C 환경부하		27%	3.1
D 실내환경질		18%	3.4
E 서비스 품질		16%	2.7
F 사회경제		5%	3.4
G 문화		3%	3.3
종합평가득점			3.0

설계단계의 평가점은 설계데이터, 예측치를 바탕으로 한 건물성능의 잠재력을 나타내는 것이다.

그림 2 SBTool에 의한 건물 성능치(상대평가)

	건물성능치(절대치)	연면적당	연면적·재실상황당
1	건설시의 1차에너지 소비량	GJ/m^2	$GJ/m^2 \cdot maph$
2	건설시의 1차에너지 소비량(연간 당)	MJ/m^2yr	$MJ/m^2 \cdot maph$
3	연간 운용에너지 소비량	MJ/m^2yr	$MJ/m^2 \cdot maph$
4	연간 1차 운용에너지 소비량(화석연료)	MJ/m^2yr	$MJ/m^2 \cdot maph$
5	프로젝트에서의 주호당 1차에너지 소비량(화석연료)	MJ/m^2yr	$MJ/m^2 \cdot maph$
6	주택프로젝트의 주호당 1차에너지 소비량(화석연료)	MJ/m^2yr	$MJ/m^2 \cdot maph$
7	건설시와 운용시의 1차에너지 소비량(연간 당)	MJ/m^2yr	$MJ/m^2 \cdot maph$
8	운용시의 연간 재생가능 에너지 소비량	MJ/m^2yr	$MJ/m^2 \cdot maph$
9	연간의 상수 사용량	m^3/m^2yr	$m^3/m^2 \cdot maph$
10	연간의 경수 및 우수 사용량	m^3/m^2yr	$m^3/m^2 \cdot maph$
11	연간의 온실효과 가스배출량(CO_2 등량)	kg/m^2yr	$kg/m^2 \cdot maph$
12	라이프사이클 비용	엔/m^2	aph : annual person hour 연간 인원수·이동시간
13	신규 프로젝트에서의 기존 구조물의 재이용에 의한 면적비율	%	
14	기존 구조물의 재이용에 의한 프로젝트의 면적비율	%	

그림 3 SBTool에 의한 건물 성능치(절대평가)

자립순환형 주택에서의 설계 가이드라인

일본의 주택 및 업무용 건물에서 발생하는 CO_2 배출량은 산업부문이나 운수부문에 비해 빠른 속도로 증가하고 있다. 주택의 에너지 절약을 위해서 종래에는 특히 냉난방 에너지에 관한 대책이 채택되어 왔다. 가전기기의 효율 향상을 위한 대책 등 그 외의 대책도 있지만, 보통은 주택의 설계나 건설행위에서 고려되는 경우는 적었다고 말할 수 있다. 또한 대부분의 대책에 대하여, 그러한 효과가 중립적으로 밝혀지는 경우는 보기 드물었다고 말할 수 있다. 그 결과 이른바 에너지 절약기술을 적극적으로 이용하려고 하는 실무자의 수도 한정되었었다고 말할 수 있다. 여기에서는 일정한 거주조건을 재현한 후의 실증실험이나 시뮬레이션을 통해 효과가 검증된 13종류의 요소기술에 관한 정량적인 정보를 포함한 설계 가이드라인에 대해 해설한다.

1. 첫머리에

일본의 주택은 양에서 질로의 전환이라고 해도 되겠지만, 근래 사용되는 에너지는 계속적으로 증가하는 경향이다. 더 높은 쾌적성이나 편리성 혹은 건강성을 추구하여 냉난방이나 급탕, 환기, 조리를 위한 주택설비나 가전제품 이용의 기회가 많아지고 있다.

그러한 주택 및 설비의 기능 향상은 앞으로도 계속될 것이 예상되지만, 한편으로 에너지 효율의 향상을 통한 환경대책이 요구되고 있다. 여기에서는 그러한 배경 아래 2001년에서 2004년까지 4년간 실시된 국토기술정책종합연구소 및 건축연구소를 중심으로 한 산관학 공동연구를 통해 실무자 전용으로 작성된 '자립순환형 주택으로의 설계 가이드라인'의 골자를 소개한다.

2. 가정에서의 CO_2 배출량 추이와 국가의 목표

그림 1에 1990년 이후의 일본 각 분야로부터의 CO_2 배출량 추이를 나타내었다. 가정부문에서는 2003년도는 1990년도에 비해 31.4%가 증가하였다.

이러한 상황에 대해 일본 정부는 각 부문에 있어서의 삭감 목표치를 2005년 4월 28일에 각료회의를 통해 결정하였지만, 그중에 가정부문은 2010년도는 1990년도에 비해 6.0%가 증가하는 정도로 억제해 간다는 목표를 세우고 있다. 그 목표 달성을 위해서는 2003년도의 배출량(170백만t)을 137백만t까지 19.4% 삭감할 필요가 있기 때문에 매우 높은 목표라고 말할 수 있다.

3. '자립순환형 주택'의 정의와 설계 가이드라인이 취급하는 주택 종류

정의 : 자립순환형 주택이란, 기후나 대지의 특성 등 주택의 입지조건 및 거주방법에 대응하여 최대한 자연에너지를 활용하고, 건물과 설비기기의 설계나 선택에 주의를 기울여 거주성이나 편리성의 수준을 향상시키면서도 거주 시의 에너지 소비량(CO_2 배출량)을 2000년 무렵의 표준적인 주택과 비교하여 50%까지 저감시킬 수 있는 2010년 시점까지 충분히 실용화 할 수 있는 주택이다.

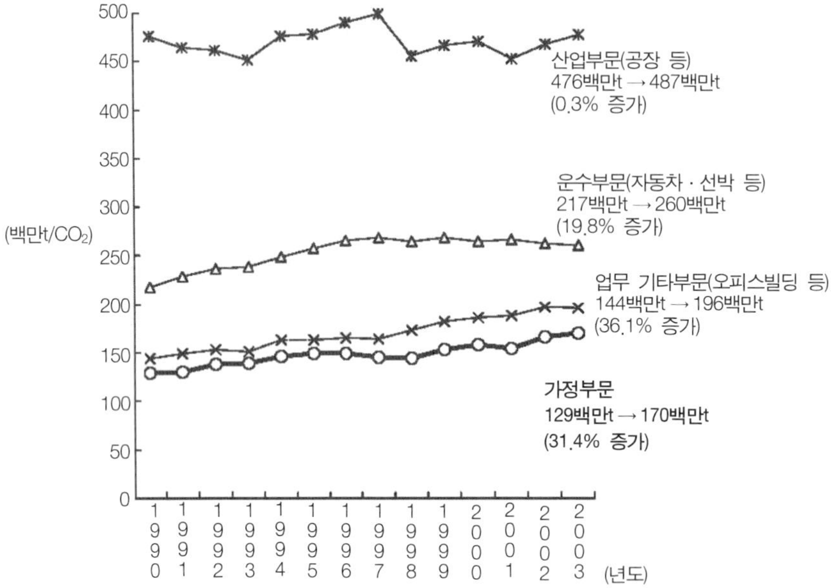

그림 1 부문별 CO_2 배출량의 1990~2003년도의 추이(괄호 안 90년도 대비)
[(독립행정법인)국립환경연구소 지구환경연구센터 온실효과가스 인벤트리 오피스]

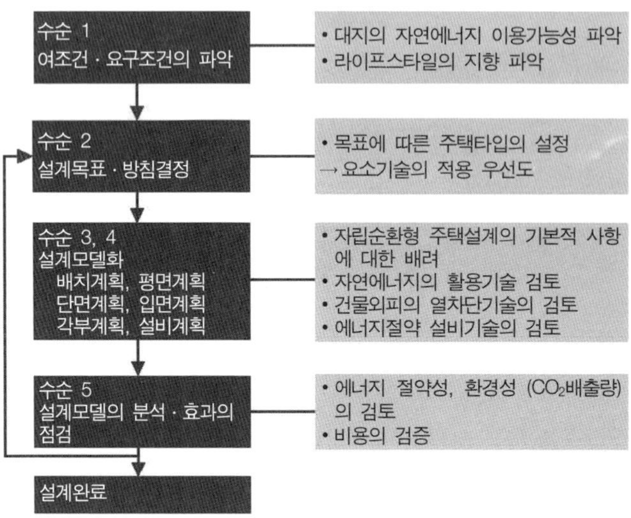

그림 2 독립순환형 주택의 설계 흐름

설계 가이드라인의 대상 주택 : 본래, 자립순환형 주택의 설계에 유효한 각각의 기술(요소기술)의 설계 및 적용방법은 주택을 건설하는 지역이나 대지의 조건, 주택의 유형이나 공법 및 거주방법 등 설계의 전제조건에 따라 바뀌는 것이기 때문에 일률적이지 않다. 앞으로 다양한 조건을 대상으로 한 설계 가이드라인이 필요하지만, 현 단

표 1 〈자립순환형 주택의 설계 가이드라인〉에서 채택한 에너지 절약 요소기술

요소기술 분류	열환경 분야	공기환경 분야	광환경 분야	기 타
자연에너지 활용기술	일사열 이용 태양열 이용	자연풍의 이용	주광이용 태양광발전	
건물외피의 열차단기술	단열외피계획 일사차폐수법			
에너지절약 설비기술	냉난방설비계획 급탕설비계획	환기설비계획	조명설비계획	고효율 가전기기의 도입 물과 음식쓰레기처리와 효율적 이용

표 2 기준이 되는 에너지 소비 구성(에너지 절약 요소기술 적용 전의 1차 에너지 소비량)

에너지 용도	에너지 소비량 기준치※ 부분간헐 냉난방인 경우		(1차 에너지의 환산치) 전관연속 냉난방의 경우	
난 방	12.8GJ	(15.4%)	43.2GJ	(37.1%)
냉 방	2.4GJ	(2.9%)	5.3GJ	(4.6%)
환 기	4.7GJ	(5.6%)	4.7GJ	(4.0%)
급 탕	24.5GJ	(29.4%)	24.5GJ	(21.0%)
조 명	10.7GJ	(12.9%)	10.7GJ	(9.2%)
가 전	23.7GJ	(28.5%)	23.7GJ	(20.3%)
조 리	4.4GJ	(5.3%)	4.4GJ	(3.8%)
합 계	83.2GJ	(100.0%)	116.5GJ	(100.0%)

※ 「기준」이라고 하는 단어를 이용하고 있지만, 목표로 해야 할 값이라는 의미가 아니고, 자립순환형 주택 기술을 적용하기 전의 기초가 되는 값이라고 하는 의미로 이용하고 있다.

계에서는 다음과 같은 조건으로 좁혀지고 있다.

- 건설지역 : 비교적 온난한 지역(에너지 절약 기준 Ⅳ지역 : 대개 관동이서 지역)
- 주택유형 : 단독주택
- 목조주택(전통적 구법에 의한 주택도 포함한다)

4. 설계의 흐름에 대한 개략

주택을 위한 환경설계 및 에너지 절약 설계는 일반적으로 건물이 놓인 상황, 즉 입지조건과 거주자의 라이프스타일에 따라 크게 바뀔 수 있다. 대지의 형상이나 인접 건물 등과의 위치관계, 주위 외부환경의 질에 따라 실현 가능한 설계 또는 할 수 없는 설계가 있다. 또한 거주자의 자연 지향의 정도나 더위 및 추위 등의 환경요인에서 유래하는 스트레스와 관련되는 허용도가 어느 정도인지, 어느 정도의 편리성을 추구하고 있을지에 따라서도 설계내용이 달라진다. 이러한 점을 감안하여 자립순환형 주택을 위한 설계의 흐름과 순서는 그림 2와 같다.

5. 13종류의 에너지 절약 요소기술

자립순환형 주택의 가이드라인에서는 실증 실험이나 수치 시뮬레이션에 의해 효과를 증명할 수 있는 기술만을 대상으로 하고 있다. 그 일람을 표 1에 나타낸다.

이러한 요소기술을 채용했을 경우의 에너지 절약효과는 도쿄에 지어진 4인 가족(세대주 45세 회사원, 배우자 42세 전업주부, 17세 고교생 여자, 15세 중학생 남자)이 사는 단독주택(대지 63.5평, 총바닥면적 128.3㎡)을 조건으로 해서 산출하고 있다. 이러한 요소기술을 적용하기 전 상태의 기준이 되는 에너지 소비 구성은 표 2와 같은 것이라고 추정하여, 이 상태에 각종 에너지 절약 요소기술을 적용했을 경우의 에너지 소비량 저감효과를 평가하고 있다.

6. 에너지 용도별 에너지 절약 설계

1) 난방에너지의 저감 설계

기준이 되는 에너지 용도 구성은 냉난방 형태에 따라 2종류가 상정되어 있지만, 여기서는 부분간헐 냉난방의 조건에 관하여 설명한다. 난방에너지에 관련한 요소기술로는 단열외피계획, 일사열의 이용, 냉난방설비의 에너지 효율이라는 세 가지 항목이 관계된다. 표 3에 난방에너지 저감에 관한 요소기술을 적용했을 경우의 효과를 나타냈다. 덧붙여 말하면 표 3~표 8에 있어서, 레벨 1부터 4는 자립순환형 주택 기술로서 추천되는 요소기술의 적용 수준이며, 레벨 0은 자립순환형 주택 기술로서는 불충분한 수준을 의미하고 있다.

단열외피계획에서는 1980년 에너지 절약기준의 수준이 비교기준이며, 이때의 난방에너지 소비량은 12.8 GJ로 추정되고 있다. 레벨 3(1999년 에너지 절약기준)을 적용함으로써 12.8GJ×0.55=7.04 GJ로 삭감하는 것이 가능하다(단, 설정 실온이 높아지거나 난방시간이 늘어나거나 하지 않는 것이 전제). 일사열 이용의 적용은 단열외피계획의 수준이 레벨 3 또는 레벨 4인 것이 필요조건이며, 거기에 더해 ① 개구부 단열 향상(열차단 구조의 새시와 저방사 복층유리 시방서 이상), ② 남면+30도 방향의 개구면적을 총바닥면적의 20%로 증가, ③ 축열량의 부여(단위 바닥면적당 120kJ/℃ 이상의 열용량. 구체적인 예로는, 외벽 및 칸막이벽을 두께 70mm의 흙바름 벽으로 하는 등), 를 조합함으로써 0.6(40% 저감)까지의 효과가 나온다. 예를 들면 패시브 지역구분의 '다지역'에서 입지 3(동지에는 하루종일 일조)이면 단열외피계획으로 레벨 3, 일사열의 이용을 더하여 레벨 4를 적용하는 것으로, 난방에너지는 7.04×0.6=4.22GJ로 충분할 것으로 추정된다.

또한 난방에너지는 난방설비의 에너지 효율에 관계하여 COP가 6 이상인 에어컨을 사용함으로써 난방에너지는 0.6배가 된다. 따라서 상기의 예에서, 통상 에어컨 대신 고효율 에어컨을 사용함으로써 난방에너지는 4.22×0.6=2.53GJ이 된다. 단, 에어컨의 COP는 난방부하에 비해 과대한 능력인 기계를 이용했을 경우에는 표시된 에너지 효율이 발휘되지 않기 때문에 주의가 필요하다.

표 3 난방에너지를 저감하기 위한 요소기술과 그 효과(본 표는 부분간헐난방이 전제조건)

에너지 용도	에너지 기준치	요소기술	평가지표 · 수법		에너지 소비율(기준치를 1.0으로 한 경우)				
					레벨0	레벨1	레벨2	레벨3	레벨4
난방	12.8 GJ	단열외피 계획	에너지 절약 기준		1.0	0.8	0.65	0.55	0.45
					1980기준	1992기준	1992와 1999중간	1999기준	1999기준 초과
		일사열 이용	수법 : ① 개구부단열 향상, ② 집열면적 증가, ③ 축열		1.0	0.95	0.9	0.8	0.6
			㉮ 지역 ㉯ 지역	입지 3 0~15°	수법을 비채용		①, ①+②, ①+③	①+②+③	
				입지 3 15~30°	수법을 비채용		①, ①+②, ①+③, ①+②+③		
				입지 2 0~30°	수법을 비채용	①, ①+②, ①+③, ①+②+③			
			㉰ 지역	입지 3 0~15°	수법을 비채용		①	①+②, ①+③	①+②+③
				입지 3 15~30°	수법을 비채용		①	①+②, ①+③, ①+②+③	
				입지 2 0~15°	수법을 비채용	①+②, ①+③	①+②+③		
				입지 2 15~30°	수법을 비채용		①+②+③		
			㉱ 지역 ㉲ 지역	입지 3 0~30°	수법을 비채용		①	①+②, ①+③	①+②+③
				입지 2 0~15°	수법을 비채용	①+③	①+②	①+②+③	
				입지 2 15~30°	수법을 비채용	①+②	①+②+③		
		냉난방설비 계획 (난방)	에어컨	COP	1.0	0.8	0.7	0.6	
					4.0 미만	4.0 이상	5.0 이상	6.0 이상	
			온수바닥난방+에어컨	수법 : 바닥난방 배관 단열조치, 에어컨 COP	바닥단열 조치 없음	있음	있음	있음	
					4.0 미만	4.0 이상	5.0 이상	6.0 이상	

표 4 냉방에너지를 저감하기 위한 요소기술과 그 효과

에너지 용도	에너지 기술치	요소기술	평가지수 · 수법		에너지 소비율(기준치로 1.0으로 한 경우)				
					레벨 0	레벨 1	레벨 2	레벨 3	레벨 4
냉방	2.4GJ	자연풍의 이용	수법 : ① 직접적 수법 ② 간접적 수법 ③ 지붕면 이용 ④ 온도차 환기 ⑤ 실내통풍 향상		1.0	0.9	0.8	0.7	
					수법을 채용하지 않음	입지 3 ①+⑤ 입지 2 ②+③+⑤ 입지 1 ④+⑤	입지3 ①+②+⑤ 입지2 ②+③+④+⑤	입지3 ①~⑤ 모두	
		일사차폐 수법	주개구부의 방향	남향	1.0	0.85	0.7	0.55	
				동남 · 남서향	1.3	0.8	0.75	0.65	
				동향 및 서향	1.1	0.8	0.75	0.65	
			개구부의 일사침입률	동북±30°	0.79 정도	0.79 이상	0.55 이하	0.55 이하	
				상기 외	0.79 정도	0.60 이하	0.45 이하	0.30 이하	
		냉난방설비 (냉방)	에어컨	COP	1.0	0.8	0.7	0.6	
					4.0 미만	4.0 이상	5.0 이상	6.0 이상	

표 5 환기에너지를 저감하기 위한 요소기술과 그 효과

에너지 용도	에너지 기준치	요소 기술	평가지표 · 수법	에너지 소비율(기준치를 1.0으로 한 경우)				
				레벨 0	레벨 1	레벨 2	레벨 3	레벨 4
환기	4.7 GJ	환기설비 계획	수법 : ① 덕트환기 적정화 ② 고효율 기기 ③ 하이브리드환기 ④ 환기방식 간략화	1.0	0.7	0.6	0.4	
				통상의 제1종 덕트환기	① 또는 ④	①+②	①+②+③+④	

표 6 급탕에너지를 저감하기 위한 요소기술과 그 효과

에너지 용도	에너지 기준치	요소 기술	평가지표 · 수법	에너지 소비율(기준치를 1.0으로 한 경우)				
				레벨 0	레벨 1	레벨 2	레벨 3	레벨 4
급탕	24.5 GJ	태양열급탕 급탕시설 계획	수법 : ① 태양열 온수기 ② 태양열 급탕시스템 ③-1 잠열회수 급탕기 ③-2 CO_2HP 급탕기 ④ 배관보온, 온수절약 도구	1.0	0.9	0.8	0.7	0.5
				종래형가스 급탕기	①, ③-1, ④중 하나	①+③, ③+④, ③-2중 하나	②, ①+③+④ 중 하나	②+③, ③+③+④ 중 하나

표 7 조명에너지를 저감하기 위한 요소기술과 그 효과

에너지 용도	에너지 기준치	요소 기술	평가지표 · 수법	에너지 소비율(기준치를 1.0으로 한 경우)				
				레벨 0	레벨 1	레벨 2	레벨 3	레벨 4
조명	10.7 GJ	주광조명	채광조건 : ① LD2 면채광 ② LD · 노2 면채광 ③ LD · 노2 면채광+비거실 1 면채광	1.0	0.97-0.98	0.95	0.9	
				기준법 상당 채광조건	입지3 ① 입지2 ② 입지1 ③	입지3 ② 입지2 ③	입지3 ③	
		조명설비 계획	수법 : ① 기기에 의한 수법 ② 운전제어 수법 ③ 설계에 의한 수법	1.0	0.7	0.6	0.5	
				종래형 조명방식	①	①+②	①+②+③	

표 8 가전 사용 에너지 등을 저감하기 위한 요소기술과 그 효과

에너지 용도	에너지 기준치	요소 기술	평가지표 · 수법	에너지 소비율(기준치를 1.0으로 한 경우)				
				레벨 0	레벨 1	레벨 2	레벨 3	레벨 4
가전	23.7GJ	고효율가 전기기의 도입	제조년의 기준	1.0	0.8	0.6		
				2000년 보유	2003년 제품 (▲500kwh)	2003년 제품 + 대기전력의 저감 (▲1000kwh)		
조리	4.4 GJ	-	-	1.0				
				가스곤로 또는 IH조리기				
전력		태양광 발전	태양전지의 용량	삭감 없음	29.3GJ	39.1GJ		
				채용 않음	3kW 상당	4kW 상당		

2) 냉방에너지의 저감 설계

냉방에너지의 삭감에 관계하는 요소기술로는 자연풍의 이용, 일사차폐 수법, 냉방설비의 에너지 효율 3항목을 들 수 있다. 일사나 내부발열에 의해 상승한 실온보다 바깥공기 온도가 낮아지는 중간기(中間期)나 여름철 야간 등의 시간대에는 창을 열어 환기함으로써 실내를 시원하게 유지하여 냉방설비를 사용하지 않을 수도 있다. 통풍량

은 풍압이나 창의 배치에 관계하기 때문에 주위의 차풍상황(입지조건)에 의존하여 항풍의 풍향을 고려하여 풍압이 다른 위치에 복수의 개구를 마련(직접적 수법), 외벽에 평행하여 부는 바람을 도입하는 방안(간접적 수법)을 고려, 풍력을 기대하기 어려운 경우의 온도차 환기의 이용, 칸막이벽의 통풍경로 확보 등(실내 통풍 향상)의 각 방법이 중요하다.

통풍에 맞먹는 방서(防暑)수법은 일사차단 수법이다. 건물의 일사차단 성능은 주 개구면의 방향과 밀접하게 관계되어, 남향을 기준으로 하면 남동 또는 남서 방향에서는 냉방에너지가 1.3배가 된다. 주 개구면의 방향을 고려하는 것과 동시에 외부 블라인드 등의 일사차단 부재를 적용하여 개구부의 일사 침입률을 낮춤으로써 냉방에너지를 저감하는 것이 가능하다. 예를 들면 주 개구면이 남향이고, 일사 침입률을 0.55(진북+30도의 개구) 및 0.45(좌기 이외의 방위에 접하는 개구)로 했을 경우(1999년 에너지 절약기준의 일사차단 기준의 수준), 냉방에너지는 0.7배로 저감된다고 추정된다. 일사 침입률은 창의 유무와 유리의 종류 및 일사차단 부재 종류의 조합으로 정해진다. 또한 에어컨의 에너지 효율을 향상시키는 것도 저감에 기여한다.

3) 환기에너지의 저감 설계

2003년 7월의 건축기준법 개정에 의해 설치 의무가 된 거실의 전반 환기용 환기설비를 포함한 환기용 에너지가 기준이 되는 경우로 4.7GJ로 계산된다(열교환 기능이 없는 덕트식 제1종 환기설비를 상정). 전반 환기설비의 에너지 절약 수법으로는 덕트 지름의 확대나 길이의 축소(덕트환기 적정화), 직류 모터팬의 사용, 자연환기와의 병용(하이브리드환기), 덕트길이가 짧은 제3종 환기 등으로의 간략화 4종류를 들 수 있다. 또한 국소환기설비도 하이브리드화 이외의 수법은 적용 가능하지만, 야간에 연속으로 사용되는 등 가동시간이 긴 것 이외는 에너지 절약효과는 그다지 기대할 수 없다.

4) 급탕에너지의 저감 설계

급탕에너지가 전체에서 차지하는 비율이 대단히 크기 때문에 그 삭감대책은 중요하다. 여기서 태양열 온수기라고 부르는 것은 급탕 열원에 접속하지 않고도 욕조에서 뜨거운 물을 사용하는 것으로, 에너지 절약효과는 약 10%로 추정된다. 급탕기와 집열기를 접속하여 사용되는 형식의 태양열 급탕시스템 (②)를 단독으로 이용하는 경우에는 30%의 에너지 절약효과가 기대된다. 다른 열원 관련으로는 잠열 회수형 가스 급탕기(③－1, 배관보온 및 온수절약기구와의 조합으로 20%의 효과) 및 자연냉매 히트펌프식 전기급탕기(③－2, 단독으로 20%의 효과)가 효과적이다. 배관보온(슬리브 헤더 방식을 채용하고 10mm 이상의 배관단열 및 욕조단열 30mm 이상을 하는 조치) 및 온수절약기구(싱글레버 또는 서모스텟식 혼합수도꼭지에 지수기구가 부착된 샤워헤드)의 적용에 의한 에너지 절약효과는 단독으로도 10%이며, 상기의 열원과 조합하면 한층 더 효과가 있다.

5) 조명에너지의 저삼 실계

조명에너지의 삭감을 위한 요소기술에는 주광(晝光)이용과 조명설비계획이라는 2개

항목이 있다. 주광이용의 정도는 입지조건과 각 용도의 객실 채광면의 수로 결정할 수 있다. 입지 3이란, 외벽 창으로 태양광이 입사하는 것을 방해하는 건물 등의 요소가 없는 상황에 대해, 입지 2는 부분적으로 방해할 수 있는 상황, 입지 1은 외벽 창으로의 태양광 입사가 곤란한 상황을 의미한다. 주광이용에 의한 효과는 거실 겸 식사실(기호 LD), 노인실 또는 아동실 등 (기호 : 老)의 순으로 크다고 보아, 2면 채광을 확보함으로써 주광이용에 의한 에너지 절약효과가 커진다. 예를 들어 입지 2에서는 2~3%의 에너지 절약효과를 얻을 수 있다.

또한 조명설비계획에 대해서도 기기효율의 향상, 인체감지 센서나 조도 센서에 의한 ON-OFF 제어, 다등분산 조명방식(실내에 복수의 조명기구를 분산배치하여 점등패턴을 치밀하게 하는 방식)의 채용으로 최대 50%의 에너지 절약을 기대할 수 있다.

6) 그 외의 에너지 저감수법

표 2에 의하면 부분간헐 냉난방인 경우에는 가전기구 사용을 위한 에너지 소비량이 급탕에너지에 필적하여 전체의 28.5%를 차지하고 있다. 가전 중에서 에너지 소비량의 비율이 큰 냉장고, 텔레비전(이상이 최중점 가전), 온수난방 변좌, 전기포트, 세탁기

표 9 에너지 소비량의 산정 예

아래의 에너지 절약기술을 적용한 경우 47%의 삭감률로 된다.

1999년 에너지 절약기준에 바탕을 둔 단열성/도쿄 동지 5시간 일조조건으로 일사열 이용 수법 ①②③을 적용/에어컨 COP6 이상(냉난방 양쪽다)/자연풍 이용조건 입지2에서 수법 ②③④⑤를 적용/개구부 일사침입률 0.3 이하(진북에 한하여 0.55 이하)/열교환 없는 제1종 환기로 덕트지름 75mm로 하여 급기구 배치 고안/태양열 급탕시스템(진공관저탕식) · 저탕기구 · 욕조단열/채광조건 입지 2에서 전거실 2면채광 및 복도 비거실 1면채광/고효율 조명기구 및 인체감지센스 · 조도센스 적용/에너지절약형 냉장고 · 액정TV · 에너지절약형 난방변좌 · 에너지절약형 전기포트 · AV기기 저대기전력형 사용

에너지 소비량의 산정표 (경사진 문자부분이 표3~8로부터 구할 수 있는 각 요소기술 적용시의 에너지 소비율)

용도	산정식	설계치	기준치	삭감률
난방	12.8 × (*0.55* × *0.9* × *0.6*)	3.8GJ	12.8GJ	▲70%
냉방	2.4 × (*0.8* × *0.55* × *0.6*)	0.6GJ	2.4GJ	▲75%
환기	4.7 × *0.6*	2.8GJ	4.7GJ	▲40%
급탕	24.5 × *0.5*	12.3GJ	24.5GJ	▲50%
조명	10.7 × (*0.95* × *0.6*)	6.1GJ	10.7GJ	▲43%
가전	23.7 × *0.6*	14.2GJ	23.7GJ	▲40%
기타(조리)		4.4GJ	4.4GJ	0%
합계		44.2GJ	83.2GJ	▲47%
전력	태양전지에 의한 발전량 (□-29.3GJ□-39.1GJ)	-OGJ		
총 계		44.2GJ	83.2GJ	▲47%

(이상 3종류가 중점 가전)의 에너지 효율은 매년 향상되고 있다.

2003년 이후 제조된 냉장고는 400리터가 200kWh/년 미만인 데 비해 2000년도에 제조된 것은 450kWh/년 정도의 전력을 소비하였다. 또한 28형의 브라운관 TV(2000년 이전 제조)에 비해 2001년도 이후 제조된 액정TV는 250kWh/년 정도의 전력 소비량이 저감된다. 이러한 냉장고 및 액정TV를 사용하고 있는 경우에는 레벨 1로 평가되어 20%의 에너지 절약효과가 있을 것으로 간주된다. 또한 최중점 가전 및 중점 가전과 더불어 MD플레이어, 스테레오, DVD, 비디오 플레이어, CD라디오 카세트, PC, 전화기, 전자레인지, 게임기 등에 관해서 대기전력 삭감대책이 세워진 것을 사용하고 있는 경우에는 레벨 2로 평가할 수 있고, 40%의 에너지 절약효과가 있을 것으로 간주된다.

조리용 풍로인 전자조리기구와 가스조리기구의 사이의 의미 있는 차이를 찾아내지 못하고, 그 밖에 에너지 절약효과도 찾아낼 수 없었다.

태양광발전은 3kW 설치 시에는 29.3GJ, 4kW 설치 시에는 39.1GJ이 발전되어 그만큼의 1차 에너지 소비량이 삭감된다.

7) 에너지 소비량의 추정확인 방법

에너지 절약 요소기술 중 무엇을 설계에 적용할지를 고민한다면, 표 3~8을 이용하면 에너지 소비량의 추정이 가능하다. 표 9에 산정 예를 나타내었다. 이 예에 의하면, 태양전지를 채용하지 않는 조건에서도 47%의 1차 에너지 소비량 저감을 기대할 수 있다.

본고에서는 〈자립순환형 주택으로의 설계 가이드라인〉에 채용된 에너지 절약 요소기술의 전체상을 개략적으로 설명함과 동시에, 그 요소기술의 조합에 의한 종합적인 에너지 절약효과의 추정방법에 대해 알아보았다.(사와치 다카오)

주 : 실제의 전기, 가스, 등유의 소비량으로부터 1차 에너지 소비량을 구하려면, 각각 전기 9,830kJ/kWh, 도시가스 (13A) 46,000kJ/m^3, 등유 37,000kJ/L의 계수를 이용한다. 단, 1 GJ = 10^6 k J

참고자료

国土技術政策綜合研究所·独立行政法人建築研究所監修「自立循環型住宅への設計ガイドライン」, 財団法人建築環境·省エネルキー機構刊, 2005年 6月

3-4 건축을 사후 평가한다 (Post Design)

3-4-1 모니터링

포스트 디자인 단계는 준공 · 인도를 하여 운용이 시작된 건축물을 계속적으로 검증하여 설계한 대로 성능이나 품질이 달성되었는지, 혹은 그 상황의 변화를 파악하는 것부터 시작된다. 그리고 그 결과로부터 밝혀진 문제점을 개선하는 것이 주된 목적이다. 따라서 검증의 개념이나 방법, 기술 그 자체가 공통되는 툴로서 확립되어 있는 것이 전제가 된다. 여기에서는 우선 일본에서 비교적 일반적으로 이용되고 있는 모니터링의 종류와 그 개요를 언급하고, 그 과제에 대해 분명히 하고 싶다.

또한 건축물 자체의 검증만이 아니라 사용자 측의 사용상황이나 라이프스타일에 관한 검증사례를 나타내어, 그 분석결과가 계획 원단위(기준치)나 계획조건의 재검토에 반영된다는 것도 언급하고자 한다.

앞에서 말한 것처럼, 건물 완성 후의 (실내)환경이나 에너지 평가에 있어서 모니터링(계측 및 계량)은 필수적이다. 그렇지만 유감스럽게 모니터링은 현재로서는 반드시 보급되어 있다고는 말할 수 없는 상황에 있다.

그 이유는 어떠한 계측 · 계량기기(센서나 미터 등)를 선정하면 좋은 것인지, 혹은 그것들을 어디에 설치하면 좋은 것인지, 또 이러한 기기로부터 얻을 수 있는 데이터는 순간치가 좋은 것인지 적산치가 좋은 것인지 등 대단히 전문성이 높은 문제가 많기 때문이라고 생각할 수 있다. 또한 계측 · 계량기기에는 고가인 것도 있어 경제적인 측면에서 피하게 되기도 한다고 추측된다.

그렇기 때문에 여기에서는 모니터링의 보급을 방해하고 있다고 생각되는, 이러한 요인에 대해 해설함과 동시에 대응책에 대해 고찰해 보고 싶다.

1 계측 · 계량의 방법

1) 계측 · 계량기기의 선정

환경이나 에너지 데이터를 수집 · 분석하여 그것들을 평가하는 경우, 우선 이것들을 계측 및 계량하기 위한 기기를 적절히 선정하는 것이 중요하다. 예를 들어, 에너지를 계량하는 경우의 상당수는 적산 전력량계나 적산 가스유량계 등과 같이 적산계를 이용하는 경우가 많지만, 이러한 계량기기에는 직독식(直讀式)이나 펄스발신기 부착 등의 종류가 있어 평가를 위해 필요한 데이터 수집 기간이나 데이터양을 감안하여 어느 쪽인가를 선정한다.

또한 상설이 아닌 가설로 전력 소비량을 수집하는 경우는 가반형(可搬型) 적산전력량계를 이용하게 되지만, 분전반의 회로단위로 계측에 적절한 클램프 전력량계나 콘센트 단위의 계측에 적절한 콘센트에 꽂는 플러그가 붙은 간이형의 전력량계 등 여러 가지가 있다. 클램프형 전력량계는 전류치나 무효전력 등 상세한 데이터를 수집할 수 있는 것도 있고 비교적 정밀도가 높다고 말할 수 있다. 이와 같이 계측대상이나 계측의 목적 · 정밀도 등에 따라 적절한 기기를 선정하는 것이 중요하다.

또한 실내공기나 실내 측 벽면의 표면온도, 조도와 같은 환경데이터를 계측하는 경우에는 순간치를 기록하는 경우가 많다. 예를 들어, 온도계측의 경우는 열전대(熱電對) 등을 이용하여 데이터 수집기(로거)에 기록하여 얻은 데이터를 PC로 해석하는 방법을 이용하는 것이 많지만, 최근에는 소형경량으로 운반이 편리한 디지털식의 온(습)도계가 있어 PC에 직접 데이터를 다운로드 할 수 있는 등 대단히 편리성이 높은 제품도 개발되어 있다.

환경계측을 위한 계측 · 계량기기에는 이 외에도 조도계나 방사온도계, 열수지계, 유량계, 풍속계, CO 및 CO_2 농도계 등 다양한 계측 · 계량기기가 있어, 전제한 것처럼 이러한 계측 · 계량기기 중에서 데이터 수집방법(PC나 감시장치 등을 이용한 연속자동계측, 혹은 수동에 의한 간헐적인 계측 등)과 필요한 계측 정밀도 등의 관점에서 적절한 기기를 선정한다.

2) 계측 · 계량기기의 설치를 필요로 하지 않는 모니터링 수법의 예

환경이나 에너지의 평가에 필요한 데이터를 계측 · 계량기기 이외로부터 수집하는 모니터링 방법으로서 자동제어설비의 제어정보를 활용하는 방법이 있다. 이 수법은 계측 · 계량기기를 필요로 하지 않기 때문에 경제적이라고 말할 수 있지만, 중앙감시자동제어 설비가 설치되는 비교적 규모가 큰 건물에 한정되는 수법인 것에 주의를 필요로 한다.

이 수법을 구체적으로 해설하기 위해 변풍량 제어로 공조기 팬 동력의 저감효과를 검증하는 경우를 상정한다. 변풍량 제어에 의한 팬 동력의 저감을 직접 검증하려면 적

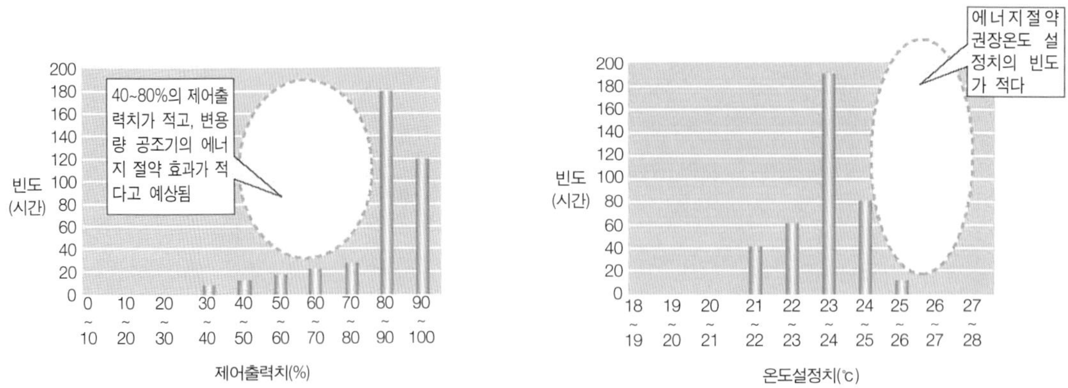

그림 4-1-1 변풍량 제어에 의한 팬동력 저감효과를 간접적인 계측 · 계량 수법으로 조사하는 방법

산 전력량계를 설치하는 게 좋지만, 변풍량 제어를 하고 있는 공조기의 대수가 많은 경우 등은 매우 비경제적인 방법이다. 따라서 전력량계를 대신하여 자동제어장치의 제어출력 데이터(정밀도를 더욱 향상시키기 위해서는 인버터 등의 제어대상으로부터 피드백 값으로 하는 방법도 있지만 배선비용 등을 필요로 한다)를 활용하는 방법을 생각할 수 있다. 이 수법에 의하면 변풍량 제어에 의한 팬 동력 저감량을 구체적 또는 정량적으로 나타낼 수는 없지만 에너지 소비의 경향을 파악할 수 있다.

그림 4-1-1은 이것을 이미지화 한 것이다. 변풍량 제어를 채용하고 있는 공조기 팬의 자동제어장치로부터의 제어 출력치의 빈도분포를 조사했는데, 예상 이상으로 고출력 범위의 시간이 많은 것을 알 수 있었다고 가정한다(그림 4-1-1 왼쪽 그래프). 이 원인을 찾기 위해 냉방 실내온도 설정치의 빈도분포를 조사했는데, 에너지 절약 추천 온도보다 더욱 낮다는 것을 알게 되었다(그림 4-1-1 오른쪽 그래프). 즉, 냉방 실내온도 설정치가 너무 낮았기 때문에 팬 동력의 저감이 예측과 달랐다고 추측할 수 있다. 이와 같이 팬 동력을 직접 계량할 수 없어도 에너지 과다소비의 요인을 분석할 수 있는 경우도 있다.

또 한 가지, 계측 · 계량기기를 필요로 하지 않는 방법을 소개한다. 그것은 "계(系=시스템)에 진동을 주어 그 응답을 본다"는 수법이다. 예를 들어, 공조기의 외기도입량이 과다하고, 이 때문에 에너지 낭비가 의심되는 경우 외기도입 댐퍼를 강제적으로 1~2시간 닫고, 그 전후의 에너지 소비량(이 경우 열원 주위에 열량계가 있는 것을 전제로 하고 있다.)이나 실내의 CO_2 농도를 관찰함으로써 외기도입량의 과다여부를 판정하는 수법이다. "시스템에 진동을 준다=외기 댐퍼를 강제적으로 닫았다" 이후, 내부발열뿐만이 아니라 외계(外界)기상도 변동한다. 또한 시스템의 응답에 시간지연이 있기 때문에 정확하지 않지만 대체적인 짐작은 할 수 있다.

2 평가를 생각한 모니터링의 방법

계측 · 계량기기의 선정이나 그 설치에 있어서 중요한 것은 획득한 데이터를 이용하여 무엇을 어떻게 평가하는지를 사전에 명확하게 하는 것이다. 이것을 경시하여 데이터를 수집하더라도 방대한 데이터만이 남아 충분한 분석 · 평가를 할 수 없는 결과를 초래하게 된다.

그것을 위한 힌트로 다음과 같은 개념이 있다. 그것은 "시간 축", "공간 축", "시스템 축"이라는 3개의 시점에서 평가방법을 정리하는 것이다.

이하에 구체적으로 예를 들면서 3개의 시점에서 본 모니터링의 방법에 대해 해설하였다.

1) 시간 축

에너지를 계량하여, 이것을 컴퓨터 시뮬레이션한 결과 혹은 다른 빌딩의 데이터와 비교하는 장면을 상정해 본다. 이때 종래에는 단지 연간의 연면적당 에너지 소비량(예를 들어 MJ/m²년)으로 비교하는 경우가 많았지만, 이것으로 건물의 사용시간이나 설비의 운전시간이 서로 다른 것을 반영할 수 없기 때문에 올바른 비교를 할 수 없다. 즉, 연면적당이 아니라 단위시간당이라는 원단위(기준치)를 작성할지, 혹은 시간대(예를 들어 평일의 8~18시)를 한정한 에너지 계량을 하여 이것과 비교할 필요가 있다.

최근 정보화나 국제화에 따라 24시간 계통의 부하가 상당히 큰 비율을 차지하는 경우가 있다. 이러한 경우를 위해서도 시간 축을 의식한 계측 및 계량계획이 중요하다.

2) 공간 축

예를 들어, 연회장이나 강당과 같이 인원밀도가 높은 공간에서는 제습 재열(再熱) 제어를 하는 경우가 많지만, 이러한 에너지 과다소비의 경향에 있는 공조방식을 채용했을 경우 조금의 설정치 차이나 이상이 큰 에너지 소비를 초래할 수도 있다. 또 앞에서 말한 바와 같이 24시간 계통(통신기계실과 같은 예가 이것에 해당)의 에너지 소비량은 전체에서 차지하는 바닥면적의 비율은 적어도 에너지 소비량은 상당한 양이 된다.

이와 같이 공간별로 볼 때, 에너지 소비 경향이 다른 공간과 큰 차이가 있는 경우 등은 모니터링 계획에서 중요한 분석대상이 되는 것이 많다.

3) 시스템 축

마지막으로 "시스템 축"의 시점에서는 각종의 에너지 효율, 예를 들어 열에너지의 생성효율이나 열에너지의 반송효율을 파악하는 것을 들 수 있다.

이때 단지 이러한 효율을 파악할 뿐만 아니라 효율이 나쁜 경우의 요인을 분석하여 개선방법을 제안하기 위해 필요한 계측 · 계량계획이 필요하다. 예를 들어, 냉동기의 열에너지 생성 효율이 나쁜 경우를 상정해 본다. 이때 극소부하가 효율저하를 초래한 요인이라고 하면, 이 극소부하를 초래한 원인을 규명할 필요가 있다.

극소부하를 초래한 원인으로는 냉동기 대수의 제어 불량이나 냉수의 순환온도 저하 등이 있고, 이러한 원인을 모니터링 할 필요가 있다는 것을 알 수 있다. 즉, 냉동기의 운전대수와 부하의 관계나 냉수 순환온도와 부하의 관계 등이 필요하다.

이상과 같이 시스템 축의 시점에서는 요인분석에 필요한 계측·계량계획을 전개할 수 있다.(노하라 후미오)

3-4-2 사후의 검정 및 평가

일본의 부문별 에너지 소비량에서 차지하는 민간부문(업무용 빌딩과 주택)의 에너지 소비는 타 부문(운수와 산업)과 비교하여 증가 경향에 있다(그림 4-2-1 참조). 그렇기 때문에 건축 분야에 종사하는 우리는, 열악한 환경문제의 완화를 위해서 한층 더 에너지 절약을 도모할 필요가 있다.

그런데 3.4.1절에서는 건물 완성 후의(실내) 환경이나 에너지 평가에 있어서 모니터링(계측 및 계량)이 필수 불가결하다는 것을 말했다. 그 이유는 환경을 양호하게 유지하는 기술이나 에너지 절약 기술과 모니터링 수법은 수레의 두 바퀴와 같은 관계에 있어, 모니터링 결과를 이용하여 사후의 검증 및 평가를 함으로써 비로소 진실로 인간을 배려한 공간을 창출하고 에너지 절약을 달성할 수 있기 때문이다. 따라서 여기에서는 사후의 검증·평가에 대한 유의점 등을 해설한다.

1 에너지 절약 진단

1) 그린구입법과 에너지 절약 진단

2000년 5월에 '국가 등에 의한 환경물품 등의 조달의 추진 등에 관한 법률' (그린구입법)가 공포되어, 2001년 2월에 14분야 101품목의 특정조달품목(국가 등의 각 기관이 중점적으로 조달을 추진하는 환경물품 등의 종류) 및 그 판단의 기준 등을 정한 '환경물품 등의 조달의 추진에 관한 기본방침' (기본방침)이 각의 결정되었다. 그 조달품목 중에 에너지 절약 진단이 포함되어 있다.

또한 2001년 11월에 경제산업성에서는 그린구입법에 바탕을 둔 에너지 절약 진단의 실시로 중앙부처의 청사에서 첫 공모를 했다. 이것으로 알 수 있듯이, 에너지 절약 진단은 환경완화를 위해서 큰 기대를 받고 있다고 말할 수 있다.

2) 벤치마크의 필요성

에너지 절약 진단을 위해서는 목표가 되는 벤치마크가 필요하다. 종래에는 에너지 소비량에 관한 표본조사의 결과를 이용하는 것이 대부분이었다. 그렇지만 표본조사의 결과에 단순한 통계처리를 한다는 것만으로는 건물의 운용특성 등이 전혀 반영될 수 없기 때문에 적절한 벤치마크라고 말하기 어렵다. 또 컴퓨터 시뮬레이션 결과를 벤치마크로 하는 방법도 일부에서 제안되고 있지만, 시뮬레이션 결과에 대한 신빙성에 과제가 있다.

현재로서는 결정판이라 할 수 있는 벤치마크가 존재하지 않는다. 향후의 연구성과에 기대를 한다.

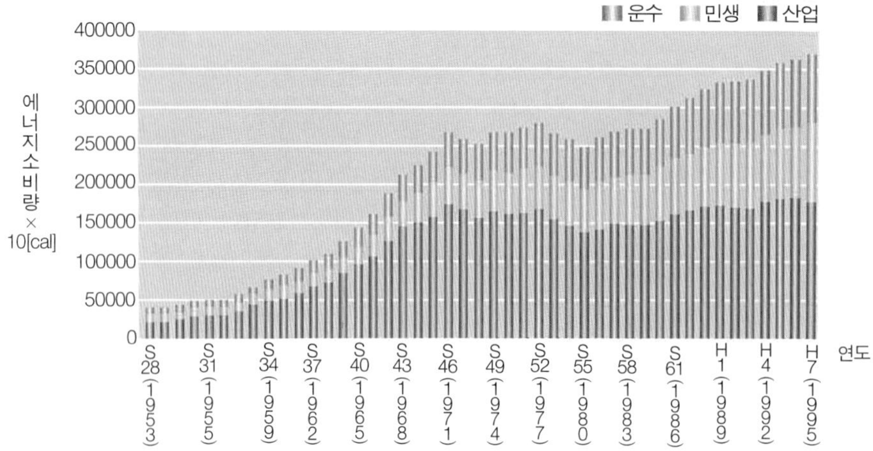

그림 4-2-1 일본의 부문별 에너지 소비(경제산업성)

2 사후의 검정평가에 필요한 관리 목표치와 관리수법 및 관리조직

1) 성능규정과 운용규정(관리 목표치)

에너지 절약법 등의 관련법규에 의해 건물이 최소한 구비해야 할 성능이 규정되고 있다. 예를 들어, 에너지 절약법에서는 PAL(Perimeter Annual Load)치나 CEC(Coefficient of Energy Consumption)의 기준치를 정하고 있고, 이것에 의해서 건물의 단열 일사차폐성능이나 공조나 조명, 환기 등의 에너지 절약 성능이 규정되어 있다.

그런데 이것들은 어디까지나 성능규정이지 운용규정은 아니다. 예를 들어, 아무리 연료소비 효율이 좋은 자동차라도 난폭한 운전을 한다면 불필요하게 가솔린을 소비해 버리는 것과 같기 때문에, 단열일사차폐 성능이 뛰어난 건축이나 에너지 효율이 높은 설비를 채용했더라도 운용이 잘못되면 기대한 대로의 에너지 절약은 달성할 수 없다.

따라서 성능규정과 동시에 운용규정을 정할 필요가 있지만, 업무용 건물인 경우 건물마다 사용방법이 천차만별이기 때문에 법률을 통하여 일률적으로 규정하는 것에는 현 시점에는 무리가 있다. "현 시점"이라고 한 이유는, 장래 모니터링 기술이 보급되어 시간 축, 공간 축, 시스템 축 등의 시점에서 환경이나 에너지에 대한 분석 · 평가가 어떤 건물에서도 실시할 수 있게 되면 운용규정을 정하는 것도 불가능하지 않기 때문이다.

2) 관리수법과 관리조직

현 시점에서는 운용규정(관리 목표치)은 설계자가 정할 필요가 있다. 물론 설계시점에서는 어디까지나 예측이며, 건물 준공 후 계속된 운용관리를 하여 적절한 수정을 할 필요가 있다. 여기서 계속된 운용관리를 위하여 환경 매니지먼트 시스템의 개념을 활용하는 방법이 있다. 그림 4-2-2는 환경 매니지먼트 시스템을 활용한 시설관리 수법과 조직에 대한 관계를 나타낸 것이다. 이러한 방법을 사용함으로써 확실한 운용관리를 할 수 있게 되어 환경이나 에너지 개선을 도모할 수 있는 것으로 생각된다.(노하라 후미오)

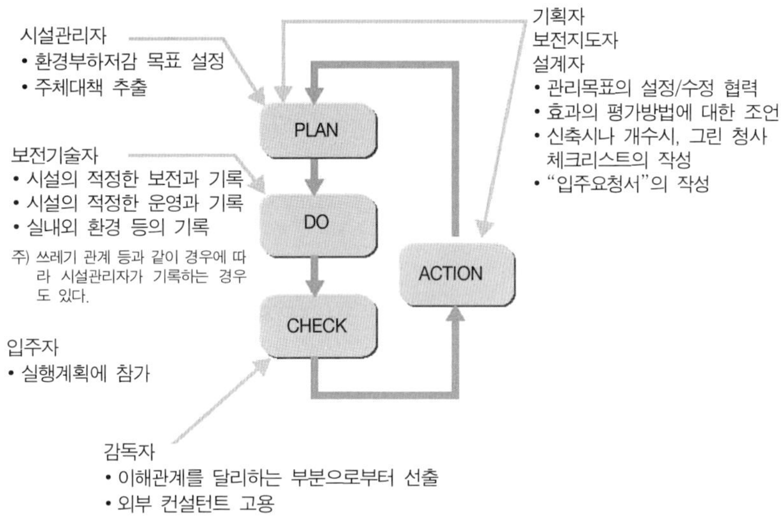

PLAN : 환경부하 저감화의 목표(대상과 목표치)를 설정한다.
DO : 설정한 환경부하 저감화의 목표를 실현하기 위한 실행 프로그램을 실시한다.
CHECK : 실행결과를 평가한다.
ACTION : 필요에 따라서 목표를 수정한다.

그림 4-2-2 환경 매니지먼트 시스템을 활용한 시설관리 수법과 조직의 관계

제3장 인용 · 참고문헌 등

■ 3-1-1

3-1.『建築家の業務（改訂版）』（日本建築家協会、2002）

■ 3-1-2

3-2.『21世紀 法・制度ガイド』（新建新聞社、2001）

■ 3-2-2

3-3.『図説／集落』日本建築学会編（都市文化社、1989）
3-4.『地域のデザイン』糸長浩司編（明文書房、1993）
3-5.『自然立地的土地利用計画』井手久登、武内和彦（東京大学出版会、1985）
3-6.『BIO-City』「生態回廊都市」イアン・マクハーグ他（ビオシティ、No.8、1996）
3-7.『BIO-City』「食べられる街づくり」ピーター・バーグ他（ビオシティ、No.21、2001）
3-8.『パーマカルチャー』ビル・モリソン他（農山漁村文化普及協会、1993）
3-9.『ナチュラルガーデンブック』ピーター・ハーパー他（産調出版、1996）

■ 3-3-2

3-10.『Building Research Establishment Environmental Assessment Method』Prior, J.(Ed)（(BREEAM) Version 1/93 New Offices、「Building Research Establishment Report」1993 Second Edition）
3-11.『Building Environmental Performance Assessment Criteria: Version 1 - Office Buildings』Cole, R.J., Rousseau, D., and Theaker, I.T.（The BEPAC Foundation、Vancouver、1993）
3-12.『Buildings: Leadership in Energy and Environmental Design』（US Green Building Council、2001、Rating System Ver.2.0）
3-13.『環境共生住宅 A-Z』環境共生住宅推進協議会編（ビオシティ、1998）
3-14.『建築のライフサイクルエネルギー算出プログラムマニュアル』小玉祐一郎、澤地孝男、中島史郎（建設省建築研究所、1997）
3-15.『グリーン庁舎計画指針及び同解説　平成11年版』建設大臣官房官庁営繕部監修（公共建築協会、1999）
3-16.『グリーン庁舎計画指針及び同解説対応計算ソフト』伊香賀俊治（公共建築協会、1999）
3-17.『官庁施設の環境配慮診断・改修計画指針および同解説』国土交通省官庁営繕部監修（建築保全センター、2001）
3-18.『建物のLCA指針(案)～地球温暖化防止のための$LCCO_2$を中心として～』（日本建築学会、1999）
3-19.『建築物の総合環境性能評価手法に関する研究（その1）～（その9）』村上周三ほか（日本建築学会大会学術講演梗概集、環境工学、2002.8予定）

■ 3-3-3／3-3-4

3-20.『建築物のLCA—CO_2と大気汚染排出評価、第15回エネルギーシステム・経済・環境コンファレンス講演論文集』伊香賀俊治、外岡豊、本藤祐樹、内山洋司（エネルギー・資源学会、1999）
3-21.『建築設備の建物用途別ライフサイクル環境負荷原単位、日本建築学会計画系論文集 No.533』伊香賀俊治、外岡豊(2000)
3-22.『建築物の省エネルギー基準と計算の手引』（(財) 建築環境・省エネルギー機構、1993）
3-23.『空調設備の省エネルギー計算プログラム「BECS/CEC/AC for Windows」』（(財) 建築環境・省エネルギー機構）
3-24.『空調システムシミュレーションプログラム「Micro-ACSS」』（(社) 建築設備技術者協会）
3-25.『住宅の熱負荷計算プログラム「SMASH for Windows」』（(財) 建築環境・省エネルギー機構）
3-26.『空気調和・衛生設備の環境負荷削減対策マニュアル』（空気調和・衛生工学会、2001）
3-27.『改訂、建築物のライフサイクルコスト』建設大臣官房官庁営繕部監修（(財) 建築保全センター、(財) 経済調査会、1993、2000）
3-28.『ビルディングLCビジネス百科』（社)建築・設備維持保全推進協会編（オーム社、1996）

제 4 장

사회시스템과 건축전문가의 역할

4-1 사회의 제도와 체제

4-1-1 건축 라이프사이클과 환경 매니지먼트

1 왜 환경 매니지먼트인가

이전에는 환경문제의 해결수단으로서 규제적 수법이 이용되어 왔다. 공해문제와 같이 오염자와 피해자 및 문제의 인과관계가 명확한 경우 환경규제를 수치적으로 정하고, 이것을 위반한 것에 대해 벌칙을 준다고 하는 수법이 유효하고 있다. 그렇지만 지금 우리가 직면하고 있는 지구환경문제에 대해 지구온난화의 문제나 오존층 파괴의 문제에서 상징되듯이, 환경부하를 발생시키는 주체는 기업뿐만 아니라 일반시민 자신이며 피해를 받는 주체도 기업, 일반시민과 더불어 미래 세대이다. 발생요인과 일어나는 현상 간에는 다양한 사상의 인과관계가 관련되어 있어 그 범위도 광범위하기 때문에, 어느 특정 주체에 대해서 특정요인을 규제하는 수단을 강구한다고 해도 거기에서 얻을 수 있는 효과는 극히 한정적이므로 문제를 완화 · 해결할 수 없다.

1990년대에 들어서 지구환경문제가 표면화 되었으며, '환경문제의 해결(혹은 적어도 더 이상 악화 방지)에 대한 실효를 높이려면, 산업활동 · 제품 · 서비스가 환경에 미치는 영향을 최소한으로 억제하기 위해 기업을 포함한 각 조직의 포괄적, 자주적, 조직적, 계속적인 대처가 필요하다'라는 인식이 유럽을 중심으로 급속히 퍼졌다.

1991년 6월에 UNCED(유엔환경개발회의)에 설립된 BCSD(지속적 발전을 위한 산업계 회의 Business Council for Sustainable Development)는 지구환경문제의 심각화가 머지않아 기업활동의 기반도 위협하게 될 것이다라는 위기감을 공통적으로 인식하고, '지속가능한 기술(Sustainable technologies)의 도입 및 추진을 위해 환경에 관련된 국제 규격은 중요한 수단이 될 수 있다'라고 제언하였다. 이것을 계기로 ISO(국제표준화기

표 1-1-1 1S014001 시리즈 규격(책정현황은 2001년 9월 1일의 상황, 일본공업표준회 자료에 의함)

SC	규격번호	규격명칭	ISO발효	JIC제정[*1]
SC1	ISO14001	환경관리시스템-시방 및 이용 매뉴얼	96.09.01	96.10.20
	ISO14004	환경관리시스템-원칙, 시스템 및 자원방법의 일반지침	96.09.01	96.10.20
SC2	ISO14010	환경감사지침-일반원칙	96.10.01	96.10.20
	ISO14011	환경감사지침-감사순서-환경관리시스템의 감사	96.10.01	96.10.20
	ISO14012	환경감사지침-환경감사원의 자격기준	96.10.01	96.10.20
(WG4)	DIS14015	환경관리-용지 및 조직의 환경 어세스먼트(EASO)	FIDS 투표중(01.09.26)	
JWG	CD3.19011	품질 및 환경관리 시스템 감사지침	DIS 투표중(01.10.31)	
SC3	ISO14020(제1판)	환경라벨 및 선언-일반원칙	98.08.01	99.07.20
	ISO14020(제2판)	환경라벨 및 선언-일반원칙(수정표)[*2]	00.09.15	
	ISO14021	환경라벨 및 선언-자기선언에 의한 환경주장(Type1 환경라벨 표시)	99.09.15	00.08.20
	ISO14024	환경라벨 및 선언-Type 환경라벨 표시-일반원칙 및 수속	99.04.01	00.08.20
	TR14025	환경라벨 TypeⅢ-정량적 환경정보 표시의 라벨	00.03.15	00.8.ITRQ0003 로 공표
SC4	ISO14031	환경관리-환경성능평가-지침	99.11.15	00.10.20발효
	TR14032	환경성능평가 사례집	99.11.15	
SC5	ISO14040	환경관리-라이프사이클 어세스먼트-원칙 및 체계	97.06.15	97.11.20
	ISO14041	환경관리-라이프사이클 어세스먼트-원칙 · 조사범위의 설정 · 인벤트리 분석	98.10.01	99.11.20
	TR14049	환경관리-라이프사이클 어세스먼트-원칙 · 조사범위의 설정 · 인벤트리 분석의 JISQ14041에 관한 적용사항	00.03.15	00.12.20 TR Q0004 로 공표
	ISO14042	라이프사이클 어세스먼트-영향평가	00.03.01	JIS화 예정
	ISO14043	라이프사이클 어세스먼트-해석	00.03.01	JIS화 예정
(WG2,3)	CD14048	라이프사이클 어세스먼트-데이터 포맷	DIS 투표 예정	
(WG4)	(TR)14047	라이프사이클 어세스먼트-영향평가 사례집	DTR 투표 예정	
SC6	ISO14050	환경관리-용어	98.05.01	98.10.20
WG1	ISOGuide64	제품규격에 환경 측면을 도입하기 위한 지침	97.03.05	98.03.20
WG2	TR14061	삼림관리	98.12.15	
WG3	DTR14062	환경적합 설계(DfE)	DTR 투표 예정	
WG4	(ISO14063)	환경 커뮤니케이션	2004년 제정 예정	

주) *1 ( )내는 JIS제정 예정일, JIS번호는 JIS Q의 뒤에 IS번호로 하고 있다.
*2 ISO14020(제2판)은 수정한 곳만을 기술하고 있는 수정표

표 1-1-2 ISO14001의 요구사항의 요점

* 경영의 최고층이 관여할 것
* 환경 측면을 파악함과 동시에 그것들에 수반한 환경영향을 평가할 것(초기 경조사)
* 환경방침을 책정할 것
* 환경목적과 환경목표를 정할 것
* 환경프로그램을 확립함과 동시에 이것을 유지할 것
* 현행 법규류를 준수할 것
* 「효과적인」 환경관리시스템을 실행할 것
* 설정한 목적의 효과를 모니터하여 측정할 것
* 일어날 가능성이 있는 불편사항(고장)을 예방 · 시정하는 순서를 확립할 것
* 긴급사태에 대한 대비 및 대응이 되어 있을 것
* 환경관리에 관한 감사수순이 정해져 있을 것
* 경영층에 의한 재고찰(Management Review)이 실시될 것

구)에서 환경 매니지먼트의 제규격 책정작업을 시작하였다. 2001년 10월 시점에는 표 1-1-1과 같이 ISO14000 시리즈로 불리는 국제 규격이 성립되어 세계 규모로 급속히 보급되었다.

일본에서는 공해문제와 같이 환경대처는 이러한 형태의 대책비용이 필요하고 비용부담이 증가한다고 하는 단편적인 이해를 하고 있는 리더나 기업 경영자가 많다. 그렇지만 구미의 리더나 경영자 사이에서는 환경을 잘 매니지먼트하면 비용삭감이 생기고, 반대로 저급하게 매니지먼트하면 조직과 기업은 매상의 저하나 막대한 보상비용을 지불하게 되는 등 그 존속을 위협하는 사태에 이른다고 하는 이해가 급속히 깊어지고 있다. '환경 매니지먼트 능력은 조직 · 기업의 경쟁력의 핵심이다'라고 하는 절실한 인식이 환경 매니지먼트라고 하는 국제 규격인 ISO14000 시리즈를 급속히 형성시켰다.

ISO14000 시리즈의 개요는 그림 1-1-1과 같다. ISO14000 시리즈는 환경 매니지먼트 시스템(Environmental Management system)에 관한 규격군이다.

ISO14010 시리즈는 환경감사(Environmental Audit)에 관한 규격이다. 또 ISO14020 시리즈는 환경라벨(EL : Environmental Labeling)에 관한 것으로, 소비자 및 이용자가 시장에서 유사한 상품군에서 환경을 배려한 것을 우선적으로 선택하기 위한 기준이 되는 규격군이다. 또한 여기서 말하는 환경라벨에는 3가지 타입이 있다. 첫 번째, 자기선언에 의한 것(타입 I), 두 번째, 제3자 인증에 의한 것(타입 2)이고 끝으로 환경정보표시에 의한 것(타입 3)이 포함된다.

ISO14030 시리즈는 환경성능평가(Environmental Performance Evaluation)에 관한 것으로 조직의 환경행동, 실적을 정성적 · 정량적 파라미터를 사용해 평가하는 수법에 관한 규격군이다. ISO14040 시리즈는 라이프사이클 어세스먼트(LCA : Life Cycle Assessment)에 관한 것으로 제품의 환경부하를 원료 조달단계부터 폐기에 이르기까지 각 단계마다 분석하여 제품의 환경부하를 개선하는 수법을 위한 규격군이다.

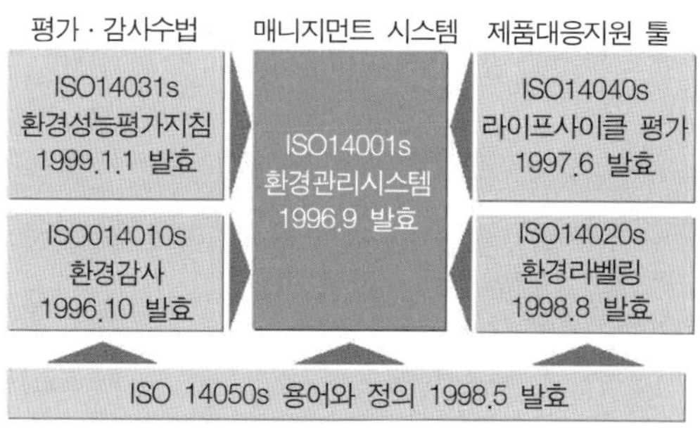

그림 1-1-1 환경 매니지먼트 규격 개요

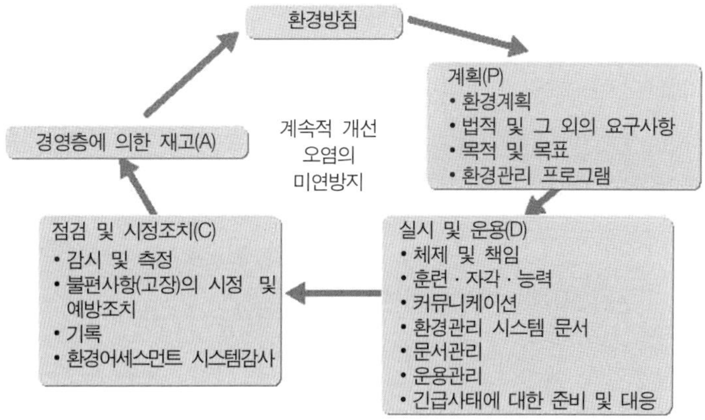

그림 1-1-2 환경 매니지먼트 시스템 모델(일본공업표준회 HP에서 인용)

2 환경 매니지먼트란 무엇인가

환경 매니지먼트(Environmental Management)란 '기업 등의 조직이 법령 등 규제기준을 준수하는 것뿐만 아니라 자주적 · 적극적인 환경보전을 위한 행동을 취하는 것'(JIS Q14001)이다. 이렇게 기업을 시작으로 여러 사회적, 경제적 활동을 실시하는 조직이 스스로 활동결과 발생하는 환경부하를 포괄적으로 인식하여 자주적으로 그 환경부하를 저감시키도록 조직을 운영하는 것이다.

또한 환경 매니지먼트 시스템(EMS : Environ-mental management system)이란 환경 매니지먼트가 확실히 행해지기 위한 시스템이다. 여기서 말하는 시스템이란 조직의 체제, 계획활동, 책임, 관행, 프로세스 및 자원을 말한다.

환경 매니지먼트 시스템은 그림 1-1-2의 모델과 같이 현상파악 → 환경방침 → 계획 → 실시 및 운용 → 점검 및 시정조치 → 경영층에 의한 재검토 → 새로운 환경방침의 설정이라고 하는 사이클 단계를 밟으면서 계속적으로 환경에 대한 조직의 대응을 개선해가는 구조이다. 그것은 계속적으로 환경 퍼포먼스를 개선해 나가는 사이클적인 프로세스를 취한다. 표 1-1-2는 이 규격이 요구하는 조직 요건의 골자를 정리한 것이다.

3 환경 매니지먼트의 장점

환경 매니지먼트에 기업이 임하는 것은 다음과 같은 장점이 있다고 생각된다.

① 환경 리스크의 회피 및 매니지먼트

② 기업 · 조직의 이미지 향상

③ 손해배상책임의 명확화 및 투자의 촉진

④ 비용저감

환경에 관한 다양한 리스크를 방치하는 것은 결국 기업의 존립을 위협할 막대한 지출과 신용의 실추를 낳는다. 시장경제하에서 얼마나 실효성이 있는 세련된 환경 매니지먼트 시스템을 기업이 가지고 있을지와 기업의 업무평가의 일부가 되어 기업의 주가나 자금조달, 보험료 설정 그리고 기업의 매상액에 크게 영향을 끼친다. 환경 매니지먼트는 기업 경영자에게 절실한 과제가 되었다.

4 환경회계는 어떻게 하는가

환경회계(Environmental Accounting)란 기업 · 정부 등 조직에 있어서 환경에 대한 대처 비용대 효과를 파악하기 위한 회계방법이다. 환경보전 활동을 통한 환경부하의 삭감량과 비용대비 또는 환경보전 효과와 이익창출 결과를 대비할 수 있다. 환경회계는 그 목적에 따라 내부환경회계와 외부환경회계 2종류로 크게 구별된다. 내부환경회계는 조직의 내부관리나 의사결정 툴로서 이용된다. 외부환경회계는 이해관계자를 포함한 외부 정보공개 툴로서 이용된다.

환경 매니지먼트 및 환경회계는 시장경제하에서 기업 · 정부의 환경에 대한 자주적인 대처를 적극화시키는 수단 · 방법으로 상당히 중요하다.(야시로 토모야)

4-1-2 건축의 환경정책

1 지속가능한 건축에 관한 정책

지속가능한 건축을 실현하기 위해 기술적 과제 해결, 경제적 동기를 포함하여 사회 전체가 가능하게 하는 구조의 구축이 필요하다. 이 시점에 크게 역할을 갖는 것이 '정책'이다. 정책은 정치가나 정부만 만드는 것이 아니고 업계, 학회 등에 의해서 정책적 중요한 역할을 완수한다.

여기에서 지속가능한 건축에 관한 정책은 무엇인지 또 어떠한 과제가 있는지를 개관한다.

2 정책수법과 정책목적의 분류

건축부문의 환경대책을 정책수법으로 크게 나누어 수법별 대표적인 제도수법을 표시하면 다음과 같다.

① 규제정책(법률, 규칙, 결정, 강제규준, 기준)
② 자주정책(볼런터리voluntary, 솔선계획, 공동행동)
③ 경제정책(세제, 보조, 과징금, 배출권 거래)
④ 정보정책(표시, 교육, 영향평가, 모델사업)
⑤ 기술정책(연구, 기술개발, 기술정보의 보급)
⑥ 복합정책(상기 ①~⑤ 수법의 조합)

또한 이와 같은 정책수법을 적용하는 영역과 그 목적을 지속가능한 건축정책이라고 할 수 있는 범위로 분류하면 다음과 같다.

1) 자원의 유효이용(내구성, 폐기물, 재활용)
2) 에너지 절약(에너지 절약, CO_2 삭감, 재생가능 에너지)
3) 오염방지(오염 최소화, 실내공기질, 배수, 소음)
4) 사회적 기능 향상(자연 · 사회와의 조화, 역사보전)
5) 시스템 수법 활용(환경관리, 도시계획 등과의 조정)

이러한 분야의 정책목표로는 환경목표, 경제목표, 사회목표로 크게 3가지로 분류된다. 다만 내용은 상호 겹치거나 일치하는 부분을 갖는다(그림 1-2-1).

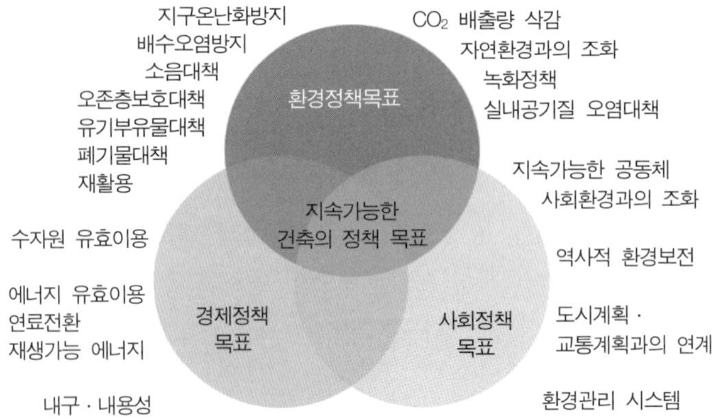

그림 1-2-1 지속가능한 건축정책의 목표, 목적영역(OECD)

3 정책에 관한 다른 관점

정책수법 및 정책목적(정책 분야) 이외의 정책 분류법으로서 다음과 같은 것이 있다.

a) 정책 대상 건축물의 라이프사이클 국면

건축물의 라이프사이클은 크게 계획단계, 건설단계, 이용단계(유지관리를 포함), 해체처리단계 및 개수단계로 나누어진다.

b) 정책 대상 건축물(용도 · 규모 등)

건축물을 분류하는 축으로서 용도, 규모, 소유관계, 건설시기, 입지 등이 있다. 주택, 상점, 학교와 정부 건축물은 그 정책수법이 다르다. 또한 공동주택에서 단독주택, 집합주택, 주택단지 또는 도시규모의 주택정책은 그 목적이 다르다.

게다가 신축, 기존 건축의 역사적 건축물에서는 건축물이 개인소유, 공유, 기업소유, 정부소유, 또한 건축물의 건설시기에 의해서도 정책의 선택지가 상이해진다. 입지조건에 의해서도 한랭지와 온난지, 적설지, 태풍상습지나 지진지대 등에서 정책의 중점이 다르다.

c) 정책 대상자

크게 나누면 이용자, 건설관계자 및 정부가 있다. 이 중 이용자에는 소유자, 임차인, 내방자, 관리자 등이 포함된다. 건설관계자에는 디벨로퍼, 건축가, 구조 · 설비 설계자, 건설업자, 전문공사업자, 재료 제조가공자, 유통업자, 해체업자, 금융관계자 등이 있다. 또 정부는 지방자치단체, 주 · 현 정부, 중앙정부 및 국제기관이 있다.

d) 정책수행 주체

지속가능한 건축정책은 관계자가 다양하며, 그에 따라 정책의 가능성도 그러하다. 그러한 정책의 입안을 수행하는 사람들은 국가, 지자체, 업계, 기업 등이 있다. 초기단계에서 국가의 역할이 중요하다.

e) 정책 실시기간

지속가능한 건축정책은 적어도 반세기를 필요로 하는 정책목표가 많이 포함되어 있다.

4 효과적 정책수법

규제정책은 어떤 의미로는 최후수단이며, 그전에 시장을 어긋나지 않게 의도적 조치나 시장원리를 활용한 경제수법이 충분히 필요하다. 지속가능한 건축정책에 대해 어떤 정책이 효과적인지 다음의 점을 고찰한다.

a) 자주정책

① 자주정책은 업계나 가정에서의 자주적 대처를 지원하는 수법이지만 그 대상은 시장원리만으로 진행되지 않는 사항이 많다. 많은 경우 자주정책은 규제사항이 되어야 내용에 포함되며(예 : CO_2 삭감) 규제정책의 전 단계가 된다. 그래서 정책의 효과가 나타나지 않을 시 규제정책을 도입한다라고 하는 것이 중요하다.

② 자주정책은 정부 측에서는 경제적 부담이 적고 업계와 관계가 양호한 경우 효율적인 정책수법이라고 할 수 있다. 다만 내포해야 할 내용이 복잡하기도 하며 규제레벨이 높은 경우 가능한 경제적 인센티브를 동시에 부여하는 것이 효과적이다.

b) 경제정책

① 새로운 세제를 만드는 것이 곤란한 경우 기존 세제에 에너지 절약 유도형을 개혁하는 것(그린화)을 검토한다. 그 경우 증세와 감세가 균형을 이루도록 한다(일본의 세제 조치는 감세가 많고 성격상 보조금에 가깝다).

② 보조금은 시장원리에 위배되는 경우가 많으며, 그 대상이나 적용방법에는 주의가 필요하다. 그 외 부문에 적용되고 있는 과징금, 배출권 거래, 예탁금 등의 시장원리를 활용한 정책을 건축부문에서도 검토할 필요가 있다.

c) 정보정책

① 계몽을 주목표로 한 정보정책은 종래의 홍보나 팸플릿 등의 매체에 가세한 인터넷을 이용한다. 라벨제도는 소비자 계몽에 효과적이지만 건축물의 라벨 적용은 내용연수가 매우 길다는 점, 용도변경, 개축 등에 대한 대응이 과제가 된다.

② 전문가에 대한 정부제공은 세미나와 심포지엄, 전문지 등을 통해 실시한다. 에너지 절약이나 자연에너지 이용 우수사례나 모델, 프로젝트 소개가 효과적이다.

d) 기술정책

① 기술개발의 성과를 정보정책, 경제정책, 자주정책이나 규제에 사용하는 경우는 건설업 전용의 보급형 기술이나 지침을 작성한다.

② 장래적으로 큰 사회적 과제사항(온난화 방지 등)에 대해서 기초 연구부터 정부가 책임을 가지고 실행할 필요가 있다. 에너지 절약기준 등의 정책적 과제나 연구를 하는 경우에 연구기관과 정부가 밀접하게 연계하는 것이 중요하다.

5 정책분석의 구체 예

건축의 에너지 절약 대책의 특징에서 법 규제가 비교적 적은 이유를 분석해 보면 다음과 같다.

① 에너지 절약 대책은 원래 경제문제로 다루어졌다. 특히 산업부문에는 시장원리가 작용하기 쉽게 때문에 1980년대 중반부터 에너지 의존도는 급속히 줄었다. 다만 건축부문에는 비용을 가시화하기 쉬운 건설단계의 에너지 비용이 적고 운용단계에서도 비용관리비나 가계가 차지한 비율이 적기 때문에 시장원리가 가중되기 어렵다.

② 에너지 절약을 실천하지 않은 경우에 발생하는 문제가 건강에 피해를 주거나 사회적 손실에 부합되지 않는다고 판단되고 있다. 그러나 이 점은 CO_2 배출삭감이라고 하는 지구환경대책과 에너지 절약이 밀접하게 결합되면서부터 에너지 절약은 개인적 경제문제와 국제적 공공의 이해에 대한 문제가 되었다.

③ 게다가 에너지 사용 규제를 강구해도 그것의 확인방법이 확립되어 있지 않다. 확인방법으로는 공공부분에서 직접 검사하는 경우와 자격자를 마련해 확인시키는 경우 등이 있지만 검사방법에 관한 기술 이외에 검사비용이나 체제, 효율적인 방법을 확립하지 않으면 실효를 얻을 수 없다. 건축 에너지 절약 규제는 대부분 국가에서 건축허가 단계와 연동하고 있다. 이 경우 검사를 실행하는 공공단체의 기술력이나 체제가 과제가 되고 있다. 또 소방에 의한 방화관리와 같이 운용단계에서 에너지 절약 확인을 실행해야 하는 것이다.

④ 에너지 산업이 일찍부터 자리 잡은 산업계나 정치적인 힘을 가지고 있는 나라(미국 등)에서는 에너지의 사용제한에 관한 법률이 의회를 통과하기 어렵다.

(안도 쇼우이치)

4-2 사회에 있어서 건축전문가 역할

4-2-1 관련영역의 통합화

1 환경건축에 필요한 종합적 시점

'1-2-4 종합화와 협동'에서 접한 것처럼 지구환경건축의 계획, 설계에는 종래의 디자인 주도형, 건설회사의 피라미드형 건설체제와 다르게 다음과 같은 관련영역을 통합하는 시점이 필요하고, 건축가는 이것들을 지도 조정의 역할을 담당하는 것이 필요하다.

① 사업 기획단계에 있어 사회시스템 활동의 요구 파악 그리고 장래 전망 등에서 도출되는 시설의 필요성. 그러한 것들을 주민참가의 프로세스에 의해 진실된 논의로부터 이끌어낸다.

② 계획단계에서 구체적인 활동 파악, 필요한 공간성능, 비용 퍼포먼스의 검토, 환경건축 수법의 선택, 퍼실리티 매니지먼트 계획 입안

③ 기본설계단계에 있어서 계획과 디자인 그리고 환경공학 수법의 융합에 관한 방침의 검토 및 에너지 흐름의 설정과 에너지 절약 양의 목표 설정

④ 실시설계단계에서는 환경수법의 설계, 설비계획과 단면계획 등 전문성을 넘은 설계의 구체화, 그리고 제조사 등 전문가의 노하우를 적용한 종합설계

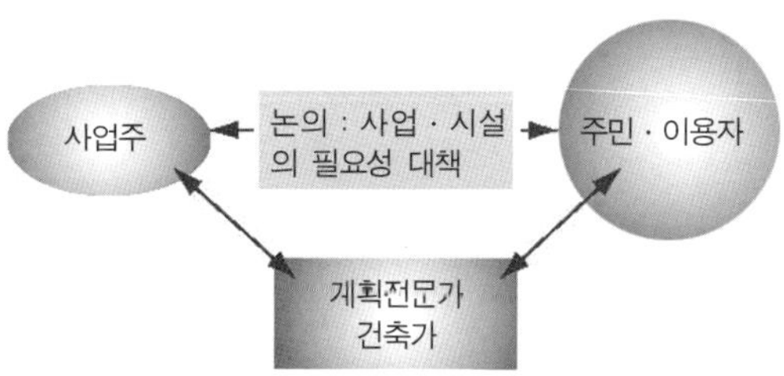

그림 2-1-1 주민참여에 의한 사업 · 시설 필요에 대해 논의

⑤ 건설단계에 있어서 건설회사를 정점으로 하는 피라미드 형식으로부터 CM방식에 가까운 형태의 많은 전문업자의 협동형식의 필요성

⑥ 운영단계에 있어서 관리, 이용 상황의 관찰과 계획, 설계단계에서 요구하는 구상 실천

표 2-1-1 각 단계에 있는 관계자와 각각의 역할

		사업주	운영주체	이용자	계획전문가	건축가	설비등 전문가	제조지등 전문가	건설회사	관리주체	관리 외주 회사	내용
①	기획단계	◎	○	◎	◎	◎						주민참가형 프로세스에 의한 사업, 시설의 필요성 검토
②	계획단계	◎	◎	◎	◎	◎	○			◎		시설프로그램 검토, 환경건축을 위한 흐름 작성 예산화
③	기본설계단계	◎				◎	◎	○				예산 설정, 공간구성안 작성, 환경수법 도입 검토, 전문업자와의 개발설계
④	실시설계단계	◎				◎	◎	◎				구체적인 설계, 환경수법의 설계에 대한 도입
⑤	건설공사단계	◎				◎	◎	◎	◎	◎		설계, 제조자, 건설회사의 협동에 의한 건설
⑥	관리운영단계	◎	◎	◎		○			◎	◎	○	운영, 이용, 관리, 구상의 추적, 에너지 절약 평가
⑦	유지(maintenance)	◎	○			○			○	◎		유지계획 수행 보조

의 지도, 에너지 소비량의 추적조사·메인터넌스 계획의 입안과 퍼실리티 매니지먼트의 구체적인 매뉴얼 지도 등.

⑦ 메인터넌스 필요시 조언과 구체적인 발주업무

이상의 7개 시점을 자세히 해설한다.

1) 사업 및 시설의 필요성을 찾는 기획단계

주민을 위한 진정한 필요 활동과 그로 인한 어떤 시설이 필요한지 이끌어내려면 주민참가 프로세스를 빼놓을 수 없다. 건축전문가에 의한 적절한 지도에 의해 주민이 주체적으로 판단을 실시하여 필요이상으로 너무 큰 시설이나 이용률이 적은 시설 등 쓸데없는 공공시설을 만드는 것을 피하는 한편, 복합화에 의한 영역의 중복이용 등의 수법을 검토하여 시설 본연의 자세를 찾는다. 이 단계가 확실히 행해진 경우 또는 사업주의 의식이 확실한 경우에 시설은 사랑을 받게 된다. 다소 문제가 일어나더라도 스스로 생각하기 때문에 장수형 건축이 되는 것이 가능해진다.

2) 활동내용을 파악하여 공간의 요구조건과 사업규모를 결정할 계획단계

기본구상이나 기본계획단계에서 주민참가형의 방법에 의해 보다 구체적인 활동내용을 파악하여 적절한 프로그램을 작성할 수 있다. 그리고 활동내용과 그 이용자 수, 규모 등에서 공간성능에 관한 요구를 파악하는 것이 가장 중요하다.

지구환경건축에 대해서는 구체적인 수법 전에, 그것이 왜 필요한지 또 거기에 따라 얼마나 장래의 에너지 절약이나 큰 의미의 지구환경에 기여하는 것인지 계몽하고 환경성능을 높이기 위한 예산화가 필요하다. 게다가 관리면의 상황을 고려한 퍼실리티

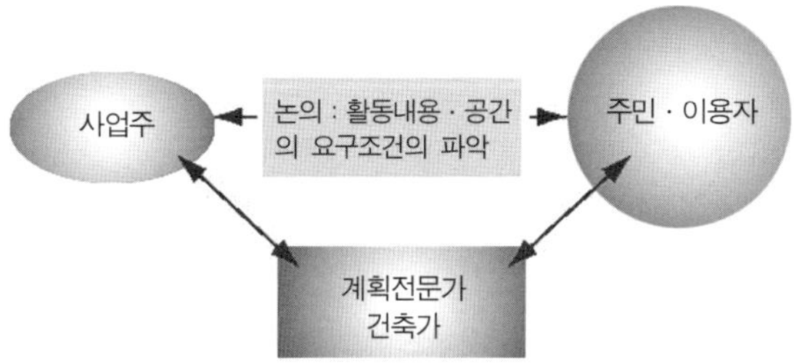

그림 2-1-2 시설 프로그램의 검토, 환경건축을 위한 흐름을 작성하고 예산화

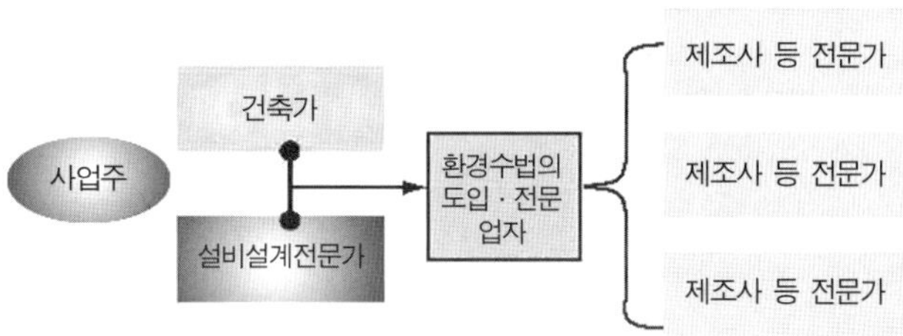

그림 2-1-3 공간구성의 입안, 환경수법의 도입 검토, 전문업자와의 개발설계

매니지먼트의 목표 입안을 실시하는 것에 의해 사업자나 관리 주체의 이해를 얻을 수 있다.

3) 시설의 공간구성, 공간성능의 목표설정, 환경수법의 채용을 결정하는 기본설계단계

기본설계에 대해 대지조건이나 미기후도 파악하여 어떠한 환경수법을 채용할 것인가를 CO_2 계산 시뮬레이션을 실시한다. 이 단계에서는 설비팀과 호흡을 맞춘 검토가 필요하고 건축의 단면계획과의 통합이 필요하다. 건축 설계자는 의장만의 전문가가 아니라 구조를 포함한 온열 및 빛에 대한 감성을 닦는 것을 게을리 하지 않으면서 설비팀이 과도하게 전문화 되는 것에 주의하면서 비용이 들지 않는 건축 단면 등의 연구에 의한 패시브 환경수법을 검토할 필요가 있다. 그러한 의미에서 건축 설계자는 전문가의 영역을 통합하는 지식과 지혜를 가지지 않으면 안 된다. 에너지에 대해 부하의 최대치로부터 건축의 단면을 계획적으로 어디까지 줄일 수 있는지 그리고 외부 환경을 녹화하는 등의 검토를 실시한다. 평면, 단면계획과 함께 에너지가 필요한 범위와 양, 그에 대한 재생가능 에너지의 도입 그리고 최소의 화석에너지 등 에너지 흐름 검토가 가장 중요하다. 이 단계에서는 그러한 수법을 도입했을 경우 초기투자비용과 운영비용에 대한 비용대비 효과에 관한 검토가 필요하다.

자연에너지 이용에 있어서는 자연이 가지고 있는 불안정함을 정상상태의 이용으로 연결시키기 위한 온도나 수량 등의 센서 등이 필요해진다. 이런 기기들을 이용한 하이

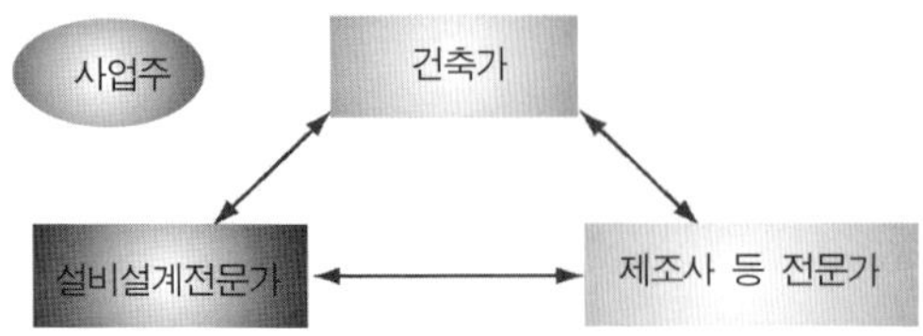

그림 2-1-4 구체적 설계, 환경수법을 설계에 도입

사진 2-1-1 요고(余吳)야마나미 센터 · 하고로모 홀

테크적 물건이 되면 일반적인 관리가 어렵게 되어 외부에 보수점검 위탁관리가 필요한 경우가 많아져, 에너지 절약에 의한 비용 이익이 거꾸로 되어버리는 일도 일어날 수 있다. 가능한 테크닉으로 환경부하를 주지 않는 수법을 선택하는 것이 결과적으로 효과가 높다.

4) 설계팀에 전문가, 전문업자가 포함된 실시설계단계

실시설계에서는 설계의 구체적인 검토가 중요하지만, 이때 설계팀에 제조사나 전문건설회사의 노하우를 충분히 반영할 수 있도록 검토가 필요하다. 특히 공공건축에서 주의하지 않으면 안 되는 것은 복수의 제조사와 함께 비용의 검토를 행하는 데 있어서 최적의 제조사를 선택할 필요가 있다. 미래의 3개사 견적에 충분히 대응가능한 객관성이 필요해진다. 이렇게 해서 선택된 제조사는 충분한 기술적 개발검토에 근거하여 예산 내에서 설계를 정리한다.

5) 많은 전문업자의 협동에 의한 건설공사단계

종래에는 설계도에 근거해 종합건설회사 수주 후 제조사나 전문건설업자를 선택해 사업주 및 설계 측의 승낙을 얻어 공사를 수행했다.

종합건설회사를 정점으로 하는 피라미드 형식에 의한 건설을 해왔다. 지구환경건축과 같은 앞으로의 건축에 대해서는 우선 설계단계로부터 제조사 등을 검토하여, 이것이 공사발주 후에 전체의 정리역활로서 참가하는 종합건설회사 등에 관계하는 CM(컨스트럭션 매니지먼트)방식에 가까운 태세로 진행한다. 종합건설회사는 현장 및 공정의 관리를 주로 하며, 우선 설계단계에서 검토를 실시해 온 시공자 등을 포함한 종합건설회사와 제조사를 설계자는 동등의 입장에서 많은 전문업자의 협동태세를 갖춘 시공을 실시하는 것이 필요하다.

이 경우 건축 설계자는 이러한 형식을 만들기 위한 조언을 실시하여 각각 이해를 구해 나간다. 그러나 종합건설회사 측으로부터 동등 이상의 품질과 기술을 가진 제조

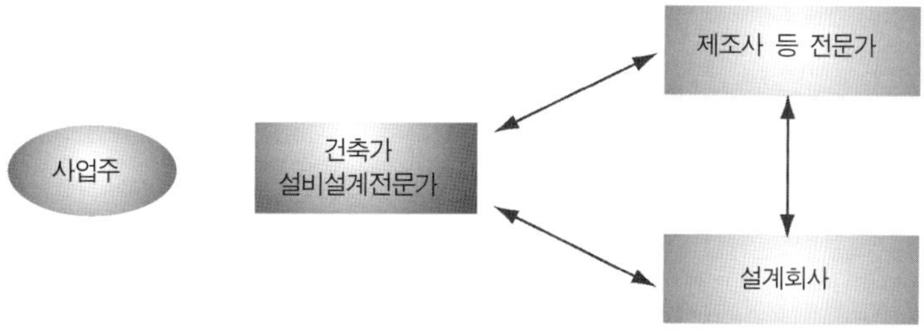

그림 2-1-5 설계, 제조사, 건설회사 협업에 의한 건설

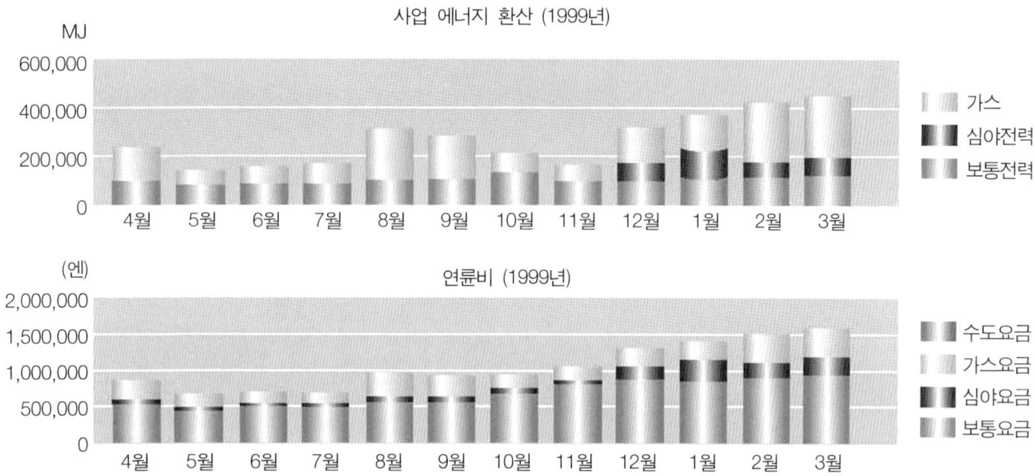

그림 2-1-6 요고(余吳)야마나미 센터 · 하고로모 홀의 에너지 소비량

사의 추천이 있는 경우에 이것을 포함해 재차 검토하는 경우가 있어야 하기에 설계단계에서 선정평가는 충분한 확인이 요구된다.

건설업자 선정 시 금액만의 입찰로 결정해서는 안 되며, 예산 내에서 건설회사의 환경수법에 대한 노하우와 실적도 중시하는 종합평가방식 등에 의해서 결정해 가도록 한다.

6) 이용·운영의 지도, 에너지 절약의 평가, 관리 운영의 매뉴얼 작성을 실시하는 관리운영단계

건축 완성 후 건축설계자는 실제로 계획설계 구상대로 운영, 이용되고 있는지를 검증할 필요가 있다. 학교건축 등에서 새로운 교육방식을 도입했을 경우, 그것이 모든 교사(敎師)에 철저하게 적용되기까지 시간이 필요하고, 많게는 약 3년간 실제 운영을 하면서 관칠하여 필요에 따라 계획자와 협동하고 지도를 실시한다. 시설의 퍼실리티 매니지먼트에 대해서도 완성 후에는 시설관리 매뉴얼의 작성, 청소 등 건물의 손질방법, 장래의 유지보수계획 입안 그리고 필요 에너지 비용의 산출에 의한 예산작성 자료 등을 건설회사의 협력을 통해 작성한다.

완성 후 3년간은 이러한 소요 에너지양을 파악함과 동시에 이를 평가하여(JIA 환경 데이터 시트 등) 이용방법에 관한 지도를 계속 실시하는 것이 필요하다.

7) 유지보수(Maintenance) 필요시 조언과 구체적 발주업무

시설 유지보수에 대해서는 계획수선을 추천하며, 그 시점에서 조언과 함께 필요할 경우에는 발주업무를 대행하는 등의 업무를 실시하도록 한다. 이것들은 원래부터 사업주와의 신뢰관계를 구축하여 그 후의 사후관리(Aftercare)를 충분히 배려해 실시하는 것이 전제가 되어 수년 후, 수십 년 후 점검에 대해 지켜보는 자세가 기본이다.

(나카무라 츠토무)

4-2-2 주민참가의 코디네이션

건축의 장기 수명화를 도모하기 위해서는 하드한 의미의 '물건의 내구성(Durabilty)'이라고 하는 개념과 동시에 소프트한 의미의 '사회적인 필요성', 애착 등에 의한, 언제까지나 손을 보면서 길게 사용하고 싶은 '지속성(지속가능한)'이라고 하는 개념의 변화가 필요하다. 이것에는 주민의 참가에 의한 건설까지의 프로세스를 빠뜨릴 수 없다. 다음은 사례는 A, B, C와 같은 주민참가형 프로세스의 실례를 보여준다.

각 그림은 행정담당자(M : Municipality)와 계획 · 설계자(D : Design, Planning) 그리고 지역주민(P : City People)과 전문분야 코디네이터(C : Professional Consultant)라고 하는 4개의 역할을 가진 사람들(Stake holders)의 관계를 나타내고 있다.

1) 지역시설의 계획·설계단계에서 행정 담당자와 지역주민, 계획설계자 그리고 전문가의 관계에 관한 3개의 패턴 모델

① 사례 A 행정 내부에서 검토하는 종래의 사례

매우 보수적인 패턴. 행정 플래너와 디자이너가 전문가로서 계획을 가다듬는다. 한편, 주민들은 스스로를 위한 시설에 대한 희망을 가지고 있지만 그것을 어떻게 계획에 반영하면 좋은가에 대하여 알지 못한다. 관계간에 높은 장벽이 끼어 있는 상태(그림 2-2-1).

실례 A-1 주민참여의 범위를 제한한 것이 쓸모없는 예

학교 신축에 대해 주민으로부터 강한 요구가 있어 대화 집회가 열렸다.

이때의 공개자료는 조닝만으로 제한됨. 학교의 비전과 도서실의 건립방향에 대한

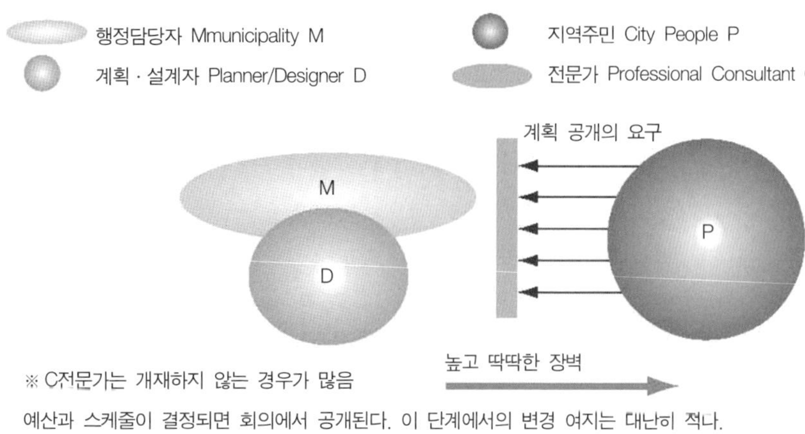

그림 2-2-1 사례 A : 행정 내부에서 검토를 하는 기존의 경우

사진 2-2-1 개수를 통하여 그룹학습에 대응하는 교실공간으로 변경

논의는 없는 상태에서 학교에 관해서가 아닌 주민들이 사용하는 도서관, 아동클럽, 집회공간의 3항목만에 대하여 의견을 묻는 취지였다. 학교의 교육방식과 도서실 본연의 장소를 생각하지 않고 학교의 시설을 어떻게 지역사람이 이용하는가 하는 것만을 위해 주민들이 사용하기 쉬운, 극단적으로는 독립하고 있는 편이 좋다고 하는 이상한 논의가 되어버렸다.

실례 A-2 행정이 스스로를 조율하기 위해 만들어 온 계획표준을 초월하는 운동의 예

대도시에서는 대부분의 경우, 계획표준을 만듦으로써 고도 성장기의 급격한 인구증가에 의한 수요에 대응해왔다. 이것을 바꾸려면 사회운동과 같은 붐이 필요하다. 교사들, 교육위원회의 사람들, 건축 행정조직의 의식을 바꾸지 않으면 안 된다. 이 경우 행정은 폐쇄적이지는 않지만 새로운 것을 받아들이지 않게 되어 있다. 이 시에서는 건축가와 뒤에서 지원하는 교사들의 논의가 1년간 거듭되어 교육의 방식을 구체적으로 어떻게 할 것인가라는 과제에 대해서 공간 본연의 장소가 제안되었다. 논의 도중에 어느 초등학교 교사의 제안으로 종래의 교실을 오픈하는 개조 실험을 시작할 수 있었다. 여기에 교육위원회도 이해의 뜻을 나타내며, 사진 2-2-1과 같이 개조에 의해서 새로운 교육에 대응이 가능한 학교로 다시 태어났다.

또 어느 중학교에서도 실험적으로 빈 교실을 이용한 사회, 수학, 영어, 국어 등의 교과 교실형 중학교로 변신했다. 새로운 생각이 시스템을 바꾸려면 운동이 필요하다.

② 사례 B 지역주민에게 떠넘기는 경우

선진적인 지자체에서 많이 보이는 주민에게 결정을 떠넘기는 패턴이다. 행정으로부터 주민에게 많은 권한이 맡겨지고 전문위원회가 만들어진다. 행정이 본래 내부에서 결정해야 할 일도 그 주민들이 모두 결정하도록 하는 것이다(그림 2-2-2).

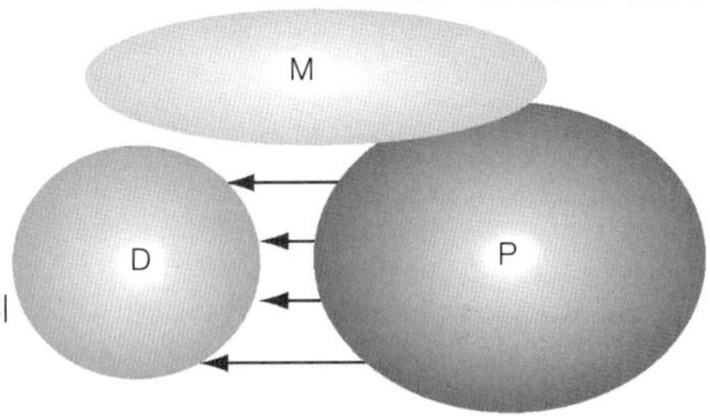

그림 2-2-2 사례 B : 지역주민에게 결정을 맡기는 경우

실례 B-1 계획안의 주민만의 전문적 평가가 무리한 예

어느 마을의 초등학교 현상설계에서 주민이 투표한 가장 높은 평가 안에 대하여 전문가는 한 표도 던지지 않았다. 주민평가는 시계탑의 설치 등 일반적인 안에 집중되었다. 한편, 전문가들은 교실 주위의 공간이 교육의 개별화에 대응할 수 있는 다양한 가능성을 가지고 있는 안을 평가하여 추천했다. 전문적인 과제에 대한 이해 없이 주민에게 결정을 맡기는 것의 위험성을 나타내고 있다.

실례 B-2 주민에게 전권을 주고 있는 마을의 예. 주민이 교조적으로 될 위험성

어느 고령자 복지시설 현상설계 후, 주민위원회에서 특별 양호 노인 홈과 데이 서비스 센터, 교류 홀이 있는 복합시설 본연의 장소에 대한 논의를 했다. 교류 홀에 대해서는 주민위원회가 노인과의 교류라고 하는 목적에서 일반사람들이 자유롭게 사용하는 것은 제한되어야 한다는 교조적(教條的) 주장을 했다. 본래 모습은 일반사람들이 자유롭게 사용할 수 있고, 거기에서 노인과 일상적인 관계로 서로 섞이는 곳으로 진정한 노멀라이제이션으로 태어나는 것을 중시해야 했다. 구체성이 부족한 교조적 논의에 빠지기 쉬운 위험성을 나타내고 있는 예이다.

③ 사례 C 신뢰받고 있는 전문가의 조정이 작동하는 경우

이상적으로 행정과 주민이 서로를 신뢰하는 관계. 건축가의 대응도 확실히 하며 전문 분야 컨설턴트도 상당히 전문적으로 되거나 혹은 건축가가 대행하여 충분히 성립되는 경우.

실례 C-1 건축가와 복지전문가를 참가시킨 신뢰관계가 있는 예

시가 현 이카군 요고쵸 '여가센터 하고로모 홀'의 예

기본계획 이후 약 1년 반 정도 행정 담당자를 중심으로, 건축가와 복지전문 분야 컨설턴트는 주민들과 논의를 거듭했다. 그리고 종적관계의 관리를 그만두고, 복지전문가를 중심으로 하여 영역을 없앤 조직을 만들었다. 건축적으로도 복합화 이점을 살리고

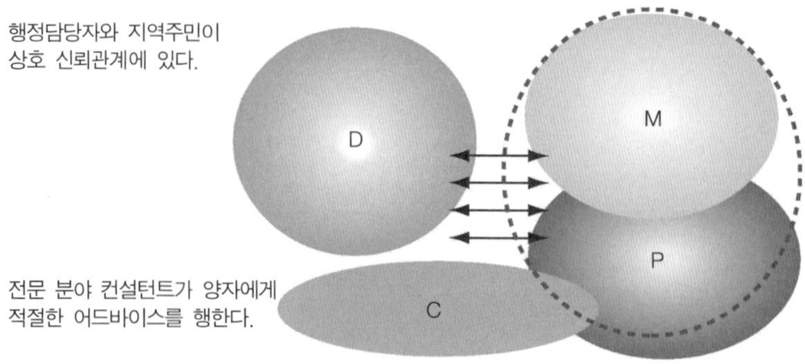

그림 2-2-3 사례 C : 신뢰받고 있는 전문가의 조정이 잘 작동하는 경우

공간 상호가 중복적으로 이용할 수 있도록 영역이 자연스럽게 연속되어 있다.

개관 후 150명의 마을주민이 「요고(余吳)의 천인(天人)」이라고 하는 오페라를 만들거나 중정을 중심으로 약 1,000명의 주민이 '요고(余吳)의 휴일'이라고 하는 이벤트를 실시했다. 이 마을에서는 지금까지 행정 주도형으로 이벤트를 해왔지만 이후 주민의 주체성이 생기게 되었다. 2001년에는 약 30건의 이벤트가 주민 주도형으로 행해졌다. 건축의 계획 · 설계에 주민과의 신뢰관계를 가지는 것이 필요하다는 것을 나타내고 있다.

실례 C-2 건축가가 마을 만들기로부터 시설설계에까지 관련한 예

나가노 현의 나미아이(浪合)마을에서는 1988년부터 약 2년에 걸쳐 50명 위원회를 조직하여 건축가를 중심으로 도시계획, 관광계획, 학교시설 등의 많은 전문 분야 컨설턴트와 교류하며 새로운 마을 만들기를 논의했다. 이 중 향후 마을 만들기의 기본적인 방향으로서 '마을 전체가 주민 모두의 나미아이 학교'라고 하는 콘셉트를 만들었다.

사진 2-2-2 새로운 마을 만들기의 논의 결과 계획된 나미아이 포럼

이 방침에 의해 체험농장을 정비하여 야마무라 유학시설을 정비하고 3년 후에는 동사무소와 공민관, 진료소와 복지시설이 복합한 나미아이 프로그램이라고 하는 나미아이 학교와 마을중심 시설을 만들 계획을 시작했다. 전체 계획은 이해되었어도 고령자가 즐기기 쉽게 하는 과제를 극복하는 데에 한층 더 논의를 진행시켜, 공민관과 동사무소 청사의 완성 후 4년에 걸쳐 제3기의 복지시설을 완성했다. 그 사이, 마을은 5년간 기본계획을 건축가에게 조언을 구하면서부터 재검토하고, 10년째에는 향후 10년간의 종합계획을 같은 모양으로 작성했다. 이러한 마을 만들기의 기본적인 콘셉트 만들기와 그 실행에 관련하여 건축가의 참가가 큰 역할을 하고 있다.

2) 5개의 제언

① 계획이나 설계를 실시하기 전에 이용자 관점에서 필요성을 충분히 검토할 필요가 있다.

건축설계에서는 기획이 되어 예산이 정해지고 나면 발주되어 설계가 시작된다. 그러나 좀 더 초기단계로 거슬러 올라가는 것이 필요하다. 이 지역에 무엇이 필요한가라는 요구를 충분히 검토해 두지 않으면 그만큼 필요 없게 되거나, 이용률이 낮아지거나, 구태의연한 것이 만들어져 버리게 된다. 이것은 현실성 있는 계획으로 이용률이 높고 주민의 활동이 활성화 되는 시설로 하려면, 건축물(hard) 계획 전에 충분한 이용이나 운영(soft) 면에서 검토하는 것이 중요하다.

그러나 이 단계에서 전문가에게 공적인 역할을 위탁하는 것은 어려운 경우가 많고, 전문가는 사회운동이라고 하는 인식에서 참가하는 것이 요구되는 경우가 많다. 이 점에 대해 향후 제도상 배려가 기대된다.

② 지역사람들만으로 결정을 내리지 않고 제3자적 전문가를 포함시킬 필요가 있다.

전문가로서 뛰어난 계획자나 건축가는 세계 중심의 움직임을 알며 사회적으로 무엇이 새로운 방향성인지를 연구한다. 이러한 전문가가 하드한 계획의 틀이 형성되기 전에 참가하여 주민의 이론적 지원을 하는 것이 중요하며, 주민만의 판단에 치우친 방향으로 잘못하는 위험성을 시정하며 나갈 수 있다.

③ 논의를 발전시키기 위해 몇 사람의 키퍼슨(Key Person)이 필요하다.

주민 논의가 좋은 방향으로 전개해 나가기 위해서 그 그룹 안에 두세 명의 핵심인력이 필요하다. 전문가의 논의를 진지하게 받아들여 적극적으로 공부하며 선진 사례를 잘 검토하여 우리에게 지금 무엇이 필요하고, 무엇을 미래에 남겨야 하는가를 전향적으로 생각할 수 있는 사람의 존재가 중요하다. 이 사람들이 다른 주민의 존경을 받는다면 전체는 리드해 나갈 수 있고, 상층부의 이해가 늦어도 실제의 행동에 나감으로써 결과가 조금씩 보이기 시작한다. 그러한 과정들에 의해 체제를 움직이는 일이 가능해진다.

④ 함께 사례를 보러 가는 것으로서, 보다 공감을 얻으며 논의할 수 있다.

참가하는 주민과의 공감을 얻고 신뢰관계를 만들고 시야를 펼치기 위한 방법으로 함께 사례를 시찰하는 것이 가장 유효하다. 사례에는 선진적인 시도는 물론, 반면교사(反面教師)가 되는 흔한 일반사례도 필요하다. 선진 예를 보고 지금까지 몰랐던 것을 깨닫는 것과 이러한 시설에 나는 들어가기 싫다라는 강한 생각을 갖는 등 현실을 직접 보고나서야만 신선한 논의를 하는 것이 가능하다.

⑤ 소프트, 하드의 양면에서 영역성을 없애 나가는 것이 필요하다.

소프트의 영역성이란 종적관계형의 관리조직을 나타낸다. 예를 들어, 고령자를 위한 시설에서 고령자가 주인공이 되기 위해서는 보건, 사회복지협의회, 진료소, 복지과 등의 사람들이 일체가 되어 지원할 필요가 있기 때문에 이 조직의 영역을 없애 나가는 것이 필요하다. 한편, 하드의 영역이란 이러한 공간적 경계를 나타내며, 벽이나 문 혹은 별동 등의 영역이 확실한 것이 이용자에게 있어 이용하기 어려운 환경이 되는 경우가 많다. 공간의 영역을 없앰으로써 이용하고 있지 않는 공간을 다른 조직이 이용하는 등 시간을 나누면서 영역의 오버랩이 생겨 공간의 이용률이 높아져 항상 사람의 활동이 활발한 시설이 될 수 있다.(나카무라 츠토무)

4-3 세계 조류와 일본의 현재

4-3-1 세계 각국의 현황

1 사회시스템(정책 · 제도)의 현황

건축과 환경에 관한 정책 및 제도는 건축 분야의 에너지 절약 정책을 개시한 이래 약 4반세기가 지났다. 그렇다고 해도 환경대책과 같이 비교적 새로운 분야이며, 기후변동이나 확대생산자 책임(EPR) 등의 새로운 과제와 개념과 함께 그 형태는 변화하고 있다.

이것은 종래의 안전대책이나 역사적 환경보전이라는 건축정책 목적이나 정책수단의 변화가 별로 없는 것과 비교하면, 각국 모두 사회시스템을 개발 중이며 우수한 사례는 타국이나 타 분야에 큰 영향을 줄 수 있다. 예를 들어, 지속가능한 개발이라고 하는 새로운 개념이 온난화 방지, 지속가능한 농업, 지속가능한 교통, 지속가능한 건축, 순환형 사회의 구축이라고 하는 새로운 정책 목표를 낳고 있다.

2 건축활동이 경제활동에서 차지하는 지위

건축활동은 다양한 국면이 있다. 그 경제활동 전체에서 차지하는 비율은 국제적인 자원 · 에너지 소비의 자료 등에 의해 보고된다.

우선 건축부문에서 소비하는 에너지를 포함한 부문별 데이터를 국제에너지기구(IEA)의 'OECD국가의 에너지 밸런스 및 EDMC의 에너지 경제통계'를 뽑아보면 그림 3-1-1과 같다. 이에 의하면 OECD국가의 전 에너지 소비의 약 30%(값은 나라에 따라 10% 정도 다르다)가 건축, 주택부분을 중심으로 하는 기타 부문이다. 개별적으로 보면

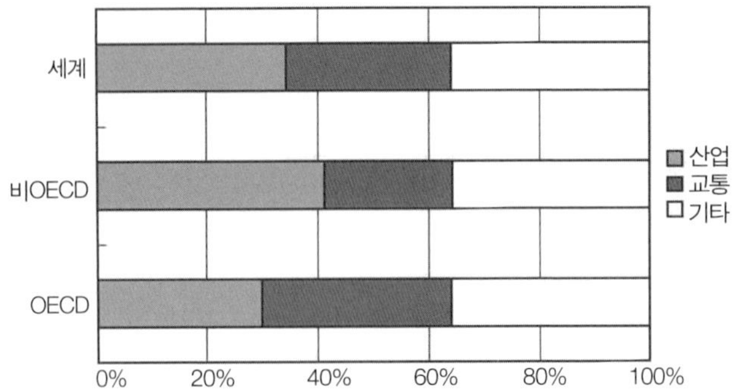

그림 3-1-1 부문별 최종에너지 소비비율

국토가 광대한 미국에서는 교통부문 소비에너지의 비율이 높고 중국이나 일본에서는 산업부문의 비율이 높다. 건축, 주택부분을 중심으로 하는 기타 부분의 비율은 프랑스, 영국 등의 유럽국가에서 비교적 높게 나타난다.

또한 통계데이터가 많이 갖추어져 있는 에너지 분야에서는 캐나다와 핀란드에서 건축부분이 전 에너지 소비에서 차지하는 비율이 산출되어 있다(그림 3-1-2 및 그림 3-1-3). 부문별 에너지 소비비율에 관한 근년의 동향에 대해서는 건축부문의 비율 저하와 교통부문의 성장이 눈에 띈다. 건축부문은 거의 같은 비율을 유지하고 있다(그림 3-1-2).

또한 EU, 중국, 일본 등에서는 전체 자원 소비의 약 30 ~ 50%가 건축이나 주택부문을 중심으로 하는 부문이다(그림 3-1-3). 대략적으로 말해서 미국의 자원흐름 중 약 30%, 일본의 50%, 독일의 40%가 건설부문에 의한다.

3 건축활동이 환경에 주는 영향

건축물의 건설, 관리, 해체 등의 건축활동이 환경에 주는 영향을 그 범위면에서 보면 1. 단체레벨(실내환경), 2. 집단레벨(지역환경), 3. 지구레벨(지구환경)로 나눌 수 있다. 모두 인체로의 영향, 사회환경과 자연환경으로의 영향이 합쳐져 역사적 경위로부터는 인체, 사회, 자연의 영향 순으로 중요시되었다.

실내환경에서는 실내의 위생상태를 좌우하는 습도, 온도, 환기, 채광, 조명, 유해물질, 내부 소음 등의 상태가 다루어진다. 이러한 상태는 모두 인간의 건강에 직접 관계하고 있다. 또 지역환경에서는 일조, 국지풍, 부지의 생태계, 외부 소음, 교통계획, 경관, 상하수도시설, 공원 등이 인체, 사회, 자연환경에 각각 영향을 주고 있다. 게다가 지구환경 레벨에서는 천연자원의 이용, 재생가능 자원의 활용, 온난화 가스의 배출, 오존층 파괴 물질의 방출, 산성비 원인 물질의 배출 등을 통해 건축물이 지구환경에 대해 영향을 주는 사항이 된다.

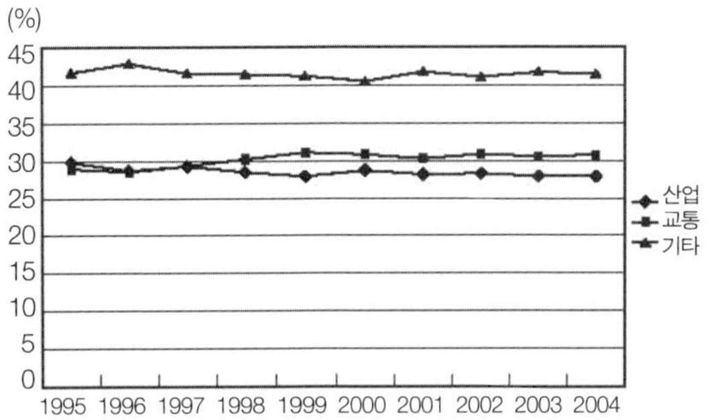

그림 3-1-2 부문별 최종에너지 소비비율의 추이
(eurostat부터) (1995~2004 EU25개국)

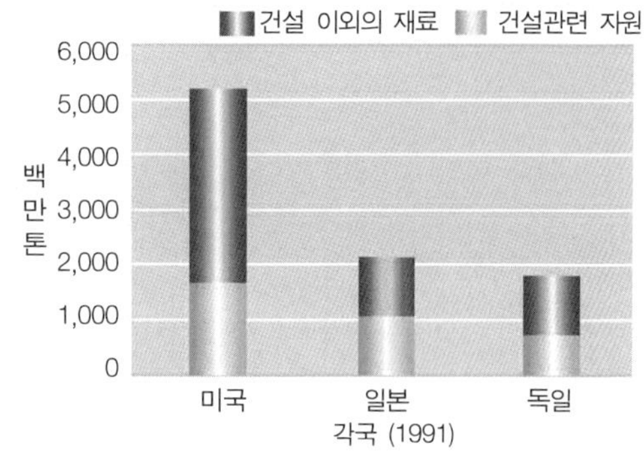

그림 3-1-3 전 자원흐름의 비교
(eurostat부터) (WRI 세계자원연구소 1991)

4 OECD 각국의 환경문제의 경위

OECD는 1961년 유럽 경제협력기구를 모체로 하며, 제2차 세계대전에서 경제적으로 피폐한 지역의 부흥을 목적으로 하며, 구미 선진국가에 의해 설립되었다. 일본은 1964년에 가입하였다.

OECD의 환경국은 1965년에 과학국에 만들어진 환경연구과로부터 발전해 1971년에 설립되었다. OECD에서 환경문제의 대처는 그림 3-1-4에 집약되어 있다.

우선 환경정책의 키워드 가운데 지속가능한 개발과 최신 개념인 환경 효율성에 대해 다루어 본다.

'지속가능한 개발' 중 '지속가능한'이란 원래 '천연자원(물고기나 삼림)의 재생능력을 계속 보존하는 범위의 것'이라는 의미의 용어를 '개발'이라고 하는 경제사회 용어에 적용한 것이다. 1987년 유엔 브룬트란트위원회에서, 지속가능한 개발은 "장래 세대가 그 필요를 채우는 것을 방해하지 않도록 현재 사람들의 필요를 채우는 것(초역)"이라고 정의하였다. 이 정의에는 환경이라는 말은 들어가 있지 않지만 환경, 경제, 사회라고 하는 3개의 가치체계가 이 안에 포함되어 있다.

환경효율이란 '에너지나 자원 소비량을 줄이면서 경제성장을 달성하자'라는 시도이다. 구체적인 목표는 팩터 10이라고 하여, 2030년경을 목표로 현재와 같은 수준의 GDP를 달성하기 위해서 필요하게 되는 자원의 양을 현재의 10분의 1까지 줄이는 것이다. 다만 10분의 1은 실현 가능성으로서는 극단적이지만 중간단계의 목표를 4분의 1(팩터 4)로 설정하는 절충안도 있다.

5 OECD 지속가능한 건축 프로젝트

OECD 지속가능한 건축 프로젝트는 환경정책위원회 오염방지관리 WG 하에 1998년

그림 3-1-4 OECD 각국의 환경정책의 추이

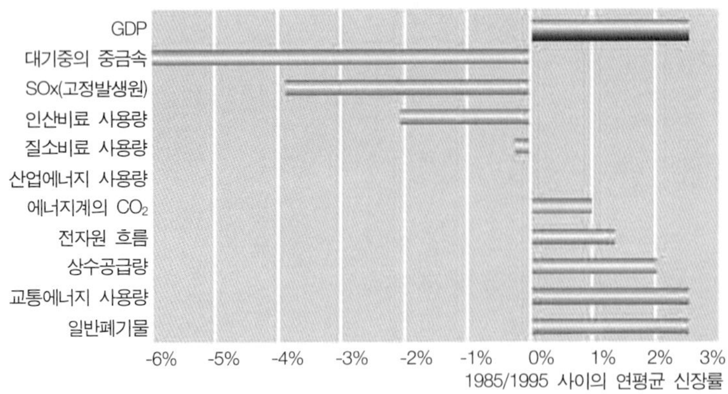

그림 3-1-5 OECD 각국의 GDP와 환경효율의 추이

부터 개시된 프로젝트이다. 각국의 지속가능한 건축에 관한 정책조사 결과를 1999년 11월에 IEA와 공동으로 개최하여 워크숍에서 발표하였다(그림 3-1-6).

지속가능한 건축정책은 종래 에너지 정책의 일부로 행해지고 있던 건축 · 주택 에너지 절약 대책에 오염방지나 자연보호를 목적으로 하는 환경영향평가 등을 조합하여 1990년대에 개발되어 온 새로운 정책분야이다.

이것을 건축정책이라고 할지, 에너지 정책 또는 환경정책이라고 봐야 할지는 그 목적과 정책대상, 실시기관에 의해 달라진다. 이 조사에서는 환경성을 각국의 창구로 하기 때문에 순수한 환경정책이라 생각되는 것도 포함되어 있다. 그런데 건축물에 영향을 주는 제도라면 대상으로서 열거하고 있다.

다음의 조사결과 중 폐기물, 에너지 절약, 실내오염에 관한 OECD 각국의 조류를 정리한다.

6 폐기물의 처리

폐기물 대책은 종래부터 오염방지대책이나 자연보호와 함께 각국 환경정책의 중요

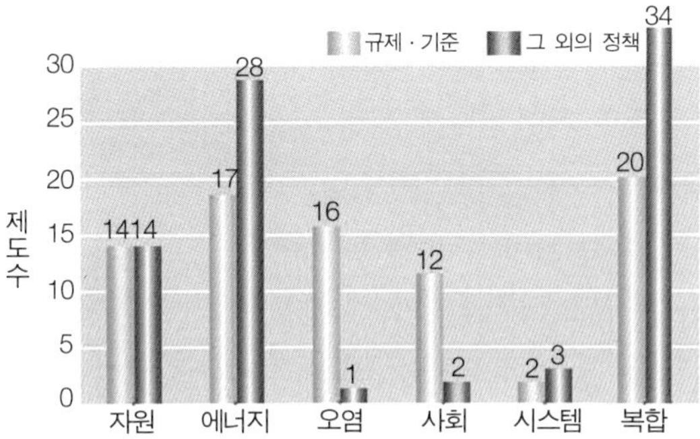

그림 3-1-6 지속가능한 건축정책조사의 결과

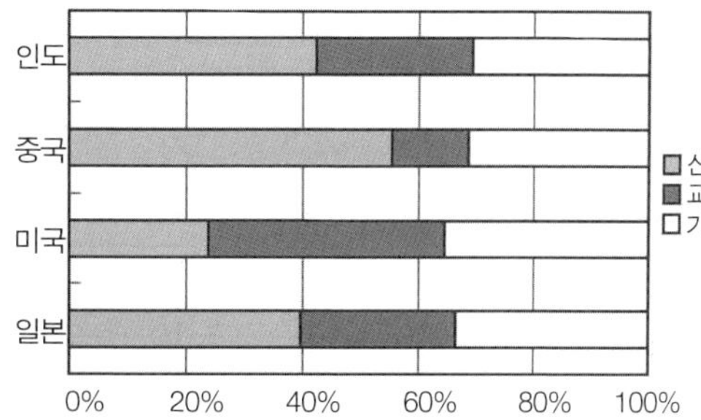

그림 3-1-7 최종에너지의 소비비율(2000년)

한 기둥이다. 폐기물 대책의 목적은 생활환경과 자연환경에 해를 주지 않고 폐기물의 처리를 어떻게 걱정하고 위생적으로 행할 것인가에 관한 것이다. 그러나 각국은 모두 매립하거나 또는 소각처분장의 입지로부터, 1990년대에 이르러서의 중점은 얼마나 폐기물의 발생을 억제하는가 하는 점으로 옮겨 오고 있다.

OECD에서는 1982년에 일어난 세베소 사건(이탈리아 농약공장에서 폭발사건이 일어나 다이옥신이 주변에 비산한 사건)을 계기로 유해 폐기물의 국경을 넘는 이동이 국제문제가 되자, 이 문제에 대한 국제적인 합의를 만들어 현재 바젤조약에 포함한 경우 바젤조약에 포함시킨 경우가 있다. 또한 그 후 폐기물 삭감대책에 대한 국제적 정보교환이나 정책합의를 목표로 하여 근년엔 확대 제조자 책임(EPR)의 개념을 폐기물 정책의 중심으로 자리 잡고 있다.

폐기물은 공공단체가 처리책임을 갖는 가정에서 나오는 폐기물(일반폐기물)과 공장과 같은 배출자가 처리책임을 갖는 공장 등에서 나오는 폐기물(산업폐기물)이 있다. OECD에서는 산업부문을 중심으로 하는 배출자 책임을 확대하여 일반폐기물의 분야까지 제조자에게 일정 부담을 전가시키는 방향을 모색하고 있다.

그러나 건축폐기물은 산업폐기물로 분류되지만 그 발생이 공장 등 특정 장소에서 정상적으로 일어나지 않는 것이나, 집주인, 임차입, 해체업자, 건설업자 등 관계자가 많은 것, 처리비용 부담에 규칙이 명확하지 않은 것 등이 문제가 된다.

7 에너지 절약 대책과 온난화 방지

온난화 가스의 대부분을 차지하는 CO_2의 배출은 화력발전소를 중심으로 하는 전력부문의 비율이 크다. 그러나 전력의 약 반이 조명이나 난방 등 건축물 내부에서 소비되고 있는 것을 고려하면 에너지 소비와 거의 같은 약 30%를 건축 주택부문이 차지하고 있다(그림 3-1-7).

에너지의 효율적 이용과 사용 삭감(에너지 절약 대책)은 1970년대 2회에 걸친 오일

쇼크 이후 선진 각국에서 진지하게 논의되고 있다. 1974년에 국제에너지기관(IEA)은 OPEC 산유국의 카르텔에 대항하는 것을 목적으로, 에너지 절약과 석유 비축을 선진국에서 공동으로 진행하기 위해 OECD와 같은 가맹국에서 설립하였다.

1990년대에 들어서서 지구온난화 방지가 국제사회의 큰 테마가 되면서 에너지 유효이용이 환경문제로 다시 각광을 받았다. 특히 1997년 12월 기후변동 범위 조약 제3회 체결국 회의(COP3)에서 교토의정서가 결정된 이후, 거기에 담겨진 2010년(정확하게 2008년부터 2012년 5년간의 평균치)의 목표 달성이 OECD 각국 정부의 중요한 정책과제가 되었다.

현재 OECD국가에서의 에너지 정책은 종래의 에너지 안정공급대책으로부터 전력업계를 중심으로 시장원리 도입(자유화)과 온난화 방지가 큰 버팀목이 되었다. 온난화 방지대책은 각국 정부 안에서 환경성이 종합적인 정책을 실시하고 있지만 에너지 정책에서도 진지하게 논의되고 있다.

8 건축물에 관한 오염대책의 현상

건축물이나 건설활동에 관계하는 환경오염으로서, 건설재료에 포함되는 유해물질에 의한 건강피해, 환경오염, 소음문제, 건축물로부터의 오수배수에 의한 수질오염이나 토양오염 등이 있다. 이 중 OECD 가맹국의 공통과제로 석면류에 의한 발암성 건강문제와 에너지 절약 강화에 따라 발생한 실내공기질 오염문제가 있다.

석면류는 그 방화성능이나 경제성 등으로 건축재료에 많이 포함되어 있지만 이미 대부분 엄격하게 금지되고 있다.

한편, 실내공기질 오염은 주택이나 건축물의 에너지 절약 성능 강화에 의한 기밀성 향상과 새로운 건축재료의 보급이 그 원인이다. 즉, 에너지 절약기준 강화가 수반된 최근 주택에서는 환기장치를 붙이지 않는 한, 실내공기를 외부의 신선한 공기와 교체시키는 것이 줄어들게 된다. 한편, 포름알데히드 등의 휘발성 유기화학물질(VOC)을 포함한 새로운 건축재료가 내장재나 가구로 많이 이용되고 있다. 여기서 특히 신축주택이나 개장 직후에 이러한 인체에 유해한 화학물질이 실내에 고농도로 존재하며 건강에 피해를 미친다.

국명	나라별 배출량비※	1인당 배출량※
미국	22.1	20
중국	18.1	3.7
러시아	6	11.1
일본	4.8	10
인도	4.3	1.1
독일	3.2	10.3
영국	2.2	9.7
아프리카대륙	3.5	1.1
그외	35.8	

출전) EDMC/에너지 · 경제통계요람 2007년도판
※ 각 나라별 배출비는 세계전체의 배출량에 대한 비율로서 단위는 (%)
배출량의 단위는 [톤/인 – 이산화탄소(CO_2) 환산]

그림 3-1-8 세계의 CO_2 배출량에서 주요국이 점하는 배출비율과 각국의 1인당 배출량 비교 (2004년)

이 실내공기질 오염문제는 1970년대 후반부터 1980년대 초에 걸쳐 각국이 일제히 에너지 절약 대책에 처음 적용한 이후 발생하고 있다. 우선은 기준이 엄격한 북유럽 및 캐나다에서 이를 사회문제화 하였다. 여기에서 국립연구기관이나 대학에서 연구 및 기술개발을 통해 효율이 좋은 주택전용 환기장치 등이 개발되었다. 최근에는 영국, 프랑스, 독일 등 유럽 전반이나 일본과 미국에서도 실내공기질 오염문제에 대한 관심이 높아지고 있다. 이 외에 유해한 물질에 의한 건축물에 관계하는 오염문제로는, 석면류 문제 이외에 부지의 토양에서 발생하는 라돈이 유럽의 지역에서 문제가 되고 있다.

또한 소음과 관련하여 OECD 가맹국 건축기준의 상당수는 집합주택에 있어 경계벽이나 바닥의 차음성능 최저치를 규정하고 있다. 특별 사례로 비행장 주변지역의 소음 규정이 있다. 모두 건축이나 주택의 실내환경을 지키기 위해 창을 포함한 외벽 차음성능을 규정하고 있다.(안도 쇼우이치)

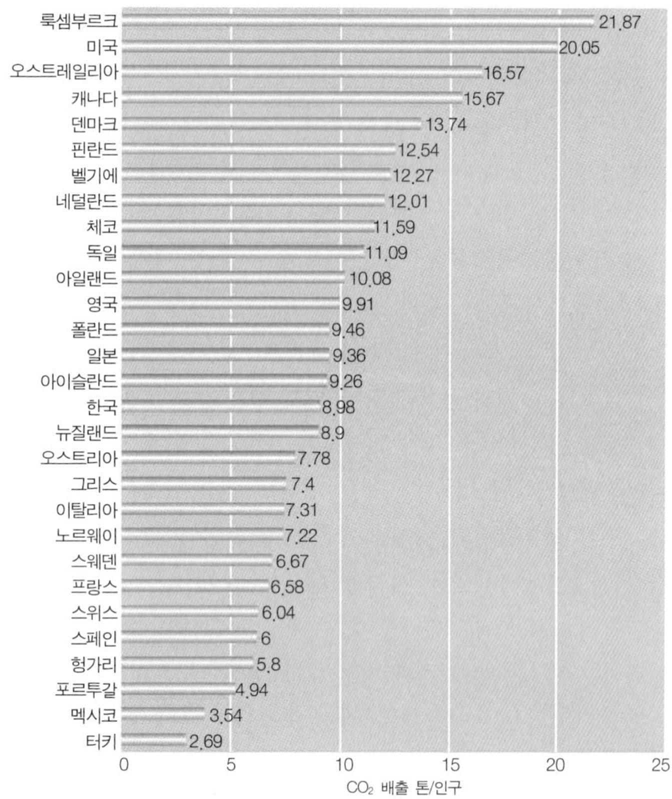

그림 3-1-9 CO_2 **배출량** (OECD29 가맹국, 1996년)

4-3-2 일본의 현황

1 건축전문가와 관계가 깊은 환경관련법

1) 에너지 절약법

'에너지 사용의 합리화에 관한 법률(에너지 절약법)'은 오일쇼크를 계기로 1979년 6월에 공포된 법률로서, 주택단열 기준과 사무소의 연간 열부하계수(PAL : Perimeter Annual Load) 및 공조 에너지 소비 계수(CEC/AC : Coefficient of Energy Consumption for Air Conditioning)의 기준이 정해졌다. 1985년 개정에서는 물건 판매 점포가, 1991년 개정에서는 호텔도 대상이 되었다. 또한 1993년 3월 개정에서는 학교와 병원도 대상이었고 PAL, CEC/AC의 기준이 강화되는 것과 동시에 환기(CEC/V), 조명(CEC/L), 급탕(CEC/HW), 승강기(CEC/EV)의 에너지 소비 계수가 새롭게 정해졌다.

동시에 '에너지 등의 사용 합리화 및 재생자원의 이용에 관련된 사업활동의 촉진'에 관한 임시조치법(통칭 : 에너지 절약 · 리사이클 지원법)이 제정되어 '건축주의 판단기준'보다 한층 더 강화된 '건축주 노력 지침'이 나타났다. 게다가 1998년 6월에 각의(각료회의)에서 결정된 지구온난화대책 추진 대강령에 따라 현행 기준과 비교한 에너지 소비량이 대략 10% 저감되도록 했으며, 1999년 3월에는 기준이 강화되는 것과 동시에 음식점포도 더해져 총 6개의 용도가 대상이 되었다.

지구온난화 방지대책을 한층 더 추진하기 위해 2008년 5월에 에너지 절약법이 개정되어, 2009년 4월 1일 이후에는 대규모 건축물(바닥면적의 합계가 2,000m^2 이상)의 건축 시 신고와 관련되는 에너지 절약 조치가 있으며, 불충분한 경우 소관 행정청은 변경 지시에 따르지 않는 사람에 대해 공표에 더한 지시와 관련된 조치를 취하는 것을 명령할 수 있게 되었다. 또한 주택을 건축하여 판매하는 사업자(주택사업 건축주)가 신축하는 단독주택의 주택 에너지 성능의 향상을 촉진하는 조치가 도입되었다.

2010년 4월 1일 이후에는 일정 중소규모 건축물(바닥면적의 합계가 300m^2 이상)에 대해서 신축 · 증개축 시 에너지 절약 조치의 신고 및 유지 보전의 상황 보고가 의무가 된다.

2) 오존층 보호법

공조용 냉매, 소화제, 단열재 발포제 등 건축에 직접 관련되는 '오존층 보호를 위한 빈 조약'이 1985년 3월에 채택되었다. 구체적인 규제대상 물질과 삭감 일정은 1987년 9월에 채택된 '몬트리올 의정서'에서 정해졌다. 선진 체결조약 국가에 대해 소화용 할론(할론-1301등)이 1994년부터 공조용 냉매나 단열재 발포제 등에 사용되고 있는 특정 프레온(CFC11, CFC12 등)이 1996년부터 생산과 소비가 전폐되었고, 패키지 에어컨 등의 냉매나 단열재 발포제 등에 사용되고 있는 HCFC(HCFC-22, HCFC-123, HCFC141b 등)이 2020년부터 기존 기기에 보충용을 제외한 생산과 소비 전폐가 결정되었다.

또한 개발도상국에 대해서 선진국보다 약간 늦은 규제 일정이 설정되었다. 몬트리올 의정서를 채택한 국내법이 '특정 물질의 규제 등에 의한 오존층 보호에 관한 법률(오존층 보호법)'이며 1988년 5월에 제정되었다. 그 후 몬트리올 의정서 개정에 맞춰 1991년 3월과 1994년 6월 그리고 1997년 9월에 개정되었다.

3) 환경기본법

지구온난화대책 추진법 98. 10 공포, 99. 4 시행
국 · 지방공공단체 · 사업자 · 국민의 온난화대책 책무

에너지절약법 1979. 6 공포, 1999. 12 개정
지구온난화대책 추진을 위한 에너지절약기준강화(1999.3)

건설 리사이클법 2000. 5 공포, 2000. 11 시행
건축의 분별 해체 · 리사이클 책무

그린구입법 2000. 5 공포, 20001. 4 시행
공공공사에서는 자재, 건설기계의 지정 부여

프레온 회수 · 파기법 2001. 6 공포, 2002. 4 시행
건물공조 냉매, 자동차에어컨, 냉매의 회수 · 파괴책무

그림 3-2-1 건축 전문가와 관련된 환경관련법

일본 환경정책의 기본이 되는 법률 '환경기본법'은 1993년 11월에 제정되었다. 리우데자네이루(브라질)에서 유엔환경개발회의(지구 서미트)가 개최되었고 지구환경보전과 지속가능한 발전을 실현하기 위한 구체적인 대응책이 다음 해에 검토되었다. 환경기본법 구성은 환경보전에 관한 기본이념, 국가 · 지자체 · 사업자 · 국민 각각의 책무, 국가나 지방자치단체의 환경보전에 관한 기본적 사항 등이다. 제2조제1항에서는 "환경부하는 인간활동에 의해 환경에 가중되는 영향이며 환경보전에 지장의 원인이 될 우려가 있는 것을 말한다"라고 법률용어에 정의되어 있으며, 제4조에서는 일본 경제사회에서 유지해야 할 모습으로 '지속적 발전이 가능한 사회'가 제시되어 있다.

4) 지구온난화대책 추진법

일본의 온실효과 가스 삭감목표(6%)를 포함한 선진 각국의 온실효과 가스 삭감목표가 포함된 기후변동 범위 조약인 교토의정서를 받아들여 '지구온난화대책 추진에 관한 법률(지구온난화대책 추진법)'이 1998년 10월 공포되어 1999년 4월부터 시행되었다. 이 법률은 지구온난화대책에 관계한 국가 · 지방공공단체 · 사업자 · 국민의 책무를 분명히

하는 것과 동시에 지구온난화대책을 조사하는 기본방침을 정한 것으로, 현재 및 장래의 국민건강과 문화적 생활의 확보에 기여함과 동시에 인간복지에 공헌하는 것을 목적으로 하고 있다.

5) 주택품질 확보법

환경부하 저감을 직접적인 목적으로 한 법률은 아니지만 '주택품질 확보의 촉진 등에 관한 법률(품확법)'이 2000년 4월에 시행되었다(p.380 참조).

6) 건설 리사이클법

2005년의 건설폐기물은 일본 산업폐기물의 18.1%를 차지하며, 그 재이용 감량화율은 51%로 전 산업평균의 79%에 비해 낮으며, 심지어 산업폐기물의 불법투기의 약 80%(2007년도)를 차지하고 있다. 이러한 상황을 받아들여 1994년 4월에 '건설 부산물 대책 행동계획(리사이클 플랜 21)'이 책정되었다. 또한 건설폐기물의 약 40%가 건축계 폐기물이며, 그중 60~70%가 건축해체 폐기물이 차지하며 또 건설폐기물의 불법투기량 중에서 주로 단독주택의 해체공사에 따라 배출되는 나무 쓰레기가 차지하는 비율이 높다.

이러한 배경으로부터 건축해체 폐기물의 발생억제와 재활용을 촉진하기 위해 건축해체 폐기물 재활용 프로그램이 1999년 10월에 책정되었다. 게다가 2000년 5월에는 "건설공사와 관련된 자재의 재자원화 등에 관한 법률(건설 리사이클법)"이 공포되어 특정 건설자재 폐기물에 관한 분별 해체와 재자원화, 해체공사업자 등록제도에 관한 사항 등이 정해졌다.

이 법률은 순서의 전후가 2000년 6월에 공포된 "순환형 사회 형성 추진 기본법"의 하위에 위치해 있다.

7) 그린구입법

"국가 등에 의한 환경물품 등의 조달 추진 등에 관한 법률(그린구입법)"이 2000년 5월에 공포되었다. 그린구입법은 국가 및 독립 행정법인 등에 의한 환경물품 등의 조달 추진, 정보제공 그 외 다른 환경물품 등의 수요 전환을 촉진하기 위해 필요한 사항을 정해서 환경에 부하가 적은 지속적 발전이 가능한 사회의 구축을 도모하는 것을 목적으로 하고, 국가, 지방공공단체, 사업자 및 국민의 기본적인 책무를 규정하고 있다. 게다가 도시읍면은 매년 환경물품 등의 조달지침을 작성하고 해당 방침에 근거한 물품 등의 조달을 실시하도록 힘쓰고 있다.

2001년 2월에는 4월부터 전면 시행에 앞서 환경성에서 '환경물품 등의 조달 추진에 관한 기본방침'이 공표되어 종이, 인쇄물, 문구류, OA기기, 전자계산기, 가전제품, 조명기구, 태양광발전 등의 설비기기 등의 물품뿐만 아니라 '에너지 절약 진단' 등의 서비스도 특정 조달 품목으로 지정하였다. 공공공사에 관해 재생 목질보드, 재생 자기질타일, 고로시멘트, 플라이애시 시멘트, 재생 가열아스팔트 혼합물, 재생 골재, 간벌재 등의 자재와 함께 배기가스 대책형 건설기계와 저소음형 건설기계가 지정되어 있다. 기본방침은 매년 갱신되어 품목도 추가되고 있으므로 최신 동향으로 주의할 필요가 있다.

2 환경 매니지먼트에 관련되는 국제규격

법적 구속력은 없지만 IS014000 시리즈(환경 매니지먼트 규격군)로서 환경 매니지먼트 시스템(IS014001s), 환경 감사(IS014010s), 환경 레이블(IS014020s), 환경 퍼포먼스 평가(IS014030s), 라이프사이클 어세스먼트(IS014040s) 등의 국제규격이 연달아 발행되어 근년에 민간기업뿐만 아니라 행정기관에 급속하게 채용되었다.

IS014001 규격(1994년 6월 발효)에 적합한 환경 매니지먼트 시스템을 도입한 국내 기업이나 행정기관은 2007년 12월말 27,955건이며 일본은 중국에 이어 세계 제2위의 취득수를 얻게 되었다. 환경활동 상황을 개시하는 환경보고서에 환경회계를 도입하는 조직도 증가하고 있다.

또한 제품의 환경영향을 평가하는 라이프사이클 어세스먼트(LCA : IS014040 규격), 제품의 정량적인 환경정보를 표시하는 타입3형 환경레이블(IS014030 규격)을 도입하는 기업이 많아졌다.

게다가 환경에 대한 대처가 우수한 기업을 투자대상으로 하는 '에코 펀드'도 등장하는 등 환경대책이 시장원리에 일치하는 시대가 되었다. 건축관련의 환경부하는 이러한 조직업무 활동에 따른 환경부하 중에 무시할 수 없는 요소가 많아 건축주로부터 환경부하의 정량화를 구하는 것이 향후 증가할 것으로 예상된다.

3 건축에 관련되어 있는 학회 · 직능단체의 대처

지속가능한 빌딩에 관련성이 깊은 학회 및 협회에서의 주된 대처는 그림 3-2-2에 나타내었다.

1) 일본건축학회

일본건축학회는 1990년 이래 건축과 지구환경문제에 관련된 연구성과를 기초로 지구환경위원회가 중심이 되고, 1997년 6월에 '일본건축학회지구 환경행동계획'을 책정하여 학회로서 임해야 할 7개의 활동방침을 내걸었다. 또 같은 해 12월에는 기후변동범위 조약 제3회 체결국 회의(COP3)의 과제에 호응하는 형태로 다음과 같은 골자로 한

일본건축학회
기후온난화에 관한 학회 성명 1997. 12
$LCCO_2$ 30% 삭감, 내용연수 3배(100년)
지속가능한 빌딩의 보급을 위하 제언 1999, 2007 개정

공기조화 · 위생공학회 지구환경위원회
공조 · 위생설비의 환경부하삭감지침안 1995, 1997, 1999.3

일본건축가협회
지속가능한 디자인가이드(No.1~3) 1995, 1996, 1998

건축업협회
환경배려 설계가이드 1996

그림 3-2-2 건축관련 학회 · 직능단체의 대처

'기후온난화에 대한 건축연구 분야의 대응'이라고 제목을 붙이는 학회 성명을 공표하고 있다.

① 생애 CO_2 배출량($LCCO_2$)을 신축에서는 30% 삭감이 가능하고, 향후 이것을 목표로 건설활동의 전개가 필요

② 일본 CO_2 배출량 삭감을 위해서는 건축물 내용연수를 3배(100년)로 연장하는 것이 필요 불가결하거나 가능

상기의 성명을 받아 지구환경위원회 지구환경행동 WG가 학회 성명을 보충하는 연구 보고서를 1999년 3월에 정리하여, 지속가능한 빌딩 소위원회에서 연구성과 보고서 '지속가능한 빌딩 보급을 위한 제언'을 1999년 3월에 공표하고 2006년에 개정하였다. 또 LCA지침 책정 소위원회가 '건물의 LCA(라이프사이클 어세스먼트)지침안'을 1999년 11월에 공표하였다.

게다가 2000년 6월에는 제1장에서 소개한 대로 건축관련 5단체(일본건축학회, 일본건축가협회, 건축사연합회, 일본건축설계사무소협회, 건축업협회)는 '지구환경 · 건축헌장'을 공동으로 제정했다.

2) 공기조화 · 위생공학회

공기조화 · 위생공학회는 1993년도 지구환경에 관한 위원회(현재 지구환경위원회의 전신)를 설치하여 1995년 7월 중간보고를 거쳐 1997년 7월 '지속가능한 사회를 지지하는 건축설비를 위해'를 공표했다. 게다가 1999년 3월에 연구보고서를 정리해 지금까지의 연구성과를 기초로 2001년 3월 〈공기조화 · 위생설비의 환경부하 삭감대책 매뉴얼〉을 출판하였다.

3) 일본건축가협회

일본건축가협회는 1993년 UIA/AIA 건축가 세계회의 '지속가능한 미래를 위한 상호의존 선언'을 통해 '행동지침'을 책정했다. 또한 '설계지침과 설계수법의 조합표'와 함께 다양한 연구를 거듭한 건물 사례를 상세하게 소개하는 〈지속가능한 디자인 가이드(1995년, 1996년, 1998년 총3권)〉, 〈지속가능한 건축최전선(2000년 5월)〉을 발행하였다.

4) 건축업협회

건축업협회는 1990년 지구환경문제 전문위원회 설치 이후 건설업과 지구환경문제와의 관계를 정량적으로 검토해 왔으며, 그 검토성과를 근거로 1996년 7월 설계 체크리스트로 이용할 수 있는 〈환경배려 설계가이드〉를 발행하였다.

4 환경부하 저감을 위한 설계지침류

국가, 지방공공단체의 환경부하 저감을 위한 설계지침류를 발췌해 그림 3-2-3에 표시하였다. 단순한 에너지 절약 대책에 머무르지 않고, 건축물 라이프사이클 전체가 시야에 들어가 있는 점, 신에너지 · 에너지 절약 채용을 명시하는 점 등이 공통으로 되어 있다. 그 개요는 다음 페이지 참조한다(p.304 ~ 310).

1) 환경공생주택 시가지 가이드라인

건설성(현 국토교통성) 주택국의 주창으로 1990년 12월 환경공생주택연구회(현재 환경공생주택추진협의회)가 설치되어 환경공생주택의 보급 노력이 계속되고 있다. 그 사이 1993년 4월 건설성 건설 경제국과 주택국에서 '환경공생주택 시가지 가이드라인에 대해'라는 시달이 나와 에너지 절약, 자원 절약, 주변 생태환경과의 친화 등 지구환경부하를 낮추는 모델성이 높은 주택단지 정비에 대해 보조를 실시하는 '환경공생주택 시가지 모델사업' 제도 적용의 판단조건이 되었다. 또한 개인사업자(건축주)에 대해서는 주택금융공고의 환경공생대출제도의 확대와 강화를 도모할 수 있었다. 또한 설계자 · 시공자에 대한 실무서 등도 출판되어 1998년도부터 '환경공생주택 인정제도(p.376 참조)'가 출발하는 등 환경공생주택의 보급 노력이 진행되어 왔다.

2) 에코스쿨 정비지침

문부성(현 문부과학성) 대신관방문교 시설부는 1993 ~ 1996년도에 새롭게 설치한 일본건축학회 에코스쿨 소위원회를 인수하여 환경을 고려한 학교시설(에코스쿨) 본연의 자세에 관한 조사 연구를 위탁했다.

이러한 연구성과를 근거로 대신관방문교 시설부가 1996년 3월에 '환경을 고려한 학

환경공생주택 시가지 가이드라인
건설성 주택국 1993.4

에코스쿨 정비지침(에코스쿨의 앞으로의 추진 방책)
문부성 대신관방문교 시설부 1996. 5, 2009. 3

그린청사 기준
(관청시설의 환경보전성에 관한 기준) 2005. 3

관청시설의 환경보전성에 관한 진단 · 계수계획 기준
2005. 6

관청시설의 Stock Management 기술지침
국토교통성 대신관방 관청영선부 2001.1

아오모리 현 환경조화 건축설계 지침
아오모리 현, 현토 정비부 2003. 12

도(都)유시설 환경배려정비지침
도쿄도 재무국 2005. 2

그림 3-2-3 환경부하 저감을 위한 설계지침류

교시설(에코스쿨)의 정비에 대해'를 책정하여 도도부현 시구읍면의 교육위원회에 통지하였다. 환경교육과 시설운영을 고려하면서 건축 · 설비 · 랜드스케이프 등 종합적인 대책의 정비지침이 되고 있으며, ① 쉽게 만드는 ② 현명하게 장기적으로 사용하는 ③ 학습에 이바지라고 하는 대항목과 8개의 계획으로 구성되어 있다.

도도부현 시구읍면의 공립학교에 대해 1997~2001년에는 '환경을 고려한 학교시설의 정비 추진에 관한 파일럿 모델사업'에 의해 신축 · 증축 시 보조율 2분의 1 이내, 개수시 보조율 3분의 1 이내 조성 조치를 강구하도록 하여 전국 약 100개의 모델사업이 진행되고 있다. 한편, 사립 고등학교, 중학교, 소학교, 맹아학교, 농아학교 및 간호학교에 대해 1998년도부터 '사립학교 에코스쿨 정비 추진 모델사업'에 의해 개수 시 보조율 3분의 1 이내의 조성 조치를 강구하도록 했다.

게다가 저탄소 사회 만들기 행동계획(2008년 7월 각의결정)을 받아 2009년 3월에는 '에코스쿨의 향후 추진방책에 대해—저탄소 사회의 실천을 향해—'가 책정되었다.

3) 그린청사 기준과 그린진단 개수계획 기준

국토교통성 대신관방관청 영선부는 각 부처의 1,400만m² 이상에 이르는 관청시설 정비를 주관하며, 관청시설 정비에 있어 환경부하저감지침으로서 '환경배려형 관청시설(그린청사)계획지침'을 1998년 3월에 책정했다. 청사판 $LCCO_2$ 계산법은, 일본건축학회의 LCA 수법을 관청시설 전용으로 간략화하고, 출력을 $LCCO_2$와 LCC로 표준청사의

규모별 데이터베이스, 태양광발전, 태양열 급탕을 달성하기 위해서는 계획 당초부터 공사 예산을 확보하는 것이 중요하다고 보고 개발된 것이다. 표준지에 세워진 3,000㎡ 급의 청사를 모델로 대표적인 그린화 기술의 선택에 의해 $LCCO_2$, LCC, 초기 CO_2 회수 연수, 초기투자 회수연수, $LCCO_2$ 삭감 1kg-C/년당의 초기 투자액이 어떻게 바뀔지를 메뉴방식으로 선택하면서 채용대책의 비용대 효과를 확인할 수 있도록 연구되어 있다.

국가의 청사 전용으로 개발할 수법이지만 지방공공단체나 민간기업에서도 이런 설계지원 툴을 이용하는 프로젝트가 증가하고 있다.

또한 기존 관청시설에 대해서 '관청시설의 환경배려 진단 · 개수계획지침(그린진단 · 개수계획지침)'이 2000년 12월에 책정되어 그 해설과 계산 소프트가 '그린진단 · 개수계획지침 및 동해설, CD-ROM을 첨부'로서 2001년 3월에 공개되었다.

그리고 관청 영선부는 2004년 7월에 책정한 '관청시설에 있어서 환경부하 저감 프로그램(영선 그린 프로그램)'에 근거하여 $LCCO_2$ 이외에 LCR(자원 소비), LCW(폐기물)를 추가한 환경회계적 시점을 도입한 비용대 효과의 평가를 더한 CASBEE도 활용하는 평가 시스템이 '그린청사 기준 및 동해설', '그린진단 · 개수계획 기준 및 동해설'로서 2005년에 공표되었다. 환경배려계약법이 2007년 5월 공포되어 11월 시행되었으며 국가 및 독립 행정법인의 시설설계에 있어 $LCCO_2$ 평가가 의무화 되어 환경배려 설계가 계속적으로 진전할 것으로 기대된다.

4) 지방공공단체의 환경지침류

지방공공단체에서 유사 평가시스템으로 아오모리 현 토목정비부가 2003년 12월에 공표한 '아오모리 현 환경조화 건축설계지침' 등이 있어 청사 이외 시설의 신축 및 개수에 해당하는 환경 투자 비용대 효과 등을 평가할 수 있다. 아오모리 현 평가시스템은 현의 웹 사이트상에서 공개되고 있다. 또한 도쿄 도는 지구온난화 방지를 향한 도쿄 도 보유시설 환경배려 정비지침에 근거한 LCA, LCC와 CASBEE를 이용한 도청사, 도립고교, 도립병원을 중심으로 한 도쿄 도 보유시설 환경 · 비용 평가시스템을 개발하여 활용하기 시작하고 있다. 게다가 후쿠시마 현 토목부도 도쿄 도와 같이 현 청사와 현립 학교용 환경공생 건축계획 · 설계지침을 2006년 11월에 공표하는 등 지방공공단체의 공공시설의 기획 · 설계단계에서 LCA, LCC가 서서히 보급해 왔다. 앞에서 전술한 환경배려 계약법(2007년 11월 시행)은 지방공공단체에 대해 노력 의무를 부과하고 있으므로 환경배려 설계는 지방공공단체에 대해 계속적으로 진전할 것으로 기대된다.

(이카가 토시하루)

환경공생주택 인정제도

1. 인정기준 작성의 경위

환경공생주택은 1990년의 내각에 의해 채택된 '지구온난화 방지 행동계획'의 일환으로 정책적 연구개발이 착수되었다. 그래서 주택생산이나 어느 공급에 관련한 산관민의 모든 단체와 기업 회원 중 우선 지식인이나 컨설턴트가 중심이 되어 그 기본적인 생각과 방법에 대해 조사 연구가 시작되었다. 그것이 당시의 (재)주택 · 건축 에너지 절약 기구가 사무국이 된 '환경공생주택연구회'이다.

그 결과 설립의 계기는 지구온난화 방지라는 에너지와 자원의 문제였으나, '생활'과 '환경' 사이에는 다른 다양한 문제가 존재하는 것이 표면화 되어, 앞으로의 커다란 과제인 '지속가능한 사회'의 구축에 도움이 되는 주택의 전체상을 그리는 것에 많은 노력이 기울여졌다. 그것이 지금의 정의와 광범위한 시야를 가진 3개의 목표로 정리되었다(참고문헌 참조).

그것을 이어받아 1992년에는 '환경공생주택 추진사업'이 다음 해에 '환경공생주택 시가지 모델사업'이라는 국가 보조사업으로 창설되었다. 또 같은 시기에 주택금융공사에서 '환경공생주택 할증융자'가 신설되어 그 보급을 도모할 수 있게 되었다.

이러한 보급을 취지로 한 사업과 병행하여, 환경공생주택이 목표로 하는 생활상에 어느 일정한 명확한 지침이나 평가수법의 필요성이 높아져, '연구회(1990 ~ 1994)'나 그 후의 '추진회의(1994 ~ 1997)', '추진협의회(1997 ~ 현재)'의 장소에서 그 구체화가 적극적으로 검토되었다. 그리고 1999년 3월 지금까지 연구성과를 근거로 건축환경 에너지 절약 기구(IEEC)가 환경공생 인정기준을 규정하여 '환경공생주택 인정제도'를 발족시켰다.

그 후 IBEC는 각종 법 정비 등 주변 움직임에 맞추어 계속적으로 기준을 재검토하여 왔다. 2007년 9월에 〈CASBEE 생활-[단독주택]〉이 발행된 것을 받아, 본 인정제도에 있어서도 적극적으로 그것을 도입하기 위한 검토를 행하여 2008년 9월 CASBEE 생활-[단독주택] 의 평가지표를 도입한 새로운 인정제도를 시작하였다.

2. 인정기준의 구조

새로운 인정제도, CASBEE-생활[단독주택] 평가지표를 도입한 '단독주택판'과 종래의 필수요건 기본유형으로 구성되어 있는 '공동주택 · 단지 공급판' 2가지로 분류된다.

■ 단독주택판의 기준(표1, 표2)

단독주택판은 오늘날 사회에 있어 환경배려 주택으로 구할 수 있는 성능을 가진 '환경공생주택'과 특별히 뛰어난 성능을 가진 '환경공생주택 선도형'이라는 두 가지 타입에 대한 기준으로 설립되어 있다.

본 기준의 특징은 CASBEE-생활(단독)의 평가지표를 도입한 것이다. '환경공생주택'에는 CASBEE 랭크가 A 이상인 것(일부 예외), '환경공생주택 선도형'에는 CASBEE 랭크가 S인 것이 요구되었다. 더욱이 '환경공생주택'에서는 특정 평가항목에 관하여 규정된 기준을 만족시키는 것, '환경공생주택 선도형'에서는 고도(高度)이며 선도적이라고 인정되는 기술 및 고안을 제안하는 것도 기준의 한 가지로 되어 있다.

특정 평가항목의 환경공생주택의 기본요건이 4가지 유형(Ⅰ.에너지 절약 Ⅱ.자원의 고도 유효이용 Ⅲ.지구환경과의 친화 Ⅳ.안심, 건강, 쾌적)에 관련하는 항목으로 그것을 만족하는 기준이 설립되었다.

또한 고도적이고 선도적으로 인정되는 기술이나 연구는 상기 4가지 유형에 신청자의 자유로운 발상에 근거한 제안을 기대하고 있는 것이 특징이다.

표 1 단독주택판 기준의 개요(추가)

명칭 · 신청 구분		CASBEE 랭크	특정 평가항목 (4종류 9항목)	제안기술 성능	비고
환경공생 주택	A코스	A랭크 이상일 것	9항목의 요건을 모두 만족시킬 것	–	
	B코스	S랭크 이상일 것	–	–	
	C코스	대략 A랭크 이상일 것(*1)	9항목의 요건을 대부분 만족시킬 것	대체안 제안기술 및 성능을 보유함(*3)	● *1, *2, *3을 합하여 환경공생주택으로서 A코스와 동등한 성능을 보유할 것 ● 인정위원회에서의 심사를 통하여 판단됨
환경공생 주택 선도타입	D코스	S랭크 이상일 것	–	우수한 제안기술 및 성능을 보유함(*5)	● *4, *5를 합하여 환경공생주택으로서 지극히 우수한 성능을 보유할 것 ● 인정위원회의 심사를 통하여 판단됨

표 2 특정 평가항목의 일람(추가)

Ⅰ. 에너지절약 성능	Ⅱ. 자원 고도 유효이용	Ⅲ. 지역적합 · 환경이용	Ⅳ. 건강쾌적 · 안전안심
① 고도의 열손실의 제안 ② 재생가능 에너지 등의 이용	③ 고도의 내구성 ④ 유지관리하기 쉬움 ⑤ 수자원의 고도 유효 이용	⑥ 지역 수자원에 대한 적극적인 배려 ⑦ 적극적인 녹화 ⑧ 종합적인 사가지 경관 배려	⑨ 사람의 건강 · 환경에 배려한 건재사용 철저

■ 공동주택 · 단지 공급판의 기준(그림1)

공동주택 · 단지 공급판에서는 기준이 필수요건과 제안유형의 2단계로 구성되어 있다. 필수요건은 환경공생주택으로서 최소한 만족해야 할 성능 시방에 관한 기준이며, 이것에 대해 제안유형의 필수요건 레벨보다 고도의 것을 신청자 스스로가 선택 제안하도록 요구하고 있다(단독주택판의 선도형 기준과 같은 모양의 신청방식).
또한 본 기준은 CASBEE를 도입한 인정기준으로 개정할 예정이다.

■ 심사방법(그림2)

단독주택판의 '환경공생주택' 심사는 CASBEE-생활[단독주택] 평가결과와 특정평가항목에 붙어 IBEC가 심사하며 복수의 전문위원으로 있는 인정위원회에 보고하도록 되어 있다.

한편, '환경공생주택 선도형'이나 '공동주택 · 단지 공급판'에 대한 신청은 선택 제안에 대한 생각이나 유효성 등의 평가는 인정위원회의의 전문위원에 의한 전문가 판정

환경공생주택으로 인정되기 위해서는 우선 필수조건으로 불리는 4분야(5항목)의 기본적인 성질, 기능을 만족시킨 다음 제안유형이라고 불리는 4유형(4가지 주제)중 두 가지 이상에 해당하는 고도이면서 독창적인 제안을 포함될 것이 요구된다.

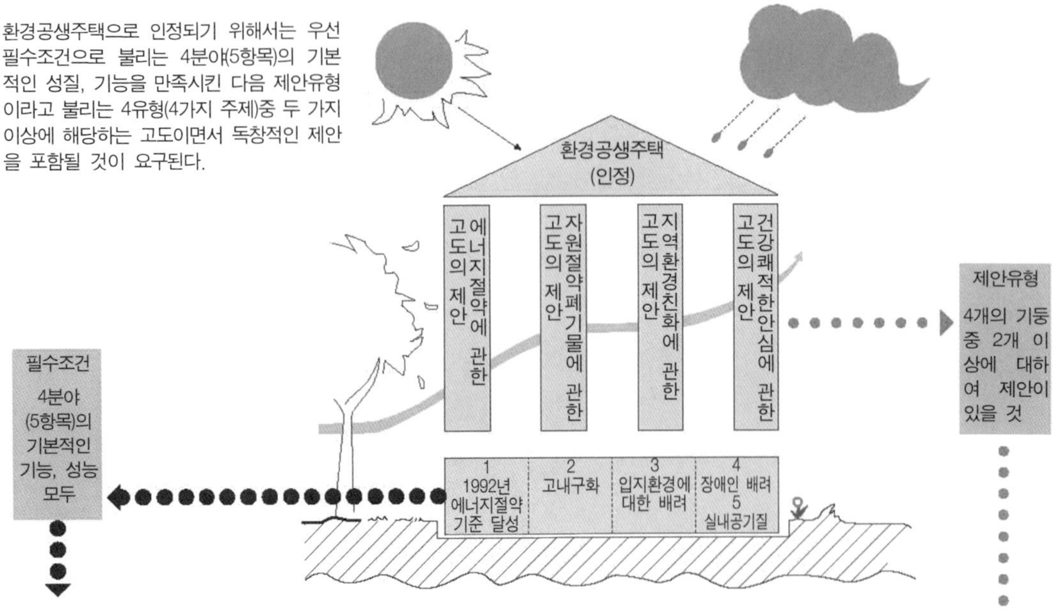

■ 필수조건의 개요

필수조건	에너지 절약 성능	내구성	유지관리	절수	입지환경에 대한 배려	장애인 배려	실내공기질
내용	일본주택성능표시기준 에너지 절약 대책 등급3에 적합할 것	일본주택성능표시기준 열화 대책 등급3에 적합할 것	일본주택성능표시기준 유지관리대책 등급2에 적합할 것	독자적으로 정한 기준에 합치한 절수형 변기를 사용할 것	빗물의 침투와 유효이용, 녹파율 15%(단지는 20%)이상 향토종을 이용한 녹화, 도시경관에 대한 배려할 것	구(旧)주택금융공고의 「베리어프리(=장애인대책)구조에 관한 기준」을 만족시킬 것	내장마감재, 접착제, 도료, 방부제, 흰개미방지제 등에 의하여 독자적으로 정한 기준을 만족할 것

*주 : 주택금융지원가구의 플랫 35S의 기준과는 다름

■ 제안유형의 개요

제안유형	에너지 절약	자원의 고도한 유효이용	지역적합, 환경친화	건강, 쾌적, 안전, 안심
제안개요	1) 더욱 고도한 열손실의 저감 2) 더욱 고도한 일사의 제어 3) 태양에너지의 패시브 이용 4) 태양에너지의 액티브 이용 5) 미이용 에너지의 적극 활용 6) 고효율 설비기기 채용 7) 기타	1) 더욱 고도의 내구성 2) 변화 대응형 구공법 채용 3) 적은 폐기물 4) 재활용 건재의 적극 활용 5) 수자원의 고도 유효이용 6) 생활폐기물, 분별수집의 건축적 지원 7) 기타	1) 자연생태환경과 고도한 친화 2) 지역의 수질환경에 대한 충분한 배려 3) 지역녹화에 대한 적극적 배려 4) 실내외의 풍요로운 중간영역 창출 5) 더욱 고도하고 종합적인 지역경관에 대한 배려 6) 지역문화, 지역산업의 반영 7) 기타	1) 내외의 적절한 장애인 배려 철저 2) 적절하고 충분한 통풍, 환기성능 확보 3) 사람의 건강 및 환경에 배려한 건재사용 철저 4) 고도한 차음 및 방음성능의 실현 5) 주택의 성능보증 및 유지관리에 관한 사후서비스 충실 6) 주택의 성능, 구공법, 재료, 설비기기 등에 관한 정보서비스의 제공 7) 기타
	낮은 임팩트		높은 컨텍트	헬스&어메니티(쾌적성)

그림 1 「공동주택 · 단지 공급판」의 기준의 개요

□ 단독주택(A코스 · B코스*)인 경우
단독주택의 인정기준 중 A코스 · B코스*에 대해서는 IBEC가 심사한다.

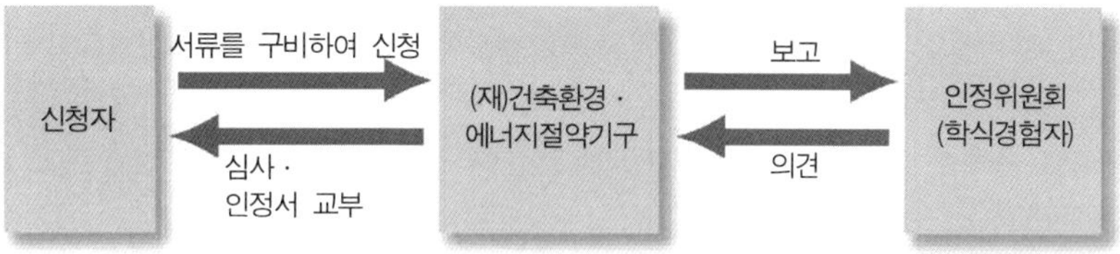

*주 : A코스 · B코스에 대해서는 「III인정기준의 개요」를 참조

□ 그 외의 경우
단독주택 중 상기 이외의 신청 및 그 외의 신청에 대해서는 IBEC가 심사하는 부분과 인증위원회에서 심사하는 부분이 있다.

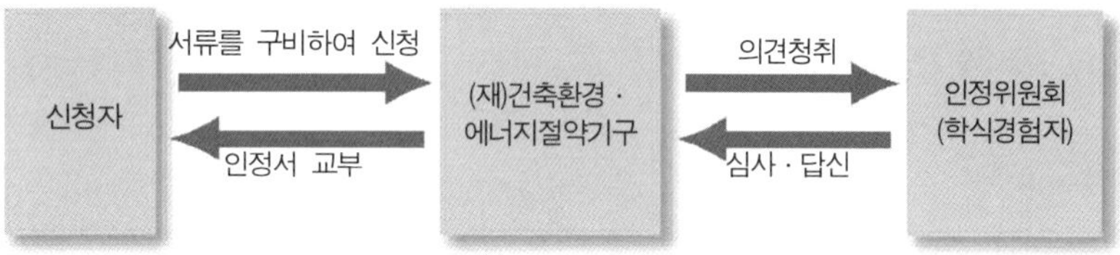

그림 2 인증의 흐름

신청 구분		개 요
개별공급형	단독주택	계획 및 시방이 특정되어 있으며, 특정된 부지에 건설되는 단독주택
	공동주택	계획 · 시방이 특정되어 있으며, 특정된 부지에 건설되는 한 개동의 공동주택
개별시스템 공급형		건설지가 특정되어 있지 않으나 계획이나 시방, 외부구조물 및 조경계획, 공급계획 등이 기준에 적합하며 또한 시스템으로서 정리되어 계속적으로 공급되는 주택
단지공급형		복수주호 또는 복수 등의 주택으로 구성되는 한 단위의 단지(단지 내의 주택은 모두 인정기준의 필수조건에 적합하고 또한 공용부분에 대하여 제안유형에 해당하는 연구고안이 있는 것이 요구됨
단지시스템 공급형		단지공급형에 해당하는 주택이면서 시스템 공급형과 마찬가지로 계속적으로 공급되기 위한 시스템이 정비되어 있는 주택

*주 : 인정기준에 대해서는 'III인정기준의 개요'참조

그림 3 신청의 구분

과 합의에 맡겨져 있다. 이것에 의해 CASBEE나 특정 평가항목 등은 미리 정해진 일정 기준을 만족시키는 타입의 환경공생주택뿐만 아니라 지역성이나 신청자의 아이디어가 발휘되는 다양한 환경공생주택의 제안과 보급도 의도한 것이다.

이 인정제도는 창립 10년째를 맞았으며 전국으로부터 많은 신청이 전해지고 있다.

2008년 9월 현재, 시스템 공급형이나 개별공급형, 단독주택, 집합, 단지 등을 포함해 68사의 77타입이 인정되고 있으며 2007년도에는 연산 4562호, 누적 16,036호가 건설되고 있다.(이와무라 카즈오)

주택품질 확보의 촉진 등에 관한 법률

'주택품질 확보의 촉진 등에 관한 법률은 1999년 6월 23에 공포되어 2000년 4월 1일 시행되었다. 동법은 ① 주택성능표시제도의 창설 및 성능평가를 받는 주택에 관계된 분쟁처리체제 정비 ② 신축주택의 취득계약(청부계약, 매매계약)에 있어서 보상 담보책임의 특례조치 등에 대한 규정을 두었다.

1. 주택성능표시제도

주택의 다양한 성능에 관한 정보에 대해 소비자의 관심이 높기는 하지만 반드시 주택 취득시에 충분한 정보제공·입수를 행하고 있다고 한정짓지 못한다. 불만을 느끼고 있는 현상을 지적할 수 있다. 또 주택의 성능에 대해 '무엇을 약속했는지' '무엇을 달성했는지'에 대한 기본적인 사항이 명확하지 않은데다 분쟁의 해결을 늦추는 요인 중 하나가 되고 있는 것이라고 추측된다. 게다가 건축기준법에서 규정하는 최저한의 기준에 적합한 것만이 아닌, 그 수준 이상의 성능을 가지는 주택에 대한 소비자의 요구는 높다.

그렇지만 다수의 소비자에게 있어 주택은 '일생에 한 번의 구매물건'이기 때문에 주택에 관계한 전문적 지식의 축적이 어려우며, 소비자 스스로 주택의 성능평가를 실시하기가 어렵다. 이 때문에 주택성능을 표시하기 위한 공통 룰의 책정과 이 룰에 따라서 표시되는 내용의 평가체제의 정비를 도모하는 것과 표시된 성능에 따른 분쟁을 공정하고 확실하게 처리하는 개인적·전문적 체제의 충실을 도모할 필요가 있다.

주택성능표시제도의 근간을 이루는 것은 주택의 성능을 평가하여 알기 쉽게 표시한다고 하는 기술적인 기준류의 검토인 것은 당연하지만, 이러한 기준류를 단지 정할 뿐 주택의 품질 확보의 촉진이나 주택 취득자의 이익의 보호에는 직접 결합되지 않는다. 기준류를 적절히 평가하여 그 기능을 최대한 발전시키는 제도적인 스킴(scheme)이 필요하다. 제도 스킴 검토상의 논점이 되었던 주요 요점은 다음과 같다.

① 성능평가는 모든 주택에 의무가 되어야 할 것인가. 임의의 것으로 해야 하는가.
② 성능표시 기준과 성능평가의 기준을 누가 어떻게 정할 것인가.
③ 성능평가 대상이 되는 주택은 신축 주택만 할 것인지, 기존 주택을 포함해야 할 것인가.
④ 성능평가는 설계단계의 것만으로 좋은가, 건설단계에서 확인할 필요는 없는가.
⑤ 성능평가를 실시하는 주체는 주택 생산자·공급자여야 할 것인가. 제3자 기관이어야 할 것인가.
⑥ 성능평가의 결과를 어떠한 모습으로 누가 표시하는 것인가.
⑦ 성능평가 결과와 주택취득 계약을 어떻게 묶는 것이 바람직한가.
⑧ 소비자가 유사한 기준이나 평가결과를 오인하는 일이 없도록 조치를 강구해야 할 것인가.
⑨ 반복하여 동종의 주택을 성능평가하는 경우 합리화를 도모할 수 있어야 하는 것이 아닌가.

⑩ 특수한 구조방법이나 건축재료에 대한 대응을 어떻게 인정할 것인가.

⑮ 성능평가를 받은 주택에 대한 분쟁이 생겼을 경우, 그 해결을 어떤 절차에 의해 진행할 것인가.

⑫ 분쟁처리를 원활히 처리하기 위해 어떤 체제가 필요한가.

이것들은 주택성능표시제도 본연의 자세를 둘러싼 논점 중 극히 일부에 지나지 않지만, 위에서와 같은 여러 가지 점을 논의한 결과 다음의 것들이 선행되어야 할 필요가 있다.

a) 주택성능에 관한 표시의 적정화를 도모하기 위한 공통 룰(일본 주택성능표시 기준 및 평가방법 기준)을 국토교통대신이 정한다.

b) 일본 주택성능표시 기준과 혼동하기 쉬운 명칭을 이용하는 것 등은 제지한다.

c) 주택의 성능을 조사하는 평가를 객관적으로 실시하는 제3자 기관(등록 주택성능평가기관)을 국토교통대신이 지정한다(당초 국토교통대신의 지정을 받은 사람이 평가를 실시할 수 있는 제도였지만, '공익법인에 대한 행정의 관여하는 방향의 개혁실시계획'(2002년 3월 29일 각의결정)에 따라, 2006년 3월 1일에 법률로 정하는 일정 요건에 적합한 것으로 국토교통대신의 등록을 받은 사람이 평가를 실시할 수 있는 현행의 제도로 고칠 수 있다.).

d) 등록 주택성능평가기관이 공통 룰에 따라 주택의 성능평가를 실시하여 교부한 주택성능평가서 등에 일정한 마크를 표시할 수 있는 것으로 한다. 이 경우 이외의 마크표시나 혼동하기 쉬운 마크표시는 금지한다.

e) 주택성능평가서는 설계단계에서 평가결과를 기재하는 '설계주택성능평가서'와 완성단계에서 평가결과를 기재하는 '건설주택성능평가서'의 2종류가 있다.

f) 주택성능평가서가 신축주택의 계약서(청부계약, 매매계약)에 첨부되었을 경우 등에 있어서는 해당 평가서의 기재내용을 계약내용으로 간주한다. 다만 반대의사를 계약서면에서 표시했을 경우에는 이것으로 한정되지 않는 것으로 한다.

g) 형식에 의해 건설되는 주택 또는 그 부분의 성능에 붙여 사전에 형식 단위로의 인정(주택형식 성능 인정)을 실시하여 성능평가를 간략화한다.

h) 규격화된 형식에 대해서는 일정한 기술적 생산조건에 적합한 제조자를 인증(형식 주택부분 등 제조자 인증)하여 성능평가의 일부 생략을 실시한다.

i) 평가방법 기준이 정해지지 않은 특별한 평가방법에 대해서는 국토교통대신이 도별로 인정(특별 평가방법 인정)한다.

그림 1
설계 주택성능평가용 마크

그림 2
건설 주택성능평가(신축주택)용 마크

그림 3
건설 주택성능평가(기존주택용) 마크

j) 국토교통대신이 지정하는 변호사회 등의 기관(지정 주택분쟁처리기관)은 건설주택성능 평가서에 교부된 주택의 분쟁처리를 실시한다.

k) 국토교통대신이 지정하는 법인(주택분쟁처리지원센터)은 지정 주택분쟁처리기관의 분쟁처리의 지원 등을 행한다.

l) 또한 주택성능표시제도의 활용은 임의이며 강제로 하지 않는다. 일본 주택성능표시 기준 또는 평가방법 기준을 활용할 것인가, 등록 주택성능평가기관에 성능평가를 신청하는지 아닌지, 지정 주택분쟁처리기관에 분쟁처리를 심사하는지 아닌지는 모두 임의로 한다.

2. 주택성능평가 · 표시에 관련된 연구 경위

주택성능표시제도의 기초가 되는 성능평가 · 표시의 기술적 기준류에 관한 연구 그 자체는 결코 새로운 과제는 아니었다.

1973 ~ 1977년까지 건설성 건축연구소가 중심이 되어 실시한 '종합기술개발 프로젝트 : 주택성능 종합평가시스템의 개발(통칭 '성능 총프로') 에 의해 주택의 성능평가 표시의 기술적 방법에 관한 검토가 종합적으로 행해졌다. 또한 1980 ~ 1984년에 걸쳐 '종합기술개발 프로젝트 · 건축물의 내구성 향상 기술의 개발(통칭 '내구성 총프로')'이 실시되었다. 이들 검토 성과 가운데 일부는 주택금융공고 융자주택의 심사기준에 포함되는 등 어떠한 모습으로 보급을 도모할 수 있었지만, 유감스럽게도 그 대부분은 연구단계에 머물러 법률에 근거한 제도적 골조의 구축으로 발전할 것은 없었다.

그 후 1998년 3월 건축기준법의 개정에서 일정한 성능만 더하면 다양한 재료, 설비, 구조방법을 채용할 수 있는 규제방식(성능 규정)이 도입된다. 성능 규정 도입에는 건축물의 성능평가의 종합적인 검토가 필요 불가결하다. 법률 개정안의 책정작업과 병행해서 1995년부터는 '종합기술개발 프로젝트 : 신 건축구조 체계의 개발(통칭 '신구조 총프로')'이 개시되어 성능 규정화의 주춧돌이 되는 기술적인 연구가 진행되었다.

이러한 상황 속에서 이번 주택성능표시제도에 관한 성능평가 · 표시의 기술적 기준류의 검토가 본격화한 것은 1997년 5월이었다.

3. 주택성능평가 · 표시의 기술적 기준류의 검토

주택성능표시제도에 기초한 성능평가 · 표시에 관한 기술적 기준류를 책정하는데 있어서, 학계의 경험자로 구성되는 '주택성능평가기술검토위원회'를 설치함과 동시에 위원회의 하부에 6개의 분과회와 각종 WG를 설치하여 검토를 진행시켰다. 동위원회는 위원 20명으로 이루어졌고, 단장은 우치다상재 도쿄대학 명예교수 겸 가나자와 미술공예대학 교수(당시)였다.

6개의 분과회는 기본문제 분과회, 구조성능 분과회, 내구성 기술 분과회, 화재안전 분과회, 환경성능 분과회, 장수사회 대응 성능 분과회로 구성되어 한층 더 각 분과위원에 많은 WG가 구성되었다. 위원 수는 172명이었는데 2000년 6월까지 376명이 되었다.

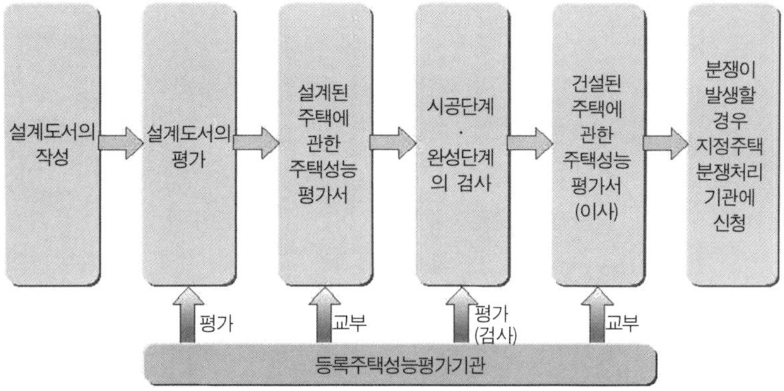

그림 4 주택성능표시제도의 평가 등에 관한 흐름

주택성능은 그 개념에는 다양한 것이 포함될 수 있다. 기준류의 검토는 당초 성능 관련 개념의 범위·구분을 분석, 국내외 실용화 내지는 제안되고 있는 주택의 성능에 관계한 다양한 '지표'를 수집 정리하면서, 이것들을 개별적으로 음미하는 것부터 시작했다.

구체적으로 다음 관점 아래에서 검토작업을 진행시켰다.

① 항목 선정에 대해서 주택 요구에 관한 통계조사 결과나 국내외의 연구성과 등을 검토하여, 사회적 관심이나 정책적 중요성에 관련하는 분쟁발생 상황 등을 감안한다.

② 주택성능의 표시방법에 대해서는 가능한 한 간단명료하고 오해가 생기지 않는 것으로 하도록 배려한다.

③ 표시의 기준에 정하는 항목은 건축기준법의 대상 항목으로 한정되지 않고, 또 건축기준법에서 규정하는 최소한의 레벨을 웃도는 레벨기준도 정할 수 있다.

④ 평가하는 사람의 주관에 좌우될 우려가 있는 항목이나 주택의 부지 주변상황 변화에 의해 용이하게 변경할 우려가 있는 항목은 정하지 않는다.

⑤ 평가의 기준에 대해서는 주택의 설계도서 등에서 얻을 수 있는 정보에 근거한 설계단계에서의 평가방법과 주택의 시공 중간단계 및 완성단계에서 현장에서 확인할 수 있는 정보에 근거한 평가방법이 정합하도록 정한다.

⑥ 가능한 한 폭넓은 구조방법에 따른 주택을 대상으로 하여 상호 비교를 할 수 있도록 정한다.

⑦ 극히 장시간의 조사나 특수·대규모 검사기구, 극단적으로 고액의 비용을 필요로 하는 것이 아닌 것을 염두에 두어 정한다.

⑧ 이미 보급되어 있는 성능평가 및 표시방법(건축기준법, JIS, JAS 등에 의한 방법)이 존재하는 경우에는 이러한 방법에 근거한 기준을 정한다.

아직 계속 검토해야 할 기술적 과제가 있는 것은 우선 신축 주택만을 대상으로 한정 짓고 기준류를 정하는 것을 목표로 하여 검토를 선행하여 진행한다.

또한 소비자단체, 매스컴 관계자 등으로 이루어진 '주택성능표시제도에 관한 의견교환회'(좌장 : 다츠미 가즈오 교토대학 명예교수)를 설치하여 기준안에 관한 의견을 구했다.

또한 기술적 기준류가 현실의 시스템 중 기능을 할 수 있을지 아닐지를 판단하기 위해 다음과 같은 관계단체라는 협의 조정을 진행시켰다.

일본변호사연합회, 주택생산단체연합회, 전국건설노동조합 총연합, 전국중소건축공사단체연합회, 일본투바이포건축협회, 일본하우스빌더협회, 일본목조주택산업협회, 프리패브 건축협회, 건축업협회, 니혼건설업연합회, 전국건설업협회, 니혼건설업 경영협회, 전국중소건설업협회, 일본고층주택협회, 주택산업개발협회, 부동산유통경영협회, 전국택지건물거래업협회연합회, 일본건축사회연합회, 일본건축가협회, 일본건축사사무소협회연합회, 일본건재산업협회, 주부연합회, 지역부인단체연맹(모두 당시 명칭)

4. 주택성능평가 · 표시의 기술적 기준류의 의견 공모

2000년 2월 10일에는 건설성으로부터 성능평가 · 표시의 기술적 기준류의 원안(일본주택성능표시 기준 · 초안 및 평가방법 기준 초안)을 공표하여 인터넷 등을 통해서 의견 공모를 실시했다. 제출 의견은 건설성 주택국 주택생산과 앞의 FAX, 우편 또는 전자 메일에 의해 받았다. 기간은 2월 10일부터 3월 10일까지로 했다.

이 의견 공모에 대해 전국으로부터 1,057건의 의견이 모아졌다. 또한 2000년 6월 19일에는 이 기준의 기준류에 관한 공청회를 개최했는데 6명으로부터 의견서가 제출되었다.

5. 건축심의회에 있어서 심의와 고시

법률 규정에 의해 국토교통대신은 성능평가 · 표시에 관련된 기술적 기준류(일본주택성능표시기준에 대한 평가방법기준)를 하려고 할 때, 사전 심의회의 의결을 경과하지 않으면 안 되는 것으로 되어 있다.

이 때문에 이러한 기술적 기준류는 2000년 6월 30일 건축심의회 건축행정부회, 동 총회에 심의에 맡겼다. 같은 날, 건축심의회의 의결을 얻고 기준류는 성안이 되었다. 기준류는 그 후에 필요한 사무적인 수속을 거쳐 7월 19일에는 관보에 고시되었다.

이러한 기준류 수립 제정 후 수차례의 개정을 거쳐 현 상태에서 구조의 안정, 화재시의 안전, 고령자 등의 배려 등 10개 분야 32개 사항이(2009년 6월) 정해져 있다.

6. 기존 주택을 대상으로 한 주택성능평가 · 표시의 기술적 기준류의 제정

기존 스톡 순환형 시장의 정비에 의한 지속가능한 거주수준 향상 시스템의 구축이 시급한 책무가 되고 있는 가운데, 기존 주택을 대상으로 한 주택성능표시제도의 정비가 요구되었다. 이 때문에 국토교통성에서는 기존 주택을 대상으로 한 일본 주택성능표시 기준과 평가방법 기준을 책정하여 2002년 8월부터 기존 주택의 주택성능표시제도의 운용이 개시되었다. 그 특색은 다음과 같다.

① 현황검사에 관한 표시사항(관찰 등에 의한 현황조사의 결과)

기존 주택에서는 신축 주택과 달리 일반적으로 경년적인 저하나 불편이나 고장이 발생할 수 있기 때문에, 그러한 것들이 기존 주택의 다양한 성능의 표출에 영향을 주는 것부터 성능평가에 임해 파악하는 것이 필수이다. 또한 기존 주택의 물적인 손상상태 등을 객관적으로 파악하고 싶다는 국민의 요구가 높다. 따라서 기존 주택 특유의 성능표시 사항으로서 새롭게 현황검사라고 하는 항목을 첨가했다. 현황검사에 관한 표시사항은 외벽, 지붕 등 주택의 부위마다 생기고 있는 금이 가서 결손 등의 저하현상이나 불편이나 고장의 사실이나 현상(이하 열화사상)에 대해서, 육안 및 몇 개의 검사기기를 병용해 검사를 표시하는 '현황조사'와 특정 저하사상 등에 대해 상세한 검사를 실시하는 '특정 열화사상'에 의해 구성된다. 또 '현황조사'에 대해서는 부위·사상별의 현황조사의 결과를 표시하는 것과 동시에, 일정한 항목의 결과를 기초로 종합적인 판정의 표시를 실시한다. 이 중 '현황조사'에 대해서는 기존 주택성능평가를 신청할 때의 필수항목으로 하며, '특정 현황검사'에 대해서는 임의의 선택 항목으로 한다.

② 성능평가에 관한 표시사항

신축 주택에서 평가대상으로 하고 있는 사항 가운데 기존 주택에서 기술적으로 상응하는 신뢰도를 가지고 평가가 가능한 것으로 7분야 27사항을 선택하는 것과 동시에 기존 주택만을 대상으로 한 2개 사항을 설정하고 있다(2009년 6월 시점).

7. 주택성능평가의 실적 등

2009년 3월 31일 시점까지 주택성능평가 수행 주택(평가서가 수거된 주택)으로 다음의 실적이 있다.

① 설계주택성능평가	단독주택	382,336호
	공동 등	952,833호
	합 계	1,335,169호
② 건설주택성능평가	단독주택	296,544호
	공동 등	624,225호
	합 계	920,769호
③ 기존주택성능평가	단독주택	596호
	공동 등	1,305호
	합 계	1,901호

또한 성능평가기관의 등록상황 등은 다음과 같다.

① 등록 주택성능평가기관 108기관
② 등록 주택형식 성능인정기관 7기관
③ 등록 시험기관 11기관
④ 등록 강습기관 1기관

(마나베 준)

주생활기본법, 주생활기본계획 (그림 1 참조)

'주생활기본법'은 국가주택정책의 기본으로 국민에게 시대를 반영한 안전한 주택을 충분히 공급하는 것을 목적으로 한 것으로, 2006년 2월에 각의에서 결정되어 동년 6월 8일에 공포 · 시행되었다. 그 이전에는 '주택건설 5개년 계획'(제1차 계획 : 1966년 ~ 제8차 계획 : 2005년)이 주택정책의 기본적인 지침이었지만, 그중에서 공적주택(공영, 공사 · 공동주택)의 건설호수 목표 등이 자리매김하고 있었다. 새로운 법의 제정은 향후 일본 인구 및 세대수의 감소가 확실시되는 가운데 벌써 세대수에 대한 주택 스톡양이 충족하고 있는 상황을 맞이하고 있어 주택정책을 근본적으로 재검토할 필요가 생긴 것이 그 배경에 있다. 그리고 '주생활 기본법'의 대상은 주택만이 아니라 주변의 거주환경을 포함한 양질의 주택 스톡양을 형성해 나가는 것을 목표로 하고 있다. 이에 따라 국가 주택정책은 전후 60년을 거쳐 간신히 '주택의 양적 확보'로부터 주환경을 포함한 '주생활 전반의 질적 향상'을 도모하는 정책으로 본격적인 전환을 목표로 하게 되었다. 국가 수준에 있어 주택정책의 기본이념을 정한 '주생활 기본법'에 근거해 보다 구체적인 '주생활 기본계획'을 구체화하였다. 즉, 국가의 '전국계획'을 각 도도부현이 전국계획에 입각해서 '도도부현 계획'의 책정을 각각 실행하게 되었다.

2006년 9월에 정부에 의해 책정된 전국계획에서는, 그 목표 중 하나를 '양질의 주택 스톡 형성 및 장래 세대 계승'을 내걸어 지구환경대책이나 적절한 유지 관리도 성과지표의 항목으로 내걸 수 있었다. 두말할 것 없이 종래의 새로운 건물을 대량으로 만들고 부수는(스크랩 & 빌드) 주요 정책은 환경부하 등의 관점으로부터 많은 문제를 떠안고 있었다. 예를 들면 건축 폐자재의 약 20%는 주택관련 제품에 해당된다. 또한 주택의 평균수명(신축 후의 평균 멸실연수)도 영국 75년, 미국 44년에 비해 일본은 30년으로 극단적으로 짧다. 또한 그 신규 구입 시기에 일본에서는 근속기간의 대부분에 걸쳐 반환하는 장기대출을 짜지 않으면 안 되는 것이 일반적이다. 국민경제 관점에서 주택 장기 수명화에 의해 이것은 국민생활을 보다 충실하게 함으로써 다른 소비로 향할 수도 있다.

그렇지만 현재 상태로는 중고 부동산에 대해 자산가치를 보증하는 통일 기준이 아니고, 또한 전문가가 건물 내부구조나 과거 행해진 유지보수 상황 등 이른바 '집의 이력'에 관해서는 객관적인 정보가 부족하고 판단이나 평가가 곤란하다. 이것은 구매자에게 있어 구입 리스크가 큰 것을 의미하며, 중고주택시장 전체의 유통규모가 확대되지 않는 큰 원인 중 하나가 되어 왔다. 여기에서 '주생활 기본법'에서는 이런 장애를 없애는 관련법 정비를 진행시켜 국가가 주택의 장기 수명화 및 중고시장의 활성화를 촉진하는 것이 명기되어 있다.

한편, 이러한 국가 주관의 '전국계획'에 따라 각 도도부현이 각각의 지역특성을 근거로 하여 책정하는 '주생활 기본계획'안에는 '주택 마스터플랜' 등 주택 및 주택지의 공급을 중점적으로 도모해야 할 지역(중점 공급지역)이 정해져 있다.(이와무라 카즈오)

주생활기본법 (2006년 6월 시행)

■ 목 적 : 주생활안정 향상 시책의 추진
① 국민생활의 안정 향상
② 사회복지의 증진
③ 국민 경제의 건전한 발전

■ 기본이념 : ① 현재 및 장래의 국민생활 기반이 되는 질좋은 주택의 공급 · 건설 · 개량 · 관리
② 주민이 자부심과 애착을 가질 수 있는 양호한 주환경의 형성
③ 거주를 위하여 주택을 구입하는 사람 등의 이익의 옹호 및 증진

⇩ 국가가 주생활 기본계획(전국계획), 시 · 도가 주생활 기본계획(시 · 도계획)을 책정 : 계획기간 10년간(10년 후의 목표를 정하여 5년마다 제고한다.)

주생활 기본계획 (전국계획 : 2006년 9월 책정)

■ 계획기간 : 2006년도부터 2015년도까지 10년간

■ 기본적인 방침
1) 주택을 사회의 초석으로 위상 부여하여 주생활의 안전 향상을 촉진한다.
2) 건전한 시장기능을 정비하고 주택 안전망을 구축한다.
3) 횡단적 시점에서 시책을 추진한다.
① 재고주택 중시(재고주택=이미 공급된 주택)
② 시장 중시
③ 복지 · 지역재생 등 관련하여 시책분야와 연계
④ 지역의 실정을 감안한 섬세한 대응

■ 목표 및 기본적인 계획

목표	기본적 시책
1. 양질의 재고주택 형성 및 장래세대(世代)로의 계승	1.1 내진진단 · 내진개수 등의 촉진, 건축규제의 적절하고 확실한 운용 1.2 유니버설 디자인화 등의 촉진 1.3 에너지 절약 성능 등 주택의 환경성능 향상 1.4 장수명 주택의 보급 촉진, 적절한 유지관리, 리폼의 촉진 1.5 아파트의 계획적 수선 촉진, 노후한 아파트의 재생 촉진
2. 양호한 주거환경의 형성	2.1 기반정비와 규제완화의 일체적 추진에 의한 밀집시가지의 정비 2.2 주택 내진화 대책, 침수대책, 토사재해대책 등의 추진 2.3 건축협정의 활용 등에 의한 양호한 거리, 경관, 녹지의 유지 형성 2.4 도심주거, 시가지 거주의 촉진, 뉴타운의 재생
3. 국민의 다양한 주생활 요구가 적절히 실현되는 주택시장의 환경정비	3.1 주택성능표시제도의 보급, 충실, 분쟁처리체계의 보급, 충실 기존 주택의 합리적인 가격사정의 촉진 등 시장환경의 정비 3.2 장기고정형 융자 등이 안정적으로 공급되는 주택금융시장의 정비 3.3 세제상 조치의 활용 등에 의한 무리가 없는 부담으로 주택을 취득하는 것 지원 3.4 개인소유 주택의 임대화 촉진, 2지역 거주의 정보제공, 어린이 양육 지원 등 3.5 기술개발 등의 추진, 지역에서 생산된 재료를 활용하는 목조주택 생산체제 정비
4. 주택확보에 특히 배려를 필요로 하는 사람의 주거 환경 확보	4.1 저액소득자 등에 대한 공평하고 적절한 공영주택의 공급 4.2 각종 공적 임대주택의 일체적 운용이나 유연한 이용 · 활용 등의 추진 4.3 고령자, 장애인 등에 대한 민간임대주택에 관한 정보의 제공 4.4 고령자를 위한 임대주택의 공급, 공적주택과 복지시설의 일체적 정비

그림 1 주생활 기본법과 주생활기본계획(전국계획)의 개요

4-4 IT혁명과 건축·도시, 생활

4-4-1 인구폭발·기술혁신·에너지 소비의 증대

1 인구증가와 소비 에너지의 관계

지금까지 1만 년 동안 인류의 인구는 천 배 이상 증가했다. 수렵채집생활을 했던 인류의 조상은 몇 백만 년에 걸쳐 거의 증가하지 않았고 1만 년 전에도 최대 수백만 명이었다고 추정되고 있다(문헌 4-1). 이 숫자는 1만 년 다음 세기에 전환시점으로 60억 명을 돌파할 정도로 폭발하여, 국제연합 인구기금이 발표한 최신의 '세계인구백서'에 의하면 50년 후에는 90억 명 이상까지 될 것이라고 예측하고 있다(문헌 4-2, 그림 4-1-1).

이와 같은 기간에 인간이 1일 소비하는 에너지도 백 배 이상 증가하였다. 수렵에 의한 동물과 채집에 의해 식물만을 식량으로 하고 있던 인간은 일반 동물과 같은 형태로

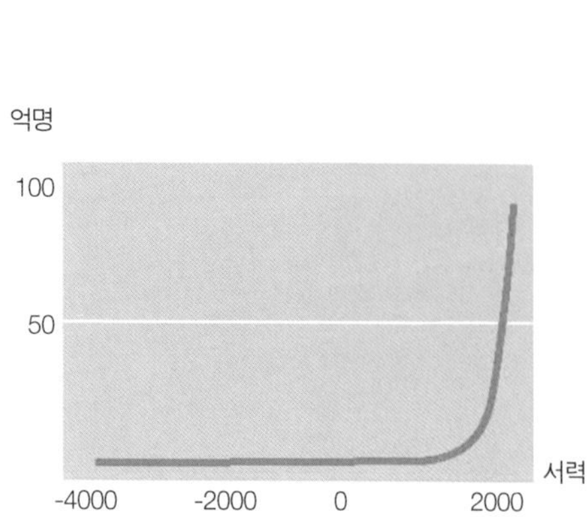

그림 4-1-1 세계의 인구증가

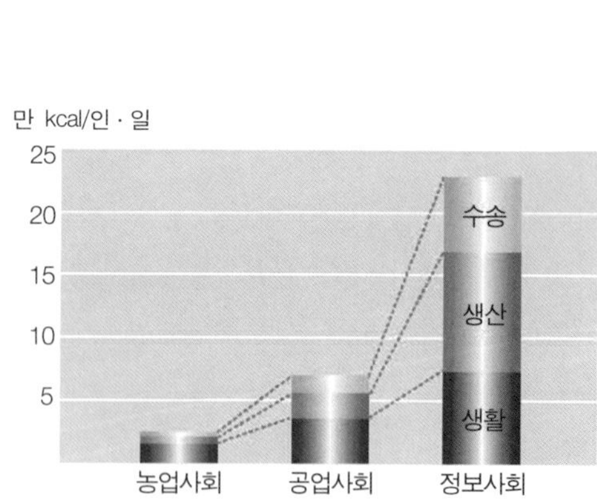

그림 4-1-2 에너지 소비의 변천

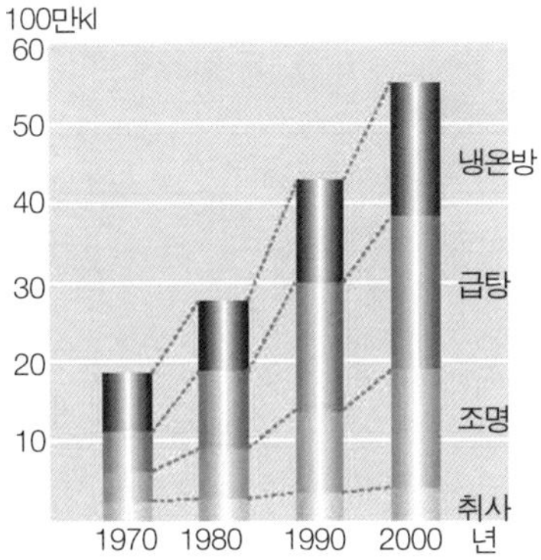

그림 4-1-3 가정의 에너지 소비 변천

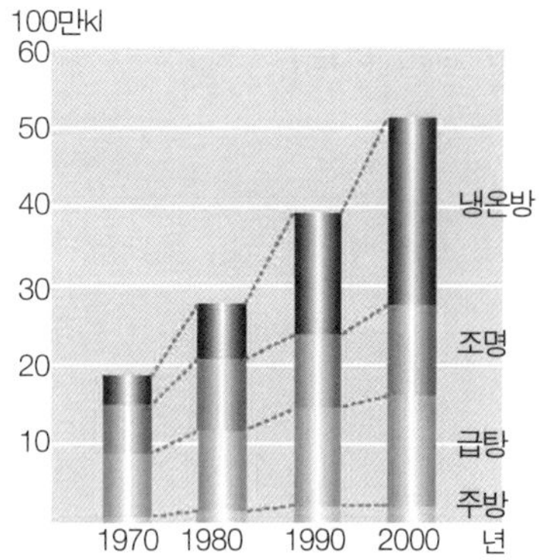

그림 4-1-4 업무부문의 에너지 소비의 변천

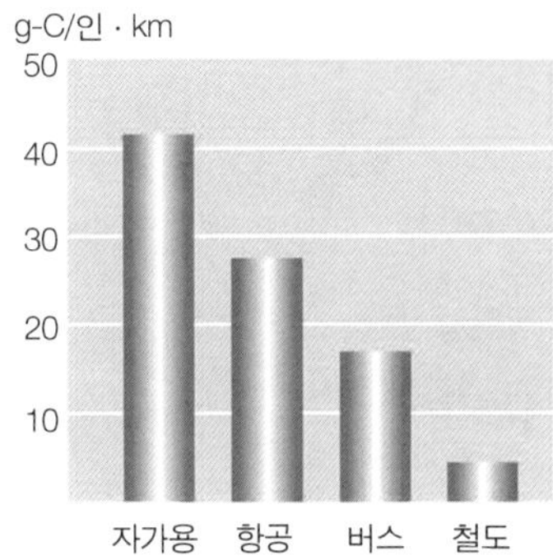

그림 4-1-5 단위수송당 CO_2 배출량

그 육체를 유지하기 위해 식료에 의한 에너지만을 소비하지 않고 하루에 약 2,000kcal 정도로 생활하였다. 그래도 불을 사용하여 조리하게 되면서 하루 에너지 소비는 5,000kcal 정도가 되었다.

그런데 인류가 농업이라는 기술을 획득한 시점부터 숫자는 급증하였다. 초기의 농업은 경작에 우마를 사용하거나 물병에 풍차나 수차를 이용하는 정도였지만, 그런데도 1일 농업으로 4,000kcal를 소비하여 전체로는 1만 2,000kcal, 여기에 기계기술이 도입되면서 농업으로 하루 7,000kcal, 전체로는 2만 6,000kcal로 소비하게 되어 수렵채집시대와 비교하면 수십 배까지 증가하였다.

그리고 18세기에 산업혁명이 일어나 석탄과 석유라는 지하에 매장되었던 에너지 자원을 발굴해 이용하면서 에너지 소비는 폭발적으로 증가했다. 초기 공업사회에서는 1인 1일 8만kcal 정도였지만 현재 세계평균 약 25만kcal이며 그 내역은 생산부문에서 40%, 생활부문에서 30%, 수송부문에서 30%가 구성되있다(문헌 4-3, 그림 4-1-2).

인구가 천 배가 되어 1인당 에너지 소비가 백 배 증가했다고 하는 것을 계산해 보면 1만 년 동안 인간이 소비한 에너지의 총량은 10만 배 증대했다고 하는 것이다. 그 결과 인류에 의한 현재의 연간 에너지 소비 총량은 지구에 조사(照射)되는 태양에너지의 0.6%에 도달하고 있어, 그것이 지구환경에 영향을 주고 있는 것은 분명하다.

2 인구와 에너지 소비의 원인으로서의 기술

이러한 비정상적인 인구와 에너지 소비의 증대를 가져온 원인을 유추해 보면 그것은 기술이라는 것이다. 농업이라고 하는 기술은 수렵과 비교하면 식량을 안정적으로 공급하는 기술이기 때문에 인구의 증대를 가져오지만, 한편으로는 농업생산을 위한 에너지를 필요로 한다. 더욱이 수송기술의 발달은 식량의 잉여가 있는 지역에서 부족한 지역으로 이동시키고 기아로부터 인간을 구제해 인구를 증대시키지만 수송에너지를 소비하게 된다.

냉방이나 난방의 기술은 쾌적한 생활을 보증함과 동시에 인간 수명을 연장하여 결과적으로 인구증대에 공헌하지만 그로 인해 에너지 소비가 증대하였다. 일본 가정에서의 에너지 소비는 과거 30년간 3배 정도 증대하였으며, 그중 약 30%는 난방이나 냉방이며 사무실에서 에너지 소비와 같은 모양으로 3배 정도 증대하여 난방과 냉방에서 약 30%를 사용하고 있다(그림 4-1-3, 그림 4-1-4).

다양한 수송기술도 사람이나 대량의 물자를 고속으로 이동시키는 것을 가능하게 하며, 식량의 수송만이 아닌 먼 곳의 병원까지 쉽게 통원할 수 있거나 외국으로부터의 약품으로 치료가 가능하게 되어 인구증대에 공헌하고 있지만, 인간의 보행과 비교하면 단위거리당 철도는 2배, 버스로 3배, 자동차는 20배의 에너지를 소비한다. 그것은 동시에 탄산가스의 발생과도 비례하고 있어 환경에의 영향도 무시할 수 없게 되었다(그림 4-1-5).

요약해 보면, 인간이 발명해온 기술은 생활을 쾌적하게 하거나 일의 효율을 향상 시킨 점은 인간에게 유용하였다. 그러나 그것은 이용 광물자원이나 부하를 방출하는 지구환경을 무한으로 간주했을 때에 성립하는 기술이며, 석탄이나 석유가 고갈한다고 추측하고 지구환경이 급속히 악화되는 것을 우려할 경우, 언제까지나 자유롭게 사용할 수 있는 것은 아니었던 것이다.(츠키오 요시오)

4-4-2 IT(정보기술)의 출현과 환경문제에의 공헌

기술의 발전이 가져온 에너지 소비 확대의 상황에서 새롭게 출현한 것이 IT(정보기술)이다. 이 IT는 생활을 쾌적하게 한다든가 일을 편리하게 한다고 하는 시점에서 지금까지 다양한 기술과 공통된 성질의 것이며, 최대의 특징은 이와 더불어 에너지 소비를 감소시키는 위력을 가지고 있다는 것이다. 이러한 성질의 기술은 인류가 처음 수중에 넣은 것이며 임박해 온 환경문제를 구제하는 데에 기대가 된다.

실제로 어떤 효과가 기대될지 사례를 소개한다.

1 전자신문

현재 인터넷 내부에는 수천의 전자신문이 존재하고 있어 일본 내에서도 수백의 전자신문이 발행되고 있다. 이러한 편리성의 면에서는 뛰어나다. 첫 번째, 전국을 넘어 세계 어디에서라도 구독할 수 있다. 두 번째로 1일 1회 또는 2회 발행이 되며 언제나 최신의 기사가 송신되고 있다. 그리고 현재로는 대부분이 무료 제공되고 있다.

이러한 편리함을 구비하고 있을 뿐만 아니라 에너지나 자원의 소비에 있어서 기존 신문보다 더 이점이 있다. 기존의 신문을 각 호에 배달하기 위한 총에너지는 1일에 1,200kcal 정도이지만 전자신문으로 같은 양의 기사를 입수하는 에너지는 60kcal로 20분의 1이 된다. 전자서적은 보통 서적의 40분의 1이다(그림 4-2-1).

이것은 상당히 공평한 계산을 한 것으로 종이 신문의 경우는 제지에너지, 인쇄에너지, 배달에너지 등을 합계한 것이고, 전자신문의 경우는 통신회선을 부설하는 에너지, 단말장치를 제조하는 에너지, 그것들을 운전하기 위한 전기에너지를 합계한 수치이다. 편리성이 대폭 향상했음에도 불구하고 에너지 소비가 감소한다고 하는 최초의 기술이 IT인 것이다.

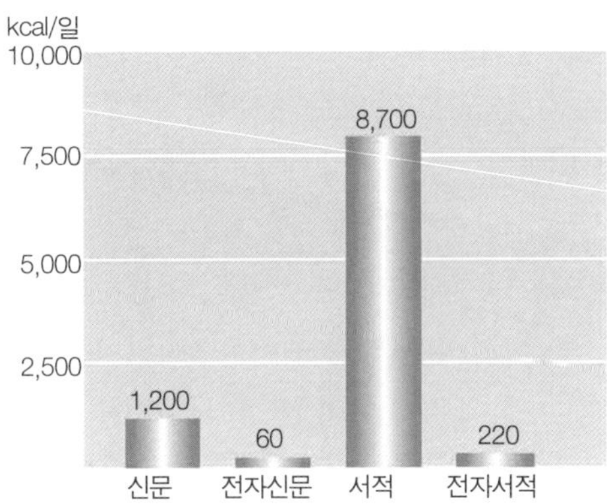

그림 4-2-1 전자매체의 에너지 절약 효과

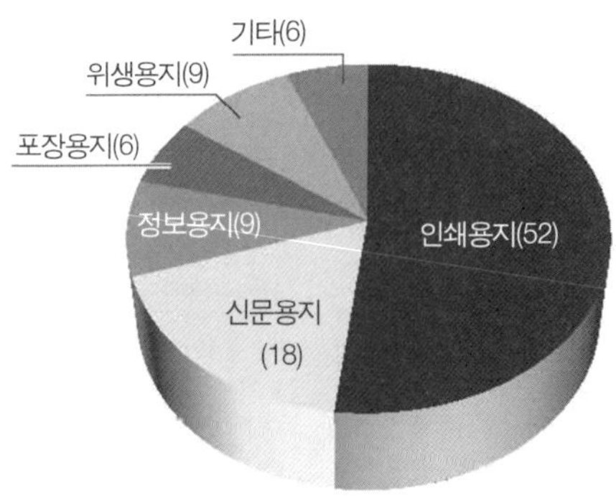

그림 4-2-2 일본의 용지(用紙) 생산비율 (2000)

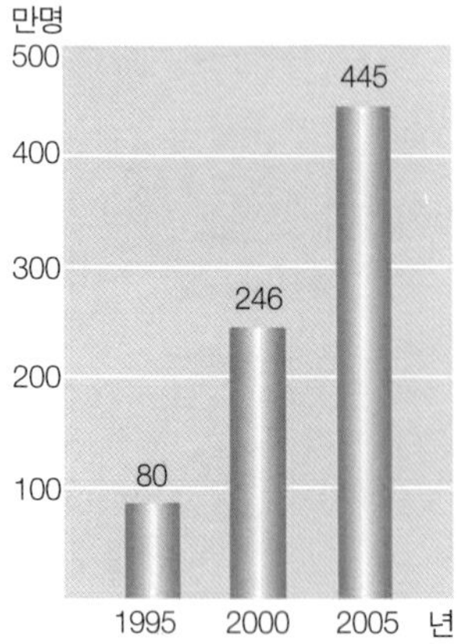

그림 4-2-3 일본의 텔레워크 인구

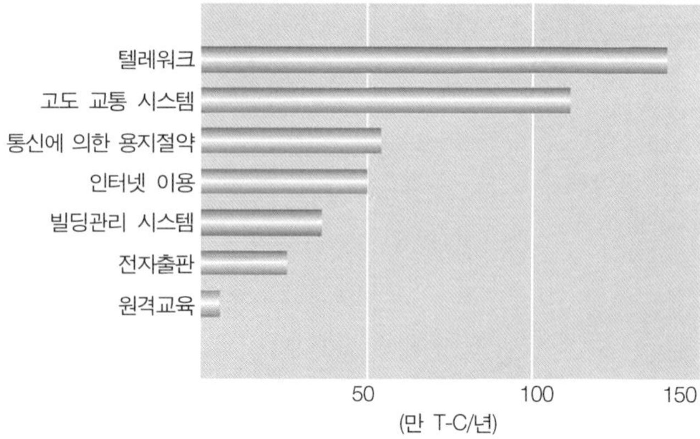

그림 4-2-4 정보통신에 의한 이산화탄소 삭감 예상치

일본의 경우 신문용지는 판지를 포함한 종이 생산량의 약 10%, 용지만의 총사용량에서 약 18%를 소비하고 있다(그림 4-2-2). 현재 자원의 약 55%는 옛 종이를 사용하고 있기 때문에 모든 것이 삼림의 벌채에 영향을 주고 있는 것은 아니지만, 우리가 전자신문으로 전환하면 상당한 삼림의 벌채를 회피할 수 있다. 서적에 대해서도 전자서적으로 하면 같은 양의 삼림자원 보호에 공헌하게 된다.

2 텔레워크(Teleworking, 재택근무)

현재 샐러리맨의 대부분이 가정에서 회사로 매일 통근한다. 그러나 정보처리나 정보통신 중심의 일에 종사하는 사람들은 자택에 정보기기를 설치하여 일하는 것이 가능해졌다. 텔레워크라고 하는 근무형태로서 미국에서는 현재 약 500만 명이 텔레워크로 일을 하고 있어 전 취업자의 4% 정도에 상당한다. 일본에서도 약 250만 명이 텔레워크로 일을 하고 있어 향후 급속하게 증가할 것이라 예측하고 있다. 이것은 수송에너지의 절약은 물론 개인에게는 이동시간을 절약하게 된다(그림 4-2-3).

이것이 환경문제에 어느 정도 공헌하는지 계산한 사례가 있으므로 이하에 소개한다. 10년 후에 매월 2회 이상 재택근무를 하는 인구를 전 취업자의 약 30%에 상당하는 2,080만 명으로 할 때, 그 사람들이 통근하지 않는 횟수를 상정하여 탄산가스의 배출삭감을 계산한바 연간 130만t이 되었다. 이것은 일본이 10년 후 삭감목표로 하고 있는 탄산가스 5,650만t의 2.2%에 상당한다(문헌 4-4, 그림 4-2-4).

그 외에도 각 자동차에 통신단말을 탑재해 혼잡한 도로를 회피하는 고도 교통시스템의 도입 이래 연간 110만t, 건물을 상시 감시하는 제어시스템의 채용은 36만t, 전자출판의 보급에 의해 25만t 등 IT를 사회에 투입하여 환경의 부하를 삭감하는 방법이 검토되고 있다. 모두 개별적으로는 소량이지만 그것들을 누적해 나가면 어느 정도 부하가 저감된다.(츠키오 요시오)

4-4-3 IT와 도시구조의 변혁

1 국토정책의 중요과제

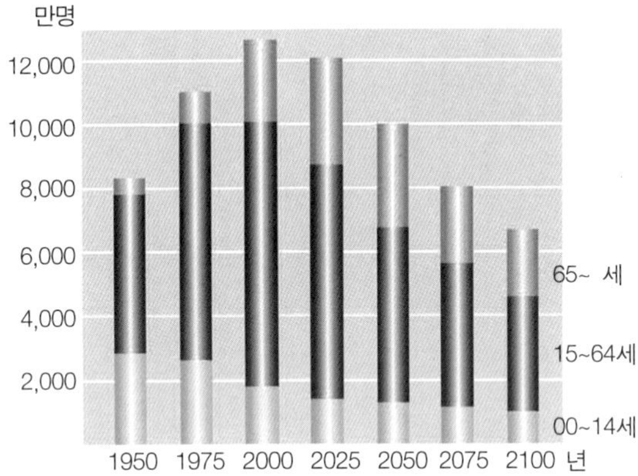

그림 4-3-1 일본 인구의 장기예측

물론 절약기술에는 한계가 있다. 제2의 IT 이용은 도시구조를 변혁하는 것이다. 현재의 거주환경과 생산환경은 국토구조의 시점에서도 개별 도시구조의 시점에서도 분산된 구조로 되어 있다. 국토구조의 경우 전체의 인구가 급증해나감에 따라 기존의 도시 주변지역에 개발이 진전되어, 이전에는 산림이나 습지였던 장소가 거주환경과 생산환경에 전환되어 분산되어 갔다.

이 구조는 결국 유지할 수 없게 된다. 곧 일본의 인구는 정점에 도달하여 급속히 감소하고 50년 후에 현재의 80% 정도가 된다(그림 4-3-1). 거점에서 주변으로 확산함에 따라 그 지역은 과소이거나 이에 병행하여 지역의 재정도 축소되고 거기의 소수 주민 만이 생활하는 과소지역으로 사회기반을 유지하는 것이 곤란하게 된다. 도로의 제설도 할 수 없고 교육 서비스나 의료 서비스도 충분히 제공될 수 없다.

실제로 일본의 동북지방에서는 노인으로만 이루어진 산간부 취락의 마을주민에게 겨울에는 중심지역으로 이동하는 정책을 실시하고 있다. 전체가 팽창하는 시대에 중심에서 주변으로 침투하고 있던 활동을 다시 중심으로 흡수하는 것이 필요하다. 그 철거 지역은 방치하면 산사태나 홍수의 원인이 되므로 개척하기 이전의 자연으로 회복되어야 한다. 이것이 향후의 국토정책의 중요과제이다.

2 도시구조의 재구축

도시의 경우는 다소 복잡하다. 초기의 산업혁명은 노동집약의 공장생산을 중심으로 하고 있어서 인구가 집적해 있는 도시로 공장이 진출했다. 그 결과 그곳에 취직을 기대하여 주변 지역으로부터 인구가 유입해 오면서 도시는 급속히 팽창했다. 리버풀, 맨체스터 등 산업혁명의 중심이 된 도시는 18세기 중순부터 100년간 인구는 약 50배로 증가했다(그림 4-3-2). 일본에서 인구집중지구의 인구비율의 40년 동안 44%에서 65%로 증대되었다(그림 4-3-3).

엥겔스(1820 ~ 1895년)의 〈잉글랜드 노동계급의 상태〉에서 기술되고 있듯이 급속한 인구의 유입은 도시의 혼란을 가져와 그 대책을 검토할 필요가 발생하였다. 그 주요한

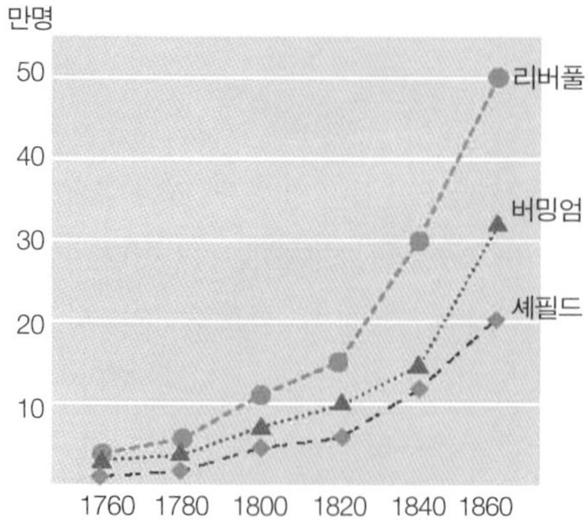

그림 4-3-2 영국의 도시인구 증대

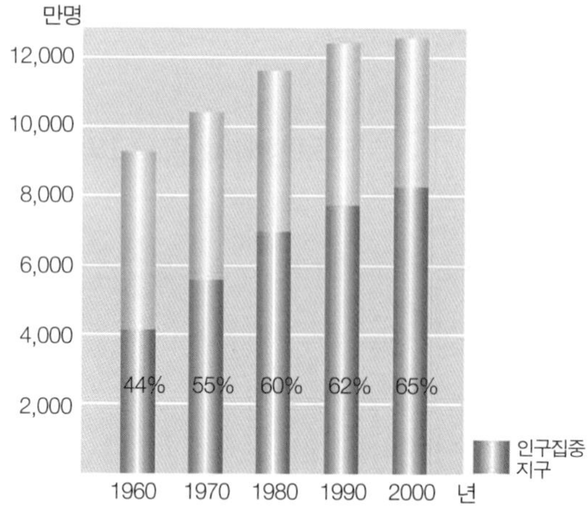

그림 4-3-3 일본의 인구집중지구의 인구증가

대책이 생산지역과 생활지역을 분리하는 것이었다. 굴뚝산업이라고 하여, 매연이나 소음, 진동의 원인인 공장 주변으로부터 주택을 격리하여 교외에 주택전용 지역을 신설하거나 전원도시의 경우처럼 독립된 주택도시를 창설하는 정책이 추진되었다.

그 결과 발전한 거대도시는 중심에 공장지대나 업무지역, 그 주변에 상업지역 그리고 외부에 주택지역이라고 하는 구조가 되고 각각의 지역은 특정 용도에 순화시키는 구조를 목표로 한다. 대표적인 곳은 도쿄이며 만의 해안에 공업지역이 집중되고 도심은 업무지역으로 오피스 건축 수립, 교외는 삼림을 개발한 주택지역을 정비하여 그 중간에 상업지역이 발전하게 되어 있다.

그 결과 매일 아침 몇 백만 명의 샐러리맨이 먼 곳으로부터 도심으로 통근하고 저녁이 되면 다시 교외로 귀가하는 조석운동과 같은 이동이 발생하게 되었다. 그러나 IT 시대가 되면서 이러한 도시구조는 의미를 상실하였다. 도시의 생산활동은 정보산업으로 변화하고, 그것은 도심에 존재하거나 주택지역에 산재하더라도 문제가 되지는 않는다. 그렇다면 별개의 시점에서 도시를 재편한다는 발상이 요구된다.

그것은 도시의 주요한 활동인 생산 · 생활 · 문화라는 것을 집중시켜 융합하는 것이다. 현재 도시재생 전략이라는 이름으로 구상이 검토되고 있지만, 도심의 사무실 등 업무시설과 주택과 문화시설을 모두 계획하고 교외에도 같은 모양으로 도시 각각의 기능을 융합하는 지역을 구축하는 것이 된다. 이것은 IT를 주요한 생산활동으로 하는 시대에 가능하게 된 것이다.

3 에너지 소비를 감소시키는 IT기술

이러한 국토구조와 도시구조의 재편은 사회활동의 변화에 대응하는 것은 물론 환경문제에 공헌이라고 하는 시점에서 필요한 정책이다. 기능을 분리하고 분산 배치하는

사진 4-3-1

도시는 각각의 지역에는 의미가 있지만 도시 전체적으로는 다양한 문제의 원인이 된다. 통근 시에 일어나는 에너지 소비의 증대도 문제이고 야간에는 사람이 없는 텅 빈 도심이나 주간에 사람들이 없는 교외라는 문제가 발생하게 된다.

기능의 융합과 집중의 도시재편은 그러한 문제들을 해결시킨다. 주택 근처에 직장이 확보되면 통근 시에 교통수단을 이용할 필요도 없어져 에너지가 절약되고 지금까지의 통근으로 손실되는 시간을 지역활동에 사용하게 되면 지역사회가 회복된다. 문화시설을 이용하는 시간도 확보할 수 있기 때문에 문화활동도 활발하게 된다. 공업사회가 가져온 문제를 정보사회가 해결해 나가는 구도이다.

요약해 보면 생활의 편리나 일의 효율을 향상시키는 것과 동시에 에너지 소비나 자원 소비를 감소시키는 IT라는 수단을 수중에 넣은 인류는 몇 천 년 간 구축해 온 생활환경을 종래와는 반대의 방향으로 전환시키는 것을 요구하고 있다. 건축설계나 도시계획을 직업으로 하는 사람들은 지구규모의 환경문제가 인간의 거주환경에 거대한 전환을 요구하고 있는 것을 이해하고 앞으로의 일을 해나가야 할 필요가 있다.(츠키오 요시오)

4-4-4 생산과 소비의 구조를 변혁하여 환경부하를 저감시키는 IT

1 식량과 서적

현재 일본의 식량자급 비율은 열량단위로 약 40%이며 사료를 합한 곡물의 자급 비율은 약 30%이다. 개별품목에 대해서 쌀만은 거의 자급되지만 소밀은 10% 미만, 대두는 0%, 과일은 50% 미만밖에 자급하고 있지 않다. 30년 전에는 약 60%를 자급하고 있던 것이 지난 30년간 큰 폭으로 수입에 의존하는 체제가 되어 버렸다. 영국 이외의 세계 주요 선진 제국은 모두 자급하고 있는데 일본은 이상한 상태이다(그림 4-4-1, 4-4-2).

그런데 그 식량수입 대국이라는 일본은 약 25%의 식량이 폐기되고 있다고 추정된다. 조리과정에서 제거되는 부분은 어쩔 수 없다고 해도 컨비니언스 스토어(편의점)에서는 안전을 위해 일정 시간마다 도시락을 폐기하고 있거나, 연회에서 대량의 요리가 손도 대지 않은 상태로 처분될 뿐만 아니라 가정에서도 폐기하는 이유의 대부분이 요리를 여분으로 준비했다고 하는 것이며, 얼마나 위기의식이 결여되어 있는지를 명시하고 있다.

현재 일본에서 매년 6만7,500점 이상의 서적이 총 13억 권, 3,400점 이상의 잡지가 총 46억 권 발행되고 있다. 세계에서 다섯 번째 출판 대국이다. 그런데 서적에 대해 약 40%, 잡지에 대해 약 30%가 반품되고 있다(그림 4-4-3). 일본에서 서점은 서적을 매입하는 것이 아니라 유통업자로부터 배본되어 온 서적이나 잡지를 판매하여, 판매할 수 없었던 것은 반품할 수 있는 재판매제도가 유지되고 있는 영향으로 방대한 양이 낭비되었다.

신문에도 같은 형태로 매일 5,400만부가 발행되고 있지만 몇%는 배달되지 않은 채

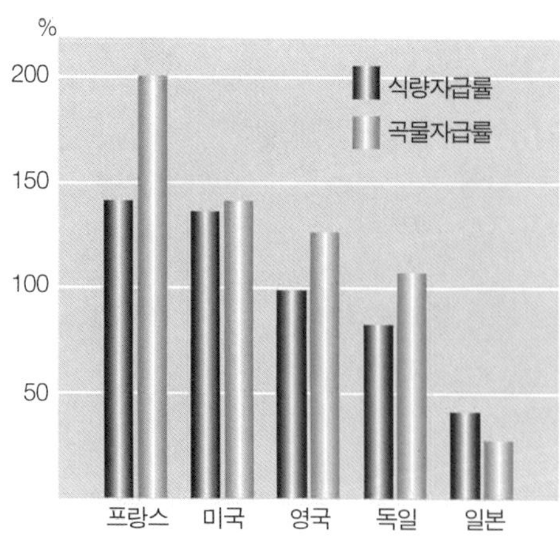

그림 4-4-1 선진각국의 식량자급률 (1998)

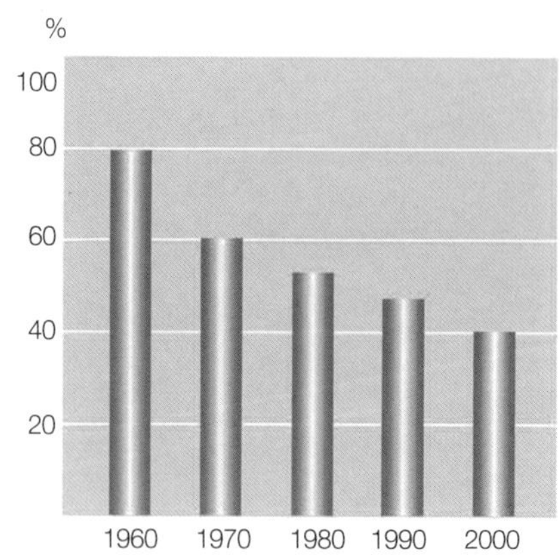

그림 4-4-2 일본의 식량자급률 변천

처분된다고 추정되고 있다. 일본의 판지(板紙)를 제외한 지류의 생산은 연간 약 1,800만 톤이며, 그 내역은 신문용지 20% 미만, 인쇄용지 50%이기 때문에 5%의 신문이 폐기되고 있다고 하는 것은 인쇄용지 전체의 1% 정도가 쓸모없게 사용되는 것 같이 서적으로 5%, 잡지 10% 이상 총합계 16% 이상이 쓸모없이 소비되는 것으로 계산이 된다.

식량으로도 신문으로도 서적으로도 방대한 낭비가 발생하는 이유는 다수 있지만, 주된 이유는 그러한 상품이 대량생산 · 대량유통 · 대량소비라고 하는 구조로 사회에 공급되고 있는 것이다. 누가 구입해 줄지 명확하지 않은 상품을 대량으로 생산하여 광고 선전을 사용해 판매노력을 하지만, 결과적으로 기대만큼 구입하지 않으므로 대량의 낭비가 발생하게 되는 것이다.

2 대량생산 · 대량유통 · 대량소비 · 대량폐기

이것은 식량이나 서적만의 문제가 아니다. 가정 전화 제품이나 약품, 샌들과 같은 일용잡화에 있어서도, 여행과 같은 서비스조차 현재의 사회에서 우리가 입수하는 상품의 대부분은 대량생산 · 대량유통 · 대량소비라고 하는 구조로 공급되고 있다. 이것은 편리한 상품이 전국 점포들로 염가에 입수할 수 있다는 관점에서는 희소식이었지만 최근 대량소비의 결과로 발생하는 대량폐기가 중대한 사회문제가 되었다.

대량생산에서 대량소비라고 하는 사이클을 유지하기 위해서는 다음 상품을 사회에 제공할 필요가 있으므로 상품의 수명을 단기로 설정해 새 물품을 구매하는 수요를 불러일으키고, 구형 상품은 실제 수명으로는 사용이 가능해도 사회수명으로 사용 불가하는 전략이 추진되어 왔다. 그것은 자원이나 환경에 여유가 있던 시대에는 유지할 수 있었지만, 확대해 보면 자원의 고갈이나 환경의 파괴라는 문제가 두드러져 재검토하지 않을 수 없게 된 것이 현재의 상황이다.

3 IT와 생산방식의 변모

이 문제를 해결하기 위해서도 IT가 공헌한다. 첫째, 현재 수요에만 대응해 상품을 생산하는 것이다. 대량생산을 위해서 시장조사 등에 의해 수요를 예측하지만 그것은 추정이며 확실한 수요는 아니다. 그 결과 기대만큼 구입이 일어나지 않고, 생산했지만 소비되지 않는 제품이 대량 발생하게 된다. 이 문제를 해결하기 위해 명확한 수요에 대응하여 생산하는 주문생산으로 전환하는 것이다.

이것은 얼핏 보기에 과거로 퇴보하는 인상을 주지만 IT를 구사하면 고도의 생산방식으로 변모된다. 현재 세계 최대 퍼스널컴퓨터 제조회사는 미국의 델 퍼스널컴퓨터이지만 여기는 모두 수주생산이다. 인터넷 경유로 세계 각지로부터 주문이 도착하면 바

	서적	잡지
출판수(점)	67,522	3,433
발행부수(백만부)	1,327	4,621
판매부수(백만부)	774	3,405
반품비율(%)	39.4	28.9

그림 4-4-3 일본의 서적 · 잡지 반품비율 (2000)

대량생산 · 대량소비	지역생산 · 지역소비
생산과정의 불명	생산과정의 공개
복잡한 유통경로	간소한 유통경로
유통경비의 증대	유통경비의 삭감
세계시장을 대상	지역시장을 재생
대량폐기의 발생	폐기상품의 삭감
공급주도의 생산	수요주도의 생산
지역사회의 파괴	지역사회의 재생

그림 4-4-4 대량생산에서 지산지소(地産地消)로의 전환

로 부품의 조달을 위한 생산을 개시하여 3일 이내에 상품을 발송하는 구조를 완성시켜 단번에 세계 최대의 지위를 확보했다.

구입자 측에서 보면 24시간 언제든지 주문 가능하고 자택까지 배달되어 올 뿐만 아니라 복잡한 유통경로를 경유하지 않기 때문에 성능 대비 가격이 타사의 제품보다 염가라고 하는 이점이 있다. 공급자 측에 바로 주문된 상품을 생산해 완성되면 발송하므로 재고가 제로가 되며, 종래의 기업이 고생해 온 유통조직을 유지한다고 하는 문제도 걱정하지 않아도 된다는 이점이 있다.

컴퓨터 이외에도 최근에는 편물 제품이나 염색 제품, 가구, 탈것 등에서도 실현되고 있다. 이것은 IT가 사회기반으로 침투한 결과 가능하게 되었던 것이다. 주문생산이라고 하는 체계는 양복, 가옥, 자가용차 등의 분야에 지금까지도 존재하고 있지 않았던 것은 아니지만 특별 상품이며 고가였다. 맞춤형 양복이라고 하면 부유함의 증거와도 같은 존재로 기존 제품의 양복보다 조금 고가이고 누구나가 이용할 수 있는 것은 아니었다.

그런데 델 컴퓨터가 상징하듯이 IT를 이용하는 것으로 세계의 어떤 장소로부터 24시간 언제라도 자신이 희망하는 시방으로 주문하고 종래보다 염가의 가격으로 상품을 입수할 수 있는 사회가 실현되어 왔다. 그리고 중요한 것은, 이러한 수단에 의해서 생활의 편리성이 향상되는 것이 아닌 자원의 소비를 감소시켜 환경의 악화를 저지하는 것에 공헌할 수 있는 것이다.

4 IT와 유통구조의 변혁

두 번째는 유통의 구조를 변혁하는 것이다. 일례로서 서적의 유통을 소개하면, 일본에 출판회사가 약 4,400업체, 연결되는 유통업자가 약 40업체 그리고 일반서점이 약 2만 5,000여 개 존재하고 있다. 그런데 근년에 서적 중개업자도 경영부진으로 서점은 매년 100에서 1,300점포가 폐점하고 있다. 본질적으로는 서적 판매가 감소하고 있기도 하지만 유통의 구조가 변화해 왔던 것이 영향을 주고 있다.

도쿄나 오사카와 같은 거대 도시에서는 서적을 구입하는 데 불편은 없으나 지방 읍

촌 시골은 서점수가 적을 뿐만 아니라 다양한 상품이 충분하지 않기 때문에 주문하고 몇 주 후에 받게 된다. 그런데 현재는 인터넷 서점에서 주문해 며칠만에 자택까지 배달해 주며 서적량에 따라 배송료도 무료이다. 또한 잡지는 편의점에서 구입할 수 있다. 그렇게 되면 지역 영세서점은 소용없게 된다.

같은 방식이 여러 상품에서도 실현되고 있으며, 대체로 CD, 주류, 양복, 식품 등 상품을 구입할 수 있고 항공표나 여관의 예약 서비스도 제공되고 있다. 성공하고 있는 인터넷 상점에는 약 100만 점의 상품을 판매하고 있는 곳도 있다. 이것들은 기업(Business)과 고객(Consumer)이라고 하는 의미에 'B to C'와 같은 형태의 기업과 기업이 네트워크 경유로 거래하는 'B to B'도 급속히 증가해 왔다.

이것은 기존의 유통구조를 파괴한다고 하는 의미에서는 서점의 폐점이나 유통산업에 취업하고 있는 사람들의 실업의 증가라는 문제의 원인도 되지만, 생활하는 입장에서는 전국 어떠한 지역이든 균일한 서비스가 제공되어 지역구조를 변혁하게 되고, 환경의 시점에서는 제조되는 장소로까지 소비되는 장소로 1회의 수송으로 상품과 서비스의 제공을 완료하는 효과가 있다.

5 IT와 생산 · 유통방식의 일체적 변혁

세 번째는 대량생산이라고 하는 생산방식과 대량유통이라고 하는 유통방식의 양쪽을 모두 변혁시키는 것이다. 일본의 식량자급 비율이 약 40%라고 하는 것은 약 60%는 해외로부터 수입하고 있는 것이다. 점심식사가 메밀국수라면 그것의 약 80%는 캐나다, 아르헨티나, 호주로부터의 수입이고 패밀리레스토랑에서 샐러드를 주문하면 대부분이 미국에서 생산된 야채이다.

그것은 여러 문제의 원인이 된다. 지금부터 중국이 식량 수입 지역으로 전환하는 것이 예상되는 시대에 식량안전보장이라는 시점에서 중요한 문제이며, 식량이 어떻게 생산하고 관리되는지 명확하지 않아 식량의 안전이라는 시점에서 문제가 있다. 더욱이 수만 킬로미터의 먼 곳으로부터 냉장이나 냉동하여 수송해 오는 것은 자원이나 환경의 시점에서 문제이다. 이것은 식량만이 아니라 모든 상품에 대해 같은 형태의 문제이다.

6 IT와 지역경제 : 지산지소

최근에 부상해 온 '지산지소(地産地消)'라는 개념이 있다. 이것은 지역에서 생산하는 식량이나 상품을 그 지역에서 소비한다는 생산과 소비의 구조이다. 이것은 가격에서 국제경쟁에 이긴 식료품이나 전통공예 산품을 보호하는 데 유효하여 식량 등은 생산과정에 가까이 있기에 안심이 된다. 이 활동에 지역통화를 조합하여 독자의 지역활동을 활발히 한다는 전개도 이루어지고 있다.

이러한 지역경제를 실현하는 데 IT가 유효하다. 지산지소라는 소비의 구조나 지역통화라는 하는 교환구조는 대량생산·대량유통·대량소비라는 구조와는 다르게 잉여가 거의 존재하지 않는 구조이다. 지산지소도 지역통화도 잉여나 재고라고 하는 개념이 없는 구조이며, 생산된 제품이나 가치는 단기에 소비될 필요가 있다. 그러기 위해서 정보이상으로 관리가 중요하다.

어느 농가에서 어느 수량의 야채가 생산된다고 하면 그것을 어느 가정에서 얼마나 소비하는가에 대해 명확히 할 필요가 있다. 지역통화도 지역 내에서만 통용되기 때문에 얼마나 통화가 유통하고 있는지 관리할 필요가 있다. 그것들을 관리하는 것이 IT이다. 실제로 지역통화의 다수는 지폐 등을 발행하지 않고 통장에 정보를 기입하는 것만으로 운용되고 있다.

현재의 풍요로운 사회는 대량의 낭비로 유지되고 있다고 해도 과언이 아니다. 그것은 자원이나 환경에 여유가 있는 시대의 문제는 아니었다. 그러나 어느 쪽이든 한계에 접근한 시대가 되면 그러한 낭비를 줄여 나가는 것이 사회의 중요한 과제가 된다. 그 유력한 수단이 IT인 것이다. 환경의 세기라고 하는 시대에 있어서 IT의 역할을 정확하게 인식하고 사회구조를 변혁해 나가는 것을 후대 사람들이 기대하고 있는 것이다(그림 4-4-4).(츠키오 요시오)

4-5 보급의 저해요인과 그 해결책

4-5-1 포괄적 어프로치의 필요성

이 책에서 설명해온 '지구환경건축'이 독자 여러분에게 이해되었다고 해도, 만약 그것이 실제로 보급되지 않으면 후세 사람들에게 우리는 단지 활발한 담론만을 행한 무책임한 세대로 지탄될 것임에 틀림없다. 당면할 환경과 건축위기에 대해 무지하여 아무것도 하지 않는 것 또한 영향을 받을 후세 사람들에게는 같을 것이다. 아니, 오히려 알고 있으면서 어느 것도 하지 않은 것에 대한 원망이 훨씬 더 클지 모른다. 우리는 후세 사람들을 책임지고 있다. 게다가 그 책임을 지기 위해서는 어제 같은 방향을 내일 반복해서 안 된다. 왜냐하면 어제의 방식이 지금의 위기를 불렀기 때문이다.

새로운 방식을 채용하는 것은 간단하게 생각되지만, 다만 그것의 낡은 방식을 버리지 않으면 안 된다. 왜냐하면 우리는 그 낡은 방식에 안주하여 장기적으로 그것이 안 되는 것을 알 수 있어도 스스로 단기적인 이해가 관련되고 있는 것이 많기 때문이다.

이 절에서는 지구환경건축의 보급을 막는 요인을 정리하겠만 그것은 확실히 우리가 새로운 것으로 옮겨 놓지 않으면 안 되는 낡은 방식이다. 주택해체에 관한 케이스 스터디를 통해 우리 주변의 일반적인 시스템에 대해 생각해보자.

1 사례 연구 - 주택해체와 구분

해체된 주택으로부터 발생한 해체재가 현상에서 구분되는지, 이 중에서 재료가 혼합한 상태로 반출되는지에 따라서 그것들이 재이용되는지, 불법투기 등의 부적절한 처분이 이루어지는지를 결정짓는다. 따라서 해체재를 구분하는 조건을 정돈하는 것이 해

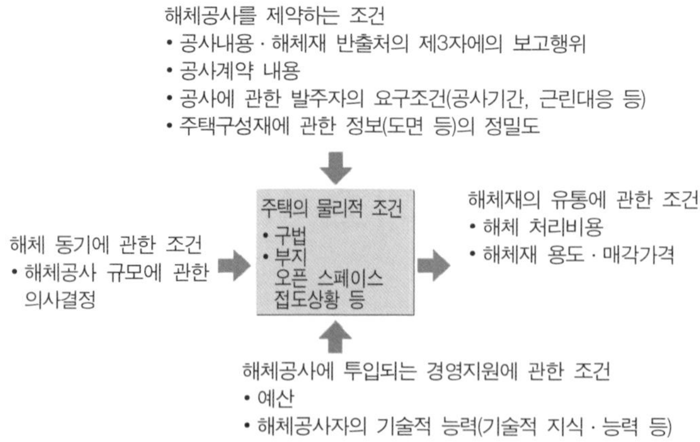

그림 5-1-1 현장으로부터 반출되는 해체재의 양태를 결정짓는 요인

체재의 재이용 · 적정 처리의 키포인트가 된다.

그림 5-1-1은 현장으로부터 반출되는 해체재의 양태를 결정짓는 주요인을 정리한 것이다. 해체되는 주택은 구성재로 분해하는 구법이 아니면 안 되고, 해체공사는 충분한 기술적 지식을 가진 주체가 충분한 대가를 얻어 행하지 않으면 안 된다. 또한 구분된 해체재를 현실적인 비용 내에서 재자원화 시설에 수송하는 시스템과 해체재를 취하는 재활용 시장이 형성되어 있지 않으면 안 되는 등 여러 가지의 요인이 해체재가 현장으로부터 구분되어 반출되는가, 혹은 혼합폐기물 상태로 반출되는지를 결정짓고 있다.

그림 5-1-1에 있는 요인은 어떠한 것도 해체재 구분을 위한 저해요인이 될 수 있다. 반대로 말하면 어느 하나의 요인이 제외되어도 한 번에 문제가 해결되는 것은 아니다. 우리는 '포괄적인 어프로치'를 필요로 하고 있다.

표 5-1-1은 그 포괄적인 어프로치를 정리한 것이다. 이 표는 정책수단이라고 하는 관점으로부터 정리된 것이지만, 손에 꼽히는 수많은 내책 중에서 현재 많은 건축관련 기술자가 자신들의 업무범위에 포함되어 있다라고 인식하고 있는 것은 표에 열거된 것 중에서 '분해 가능한 구법의 개발'뿐일 것이다.

건축해체의 문제는 건축의 문제인데, 과연 그것만으로 좋은 것인가? 포괄적인 어프로치가 필요하다는 것은, 사실 건축관계 기술자에게 표 5-1-1 내용 전반에 이르는 '업무범위의 확장적 재설정'을 강요하고 있다는 것이다. 물론 이 표의 모든 범위가 건축기술자 전문성과 노하우만으로 처리할 수 있는 것은 아니다. 법률 · 행정 · 경제 · 사회학 전문가나 시민과 함께 고민해 가면서 해결책을 찾지 않으면 안 되는 과제가 여기에 산적해 있다. 건축관계 기술자는 스스로 전문성의 가치를 배타적 고립성(Exclusiveness)의 요구가 아닌 생활의 프로인 시민을 포함한 여러 전문가와 '협동(Collaboration)할 수 있는' 곳에 자기의 전문성의 가치를 두는 것이 요구되고 있다.(야시로 토모나리)

표 5-1-1 포괄적인 어프로치의 필요성

영향요인 / 정책수단	법령에 의한 허가 · 규제	시장육성 · 개입	기술개발 · 계몽 · 교육
1 해체동기			
1.1 해체공사 규모에 관한 의사결정	해체공사 허가 단수명 주택에 대한 과징금	중고주택시장의 확대화 지원 재건축보다 개수에 대한 융자 등 정책자원을 우대	주택장수명화 기술과 방법의 개발 · 보급
2 해체공사에 투입되는 경영자원			
2.1 예산	주택소유지의 비용부담책임 명확화	적절한 해체공사에 대한 정책 지원 등 확대	해체공사 예산 적산기준의 책정 · 보급
2.2 해체공사자의 기술적 능력		해체공사자의 기술능력의 평가정보 유통	해체공사기술의 개발 기술기준의 책정 · 보급
3 해체공사를 제약하는 조건			
3.1 공사내용 · 해체재의 반출처의 제3자에게 보고행위	해체공사의 신고 및 허가 · 인정반출처의 수령증명의 개시의무	해체재 예탁제도	
3.2 공사계약내용	해체공사계획 및 폐기물처리 계약의 명확화 의무		표준약관 작성 · 보급
3.3 공사에 관한 발주자의 요구조건(공기, 근린대응 등)	공익에 반하는 요구조건 배제		
3.4 주택구성재에 관한 정보(도면 등)의 정밀도		도면 등 정보의 유무, 내용에 의한 해체공사 비용의 차별화	주택의 현황정보의 보존 · 유지 · 갱신에 관한 지침 책정 및 보급
4 해체재의 유통에 관한 조건			
4.1 해체재 처리비용		해체재처리 가격의 종별 세분화	
4.2 해체재 용도 · 매각 가격	구성제 제조자에 의한 수거의무	해체재를 원료로 하는 자재의 가격 경쟁력 향상을 위한 우대 지원	해체재를 원료로 하는 자재의 기술 · 품질기준의 책정 및 보급
		구성재의 재이용, 헌 물건 구입 등에 의한 순환이용	
5 주택의 물리적 조건			
5.1 주택의 구법		구법별 해체 용이성 정보의 유통	「분해가능한 구법」의 개발
5.2 부지조건	해체기간의 도로점유조건 완화 접도조건 열악 부지의 신축규제		

4-5-2 건축에 관련되는 제도적 저해요인과 그 개혁

전 장의 케이스 스터디를 감안하면, 건축에 관련한 특정 사회시스템(제도)의 저해요인을 특정하여 그것을 고쳐 나가는 데 있어서 건축기술자가 깊이 관여해 나가지 않으면 안 된다. 종래의 건축기술자는 제도라고 하는 것이 타인이 만들어 놓은 틀에서 그것 스스로의 활동 제약조건에 지나지 않는다고 하는 감각을 지속적으로 가져 왔다.

그렇지만 사실은 그 제도는 건축기술자가 가지고 있는 관행을 투영하고 있는 측면도 강하다. '제도가 나쁘다'를 변명의 이유로, 필요 이상의 피해자 의식을 계속 가지는 것은 건축기술자에게 사회에 대한 실망을 더욱 더 깊게 할 것이다. '쫓아가기보다 우선 시작해라'라는 격언대로 스스로 낡은 방식이 투영된 제도에 잠복하는 저해요인을 확인하여 그 개혁에 주체적으로 관여하지 않으면 안 된다. 예를 들어, 다음과 같은 저해요인에 관해서 개혁에 들어가지 않으면 안 된다.

1 건물의 소유·이용 시스템의 개혁

현행의 모든 제도는 토지 · 건물을 소유하는 것에 가치를 두는 제도가 되어 있어, 건축기술자의 주된 역할은 부지의 요청에 따라 건물을 신축하여 이것을 발주자에게 인도하는 것에 있다.

그러나 '2-3-3 자원낭비를 하지 않는다'에서 말한 건축관련 산업의 '탈물질화' 및 '서비스 공급자(Provider)화'를 진행해 가는 것은, 건물을 소유하는 것에 가치기준을 두는 것이 아니라 건물을 이용하는 것에 가치기준을 두도록 제도를 개선해야 할 필요가 있다.

예를 들어, 기존 제도에서 건물을 대규모로 보수하면 자본적 시출로 간주되어 과세평가액이 증가해 버리는 한편, 건물의 재건축에 여러 가지의 지원과 우대가 있다. 이러한 제도 간의 언밸런스를 시정하여 오히려 단기간에 건물을 건축하고 바꾸는 것으로부터 발생되는 다양한 사회비용을 당사자에게 부담을 요구하는 한편, 기존 건물의 개수, 특히 공동화 · 침체화 지역의 재활성화에 공헌하는 기존 건물의 활용이 정책적으로 우대 · 추진되어 가도록 사회시스템을 설계하고 수정할 필요가 있다.

21세기에는 부동산의 증권화가 보급되기 시작하고 있지만, 이것은 건물의 이용가치에 기준을 두는 측면을 갖는 것으로 소유에서 이용 시스템으로 이행되기 위한 촉매가 되는 것으로 기대된다.

2 '적응가능한 건물'의 추진

공공 건축에서는 다양한 용도의 건물이 상이하게 각각의 부처부국에 의해 관리 운영되고 있는 것이 일반적이다. 그러나 지역에 있어 공공시설의 요구는 시간경과와 함께 시시각각 변화하여 지역의 중앙에 어느 용도의 건물(예 : 소학교)이 잉여되는 한편, 어느 용도의 건물(예 : 고령자용 개호지원시설)이 부족하다고 하는 사태가 생겨난다.

잉여된 건물을 부족한 용도의 건물로 전환해 활용하는 것이 자원이용효율을 높이는 데는 중요하지만, 이러한 전환을 자연스럽게 진행하기 위해서는 관리주체의 자연스러운 이행 · 통합을 행하는 것이 필요하다.

공공 건축물에 대해서 용도전환이 행해지게 된다면, 신축 시점에서의 용도에 특화한 건축물이 아니라, 어느 정도 용도전환이 가능한 '적응가능한 건물(Adaptable Building)'이라는 설계 패러다임이 널리 보급되는 계기가 될 것이다. 그러한 의미로 무라노 도고 설계의 치요다생명 본사가 구청으로 재활용된 것은 획기적이다. 이 사례가 특수한 예가 아니고, 오히려 향후 일반수법의 전조가 되도록 해 나가지 않으면 안 된다.

3 발주 · 조달 시스템의 개혁

현행 공공 발주 · 조달 시스템은 지구환경건축의 취지에 반하는 경직성을 갖고 있다. 예를 들어, 임산지에서 무늬목을 얻을 수 있음에도 불구하고 공공예산에 있어서 오직 그해 발주의 원칙으로 그것들을 천연건조하여 학교시설 등의 공공시설에 사용하지 못하고, 원격지로부터 대량의 화석에너지를 사용한 무늬목이 수송되는 일이 있다. 자재의 수송에너지를 절감하는 관점에서, 또 산림환경을 지키기 위한 임업의 활력을 유지하는 관점에서, 공공시설에 있어서 지역의 자재나 기술을 충분히 활용하는 구조를 구축하는 것이 필요하다.

또한 건설 프로젝트가 가져오는 환경 영향을 사전에 정확하게 예측하는 것은 기술적으로 곤란하며, 오히려 프로젝트를 진행시켜 가면서 모니터와 필요한 수정 · 조치를 취해 나가는 유연성이 요구된다. 이것은 사전 예견성을 암시의 전제로 한 현행의 공공사업제도의 경직적 정책과는 정합하지 않는 요청이다. 다자연형의 하천개수처럼 '만들면서 생각하는(기성고 지급)'이라고 하는 프로세스가 정규 발주 · 조달 시스템에서 자리잡을 필요가 있다.

4 건축기술자 교육 · 양성 시스템의 개혁

지금까지 건축기술자의 교육 · 양성은 전문분화가 진행되고 있는 경향이지만 전체적인 파악 없이 지구환경건축을 구상, 실현하는 것은 있을 수 없다.

대학에서는 조계(租界)화라고도 말할 수 있는 입지의 무관심으로부터 벗어나 Think Globally. Act Locally (지구 규모로 생각하여 각 지역에서 행동한다)라고 하는 사고에서서 지구환경건축을 뿌리내리게 하는 지역거점의 역할을 대학이 담당해 나가는 것이

기대된다.

그러기 위해서는 극도의 연구중심으로부터 탈피하여 필드워크, 케이스 스터디 등을 교육 프로그램에 짜 넣지 않으면 안 된다.

지구환경건축은 종래 건축학의 틀 안에서는 그 실현이 곤란하다. 건축기술자의 교육·요청에 있어서도 경제학·법학·사회학, 자연과학 및 다른 공학분야와의 연계를 형성시킬 수 있는 프로그램을 구축할 필요가 있다. 또한 건축에 관련된 다양한 이해관계자와 의견을 일치시키는 의사소통을 해나가는 능력도 교육 프로그램 속에 포함시키지 않으면 안 된다.

5 전체적 시점을 가진 사회 시스템의 설계

지구환경건축을 보급·전개하기 위해서는 이상과 같이 관행을 포함한 모든 제도를 개혁해 나가는 것이 불가결하다. 게다가 그것은 대증요법적(對症療法的)인 부분개선이 아니라 다이내믹하게 움직이고 있는 현대의 경제사회의 시스템을 다시 근본적으로 설계를 고치지 않으면 안 된다. 근현대의 학문은 문제에 대해 명확히 정의할 수 있으며, 여기에 가치관과 규범에 관한 논의가 비집고 들어갈 여지가 적으며, 단일의 명확한 논리에 의해 모델을 기술할 수 있는 것이기에 큰 힘을 발휘해 왔다.

그렇지만 지구환경문제와 관련되어 한정한 이러한 근현대 학문이 힘을 발휘해온 영역을 어떤 의미로든 일탈하지 않는 한, 구체적이고 유효한 행동을 취하기 위한 해결책을 찾아내기가 어려워지고 있다. 이러한 근현대 학문의 한계는 '부분 최적이 전체 최적을 낳지 않는다'와 '신서시스(종합)의 공학을 창조할 필요가 있다'라는 언어로 많은 사람이 표명하고 있다.

지금 필요한 것은 지구환경문제를 완화하는 데 충분한 건축·도시를 실현하기 위한 사회 시스템 설계이며, 그러기 위해서는 구상력이 강하게 요구되고 있다. 건축기술자는 지금 존재하는 다양한 전문가 속에서 예외적으로 구상력에 대한 훈련을 받아온 집단이다. 다만 그것은 건축물이라는 물리적 실체를 생산하기 위한 구상력인 것이다. 그런데 경제 사회 시스템에 있어서 부분 최적이 심각한 환경문제를 일으키고 있고, 게다가 세상 전체가 그에 대한 구상력이 부족한 이상, 구상력에 관한 훈련을 받은 기술자가 적어도 건축·도시에 관련된 사회 시스템에 대해 힘을 발휘하는 것이 요구되고 있다. 사실 영국에서는 건축가 리처드 로저스가 보여준 사회 시스템의 제안이 현실의 정책에 포함되어 실현되고 있다.

건축기술자는 능동적으로 지구환경건축을 둘러싼 사회 시스템을 구상하여 그것을 실현하기 위해 사회에 대해 참을성 있는 프레젠테이션을 행하고, 그 실시와 실현에 깊게 관여해 나가지 않으면 안 된다. 그러한 프로세스를 통해 프로페셔널로 존경을 얻을 수 있을 것이다.(노지로 토모야)

제4장 인용 · 참고문헌 등

■ 4-4-1

4-1.『新「人口論」』 J. E. コーエン（農山漁村文化協会、1998）

4-2.『世界人口白書 2001 年版：人口と環境の変化』（国際連合人口基金、2001）

4-3.『The Flow of Energy in an Industrial Society』 E. Cook（Scientific American、1971）

■ 4-4-2

4-4.『情報通信を活用した地球環境問題への対応』（電気通信審議会、1998）

결어

지구환경건축을 뜻하는 사람들에게

(센다 미츠루)

지구환경건축을 시급하게 실현할 수 있도록 다양한 사람들이 의식을 가지고 방법을 구축하며 프로그램을 활용하고 기술을 가지지 않으면 안 된다. 특히 발주자 교육과 설계교육은 중요하다. 지구환경건축을 실현하려면 시공자, 건축주, 발주자의 이해와 행동이 아니면 할 수 없다. 공공지자체와 민간 법인도 지구환경을 배려한 지구환경건축의 건설을 향한 의식을 가지지 않으면 안 된다. 그러기 위해서는 많은 미디어를 포함한 건축계로부터의 의식 확산이 필요하다. 다음 시대를 이끌어갈 세대를 위한 교육도 중요하다. 일본의 건축교육의 종합적인 면은 지켜질 필요가 있지만 설계교육에 대해 수정, 보완되지 않으면 안 된다. 새로운 시대에 지구환경건축을 소개하는 전문 미디어의 탄생도 기다려진다. 이것은 전문가, 학생, 일반시민을 깨우는 큰 개혁, 즉 지구 환경건축운동이 되지 않으면 안 된다.

건축가를 목표로 하는 학생 및 젊은설계자 · 기술자들에게

지금 일본 건축계에서 활약하고 있는 많은 건축가 · 기술자들은 그 학생시절에 그로피우스(1883 ~ 1969), 르 코르뷔지에(1887 ~ 1965), 미스(1886 ~ 1969), 라이트(1867 ~ 1959), 칸(1901 ~ 1974)이라고 하는 근대 건축가와 그 제자들의 작품을 모델로 공부해왔다. 그것이 20세기의 건축이었기 때문이다.

그러나 지금 21세기 건축 · 도시를 만들어 내는 건축학도들에게 설계, 연구 운용의 최대 과제는 지구환경건축이라고 말해도 좋을 것이다. 이것을 만들 수 없다면 우리의 미래는 없다. 그러나 21세기 지구환경건축의 모델을 만들어낸 거장들은 없다. 그 모델을 지금 볼 수가 없다. 다양한 시행착오를 하고 있다. 즉, 자라나는 건축학생들이 그 지구환경건축 모델을 만들 수 있다. 바로 그들이 21세기의 지구환경건축의 거장이 될 수 있는 것이라고 말할 수 있다.

건축의 형태적인 형식만으로 논의하는 시대는 끝났다. 지구환경건축은 전 지구적인 식견과 지역적인 식견 양쪽 모두를 가지지 않으면 안 되는 것이다. 미, 구조학, 환경공학, 지반학, 조경학, 역사학, 도시계획학 등 다양한 분야를 습득, 종합화하여 통합화하는 힘이 21세기 환경 건축가에게 요구된다.

건축이 예술이었던 시대는 끝났다. 건축은 종합과학이며 종합예술의 시대가 되어야 한다. 다양한 영역의 디자인과 테크놀로지를 학습해야 한다. 그리고 그것을 계속적으로 실시하지 않으면 안 된다.

새로운 시대의 건축형태가 하나의 양식이 되는지 어떤지 모르지만 지역에 맞는 매우 다양한 형태가 될 것이다.

게다가 20세기 후반부터 미디어 혁명은 설계의 방법을 바꾸어 버렸다. 컴퓨터를 사용하는 설계의 방법은 이전 세대에서는 해오지 않던 것이다. 따라서 그대들이야말로 지구환경건축을 실현할 가능성이 있다고 할 수도 있다. 미국에서는 1990년대 중반부터 인테그레이티드 프랙티스(Integrated practice)라고 하여 설계통합화의 움직임이 시작되었다. 그것을 BIM이라고 불리는 3차원 CAD를 구사하여 기획부터 생산 그리고 운용까지를 시야에 넣어 일원적으로 동시병행적으로 설계를 진행하는 것이다. 이렇게 함으로써 지속가능성이 높은 건축을 비교적 단시간에 설계 · 검증하려고 하는 것이다. 일본은 이 흐름에 약간 늦은 출발을 하고 있다. IT기술은 지구환경건축의 도구인 것이다. 그대들은 그 테마나 방법에 있어서 표본이 되는 것을 가지고 있지 않다.

건축가를 목표로 하는 학생, 젊은 설계자 · 기술자의 새로운 시대는 그들의 노력 여하에 달려 있다.

건축 설계교육을 실시하는 사람들에게

기존 건축의 설계교육은 단지 재미있는 안, 형이상학적인 안만을 평가하는 경향에 치우쳤다. 그러한 설계교육의 방향을 고치지 않으면 안 된다. 생활수준과 조화를 생각하는 설계, 자연의 지형, 역사, 식생을 소중히 하는 설계, 에너지 절약을 고려한 건축을 만들 수 있는 사람들을 교육하지 않으면 안 되는 것이다. 형태의 미학이나 특이함만으로 평가해서는 안 되는 것이다. 설계는 더욱 더 종합적으로 통합적인 일이 되고 있다. 지구환경 · 건축현장의 5항목에 대해 각 교육이 이루어지지 않으면 안 된다.

1) 형태와 기능뿐만이 아니라 종합적인 견해를 가르치지 않으면 안 된다.
2) 구조, 구법, 재료, 환경공학적인 측면으로부터 평가가 이루어지지 않으면 안 된다.
3) 운용, 운영 유지라고 하는 프로그램에 대해서도 평가되지 않으면 안 된다.
4) 대학원의 교육은 보다 고도의 종합성이 요구될 것이다. 실제 설계와 같이 다양한 스페셜리스트의 심사를 고려할 필요가 있다.
5) 설계 교육자는 설계 실무에 대해 정통하고 있는지, 정통하고 있는 사람의 힘을 빌리지 않으면 안 된다.

건축을 프로듀스하고 발주하려고 하는 사람들에게

건축은 난지 사람이 살아 움직이고 생활하며 일을 하는 장소일 뿐만 아니라 범위를 확대하여 지구환경과 관계를 가지고 있다는 것을 이해시켜야 한다. 건물의 건설로부터 운용까지 다양한 형태로 지구온난화를 야기시키는 온실가스의 발생을 억누를 필요가 있으며, 자원을 낭비시키지 않고 에너지 절약형 건축을 실현시키지 않으면 안 된다.

그것은 우선 발주자의 이해와 행동이 필요하다는 생각이다. 지구환경건축은 발주자의 이해 없이 절대 이룰 수 없다.

건축연구를 목표로 하는 사람들에게

지구환경문제에 대응한 건축을 시급하게 만들어낼 필요가 있다. 건축학회는 지구환경 · 건축헌장을 건축관련 5개 단체가 공동으로 작성했지만, 이것을 구체적으로 실행하기 위해서는 환경공학적인 측면뿐만이 아니라 계획, 구조, 재료, 도시계획, 조경계획, 환경계획 등 건축에 관한 다양한 영역이 이것을 목표로 하지 않으면 안 되는 것이다. 특히 이 연구 분야는 그러한 점에서는 아직도 미개발인 분야이다. 많은 건축 연구자가 이 문제에 도전할 필요가 있다. 무엇보다 장수명 건축이 순환형 생산 시스템을 취할 때, 그 안전성이 중요하다고 판단된다. 재료 강도나 구성 측면이 안전성을 대체해 줄 것이다. 공기조절 시스템 등과 같이 배기를 재활용하는 경우, 세균 등에 대해서 프로젝트 기술 연구가 아직도 불충분한 상태이다. 지구환경건축은 사람이나 생물의 안전을 담보로 하는 행동을 배제해야 한다. 그러한 전체구상에서 연구 분야의 구축이 기대된다.

건축설계 종사자에게

20세기 후반부터 지구환경의 변화가 있었으며, 건축설계는 지구환경문제에 대응하는 건축으로 전환하고 있다. 패션이나 분위기가 아니고 실질적으로 지구환경에 대응하는 건축설계와 환경설계를 하지 않으면 안 되는 것이다. 많은 분야에 새로운 학습이 필요하다. 그리고 주택으로부터 다양한 대규모 건축까지 지구환경을 고려한 설계에 임하지 않으면 안 된다. 지금 중요한 것은 그것을 위한 학습과 실천이다.

건축생산 종사자에게

건축공사 시 $LCCO_2$의 발생률은 운용 시에 비하면 적다. 그러나 일회용 재료, 일회성 공법 없이는 공사 진행이 어려운 것이 현실이다. 가능한 재활용 공법을 이용하는 등 공사에 있어서 다양한 연구를 해야 한다. 어떤 분야가 되었든, 건축공사에 다양한 사람들이 관련되어 있다. 그러므로 환경교육은 그 파급효과가 매우 클 것이다.

건축물 운용 및 관리자에게

건축을 운용 및 관리하는 단계에서 $LCCO_2$의 배출에 가장 많이 관여하고 있다. 이 때문에 운용 관리하는 사람들은 건축설계에 대해 많은 고민이 필요하다. 그러기 위해서 건축물 이용에 대해 깊이 이해하고, 그것을 어떻게 에너지 절약적으로 운용해 나가는지 프로그램을 작성하여 구체적으로 그것을 전개해 나갈 필요가 있다. 그것을 위한 계속적인 학습이 중요하다.

지구환경건축을 뜻하는 사람들에게

일본 건축사에서 16세기 중반 성(城)과 차실(茶室)이라고 하는 일본 독자적인 건축 양식이 출현한 것처럼, 지구환경건축은 21세기 초반에 급속히 만들어질 필요가 있다. 일찍이 성과 다실은 그때까지의 건축생산 체제와 다른 방식을 가지고 있었다. 이는 새로운 프로그램의 창조와 함께 사회지도층인 사무라이(무인)뿐만 아니라 차도(茶道)전문가, 시골목수 등이 다양한 기술과 아이디어를 교류하여, 극히 단시간에 그 양식이 완성되었다. 지구환경건축은 그것과 유사하다. 분야의 횡단적인 영역, 광범위한 학습과 그 통합이 필요하다.

주요 용어 해설

(해설 뒤의 숫자는 그 용어가 주로 사용된 페이지를 나타냄)

가상 평가법(CVM = Contingent Valuation Method) 시민에 대한 앙케트 조사를 기본으로 환경의 가치를 '금액'으로 평가하는 수법으로, 일상생활 속에서 시장 가치를 가지지 않는 '인공 생태계' 등의 어느 환경의 가치에 대해서 금액으로 평가할 수 있다. 환경정책에 선행하여 CVM 조사를 실시하면, 시민의 의식을 반영한 형식으로 시기적절하게 그 효과에 대해서 경제평가할 수가 있으므로, 환경 개변을 실시할 때에 CVM의 결과는 유효한 판단 재료가 된다. (란 '환경평가' 참조)

건물의 LCA(life cycle assessment) 지침안 건설행위 시에 원 재료의 조달부터 설계, 건설, 운용, 폐기에 이르는 일련의 흐름을 통해서, 그 건축이나 건설행위가 환경에 미치는 각종 부하를 정량적으로 분석 평가하기 위한 수법이 라이프사이클 어세스먼트(LCA)이다. 이 수법을 기본으로, 설계자나 건설업자 등이 건축의 설계단계에서 환경에 대한 부하를 고려하기 위한 계기로서 정해진 것이 건물의 LCA 지침이다. (372)

건설 리사이클법 정식 명칭은 '건설공사에 관계되는 자재의 재자원화 등에 관한 법률'. 건설업의 리사이클을 추진하고, 재생 자원의 충분한 이용이나 폐기물의 감량 등을 통하여 자원의 유효이용과 폐기물의 적정처리를 추진하기 위하여 2000년에 제정되었다. 건설업자에게 분별해체와 재자원화의 의무를 부과함과 동시에 발주자에게 분별해체의 계획 등을 시도지사에게 신고하는 것을 의무화 하는 등의 조치가 취해졌다. (225, 370)

건설 부산물 건축토목공사 현장에서 발생하는 각종 폐기물 및 건물 공작물 등의 제거에 수반하여 발생하는 폐자재, 건설 폐기물이라고도 불린다. 전후의 건축물의 갱신 수요의 증대가 전망되므로 앞으로의 건설폐기물 배출량의 증가가 예상되어 발생 억제, 리사이클, 중간처리 촉진, 최종 처분장의 확보가 과제로 되어 있다. (지구환경건축헌장 운용지침) (370)

건설 부산물 대책 행동계획(리사이클 플랜 21) 환경창조 및 지구환경문제의 해결을 건설사업에서 내부 목적화하기 위해서 책정된 '환경정책 대강'을 근거로 하여 건설 부산물에 관한 각종 제도나 시책을 재 구축하여 공사발주자, 공사도급기업 및 처리 회사가 일체가 되어 건설 부산물 대책을 종합적으로 추진하기 위하여 책정된 건설 부산물 대책 행동계획. (370)

건축 해체폐기물 리사이클 프로그램 건축 해체폐기물의 철저한 분별 리사이클을 추진해 가기 위하여 건설성(현 국토교통성)에 의해 건축 해체폐기물의 분별 리사이클의 추진을 위한 시책과 전략을 체계적으로 정리한 것. 시책의 주된 내용은, ①건축물의 장기수명화 촉진 등의 신설 시의 대응, ②건축물의 분별해체 촉진, ③건축 해체폐기물의 재자원화의 촉진, ④리사이클 시장의 형성이다. (370)

건축협정 시구읍면이 조례로 정하는 일정한 구역 내에 있어서, 관계 권리자 전원의 동의를 바탕으로 주택지의 환경 향상 등을 목적으로 하여 건축기준법의 일반적인 제한 외에 건축물의 용도, 형태, 의장 등에 관한 기준에 대해 관계 권리자가 정하는 협정. (290)

광촉매 산화티탄 입자를 수중에 분산시켜 빛을 조사하면 물이 분해되어 산소와 수소가 발생하는 반응으로, 산화티탄은 촉매적인 기능을 하므로 이것을 광촉매라고 한다. 산화티탄 표면은 유기물 분해나 살균효과가 있다. (249)

교토의정서 1994년 3월에 발효한 기후변동조약(지구온난화 방지 조약)에 근거하여 1997년 12월에 교토에서 개최된 제3회 체약국 회의(COP3)에서 채택되어, 일본은 다음 해 1998년 4월에 서명했다. 이산화탄소, 메탄, 아연화 질소 등의 온실효과 가스를 2008년부터 2012년까지의 사이에 선진 체결국 전체에서 1990 연비 5% 이상을 삭감한다는 수치목표가 정해져 선진 체약국 간의 배출량의 거래나 도상국과의 사이에서 배출 삭감을 위한 사업 등의 새로운 체계가 도입되었다. (32, 146, 215, 218, 366)

교통 셀(Cell) 셀이란 세포나 단위라고 하는 의미로, 교통 셀이라고 했을 경우에는 일정 구역에서 차를 내쫓아 보행자 공간으로 한 상황을 말한다. 유럽에서는 중세의 성벽을 철거하여 그곳을 환경도로(링)로 만들고, 성벽 내의 거리를 보행자 전용의 가구로 하고 있는 경우나 뮌헨과 같이 번화가 전체가 끝없는 교통 셀이 되어 있는 예도 있다. (103)

그린 진단 건물을 환경배려형 건축으로 개수할 때에 '주변 환경에 대한 배려', '운용수단의 에너지 절약 및 자원 절약', '장수명화', '친환경재료의 사용' 및 '적정 사용·적정 처리'라고 하는 관점에서 정성적인 평가를 함과 동시에, 시설의 에너지 사용량 등을 정량적으로 평가함으로써 개수가 필요한 부분이나 시스템을 진단하는 것. (203)

그린구입법 정식 명칭은 '국가 등에 의한 환경물품 등의 조달의 촉진 등의 관한 법률'. 국가의 기관이나 시읍면 등 지방공공단체 외에 사업자나 시민이 환경부하가 적은 물품의 조달이나 구입을 하는 것으로, 지속가능한 사회 구축을 목표로 하기 위한 법률로 2001년 4월에 시행되었다. 환경부하 저감에 공헌되는 원재료나 부품 등을 '환경물품'라고 하며, 특히 중점적 조달을 하는 것은 '특정 조달 품목'으로 현재 14분야 101품목이 정해져 있다. (225, 335, 370)

그린화 기술 에너지 절약 기술이나 이산화탄소 삭감기술, 폐기물을 삭감하는 새로운 생산시스템의 개발, 기름이나 화학물질에 오염된 토양을 미생물의 힘을 빌려 정화하는 생물적 환경정화기술 등의 지구환경을 보전하여 재생하는 기술. (306)

극상조건 식물군락이 천이의 최종단계에서 구조나 조직이 변화하지 않게 되는 상태를 극상이라고 하고, 극상상태를 가지고 오는 조건을 극상조건이라고 한다. 극상이 되면 종이나 군락의 구성의 변화는 거의 볼 수 없고 작은 변화를 나타내면서 영속하는 식생을 구성한다. (296)

근린주구 주택지에 있어 거주자의 일상생활상의 사회적 요구와 물적인 요구를 충족시키키 위해서 설치되는 도시의 계획단위 중의 하나. 학교, 공원, 점포 등의 커뮤니티 시설을 정비하고 일본에서는 초등학교를 중심으로 8,000~10,000명이 단위가 된다. 1920년대에 C.A. 페리가 제창한 것이 시초라고 한다. (88, 102)

기후변동조약 제3회 체결국 회의(COP3=Conference of the Parties 3) 대기중의 온실효과 가스 농도의 안정화를 목표로 하여 1994년에 체결된 '기후변동조약'에 근거하여, 1997년에 교토에서 개최된 체약국 회의. 2000년 이후의 온실효과 가스의 배출량 삭감목표가 결정되었다. 또한 COP란, 기후변동에 관한 국제연합체계 조약(1992년 채택)의 체결국에 의한 조약 목표달성을 구체화하기 위한 회의로, 제1회(COP1)는 베를린(1995년), COP2 제네바(1996년), COP3 교토(1997년), COP4 부에노스아이레스(1998년), COP5 본(1999년), COP6 헤이그(2000년), COP7 마라케슈/모로코(2001년)에서 개최되었다. (32, 69, 215, 366, 371)

난방도일(Degree Day＝度日) 난방 시의 실내습도와 매일의 평균기온과의 차이를 난방기간 1시즌에 걸쳐서 적산한 수치. 지역마다 정해진 계수로 추운 지구(地區)일수록 값이 커진다. 'D18-18'라고 하는 표기는 기온도가 18도 이하가 되면 난방운전을 실시하여 실온을 18도로 유지하는 것을 의미한다. (118)

난방부하 벽, 창, 바닥, 천장 등의 구조체의 전도에 의한 열손실, 틈새바람에 의한 열손실, 환기용 외기의 과열에 의한 것 등의 총열량을 말하는 것으로, 건물 내의 난방온도 또는 온습도를 어떤 조건으로 하기 위하여 필요하다. (148)

냉방부하 외벽, 창, 지붕 등의 전도부하, 창으로부터의 일사부하, 거주인원의 발열부하, 실내기기나 조명으로부터의 발열부하를 의미하며, 실내를 특정온도로 냉각하기 위해서 필요한 열용량. (148)

녹피율(綠皮率) 수림지, 농지, 초원, 공원녹지 등, 지표면을 감싸는 녹지가 일정 구역에서 차지하는 평면적인 비율. 주택 시가지의 녹화나 현존 녹지의 양을 파악할 때의 지표이며, 도시녹화의 기준 등에 이용된다. (125)

녹화협정 도시녹지보전법에 규정되어 있는데, 시가지의 양호한 환경을 보전하기 위해 도시계획구역 내 일정 구역의 수목의 종류, 수량, 크기 등에 대해 체결하는 협정 (290)

다운 드래프트(Down Draft) 굴뚝 가까이의 바람 아래쪽에 건물이 있을 경우에 건물의 배후에 소용돌이가 일어나 연기가 섞여서 지표를 흐르는 현상으로, 지표에 고농도의 오염이 생기는 경우가 있다. 이것을 방지하기 위해서는 굴뚝의 높이를 부근의 건물높이의 2.5배 이상으로 하면 좋다고 여겨진다. (122)

대미지 상관계수(Damage coefficient of correlation) LCA에 있어서 여러 가지의 영향요소(예를 들어 CO_2나 NOx)를 분석해 환경에 대한 영향을 평가하는 과정에서는 요소 항목 데이터를 공통단위로 환산하여 집계하거나 복수의 영향영역에서 특성화 한 결과를 하나의 지표(예를 들어 화폐가치)로 통합하는 작업을 한다. '대미지

관수'는 그 과정의 중요도 부여에 이용되어, 예를 들어, 지구온난화의 건강영향에 관련되는 관수에서는 피해뿐만이 아니라 한랭 스트레스 증상의 완화라고 하는 플러스 요인도 고려된다. (57)

데이터 수집기(로커) 접속한 각종 센서로부터의 신호를 내부에 장착한 메모리에 임의로 설정한 시간간격으로 보존 축적할 수가 있는 기기. 장착된 통신용 포트에 의해 PC에서의 제어나 메모리 내에 축적한 측정 데이터를 회수할 수 있다. (331)

도시기후 지표면의 형상 및 구성물질의 변천에 의한 지표면 열수지(熱收支)의 변화, 대기오염물질이나 인공열의 증가 등에 의해 변화한 도시의 기후. 고온화, 저습화, 풍속 저하, 바람의 난기류 증가 등 특징적인 현상이 나타나고 있다. (123, 129)

라돈(Radon) 원자번호 86, 원소기호 Rn, 천연 방사성 원소. 222Rn과 220Rn의 동위체가 있고, 각각 우라늄 계열, 토륨 계열의 일부를 이룬다. 일반적으로는 222Rn를 라돈이라고 하여, 이것과 구별하기 위해서 220Rn을 토론(Thoron)이라고 한다. 양자의 대기 중 농도비는 대략 100 : 1, 일본의 통상의 옥외환경의 대기 중 222Rn농도 지표 레벨은, Bq/m^3 (평균 4Bq/m^3), 옥내의 평균 농도는 약 10Bq/m^3이다. (367)

리그닌 셀룰로오스(섬유소)에 버금가는 목재의 주요성분으로, 전 성분의 20~30%를 차지한다. 결정성이 없는 방향족 고분자 화합물로, 목재 세포끼리를 교착(膠着)하는, 말하자면 접착제의 기능을 하고 있다. (215)

리우 '지구 서미트' 지구환경의 보전이 세계적인 과제가 되는 와중에서 1992년 6월에 브라질의 리우데자네이루에서 열린 국제회의. '환경과 개발에 관한 리우선언', 21세기를 향한 인류의 행동계획인 '어젠더21', '삼림보전 등에 관한 원칙 성명', '기후변동조약(Framework Convention Climate Change) 및 생물 다양성 조건'이 채택되었다. (19)

면적효과 방사온도계를 이용하여 온도 계측을 실시할 때에 표적 사이즈를 만족시키는 크기를 가진 피측정물에서도 그 크기의 차이에 따라 생기는 온도계의 출력오차. 개구 조임에 의한 회절, 대물렌즈에서의 산란, 경통내 반사, 검출 소자의 가열 등이 원인으로 여겨진다. (129)

면진구조 건물 하부에 적층고무나 댐퍼 등 면진장치를 설치하여, 그 층에 변형을 집중시켜 지진에너지를 흡수함으로써 지진에 의한 건물의 응답치를 저감(1/2~1/5)시킬 수가 있는 구조. 건물을 지탱하는 적층고무는 연직방향은 단단하고 수평방향으로 유연한 특성을 가지고 있어 지진동에 대해서 지면과 건물을 분리하는 역할을 가짐. (207)

몬트리올 의정서 정식 명칭은 '오존층을 파괴하는 물질에 관한 몬트리올 의정서'로 1987년 채택되었다. '빈조약'에 근거하여 오존층 파괴 방지책을 정하여 프레온(chlorofluoro- carbon), 할론(플루오르카본), 사염화탄소(四鹽化炭素) 등의 사용 삭감 스케줄을 정하여 대체 프레온인 HCFC 및 브롬화 메틸 이외의 오존층 파괴 물질은 1993년에 전폐되었다. (368)

미기후 양달과 응달의 온습환경차, 지형의 요철이나 지표면의 온도차에 의한 풍향의 변화, 건축물에 의한 바람의 난류 등, 국지적인 환경의 변화에 의해 생기는 지표 부근의 기상현상. 건물이나 식생의 영향을 받는 경우가 많고 또 인공적으로 변화시킬 수도 있다. (91, 129)

미이용(未利用) 에너지 하수가 가지는 에너지, 지하철의 배열, 변전소 배열, 하천수, 해수가 가지는 열 등 지금까지 이용하지 않는 열원. 에너지 소비의 증가는 냉난방, 급탕 등 낮은 온도의 열에너지의 수요가 많기 때문에 히트펌프의 발달에 의해 이러한 미이용 에너지로, 그 수요에 응할 수 있다. (73)

미티게이션(Mitigation) 대체적 보상이라고도 불린다. 서구에서 1980년 무렵부터 환경보전의 현실적인 방법론으로 퍼진 생각. 도로나 다리, 호안(護岸) 등의 건설을 피할 수 없는 경우, 야생생물이나 생태계에 미치는 영향을 완화하기 위해 근방의 대체지에 생태계를 재생·창출해 보상하는 것. 또 굳이 개발을 하지 않는 것도 선택사항의 하나로서 거론할 수 있다. (91)

바이오매스(Biomass) 생물체를 에너지원이나 공업용 원료로서 사용할 때, 그 생물체 전체량을 일컫는다. 연소에 의해 열을 얻을 수 있음과 동시에 연소 배출물과 태양광으로부터 재생되기 때문에 재생가능한 1차 에너지로서 기대되고 있다. (97)

바젤조약(The Basel Convention) 유해 폐기물의 월경 이동에 따르는 환경오염에 대처하기 위해 1992년에 발효한 조약으로, 정식 명칭을 '유해 폐기물의 국경을 넘는 이동 및 그 처분의 규제에 관한 바젤조약'이라고 한다. 유해 폐기물의 수출 시의 허가제나 사전통고제, 부적정인 수출, 처분행위를 했을 경우의 재수입 의무 등이 규정되고 있다. (365)

발생억제 쓰레기가 되는 사물을 제조하지 않고, 팔지 않으며, 사지 않음으로써 쓰레기의 발생을 사전에 억제하는 것. 발생 억제를 실시하기 위해서는 장수명 제품을 만들고 과잉포장을 하지 않고 회수 가능한 병(Returnable병)을 이용하며, 쇼핑봉투를 지참하여 계산대에서 봉투를 거절하는 등 다양한 대처가 필요하고, 생산자, 유통판매업자, 소비자 모두의 협력이 필요하다. (225)

방산량 측정방법(소형 챔버법) 포름알데히드가 수용성인 성질을 이용하여 데시케이터(Desiccator)라고 하는 측정용기 속에 측정 재료를 넣어 물에 녹은 포름알데히드의 농도를 측정하는 것으로, 재료로부터의 포름알데히드 방산량을 측정하는 방법. 공기 중에 방산되는 포름알데히드의 양을 직접 측정할 수는 없다. (255)

배출권 거래 어느 오염 배출원에서 잉여 오염물질 삭감을 달성함으로써 이 잉여를 다른 오염 발생원의 삭감량에 대체하는 것으로, 이 삭감량을 모아두어 타인에게 판매할 수가 있다. 교토의정서에서는 온난화 가스의 배출 삭감 목표치를 달성하기 위한 조치로서 체결국끼리 배출량 할당을 거래할 수 있는 체제가 정해졌다. (345)

복층유리 2장 이상의 판유리를 일정 간격으로 조합해서 그 주위를 금속으로 막고 내부에 건조공기를 밀봉한 것. 단열, 차음, 실내외의 온도 차에 의한 유리표면의 결로 방지에 효과가 있다. (140, 147)

볼런터리(플랜) Voluntry 1992년 10월에 나온 통상산업대신의 요청을 받아 일본의 산업계가 자발적으로 임하고 있는 총괄적인 환경행동계획. 행동이념부터 시작하여 환경 담당부서의 설치, 감사의 실시와 구체적인 행동 목표치(폐기물이나 에너지 사용량의 삭감치 등)를 기재한 것까지 여러 가지가 있다. (345)

생물상(生物相) 어떤 지역 또는 지질학적 시대에 분포하는 동물상과 식물상의 전체. 생물 지리학에서는 생물상과 지구환경과의 관계 · 구성 종의 수 및 다양성 변화 · 생물상의 역사적 성립에 관계한 지사적(地史的) 요인의 규명 등 생물상에 관한 다양한 생태학적 · 진화학적 연구가 이루어지고 있다. (297)

생식독성(生殖毒性) 화학물질 등이 생식의 과정에 대하여 호르몬의 합성, 분비, 체내수송, 결합, 작용 혹은 분해에 개입하여 유해한 영향을 미침에 따라, 그 후의 생체의 항상성(Homeostasis)의 유지, 생식, 발달 혹은 행동 등의 유해한 반응을 유발하는 것. 생식독성을 가지는 화학물질로는 각종 환경호르몬이나 다이옥신류, 폴리염화비페닐(Polychlorinated biphenyl : PCB)이라는 유해물질 등이 있다. (211)

열적 재활용(Thermal recycle) 쓰레기의 소각할 때에 발생하는 열을 냉난방이나 온수 등의 열원으로 이용한다든가, 소각재를 고형연료화(RDF)라든가 유화시켜 폐기물에서 열에너지를 회수하는 것. 쓰레기의 배출 억제를 추진하기 위해서는 머티리얼(Materal) 리사이클이나 케미컬(Camical) 리사이클과의 적정한 조합이 필요하다. (201)

세베소 사건 1일 76년, 이탈리아 세베소에서 일어난 화학공장 폭발 사건으로, 추정 약 250~300g의 대량의 다이옥신이 방출되어 환경이 오염되었다. 그 후 1982년, 드럼통에 보관되어 있던 오염토양이 행방불명되어 8개월 후에 프랑스의 작은 마을에서 발견되었다. 그러나 이탈리아 정부가 인수를 거부하여 최종적으로는 공장의 모 회사가 스위스의 바젤에 있었기 때문에 스위스 정부가 회수하였다. 바젤조약 체결의 계기가 되었다. (365)

셀룰로오스 목재의 주성분으로, 포도당과 닮은 화합물로 실과 같이 연결되어 인장력에 강한 성질이 있다. 목재 속에서는 셀룰로오스가 다발이 된 미크로피브릴(Microfibril)이 겹겹이 되어 길쭉한 형상의 목재의 세포의 벽을 형성하고 있다. (215)

수권(지권) 지표면의 물로 구성된 영역에서 해양과 호수 및 늪, 하천, 지하수 등 육수(陸水)로 나누어진다. 대기권, 지권, 생물권과 함께 지구를 구성하는 요소로 여겨진다. (82, 86, 297)

순환형 사회 새로운 자원의 투입을 억제하고 폐기보다 재사용–재생이용을 촉진하여 자연계에 대한 배출량을 최소한으로 억제한 자원이나 에너지 순환형 사회를 일컫는다. 순환형 사회 만들기는 환경 보전형 사회 만들기의 중요한 요소이며, 사용할 수 있는 것은 다시 사용하고 원료로서 재생할 수 있는 것은 원료로 되돌리는 것이 중요한 관점이 된다. (70, 218)

순환형 사회 형성 추진 기본법 폐기물 리사이클 문제에 대처하기 위하여 법 제도를 정비해야 하기 때문에 2000년에 제정되었다. 주된 내용은 ①발생 억제, 재이용, 재생이용, 열 회수 및 적정 처분이라고 하는 대책의 명확화. ②사업자, 국민의 '배출자 책임'을 명확화하여 '확대 생산자 책임'의 일반 원칙을 확립. ③중앙환경심의회의 지침 등을 근거로 한 정부에 의한 '순환형 사회 형성 추진 기본계획 책정에 대하여 규정 ④순환형 사회의 형성을 위해 '확대 생산자 책임'을 근거로 한 조치, 배출사업자 등에 의한 [현황회복 조치 등의 국가의 시책을 규정하는 것이다. (225, 370)

쉐어(Share)하우스 고령자가 서로 도와 공동으로 활동하는 장소를 만드는 것. 각자 개인실을 갖고 부엌이나 식당은 공동으로, 식사는 교대로 만들고, 전화나 신문은 따로따로 하는 생활로 시도 및 구읍면이 공적 보조를 실시하고 있는 곳도 있다. (106)

스페이스프레임 가구(架構)를 동격의 부재로 구성한 뼈대이다. 가구 내의 힘의 흐름은 외력의 종류, 뼈대의 패턴에 따라 정해지는 구조방식. 생산적 입장에서 부재를 규격화하여, 부재의 대량생산과 조립방법의 단순화에 의해 경제효과를 올릴 수가 있다. (227)

에너지 절약 진단 주택이나 사업소의 에너지 이용 실태를 계측 진단하거나 열정산 등을 통하여 명확하게 하여 '에너지 절약 설비기기의 도입', '열 손실 방지', '폐열 회수 및 이용' 등의 종합적인 관점에서 에너지 절약 대책을 검토하여 비용 개선이 되도록 대책을 검토하는 것. (335)

에너지 절약 · 리사이클 지원법 정식 명칭은 '에너지 등의 사용 합리화 및 재생자원의 이용에 관한 사업활동의 촉진에 관한 임시 조치법'이라고 하여, 자원에너지의 합리적이고 적절한 이용을 촉진하여 국민경제의 건전한 발전에 기여하는 것을 목적으로 하여 정해졌다. 그 주된 내용은 ①에너지 절약의 촉진, ②리사이클의 촉진, ③특정 프레온 등의 특정 물질의 사용의 합리화에 관한 사업 활동에 대한 지원조치이다. (368)

에코 업(=ECOUP) 생태적인 질의 표준을 높이는 것. 생태학적인 법칙에 근거하여, 생물의 생식 가능성을 높이기 위한 수법이나 기술을 사용하여 장소나 지역의 환경 특성에 어울리는 생물 종의 다양성을 높이거나, 특정 생물을 유치(誘致)하기 위해 필요한 생식환경 창출. (91)

에코시멘트 집진(集塵)한 재(灰)나 진흙 등을 주원료(원료의 50%이상)로 만들어진 시멘트. 집진재에 포함되는 다이옥신 등의 유해물질의 무해화와 집진재의 유효이용을 한꺼번에 해결한다. 시멘트 자원화에는 에코시멘트 외에도 재수세(灰水洗)시스템, 음식물쓰레기 자원화가 있지만, 에코 시멘트는 소각재를 주원료로 하기 때문에 전용 생산 플랜트가 필요하다. (213)

엑서지(=Exergy) 에너지를 역학적인 일(Work)로 변환할 때에 변환 가능한 부분을 엑서지라고 하고, 변환할 수 없는 무효부분을 아네르기(Anergy)라고 한다. 엑서지는 에너지나 물질의 확산을 일으키는 능력을 나타낸다. (48)

엔트로피(Entropy) 기체, 액체, 고체 등의 물질은 매우 많은 원자나 분자로 되어 있고, 그것들이 난잡하게 운동하고 있다. 그 난잡함의 정도를 나타내는 척도가 엔트로피이다. 다시 말하면 엔트로피는 에너지나 물질의 확산의 정도, 혹은 폐열성(廢熱性). 폐물성(廢物性)을 나타낸다. 엔트로피가 스스로 감소하는 현상은 없다. (48)

열섬현상 도시의 기온이 교외에 비해 높아지는 현상. 도시를 중심으로 한 등온선이 섬과 같이 보이기 때문에 이렇게 불린다. 원인은 ①도시 내의 연료소비에 의한 인공열의 발생, ②대기오염에 의한 온실작용, ③ 도시의 콘크리트 피복이나 아스팔트가 교외의 흙이나 초원보다 열용량이 크기 때문에 야간에 열을 방출한다. ④시가지의 지표면이 교외보다 요철이 커서 환기되기 어려운 일 등을 들 수 있다. (72, 123)

열손실 온도의 차이나 공기압의 차이, 또는 주변의 풍력 등 환경의 차이에 의해 열의 이동이 일어나 실내측의 열을 외부에 빼앗기는 현상. 동계(동절기)에 공기조화설비가 실내환경을 일정하게 유지하려고 하는 경우의 부하를 의미한다. (140)

열손실 계수 건물의 내부와 외기의 온도차가 1℃일 때 1시간에 건물의 내부에서 외부공간으로 달아나는 열의 양을 바닥면적 1㎡당의 값으로 해서 나타낸 수치. 건물의 단열성능이나 기밀성이 우수하면 이 열손실 계수의 값은 작고, 이 값으로 에너지 사용량을 산출할 수 있다. (148)

열화상(熱畵像) 원적외 파장영역(약 8～14㎛)에 감도를 가진 검출기를 이용하여 촬영된 영상으로, 열영상이라고도 한다. 광원이 없어도 대상으로부터의 원적외 방사를 검지하여 대상의 온도차 정보를 영상으로 파악할 수 있기 때문에 어두운 곳의 감시용 카메라, 인공위성이나 항공기에 의한 자원 탐사 등의 리모트 센싱 등 여러 가지 분야에서 이용되고 있다. (125, 133)

오존층 보호를 위한 빈 조약 오존층 보호를 위한 국제적인 체제로서 1985년에 채택되었다. 오존층이나 오존층을 파괴하는 물질에 대한 연구를 추진하는 규정 외, 의정서에 근거한 각국 공통의 대책이 규정되어 있다. (368)

오존층 파괴 물질 프레온, 할론, 1.1, 1 트리클로로 에탄 등, 촉매적으로 오존을 분해하는 염소원자, 취소원자를 분자 속에 가지는 물질로, 오존층 파괴 물질로서 전폐나 생산규제가 가해지고 있다. (362)

원격탐사(Remote sensing) 인공위성이나 항공기로부터 가시, 근적외, 열적외, 마이크로파 등 다양한 관측 파장역의 센서를 이용하여 통상 우리가 눈으로 볼

수 없는 지표면이나 수역, 대기역(大氣域)의 상태를 상공에서 계측하는 기술. (121, 125)

일사 취득계수 주택에 들어오는 일사를 수치적으로 나타낸 것으로, '건물에 의한 차폐가 없다고 가정했을 경우에 취득할 수 있는 일사량'에 대한, '실제로 건물 내부에 취득할 수 있는 일사량'의 기간 평균적인 비율을 말한다. (148)

자연천이 호수나 늪 등의 자연생태계에서는 생물군집과 환경 사이의 끊임없는 상호작용의 결과, 생물과 환경은 시간과 함께 변화하여 안정된 생태계로 이행한다. 이러한 생태계의 경과시간에 따른 변천을 생태천이(生態遷移)라고도 한다. (85)

자원생산성 어떤 제품으로부터 얻을 수 있는 서비스양의 총계를 그 제품의 서비스 발현을 위하여 사용된 물질과 에너지를 포함한 총물질 집약도로 나눈 것으로 친환경효율이라고도 한다. 예를 들면, 자원 생산성이 세계적 규모로 4배가 되면 얻을 수 있는 서비스양을 2배로 해도 투입 물질량을 반으로 줄이는 것이 가능하다. (195)

자원유효이용 촉진법 정식 명칭은 '자원의 유효한 이용의 촉진에 관한 법률'. 순환형 사회의 형성을 위하여, 종래의 리사이클(재이용) 중심의 대응으로부터 리듀스(발생 억제), 리유스(재사용)의 도입을 위해 1991년 제정한 '재생자원의 이용의 촉진에 관한 법률'을 개정하여 2001년에 시행되었다. 그 주된 요점은 부산물의 발생 억제나 재생자원으로 이용 등의 구체적인 의무가 부과되는 대상 업종-대상 제품에 새롭게 7업종 42품목을 더함으로써 사업자에 의하여 그 목표달성을 철저히 도모해 가는 것에 있다. (225)

잠열 물질이 고체, 액체, 기체의 어느 것의 상태 사이를 가역적으로 상변화할 때 흡수 또는 방출하는 열량. 잠열은 태양에너지로 가열된 지표면의 물의 증발에 의해 상공에 수송되어 응결해 구름을 일으킬 때에 주변으로 방열되어 대기를 따뜻하게 하는 대기순환의 에너지원이기도 하다. (166)

잠재 식생 인위적 영향을 없애 자연상태로 그 토지에 최종적으로 생육하는 식생(극상림)으로, 인간이 일절 손을 대지 않고 그 토지의 기후풍토에 따라 자라는 그 토지 본래의 식물에 관한 것. 일본의 경우, 많게는 메밀 잣밤나무, 떡갈나무를 비롯한 상록 활엽수림대(조엽수림)가 차지하고 도호쿠나 홋카이도 등의 낙엽 활엽수림대는 너도밤나무나 참나무 등이 차지하고 있다. (288)

재생가능 자원 부산물, 폐기물을 자원으로 생각하여 천연자원과 구별하여 재생자원으로 하는 것으로, 이용 가능한 유용물 또는 제품. (362)

재생자원 부산물, 폐기물이 재자원화 된 것으로, 이용 가능해진 유용물, 또는 그 제품을 가리킨다. 즉, 폐기물을 자원으로 생각하여 천연자원과 구별한 재생자원으로 한 것. (215)

적정처분 폐기물, 특히 가정에서 배출되는 일반폐기물은 [종래, 주로 시구읍면에 의해 회수, 운반되어 소각된 후 혹은 그대로 매립지 등에 처리되어 왔다. 여기에서는 생활환경의 보전과 공중위생 수준의 향상이 적정처리의 큰 목적이었다. 현재는 좀 더 넓은 의미에서의 환경보전이나 리사이클의 촉진에 의해 천연자원의 보전 등이 적정처리의 목적이 되어 있다. (226)

제로 에미션(zero emission) 어느 산업에서 배출되는 폐기물을 다른 산업의 원료로서 사용해 폐기물을 자원으로 순환이용함으로써 지구 전체적으로 폐기물을 제로로 하려는 계획. (96, 136, 200)

제조자 책임(PL=Product Liability)법 제조물의 결함 등에 의해 소비자가 피해를 입었을 경우에 가해자를 특정하여 손해배상을 청구하는 것은 대단히 어렵다. 이러한 사태를 피하여 소비자를 보호하기 위해 제조물을 소비자에게 공급하는 업자에게 그 제조물의 결함을 원인으로 한 피해에 대해서는 고의, 과실의 유무를 따지지 않고 배상책임을 지게 하는 것을 정한 법률. (60)

제진구조 건물 내부에 설치한 제진장치에 의해 지진에너지를 흡수시키는 구조. 제진구조에는 지진에너지의 흡수방법-배치형식 설치 부재의 형식의 차이에 따라 변형 의존형 좌굴구속 브레이스(가새) 혹은 제진패널, 속도 의존형 점탄성 브레이스 등 많은 종류가 있다. (207)

주택성능표시제도 '주택의 품질확보의 촉진 등의 관한 법률(품확법)에 근거하여, 계획이나 건설단계에서 사전에 주택의 품질을 체크하는 제도. 짓기 전에 주택의 성능이 확실히 평가, 표시되기 때문에 내구성을 중시한다든가, 차음성을 중시한다든가 등 라이프스타일이나 희망, 예산에 맞춘 고품질 주택건축이 실현될 수 있다. 2000년에 신축 주택을 대상으로 시작하여 현재는 기존 주택도 대상으로 하는 제도가 되어 있다. (380)

주택의 품질확보의 촉진 등에 관한 법률(품확법) 주택에 관한 제조물 책임법이라고도 불릴 수 있는 것으로, 주택의 기본구조부분에 결함이 있었을 경우, 신축

후 10년간은 무료보수를 도급업자, 판매업자에게 의무화 하는 등, 결함주택을 둘러싼 분쟁의 사전방지 및 빠른 해결을 목적으로 하여 1999년에 성립했다. (1인, 370, 380)

지구(地區)계획 상세하고 일체적인 마을 형성을 촉진하기 위하여 설치한 제도로, 1997년에 벽면의 위치 제한, 건축물의 높이의 최고한도를 정했을 경우에는(전면도로의 폭원에 따른 사선 제한 및 용적률 제한을 적용 제외할 수 있는 '거리풍경 유도형 지구계획'이 새롭게 창설되었다. (291)

지구온난화대책 추진 대강(大綱) 온실효과 가스 배출량의 6% 삭감을 약속한 교토의정서에 따라 1998년 6월에 책정. 2010년을 향하여 긴급하게 추진해야 할 지구온난화대책으로서 ①에너지 절약의 촉진 및 신에너지 도입, 원자력발전소 입지의 촉진 ②이산화탄소 배출량이 적은 도시 지역구조의 형성. ③삼림정비, 도시 녹화 등의 촉진, ④온실효과 가스의 배출권 거래 등의 국제적 체제의 구축, 도상국의 대처 강화, ⑤여름 시간(섬머 타임)의 도입, 자전거의 이용 촉진 등 라이프스타일의 재검토 등을 거론하고 있다. (368)

지권(地圈) 지표면의 수면부분 이외 및 지각 표층부로, 지구의 탄생 이래의 끊임없는 환경 변동은 지권(地圈)과 수권(水圈), 그리고 생물권(生物圈)과의 끊임없는 상호작용의 결과 생겼다고 한다. (82, 86, 297)

지속가능한 환경 지속가능이란, 장래의 세대가 향수할 경제적, 사회적인 이익을 손상시키지 않은 형태로, 현재의 세대가 환경을 이용하는 것을 의미하며, 지속가능한 환경이란, 그 기본적인 사고방식에 근거한 환경. 환경과 개발에 관한 세계 위원회가 1987년에 '지속가능한 개발, 지속가능한 발전(sustainable development)라고 하는 개념을 제창한 이래, 장래 세대의 이익을 손상하지 않고 계속성이 있는 사회를 어떻게 만드는가 하는 '지속가능성'에 대한 논의가 되고 있다. (39)

지역통화 지역에 있어서 서로 돕는 서비스나 행위를 시간이나 점수, 지역이나 그룹 독자인 지폐 등으로 변환하여 이것을 '통화'로서 서비스나 물건으로 교환하여 순환시키는 시스템. 지역의 커뮤니티를 형성하기 위해 '엔' 등의 '국민통화'와는 다른 '또 하나의 화폐'라고도 말할 수 있는 역할이 기대된다. (400)

지연성 독성 환경호르몬이나 다이옥신류의 생식독성이나 면역 억제, 최기형(崔奇形) 발암성이 독성물질의 투여시기나 투여방법, 대상 성별, 종, 연령 등에 따라서 독성 발현의 시기에 다양성이 보이는 것. 또한 다이옥신류는 지방에 대한 축적성이 높고 장기에 걸쳐 독성의 영향이 계속된다고 한다. (211)

지의식물(地被植物) 토지의 표면이나 공작물의 표면을 자연풍화 침식작용으로부터 보호하고 수경하는 목적으로 피복하는 식물의 총칭. 간단한 관리에도 쉽게 번식하고 손질 등으로 형태를 용이하게 유지할 수 있는 식물이 있다. (124)

캐스케이드(Cascade)형 이용 자원을 다단계로 이용하여 전체의 이용효율을 향상시키는 것으로, 일반적으로는 열의 캐스케이드 이용을 말한다. 공장 또는 사업간에 필요로 하는 증기, 온수 등의 열에너지를 복수의 시설 간의 고온역에서 저온역까지의 단계적 이용(2단계 이상의 인도)을 하여, 잉여에너지를 유효하게 이용하는 것(NEDO재) 신에너지 산업기술 종합개발기구)라고 정의된다. (199)

코킹(Calking) 움직임이 거의 없는 줄눈이나 틈새부분에 부정형 실링재를 충전하여 기밀성, 수밀성을 확보하는 것. (250)

코퍼러티브(cooperative) 하우스 주택 취득 희망자가 모여 조합을 만들어 토지의 구입으로부터 설계, 공사 관리까지 스스로가 사업자가 되어서 운영하는 방식. 각자의 희망을 주택설계에 반영할 수 있고 중간이윤이 절약되어 상대적으로 싸게 취득할 수 있다. 입주 후에도 양호한 커뮤니티가 형성되는 등의 각종 이점이 있다. 전문 코디네이터가 기획하여 참가자를 모집하여 건설하는 예도 있다. (106)

쿨 튜브 연간을 통하여 안정된 지중 온도를 이용하여 하계의 냉방부하를 저감하는 수법. 환기용 튜브를 지중에 묻어 외기를 예냉하여 도입하는 방법을 오프튜브, 실내 공기를 내접 튜브에 순환시켜 냉각하는 방법을 그로스듀브라고 한다. 지표면의 온도가 높은 지역에서는 방습대책을 충분히 실시할 필요가 있다. (143)

인장구조(Tension Structure) 강재를 인장에 사용하는 가장 효과적인 가구(架構)형식으로, 경량 고내력 고강성 구조물을 적은 재료로 구성할 수 있다. 뛰어난 디자인성과 함께 분해 조립이 용이하다. 건축 분야에서는 1980년대에 유럽을 중심으로 지붕가구, 유리 지지 가구에 응용되어 구조 디자인의 주류가 되고, 최근에는 일본에서도 많은 건축에 이용되고 있다. (227)

특정 프레온(Freon=Chlorofluorocarbon, CFC) 프레온 가스의 일부는 지구를 둘러싼 오존층을 파괴하여 지상에 도달하는 유해한 자외선이 증가하여 피부암이나 백내장 등의 건강피해의 발생률을 높인다. 이러한 특정 프레온이라고 불리는 것은 CFCII, 12, 113, 114이다. 주택에 있어 단열재 제조 시의 발포제나 냉장고나 공조기 등의 냉매 등에 사용되었으나 1989년 7월에 사용이 규제되었다. (36, 368)

파크 앤드 라이드 시스템(Park and Ride System) 철도 등의 공공 대량수송기관의 역 주변에 주차장을 정비하여 자가용차에서 철도로의 환승을 촉진하고, 도시 내로의 자동차의 유입을 억제하는 방식. 특히 일본의 원거리 통근자가 근처의 역에 자신의 차를 주차시키고 고속철도로 통근하는 형태를 상정할 수 있다. (100)

포름알데히드 측정방법(데시케이터법) 실내공기 오염에 크게 영향을 미친다고 일컬어지는 가구 등에서 발생하는 화학물질을 챔버로 불리는 환기 가능한 밀폐공간 내에서 측정하는 방법. 경시적으로 일정한 시각에 화학물질의 방산속도를 측정해 감쇠변화를 측정한다. (255)

풍치지구 도시의 수림(樹林)지, 수변(水邊)지 등 양호한 자연경관(風致)을 유지하기 위해서 도시계획법에서 정하는 지구로, 시도의 조례에 근거하여 건축물의 건축, 그 외 공작물의 건설, 택지조성 그 외 도시의 풍치 유지에 영향을 미칠 우려가 있는 행위는 시도지사의 허가를 받지 않으면 안 된다. (20일)

풍탑(風塔) 중동의 주거에서 볼 수 있는 탑상 설비로, 옥상에 부는 바람을 아래의 거주공간으로 보낸다. 주거 중정에 있는 연못물의 증발을 촉진하여 실온을 내리는 효과가 있다. (116)

플라이애시 미분탄 연소 보일러의 굴뚝(煙道)에서 채취한 분진으로, 규산질의 혼화제로서 모르타르나 콘크리트에 이용. 모르타르나 콘크리트의 워커빌리티를 늘리고 모르타르나 콘크리트의 밀실성을 높이는 효과가 있다. (213)

해체재(解體材) 디포지트(deposit) 디포지트는 본래 예금, 보증금, 보관물을 의미한다. 음료의 가격에 디포지트를 설정하여 빈 용기를 반환하는 시점에서 그 맡겨진 금액을 반환하여 용기의 회수를 촉진하는 방식을 용기 디포지트 시스템이라고 한다. 이 방식을 건설 해체물에 채용하는 것을 해체물 디포지트 제도라고 한다. (402)

화학적 재활용(Chamical Recycle) 폐기 플라스틱을 화학원료로서 재이용하는 방법으로, 제철용 고로에 폐플라스틱을 투입하여 환원제(철광석을 선철로 하는 화학반응제)로서 이용하는 기술이나, 폐폴리스티렌을 혼화하여 고분자 응집제로 변환하는 방법 등이 개발되고 있다. (201)

화학물질과민증 현재의 소비생활에는 다종다양한 화학물질이 이용되고 있는데, 건재에서 발생하여 실내의 공기를 오염시키는 화학물질, 식품의 첨가물이나 잔류농약 등에 의해 두통이나 탈진감, 두근거림(動悸), 피부염 등의 증상을 일으키는 것. (241)

확대 생산자 책임 생산자의 책임을 제품의 제조 유통 시뿐만이 아니라 제품이 폐기되어 처리 및 리사이클될 단계까지 확대하는 개념. 폐기된 상품의 리사이클이나 처리 및 처분 비용을 생산자가 부담하지만, 폐기 후의 리사이클, 처리 및 처분 시의 환경부하 저감이라고 하는 좀 더 효율적이고 저비용으로 폐기물처리가 실현되리라고 생각된다. (361)

환경 브리프(Briefs) 다원적인 측면을 가진 지속가능한 빌딩계획에 즈음하여, 각 액션의 중요도(priority) 부여를 결정하는 의사결정 프로세스를 적은 문서. 이것은 각 이해관계자의 환경영향에 관한 자각을 촉진하여 합의형성을 할 때에 유효하며, 설계 팀이 당초의 의도를 공유하여 그것을 제3자에게 설명하기 위한 자료로서도 필요하다. (44)

환경공생주택 주택을 둘러싼 여러 가지 상황에 대처하기 위해서 만들어진 주택과 그 거주환경에 관한 사상과 수법의 체계이다. 그 정의는 '지구환경을 보전한다고 하는 관점에서 에너지 자원 폐기물 등의 면에서 충분한 배려가 되어 있고, 또한 주변의 자연환경과 친밀하게 아름답게 조화를 이루어 거주자가 주체적으로 관계하면서 건강하고 쾌적한 생활을 할 수 있도록 고안된 주택 및 그 지역환경'으로 되어 있다. (24)

환경공생주택 시가지 모델사업 지구의 온난화 방지, 자원의 유효이용, 자연환경의 보전 등을 충분히 생각한 시설의 정비를 촉진하기 위해 모델성이 높은 지방공공단체, 도시기반정비 공단 및 지역진흥정비 공단과 지방주택공급공사 및 민간사업자에 보조하는 지방공공단체에 대해서 필요한 지원을 하여 국가가 추진하는 환경공생주택 시가지의 모델 사업을 일컫는다. (373, 376)

환경공생주택 인정제도 환경공생주택의 이념과 기술을 일반에게 침투시켜 보급을 도모하기 위하여 창설되었다. 에너지 절약 성능, 내구성, 입지환경에 대한 배려, 약자친화(Barrier Free), 실내공기질이라는 5항목으로 구분된 조건을 모두 만족시키는 것은 물론 에너지 절약, 자원의 고도 유효이용, 지역 적합환경 친화, 건강 · 쾌적 안전 안심의 4항목의 제안 유형 중 2개 이상에 대해서, 고도의 독특한 연구나 제안이 이루어진 주택단지가 환경공생 주택으로 인정된다. 사업주체는 건축 환경-에너지 절약 기구(IBEC) (376)

환경관리 · 환경 매니지먼트 사업자가 환경보전대책을 자주적으로 진행하기 위해서(때문에) 일상의 기업활동, 경영에 대해 ①환경에 관한 방침의 설정, ②사업에 관련되는 환경부하 삭감계획의 책정, ③실행을 위한 순서의 정비, ④목표의 달성 상황이나 실시상황의 파악 등, 이러한 실시와 재검토에 의해 환경보전에 관한 대처에 의식을 높이는 것. (23)

환경기본법 일본의 환경시책의 기본법으로서 1993년 11월에 성립, 시행되었다. 국가, 지방공공단체, 사업자, 시민 등의 사회를 구성하는 모든 주체의 참가에 의한 대처의 필요성으로부터 환경행정을 종합적으로 추진해 가기 위한 법제도로서 정비되었다. 환경정책의 기본이념이나 환경기본계획에 근거하는 각종 시책의 종합적, 계획적인 추진, 환경영향평가의 추진, 경제적 조치 등에 관하여 규정하고 있다. (225, 369)

환경물품 등의 조달의 추진에 관한 기본방침 2000년에 실시된 '국가 등에 의한 환경물질 등의 조달의 추진 등에 관한 법률 (그린 구입법)에 의해 국가나 지방공공단체, 사업자, 국민의 기관에 그린 구입(환경에 부하가 적은 환경배려형 상품을 채택해 구입하는 것)에 노력해야 하는 것이 규정되었다. 이 그린 구입법에 근거한, 이러한 각 주체가 환경부하 저감에 이바지하는 원재료, 부품, 제품 등의 조달을 계획적으로 추진하기 위한 기본방침. (335, 370)

환경배려형 설계 제품이나 설계의 특징이나 요구사항, 목표로, 리사이클 가능성이나 폐기 가능성 및 환경안전 건강에 관한 요소를 더한 것. 건설사업의 경우는 설계단계에서 친환경재료나 자원절약, 에너지 절약 기술을 적극적으로 채용하여 건설에서 해체까시의 라이프사이클 CO_2를 삭감한다거나 재생 포장재나 빗물 침투승(枡=맨홀), 옥상 및 벽면녹화 등 주변 환경에 미치는 환경부하를 최대한 저감한 설계수법. (189)

환경용량 일정한 공간 내에 얼마만큼의 생물이 생태계를 파괴 하지 않고 살 수가 있는가 라고 하는 최대량으로, 인간의 경우 생태계나 인간의 생활환경을 악화시키지 않고 생활할 수 있는 환경을 유지하기 위한 활동의 허용량. (18, 302)

환경윤리학 환경 창조나 보전의 기본적인 자세나 의미를 고찰하는 학문으로 여겨지며, 시민이나 기업 등이 스스로의 활동에서 환경파괴를 일으키지 않도록 배려하는 마음가짐을 의미하며 '지속가능한 개발을 실현하기 위한 기본적인 사고방식. (20)

환경평가 시장에서 거래되지 않는 비시장재를 평가하는 수법으로, 표명(表明)데이터에 근거한 직접법과 현시(顯示)데이터에 근거한 간접법으로 대별된다. 직접법의 대표적인 수법이 CVM(가상평가법)이고, 한편, 간접법의 대표적인 수법이 시민의 여행비용과 여행빈도에 관한 데이터로부터 소비자 잉여를 계산하여 재의 평가를 실시하는 여행 비용법이다. (24)

환경효율 지표 기존 건축물 및 새로이 만들어지는 건축물이 지속가능한지 어떤지를 평가하는 척도의 하나. ①건축에 관련되는 모든 프로세스에 있어서의 '환경부하'와 ②건축이나 도시로서의 안전, 건강, 쾌적, 아름다움, 여유, 풍요로움이라고 하는 '생활의 질'이라는 두 가지 요소를 관련시켜 환경부하를 저감하면서, 생활의 질을 향상시키기 위한 지표로서(아웃풋), '생활의 질(아웃풋)/환경부하(인풋)의 값으로 해서 나타낸다. (25)

(개정)폐기물처리법 정식명칭은 '폐기물 처리 및 청소에 개관한 법률'. 1970년에 제정된 구폐기물처리법의 불충분함을 개선하는 것을 목적으로 하여, 2000년에 '개정 폐기물처리법'으로 제정되었다. 그 주된 내용은 ① : 국가의 기본방침의 책정, ②폐기물 처리에 관한 허가 요건의 강화, ③산업폐기물 처리표(마니페스트) 제도의 재검토, ④소각의 금지와 벌칙의 강화 등에 의한 부적정 처리에 대한 규제의 강화, ⑤폐기물처리 센터 제도나 특정 시설 정비법의 재검토이다. (225)

AHP(=Analytic Hierarchy Process) 계층 분석법 계층 분석법이라고도 한다. 인간의 의사결정을 수치로 나타내는 수법. 의사결정의 가치기준을 구체적인 수치로 나타냄으로써 개인의 의사결정 메커니즘을 분석할 수가 있다. AHP는 가치판단을 인간의 감각에 의지하지 않을 수 없는 경우 등에 도움이 된다. 인간의 감각에 의하기 때문에 애매할 수밖에 없는 부분을 수량화하여, 컴퓨터를 이용하여 좀 더 정확한 분석을 할 수가 있다. (212)

ESCO 사업(=Energy Service Company Business) 에너지 절약에 관한 전문적인 기술을 가진 단체나 기업이 에너지 절약 대책을 기업 등에 제안, 실시하여, 그 결과를 평가하면서 에너지 절약과 에너지 비용의 저감을 실현하는 사업. 에너지 절약 진단에 근거한 개수계획 입안, 설계, 시공, 관리, 개수 후의 에너지 절약 효과의 보증 등 포괄적인 서비스를 제공한다. (60)

GIS(Geographic Information System) **지리정보시스템** 지리정보, 즉 공간적인 위치에 관한 데이터를 수반한 정보를 처리할 수 있는 컴퓨터 시스템. GIS를 이용하여 지리정보를 효율적으로, 수집, 보관, 갱신, 분석할 수가 있다. (292)

LRT(=Light Rail Transit) 도심부에서는 역 사이를 저속으로 운행하여 자동차나 보행자와 공존하고 교외부에서는 교외 전철 수준의 시속 50km/h 정도로 달리는 차세대 노면 전차. 저소음, 저진동, 수송력이 뛰어나 지하철과 버스의 중간에 위치하는 교통시스템으로, 환경시대의 도시교통 수단으로서 주목을 끌고 시작하고 있다. (100)

MSDS(=Material Safety Data Sheet) 대상 화학물질을 함유하는 제품을 다른 사업자에게 양도 또는 제공할 때에, 그 화학물질의 성질과 상태 및 취급에 관한 정보 (MSDS)를 사전에 제공하도록 의무화 하여 사업자가 화학물질을 적절하게 관리하도록 촉진하는 제도. (249)

MSS(=Multispectral Scanner) 가시광선~근적외광선을 대상으로 한 기계주사형(機械走査型) 방사계(放射計)로 멀티 스펙트럴 스캐너, 다중 스펙트럴 주사계라고도 한다. 위성의 이동과 거기에 직각방향의 주사를 조합하여 2차원면의 관측을 할 수 있다. (125)

PRTR(=Pollutant Release and Transfer Register) **법** 정식명칭은 '특정 화학물질의 환경으로의 배출량의 파악 등 및 감리의 개선에 관한 촉진법'. 환경오염의 우려가 있는 화학물질의 배출, 이동에 관한 정보를 등록, 공개, 감시하는 제도 및 시스템(PRTR)을 정한 법률. 1999년에 성립, 2000년 3월에는 대상 화학물질이나 사업자의 범위가 공포되었다. 2001년 4월부터는 해당 물질의 배출 이동량 파악, 2002년 4월에는 신고하도록 정함. (60)

SI(=Skeleton Infill) **건축(주택)** 구조체, 계단, 복도 등(스켈리턴)과 각종 장착부분(인필)을 분리하여 계획된 건축물(주택). 구조체를 튼튼하게 하고 바닥을 2중으로 하여, 그곳에 급배수나 가스의 배관을 함으로써 거주방식 변경 시에 발생하는 칸막이의 변경이나 부엌이나 욕실 등의 위치가 바뀌었을 경우의 변경을 용이하게 하여 공사기간을 짧게 하고 비용을 점감할 수가 있다. (190)

VOC(=Volatile Organic Compound) **휘발성 유기화합물** 미국 환경청이 대기정화법의 수정(1990년)에 의해 등록한, 189종의 유기 대기오염물질 중의 알데히드, 벤젠, 할로겐화 탄화수소 등의 휘발성 유기화합물. (241, 250)

편집자 후기

환경과 건축의 관련을 주제(theme)로 한 연구나 실천은 결코 최근에 시작된 것은 아니다. 일본에서는 1970년에 개최된 오사카 만국박람회 전날 밤, '환경'이라는 개념이 건축 분야에 등장했고, 그 뒤 두 번에 걸친 오일쇼크나 거품경제 등 상황의 부침과는 관계없이 착실하게 활동해온 지금까지의 역사가 있다.

그렇지만 그러한 노력이 사회적, 지구 규모적인 관심을 배경으로 하여 큰 흐름이 되기까지는 20년 정도의 시간이 필요했다. 일본건축학회는 1990년대에 들어, 하나의 큰 위기감을 가지고 지속 가능한 사회의 구축에 이바지하는 건축 본연의 자세를 모색하기 시작했다. 지구환경위원회와 산하 소위원회의 활발한 활동은 그 궤적이다. 그리고 그 성과는 본서의 출발점이 된 '지구환경 · 건축헌장과 그 운용지침'으로 열매 맺고, 건축 관련의 네 개 단체와 함께 널리 사회에 대하여 결의를 표명을 하기에 이르렀다.

본서의 구성이 나타내고 있듯이, '지구환경건축'은 대단히 광범위한 영역에 걸쳐 있고, 그 대부분은 아직 연구 중에 있다. 따라서 그것들을 하나의 종합적인 학문체계로서 정리하는 것은 시기상조일지도 모른다는 논의도 있었다. 그렇지만 이 주제에 관한 상황은 조금의 망설임도 허락하지 않을 정도로 절박하다. 그리고 일본이 최근 직면하고 있는 다양한 난제는, 확실히 21세기의 지속 가능한 사회상을 향하여 패러다임의 변화를 수반하는 변혁을 모든 영역에 대하여 요구하고 있다. 이 상황에서 건축이 완수해야 하는 역할은 크다. 미래 세대에 대하여 배려하는 마음도 담아, 본서의 제작 · 출판을 단행한 이유는 거기에 있다.

2001년 당시의 센다 미츠루 일본건축학회 회장, 무라카미 슈조 동부회장의 리더십 아래, 동년 4월에 조직된 편집 소위원회에서 전체의 구성이나 흐름을 철저하게 음미하여 29명에 달하는 전문가들에게 본문 집필을 부탁했다. 다망함에도 불구하고 기분 좋게 맡아 주신 여러분에게 이 지면을 빌려 진심으로 감사 말씀을 드리고 싶다. 또한 학회 사무국의 에노모토 카즈마사, 발행자 창국사의 고토 다케시, 그리고 디자인 제작 담당의 비오시디의 스기타 히로키의 지원 없이는 본서의 출판은 불가능했다.

그 후 순조롭게 개정판을 거듭하면서 2005년에는 국제회의(SE05)를 기회로 전편의 영문 번역을 감행하여, 세계에 대해서 일본으로부터의 정보발신을 했다. 또 이 10년이 채 안 되는 동안에 여러 가지 연구·실천이 열정적으로 이루어져 새로운 지견의 축적이나 체계의 구축이 진행됨과 동시에 본서의 개정에 대한 요망과 필요성이 높아졌다. 그 결과 기본적 체제는 변함없지만, 사실관계나 사례를 중심으로 최신의 상황을 반영하게 되었다.

본서는 시리즈의 권두를 장식하는 입문편이며, 이어지는 세 권의 전문편도 이미 출판되었다. 이 책들이 차세대를 담당하는 사람들을 중심으로 하여 많은 분들에게 읽혀져서 내용에 관해서 가감이 없는 의견이나 비판을 주시도록 간절히 부탁하고 싶다. 새로운 지구환경건축의 비전을 함께 열기 위해서.

(이와무라 카즈오 일본건축학회 지구환경위원회 지구환경건축 편집소위원회, 동 개정위원회 간사)

[일본건축학회 지구환경위원회] (2009년 8월 현재)

위원장 이나다 타츠오(稻田 達夫)

간사 오오타 코지(太田 浩史), 나카지마 시로(中島 史郞), 미우라 슈이치(三浦 秀一)

위원 아시나가 야스노부(足永 靖信), 이카가 토시하루(伊香賀 俊治), 이토나가 코지(糸長 浩司), 이와타 마모루(岩田 衛) 이와무라 카즈오(岩村 和夫), 우루시자키 노보루(漆崎 昇), 오오오카 타츠미(大岡 龍三), 오카베 시게오(岡辺 重雄), 칸다 준(神田 順) 사카모토 신이치(坂本 眞一), 사도하라 사토시(佐土原 聡), 시게무라 츠토무(重村 力), 슈쿠야 마사노리(宿谷 昌則) 다무라 카즈오(田村 和夫), 데원카 바드(デワンカー バード), 소토카 유타카(外岡 豊), 나리타 켄이치(成田 建一), 후지타 마사노리(藤田 正則) 호코이 슈우이치(鉾井 修一), 혼다 히로아키(本田 広昭), 마스다 카히로(桝田 佳寬), 미츠하시 히로미(三橋 博巳), 무라카미 슈조(村上 周三) 야시로 도모나리(野城 智也), 야스다 코이치(安田 幸一)

본서 작성 관계위원 (2002년 7월 당시)

[지구환경위원회]

위원장 무라카미 슈조(村上 周三)

간사 이카가 토시하루(伊香賀 俊治), 이토나가 코지(糸長 浩司), 이와무라 카즈오(岩村 和夫), 니시카와 타카오(西川 孝夫)

위원 아키야마 히로시(秋山 宏), 이나다 야스오(稻田 泰夫), 이와타 마모루(岩田 衛), 오지마 토시오(尾島 俊雄), 기마타 노부유키(木俣 信行) 고다마 유우이치로우(小玉祐一郎), 센다 미츠루(仙田 滿), 소토카 유타카(外岡 豊), 나카무라 야스오(中村泰人), 후지이 슈우지(藤井 修二) 호야노 아키라(梅干野 晁), 마츠오 히나타(松尾 陽), 마츠바라 히토시키(松原 斎樹), 모치다 토모시(持田 灯), 야시로 토모나리(野城 智也) 야스오카 마사토(安岡 正人), 요시다 타쿠로(吉田 倬郎), 요시노 히로시(吉野 博)

[지구환경건축 편집소위원회]

주사 무라카미 슈조(村上 周三)

간사 이와무라 카즈오(岩村 和夫)

위원 이카가 토시하루(伊香賀 俊治), 이토나가 코지(糸長 浩司), 이와타 마모루(岩田 衛), 센다 미츠루(仙田 滿), 고다마 유우이치로우(小玉 祐一郎) 니시카와 타카오(西川 孝夫), 보우카키 카즈아키(坊垣 和明), 야시로 토모나리(野城 智也)

[개정판 편집소위원회]

주사 무라카미 슈조(村上 周三)

간사 이와무라 카즈오(岩村 和夫)

위원 이카가 토시하루(伊香賀 俊治), 이토나가 코지(糸長 浩司), 이와타 마모루(岩田 衛), 센다 미츠루(仙田 滿), 미이쇼 키요시(三井所 清史) 고토 타케시(後藤 武, 彰國社)

[본서 집필자] (2009년 8월 현재)

아리마 타카노리(有馬 孝禮)	미야자키현 목재 이용 기술센터 소장
안도 쇼우이치(安藤 尙一)	국제연합 지역개발센터 방재계획 효고사무소 소장
이카가 토시하루(伊香賀 俊治)	케이오 기쥬쿠 대학 교수
이토나가 코지(糸長浩司)	니혼대학 교수
이와타 마모루(岩田 衛)	가나가와대학 대학원 교수
이와무라 카즈오(岩村 和夫)	도쿄도시대학 대학원 교수
오카 타츠오(岡 建雄)	우츠노미야대학 대학원 교수
기마타 노부유키(木俣 信行)	돗토리 환경 대학교수
고다마 유우이치로우(小玉 祐一郎)	고베 예술 공과대학 교수
고바야시 히토시(小林 均)	엑크스 도시연구소 환경엔지니어링부 부장
사카모토 유조(坂本 雄三)	도쿄대학 대학원 교수
사노 시게루(佐藤 滋)	와세다대학 교수
사와치 타카오(澤地 孝男)	건축연구소 환경연구그룹장
슈쿠야 마사노리(宿谷 昌則)	도쿄도시대학 대학원 교수
센다 미츠루(仙田 滿)	방송대학 교수
소노다 마리코(園田 眞理子)	메이지대학 준교수
쯔키오 요시오(月尾 嘉男)	도쿄대학 명예교수
나가시마 코이치(長島 孝一)	AUR 건축 · 도시 연구 컨설턴트 주재
나카바야시 노부유키(中林 由行)	종건축 연구소 회장
나카무라 벤(中村 勉)	나카무라 츠토무 종합계획 사무소 대표이사
노하라 후미오(野原 文男)	닛켄설계 설비설계부문 대표
하세가와 히로시(長谷川 敬)	하세가와 히로시 아틀리에 대표이사
보우가키 카즈아키(坊垣 和明)	도쿄도시대학 교수
호야노 아키라(梅干野 晁)	도쿄공업대학 대학원 교수
마나베 쥰(眞鍋 純)	국토교통성 주택국 주택 종합 정비과 공공주택사업 조정관
무라카미 슈조(村上 周三)	건축연구소 이사장
야시로 토모나리(野城 智也)	도쿄대학 생산기술연구소 교수
요코오 노리요시(橫尾 昇剛)	우츠노미야대학 대학원 준교수
요시노 히로시(吉野 博)	도호쿠대학대학원 교수

자료 제작 · 용어 해설등:이와무라 아틀리에(하나와 노리유키, 미이쇼 키요시, 하야츠 타카시), 디자인 제작 : 비오시티

번역자

박미진(위원장)	인천대학교 도시건축학부 교수, 공학박사, 건축환경 pmjin@incheon.ac.kr
서봉교	가천대학교 건축학과 교수, 공학박사, 건축계획 bkseo@gachon.ac.kr
박종일	행림종합건축사사무소 부사장, CM/감리본부장 jipkor@yahoo.co.kr
최동일	인천도시공사 처장, 건축사 cdi01@idtc.co.kr
하한기	선진엔지니어링 종합건축사사무소, pcm본부장, 공학박사 hhk2020@gmail.com
황영삼	인천대학교 도시건축학부 교수, 공학박사, 건축계획 hwang03@incheon.ac.kr
김수영	유한대학교 건축설비과, 공학박사, 건축사 ksy@yuhan.ac.kr
임홍순	디에이그룹엔지니어링 건축사사무소 기술연구소 소장, 공학박사 hslim@dagroup.co.kr
이재석	친절한 FM연구원 원장, 공학박사, 프로젝트 매니지먼트 jslee3w@hanmail.net
김승욱	기림건축사사무소 대표이사, 건축사 tycoonswkim@hanmail.net
곽동화	인천대학교 도시건축학부 교수, 디자인학 박사, 도시설계 dwkwack@incheon.ac.kr
윤택용	행림종합건축사사무소 소장, 건축가 arch.yoon@gmail.com

* 상기 번역자는 모두 2012년 3월 시점에서 대한건축학회 지구환경보전위원회의 위원임.
* 위원장 외의 위원은 연령순임.

지구환경건축

2012년 5월 25일 1판 1쇄 인쇄
2012년 5월 30일 1판 1쇄 발행

편 저 일본건축학회
역 자 박미진 외 11인
발행인 강 해 작
발행처 기 문 당
주 소 서울시 성동구 무학봉 28길 4-1
(왕십리동 966-22)
전 화 02)2295-6171(代)~5
팩 스 02)2296-8188
출판등록 1976. 10. 7(1976-2)
홈페이지 http://기문당
http://www.kimoondang.com
I S B N 978-89-6225-420-4 93540
정 가 25,000원